Functional Foods and Nutraceuticals

건강기능성식품

편 저 | 한국생약학교수협의회
건강기능성식품교재편찬위원회

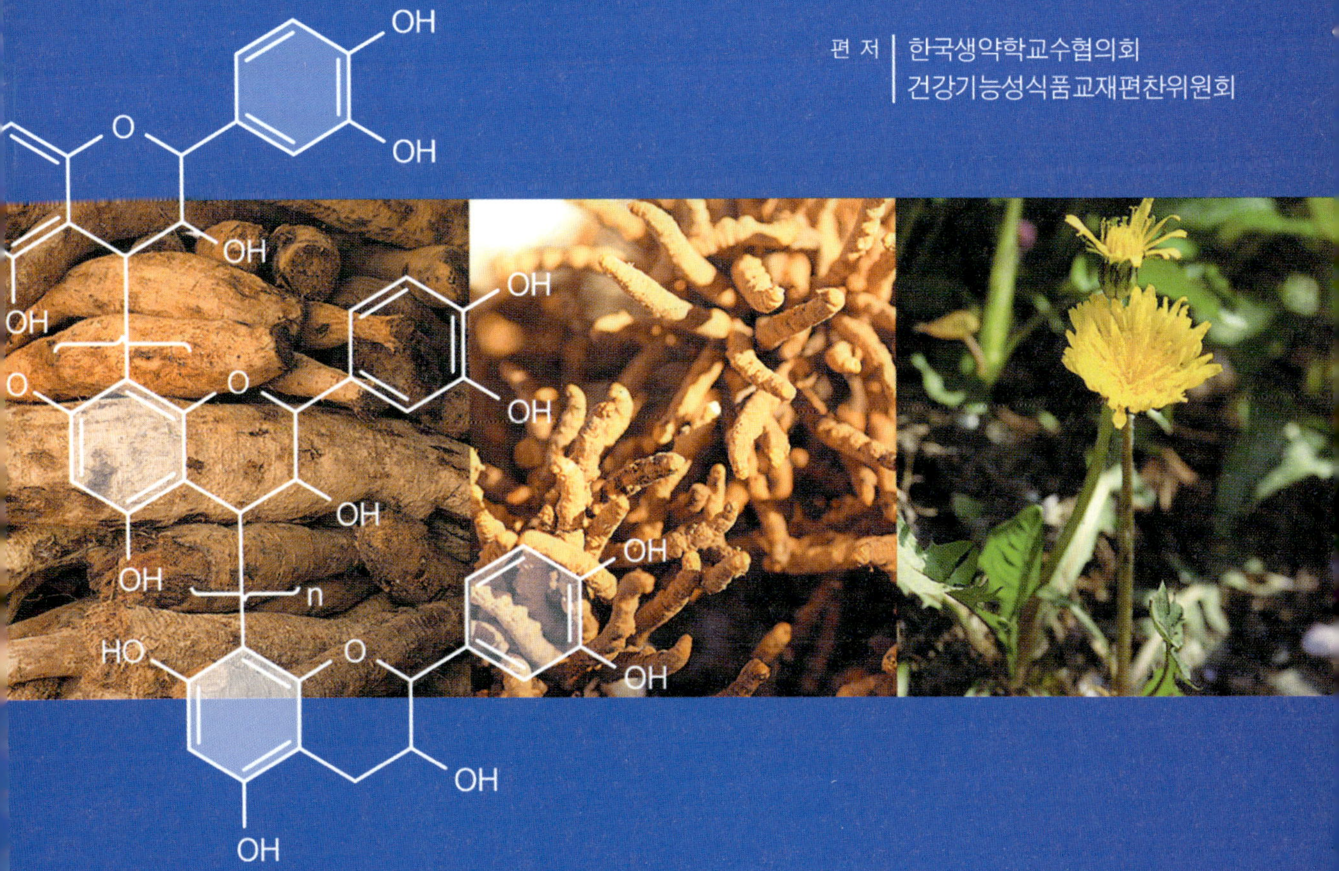

圖書出版 東明社

preface

머 리 말

건강한 삶을 위한 인류의 노력 속에는 무엇을 어떻게 섭취할 것인가에 대한 지식이 필요하게 되었고 이것으로부터 결국 식품과 약품으로 구분이 되고 그 중간지대도 존재하게 되었으며 이것이 건강기능식품이다.

법으로 관리되고 있는 우리나라의 건강기능식품에는 고시형 건강기능식품으로서 영양보충용 제품과 그 외에 고시되지 않은 원료의 안정성과 기능성에 관한 자료를 제시하고 검사기관의 검사를 거쳐 기준과 규격을 인정받아 허가가 되는 개별인정형 건강기능식품이 있으며 앞으로 많은 발전이 예상된다.

건강기능식품에 관한 저서는 최근 여러 방면에서 저술되어 출간되어 이 분야가 많은 관심 속에 있음을 알 수 있다. 다만 현재 존재하는 자료의 정리만이 아닌 개발을 통한 발전을 위한 건강기능성 식품이라는 방향성이 제시되어야 할 때라고 판단된다.

본 저서는 총론부에 건강기능식품의 소개와 특성 그리고 생산에 관한 일반적 내용을 수록하고 각론부에서는 기능별로 항노화를 비롯한 13개의 대항목 속에 35개 소항목으로 세분하여 총 240종의 건강기능식품소재를 제시하여 유형과 분류, 산지, 유효성분, 효능, 참고문헌, 사용상 주의사항에 대해 기술하였다. 식품, 고시형 및 개별인정형은 식품공전의 내용에 준하여 서술하였고 특히 본 저서에서 처음으로 표현한 개발가능성이 있는 소재는 식품공전에서 규제하지 않은 소재로써 그간 약학대학의 생약학 분야 교수들이 약용식물과 생약을 강의해온 경험을 토대로 독성이 적으면서도 기능성이 있는 소재들을 발굴하여 수록하였다.

부디 이 저서가 건강기능식품을 이해하고자 하는 학생들의 교과서는 물론 건강기능식품을 개발하고 발전시키기 위해 노력하는 모든 이들에게 좋은 길잡이가 되기를 바란다.

끝으로 일부 인용된 저서들의 소개가 미흡하게 된 점에 대해서는 아무쪼록 널리 양해해 주시기를 바라며 본 저서의 출간을 위해 수고해 주신 동명사 사장님을 비롯한 편집임직원들의 노고에 감사드리고 집필 및 편집에 수고해 주신 모든 교수님들께 깊은 감사를 전합니다.

2008년 8월

지은이 대표 **이 민 원**

목 차 | CONTENTS

제1부 총 론

목 차 | CONTENTS

건강기능성 식품

목 차 | CONTENTS

목 차 | CONTENTS

부 록

건강기능성 식품

PART 01
제1부 총 론

건강기능성 식품

1 기능성 식품

1.1 소개

건강기능식품이란 질병의 예방 또는 진행을 막아줌으로써 건강을 증진시키는 기능을 가지는 식품 성분 또는 성분을 포함하는 식품을 의미한다. 우리나라에서는 건강기능식품법을 통하여 건강기능성 식품은 인체에 유용한 기능성을 가진 원료나 성분을 사용하여 제조·가공한 식품을 말한다고 정의하고 기능성이라 함은 인체의 구조와 기능에 대하여 영양소를 조절하거나 생리학적 작용 등과 같은 보건용도에 유용한 효과를 얻는 것을 말한다고 하여서 기능성을 강조한 해석을 하고 있다. 즉, 식품의 관점에서 에너지원이 되는 영양 성분 외에 또 다른 기능을 가진 식품의 성분을 말하고 있으며 식품이 아니더라도 유익한 생리활성이 있는 식물화학성분(phytochemicals)에 의한 보건용도의 기능을 기대할 수 있다. 특히 독성이 없거나 적은 식물 천연약물(herb medicine)의 기능성을 검토하여 건강기능소재로의 개발도 가능하다.

1.2 역할 및 미래

그동안 우리나라에서 관리해온 건강기능성 식품에는 두 가지가 있다. 첫째 고시형 건강기능식품이며 이는 영양보충용 제품으로 시작하여 인삼과 홍삼제품을 비롯한 37가지가 제시되어 관리되고 있으며 둘째는 개별인정형 건강기능식품으로서 고시되지 않은 원료의 안정성과 기능성에 관한 자료를 제시하고 검사기관의 검사를 거쳐 기준과 규격을 인정받아 2004년 10종에서 시작하여 2007년까지 총 51종에 이르고 있다. 이처럼 건강 증진을 목적으로 식품과 약품의 경계를 지정하기가 어려우며 부작용(독성)이 없으면서 인정할 만한 효능이 있는 소재들은 상당 부분은 기능성 식품으로 개발할 가치가 있으며 국민의 보건에도 크게 기여 할 수 있다. 즉, 개별인정형 기능소재는 최근 기능성 식품의 수요가 많이 늘어나면서 건강기능성 식품법에 따른 기능소재의 효능을 입증하고 인정함으로써 앞으로 많은 발전이 예상된다.

2

기능성 식품의 특성

2.1 건강기능식품의 의미 및 유래

1. 건강기능식품의 탄생

1) 식생활의 변화에 따른 영양의 불균형

건강은 한 개인이 처한 생활환경, 유전, 보건, 의료서비스, 생활방식 등 여러 요인에 따라 결정된다. 그러나 건강문제 전문가들은 현대인에게 사망을 일으키는 주요 원인 중 50% 이상이 식사, 운동, 스트레스, 수면 등의 생활방식과 관련되어 있으며 그 중 식사내용이 가장 큰 문제가 된다. 특히 현대에 이르러 인스턴트식품과 과다한 조미료의 사용, 육류의 지나친 섭취 등으로 인한 영양소의 불균형으로 말미암아 각종 질병이 발생하는 원인이 되고 있다.

2) 성인병 발병률의 증가

오늘날 대부분의 사람이 특별한 질병의 상태도 아니면서 건강하지 않은 반쪽 건강상태에 있으며 뇌졸중, 동맥경화증, 고혈압, 암, 당뇨병, 만성간질환, 만성위장병, 만성신장병 등 만성적 퇴행성 질환의 발병률이 증가하여 주요 사망원인이 되고 있다. 영양소의 체내 역할은 다양하며 상호 간에 유기적인 관계가 있으므로 한 가지 영양소라도 과다 또는 부족하면 영양균형이 깨어져 건강에 해를 미치는 것이다. 따라서 올바른 식품과 영양에 대한 지식이 일상의 식생활에 적극적으로 반영된다면 많은 사람이 성인병을 예방할 수 있으며 건강을 유지할 수 있다. 건강식품으로 질병예방에 효과를 얻게 된다면 기하급수적으로 늘어만 가는 의료비를 억제하고 국민건강유지와 증진을 할 수 있어 국가경제에 크게 기여할 수 있다.

3) 고령화 사회의 도래

우리나라는 점차 평균수명이 늘어가고 있으며 이는 생활수준의 향상으로 인하여 충분한 영양이 공급되었기 때문이며, 의학기술의 발달로 먹지 못해 생기는 웬만한 질병은 치료가 가능하고, 의약품의 다양한 개발로 병에 대한 치료 및 예방이 가능해졌기 때문이다. 그럼에도 불구하고 노인의 전반적인 영양섭취 실태는 영양권장량에 많이 미달하며 특히 단백질, 칼슘 섭취가 부족한 것으로 보고되고 있다. 이를 건강식품으로 보충해 준다면 평균수명이 늘어남은 물론 건강한 노후의 생활을 누릴 수 있을 것이다.

4) 건강에 대한 의식의 변화

국민소득의 증가와 함께 일반 국민의 건강에 대한 관심도 날로 높아지고 있다. 과거 절대적 빈곤 속에 경제건설에 매진해야 했던 시기에는 상대적으로 무관심했던 자신의 건강에 대한 문제가 국민경제의 향상과 의식주 문제의 개선에 따라 중요한 문제로 대두하고 있기 때문이다. 산업발달의 과정에서 야기되는 위해에 노출되면서 소비자들은 농약이나 화학비료에 오염되지 않은 자연 지향적 무공해 식품을 선호하게 되었으며 이에 따라 건강식품이 건강관리의 한 가지 방법으로 자리를 차지하게 되었다.

2. 건강기능식품의 의미

식품의 기능은 크게 3가지로 구분된다.

- 1차 기능 : 영양기능이라고도 하며 식품 중의 영양소가 장, 단기적으로 인체에 영향을 주는 기능이다.
- 2차 기능 : 감각기능이라고도 하며, 식품의 맛, 향기, 물성 등이 감각에 영향을 주어 풍요로운 식생활을 제공하는 기능이다.
- 3차 기능 : 생체조절기능으로서 식품 중에 함유된 여러 생리활성성분이 생체조절기능을 나타냄으로써 건강 증진 효과를 얻을 수 있는 기능이다.

건강기능식품은 이러한 식품의 기능 중 3차 기능이 강조된 것으로, 의약품과 식품의 중간적 형태를 띤 식품이다. 이러한 건강기능식품을 기능별로 구분해 보면 크게 생체리듬의 조절, 생체방어, 질병의 예방, 질병의 회복, 노화억제 등으로 나눌 수 있다.[2),3)]

1) 생체리듬의 조절 기능

자율신경계의 조절작용이상을 방지하거나 치료하는 기능은 물론 스트레스로부터 오는 교감신경과 부교감신경의 이상을 바로잡는 역할을 한다. 또한, 당분섭취 억제와 같은 섭취 기능조절 식품이나 체내흡수를 조절하는 식품이 포함된다.

2) 생체방어기능

인체의 면역력을 조절하는 기능을 하는 식품이 포함된다.

3) 질병의 예방기능

고혈압, 당뇨, 암 등을 예방하는 기능을 하는 식품이 포함된다.

4) 질병의 회복기능

주로 혈액순환에 관한 기능을 하는 식품을 의미하며 동맥경화 예방이나 혈액생성에 관한 식품을 포함한다.

5) 노화억제기능

항산화 기능이 있는 식품을 의미한다.

건강기능식품법에서 사용하는 용어의 정의는 다음과 같다.

1) '건강기능식품'이라 함은 "인체에 유용한 기능성을 가진 원료나 성분을 사용하여 제조 가공한 식품"을 말한다(건강기능식품법 제3조 제1호, 2008년 3월 21일 개정 내용).
2) '기능성'이라 함은 "인체의 구조 및 기능에 대하여 영양소를 조절하거나 생리학적 작용 등과 같은 보건용도에 유용한 효과를 얻는 것"을 말한다(건강기능식품법 제3조 제2호).

이는 건강기능식품은 통상의 식품형태가 아닌 가공식품임을 의미하며 최종적으로 인체에 유용한 특징을 가져야 함을 말한다.

3. 건강기능식품의 유래

건강기능식품의 개념은 1980년대 일본에서 처음 생겼는데, 일본 후생성은 점증하는 건강관리 비용에 직면하면서 노인인구의 건강을 증진시키고자 하는 기대 속에 건강에 효과가 있다는 일부 식품들을 승인하기 위한 규제부서를 두고 가동시키기 시작했다. 당시 일본

보건복지부에서는 기능성 식품이라면 반드시 다음 세 가지 조건을 만족시켜야 한다고 강조했다.

1) 기능성 식품은 천연적으로 존재하는 물질에서 유도한 성분들로써 캡슐이나 알약, 가루형태가 아닌 식품이어야 한다.
2) 일상의 식이로 소비될 수 있는 것이어야 한다.
3) 섭취했을 때 특별한 기능 즉 생물학적 방어 기전을 향상시키거나 특정 질병(심혈관계 질환, 암, 고혈압, 비만 등)을 예방하며, 노화를 지연시키거나 육체적 정신적 상태를 조절해 주는 기능을 가져야 한다.

일본 정부는 세계에서 가장 긴 수명을 가진 일본 국민의 노화에 따른 여러 가지 건강비용을 고려하면서 기능성 식품들을 적극적으로 개발하려 하였다. 식이성 섬유가 상업적으로 성공한 첫 번째 기능성 성분인데, 이는 이것을 많이 함유한 음료에 대한 폭발적 인기와 더불어 80년대 말 일본과 전 세계 기능성 식품시장을 석권한 선두주자가 되었다. 건강을 향상시키는 성분으로 공인된 것들로는 식이성 섬유, 올리고당, 당알코올류, peptides나 단백질, 배당체류, 알코올류, isoprenoids와 비타민류, choline, 유산균, 무기질, 불포화지방산류 등이 있다. 일본 상품들은 주로 건강한 뼈의 유지와 전반적인 장의 운동 촉진을 위해 개발되었다.

미국에서는 1980년대 저 지방과 저 콜레스테롤을 강조하여 지방 대체성분이 포함된 식품이 주류를 이루었고 식이 섬유의 함량이 높아지기도 했다. 또한, 오메가-3 지방산이나 항산화제, 비타민 E, C, 비타민 A/베타카로틴, 및 phytochemicals 등을 포함하는 식품들에 대한 관심이 높아졌다. 한편, 유럽에서는 식이성 섬유, 올리고당, 오메가-3 지방산, 베타카로틴 등이 주된 관심 성분이다.

미국에서, "기능성 식품"이란 용어에 대해 일반적으로 받아들여지는 공식 정의는 없으나 용어를 정의하는 기구마다 다른 방식으로 정의한다. 미국영양학회(ADA, American Dietetic Association)는 가장 넓은 관점에서 정의하고 있다. 1999년 발표된 의견문에서 미 영양학회는, "포함하고 있다고 알려진 기존 영양소에 의한 것 이상의 건강상 이득을 줄 가능성이 있는 건강식품 또는 식성분"이라고 기능성 식품을 정의하고 있다.

미국, 일본, 중국 등에서는 오래전부터 국민건강증진과 의료비 절감을 위해 국가차원에서 건강기능식품에 관한 법률을 제정하여 건강기능식품의 품목, 기능성 표시에 관한 과학적 기준을 마련하는 한편 정책과 연구개발에 체계적이고 적극적인 지원을 하고 있다.

국내의 건강기능식품시장은 1997년까지 10여 년간 꾸준한 성장세를 거듭해 왔다. IMF 시기에 급격히 감소했던 성장추세가 99년 이후 유통의 다양화, 신규 업체 참여확대 등으로 꾸준히 증가하고 있어 2003년도 시장규모는 건국 이후 최고인 1조 3천억 원이 되었다. 그러나 2003년 말 건강기능식품법에 의한 품목신고, 경기침체와 단가하락에 따른 매출감소로 2004년도에는 1조 1천5백만 원으로 다소 감소한 것으로 나타났다. 이는 기존의 소위 건강식품과 건강보조식품 시장의 재편을 의미하며, 소비자 보호적인 측면에서 고무적인 현상이며, 시장규모는 차츰 커질 것으로 전망된다. 한편, 시장에서 선호되는 건강기능식품 품목군은 소비자들을 대상으로 한 조사 등에서 글루코사민, 허브, 칼슘, 비타민 등의 소재를 선호하는 것으로 나타나 앞으로 이들 소재를 활용한 시장의 지속적인 성장이 예상된다.[11)]

우리 사회가 경제적으로 성장하고 선진국형 식생활 패턴으로 변화하여 감에 따라 영양과잉과 편중, 환경오염, 운동부족 등으로 인한 성인병의 만연이 중요한 사회문제로 제기되기 시작하였으며 평균수명의 증가로 노령화 사회로 진입하면서 건강증진을 위한 소비자의 욕구가 크게 증대하고 있다. 이러한 사회적 요구에 부응하여 관련 식품의약품 산업에서는 다양한 건강 증진과 관련된 제품들이 개발 생산되고 있으나 이들의 안전성과 기능성을 평가하고 유통질서를 관리할 수 있는 제도적 장치가 미흡한 실정이다. 따라서 이러한 식품들을 일반식품에 비하여 보다 엄격하게 규제할 법률적 근거를 마련코자 건강기능식품에 관한 법률을 제정하게 되었으며 다음과 같은 효과를 기대한다.[10),11),15)]

1) 건강기능식품의 안전성과 기능성을 제고한다.
2) 국민건강 증진 및 의료비 부담을 절감한다.
3) 건강기능식품 소재 개발에 관한 연구를 촉진한다.
4) 국내 건강기능식품산업을 보호 할 수 있다.

4. 건강기능식품의 세계시장 현황

최근 보고에 따르면 세계 최대의 기능성 식품 시장을 형성하고 있는 나라는 미국으로 708억 불의 매출로 해외시장의 35%를 차지하였으며, 유럽은 647억 불로 32%, 일본은 364억 불로 18%를 차지하였다. 미국, 유럽, 일본이 세계 시장의 85%를 차지함으로써 해외 기능성 식품시장은 기능성 소재 산업이 활성화된 선진국 중심으로 발달하였음을 알 수 있다.[11)]

[표 1]

	미국	EU	일본	캐나다	한국	아시아[1]	기타[2]	계
매출액 (억불)	708	647	364	60	10	139	95	2,023
%	35.0	32.0	18.0	3.0	0.5	6.9	4.6	100

주: 1) 일본, 한국 제외, 2) 라틴아메리카 등

일본

일본의 보건기능 식품 중 특정보건용 식품 시장을 주도하는 품목은 유산균 음료 등 유산균 관련제품으로서 2001년에 81.3%의 시장을 점유하였으나, 2003년에는 64%로 축소되었다. 반면, 치아건강 관련 껌 류 시장이 14.2%, 콜레스테롤 저하 관련 기능성 식용유 시장이 11.2%, 혈당 및 체지방 감소 관련 다류(녹차) 시장이 10.3%의 시장 점유율을 나타내며 급신장을 기록하였다. 특히, 이들 3개 분야의 특정보건용 식품 중에는 1개 품목으로 100억엔 이상의 매출을 초과하는 품목도 나타났다. 오랜 기간 동안 유산균 관련 제품의 압도적인 시장점유에서 벗어나 다양한 특정보건용 식품이 소비자에 의해 선택되고 있다.[11]

보건기능 식품의 판매경로를 보면 편의점의 판매와 통신판매가 신장추세를 나타내고 있으며, 전문점과 백화점 판매가 40%를 차지하였다. 이와 같은 현상은 건강식품의 판매경로 양상 즉, 직접 판매가 63%, 전문점, 백화점 판매가 15.3%, 약국 판매가 20.7%를 점유하는 양상과는 현저한 차이를 나타내었다. 보건기능 식품의 판매경로 별 점유율에서 통신판매의 증가는 건강식품과는 달리 품질에 대한 소비자의 신뢰가 높아지고 있음을 나타내고 있다. 또한, 제품의 형태를 보면 일반식품의 형태에서 supplement 타입의 제형 판매가 성장하고 있어 소비자의 구매 패턴에 변화가 일어나고 있음을 알 수 있다.

미국

미국 건강식품시장은 1994년 영양 보조식품 건강 교육법(DSHEA) 제정 이후 94년도 164억 달러, 98년도 258억 달러, 2001년도 529억 달러, 2002년도 708억 달러로 매년 2자리 수의 성장을 보였으며, 2004년도 미국의 기능성 식품 시장은 800억 불을 넘어선 것으로 알려져 있다. 미국 건강기능식품 시장은 약 33%를 비타민이 차지하고 있으며, 허브가 23%, 스포츠강화 음료가 10%, 미네랄이 8%, 식사대용제품이 14%를 차지하고 있다.

미국 시장에서 특기할 만한 사항은 비타민 시장 등은 낮게 성장할 전망이나 특별용도(식물성 추출물) 등 기타 제품은 고속 성장할 것으로 예상한다는 점이다.

특히 스포츠 영양식품 혹은 특별용도 제품군(인삼, 홍삼, 특수영양식품을 제외한 26개 품목군과 유사)은 우리나라 시장을 주도하는 품목과 일치하고 있다는 점에서 주목되고 있다.

기능성 식품시장은 소비자에 의해 주도되며 노령층 증가에 따라 건강을 유지하고 질병을 예방하며 정상적인 활동을 영위할 수 있는 부분에 많은 관심을 기울이고 있다. 미국인의 약 50%가량이 식품이 의약품을 대체할 수 있다고 믿는 것과 같이, 다수의 사람이 의약품(처방약/OTC)의 대체품에 많은 관심을 기울이고 있다.[11)]

[표 2] 미 FDA가 승인한 식품라벨 표시를 위한 건강기능성 주장

식이-질병 상관성	인정되는 용어의 예
칼슘과 골다공증	규칙적인 운동과 충분한 칼슘을 포함하는 건강식이는 10대와 젊은 성인 백인, 아시아 여성들의 뼈를 건강하게 하고 골다공증 위험을 낮출 수 있음
염분과 고혈압	염분이 적은 식이는 여러 요인과 연관되어 있는 고혈압의 위험을 낮출 수 있음
섬유질 함유 곡류제품, 과일, 채소와 암	섬유질 함유한 곡류 제품, 과일, 채소가 많은 저지방 식이는 여러 요인과 연관되어 있는 질병인 일부 암의 위험을 낮출 수 있으며 관상동맥질환 위험을 낮출 수 있음
엽산(folate)과 신경관결손(선천이상)	매일 충분한 엽산을 포함하는 건강식이는 여성에서 뇌나 척수 결손이 있는 아이 출생 위험을 낮출 수 있음
당알코올과 충치	식사 사이에 설탕과 전분이 많은 식품을 자주 섭취하는 것은 충치를 유발할 수 있음. 음식에 단맛을 내려고 이용하는 당알코올은 충치 위험을 낮출 수 있음
콩단백질과 관상동맥 심장질환	매일 25g의 콩 단백질을 포함하는 포화지방과 콜레스테롤이 낮은 식이는 심장질환의 위험을 낮출 수 있음
식물성 스테롤 또는 스타놀 에스테르와 관상동맥 심장질환	식물성 스테롤과 스타놀 에스테르가 포함된 식품을 하루 2회(총 3.4g) 포화지방과 콜레스테롤이 낮은 식이로 섭취하면 심장질환 위험을 낮출 수 있음
통곡류와 심장질환, 암	통곡류와 기타 식물성 식품이 많고 전체 지방, 포화지방, 콜레스테롤이 적은 식이는 심장질환과 일부 암의 위험을 낮출 수 있음

2.2 건강기능식품의 안전성 및 기능성의 증명

1. 건강기능식품의 안전성과 기능성 증명

건강기능식품법에 의하여 건강기능식품의 제조, 사용, 보존 등에 관한 기준 및 규격과 그 원료 또는 성분에 관하여 식품의약품안전청장이 별도의 고시를 통해 규정하게 되어 있다. 고시되지 아니한 성분은 식품의 기준, 규격, 안전성과 기능성에 관하여 적법한 자료를 제출하여 허가받게 되어 있다. 건강식품에 관한 올바른 정보를 국민에게 전하고자, 관련기업이 건강식품이나 이들 건강식품의 소재 등의 유효성이나 안전성에 대하여 정확한 지식을 갖추고 있어야 한다. 식품의 안전성에 대하여 소비자의 민감한 반응이 일어나는 현실을 고려할 때 기업이 스스로 안전성과 기능성에 대한 충분한 증거를 확보하여 소비자의 신뢰를 구축하는 것이 필요하다.

제15조(원료 등의 인정)

1. 식품의약품안전청장은 판매를 목적으로 하는 건강기능식품의 원료 또는 성분을 정하여 고시한다.
2. 식품의약품안전청장은 제1항의 규정에 의하여 고시되지 아니한 건강기능식품의 원료 또는 성분에 대하여는 제5조 제1항, 또는 제6조 제1항의 규정에 의한 영업자로부터 당해 원료 또는 성분의 안전성 및 기능성 등에 관한 자료를 제출받아 검토한 후, 건강기능식품에 사용할 수 있는 원료 또는 성분으로 인정할 수 있다.

특히 건강기능식품법에서는 고시되지 않은 건강기능식품의 기능성 원료 또는 성분의 인정에 필요한 인정기준, 인정 방법, 제출 자료의 범위와 요건, 인정 절차 등에 관한 사항을 규정하고 있다. 안전성과 기능성에 관한 자료는 다음과 같다.

개별인정형 건강기능식품의 의미는 "고시되지 않은 원료성분" 또는 섭취량을 변경하고자 하는 경우에도 해당하여 평가대상이 될 수 있다. 또한, 이미 고시된 내용이라 하더라도 새로운 기능성을 추가하고자 하는 경우 등은 평가대상이 될 수 있다. 자료를 평가하는 방법은 자료를 database 등에서 찾아서 모아 제출하는 방법과 직접 자료를 작성하여 만들어 제출하는 방법의 두 가지로 나눌 수 있다. 두 가지 방법 모두 평가원칙은 동일한데, 첫 번째 단계는 "원료의 표준화"(기능성분, 지표성분 등이 확인되고 함량이 일정한지 여부)이고, 두 번째 단계는 "안전성 평가" 단계로서, 표준화된 원료로 안전성이 확보되었는지를 평가한다. 세 번째 단계는 "기능성 평가 및 기능성 내용 결정 단계"이다. 기능성 평가를 위해 식품의약품안전청에서는 여러 나라의 평가절차를 검토하여 evidence based ranking system을 만들었으며 기능성 평가 절차는 기능성 자료의 정도에 따라 수준을 매기는 ranking system이다.[5)]

2. 안전성에 대한 자료

원료의 표준화를 위해서는 수율, 지표성분의 변화 추이에 관한 자료 등을 분석결과와 함께 제출해야 한다. 이 자료가 불완전하면 기준과 규격 인정 단계에서 많은 어려움을 겪게 된다.

안전성 평가 시에는 원료의 종류, 섭취량, 제조방법을 가장 중요한 요소로 설정했다.[9)] 식품의약품안전청(식약청) 고시 중에는 "의약품의 용도로만 사용하는 원료 등에 관한 규정"이라는 사용할 수 없는 자료의 목록이 있다. 이 "의약품의 용도로만 쓰는 원료" 명단은 앞으로 증가할 예정이다. 이미 의약품으로 팔리는 것은 건강기능식품으로 할 수 없다는 원칙이 있지만 합당한 사유가 있으면 건강기능식품으로 사용할 수 있다.

[표 3] 미 의사결정도에 따른 제출되어야 하는 안전성 자료의 범위

제출되어야 하는 안전성 자료	가	나	다	라
건강기능식품으로 신청할 수 없음	✔			
전통적 사용 근거 자료[7)]		✔		
부작용 및 데이터베이스 검색 결과[8)]			✔	✔
섭취량평가자료[9)]			✔	✔
영양평가자료[10)]			✔	✔
독성실험자료[11)]				✔
기타 안전성을 입증할 수 있는 자료12)			✔	✔

의사결정도에서 '가'에 해당하는 것은 건강기능식품의 원료로 사용할 수 없다. '나'는 전통적인 사용근거만 제출하면 되며, '다'는 독성실험을 할 필요는 없지만 검색이 가능한 자료를 찾아오면 된다. '라'는 모든 자료를 찾아서 안전성을 입증하면 가능하지만 자료가 없으면 독성실험을 수행하여야 한다. 독성시험은 급성독성시험, 90일 반복 독성시험, 유전 독성시험을 기본으로 하나 독성시험결과나 원료의 특성에 따라 독성시험이 추가될 수 있다. 예를 들어 원료가 peptide이라면 면역 독성자료를 요구할 수 있으며, 90일 독성시험에서 생식기의 무게가 감소하였다면 생식독성시험이 수행되어야 한다.[7)]

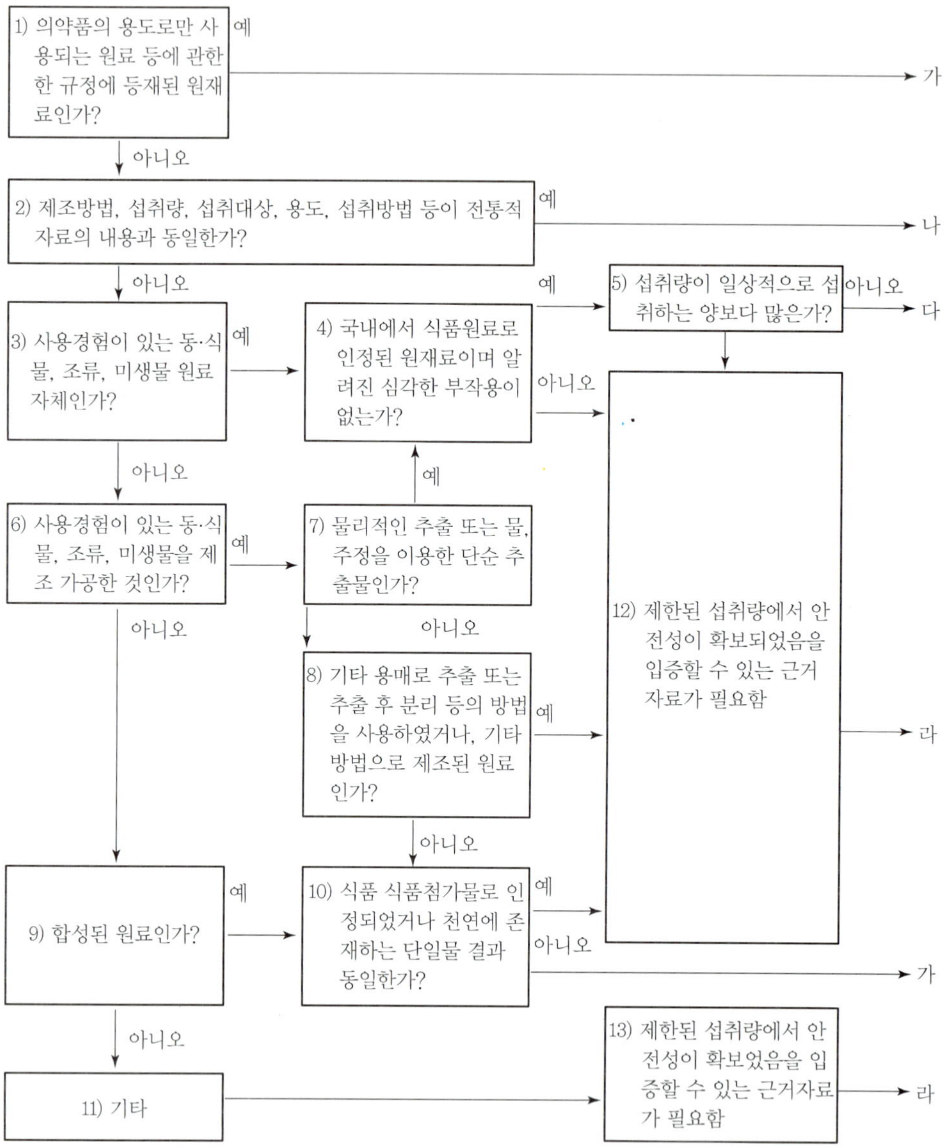

그림 2.1 건강기능식품의 안전성 시험을 위한 의사결정도

1) 기능성 원료와 성분의 안전성에 관한 자료는 독성시험을 실시한 자료이어야 한다. 독성시험은 단회투여 독성시험(설치류, 비설치류), 3개월 이상 반복투여 독성시험, 유전 독성시험, 염색체이상시험, 면역 독성시험, 생식, 발생 독성시험, 발암성 시험으로 구성한다.
2) 안전성 실험 자료의 요건은 다음 중 하나에 해당하여야 한다.
   가) GLP(Good Laboratory Practice)에 의하여 실험한 보고서
   나) 대학 또는 연구기관 등 국내외 전문기관에서 실험한 것으로 기관의 장이 발급한 보고서(시험기관의 시험시설 개요, 주요설비, 연구 인력의 구성, 실험자의 연구경력 등이 기재되어야 함)로서 보고서의 내용이 학술진흥재단 등재 학술지 또는 SCI, SCIE에 해당하는 학술지에 게재되거나 게재증명서를 제출한 것.
   다) 안전성 실험은 의약품 등의 독성시험기준(식품의약품안전청 고시) 중, 각 해당 독성실험법에 따라 실시하거나 이에 준하는 독성시험법에 따라 실시하며, 이 경우 사용한 실험법의 근거를 제시한다.

식물성 소재는 잔류농약이나 중금속 오염, 식품 알레르기 원, mycotoxin 등 이물 혼입이 없는지 철저한 확인이 필요하다.

동물 유래의 소재는 잔류 항생물질이나 수은 오염, 광우병 혹은 조류 인플루엔자 등 감염원의 혼입에도 주의를 기울여야 한다.

식물성 건강기능식품의 안전성을 평가할 때에는 유통되는 상품, 이른바 소비자가 섭취하는 완제품이나 건강기능식품에 사용될 원료에 관한 자료가 필요하다. 원료가 정확히 확인되고 그 특성이 잘 밝혀져야만 한다. 일관성 있는 제품을 생산하는 데 필요한 3가지 요소는 다음과 같다.

1) 원료의 확인
2) 원료에 적용되는 가공공정
3) 최종제품의 표준화

건강기능식품의 원료의 특성은 배치(batch) 별로 일관성이 있어야 하므로 원료의 표준화가 필요하며, 그 성분은 규격에 적합하도록 조성을 적절히 조절할 필요가 있다. 식물성 건강기능식품 원료의 표준화는 한 가지 이상의 활성성분 수준을 근거로 하여야 한다. 부작용을 일으키는 것으로 알려진 성분들도 표준화시켜야 한다. 적절한 지표물질이나 활성성분들이 알려지지 않았을 때에는 원료의 화학적 'fingerprint'가 필요하며, 다양한 분석학적 fingerprinting 방법들이 이용될 수도 있다. 화학적으로 복잡한 식물은, HPLC와 같은 기

술을 이용할 수도 있지만, 그 기술만으로는 충분치 않아서, 예를 들어 미국 국가 독성프로그램(National Toxicology Program, NTP)의 독성평가대상으로 선정된 인삼은, 수분/휘발성 물질의 함량, 유기 phosphate 계 살충제의 농도, 니트로소아민(nitrosoamine), 총 아미노산 및 개별 아미노산, 선별된 음이온, 총 탄수화물 및 에탄올성 탄수화물, 단당류와 이당류, 글리칸(glycan)의 분자량 분포, HPLC-MS로 확인할 수 있는 모든 UV-검출 성분, HPLC-UV에 의한 진세노사이드(ginsenoside)의 프로필, GC-FID에 의한 휘발성 유기물의 프로필 및 GC-MS로 확인할 수 있는 모든 성분에 대한 자료가 필요하다.[4)]

위험성에 대한 정보는 다양한 방법으로 얻을 수 있다. 식물성 제품의 안전성은 수준 높은 자료를 근거로 평가되어야 하며, 가능하면 우수농산물관리지침(Good Agricultural Practice, GAP), 우수건강기능식품 제조관리기준(Good Manufacturing Practice, GMP), 우수실험실 운영기준(Good Laboratory Practice, GLP) 및 우수임상시험 관리기준(Good Clinical Practice, GCP)에 따르는 것이어야 한다.

예전에는 독성시험자료 위주였으나 전통적 사용근거 자료부터 역학조사 자료까지 가능한 모든 자료를 사용할 수 있다. 석류피 물추출물을 예로 들면 의약품원료이므로 사용할 수 없다. 인삼, 백출, 감초 추출물이라면 전통적 사용경험이 있는 원료에 해당하여 간단하게 인정된다. 즉 전통적 사용 근거자료만 제출하면 된다. 토마토 리코펜은 단순한 물추출물이 아니며, 토마토에서 섭취하게 되는 리코펜의 평균 섭취량보다 많아졌다면 가능한 한 모든 자료를 제출해야 하며 독성자료까지 요구할 수 있다. 광물은 모든 자료를 요청할 수 있다. 안전성 자료의 요건은 논문, 국제기구 보고서 등을 사용할 수 있으며 전통적 실태, 섭취량 자료는 통계자료를 바탕으로 기술하면 된다.

3. 기능성에 대한 자료

건강기능식품은 의약품과 식품의 중간위치에 있는 것으로 소비자는 식품의 기능을 하면서도 의약품의 효과를 얻을 수 있는 건강식품의 기능성을 기대한다. 현재 건강기능식품법에는 기능성의 정의를 명확히 하고 있으며 기능성을 입증하는 자료를 다음과 같이 규정하고 있다.[7)]

1) 기능성을 입증하는 자료는 인체실험 결과, 동물실험 결과, *in vitro* 실험 결과, 역학조사 결과, 또는 관련 문헌으로 당해 원료의 인체에서의 기능성이 과학적으로 인정될 수 있어야 한다. 기능성은 여러 실험 결과를 종합하여 평가하는 것으로 가능한 한 많은 자료를 제출한다.

2) 기능성 자료의 요건

인체실험과 동물실험은 '건강기능식품 원료 또는 성분의 기능성 실험 일반원칙'에 준하여 실시한 것이어야 한다. 기능성 실험 자료의 요건은 다음 중 하나에 해당하여야 한다.

가) 임상시험 관리기준(Good Clinical Practice)에 의하여 임상실험기관에서 실험한 인체실험보고서

나) 대학 또는 연구기관 등 국내외 전문기관에서 실험한 것으로 기관의 장이 발급한 보고서(시험기관의 시험시설 개요, 주요설비, 연구 인력의 구성, 실험자의 연구경력 등이 기재되어야 함)로서 보고서의 내용이 학술진흥재단 등재 학술지 또는 SCI, SCIE에 해당하는 학술지에 게재되거나 게재증명서를 제출한 것.

다) 국제기구 보고서 또는 국내외 정부 보고서

상기 법률 내용에 의하면 건강기능식품의 신소재와 신제품을 출시하려면 엄격한 독성 실험을 거쳐 안전성을 확보하여야 하며, 기능성을 인정받으려면 동물실험을 비롯하여 인체 실험도 하여야 함을 알 수 있다. 실험 항목 및 방법이 의약품의 인 · 허가에 필요한 수준과 거의 유사한 수준으로 규정되어 있으며 학술진흥재단 등재지 이상의 논문에 발표된 내용이 인진싱이나 기능성 자료로 활용될 수 있다는 점에 주목하여 활발한 연구 활동이 요구된다.

현재 기능성 자료는 *in vitro* 자료부터 review 자료까지 모두 사용이 가능하다. 기능성 평가를 위해서는 자료의 유형, 각각의 수준(질)을 모두 확인한다. 인체실험은 중재실험이 가장 좋은 자료이나 동물실험이나 in vitro 실험도 매우 중요하다. 연구의 유형에 따른 점수는 인체실험이 제일 좋으나 동물실험 등의 기초 자료가 없이 인체실험 자료만 있는 것은 바람직하지 않다. 기능성 평가의 최종 단계인 기능성 표시를 위해서는 개별 자료의 평가 이후에 모든 자료의 양(quantity), 일관성(consistency), 관련성(relevance)이 확인되어야 한다.

기능성 표시는 모두 3가지인데, 질병발생위험감소기능, 기타 기능, 영양소 기능이 있다. 영양소 기능은 영업자가 제출하여 받을 수 있는 것이 아니며, 질병발생위험감소기능은 total diet와 연관하여 과학자들 사이의 상당한 합의가 있어야 하므로 일반적으로 가능한 claim은 기타기능이다. 기타 기능은 대상이 영양소가 아니고 인체실험 자료가 많으며, 모든 자료의 수준이 높고 바이오 마커가 일관성이 있어야 하며 활용성이 질병이 아니어야 한다. 건강기능식품의 기능성이란 질환으로 발전하지 않은 상태를 조절하는 것이지 증상의 완화, 질병의 예방이나 치료는 해당하지 않는다. 개별인정형 건강기능식품으로 검토할 수 있는 기능성은 주로 기타기능이다.

기능성 자료는 인체에서의 기능성을 과학적으로 입증할 수 있는 것이라면 모두 사용할 수 있고, 바이오 마커가 통계적인 유의성을 가져야 하며, 두 가지 이상의 원료를 혼합한 경우 혼합 사유와 과학적 근거가 제시되어야 한다. 동물실험의 경우, 자료는 관련 학술지에 게재된 자료 또는 그 수준 이상으로 제출되어야 하나 인체실험의 경우에는 GCP 기준에 따라 실시하거나 이에 준하여 실시한 경우 보고서도 가능하다. 인체실험의 윤리적인 문제를 좀 더 강조하기 위해, IRB(Institutional Review Board)를 통하여 protocol부터 마지막 결과 보고까지 모두 확인해야 하는 방향으로 개정되었다. 전통적 사용근거 자료도 사용할 수 있다.

섭취량 자료는 안전성과 기능성을 확보할 수 있는 최대/최소 섭취량을 제출하면 좋으나 인체실험 자료가 많아야 하므로 적정섭취량인 하나의 섭취량만 설정해도 된다. 제품이 가장 효율적인 기능성을 나타낼 수 있는 식사지침이나 의약품과의 상호작용 정보 등이 있으면 제출하는 것이 좋으나 새로 자료를 만들어야 하는 것은 아니다.

4. 세계 각국 및 우리나라의 기능성 표시제도

1) 건강기능식품의 기능성 표시

식품의 기능성 표시는 일반식품 전반에 걸쳐 건강/질병과의 관계를 표시하도록 하는 건강 강조표시(health claim) 제도를 시작으로 발전하였다. 건강 강조표시제도는 미국을 중심으로 발전하였고 유럽에서는 이를 더욱 발전시킨 기능성 표시제도의 시행을 앞두고 있다.[5)]

우리나라에서는 제형(환, 캡슐, 정제, 액상 등)에 대한 규제를 했었으나 2008년 3월 개정된 건강기능식품법률에 의하면 유럽과 미국의 기능성 표시제도와 같이 식품의 제형에 대한 구분을 두지 않게 되었다.

일반적으로 식품의 기능성 표시에 대한 원칙은 다음과 같다.

첫째, 객관적이고 합리적인 평가원칙에 따라 확보된 과학적인 자료를 평가한 후에야 비로소 식품의 기능성을 표시, 광고할 수 있다.

둘째, 식품의 기능은 의약품의 효능(질병의 예방, 치료, 증상의 완화 등)과 구분되어야 한다는 것이다.

국제 식품규격기구인 CODEX는 식품의 기능성 표시를 아래와 같이 3가지로 제한했다.

가) 영양소 기능표시

'칼슘은 뼈를 강하게 만들고 치아의 발달을 돕는다.'와 같이 신체가 정상적으로 기능을 하는 상황하에서 해당영양소의 역할을 나타내는 표시로 사실상 건강에 대하여 강조하는 영양표시이다.

나) 기타 기능표시

'칼슘은 뼈의 밀도를 높여줄 수 있다.'와 같이 영양소 또는 다른 물질들이 신체의 정상적인 기능을 향상시키거나 개선해준다고 주장하는 표시이다.

다) 질병위험 감소표시

'과일이나 채소는 암에 걸릴 확률을 줄여줄 수 있다.'와 같이 특정식품이 질병의 발병 확률을 줄여준다고 주장하는 것이다.

2) 세계 각국의 건강기능식품 기능성 표시제도

미국

미국 식약청(US FDA)은 건강 강조표시를 인정하는 책임기관으로 지정되었으며, 이를 근거로 현재까지 총 26가지의 건강강조표시가 인정되었다. 영양표시와 교육법에 따라 인정된 건강 강조표시를 인정받으려는 청원자는 기능성을 입증할 수 있는 과학적 자료를 FDA에 제출하여야 하며, FDA에서는 이를 검토하여 상당한 과학적 합의에 도달되었다고 결론을 내린 때에만 건강 강조표시를 하도록 인정한다. 각 건강 강조표시를 인정할 때에는 표시를 위해 필요한 조건도 함께 제시되는데, 이 조건이 충족된 모든 식품에 대해서는 FDA의 사전승인 없이 인정된 기능성 내용을 표시할 수 있으며, 다음 12가지가 영양표시 및 교육법에 따라 인정된 건강 강조표시이다.

칼슘과 골다공증, 나트륨과 고혈압, 식이 지방과 암, 포화 지방산, 콜레스테롤과 심장 관상동맥 질환, 섬유소 함유 곡류, 열매채소와 암, 섬유소(특히 수용성 섬유소) 함유 열매채소 및 곡류와 심장 관상동맥질환, 열매채소와 암, 엽산과 신경관계 결함, 당알코올과 충치, 귀리, 질경이씨 껍질 같은 식품에서 유래한 수용성 섬유소와 심장 관상동맥질환, 대두와 심장 관상동맥질환, 식물성 스테롤 및 식물성 스타놀 에스테르와 심장 관상동맥질환

상당한 과학적 합의에 도달한 정도는 아니라도 어느 정도의 과학적 근거가 확보되었다면 그 수준에 따라 4가지로 구분된 제한적 건강 강조표시를 인정하고 있다, 제한적 건강

강조표시를 평가할 때에 FDA는 근거중심등급결정체계를 사용한다. 제안된 식품성분과 질병과의 관계를 설명하는 근거의 크기에 따라 등급을 매기는 방법이며 개별 자료의 연구 유형과 질에 따라 점수를 매긴 후 등급을 나눈다. 과학적인 근거의 정도를 구분하기 위해 처음으로 식품성분과 질병과의 관계를 정의하고 이에 해당하는 모든 자료를 수집한다. 이때 기능성에 긍정적인 결과뿐 아니라 부정적인 결과까지 모두 수집한다. 수집한 자료들을 가지고 연구의 유형과 질에 따라 점수를 매기고 분류한다. 연구의 일관성의 정도에 따라 연구의 양과 마찬가지로 3단계로 점수를 나눈다. 질병발생 위험감소와의 연관성 또한, 질병과의 관계에 대한 생리학적 의미의 정도에 따라 3단계로 점수를 나누어 평가한다. 이렇게 자료를 종합적으로 평가한 후 평가 결과에 따라 가장 좋은 등급은 A등급에 해당하고, 매우 많은 연구결과가 있으나 결정적인 결과가 부족한 경우에는 B등급에 해당한다. 낮은 질의 연구결과만 있거나 연구의 양이 부족하여 기능성 내용을 일반화하기 어려운 경우 C등급에 해당한다. 마지막 단계인 D등급은 일관성이 매우 낮거나 낮은 질의 연구결과만 있으며 그 수가 부족하고 결과를 확신하기가 매우 어려운 경우에 해당한다. 네 번째 등급에도 해당하지 못하면 아무런 표시를 인정받을 수 없다. 2005년 11월 현재 총 14가지 제한적 건강 강조표시가 인정되었다.

일본

일본은 우리나라에서 일반적으로 알고 있는 기능성 식품 제도를 도입한 최초의 국가이다. 즉, 특정한 식품에 생리활성물질을 첨가하여 기능성을 표시 · 광고토록 허용한 특정보건용 식품 인정제도가 만들어진 것이다.

특정보건용 식품에 표시할 수 있는 기능성 내용은 제품별로 한 인체실험 자료를 근거로 인정하고 있으며, 평가기간은 보통 1년 정도이다. 1991년 특정보건용 식품 제도의 시행 초기에는 일상식품의 형태로만 한정하여 기능성을 인정하였으나, 2001년부터는 정제 등 식이 보충제의 형태도 특정 보건용 식품으로 인정하고 있다. 현재까지 500여 품목이 인정되었으며, 주요한 기능성 내용은 대장관 기능개선, 혈당조절기능, 혈압조절기능, 혈중콜레스테롤 조절기능, 치아건강 유지, 무기질 흡수에 도움, 골격건강 유지, 체지방 조절기능의 8가지이다. 지금까지는 어떠한 경우에도 질병과 관련된 표시를 할 수 없도록 하였으나, 2005년부터는 규정에 따라 질병발생 위험감소표시까지를 허용하도록 규정을 바꾸었다. 기능성을 표시할 수 있는 또 하나의 식품군으로 영양기능 식품이 있다. 이는 12종의 비타민과 4종의 무기질 중 일부 또는 전부를 식이 보충제의 형태로 사용하도록 하는 식품으로, 각 비타민과 무기질의 기능성은 학계에서 널리 알려진 내용을 미리 정하여 놓고, 기준에 합당한 제품이라면 인정된 기능성을 표시하여 제조, 수입 또는 유통될 수 있도록 하고 있다. 그러나 미국과 같이 일상식품 전반에 대한 건강 강조표시를 허용하는 제도는 갖추고 있지 않으므로 특정보건용 식품과 영양기능 식품 이외의 일상식품에는 어떠한 기능성도 표시할 수 없다.

유럽

유럽은 전체에 통용되거나 혹은 국가적 차원의 건강 강조 표시관련 규정이 없어서, 유럽의 각국은 자가 규제의 틀을 마련하여 기능성 표시 제도를 수행하고 있었다. 따라서 유럽연합에서는 유럽 의회와 식품의 영양 및 건강 강조 표시 위원회 규정 초안을 준비하여 수정을 거쳐 2007년 1월부터 시행 중이다.

3) 한국의 건강기능식품 기능성 표시제도

우리나라에서 건강기능식품은 건강기능식품표시 기준에 따라 질병발생위험 감소표시와 기타 기능표시, 영양소 기능표시의 3가지 유형의 기능성 표시를 할 수 있다. 질병발생위험감소 표시는 현재 충치관련 기능성에 대해서만 인정되었으며 균형 잡힌 식사와의 조화를 고려할 때 일반식품의 형태가 아닌 건강기능식품의 형태에서는 더 이상 확대될 가능성이 희박하다고 판단된다. 영양소 기능표시는 영양소 기준치가 정해진 영양소에 한하고 일반적인 영양학 교과서 수준에서도 인정되는 정상적인 신체의 기능에 대한 영양소의 역할에 한한다. 따라서 현재 개별인정성 건강기능 식품에서 인정될 수 있는 기능성은 기타기능에 대부분 국한될 수 있다.[5)]

건강기능식품은 기본적으로 안전성 확보에 우선순위를 두고 있으며, 그다음으로 기능성의 과학적 입증을 요구한다. 따라서 영업자로부터 건강기능식품 기능성 원료 인정에 관한 규정에 합당한 자료가 제출되면, 먼저 안전성 평가하고 문제가 없는 때에만 기능성 평가를 시작한다. 기능성 자료를 평가하는 궁극적 목적은 표시 광고에 사용할 수 있는 기능성 내용을 결정하는 것이며, 기능성 내용은 과학적 근거에 따라 그 수준이 달라질 수 있다. 건강기능식품의 기능성 평가를 위하여 제출되는 자료는 인체실험을 비롯하여 유형이 매우 다양할 뿐 아니라 자료의 질과 양도 상당한 차이가 있으므로 체계적이고 객관적인 접근방법으로 자료를 총체적으로 검토할 필요가 있다.

앞서 설명한 바와 같이 이미 미국, 캐나다, 영국, EU, 호주 등 선진국에서는 식품의 기능을 과학적 자료에 근거하여 평가하는 방법이 중요함을 인식하여, 유사한 원칙에 의하여 식품의 기능성, 건강과의 관계에 대해 평가하여 인정하고 있다. 식약청에서는 각국별 평가지침의 장·단점을 파악하고, 우리나라 실정을 고려하여 근거중시등급결정체계인 기능성 평가체계를 확립하였으며, 이러한 평가의 기본 원리를 규정에 반영하여 운영하고 있다. 근거중심의 평가방법은 선택된 자료의 질을 평가하는 방법을 가지고 있으며 대체로 이들은 연구가 얼마나 잘 설계되었는지, 잘 분석되었는지를 개별적으로 평가한다. 개별적 평가가 끝난 후에는 평가된 개별 자료들을 모아 근거들의 총체적인 크기를 평가한다. 이러한 방법을 사용하는 평가를 근거중심평가라고 하며 근거중심평가에 기반을 두고 기능성 내용의 순위를 결정하는 방법을 근거중심등급결정체계라고 한다. 근거중심 평가 및 근거중심등급결정체계는 근거중심의학에서 발전한 내용으로 미국의 예에서 설명한 것처럼 FDA가 이를 적용하여 사용하고 있다.

식약청 내에서의 건강기능식품 심의위원회에서 개별인정형 식품의 평가를 매달 실시하고 있으며, 통과율이 10% 정도로 매우 엄격하다. 크게 3등급으로 나누고 있는데, 1등급은 동물실험, 임상시험이 여러 나라에서 이루어지고 수천 명 이상의 사람들을 대상으로 하는 역학조사 기록이 있어야 인정되므로 일반적으로는 받기 어렵다. 현재 자일리톨(충치 발생 위험 감소 기능), 글루코사민(관절과 연골 건강에 도움) 등이 인정되었다. 2등급은 동물실험, 임상시험 결과가 있어서 매우 신뢰할 만한 제품에 해당한다. 이소 말토 올리고당(장내 유익균 증식 및 유해균의 억제), 구아바 잎(식후 혈당 조절), 참당귀 주정추출 분말(노인의 인지능력 저하의 개선에 도움) 등이 있다. 3등급은 동물실험뿐이거나 동물실험과 간단한 간이임상이 행해져서 효능은 인정되나 다소 자료가 부족한 제품들에 해당한다. 알로에 추출물 분말(혈중 콜레스테롤 수준의 개선에 도움을 줄 수도 있으나 아직은 과학적인 근거가 부족함), 표고버섯 균사체 AHCC(신체방어능력 향상에 도움될 수 있으나 인체실험을 통한 확인이 필요함) 등이 있다.

보충제 형태의 제형에 국한되어 있는 건강기능식품의 기능성의 평가도구는 미국, 캐나다, 유럽 등의 평가도구와 비교하였을 때, 사실 그 기본 원리는 식품의 기능성 표시의 평가에서 비롯된 것임을 알 수 있을 것이다. 즉, 건강기능식품의 제형이 확대되어 일반식품의 기능성 표시까지 적용된다 하더라도 현재의 평가도구를 잘 사용한다면 시장과 정책의 혼란 없이 잘 시작할 수 있을 것으로 판단된다.

5. 건강기능식품의 기능성 예시

최근 심혈관계 질환이나 암, 골다공증, 비만 등의 예방에 특정 식이 요소가 중요한 역할을 한다는 많은 증거 자료들이 제시되고 있다. 면역계 조절이나 노화지연, 지적 수행능력의 향상 등에 식이의 역할이 관심을 끄는 가운데 점점 더 많은 과학적 증거들이 식이의 중요성을 말해주고 있다. ACSH(American Council of Science and Health, 미국 과학건강협회)는 현재 유통되고 있는 여러 건강기능식품의 효과에 대한 과학적 증거의 수준을 다음과 같이 분류하고 있다.[1)]

매우 강력한(very strong) 근거 있음

- 심혈관계질환 관련(콜레스테롤 저하, 심장병 위험 감소)

통귀리(whole oat) 제품, 질경이씨(psyllium) 함유 제품, 통대두(whole soy) 식품과 콩 단백질(soy protein)로 만든 제품, 식물성 스타놀 또는 스테롤 에스테르(stanol or sterol esters)로 만든 특수성분 강화 마가린

- 구강질환 관련(충치 유발 저하)

당알코올(sugar alcohols), D-소비톨, 자일리톨, 만니톨 등 단당류 유도체로 체내 이용률이 낮은 감미료로 만든 무설탕 껌과 캔디

강력한(strong) 근거 있음

- 심혈관계질환 관련(콜레스테롤 저하, 심장병 위험 감소)

오메가-3 지방산 함유 지방어족-심장병 위험 감소

중간 정도(moderate)의 근거 있음

- 심혈관계질환 관련(콜레스테롤 저하, 심장병 위험 감소)

마늘의 유기 황화합물

- 비뇨기 질환 관련(요로감염 위험 감소)

cranberry 주스

미약 또는 중간 정도(weak to moderate)의 근거 있음

- 항암 관련

녹차, 토마토 제품의 lycopene

미약(weak)한 근거 있음

- 안과 질환 관련(망막 황반 변성 위험 감소)

  lutein함유 암녹색 잎채소

- 항암 관련

  십자화과 채소(cruciferous vegetables)

- 면역관련(위장관 기능과 면역에 효과)

  생균활성제(probiotics)

1) 심혈관계 질환

심혈관계 질환은 전 세계적 사망률의 약 50%를 차지하는 가장 큰 사망 요인이 되고 있다. 식품 중 항산화제 역할을 하는 것으로는 비타민 C나 E, 카로티노이드, ubiquinone, flavonoid 등이 있고 항산화 효소계의 구성 원소로 구리, 아연, 철, 망간, 셀레늄 등이 있다. 심혈관계 질환과 관련한 항산화제 효과는 불포화지방산과 LDL cholesterol의 산화를 중재하는 free radical에 관한 것으로 항산화제들은 LDL이나 PUFA의 산화를 방지해 준다.

식이성 섬유나 omega-3 지방산들은 혈중 콜레스테롤을 낮춘다고 알려졌으며 생선기름도 LDL 콜레스테롤을 낮출 수 있고 혈관확장을 촉진하며 혈소판 응집을 방지해 준다. 등 푸른 생선(연어, 청어, 고등어)에는 omega-3 지방산인 DHA(docosahexaenoic acid)가 많이 함유되어 있다.

2) 암

심장병에 이어 암은 모든 사망의 약 20%로 추정되는 질병으로 전 세계 사망의 두 번째 큰 원인이다. 비록 유전적 경향이 중요한 위험요소로서 존재한다 할지라도, 암 사망의 약 30%는 식사와 관련되어있다고 한다. 그러므로 식사 섭취를 조절하는 것은 암 발생의 감소를 일으키는 중요한 접근 방법의 하나다. 당근이나 오이, 사과, 딸기, 브로콜리, 고추 등의 식품은 항암 성분을 포함하고 있는 것으로 여겨지는 식품들이다. 식품성분 중 특정 아미노산(methionine, cysteine, tryptophan, arginine), 지방산(butyric acid, stearic acid, conjugated linoleic acid, n-3 fatty acids),

비타민(vitamin A/carotenoids, vitamin C, D, E, choline, folate, B_{12}), 무기질(Ca, Zn, Cu, Fe, Se, I), 및 기타 비 필수 성분(flavanoids, terpenes, thiocyanates/iso-thiocyanates, ellagic acid, sulphides) 등은 항암 인자들로 관심을 받고 있다.

3) 비만

심장병, 고혈압, 당뇨병에 이어 비만도 서구에서는 심각한 질병 중 하나이다. 비만 문제를 해결하려면 저열량 식이, 약물치료, 외과적 수술법 등의 여러 가지 방법이 이용되지만, 이들 모두 비만 감소에 그다지 효과가 있는 것 같지는 않고 오히려 부작용이 생기기도 한다. 포만감을 유발하여 에너지 섭취를 줄일 수 있는 제품을 개발한다면 비만을 감소시킬 수 있을 것인데 이런 목적으로 연구 중인 식품 인자로 카페인이나, theobromine, thiamin, 아연 등의 식욕감퇴제가 있고, 위에서 소화되는 속도를 지연시키는 식이성 섬유, 복합탄수화물 등이 있다. 주어진 식사의 열효율을 증가시켜 에너지 소비를 증가시키는 식품 성분에 관한 관심도 높아지고 있는데 예를 들면 고추의 capsaicin성분 등을 들 수 있다.

4) 골다공증

골다공증은 작은 외상에도 뼈가 잘 부러지며 bone mass가 낮은(osteopenia) 상태에서 오는 질환을 말한다. bone mass의 손실은 수년에 걸쳐 생기며 이 질병은 치유될 수 없고 단지 예방이나 증세의 최소화만이 가능하다. 현재 폐경기 이후 호르몬 대체 요법이 가장 효과적인 대책으로 간주되고 있으며, 충분한 양의 칼슘이 풍부한 식품을 섭취하는 것도 모든 연령대에서 매우 중요하다. 여러 종류의 칼슘 강화식품이나 칼슘 흡수를 촉진해주는 물질을 포함한 식품으로서는 casein phosphopeptide, calcium citrate malate, 및 vitamin D 등이 있다.

5) 면역기능

최근 각종 영양소와 미량 영양소들이 면역기능에 중요한 효과를 가져온다는 연구가 있는데, 그 예로는 아미노산(예를 들면, arginine, glutamine) 을 포함하여, 오메가-6 및 오메가-3 지방산류, 무기질 성분(Se, Cu, Fe, Mn, Zn)들, 지용성 비타민(A, D, E), 카로티노이드 및 수용성 비타민(B_6, B_{12}, folate, C)을 들 수 있다.

식품에 존재하는 phytochemicals(녹차류와 베리에서 추출한 cathechin, flavanoids, 마늘에서 얻은 감마-glutamyl allylic cysteines, 감초로부터 얻어지는 triterpenoids, 및 파슬리나 당근, 샐러리 등으로부터 얻어지는 polyacetylenes)들도 면역기능의 활성에 영향을 주는 것으로 나타나고 있고, 기능성 식품 개발에 유용한 성분으로 활용될 가능성이 크다. 비피도박테리아(bifidobacteria)를 포함한 각종 유산균도 암 예방에 유익이 될 수 있는 면역체계를 활성화한다고 보고되고 있다.

6) 감정, 행동, 지적활동

기분이 좋아지고 싶고 머리가 더 좋아지며 스트레스를 덜 받고자 하는 욕구를 충족시켜주기 위한 제품들이 나타나고 있다. 이것들은 전통 식품 추출물, 약초 차, 신세대 청량음료, 오메가-3 지방산, 인지질에 이르기까지 다양하다. 약초 차는 피로를 풀어주고 활기와 안락감을 주는 것으로 사용됐는데 미국의 경우 약초는 진정작용을 하고 에너지를 주며, 회복 효과를 가지는 풀로 알려져 왔고 정신을 새롭게 하거나 활기를 주는 것, 마음을 안락하게 하고 스트레스를 풀어주는 것으로 인식되어 왔다. 인지질은 세포막의 구성성분으로 중요하며 모든 체세포의 정상적 기능을 수행하는 데 필수적인 물질이다. 세포막의 구성은 식이에 의해 영향을 받을 수 있기 때문에 인지질이 관심을 끌고 있다. DHA와 arachidonic acid(ARA), phosphatidylserine 등의 물질은 기억력과 학습능력을 증진시키고 스트레스 하에서 일에 집중력을 향상시키며 우울할 때 긍정적 감정을 주게 된다고 한다. 따라서 이 물질은 에너지 음료나 미네랄 물, 과일 비타민 음료, 아이스커피 및 기타 인스턴트음료 등에 사용될 가능성이 있다.

7) 소화관, 장 기능

건강한 장내 균총 유지에 의하여 설사나 식중독 같은 증상이나 심지어 일부 암까지도 예방한다는 과학적 증거들이 많이 보고되고 있다. 유럽과 일본에서는 probiotic한 식품의 생산이 활발하고 특히 우유를 근간으로 한 것들이 많이 나오고 있다.

*Lactobacillus acidophilus*나 *Bifidobacterium* 같은 probiotic 배양액을 사용하는 것은 1980년대 후반과 1990년대 초반에 유럽에서 인기를 끌게 되었고 특히 프랑스에서 인기를 누렸다. 최근에는 더 새롭고 복잡한 미생물 종들이 등장하고 있다. 콜레스테롤 저하 기능이 있는 요구르트 및 다른 유해 미생물에 대한 장내 균총의 저항성을 증가시켜 설사 등을 예방하는데 효과를 보이는 제품들이 개발되고 있다. 올리고당과 같이 소화되지 않고 대장에까지 도달한 후 그곳의 장내 세균에 의해 발효됨으로 유용한 미생물의 성장을 촉진시키는 것도 장의 건강을 유지하는 데 효율적인 한 방법이다. 갈락토 올리고당은 *Bifidobacteria*나 *Lactobacilli*와 같은 유익한 장 내 세균의 성장 촉진제로 사용하고 있다. 또한, 식이섬유는 변비나 과민성 대장증상의 개선에 기능성이 있다고 알려졌다.

8) 운동 및 육체 활동

스포츠음료는 근육의 활동을 위해 탄수화물을 공급하거나 탈수를 방지하고 땀을 통해 손실되는 전해질을 보충하거나, 운동 후 축적된 글리코겐의 분해를 촉진하는 등의 효능을 지닌 것이 대부분이다. 또 각각의 운동경기를 겨냥한 것이나 맛을 보강시킨 음료의 개발이 필요하다. 에너지 생산과 지방 대사에 필수적인 L-carnitine은 일상 식이에 보충했을 때 운동 경기력을 향상시키고 에너지를 제공해주며 지구력과 원기를 증강하거나 피로에 대한 저항력을 높여준다고 알려졌다. 글루타민 펩티드(glutamine peptide) 제품도 산업화하고 있는데, 글루타민은 격렬한 운동이나 화상, 외과수술 등의 스트레스를 받을 때 필수적인 아미노산으로 여겨지는 것이다. 글루타민을 포함한 제품들은 혈장의 글루타민 농도를 일정하게 유지하고 장관이나 근육, 그리고 면역세포에 글루타민을 충분히 공급해주는 역할을 한다고 알려졌다.

9) 노화

출산율의 하락과 평균 수명의 상승으로 선진국의 연령층을 조사해보면 노인 인구가 점점 증가하는 것을 알 수 있다. 이런 상황에서 식품이 육체적 정신적 노쇠를 물리칠 수 있게 만들어질 수 있다는 가능성은 가능하면 오래도록 높은 삶의 질을 유지하면서 살기 원하는 많은 사람에게 아주 매력적인 것이 되었다. 많은 종류의 동물을 가지고 한 실험에 의하면, 수명은 필수영양소를 적절히 섭취하면서 열량을 제한했을 때 많이 증가시킬 수 있다고 한다. 이는 정상 대사과정에서 생겨나는 단백질이나 지방, 또는 DNA가 산화한 손상을 적게 받게 되기 때문으로 그 기전이 제시되고 있는데, 이러한 이유로 비타민 E나 C, 카로티노이드, 특정 미량 원소 및 항산화적 성질을 가진 비영양성분들(ubiquinone, flavonoid)이 노화와 함께 수반되는 신체적 · 정신적 감퇴 현상의 속도를 줄일 수 있고 수명 자체를 연장할지도 모른다고 주장된다. 이러한 영양소나 비영양성분들을 실험적 모델에 사용했을 때 산화한 손상을 예방하거나 최소화하는데 매우 효과적인 것으로 보고되고 있으나 이러한 항산화제들이 정말 사람에게 있어서 노화와 관련된 병상을 감소시키며 수명을 연장하는지에 대해서는 충분한 연구가 부족하다.

2.3 건강기능식품의 원료로 사용 가능한 물질들

표 1, 2와 그림 2.2는 건강기능식품의 원료를 기능성 별, 원료별, 화학적 성질별로 구분

한 것이다. 기능성 별로 구분한 경우에는 한 가지 화합물이 여러 기능성을 나타내는 경우도 많으며, 원료를 기준으로 구분하더라도, 예를 든다면 choline의 경우와 같이 식물, 미생물, 동물에서 모두 발견되는 물질도 있음을 알 수 있다.[2),3),14),16)]

[표 1] Examples of nutraceuticals grouped by mechanisms of action

Anticancer	Positive Influence on Blood Lipid Profile	Antioxidant	Antiinflammatory	Osteogenetic or Bone Protective
Capsaicin Genestein Daidzein α-Tocotrienol r-Tocotrienol CLA Lactobacillus acidophilus Sphingolopids Limonen Dially sulfide Ajoene α-Tocopherol Enterolactone Glycyrrhizin Equol Curcumin Ellagic acid Lutein Carnosol L. bulgaricus	β-glucan r-Tocotrienol δ-Tocotrienol MUFA Quercetin ω-3 PUFAs Resveratrol Tannins β-Sitosterol Saponins Guar Pectin	CLA Ascorbic acid β-carotene Polyphenolics Tocopherols Tocotrienols Indole-3-carbonol α-Tocopherol Ellagic acid Lycopene Lutein Glutathione Hydroxytyrosol Luteolin Oleuropein Catechins Gingerol Chlorogenic acid Tannins	Linolenic acid EPA DHA GLA(gamma-linolenic acid) Capsaicin Quercein Curcumin	CLA Soy protein Genestein Daidzein Calcium Casein phosphopeptides FOS (fructooligosaccharides Inulin)

Note : The substances listed in this table include those that are either accepted or purported nutraceutical substances.

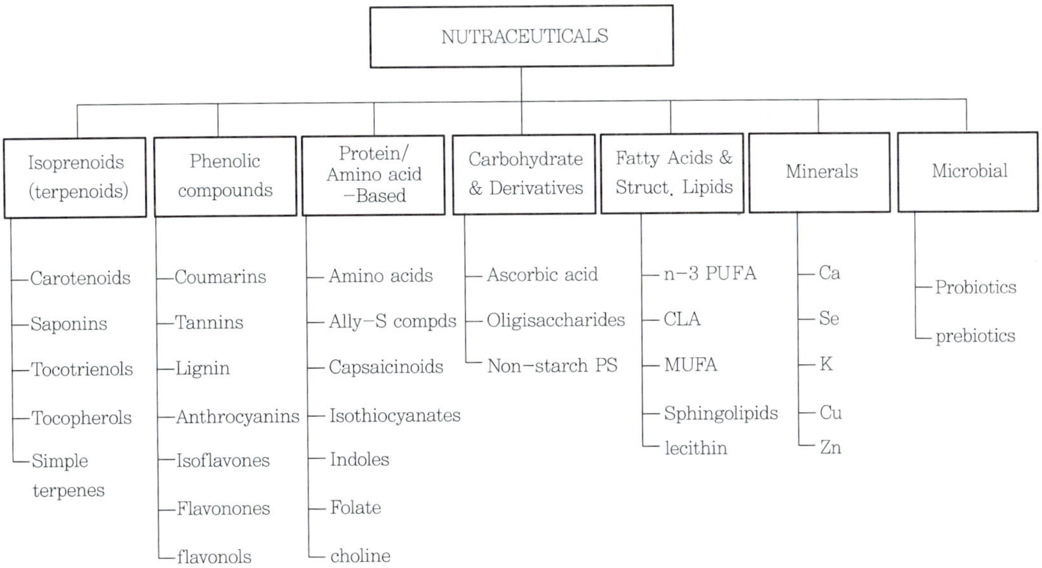

그림 2.2 Organizational scheme for nutraceuticals

[표 2] Examples of nutraceuticals substances grouped by food source

Plant	Animal	Microbial
β–Glucan, Ascorbic acid, r–Tocotrienol, Quercetin, Luteolin, Cellulose, Lutein, Gallic acid, Perillyl alcohol, Indole–3–carbonol, Pectin, Daidsein, Glutathione, Potassium, Allicin, δ–Limonene, Genestein, Lycopene, Hemicellulose, Lignin, Capsaicin, Geraniol β-Ionone, α–Tocopherol, β–Carotene Nordihydrocapsaicin, Selenium, ZeaxanthinMinerals, MUFA	Conjugated Linoleic Acid(CLA) Eicosapentaenoic acid(EPA) Docosahexenoic acid(DHA) Spingolipids Choline Lecithin Calcium Coenzyme Q10 Selenium Zinc Creatine Minerals	*Saccharomyces bouardii (Yeast)* *Bifidobacterium bifium* *B. longum* *B. infantis* *Lactobacillus acidophilus (LCI)* *Streptococcus salvarius(subs. Thermophilus)*

Note : The substances listed in this table includes those that are either accepted or purported nutraceutical substances.

1. 탄수화물류(polysaccharide 류)

탄수화물은 우리 식사 가운데 총 섭취열량의 60% 이상을 차지하는 주된 열량영양소이므로 매우 중요하다. 탄수화물은 그 분자 내에 탄소(C), 수소(H), 산소(O)를 가지고 있는 유기화합물로서 식물이나 동물에 의해 만들어질 수 있으나 주로 식물체에 의해 형성된다. 식물체는 아주 중요한 반응 중의 하나인 광합성(photosynthesis)을 통하여 공기 중의 이산화탄소(CO_2)와 토양 중의 물(H_2O)로부터 탄수화물을 형성한다.

탄수화물류들은 식물체가 태양에너지를 이용하여 공기 중의 이산화탄소와 물을 이용하여 합성한 매우 중요한 생체 내 에너지 공급원이면서 면역기능 향상, 항산화 활성, pre-biotic, 소화관 기능 증진과 대변량 증가에 의한 변비 방지 등의 역할을 한다.

생체내의 에너지원으로 이용되는 것은 주로 포도당의 형태이다. fructo-oligosaccharide, isomalto-oligosaccharide 등의 3~6개 정도의 포도당 분자가 결합한 올리고당들은 일반적으로 인체에서 난소화성을 나타내며, 충치균이 이용하지 못하기 때문에 충치 예방 효과가 있다. 또한, 변비를 예방하며, 장 내 세균 균총을 인체 건강을 유지하는 쪽으로 유도하는 기능이 있다.

- 올리고당류 : 단당류 3~10개 정도가 모여서 이루는 당류
- 다당류 : 전분(곡류, 감자류), 덱스트린, 셀룰로오스(채소의 줄기와 잎, 과실류의 외피), 헤미셀룰로오스, 펙틴질(사과, 레몬 등의 과일껍질), 글리코겐
- 식이 섬유질 : 탄수화물 식품 중 장내의 소화효소에 의해 소화, 흡수되지 않는 물질로 열량 원으로 작용하지 않는다. 섬유질의 주성분인 셀룰로오스와 펙틴은 수분 결합능력을 갖추고 있어서 변의 부피와 무게를 주며 또 변을 부드럽게 잘 만들어 주어 장을 통과하게 함으로서 정장작용을 하며 배변을 돕는다.

당알코올(sugar alcohol)류들은 당류의 carbonyl 기가 환원되어서 얻어진 다가 알코올(polyol)을 의미하는데, 공업적으로 고압 상태에서 수소를 첨가하는 방법으로 생산한다. 당알코올류로는 sorbitol, mannitol, erythritol, xylitol, maltitol 등이 있으며 그중에 xylitol은 충치예방 효과가 과학적으로 입증된 소재로써, 한국, 일본, 미국 등 전 세계적으로 활용되고 있는 소재이다. 올리고당과 마찬가지로 충치균인 mutans 균들이 이들 물질을 이용하지 못하므로, 입속에서 산의 생성이 불가능하게 만들어서 충치예방과 손상된 치아의 복원에도 도움을 주는 것으로 알려져 있다.

식이 섬유소는 입속의 저작 활동을 자극하며, 타액의 흐름과 위액의 분비를 촉진하면서 포만감을 유발한다. 또한, 배변량을 증가시키는 작용에 의해서 변비를 예방하는 작용을

한다. 위의 작용들 이외에도 식이섬유는 혈당 지수를 낮추어서 비만을 예방하는 작용도 한다.

2. 지방질류(lipid, fatty acid류)

지방은 물에 녹지 않는 유기화합물이고 주로 탄소(C)와 수소(H)로 되어 있으며, 산소(O)가 약간 있다. 지방은 융점에 따라 상온에서 고체인 굳기름(fat)과 상온에서 액체인 기름(oil)으로 나눌 수 있다. 굳기름은 주로 동물성 식품인 육류의 지방, 버터 등에 많이 들어 있고, 기름은 식물성 지방급원 식품인 면실유, 콩기름, 옥수수기름 등에 많이 들어 있다.

지방질은 에너지 공급원이면서 특유의 향미를 제공하며, 포만감을 부여하는 역할 이외에도 세포막의 구성 성분으로서 매우 중요한 역할을 한다. 특히 linoleic acid, linolenic acid(18 : 3, w-3), eicosapentaenoic acid(EPA, 20 : 5, w-3), docosahexaenoic acid (DHA, 20 : 6, w-3) 등의 다가불포화 지방산(polyunsaturated fatty acid, PUFA) 들은 고혈압, 동맥경화 등의 예방 효과 이외에도 두뇌 발달과 기억력 증진 등의 기능이 있는 것으로 알려졌다.

Conjugated linoleic acid(CLA)는 18 : 2, 9(cis), 11(trans) 또는 18 : 2, 10(trans), 12(cis)를 의미한다. 이들 CLA들은 항암 기능이 있으며, 동맥경화를 예방하며, 면역 기능을 향상시키는 것으로 알려졌다.

1) 지방의 분류

- 단순지방 : 지방산, 글리세리드, 왁스류와 같은 것들
- 복합지방 : 인지질, 당 지질, 지단백 등
- 유도지방 : 활성초산과 관련된 화합물, 콜레스테롤, 담즙산, 에르고스테롤, 비타민 D 등
- 콜레스테롤 : 신체 필수구성성분이며, 특별히 뇌와 신경조직에 많이 농축되어 있는 물질, 담즙산과 비타민 D의 전구물질이며 여러 호르몬(성호르몬, 부신피질호르몬) 들의 합성을 위한 시작물질이다.
- 지방산의 포화도
  - 포화지방산(saturated fatty acid) : 탄소와 탄소 사이에 이중결합이 없는 지방산. 스테아르산, 팔미트산 등
  - 불포화지방산(unsaturated fatty acid) : 탄소와 탄소 사이에 이중결합이 있는 지방산. 올레산, 리놀레산, 리놀렌산 등

2) 필수지방산

필수지방산(essential fatty acid, EFA)이란 체내에서 충분한 양이 생산되지 못하므로 식사를 통해서 꼭 섭취해야 하는 지방산을 말한다. 필수지방산의 생리적 기능은 세포막을 구성하는데 구조적으로 필수적인 물질이고 또 조직 내 지방의 합성과 프로스타글란딘의 생산을 위해서도 꼭 필요하고 다중불포화지방산(polyunsaturated fatty acid, PUFA)인 리놀레산, 리놀렌산, 아라키돈산이 필수지방산이다.

3) 지방의 기능

농축된 에너지 급원, 체지방축적과 조직 구성 성분, 포만감 부여, 맛과 향미의 제공, 지용성 비타민의 흡수 도움, 필수지방산의 제공

4) 지방의 급원

- 동물성급원 : 육 · 어류(돼지고기, 쇠고기, 닭고기, 참치 등), 유제품(우유, 버터, 치즈 등), 달걀 등
- 식물성급원 : 콩기름, 면실유, 옥수수기름, 땅콩기름, 야자유, 올리브유, 황화 기름, 해바라기기름 등

3. 단백질류(protein, peptide, amino acid류)

단백질은 탄소(C), 수소(H), 산소(O), 질소(N)로 구성되어 있으며, 황(S), 인(P), 철(Fe), 요오드(I) 등의 무기질성분도 함유하고 있다. 단백질을 이루는 가장 작은 기본단위를 아미노산이라고 하며 이 아미노산들이 펩티드 결합을 이루어 단백질을 구성한다. 단백질은 체내에 필수적인 중요한 물질들을 만들거나 운반하고, 또는 외부로부터의 이물질과 대항해 싸우기도 하며, 나아가서는 뼈, 근육과 연결조직을 이루기도 한다. 또 혈액을 응고시키는 데에도 여러 가지 종류의 단백질이 필요하다.

protein, peptide, amino acid류들은 세포의 생장, 효소, 호르몬, 근육, 생체막의 구성 성분으로, 신체의 항상성 유지에 매우 중요한 역할을 한다. amino acid 들의 다양한 생리활성은 여러 가지 보고된 바 있으며, 항암활성 등을 가지는 peptide류들도 다수 보고된 바 있다.[3)]

4. 비타민류(vitamin류)

비타민이란 세포 내에서 특수한 대사기능을 수행하고자 신체가 매우 소량을 필요로 하

는 유기물질이다. 세포는 이런 물질들을 합성하지 못하기 때문에 반드시 식품이나 비타민제를 통하여 섭취하여야만 한다. 단 나이아신, 비타민 A, 비타민 D는 신체에 적당한 전구체가 있거나 외부 환경조건이 적합하면 합성할 수 있다. 그러나 비타민이나 비타민의 전구체가 결핍되었거나, 혹은 환경조건이 적합하지 않을 때에는 비타민 결핍증이 초래될 수 있기 때문에 전구체도 모두 비타민에 포함한다.[3)]

1) 지용성비타민과 수용성비타민의 일반적 성질

지용성비타민	수용성비타민
• 기름과 유기용매에 용해된다. • 하루의 섭취량이 조직의 포화상태를 능가하면 체내에 저장되고 좀처럼 방출되지 않는다. • 결핍증세가 서서히 나타난다. • 필요량을 매일 절대적으로 공급할 필요성은 없다. • 비타민의 전구체가 존재한다.	• 물에 용해된다. • 필요량 이상의 섭취량은 체내에 저장되지 않고 쉽게 요 중으로 방출된다. • 매일 필요량을 공급 못 하면 결핍증세가 비교적 속히 나타난다. • 매일 필요량을 절대적으로 공급하여야 한다. • 일반적으로 전구체가 존재하지 않는다.

2) 비타민의 종류와 작용

명 칭	결핍증상	공급원	비 고
비타민 A	피부각화, 각막 건조증, 야맹증	간장, 버터, 굴, 김, 우유, 당근 등 녹황색채소	호흡기계통 저항력 증진, 피부점막건강 유지
비타민 B1	각기병, 다발성 신경염, 식욕감퇴, 체중감소	배아, 효모, 보리, 콩, 돼지, 두류	탄수화물, 지방산대사에 관여
비타민 B2	혀의 염증, 구각염, 피부염	배아, 간유, 효모, 간장, 달걀, 치즈, 우유	철의 운반 증가
비타민 B6	피부염, 빈혈, 우울, 착란, 경련	효모, 간, 배아, 두류, 생선, 가금류, 견과류	단백질대사, 신경피부질환 예방
비타민 B12	악성빈혈, 설염, 지각장애, 보행장애	간, 우유, 난류, 해조류	코발트 함유
비타민 C	괴혈병, 권태감, 피부창백	녹색채소, 감귤류, 딸기, 녹차, 토마토	감기예방, 상처회복촉진, 감염 및 알레르기 억제
비타민 D	구루병, 골연화증	버터, 간장, 난황, 간유, 버섯	골다공증 예방
비타민 E	불임증, 뇌연화증, 근육위축증	밀배아유, 콩기름, 쌀겨기름, 간유, 상치, 콩기름	혈관확장, 항응혈제, 세포노화지연

명 칭	결핍증상	공급원	비 고
비타민 K	혈액응고저해, 간장애	돼지간유, 토마토, 양배추, 시금치, 완두, 장내세균합성	프로트롬빈합성에 필요, 혈액응고작용
엽산	악성빈혈, 설염, 설사	간, 효모, 난황, 우유, 녹색채소, 살구	젖분비촉진, 피부건강 유지, 구강점막 궤양 방지
나이아신	펠라그라, 흑설병	육류, 간, 효모, 우유	LDL 낮추고 HDL 높임
판토텐산	피부염	간, 난황, 효모, 쌀겨, 콩	지방, 탄수화물을 에너지화, 대장균이 체내합성

5. 무기질(minerals)

무기질(minerals)이란 식품을 태운 후에 재로 남는 부분을 말하며 회분(ash)이라고도 한다. 즉, 인체를 구성하는 원소 중 탄소, 질소, 산소와 수소 등 주로 유기물의 주성분이 되는 것을 제외한 다른 원소를 통틀어 일컬으며 인체 중 약 4%를 차지한다. 또한, 무기질은 에너지를 갖고 있지 않지만 생물을 구성하거나 생명현상을 유지하는데 있어서 필수적인 성분이며 어떠한 생물체도 무기질을 합성할 능력을 갖고 있지 않다.[13]

1) 무기질의 함량

- 산소, 탄소, 수소, 질소를 제외한 원소
- 함량은 다음의 표와 같다.

[표 3] 인체를 구성하는 주요 원소

원 소	함 량(%)	원 소	함 량 (%)
산소(O)	65.5	나트륨(Na)	0.15
탄소(C)	18.0	염소(Cl)	0.15
수소(H)	10.0	마그네슘(Mg)	0.05
질소(N)	3.0	철(Fe)	0.004
칼슘(Ca)	1.5	망간(Mn)	0.0003
인(P)	1.0	구리(Cu)	0.0002
칼륨(K)	0.35	요오드(I)	0.00004
황(S)	0.25		

2) 무기질의 기능

- 신체 구성성분(경조직) : 뼈와 치아를 구성하는 성분
- 생체기능의 조절작용 : 체액의 pH 및 삼투압을 조절(완충작용)
- 촉매적 기능 : 효소계의 성분, 촉매로 작용
- 생리물질의 구성요소 : 티로신, 인슐린, 헤모글로빈 등 생리물질의 구성요소

3) 여러 가지 무기질의 기능

- 칼슘(Calcium, Ca)
  - 체내 약 99%는 골격에, 약 1%는 혈액에 분포
  - 골격 성분 중 약 85%는 인산칼슘, 약 10%가 탄산칼슘 형태로 이루어짐
  - 주요 기능 : 골격과 치아형성, 혈액의 알칼리성 유지, 근육수축, 산-염기 균형
  - 결핍증 : 성장부진, 골다공증, 골연화증, 구루병 등
  - 칼슘의 흡수 촉진인자 : 비타민 D, 비타민 C, 유당, 단백질 등
  - 칼슘의 흡수 억제인자 : 피트산(phytic acid), 옥살산(oxalic acid) 등
- 인(Phosphorus, P)
  - 체내 약 85%가 골격과 치아를 형성하며 칼슘과 1 : 1의 비율로 이루어짐
  - 주요 기능 : 근육의 수축, 효소작용조절, 삼투압조절, 신경자극전달 등
- 마그네슘(Magnesium, Mg)
  - 약 60%가 골격 및 치아를 형성하며 식물체 엽록소(chlorophyll)의 구성성분
- 철분(Iron, Fe)
  - 사람 체중의 약 0.004%이며, 헤모글로빈(hemoglobin)의 성분으로 산소 운반체임
  - 여성은 임신과 생리적인 철의 손실로 인하여 더욱 필요로 함
- 구리(Copper, Cu)
  - 철의 흡수와 생성에 필요(철이 헤모글로빈을 형성하는데 촉매작용을 함)
  - 구리는 일반 식품을 통해 비교적 쉽게 섭취
- 불소(Fluorine, F)
  - 치아의 경도 유지(불소함량 0.6 g~1 g/1,000ℓ 적당)
  - 음료수에 불소가 부족하면 치아가 연해져 내산성이 없어짐
- 요오드(Iodine, I)
  - 80%가 갑상선에서 분비하는 티록신(thyroxine)이라는 호르몬의 구성성분

- 인체의 열량대사와 유즙 분비에 관여하며, 해조류에 많이 함유됨
- 결핍증 : 갑상선종(goiter), 바세도우씨병(안구 돌출), 소인증

• 나트륨(Sodium, Na), 염소(Chlorine, Cl)
  - 소금으로 섭취되며 신체 내 농도가 일정해야 체내 모든 기능이 원활하게 이루어짐
  - 체액의 산·염기 균형을 조절, 삼투압조절
• 칼륨(Potassium, K)
  - 채소류에 많이 함유되어 있고 나트륨의 배설에 관계됨
  - 채식을 주로 하는 사람은 소금을 많이 보충해야 함
• 아연(Zinc, Zn) : 간장, 췌장, 모발, 피부, 고환 등에 분포, 인슐린(insulin)의 구성성분
• 망간(Manganese, Mn) : 조혈, 효소, 생식기능에 필요함
• 셀레늄(Selenium, Se) : 비타민E의 절약작용이 있으며, 지방의 항산화에 관여함
• 코발트(Cobalt, Co) : 빈혈에 유효한 성분으로 비타민 B12의 구성성분임

6. 생약자원류(phytochemical 류)[8),9)]

Phytochemical류는 건강기능식품의 원료로 활용될 가능성이 가장 큰 원료이다. 특히 우리나라에서는 동의보감을 비롯한 각종 동양의학적 고문서들이 좋은 참고문헌이 되고 있으며 소비자들의 인지도와 신뢰도도 높은 편이다. 그러나 그러한 고문서들은 생약 또는 생물 원료를 건강기능식품 개발이나 연구에 활용할 수 있는 좋은 자료이기는 하지만, 참고자료이며 허가과정에서 건강기능식품의 안전성과 기능성에 대한 과학적인 근거가 제시되어야 한다.

현재 많은 종류의 생약자원들이 식품의 주원료와 부원료로 사용될 수 있는데, 이들 사항을 참고하여 건강기능식품의 원료로 활용할 수 있다. 식품의 주원료로 사용 가능한 동·식물 90여 종 중에 생약은 하수오, 천마, 진피, 저령, 상지 등이 있으며, 대추, 생강, 올리브, 알로에, 죽순 등의 식품재료들과 구기자, 감초, 산약(마), 황기, 헛개나무 등의 한약재로 알려진 식품 원재료가 속해 있으며 특히 인삼, 장뇌삼, 홍삼 등의 인삼류에다 영지버섯, 운지버섯, 아가리쿠스 버섯 등의 버섯류 등이 포함된다. 부원료로서 최소량만을 사용해야 하는 식품 원재료들은 다량 섭취할 때 약리작용이 우려되는 다수의 한약재로 알려진 식품 원재료가 포함되어 있다. 여기에는 녹각, 녹용, 맥문동, 복령, 사인, 산사자, 울금, 작약, 지황, 천궁 등이 있다. 식품공전에 기록된 사용기준은 원료 배합 시 50% 미만(배합수 제외)을 사용해야 하고 동분류에 속하는 원료를 혼합할 때 가능한 5종류 이하만 혼합 가능하며 그것도 배합성분 총량이 제품의 50% 미만(배합수 제외)이어야 한다. 일반적으로 익숙해져

있는 산수유, 치자나무 등의 열매류, 감잎, 연잎, 박하 잎 등의 잎류, 느릅나무껍질, 어성초 등의 줄기류, 작약, 칡 등의 뿌리류, 연꽃, 칡꽃 등의 꽃류, 상황버섯 등의 버섯류 그리고 녹각, 녹용 등의 동물성 식품 원재료들이 여기에 포함된다. 사용불가 원료는 식용근거가 없고 식품으로서의 안전성이나 건전성이 입증되지 않았으며 기본 특성상 약리작용이 강하거나 유독성 물질을 함유하여 현재로서는 식품원료로 사용할 수 없는 원료들로써 현재 84종의 생약재들이 선정되어있으며, 특히 동물성 원료로서 식육(생활 관습상 통상적으로 사용되는 고기와 장기류 및 부산물로서 소, 돼지, 양, 염소, 토끼, 닭, 칠면조, 오리, 꿩, 메추리 등)에서 유래한 것이 아닌 혐오 식품인 뱀, 지렁이, 해구신 등과 무분별한 포획으로 생태계를 파괴할 수 있는 사향, 땅벌 집, 멧돼지 쓸개 및 과학적 근거가 전혀 없는 동물의 혈액이나 태반 등도 포함된다.[8),9)]

이외에 별도의 제한을 받지 않고 사용할 수 있는 것으로 식품에 보편적으로 사용할 수 있는 동 · 식물성 원료가 있다. 식품으로 인정되지 않은 생약을 식품에 사용할 수 있는 동식물성 원료가 되려면 식품의약품안전청장이 사용 가능 여부를 판정한다. 국내 식품산업에서 생약자원의 이용은 민간 전통요법의 이용에서 비롯되었다고 할 수 있으므로 그 역사는 상당히 깊다. 이미 오래전부터 한약재에 대한 생리 활성이 연구됐으며, 최근에는 바이오산업의 급성장, 건강지향적 관심의 증대에 힘입어 한약재 혹은 생약의 유효성에 대한 연구가 더욱 활기를 띠고 있다. 생리학적 혹은 약리학적 효능을 식품이나 의약품, 화장품 등의 소재로 활용하고, 산업화하려는 연구가 크게 주목을 받고 있으며, 그동안 민간에서 전해오던 한약재를 산업화하기 위한 기초연구와 제품화 연구도 활발히 진행되고 있다.

[표 4] 식품의 주원료로서 사용 가능한 식품원재료

종류	주원료 품목
식물열매	대추, 매실, 밤, 귤껍질, 뱀딸기, 구기자, 복분자, 비자나무, 뽕나무, 선인장, 장미, 지구자(허깨나무 열매), 고욤나무, 마가목, 참나무, 찔레나무, 구스베리(gooseberry), 주목나무(yew tree, 씨앗 제외)
식물종자	결명자, 달맞이꽃, 은행, 달단메밀(tartarian buckwheat)
식물잎	루이보스, 라벤더, 민들레, 뽕나무, 소나무, 쓴박하, 엉겅퀴, 허깨나무, 구기자나무, 고욤나무, 생강나무, 쑥, 올리브나무, 찔레나무, 가죽나무, 당귀, 대나무, 차조기(자소엽), 알로에
식물줄기	선인장, 소나무, 허깨나무
식물뿌리	인삼, 장뇌삼, 홍삼, 민들레, 연근, 천마, 황기, 갈대뿌리, 구기자나무, 갈대근경, 돼지감자 괴경, 명일엽, 감초, 당귀, 죽순, 산약, 생강
식물꽃	국화, 금잔화, 라벤더, 소나무, 쓴박하, 장미, 찔레나무, 물망초, 진달래
버 섯	영지버섯, 운지버섯, 아가리쿠스 버섯, 보라 버섯, 뽕나무버섯, 잎새버섯, 꽃송이버섯, 노루궁둥이버섯, 그물버섯, 능이버섯, 달걀버섯, 껄껄이그물 버섯, 망태 버섯, 먹물 버섯, 비단그물버섯, 뿔나팔버섯, 수원그물버섯, 왕그물버섯, 큰 전나무버섯, 송로버섯 (truffle)
기 타	눈꽃동충하초

[표 5] 식품의 부원료로서 사용 가능한 식품원재료

종류	부원료 품목
식물열매	산수유, 치자, 산사자
식물종자	사인, 연자
식물 잎	감나무, 연잎, 옥수수수염, 측백나무, 비파잎, 오리나무, 박하
식물줄기	삼백초, 구절초, 마가목(껍질), 버드나무(껍질), 익모초, 느릅나무(껍질), 어성초
식물뿌리	대황, 단삼, 독활, 맥문동, 백출, 창출, 작약, 석창포, 칡
식물꽃	연꽃, 칡꽃
버 섯	상황버섯, 진흙버섯, 차가버섯, 말굽버섯
동 물	녹각, 녹용

[표 6] 식품의 원료로 사용 불가능한 재료

종류	사용불가 품목
식물열매	피마자, 멀구슬나무
식물종자	복숭아씨, 살구씨, 석류씨, 차전자씨
식물줄기	대황, 목통, 반하, 석류(껍질), 옻나무, 향부자, 황련
식물뿌리	목향, 부자, 으아리
동 물	땅벌 집, 멧돼지쓸개, 뱀, 복어알, 사람의 태반, 사람의 혈액, 사향, 지렁이, 해구신 등

국내에서 연구된 생약자원의 약리활성화합물로는 주로 항균활성, 항산화 활성, 항암활성, 항보체활성, 돌연변이 억제 활성, 간, 혈액의 지질대사에 미치는 영향 등의 연구가 주를 이루며, 성분으로는 flavonoid, 사포닌, triterpenoid가 많이 분리되고, 연구되었다. 최근에 국내에서 추진되고 있는 생약원료를 이용한 건강기능식품의 개발은 최첨단의 생명공학적 기술을 이용하여 부가가치의 창출과 그 기능성을 극대화하려는 방향으로 진행되고 있다. 기능성 식품의 사업화를 위하여 여러 식품과 제약기업이 연구와 개발에 참여하고 있으며 이들 기업은 대부분 권위 있는 한의서나 국내외 논문에 발표된 천연물 소재들을 대상으로 약효와 안전성 실험 등을 실시하여 의약품의 원료나 기능성 식품의 소재로 개발하고 있다.

7. 미생물 유래물질

프로바이오틱스(probiotics)는 안티바이오틱스(antibiotics)에 대비되는 용어로서 일반적으로 사람이나 동물에게 건조 세포나 발효 산물의 형태로 투여하여 숙주의 장내 균총을 개선하여 좋은 영향을 주는, 단일 혹은 복합 형태의 생균제를 말한다. 국내에서 프로바이오틱은 세 가지 의미로 사용한다. 첫째는 인체 의약용인 정장제(整腸劑)나 유산균 제제, 둘째는 건강기능식품법에서 정의한 유산균 제품, 셋째는 사료 첨가제로서의 생균제(生菌劑)이다.[12] 장내미생물은 유아기에는 유산균과 비피더스균을 비롯한 유용 세균이 전체 장내 균총의 90% 이상을 차지하지만, 노년기가 되면 클로스트리디움(*Clostridium perfringens*)을 비롯한 부패 세균이 증가하여 노화를 촉진한다. 파스퇴르(1857)가 유산균을 처음 발견한 데 이어, 메치니코프(Elie Metchinikoff)가 불가리아 장수촌에서 *Lactobacillus bulgaricus*를 분리하고, "발효유에 의한 장수설"을 발표하면서 유산균음료가 주목을 받게 되었다. 그 후, 치즈와 사탕무에서 각각 *Lactobacillus casei*와 *Lactobacillus fermentum*이 분리되었다. 그 후 각국에서는 자기 민족에게 맞는 고유 형태의 유산균 및 유산균 발효유를 개발하여 오늘에 이르고 있다.

8. 유전자 변형 식물체

유전자 변형 기술을 이용하여 특정 기능성 성분을 함유하는 건강기능식품을 개발하는 것이다. 유전자 변형 식물체를 이용한 건강기능식품의 개발 방법은 다음 3가지 범주로 구분된다.[6]

- 첫째, 식품 중에 발견되지 않는 기능성 단백질이나 기능성 펩티드, 또한, 생리활성 펩티드의 이용이다. 이는 고도의 생리활성을 나타내는 기능성 펩티드나 단백질을 작물의 식용부위에 발현, 축적시켜 새로운 기능성 식품으로써 이용하는 것이다.
- 둘째, 기능성이 분명한 비타민류, 폴리페놀류, 지질의 생합성 단계를 제어하여, 기능성을 갖는 대사 산물을 작물의 식용부위에 고도 축적시켜 이용하는 것이다.
- 셋째, 감염증의 미생물 병원균이나 알레르기 증상의 원인이 되는 항원 단백질을 식물의 식용부위에 발현시켜 먹는 백신으로 이용하는 것이다.

2.4 고시형 건강기능식품과 개별인정형 건강기능식품[17),18)]

• 고시형 건강기능식품 : 고시형이란 식약청장이 판매를 목적으로 하는 건강기능성 식품의 원료 또는 성분을 정하여 고시, 수재된 것을 말하는 것을 말한다. 고시형 건강기능식품으로 지금까지(2008.1) 37개 품목이 고시되어 있으며, 이들은 식품위생법상에 존재하던 특수영양식품 중 영양보충용 식품, 건강보조식품, 인삼 제품과 홍삼 제품 일부로 구성되어 있다.

• 개별인정형 건강기능식품 : 개별인정형이란 고시되지 않은 기능성 원료의 사용으로 제조업자 혹은 수입업자가 안전성/기능성 자료를 제시하고 검사기관의 검사를 거쳐 개별 품목의 건강기능식품으로 기준과 규격을 인정받는 제품(개별인정형 건강기능성 식품원료)을 말한다.

1. 고시형 건강기능식품 분류와 주요 기능

1) 영양보충용 제품 : 단백질, 비타민, 무기염류, 식이 섬유소 등의 보충

단백질, 비타민, 무기질, 아미노산, 지방산, 식이섬유 중 영양소 1종 이상이 주원료이며, 이러한 영양소의 보충이 목적인 건강기능식품을 말한다(단, 식사를 대신하거나 영양소

이외의 다른 성분의 섭취가 목적인 것은 제외한다.).

최종제품의 각 영양소의 함량 규정은 아래 표와 같다.

① **단백질 보충용**(단, 규격함량은 아래 표시량의 80.0%~120.0%이어야 한다.)

구분	히스티딘	이소로이신	로이신	라이신	메티오닌+시스틴	페닐알라닌+티로신	트레오닌	트립토판	발린
아미노산 조성	19	28	66	58	25	63	34	11	35

② **비타민 보충용**(단, 규격함량은 아래 표시량의 80.0%~150.0%이어야 한다.)

영양소	함량	영양소	함량
비타민 B_1(mg)	25.0	비타민 K(㎍)	-
비타민 B_2(mg)	12.0	나이아신(mg NE)	13.0
비타민 B_6(mg)	10.0	비오틴(㎍)	500.0
비타민 B_{12}(mg)	60.0	엽산(㎍)	250.0
비타민 C(mg)	1000	판토텐산(mg)	30.0
비타민 E(mg α-TE)	150.0		

③ **무기질 보충용**(단, 규격함량은 아래 표시량의 80.0%~180.0%이어야 한다.)

영양소	함량	영양소	함량
구리(mg)	1.5	요오드(㎍)	75.0
마그네슘(mg)	220.0	철(mg)	15.0
망간(mg)	2.0	칼륨(mg)	-
몰리브덴(㎍)	25.0	칼슘(mg)	700.0
셀렌(㎍)	50.0	크롬(㎍)	-
아연(mg)	12.0		

④ 아미노산 보충용(단, 규격함량은 아래 표시량의 80.0%~150.0%이어야 한다.)

구분	히스티딘	이소로이신	로이신	라이신	메티오닌+시스틴	페닐알라닌+티로신	트레오닌	트립토판	발린
함량(mg)	180.0	180.0	250.0	220.0	240.0	250.0	130.0	60.0	180.0

그 외, 지방산 보충이 목적이면 최종제품의 리놀레산(linoleic acid), 리놀렌산(linolenic acid)의 함량은 단독 또는 두 가지를 조합하여 1일 섭취량 당 리놀레산은 4.0 g 이상, 리놀렌산은 0.6 g 이상 되어야 하고(단, 규격함량은 표시량의 80.0%~120.0%이어야 한다.), 식이섬유보충이 목적이면 최종제품의 1일 섭취량 당 식이섬유의 함량이 5.0 g 이상이어야 한다(단, 규격함량은 표시량의 80.0%~120.0%이어야 한다.).

2) 뱀장어유 제품 : 건강증진, 영양보급

뱀장어에서 채취한 기름을 식용에 적합하도록 정제한 것 또는 이를 주원료(98.0% 이상)로 하여 캅셀에 충전·가공한 것을 말한다. 최종 제품의 에이코사펜타엔산(Eicosapentaenoic acid, EPA)의 함량은 1.0% 이상, 도코사헥사엔산(Docosahexaenoic acid, DHA)의 함량은 2.0% 이상이어야 한다. 그 외 산가(1.0 이하), 과산화물가(15.0 이하), 요오드가(90~110)의 기준이 규정되어있으며, 대장균군은 음성이어야 한다.

3) 에이코사펜타엔산(Eicosapentaenoic acid, EPA), 도코사헥사엔산(Docosahexaenoic acid, DHA)

함유제품 : EPA-혈행 개선, DHA-두뇌·망막의 구성성분, 두뇌 영양공급에 도움

에이코사펜타엔산(EPA) 함유제품은 식용 가능한 어류, 수서동물, 조류에서 채취한 EPA를 함유한 유지를 식용에 적합하도록 정제한 것 또는 이를 주원료로 하여 제조·가공한 것을 말한다. 이와 마찬가지로 도코사헥사엔산(DHA) 함유제품은 위의 정의에서 EPA 대신 DHA를 함유한 것이며, 에이코사펜타엔산(EPA) 및 도코사헥사엔산(DHA) 함유제품은 이 두 성분을 모두 함유한 것을 말한다. EPA 함유제품에서 최종 제품의 EPA의 함량은 12.0% 이상, DHA 함유제품에서 최종 제품의 DHA의 함량은 12.0% 이상이어야 한다.EPA와 DHA 함유제품은 최종 제품의 EPA 과 DHA를 합한 함량이 12.0% 이상이어야 하며, 이 중 EPA와 DHA 함량은 각각 6.0% 이상이어야 한다. 그 외 산가(1.0 이하), 과산화물가(15.0 이하)의 기준이 규정되어있으며, 대장균군은 음성이어야 한다.

4) 로열젤리 가공 식품(생 로열젤리, 동결 건조 로열젤리 가공 식품) : 영양보급, 고단백 식품

로열젤리 제품의 형태는 3가지로 분류할 수 있다. 일벌의 인두선에서 분비되는 분비물로 식용에 적합하도록 이물을 제거한 생 로열젤리와 생 로열젤리를 동결 건조한 동결 건조 로열젤리, 그리고 로열젤리를 주원료(생 로열젤리 35.0% 이상, 동결 건조 로열젤리 14.0% 이상)로 하여 제조 · 가공한 로열젤리 제품이 있다. 중요기능성분은 10-히드록시-2-데센산(10-HAD)로서 각 제품 형태에 따라 이 성분의 함량은 각각 생 로열젤리가 1.6% 이상, 동결 건조 로열젤리가 4.0% 이상, 그리고 로열젤리 제품이 0.56% 이상이어야 한다. 그 외 조단백질의 함량은 생 로열젤리가 11.0~ 14.5%, 동결 건조 로열젤리가 30.0~41.0%이며, 로열젤리 제품에선 조단백질의 함량을 따로 규정하고 있지 않다.

5) 효모 식품(건조효모, 효모추출물가공 식품) : 신진대사 기능, 영양 불균형 개선

건조효모란 식용 효모균주를 분리, 정제하여 건조한 것을 말하며, 이것을 주 원료(60.0% 이상)로 하여 제조 · 가공한 것을 건조효모 제품이라고 한다. 또한, 식용 효모균주를 분리, 정제한 후 자가소화, 효소분해, 열수추출 등의 방법에 의해 추출한 식용효모추출물을 주원료(고형분 함량으로 30.0% 이상)로 하여 제조한 것을 효모추출물제품이라고 말한다(단, 액상제품은 고형분 함량으로 15.0% 이상). 최종제품의 조단백질 함량은 각각 건조효모가 40.0% 이상, 건조효모 제품이 24.0% 이상, 그리고 효모추출물제품이 10.0% 이상(단, 액상제품은 조단백 함량으로 5.0% 이상)이어야 한다. 세균 수는 액상제품에 한해서 1 mL당 100 이하이어야 한다.

6) 화분가공 식품(화분, 화분추출물가공 식품) : 영양보급, 피부건강 유지

화분은 벌 또는 인공적으로 채취한 화분에서 이물을 제거하고 껍질을 으깬 것을 말하며, 이것을 주원료(30.0% 이상)로 하여 제조 · 가공한 것을 화분 제품이라고 말한다. 화분 추출물은 화분을 기계적으로 껍질을 파쇄 또는 효소 처리하여 추출한 것을 농축하거나 분말로 한 것을 말하며, 이것을 주원료(고형분으로서 10.0% 이상)로 하여 제조 · 가공한 것을 화분추출물제품이라고 말한다. 최종제품의 조단백질 함량은 각각 화분이 16.0% 이상, 화분 제품이 5.0% 이상, 화분추출물이(건조물로서) 20.0% 이상, 그리고 화분추출물제품이 2.0% 이상이어야 한다.

7) 스쿠알렌 식품(스쿠알렌, 스쿠알렌 가공 식품) : 신진대사 기능, 피부건강 유지

스쿠알렌이란 상어의 간에서 추출한 스쿠알렌 성분을 함유한 유지를 정제한 것을 말한다. 이것을 주원료(60.0% 이상)로 하여 캅셀에 충전하여 제조한 것을 스쿠알렌 식품이라고 말한다. 최종제품의 스쿠알렌 성분의 함량은 각각 스쿠알렌은 98.0% 이상, 스쿠알렌 식품은 60.0%이어야 한다.

8) 효소 식품(곡류 효소, 배아 효소, 열매채소 효소, 기타 효소 식품) : 신진대사 기능, 체질개선

건강기능식품의 원료(곡류, 곡물의 배아, 과 · 채류 등)에 식용미생물을 배양시킨 것을 주원료로 하여 제조 · 가공한 것을 말한다. 최종제품의 조단백질 함량은 10.0% 이상이어야 하며, α-아밀라아제, 프로테아제 확인실험에서 양성이어야 한다.

9) 유산균함유 식품(유산균, 비피더스균, 혼합유산균이용 식품) : 정장작용, 장내 연동운동

유산균함유 식품은 식용에 적합한 유산간균(*L. acidophilus*, *L. casei*, *L. gasseri*, *L. delbrueckii*, *L. helveticus*, *L. fermentum* 등) 또는 유산구균(*S. thermophilus*, *S. lactis*, *E. faecium*, *E. faecalis* 등), 그리고 비피더스균(*B. bifidum*, *B. infantis*, *B. brave*, *B. longum* 등)을 배양하여 제조 · 가공한 제품을 말한다. 이 균들이 체내에서 건강증진에 이용되려면, 위산이나 담즙산의 영향에서도 살아남아 소장까지 이동해야 하며, 장 내에서 증식 및 정착하여 유용한 효과를 내며 비병원성이어야 한다.

10) 클로렐라 제품 : 단백질 공급, 체질개선

클로렐라원말이란 클로렐라속 조류를 인위적으로 배양하여 가열 등의 방법으로 소화성을 높이도록 처리한 후 건조하여 식용에 적합하도록 한 것을 말한다. 이것을 주원료(50.0% 이상)로 하여 제조 · 가공한 것을 클로렐라 제품이라고 말한다. 클로렐라 제품에는 기능성분으로서 조단백질, 엽록소, 비타민 B_2, 철 등을 함유하고 있다.

11) 스피루리나 제품 : 필수아미노산 공급, 생리활성성분 함유

스피루리나원말이란 스피루리나속의 조류를 인위적으로 배양하여 가열 등의 법으로 소화성을 높이도록 처리한 후 건조하여 식용에 적합하도록 한 것을 말한다. 이것을 주원료(50.0% 이상)로 하여 제조 · 가공한 것을 스피루리나 제품이라고 말한다. 스피루리나 제품에는 기능성분으로서 조단백질, 엽록소 a 등을 함유하고 있다.

12) 감마 리놀렌산 식품(감마 리놀렌산 식품, 가공 식품) : 필수지방산 공급, 혈행 개선

감마 리놀렌산 함유 유지란 달맞이꽃 종자(*Oenothera biennis*, *Oenothera caespitesa*

또는 *Oenothera hookeri*), 보라지(Borage) 종자 또는 블랙 커런트(Black currant) 종자에서 채취한 감마리놀레산을 함유한 유지를 식용에 적합하도록 정제한 것을 말한다. 이것을 주원료(50.0% 이상)로 하여 제조·가공한 것을 감마 리놀렌산함유제품이라고 말한다. 최종제품의 감마 리놀렌산 함유량은 각각 감마 리놀렌산 함유유지는 4.75% 이상, 감마 리놀렌산함유제품은 2.38% 이상이어야 한다. 그리고 달맞이꽃 종자에 한해서 리놀레산의 함량은 각각 감마 리놀렌산 함유유지는 57.0% 이상, 감마 리놀렌산 함유제품은 28.5% 이상이어야 한다.

13) 배아유 제품 : 영양보급

배아 유란 쌀, 밀 등 곡류의 배아에서 채취한 기름을 식용에 적합하도록 정제한 것을 말하며, 이것에 식물성 천연 토코페롤을 강화한 것을 천연 토코페롤 강화 배아 유라고 한다. 또한, 각각 제조·가공한 형태가 배아 유제품과 천연 토코페롤 강화 배아 유이다. 기능성분으로는 리놀레산과 토코페롤을 함유하고 있으며, 쌀 배아 유와 쌀 배아 유제품에 한해서 γ-오리자놀도 함유하고 있다.

14) 배아 제품 : 항산화작용, 생리활성성분 함유, 영양보급

배아 제품에는 쌀 배아와 밀 배아가 있다. 쌀 배아란 쌀의 배아를 분리·정선하여 가열 등 식용에 적합하도록 한 것을 말하고, 밀 배아란 밀의 배아를 분리·정선하여 가열 등 식용에 적합하도록 한 것을 말한다. 각각 주원료(50.0% 이상)로 한 제품들이 있으며, 쌀 배아와 밀 배아를 혼합한 제품도 있다. 조단백질과 토코페롤은 공통으로 함유하고 있으며, 특징적으로 쌀 배아에는 γ-오리자놀을, 밀 배아에는 β-토코페롤을 각각 함유하고 있다.

15) 레시틴가공 식품(대두 레시틴, 난황 레시틴가공 식품) : 항산화작용, 두뇌 영양공급

레시틴 제품으로는 대두 레시틴 제품과 난황 레시틴 제품이 있다. 대두 레시틴 제품이란 콩기름에서 분리한 인지질 함유 복합지질을 식용에 적합하도록 정제한 대두 레시틴을 주원료로 하여 제조·가공한 것을 말하며, 난황 레시틴이란 난황에서 분리한 인지질 함유 복합지질을 식용에 적합하도록 정제한 난황 레시틴을 주원료로 하여 제조·가공한 것을 말한다. 인지질 중 포스파티딜콜린의 함량은 대두 레시틴 제품이 10.0% 이상, 난황 레시틴 제품이 60.0% 이상이어야 한다.

16) 옥타코사놀 식품(옥타코사놀, 옥타코사놀가공 식품) : 지구력 증진

옥타코사놀이란 쌀겨, 소맥배아, 사탕수수, 사과 열매껍질, 포도 열매껍질 등 식용식물에서 추출한 옥타코사놀을 함유한 유지를 식용에 적합하도록 정제한 것을 말한다. 이것을 주원료로 하여 제조·가공한 것을 옥타코사놀 함유제품이라고 한다. 최종제품의 옥타코사놀 함량은 옥타코사놀은 1.0% 이상이어야 하고, 옥타코사놀 함유제품은 0.5% 이상이어야 한다.

17) **알콕시글리세롤 식품**(알콕시글리세롤 함유 유지, 알콕시글리세롤 식품) : 유아성장 도움, 신체 저항력 증진

알콕시글리세롤 함유 유지란 상어 간에서 채취한 알콕시글리세롤 함유 유지를 분리하여 식용에 적합하도록 정제한 것을 말한다. 이것을 주원료(98.0% 이상)로 하여 제조·가공한 것을 알콕시글리세롤 함유 제품이라고 한다. 최종제품의 알콕시글리세롤 함유 유지의 함량은 18.0% 이상이어야 한다.

18) **포도씨유 식품**(포도씨유, 포도씨유 식품) : 항산화작용, 필수지방산 공급

포도씨유란 포도씨에서 채취한 기름을 식용에 적합하도록 정제한 것을 말한다. 이것을 주원료(98.0% 이상)로 하여 제조·가공한 것을 포도씨유 제품이라고 한다. 최종제품은 리놀렌산을 57.0% 이상, 카테킨을 3.9 mg/100 이상 함유해야 한다.

19) **식물추출물발효 식품**(식물 자체나 식물을 발효시킨 후 유효성분 추출) : 체질개선

채소류, 과일류, 종실류, 해조류 등 식용식물을 압착 또는 당류(설탕, 맥아당, 포도당, 과당 등)의 삼투압에 의해 얻은 추출물을 자체발효 또는 유산균·효모균 등의 접종에 의하여 발효시켜 식용유래 성분과 발효생물을 섭취에 적합하도록 제조·가공한 것을 말한다. 최종제품은 효모 수(1 g당 1,000,000 이상), 유산균 수(1 g당 1,000,000 이상), 비타민 B1(0.2 mg/100g 이상), 비타민 B2(0.05 mg/100g 이상) 항목 중에서 세 항목 이상 적합하여야 한다. 그 외 유기산 산도는 0.3% 이상이어야 하며, 환원당은 50.0% 이상이어야 한다.

20) **뮤코다당·단백 식품**(뮤코다당·단백 식품, 뮤코다당·단백가공 식품) : 연골 구성성분, 영양보급

소, 돼지, 양, 사슴, 상어, 가금류, 오징어, 게, 어패류 등의 연골조직을 분리, 정선한 후 열수 추출 또는 효소 분해하여 여과, 농축, 건조 등의 공정을 거쳐 식용에 적합하도록 정제하여 건조한 것을 말한다. 이것을 주원료(50.0% 이상)로 하여 제조·가공한 것을 뮤코다당·단백 제품이라고 한다. 최종제품은 뮤코다당·단백의 경우에는 뮤코다당·단백질

의 함량이 77.0%이고, 뮤코다당 · 단백 제품의 경우에는 뮤코다당 · 단백질의 함량이 50.0% 이상이어야 한다. 그 외 콘드로이친황산이 확인되어야 하며, 단백질과 콘드로이친황산의 비율(단백질/콘드로이친황산)은 3.0 이상 9.0 미만이어야 한다. 그리고 살모넬라와 대장균은 음성이어야 한다.

21) 엽록소함유 식품(보리새싹, 알팔파, 해조류, 기타 식물류가공 식품) : 항산화작용, 피부건강에 도움

엽록소함유 식품의 원료를 얻을 수 있는 식물의 종류에는 보리새싹 엽록소, 알팔파 엽록소, 해조류 엽록소가 있고, 기타 식물류 엽록소로 케일 등의 식용식물류가 있다. 맥류약엽록소원말은 보리, 밀, 귀리의 어린싹 또는 어린 이삭 형성 전의 것을 채취하여 잎의 전부 또는 일부를 그대로 또는 즙을 내 건조분말로 한 것을 말하고, 알팔파 엽록소원말은 알팔파의 성숙한 잎, 잎꼭지, 줄기의 전부 또는 일부를 그대로 또는 즙을 내 건조분말로 한 것을 말한다. 해조류 엽록소원말은 엽록소를 함유한 식용해조류를 채취하여 전부 또는 일부를 건조분말로 한 것을 말하며, 기타 식물류 엽록소원말은 엽록소를 함유한 케일 등의 식용식물류를 채취하여 전부 또는 일부를 그대로 또는 즙을 내 건조분말로 한 것을 말한다. 특징적으로 보리새싹 엽록소 함유제품에는 헥사코사놀이 확인되어야 하며, S.O.D.(Superoxide dismutase)가 400 unit/g 이상이어야 한다. 알팔파 엽록소함유제품은 칼슘이 800 mg/100g 이상(알팔파 엽록소원말은 1,600 이상) 확인되어야 한다.

22) 버섯가공 식품(버섯 자실체, 버섯 균사체가공 식품) : 혈행 개선, 생리활성성분 함유

버섯 제품에는 버섯 자실체 제품과 버섯 균사체제품이 있다. 버섯 자실체 제품이란 영지버섯, 운지버섯, 표고버섯의 자실체의 건조물을 분말 화한 것이나 자실체를 물 또는 주정으로 추출한 것을 주원료(건조분말 : 30.0% 이상, 추출물 : 자실체의 건조물로 환산하여 제품 전체중량의 30.0% 이상)로 하여 제조 · 가공한 것을 말한다. 그리고 버섯 균사체제품은 영지버섯, 운지버섯, 표고버섯의 균사체 배양물(균사체+배양액)을 물 또는 주정으로 추출한 것을 주원료(균사체 배양물의 건조물로 환산하여 제품 전체중량의 50.0% 이상)로 하여 제조 · 가공한 것을 말한다. 제품을 제조할 때, 자실체 분말을 직접식용으로 하는 경우 소화기 내에서 유효성분의 용출이 쉽도록 미세하게 분말로 하여야 하며, 추출에 사용하는 주정은 농축과정에서 충분히 제거하여야 한다. 또한, 배양에 사용된 배지 성분의 잔존량은 건조배양물의 10% 이하이어야 한다.

23) 알로에 식품(알로에 겔 농축액, 알로에분말, 알로에 겔, 알로에 즙내기액 가공 식품) : 장운동에 도움, 면역력 향상, 피부건강에 도움

알로에식품의 형태는 다양하다. 첫 번째로, 알로에 겔은 식용알로에 품종[베라, 아보레센스(키타치), 사포나리아]의 잎에서 채취한 겔 성분으로 고형분을 0.5% 이상 함유한 것을 말한다. 두 번째로, 알로에 겔 농축액은 알로에 겔을 농축한 것을 말한다. 세 번째로, 알로에 겔 분말은 알로에 겔을 농축하여 분말 화한 것을 말한다. 또한, 이것을 주원료(고형분으로서 10.0% 이상)로 하여 제조·가공한 것을 알로에 겔 분말제품이라고 한다. 네 번째로, 알로에 즙내기액은 식용알로에 품종의 잎의 즙내기액을 말한다. 또한, 이것을 주원료(70.0% 이상)로 하여 제조·가공한 것을 알로에 즙내기액제품이라고 한다. 다섯 번째로, 알로에 분말은 식용알로에 품종의 잎의 비가식 부분을 제거한 후 건조, 분말 화한 것을 말한다. 또한, 이것을 주원료(50.0% 이상)로 하여 제조·가공한 것을 알로에분말제품이라고 한다. 기능성분으로서 안트라퀴논계 물질(무수바바로인으로서)을 각 가공형태에 따라 기준을 정해서 관리하고 있다.

24) 매실추출물 식품(매실추출물 가공 식품) : 피로회복, 유해균의 억제

매실추출물은 매실의 과즙을 식용에 적합하도록 여과, 농축한 것으로서 고형분이 20.0% 이상인 것을 말한다. 이것을 주원료(50.0% 이상)로 하여 제조·가공한 것을 매실추출물제품이라고 한다. 최종제품은 유기산으로서 구연산을 함유하고 있으며, 시안화합물이 검출되어서는 아니 된다.

25) 자라가공 식품(자라 분말, 자라유 가공 식품) : 영양보급, 신체 기능 활성

자라제품으로서 식용양식 자라의 가식 부위 전체 또는 일부 지방을 제거한 것을 동결건조하여 분말화 한 것을 동결건조 자라 분말이라고 하고, 열풍 건조하여 분말 화한 것은 열풍건조 자라 분말이라고 한다. 이 분말을 주원료(30.0%)로 하여 제조·가공한 것을 자라 분말제품이라고 말한다. 또한, 식용양식 자라에서 채취한 기름을 정제한 것을 자라 유라고 하며, 이것을 주원료(98.0%)로 하여 제조·가공한 것을 자라 유제품이라고 말한다. 최종제품에서 자라 분말과 자라 분말제품에는 히드록시프롤린과 조단백질을 함유하고 있으며, 자라 유와 자라 유제품에는 팔밑올레산(8.0~18.0%), 아라키돈산+에이코사펜타엔산(2.0~8.0%), 조지방(95.0% 이상)을 함유하고 있다.

26) 베타카로틴 식품(조류추출, 식용녹엽식물추출, 당근추출카로틴 식품) : 비타민 A의 전구체, 항산화작용, 유해산소 예방

베타카로틴식품에는 3가지가 있다. 그 중 조류추출카로틴함유제품은 수중에서 증식하는 식용조류(두나리엘라, 클로렐라, 스피루리나 등)로부터 베타카로틴(β-carotene)을 추출하여 식용에 적합하도록 가공한 조류추출카로틴을 주원료로 하여 제조 · 가공한 것을 말한다. 녹엽식물추출카로틴함유제품은 식용녹엽식물(종자, 과실포함)로부터 베타카로틴을 추출하여 식용에 적합하도록 가공한 녹엽식물추출카로틴을 주원료로 하여 제조 · 가공한 것을 말한다. 그리고 당근 추출카로틴함유제품은 당근으로부터 베타카로틴을 추출하여 식용에 적합하도록 가공한 당근추출카로틴을 주원료로 하여 제조 · 가공한 것을 말한다. 최종제품의 베타카로틴의 함량이 2.0 mg/g～50.0 mg/g이어야 하며, 최종제품의 1일 섭취량 당 베타카로틴의 함량이 4.2 mg 이하이어야 한다.

27) 키토산 제품 : 면역력 향상, 유해 콜레스테롤 저하 효과

갑각류 (게, 새우 등)의 껍질, 연체류(오징어, 갑오징어 등)의 뼈를 분쇄, 탈 단백, 탈염화한 키틴을 탈아세틸화하여 식용에 적합하도록 처리한 것을 키토산 분말이라고 한다. 이것을 주원료로 하여 제조 · 가공한 것을 키토산함유제품이라고 한다. 최종제품의 키토산의 함량은 키토산 분말은 80.0% 이상(총 글루코사민으로서), 키토산함유제품은 20.0% 이상(총 글루코사민으로서)이어야 한다.

28) 키토올리고당 제품 : 면역력 향상, 유해 콜레스테롤 저하 효과

키토산을 효소 처리하여 얻은 올리고당류로 식용에 적합하도록 처리한 것을 키토올리고당분말이라고 한다. 이것을 주원료로 하여 제조 · 가공한 것을 키토올리고당함유제품이라고 한다. 최종제품의 키토올리고당의 함량은 키토올리고당분말의 경우는 50.0% 이상, 키토올리고당함유제품인 경우는 20.0% 이상이어야 한다. 그 외, 납의 함량은 2.0 mg/kg 이하이어야 한다.

29) 글루코사민 제품 : 관절과 연골 건강에 도움

키틴 또는 키토산을 가수분해하여 얻은 단당류로 식용에 적합하도록 처리한 것(염류포함)을 글루코사민분말이라고 한다. 이것을 주원료로 하여 제조 · 가공한 것을 글루코사민함유제품이라고 한다. 최종제품의 글루코사민의 함량은 글루코사민 분말인 경우는 글루코사민과 글루코사민 염산염은 80.0% 이상이어야 하며, 글루코사민 황산염은 55.0% 이상

이어야 한다. 그리고 글루코사민 함유제품은 글루코사민의 함량이 20.0% 이상이어야 한다.

30) 프로폴리스제품 : 항균 작용, 항산화 작용

꿀벌이 나무의 수액, 꽃의 암 · 수술에서 모은 화분과 꿀벌 자신의 분비물을 이용하여 만든 프로폴리스에서 왁스를 제거하여 얻은 추출물, 이의 농축물 또는 건조물을 프로폴리스추출물이라고 한다. 이것을 주원료로 하여 제조 · 가공한 것을 프로폴리스추출물제품이라고 한다. 최종제품의 총 플라보노이드의 함량은 프로폴리스추출물인 경우는 5.0% 이상이어야 하며(건고물로서), 프로폴리스추출물제품인 경우는 1.0% 이상이어야 한다. 그 외, 확인실험에서 ρ-쿠마르산, 계피산이 확인되어야 한다.

31) 인삼 제품 : 원기회복, 자양강장

인삼 제품은 4가지 형태로 분류될 수 있다. 첫 번째로, 인삼농축액은 인삼(태극삼 포함), 근(오가피과 인삼속 식물의 지하부를 말한다, 100%)으로부터 물이나 주정 또는 물과 주정을 혼합한 용매로 추출하여 여과한 가용성 인삼성분을 그대로 농축한 것을 말한다. 두 번째로, 인삼농축액분말은 인삼농축액을 그대로 분말 화한 것을 말한다. 세 번째로, 인삼분말은 인삼근(100%)을 건조하여 분말 화한 것을 말한다. 네 번째로, 인삼성분함유제품은 인삼농축액, 인삼농축액분말, 인삼분말 또는 가용성 인삼성분을 주원료〔가용성 인삼성분(인삼 사포닌 80.0 mg/g을 기준으로 할 때) 10.0% 이상〕로 하여 제조 · 가공한 것을 말한다. 인삼성분으로서 진세노사이드(Ginsenoside) Rb1 및 Rg1이 확인되어야 한다. 그 외, 잔류농약(Diazinon 외 21개 항목)은 한도를 정해서 그 규격을 관리하고 있으며, 캐러멜 색소는 검출되어서는 아니 된다(인삼농축액, 인삼농축액분말에 한함). 세균 수는 인삼농축액, 인삼농축액분말, 인삼성분함유제품(액상제품에 한함)이면 1 g당 100 이하이어야 하고, 인삼분말은 1 g당 50,000 이하이어야 한다.

32) 홍삼 제품 : 원기회복, 자양강장

홍삼 제품은 인삼과 마찬가지로 4가지 형태로 분류될 수 있다. 첫 번째로, 홍삼농축액은 수삼을 증기 또는 기타의 방법으로 쪄서 익혀 말린 홍삼으로부터 물이나 주정 또는 물과 주정을 혼합한 용매로 추출 여과한 가용성 홍삼성분을 그대로 농축한 것을 말한다. 두 번째로, 홍삼농축액분말은 홍삼농축액을 그대로 분말 화한 것을 말한다. 세 번째로, 홍삼분말은 홍삼(100%)을 분말 화한 것을 말한다. 네 번째로, 홍삼성분함유제품은 홍삼농축액, 홍삼농축액분말, 홍삼분말 또는 가용성 홍삼성분을 주원료〔가용성 홍삼성분(홍삼 사포닌

70.0 mg/g을 기준으로 할 때)으로서 10.0% 이상]로 하여 제조한 것을 말한다. 홍삼성분으로서 진세노사이드(Ginsenoside) Rb1 및 Rg1이 확인되어야 한다. 그 외, 잔류농약(Diazinon 외 21개 항목)은 한도를 정해서 그 규격을 관리하고 있으며, 캐러멜 색소는 검출되어서는 아니 된다(인삼농축액, 인삼농축액분말에 한함). 세균 수는 홍삼농축액, 홍삼농축액분말, 홍삼성분함유제품(액상제품에 한함)인 경우 1 g당 100 이하이어야 하고, 인삼분말이면 1 g당 50,000 이하이어야 한다.

33) 녹차추출물 제품

녹차추출물의 기능성을 검토할 때에는 찻잎을 물로 우려낸 녹차의 기능성을 중심으로 검토하고, 기능성분인 녹차 카테킨의 항산화활성을 참고로 한다. 따라서 녹차추출물 제조 시에는 물과 주정만 허용하고 있으며 초산에틸과 메탄올과 같은 다른 용매는 허용하지 않는다. 또한, 녹차추출물은 녹차 카테킨과는 다른 원료이므로 녹차 카테킨을 제조하기 위한 정제공정은 본 유형의 정의에 적합하지 않은 공정이다. 녹차의 재배 시 농약을 사용할 가능성이 크기 때문에 식품공전에서 정한 농약잔류허용기준에 적합한 원료만 사용해야 한다. 다만, 추출하여 농축되기 때문에 가능한 한 농약이 잔류 되지 않도록 규정하였다.

34) 대두 단백 함유 식품

대두에서 지방 등을 제거하고 단백질을 주로 분리, 정제한 것으로 대두 단백을 정의하고, 건강기능식품은 보충제의 개념이므로 식사대용식은 대두 단백함유제품의 정의에서 제외된다. 이소플라본의 일종인 다이드제인(Daidzein), 제니스테인(Genistein)으로 대두 단백의 확인실험을 하도록 규격에서 정하고 있으나 이에 적합하도록 하기 위한 인위적인 이소플라본의 첨가를 금지한다. 대두 단백 제조 시 pH가 9 이상으로 올라가면 신장에 부작용을 나타내는 독소인 lysinoalanine(식품을 가열하거나 알칼리 처리 할 때 생성)이 생성될 우려가 있으므로 제조 시 pH 9 이상을 넘지 않도록 주의해야 한다.

35) 식물스테롤 함유 제품

식물스테롤 중 가장 함량이 높은 베타-시토스테롤(β-sitosterol), 스티그마스테롤(stigmasterol), 캄페스테롤(campesterol), 브라시카스테롤(brasicasterol)의 혼합물 위주로 식물스테롤을 정의한다. 본 식물스테롤 제품의 제조기준은 콩기름, 옥수수유, 채종유를 생산하기 위한 공정 중 탈취공정에서 생긴 증류 물을 추출과 정제하여 만든 제품에 해당하며 지방산으로 에스테르화하여 제조 · 가공한 원료는 식물스테롤 에스테르에 해당한다. 식용유지에서 유래하는 것 이외의 식물스테롤(예 : 소나무) 함량이 식용유지에서 유래하는 것과 달라 함께 규격을 설정하기 어려우므로 제외되었다.

36) 프락토올리고당 함유 제품

설탕 분자에 1개에서 3개의 과당분자(fructose) 가 β-1,2 결합한 것(GF2, GF3, GF4)만 프락토올리고당으로 인정한다. 이 정의는 식품공전의 프락토올리고당 정의와 같으나 함량기준은 다르다. 식품공전의 프락토올리고당은 프락토올리고당(GF2, GF3, GF4) 10% 이상으로 되어 있으나 건강기능식품의 프락토올리고당은 프락토올리고당(GF2, GF3, GF4) 함량이 90% 이상 되어야 한다. 프락토올리고당은 설탕을 녹여서 당액을 만든 후 전이효소 또는 전이효소를 가진 미생물을 사용하여 만들거나, 이눌린을 효소를 사용하여 가수분해하여 만든 제품이다.

37) 홍국 제품

홍국은 쌀(90% 이상)과 홍국균(Monascus 속)(10% 이하)을 순수고체발효(100% solid state fermentation)한 제품으로 액체 발효한 제품은 해당하지 않는다. 홍국은 특히 yeast를 접종하는 방법으로 제조되므로 원료에 접종된 홍국균(Monascus 속)만 잘 자라게 하고 다른 미생물의 생육은 억제되고 곰팡이에 의한 곰팡이 독소가 생성되지 않게 하는 등 철저하게 관리되어야 한다. 홍국의 주요 기능 성분인 monacolin K는 홍국균(Monascus 속)의 2차 대산 산물이며, 같은 조건에서 간에 독성을 나타내는 독소인 시트리닌이 동시에 생성될 가능성이 크다. 액체 발효의 경우 monacolin K의 함량을 높일 수는 있으나 동시에 시트리닌도 다량 생성될 가능성이 많이 있다. 또한, 홍국을 액체 배양하거나 모나콜린 K만을 분리 · 정제하거나, 화학적인 방법으로 후처리 하여 사용할 때, 비활성형(lactone form) 모나콜린 K가 과반수를 점유하게 된다. 비활성형 모나콜린 K와 화학구조가 같은 statin계 약물의 효능 · 효과 및 안전성에 관한 임상시험은 매우 여러 차례 행해졌는데 이러한 의약품의 경우에 statin계 약물의 부작용이 드물고 투여량이 의존적이라 할지라도 종종 특정 상황에선 간 기능이상이나 횡문근 융해(Rhabdo-myolysis)를 일으킬 수 있음을 주의해야 한다. 따라서 쌀을 고체 발효한 것만을 인정하고 액체발효는 불인정하였으며 모나콜을 인위적으로 첨가하는 것은 금지한다.

2. 개별인정형 건강기능식품원료 및 주요기능(2008년 1월 현재)

개별인정형 건강기능식품의 원료 또는 이들 원료로 제조한 건강기능식품은 각종 질환의 예방 또는 치료목적으로 섭취 및 판매 · 광고할 수 없다. 또한, 섭취 시에 의사와 상담해야 한다. 섭취량은 인체실험 자료를 근거로 하여 각 품목에 대하여 정해져 있다.

[표 7] 개별형 건강기능성 원료 인정현황

04	05	06	07
• 자일리톨 • 정어리 펩티드 • 참당귀 주정 추출물 • 히비스커스 복합 추출물 • 초록입 홍합 추출복합물 • 난소화성 말토덱스트린 • 알로에 추출물 • 알로에 복합 추출물 • 테아닌 복합 추출물 • 대나무 잎 추출물	• 사탕수수 왁스 알코올 • 목이버섯 • 바나바 주정 추출물 • 황금 복합 추출물 • 피브오린 추출물 • NGA • 포도 종자 추출물 • 이소말토올리고당 • 공액리놀레산 • 대두 올리고당 • 피니톨 • 스피루리나 • MSM • 홍경천 복합 추출물	• 식물 스타놀에스테르 • 프랑스 해송 추출물 • 대두 포스파티딜세린 • 로즈힙 분말 • 구아바 잎 • 라피노스 • 당귀 혼합 추출물 • 글루코사민 • 달맞이꽃 종자 주정 추출물 • 그린마테 • L-글루타민 • 아마인 • CoQ10 • 가쓰오 부시 올리고펩티드 • 카세인 가수분해물 • 올리브 잎 주정 추출물 • 표고버섯 균사체 AHCC • 복분자 주정 추출물 • 브로콜리 스프라우트 분말 • 허깨나무과병 추출물 • FK-23	• 쏘팔메토 열매 추출물 • 빌베리 주정 추출물 • 솔잎 증류 농축액 • 올리브 잎 주정 추출물 • 크레아틴 • 루테인

자료출처 : 권오란, 2007년 30회 과학의달 기념세미나

1) 정어리 펩티드

'정어리 펩티드'는 다이펩티드인 바릴티로신(Val-Tyr)을 기능성분으로 하는 원료로서 정어리 육질을 가수분해하여 얻은 것이다. 몇 가지 인체실험에서 혈압이 높은 사람에게 정어리 펩티드를 섭취시킨 결과 혈압을 낮춰주는 것으로 나타났다. 따라서 식약청에서는 '혈압이 높은 사람의 혈압을 조절하는데 도움을 줄 수 있습니다.'의 수준으로 기능성 내용이 인정되었다.

2) 자일리톨

'자일리톨'은 구강 내에서 플라크 생성을 억제해 주고, 산의 생성을 억제해주며, 충치균의 성장을 저해시켜서 충치 발생의 위험을 감소시켜주는 기능이 있음이 많은 인체실험에서 확인되었다. 따라서 식약청에서는 건강기능식품의 원료로 자일리톨의 충치발생위험감소 기능이 인정되었다. 자일리톨의 충치발생위험감소 기능을 최대화하려면 당분과 전분 함량이 높은 간식을 피해야 한다. 자일리톨이 함유된 건강기능식품을 섭취할 때에는 하루에

10~25 g, 3회 이상 분할하여 입속에 충분히 머무르는 방법으로 섭취해야 한다. 단, 자일리톨을 일시에 과량 섭취할 때는 복부팽만감 등의 부작용을 일으킬 수 있으므로 과량 섭취하지 않도록 해야 한다.

3) 테아닌 등 복합추출물

'테아닌 등 복합추출물'은 테아닌(L-theanine)과 가바(GABA)를 대표적인 기능성분으로 하는 원료로서 기억력 개선과 관련된 기능성이 검토된바, 동물실험에서는 확인되었으나 아직 인체실험에서는 확인된 바 없다. 따라서 식약청에서는 '기억력 개선에 도움을 줄 수도 있으나 아직은 과학적 근거가 부족합니다.'의 수준으로 기능성 내용이 인정되었다. 테아닌은 카페인과 길항작용이 있으므로 카페인 함유 음료(커피, 홍차, 녹차)를 함께 섭취하지 않는 것이 좋다.

4) 알로에 추출물 분말

'알로에 추출물 분말'은 베타시토스테롤을 대표적인 기능성분으로 하는 원료로서 알로에 즙내기액을 주정으로 추출하여 얻은 것이다. 알로에 추출물 분말 N-932는 동물실험결과 높은 혈청 콜레스테롤 수준을 낮추는 것으로 나타났으나, 아직 인체실험을 통해 확인된 바 없다. 따라서 식약청에서는 '혈중 콜레스테롤 수준의 개선에 도움을 줄 수도 있으나 아직은 과학적인 근거가 부족합니다.'의 수준으로 기능성 내용이 인정되었다.

알로에 복합 추출물 분말은 베타시토스테롤과 모나콜린 K를 대표적인 기능성분으로 하는 원료로서 알로에 즙내기액의 주정 추출물에 홍국을 혼합한 원료이다. 알로에 복합 추출물분말은 동물실험에서 높은 혈청 콜레스테롤 수준을 낮추는데 도움을 주는 것으로 나타났으나 인체실험에서는 아직 확인된 바 없다. 따라서 식약청에서는 '혈중 콜레스테롤 수준의 개선에 도움을 줄 수도 있으나 아직은 과학적인 근거가 부족합니다.'의 수준으로 기능성 내용이 인정되었다.

5) 참당귀 주정 추출분말

'참당귀 주정 추출분말'은 참당귀 뿌리를 주정으로 추출하여 분말 화한 것으로 디커시놀(decursinol)과 디커신(decursin)이 대표적인 기능성분이다. 제안된 기능성이 동물실험과 제한된 인체실험에서 확인되었으므로, 식약청에서는 '노인의 인지능력 저하의 개선에 도움을 줄 수 있습니다.'의 수준으로 기능성 내용이 인정되었다. 섭취하는 중 간혹 소화불량이나 속쓰림 등을 나타낼 수 있으며, 혈액응고방지제 또는 혈당강하제를 복용하는 경우에는 의사의 상담 하에 사용하는 것이 좋다.

6) 히비스커스 등 복합추출물

'히비스커스 등 복합추출물'은 키토산, 에이치 씨 에이(HCA), 카르니틴(L-carnitine)을 대표적인 기능성분으로 하는 원료로서 키토산, 키토올리고당, 히비스커스꽃 물 추출물, 카르니틴을 혼합하여 얻은 원료이다. 히비스커스 등 복합추출물은 동물실험과 제한된 인체실험에서 체지방 감소에 도움을 주는 것으로 확인되었으므로, 식약청에서는 '체지방 감소에 도움을 줄 수 있습니다.'의 수준으로 기능성 내용이 인정되었다. 그러나 건강기능식품의 섭취를 통하여 체지방 감소에 도움을 얻고자 할 때에는 식사조절과 운동이 병행되면 효과적이다. 일반적으로 키토산 등의 섭취 시에는 지용성 비타민의 흡수가 저하될 수 있음을 고려해야 한다.

7) 초록 입 홍합 추출 오일 복합물

'초록 입 홍합 추출 오일 복합물'은 초록 입 홍합으로부터 초임계 추출한 지질(32~33%)에 식용 올리브유, D-α tocopherol을 혼합한 원료로 관절건강과 관련된 기능성이 동물실험과 인체실험에서 확인되었다. 관절 부위의 염증을 유발한 몇 건의 동물모델에서 '초록 입 홍합 추출 오일 복합물'은 발 부종(paw swelling)을 감소시킬 수 있음이 확인되었다. 또한, 사람의 말초혈액에서 분리한 단핵세포에 '초록 입 홍합 추출 오일 복합물'을 처리하면 염증유발과 관련된 물질들의 생성이 감소하는 것이 확인되었다. 이상의 연구결과를 가지고 몇 건의 인체실험을 한 결과 '초록 입 홍합 추출 오일 복합물'은 관절이 불편한 사람들에게 도움을 줄 수 있는 것으로 확인되었다. 따라서 식약청에서는 '관절건강에 도움될 수 있습니다.'의 수준으로 기능성 내용이 인정되었다. 그러나 '초록 입 홍합 추출 오일 복합물'은 관절염 등 질병 치료의 목적에 사용되는 의약품이 아니므로 주의해야 한다.

8) 난소화성 말토덱스트린

'난소화성 말토덱스트린'은 옥수수전분을 건식 가수분해하여 얻은 기능성분이다. 식사와 함께 섭취할 때 식후 혈당상승을 억제할 수 있음이 인체실험을 통해 확인되었으므로 '식사와 함께 섭취하면 당의 흡수를 억제해 식후 혈당 조절에 도움을 줄 수 있습니다.'의 수준으로 기능성 내용이 인정되었다. 그러나 난소화성 말토덱스트린의 식후 혈당조절은 단회 섭취 또는 4개월 이하의 단기실험을 통해 확인된 것으로 장기간 섭취한 결과에 대해서는 알려진 바 없다.

9) 대나무 잎 추출물

'대나무 잎 추출물'은 대나무 잎을 주정으로 추출 농축하여 분말화한 원료이다. 대나무 잎 추출물은 다수의 동물실험과 시험관 실험에서 콜레스테롤과 지질대사와 항산화에 도움을 줄 수 있음이 확인되었다. 따라서 식약청은 '혈중 콜레스테롤 및 지질 조절, 항산화 효과에 도움을 줄 수 있으나 인체실험을 통한 확인이 필요합니다.'의 수준으로 기능성 내용이 인정되었다.

10) 목이버섯

'목이버섯'은 목이버섯 분말로서 식이섬유가 함량이 45% 이상 함유된 건강기능식품 원료이다. 목이버섯을 식전에 4 g 섭취할 때 배변활동을 원활히 하는데 도움을 줄 수 있음이 인체실험을 통해 확인되었으므로 '배변활동을 원활히 하는데 도움을 줄 수 있습니다.'의 수준으로 기능성 내용이 인정되었다. 목이버섯의 기능성분인 식이섬유는 장에서 수분을 흡수하면서 부피가 팽창하여 변의 양을 늘려주게 되므로 목이버섯을 섭취 시에는 충분한 물과 함께 섭취해야 한다.

11) 바나바 주정추출물

'바나바 주정추출물'은 바나바 잎을 주정으로 추출 후 여과하여 얻은 건강기능식품 원료이다. 바나바 주정추출물은 혈당 조절에 도움을 줄 수 있음이 몇 가지 인체실험에서 확인되었으므로 '혈당 조절에 도움을 줄 수 있습니다.'의 수준으로 기능성 내용이 인정되었다.

12) 황금 복합추출물

'황금복합추출물'은 황금 물추출물과 아선약 물추출물을 혼합하여 제조한 건강기능식품 원료이며, 주성분은 baicalin(18%), catechin(3%)이다. 본 원료는 몇 가지 in vitro 실험과 동물실험, 인체실험에서 관절건강에 도움을 줄 수 있는 것으로 나타났으므로 식약청에서는 '황금복합추출물은 관절건강에 도움될 수 있습니다.'의 수준으로 기능성 내용이 인정되었다.

13) 스피루리나 원말

'스피루리나 원말'은 스피루리나(*Spirulina platensis*) 배양물을 열풍 분무 · 건조하여 만든 건강기능식품 원료이다. 이 원료에는 phycocyanin(10%~20%)이 함유되어 있으며, 동물실험을 통하여 높아진 혈액 중의 콜레스테롤 수치를 낮추는데 도움이 될 수 있음이 확인되었으나 인체실험에서 확인이 필요하다. 따라서 식약청에서는 '스피루리나 원말은 혈중 콜레스테롤 수치 개선에 도움될 수 있으나, 인체실험을 통한 확인이 필요합니다.'의 수준으로 기능성 내용이 인정되었다.

14) 피브로인 추출물

'피브로인 추출물'은 누에고치에서 얻은 비단 단백질 중 피브로인을 가수분해하여 만든 건강기능식품 원료이다. 피브로인 추출물은 신경세포를 이용한 시험관 실험에서 신경세포의 사멸을 막는 역할을 할 수 있음이 확인되었으며, 동물실험에서는 뇌 기능이 손상된 동물에 이 원료를 섭취시킨 후 수중 미로에서 특정 지점에 도달하는 시간을 측정하거나, 충격에 대한 기억을 한 정도를 측정하는 방법(수동회피테스트, 수중 미로테스트 등) 등을 이용하여 기억력 개선에 도움을 줄 수 있음이 확인되었다. 또한, 몇 가지 인체실험에서 여러 방법을 이용하여 기억력 개선에 도움을 줄 수 있음이 확인되었으므로 '기억력 개선에 도움을 줄 수 있습니다.'의 수준으로 기능성 내용이 인정되었다.

15) Dimethylsulfone

소나무로 펄프를 만들 때 생기는 디메틸설폭사이드를 분리하여 자외선으로 산화시킨 후 증류 · 결정화하여 제조한 건강기능식품 원료(dimethylsulfone 99.9%)이다. 이 원료는 동물실험을 통하여 관절건강에 도움될 수 있음이 확인되었으나 인체실험에서 확인이 필요하므로 식약청에서는 'dimethylsulfone은 관절건강에 도움될 수 있으나 인체실험을 통한 확인이 필요합니다.'의 수준으로 기능성 내용이 인정되었다. 이 원료로 제조한 건강기능식품은 관절 관련 질환의 예방 또는 치료목적으로 섭취 및 판매 · 광고할 수 없다.

16) N-Acetylglucosamine

갑각류의 껍질이나 연체류의 뼈를 분쇄, 탈 단백한 후 탈염화하여 만든 키틴을 키토사나아제로 분해하여 여과 · 농축한 것을 분말 화하여 만든 건강기능식품원료(N-acethyl-glucosamine 95% 이상)이다. 시험관 실험과 동물실험 및 제한된 인체실험에서 관절건강에 도움을 줄 수 있음이 확인되었다. 따라서 식약청에서는 'N-Acetylglucosamine은 관절건강에 도움을 줄 수 있습니다.'의 수준으로 기능성 내용이 인정되었다.

17) 포도종자 추출물

'포도종자추출물'은 포도씨를 주정으로 추출하고 효모로 발효시켜서 얻은 원료이다. 포도종자추출물에는 프로 시 아미딘이 83~95% 들어 있으며 여러 건의 동물실험과 *in vitro* 실험에서 산화적 스트레스의 감소, 총 항산화능 증가, LDL-oxidation 저해 등을 확인하였으며 프로 시 아미딘의 함량이 증가할수록 항산화능이 증가함이 확인되었다. 또한, 소수의 흡연자 등을 대상으로 한 인체실험에서 FRAP assay, TRAP assay 등의 방법으로 총 항산화능을 측정하고, TBARS, oxidized LDL 등을 측정한 결과 지방산화가 억제되었음이 확인되었다. 따라서 '인체의 항산화능 증진에 도움을 줄 수 있다.'의 수준으로 기능성 내용이 인정되었다.

18) 이소 말토 올리고당

'이소 말토 올리고당'은 전분을 α-amylase, β-amylase 및 transglucosidase에 의해 효소 반응시킨 것으로, α1→2, α1→3, α1→6 glycosidic 결합한 중합도 2~6인 당류를 주성분으로 하는 것이다. 주성분으로는 isomaltose, panose, isomaltotriose, isomaltotetraose, isomaltopentaose이 있으며, 여러 건의 동물실험과 in vitro 실험에서 장내 비피더스균의 증식인자로 작용함이 밝혀졌다. 이소말토올리고당은 소화효소로 일부 가수분해되나 가수분해되지 않은 많은 부분이 장까지 도달하게 된다. 장에서 유익균인 Bifidobacteria이나 Lactobacilli 등만 선택적으로 이소말토올리고당을 이용하고, 유해균인 Clostridia은 이용할 수 없게 되므로 Bifidobacteria과 Lactobacilli의 증식이 늘어나게 된다. Bifidobacteria과 Lactobacilli의 증식이 늘어나면서 lactic acid, 단쇄지방산 등이 생성되고 이로 인해 장내의 pH를 저하시켜 장내 환경을 유해균이 성장하기에 적합하지 않은 환경으로 만들어 주고 배변 활동의 개선에도 도움을 줄 수 있는 것으로 판단된다. 이러한 이소말토올리고당의 기능성은 여러 편의 인체실험에서 확인되었으므로 '장내 유익균의 증식과 유해균의 억제에 도움을 줄 수 있습니다.'와 '배변 활동에 도움을 줄 수 있습니다.'의 수준으로 기능성 내용이 인정되었다.

19) 공액 리놀레산(Conjugated Linoleic Acid)

'공액 리놀레산(Conjugated Linoleic Acid)'은 식용 홍화유의 리놀레산을 화학적인 방법으로 공액 이성질체 화한 후 정제 · 가공하여 제조한 것이다. 이 원료는 지방산형태의 cis-9, trans-11 CLA와 trans-10, cis-12 CLA가 각각 35% 이상이고 합계가 70~80%이다. BMI 25 이상의 성인을 대상으로 한 다수의 인체실험에서 체지방이 감소할 수 있음이 확인되었다. CLA는 지방세포에서 lipoprotein lipase activity를 저해시켜 지방산 유리를 감소시키거나, CPT(carnitine acyl transferase)활성을 증가시켜 지방의 산화를 촉진함으로써 체지방 감소에 도움될 수 있는 것으로 보고되고 있다. 그 외 지방세포의 apoptosis도 증가시킨다는 보고도 있다.

따라서 식약청에서는 '공액 리놀레산(Conjugated Linoleic Acid)은 과체중인 성인의 체지방 감소에 도움을 줄 수 있습니다.'의 수준으로 기능성 내용이 인정되었다. 본 원료는 인체 실험자료를 근거로 기능성 내용이 인정되었다.

20) 피니톨

'피니톨'은 콩과류, 솔잎 등에 많이 들어 있는 성분으로 inositol의 구조 이성질체인 chiro-inositol의 methyl ester 형태이다. 피니톨은 콩에 약 0.5% 정도 함유되어 있으며 캐롭 빈 포드의 시럽에는 약 10% 정도 함유되어 있다. 캐롭 빈 포드에서 추출 · 정제한 피니톨을 원료로 사용하여 설치류 단회투여 독성실험, 13주 반복투여 독성실험, 유전 독성 실험 결과, 또한, 사람을 대상으로 기능성 실험을 수행하며 동시에 측정된 안전성 실험에서도 제안된 섭취량의 피니톨은 안전한 것으로 확인되었다. 인슐린의 혈당조절기능은 세포막에 있는 수용체와 결합함으로써 시작된다. 즉, 인슐린이 수용체와 결합함으로써 일련의 신호전달체계가 작동하고 그 결과 글리코겐의 합성과 지방의 합성 등이 증가함으로써 혈당 수준이 감소할 수 있다. Chiro-inositol은 이러한 일련의 신호전달체계에 관여하는 매개체 중 하나로 알려졌다. 실제로 혈당조절기능이 저하된 사람들은 chiro-inositol의 수준이 낮은 것으로 보고되고 있다. 또한, 혈당조절기능이 저하된 실험동물을 대상으로 chiro-inositol을 섭취시키면 혈당조절기능이 유의적으로 개선됨이 확인되었다.

피니톨을 섭취하면 인체 내에서 카이로 이노시톨로 전환됨이 확인되었으므로 피니톨은 chiro-inositol로 전환되면서 혈당조절에 도움을 줄 수 있을 것으로 여겨진다. 피니톨의 혈당조절 기능은 다수의 동물실험에서 확인되었으나 인체실험에서는 아직 일관된 결론을 얻지 못하였으며, 실험기간, 대상자의 비만 정도, 섭취량 등을 달리한 실험연구가 더 필요하다. 또한, 실험 대상자가 경구혈당강하제를 계속 복용하면서 피니톨을 병용하여 섭취한 실험은 피니톨 단독의 기능을 확신할 수 없다. 따라서 다수의 동물실험에서 피니톨의 기능이 확인되었다 하더라도 인체실험에서 상반된 결과들이 보였기 때문에 본 원료는 '피니톨은 캐롭 빈 포드에서 추출 · 정제한 원료로서 혈당조절에 도움을 줄 수 있으나 인체실험에서 확인이 필요합니다.'의 수준으로 기능성 내용이 인정되었다.

21) 대두 올리고당

'대두 올리고당'은 대두 유청에서 단백질을 제거하고 얻은 올리고당이며 stachyose와 raffinose를 기능성분으로 한다. Stachyose와 raffinose는 소화효소에 의해 분해되지 않으며 장내의 부패 산물이 감소하고 장내 균총 등이 선택적으로 개선됨이 여러 건의 동물실험에서 확인되었다. Stachyose와 raffinose는 *in vitro*에서 일부 비피더스균에 의해서만 발효됨이 확인되었으며 인체실험결과에서도 대두 올리고당의 섭취로 장 내의 비피더스균 수가 증가하였음이 확인되었다. 장내 비피더스균뿐만 아니라 변의 pH, 암모니아량, 배변 횟수, 변의 성상 등이 유의적으로 개선되었으며 유해균의 감소 또한, 인체실험에서도 확인되었다. 결국, stachyose와 raffinose를 함유한 대두 올리고당은 소화효소에 의해 분해되지 않아 장내로 도달하며 장내에서 유익균인 비피더스에 의해 선택적으로 이용되어 장내 환경을 개선하고 배변 활동에 도움을 줄 수 있다. 따라서 대두 올리고당은 '장내 유익균의 증식과 유해균의 억제에 도움을 줄 수 있습니다.'와 '배변 활동에 도움을 줄 수 있습니다.'의 수준으로 기능성 내용이 인정되었다.

22) 홍경천 등 복합추출물

'홍경천 등 복합추출물'은 한국, 중국, 일본 등의 동북아시아의 고산지대에서 자생하는 홍경천(*Rhodiola rosea*)의 주정추출물과 식품에서 향신료로 널리 사용되고 있는 계피(*Cinnamomum cassia*)의 열수추출물을 혼합한 원료이다. 홍경천은 중국에서 발표된 몇 개의 학술문헌에서 혈당 조절의 기능이 있음이 알려졌으며 계피의 혈당조절기능 또한, 여러 학술문헌에서 보고되고 있다. 홍경천과 계피 추출물을 혼합하여 만든 '홍경천 등 복합추출물'은 동물실험을 통해 혈당조절기능이 있음이 확인되었으나 인체실험에서는 공복혈당, 내당능, 당화혈색소 등의 여러 혈당조절관련 바이오 마커에서 공복혈당만이 유의적으로 조절되었다. 따라서 '홍경천 등 복합추출물'은 인체실험과 동물실험결과 혈당조절 기능성에 대한 가능성이 확인되었으나 이에 대한 과학적인 설명이 부족하므로 '홍경천 등 복합추출물'은 '혈당조절을 신경 쓰시는 분들의 공복혈당 조절에 도움을 줄 수 있으나 아직은 과학적인 근거가 부족합니다.'의 수준으로 기능성 내용이 인정되었다.

23) 프랑스 해안송 껍질추출물

'프랑스 해안송 껍질추출물'은 프랑스 남서부 지방에 자생하는 해안송(French maritime pine tree, *Pinus pinaster*)의 껍질을 주정으로 추출하고 한외여과를 이용해서 정제한 procyanidin을 주성분으로 하는 원료이다. '프랑스 해안송 껍질추출물'은 많은 시험관 실험과 동물실험에서 유리 라디칼 소거능이 있음이 확인되었으며 활성 질소종에 의해 생성된 산화 스트레스에서 내피세포를 보호하고 항산화 관련 효소 활성을 증가시키며 활성산소를 제거하는 등 효소적, 비효소적 산화제거계를 강화하여 항산화 작용을 함이 보고되었다. 이러한 항산화효과 이외에 내피세포에서 혈관확장을 하는 NO 생성을 촉진한다고도 여러 편의 학술 문헌에 보고되었다. NO는 내피세포에서 합성효소(NOS)에 의하여 arginine에서부터 합성되며 혈소판응집을 저해한다. '프랑스 해안송 껍질추출물'은 NOS를 촉진하여 NO를 생성하며 스트레스 호르몬인 epinephrine에 의한 혈관수축을 억제함이 동물실험에서 확인되었다. '프랑스 해안송 껍질추출물'의 이러한 기능성은 몇 편의 인체실험에서 확인되었다. '프랑스 해안송 껍질추출물' 섭취 후에 혈장의 polyphenol 함량이 증가하였음이 확인되었으며 섭취기간 내내 혈장에서 총 항산화능이 유의하게 증가하였다. 특히 흡연자를 대상으로 한 여러 편의 인체실험에서는 '프랑스 해안송 껍질추출물' 섭취 후에 혈소판응집이 유의하게 감소함이 확인되었다. 따라서 '프랑스 해안송 껍질추출물'의 기능성은 '인체에 해로운 활성산소를 제거하는데 도움을 줄 수 있습니다.'와 '혈액의 흐름을 방해할 수 있는 혈소판응집을 억제하는데 도움을 줄 수 있습니다.'의 수준으로 기능성 내용이 인정되었다.

24) 사탕수수 왁스 알코올

'사탕수수 왁스 알코올'은 쿠바의 동부지역에서 생산되는 사탕수수(*Saccharum officinarum* L.)의 잎과 줄기를 압착한 후 헥산으로 추출하고 비누화시킨 후 아세톤과 헥산을 이용하여 지방산 1차 알코올을 추출 정제하여 분말화한 원료이다. 본 원료는 지방산 알코올의 혼합물(1-tetracosanol 0.01~2%, 1-hexacosanol 3.0~10%, 1-heptacosanol 0.1~3.0%, 1-octacosanol 60~70%, 1-nonacosanol 0.1~2.0%, 1-triacontanol 10~15%, 1-dotriacontanol 5~10.0%, 1-tetratriacontanol 0.1~5%)이 90% 이상 함유되어 있다. '사탕수수 왁스 알코올'은 HMG-CoA reductase activity를 직접적으로 저해하지는 않지만, 영향을 미침으로써 acetate에서 mevalonate을 합성하는 과정을 저해하여 체내에서 콜레스테롤 합성을 저해하는 것으로 보고되었다. 충분한 인체실험에서 혈액 중의 총 콜레스테롤과 저밀도지단백(low density lipidprotein : LDL)수치를 감소시키고 고밀도지단백(High density lipid protein : HDL) 수치를 증가시키는 데 도움이 됨을 확인되었다. 따라서 '사탕수수 왁스 알코올은 높은 혈중 콜레스테롤 수치의 개선에 도움됩니다.'의 수준으로 기능성 내용(기타기능 I 등급)이 인정되었다.

25) 표고버섯 균사체

'표고버섯 균사체'는 표고버섯(*Lentinus edodes*) 균사체를 배양한 액에 α-아밀라아제, 펙티나아제, 프로테아제를 처리한 후 원심분리하고 상층 액을 농축하여 살균·동결 건조한 것으로서 지표성분인 α-1,4 glucan이 20~37%가 함유된 원료이다. 표고버섯 균사체는

Candida albicans 등의 병원성 미생물에 대한 동물 체내 미생물 수가 감소할 뿐 아니라 생존율이 증가함이 여러 동물실험연구에서 확인되었다. 또한, 표고버섯 균사체를 투여한 군에서 혈청 내 사이토카인의 양이 높은 것으로 확인되어 사이토카인 생성능이 증가함으로써 생체 내 저항력이 향상하는 것으로 보고되었다. 또한, 면역저하 약물을 투여한 동물실험결과에서도 사이토카인의 양이 증가하는 것이 확인되었다. 따라서 '표고버섯 균사체'는 신체방어능력 향상에 도움될 수 있으나 인체실험을 통한 확인이 필요합니다.'의 수준으로 기능성 내용이 인정되었다.

26) 포스파티딜세린

포스파티딜세린은 대두 레시틴을 효소 처리하여 만들어진 원료로서 포스파티딜세린 40% 이상을 함유하고 있다. 원래 대두 유래 포스파티딜세린이 개발되기 이전에는 소의 뇌 유래 포스파티딜세린에 관한 연구가 많이 되어 있었다. 포스파티딜세린은 동물과 미생물을 포함한 모든 생체막에 존재하고 있다. 특히 사람은 포스파티딜세린은 뇌에 짙은 농도로 존재하며 전체 인지질 함량의 약 15%를 이루고 있다고 한다. 소의 뇌에서 추출한 포스파티딜세린을 동물에게 투여한 후 수동적 회피실험 등을 실시한 결과 유의적인 개선 효과를 확인하였으며 인지능력이 약간 저하된 노인들을 대상으로 한 실험에서도 인지능력이 유의적으로 개선되었음이 확인되었다. 소의 뇌에서 추출한 포스파티딜세린과 마찬가지로 대두에서 추출한 포스파티딜세린도 동물과 노인들을 대상으로 한 실험에서 통계적으로 유의한 인지능력 개선이 확인되었다. 한 동물실험에서는 대두 유래와 소의 뇌 유래 포스파티딜세린의 인지능력을 비교해본 결과 같은 인지능력 개선을 함이 확인되었다. 이러한 연구결과들을 바탕으로 대두 유래 포스파티딜세린은 '노인의 인지능력 개선에 도움을 줄 수 있습니다.'의 수준으로 기능성 내용이 인정되었다.

27) 로즈힙

로즈힙은 유럽, 근동지역, 북아프리카가 원산이며 키가 2~3 m까지 자라는 관목성 식물로서 본 원료는 로즈힙(*Rosa canina*)의 열매를 수확하여 건조한 후 제분하여 만든 원료이며 갈락토리피드를 지표성분으로 한다. 로즈힙 분말의 여러 분획으로 세포 외 실험을 한 결과 염증세포의 chemotaxis를 억제하며 galactolipid가 이 활성에 관여함이 확인되었다. 몇 편의 인체실험에서 로즈힙 분말을 섭취시킨 후 관절 관련 기능을 확인해본 결과 유의적으로 그 기능이 개선됨이 확인되었다. 따라서 본 원료는 '관절과 연골 건강에 도움을 줄 수 있습니다.'의 수준으로 기능성 내용이 인정되었다.

28) 구아바(*Psidium guajava*)

'구아바(*Psidium guajava*)'는 열대 상록수로서 주 생산지는 남플로리다와 남미 브라질이며 일부 대만과 우리나라에서도 재배되고 있다. 구아바에는 탄닌이 많이 함유되어 있으며, 구아바의 기능성을 나타내는 것으로 연구되고 있다. 본 원료인 구아바 잎 열수추출물은 동물과 시험관 실험에서 혈당을 조절하고 인체실험에서 식후혈당을 조절하는 기능이 있음이 확인되었다. 따라서 구아바 잎 열수추출물은 '식후 혈당 조절에 도움을 줄 수 있습니다.'의 수준으로 기능성 내용이 인정되었다.

29) 식물 스타놀

'식물 스타놀'은 밀, 호밀, 옥수수 등과 같은 곡물 종자의 지방에 자연적으로 소량 포함되어 있으며 옥수수유 등과 같은 식물성 유지 안에도 포함되어 있다. 본 원료인 식물 스타놀 에스테르는 콩기름으로부터 얻은 식물스테롤을 수소화시킨 후 에스테르화 공정에 의하여 제조되며 시토스타놀과 캄페스타놀이 주요 성분이다. 식물 스타놀 에스테르는 이미 건강기능식품으로 인정되어 고시된 식물스테롤과 마찬가지로 콜레스테롤과 유사한 구조로 되어 있어서 음식으로 섭취되는 콜레스테롤 수준을 낮추어 주는 것으로 연구되고 있다. 식물 스타놀이나 식물 스테롤이 혈중 콜레스테롤을 저하하는 정확한 기전은 아직 확실히 밝혀지지는 않았지만, 식물 스타놀의 소장 내 농도가 짙어지면 용해도가 감소하여 석출되는데 이때 구조가 유사한 콜레스테롤도 함께 결정체를 형성하여 배설될 수 있을 거로 추측하며, 또 하나의 가설은 식물스타놀이 콜레스테롤의 운반체인 지단백에 경쟁적으로 작용하여 소화관에서의 콜레스테롤의 흡수가 저해될 수 있을 것으로 연구되고 있다. 충분한 인체실험에서 혈액 중의 총 콜레스테롤과 저밀도지단백(low density lipidprotein : LDL) 수치를 감소시키는 데 도움이 됨을 확인하였으므로, '식물 스타놀 에스테르는 높은 혈중 콜레스테롤 수치의 개선에 도움됩니다.'의 수준으로 기능성 내용(기타기능 I등급)이 인정되었다. 단, 식물 스타놀 에스테르는 식물스테롤과 마찬가지로 지용성 비타민의 흡수를 저해할 수 있으므로 주의해야 한다.

30) 라피노즈

'라피노즈'는 설탕 제조 시 생성되는 부산물에 농축된 라피노즈를 크로마토분리법에 의해 분리 · 정제 · 결정화 한 후, 유당을 첨가하여 제품화한 것이다. 형태는 D-갈락토오스, D-글루코스, D-프락토오스가 각 한 분자로 구성된 3당 류로 sucrose에 갈락토오스가 결합한 형태이다. 라피노즈는 in vitro 실험에서 일부 비피더스균에 의해서만 발표됨이 확인되었으며 인체실험결과에서도 라피노즈의 섭취로 장내에서의 유익균의 수가 증가하였음이 확인되었다. 또한, 장내의 유익균 증식뿐 아니라 변의 pH, 배변횟수, 변의 성상 등이 유의적으로 개선되었으며 유해균의 감소 또한, 인체실험에서도 확인되었다. 따라서 '장내 유익균의 증식과 유해균의 억제에 도움을 줄 수 있습니다.'와 '배변 활동을 원활히 하는데 도움을 줄 수 있습니다.'의 수준으로 기능성 내용이 인정되었다.

31) 당귀 등 혼합추출물

'당귀 등 혼합추출물'은 동량의 당귀뿌리, 천궁뿌리, 백작약뿌리를 열수로 추출하여 감압농축 한 것과 이 원료에 주정을 첨가하여 정치시켜 얻은 조다당체를 배합한 것을 말한다. 기능성분(또는 지표성분)은 조다당, nodakenin, paeoniflorin, chlorogenic acid이다. 당귀 등 혼합 추출물은 방사선 조사 마우스에서 방사선 조사 후 급격히 감소한 말초 혈액 내 백혈구와 림프구 수의 회복을 촉진하고 생존율을 증진시켰다. 또한, 면역 결핍이 유도된 마우스에 당귀 등 혼합추출물을 경구투여한 결과 백혈구 및 림프구 수, NK cell의 활성도가 유의적으로 회복되었다. 백혈구 수가 5,000개/μl 이하인 63명을 대상으로 한 인체실험에서도 당귀 등 혼합추출물의 복용으로 NK cell 활성, 면역세포의 활성화, Cytokine 생성을 개선하는 것이 확인되었다. 이러한 연구결과에 따라 당귀 등 혼합추출물은 '면역기능 개선에 도움을 줄 수 있다.'라는 수준으로 기능성 내용(기타기능 Ⅱ 등급)이 인정되었다.

32) 카세인 가수분해물

'카세인 가수분해물'은 우유 단백질인 카세인을 가수분해하여 제조한 가수분해물로 흰색 또는 미색의 분말형태이다. 기능성분은 카세인 가수분해물(C12 peption)으로 〔Phe-Phe-Val-Ala-Pro-Phe-Pro-Glu-Val-Phe-Gly-Lys〕의 12개 아미노산으로 구성된 펩티드이다. 카세인 가수분해물은 체내에서 앤지오텐신 전환효소의 활성을 낮추어 주어 혈관수축작용을 억제하고 혈관 이완작용을 촉진하는 기능성을 가지고 있다. 고혈압을 유발시킨 동물실험에서 카세인 가수분해물이 혈압을 유의적으로 감소시켜줌을 확인하였으며, 몇몇 인체실험에서 혈압이 약간 높은 분들의 혈압을 유의적으로 낮추어주는 것이 확인되었다. 따라서 카세인 가수분해물은 '혈압이 걱정되시는 분에게 도움을 줄 수 있습니다.'의 수준으로 기능성 내용(기타기능 Ⅱ 등급)이 인정되었다.

33) 올리브 잎 주정 추출물

'올리브 잎 주정 추출물'은 건조 올리브 잎을 분쇄하여 80% 주정 추출한 후, 가열추출, 여과, 가압 · 농축하여 제조한 것을 말한다. 기능성분은 oleuropein으로 원재료에는 약 5%

정도 함유되어 있으나, 제조공정을 거쳐 약 18~26% 정도로 농축된다. 올리브 잎 주정추출물을 20쌍 쌍둥이 총 40명(수축기혈압이 120~160 mmHg, 이완기혈압이 80~95 mmHg인 대상자)에게 0, 500, 1,000 mg/day로 8주간 섭취시켰을 때, 6주 후 500 mg/day, 1,000 mg/day 섭취 군에서 혈압이 유의적으로 감소하였다. 고혈압을 유발한 동물모델을 사용한 동물실험에서도 8주 동안 올리브 잎 주정추출물을 공급하였을 때, 유의적인 혈압감소가 관찰되었다. 동원료와 유사하게 제조된 건조 올리브 잎, 올리브 잎 96% 에탄올 추출물 등을 사용한 인체실험과 기능성분인 oleuropein을 사용한 여러 동물실험에서도 혈압이 유의적으로 감소하는 결과를 확인되었다. In vitro 실험에서는 올리브 잎 추출물이 혈관 이완작용을 나타내며, 항산화 작용으로 혈관을 건강하게 해줌으로써 혈압감소의 기능을 나타내는 것이 확인되었다. 따라서 제안된 섭취량 500~1,000 mg/day에서 올리브 잎 주정추출물은 기타기능 Ⅱ '건강한 혈압의 유지에 도움을 줄 수 있습니다.'의 수준으로 기능성 내용이 인정되었다. 그러나 혈압약을 복용하고 있는 경우엔 섭취 시 의사와 상담해야 한다.

34) 탈지 달맞이꽃 종자 주정추출물

탈지 달맞이꽃 종자 주정추출물은 달맞이꽃(*Oenothera biennis*) 종자를 헥산으로 탈지하여 70% 주정으로 추출한 후, 농축, 건조, 살균하여 제조한다. 기능성분(또는 지표성분)은 총 폴리페놀과 Penta-O-galloyl beta-D-glucose이고 각각의 함유량은 60~68 g/100 g, 2~2.8 g/100 g이다. 당뇨병 치료 이력이 없고, 공복시 혈당치가 110 mg/dL 이상인 당뇨병 경계역 대상자에게 12주 동안 탈지 달맞이꽃 종자 주정추출물 300 mg/day를 섭취시켰을 때, 쌀밥 부하 후의 혈당치 상승이 억제되었으며, 공복 시 혈당치 및 HbA1c치가 저하되는 결과를 보였다. 또한, 공복 시 혈당치가 70~110 mg/dL 인 정상인에게서도 탈지 달맞이꽃 종자 주정추출물 200 mg/day 섭취시켰을 때, 쌀밥 부하 후 30분의 혈당치가 섭취 군에서 유의적으로 낮았고, 혈당치 상승 곡선 면적도 섭취 군에서 더 낮았다. *in vitro* 실험에서 탈지 달맞이꽃 종자 주정추출물에 함유된 폴리페놀 성분이 α-glucosidase inhibition 효과를 나타내는 것이 확인되었다. 따라서 제안된 섭취량인 200~300 mg/day에서 '당의 흡수를 억제하여 식후 혈당 상승 억제에 도움을 줄 수 있습니다.'의 수준으로 기능성 내용(기타기능 Ⅱ 등급)이 인정되었다. 그러나 당뇨병의 치료 및 예방에는 사용될 수 없으므로 당뇨병 치료가 필요한 경우에는 의사와 상담 하에 사용해야 한다.

35) L-글루타민

'L-글루타민'은 액상포도당, 대두박분해물, 염화암모늄, 황산암모늄, 제일인산칼륨, 제이인산칼륨을 용해하여 가열 살균하여 *Corynebacterium glutamicum*이 발효되면서 생산된다.

체육대학 학생 10명을 대상으로 운동을 시킨 후, L-글루타민 5g을 섭취시켰을 때 대조군보다 혈장 글루타민 농도가 유의적으로 증가하였다. 또한, 운동 1시간 후와 2시간 후에 T-cell과 T8-cell 수가 대조군보다 유의적으로 증가하는 것이 확인되었다. 또 다른 연구에서 마라톤이나 조정 등 과도한 운동을 하는 선수 151명을 대상으로 운동 후 7일 동안 감염발생빈도를 관찰한 결과, 전체 대상자 중 24.7~54.5%가 감염을 나타낸 반면, 글루타민을 7일 동안 5 g/day로 보충한 결과, 대조군의 48.8±7.4%가 감염에 걸리지 않았고, 섭취 군은 80.8±4.2%가 감염되지 않았다. 따라서 '과도한 운동 후의 L-글루타민 보충은 신체 저항능력 향상에 도움될 수 있습니다.'의 수준으로 기능성 내용(기타기능Ⅱ 등급)이 인정되었다. 섭취량은 3~5g이며, 섭취시점은 과도한 운동 직후이다. 그러나 methotrexate, anticonvulsants, lactulose의 효과를 경감시킬 우려가 있고, MSG에 민감한 사람이나 신장과 간질환이 있는 환자는 섭취를 주의해야 하고, 임산부, 수유부는 의사의 처방 없이는 섭취를 삼가야 한다.

36) Saw Palmetto(쏘팔메토) 열매 추출물

'Saw Palmetto(쏘팔메토) 열매 추출물'은 건조된 쏘팔메토 열매를 분말 화하여 이산화탄소를 이용하여 초임계 추출을 한 원료이다. 지표성분은 lauric acid로 24~32%의 함량으로 포함되어 있다. 양성 전립선비대증인 132명에게 쏘팔메토 열매 추출물 320 mg/day를 1년간 섭취시켰을 때 IPSS(International Prostate Symptom Score, 전립선비대증 증상 점수)가 유의적으로 감소하였고, urinary flow rate가 개선되는 결과를 나타내어 전립선비대 증상이 유의적으로 개선되는 것이 확인되었다. 또 다른 연구에서 n-Hx(헥산)으로 추출한 쏘팔메토 추출물 320mg/day를 50~85세 남성 704명에게 1년 동안 보충시켰을 때, IPSS가 유의적으로 감소하였고, urinary flow rate와 전립선의 부피가 유의적으로 감소하였다. 테스토스테론이 디하이드로테스토스테론으로 전환되면서 전립선 건강에 문제가 생기는데, 이때 사용되는 전환효소가 5-α-reductase이다. 동물실험과 In vitro 실험에서 쏘팔메토 추출물이 5-α-reductase의 활성을 저해하는 결과를 나타낸 것으로 보아, 쏘팔메토 추출물은 디하이드로테스토스테론의 양을 감소시켜 전립선 건강에 도움을 주는 것으로 추측된다. 따라서 쏘팔메토 열매 추출물은 '전립선 건강의 유지에 도움을 줄 수 있다.'의 수준으로 기능성 내용(기타기능 Ⅱ 등급)이 인정되었다. 제안된 섭취량은 320 mg/day이고, 섭취 시 메스꺼움이나 설사 등 소화계통의 불편함을 유발할 수 있으므로 주의해야 한다.

37) 아마인

'아마인'은 원재료 아마씨(*Linum usitatissimum*)의 외부 표면 온도가 140℃가 되도록 유지하면서 분쇄하여 분말화 한 원료이다. 기능성분(또는 지표성분)은 알파 리놀렌산, 총 식이섬유, 리그닌으로 각각 100 g당 함량이 20~22 g, 25~27 g, 500~1,000 mg이다. 건강한 사람 10명에게 50 g/day의 아마인이 포함된 머핀을 4주 동안 섭취시켰을 때, 2주 후부터 총 콜레스테롤과 LDL-콜레스테롤이 유의적으로 감소하였다. 또 다른 인체실험에서 LDL-콜레스테롤이 200 mg/dl 이상인 10명을 대상으로 50 g/day의 아마인이 포함된 머핀을 3주간 섭취시켰을 때, 총 콜레스테롤과 LDL-콜레스테롤이 감소하였다. 따라서 '콜레스테롤 감소에 도움을 줄 수 있습니다.'의 수준으로 기능성 내용(기타기능 Ⅱ 등급)이 인정되었다. 제안된 섭취량은 50 g/day이고, 섭취 시 주의사항은 다음과 같다.

가) 혈액응고와 관련된 질병이 있거나 혈액응고 저해제를 섭취하는 경우는 반드시 의사나 약사와 상담 후에 섭취해야 한다.
나) 아마인의 섭취는 다른 약물의 흡수를 방해할 수 있으므로 약제를 섭취하는 경우에는 의사나 약사와 상담 후 섭취해야 한다.

38) 빌베리 주정 추출물

'빌베리 주정 추출물'은 빌베리를 주정 추출한 후, 원심분리하고 다시 주정을 이용하여 정제, 농축하여 제조한다. 기능성분 또는 지표성분인 안토시아노사이드가 최종 원료의 약 25% 포함된다. 빌베리 주정 추출물을 눈의 피로를 호소하는 사무원과 학생 등 20명에게 28일간 보충시켰을 때, 대조군보다 대상자의 약 70%가 눈의 피로와 관련된 흐릿함, 충혈, 뻣뻣함, 눈부심 등이 개선되는 결과를 보였다. 중간 근시자 24명을 대상으로 빌베리 주정 추출물을 보충하였더니, 15일 후에 대상자의 58%가 눈부심이 감소하였고, 79%가 선명함이 향상되었다. 또 다른 연구에서는 VDT 증후군(컴퓨터 단말기 증후군)을 가진 10명의 대상자에게 빌베리 주정 추출물을 일주일간 보충하였을 때, 우안, 좌안의 flicker 값이 유의적으로 상승하였고, 눈의 조절 긴장시간과 조절 이완시간이 감소하였다. *in vitro* 실험에서는 안토시아닌이 조직의 긴장완화와 이완작용을 나타냈고, 광산화 작용을 일으켜 세포 손상을 일으킬 수 있는 A2E의 생성을 감소시켰다. 눈의 피로는 망막 상피세포에 free radical이 생성되면 혈관수축과 근육수축이 나타나고 그에 따라 혈관평활근이 긴장하게 되면서 생성되는데, 빌베리 주정 추출물은 안토시아닌의 항산화 작용으로 망막 상피세포의 긴장완화와 이완작용을 나타내고 혈관을 보호하여 눈의 피로도 감소에 도움을 줄 수 있는 것으로 추측된다. 빌베리 주정 추출물은 섭취량 240 mg/day에서 '눈의 피로도 개선에 도움을 줄 수 있습니다.'라는 수준으로 기능성 내용(기타 Ⅱ 등급)이 인정되었다.

39) 솔잎 증류농축액

'솔잎 증류농축액'은 원재료 적송 솔잎을 건조 · 분쇄하여 수증기로 증류한 솔잎추출물을 말합니다. 지표성분 또는 기능성분은 3-carene, limonene, terpinolene 세 가지로 각각의 함량은 12% 이상, 8% 이상, 17.5% 이상이다.

내당능장애를 앓는 57명을 대상으로 12주간 솔잎 증류농축액을 보충시켰을 때, 2시간에서 AUC(Area Under the Curve, 혈당면적)가 유의적으로 감소하였다. db/db mice를 사용한 동물실험에서 450 mg/kg을 섭취시킨 군에서 유의적으로 공복혈당이 개선되었다. SD rat을 사용한 동물실험에서도 OGTT(Oral Glucose Tolerance Test, 경구포도당부하검사)에서 60분, 90분에서 혈당이 감소하였다. 따라서 동물실험에서 공복혈당 개선이 확인되었으며 인체실험에서 내당능 및 공복혈당의 유지에 도움이 있음이 확인되었으므로 '솔잎 증류 농축액은 건강한 혈당의 유지에 도움을 줄 수 있습니다.'의 수준으로 기능성 내용(기타기능 II 등급)이 인정되었다. 섭취량은 1,350 mg/day이고, 기관지 천식, 해소 기침이나 기도에 심한 염증이 있는 사람은 사용을 금해야 한다.

40) 코엔자임 Q10

'코엔자임 Q10'은 인체 내에서 합성되는 지용성 항산화제이다. 인체 내 코엔자임 Q10의 수준은 나이가 들거나 만성질환이 있는 경우 감소한다. 코엔자임 Q10은 합성법과 발효법으로 생산될 수 있다. 이러한 방법으로 생산된 원료의 코엔자임 Q10의 함량은 98~99%이다.

평균연령이 25.9±2.6세인 22명을 대상으로 코엔자임 Q10을 90 mg/day 함량으로 처음 2주간 보충하고, 그다음 2주간은 코엔자임 Q10+비타민 E와 같이 보충하였고, 그다음 2주간은 코엔자임 Q10+비타민 E+ fish oil을 보충한 결과, 혈중 코엔자임 Q10 농도가 증가하였고, 지질 산화를 나타내는 TBARS(Thiobarbituric acid reactive substance)는 감소하였고, fish oil에 의한 산화한 스트레스에도 비타민 E와 C의 농도, redox status는 변화가 없었다. 또 다른 연구에서 흡연남성 60명을 대상으로 코엔자임 Q10 90 mg/day를

2개월 동안 보충하였을 때, 혈장 및 지단백에서 코엔자임 Q10의 농도가 증가하였다. 건강한 성인 10명을 대상으로 코엔자임 Q10 100 mg/day를 한 달 동안 보충하였을 때, LDL에서의 코엔자임 Q10의 농도가 증가하였다. 이러한 결과를 통해 하루에 100 mg의 코엔자임 Q10의 섭취는 혈중 코엔자임 Q10의 농도를 증가시키는 것을 확인할 수 있다. 항산화 기능성을 가지고 장기간 섭취하게 된다는 점을 고려하면 섭취로 말미암은 혈중 수준의 향상만으로도 충분히 항산화 기능성을 인정할 수 있을 것으로 판단된다. 따라서 코엔자임 Q10은 섭취량 90~100 mg/day의 범위에서 '코엔자임 Q10은 항산화에 도움을 줄 수 있습니다.'의 수준으로 기능성 내용(기타기능II 등급)이 인정되었다.

41) 크레아틴

'크레아틴'은 화학적 합성법에 따라 제조되는 물질로, 일반적으로 육류나 어류에 많이 포함되어 있다. 크레아틴은 섭취하면 체내에서 인산기(phosphate)가 붙어 인산 크레아틴(phospho-creatine)이 된다. 인산 크레아틴은 우리 몸에서 에너지를 내는 ATP의 생성에 사용되어 에너지 생성을 활발히 한다. 인정된 크레아틴 원료에는 기능성분인 creatine monohydrate 함량이 99.99% 이상 포함되어 있다. 인체실험에서 평균연령이 19±1.02세인 축구선수 25명을 대상으로 10주 동안 크레아틴을 3 g/day로 보충하였을 때, 체지방량과 운동수행능력이 유의적으로 증가하는 결과를 나타냈다. 또 다른 연구에서는 40~65세의 연령의 대상자 14명에게 3 g/day의 용량으로 크레아틴을 8주간 보충한 결과, 사지둘레, 체중, 체지방량이 증가하였고, 체지방률, 지방량은 감소하였다. 또한, 숄더프레스(shoulder press), 인클라인프레스(incline press) 등의 근력 운동의 운동수행능력이 향상되었다. 따라서 하루에 3 g의 용량에서 '크레아틴의 섭취는 근력 운동 시에 운동수행능력 향상에 도움을 줄 수 있습니다.'의 수준으로 기능성 내용(기타기능 Ⅱ 등급)이 인정되었다.

42) 콩 발효 추출물(토치대두 발효 추출물)

'콩 발효 추출물(토치대두 발효 추출물)'은 발효시킨 콩을 추출한 것으로 원재료인 콩(*Glycine max*)을 "*Aspergilus oryzae*"를 이용하여 30℃에서 약 1년간 발효시킨 후, 세척, 정제, 건조의 과정을 거쳐 125 ℃에서 열수추출한 것을 분말화 한 원료이다. 본 원료는 α-Glucosidase의 활성을 억제하여 기능성을 나타내므로 α-glucosidase 활성 억제능(IC50)으로 기능성분(또는 지표성분)이 설정되었다. 또한, 대두발효물의 α-glucosidase의 저해 활성물질인 Tris(2-Amino-2-(hydroxy methyl)-1, 3-propanediol)의 검출 여부를 확인해야 한다. 공복혈당이 5.5~7.4 mmol/L이고, 당화혈색소가 5~8%인 당뇨 경계역에 있는 36명을 대상으로 콩 발효 추출물을 3개월 동안 900 mg/일 수준으로 섭취시켰을 때, 대조군보다 공복혈당과 당화혈색소가 유의적으로 감소하였다. 또 다른 연구에서도 900 mg/일의 섭취량으로 6개월 보충하였을 때, 공복혈당이 5.5~7.4 mmol/L이고, 당화혈색소가 5~8%인 당뇨 경계역 47명에서 보충 2개월부터 공복혈당과 당화혈색소가 유의적으로 감소하였다. 따라서 콩 발효 추출물은 '발효시킨 콩을 추출한 것으로 당의 흡수를 억제하여 식후혈당을 건강하게 유지하는데 도움을 줄 수 있는 식품이다.'의 수준으로 기능성 내용(기타기능 Ⅱ 등급)이 인정되었다.

43) 루테인 20% 복합물

'루테인 20% 복합물'은 건조된 마리 골드 꽃을 헥산으로 추출하여 기능성분인 루테인이 농축된 크리스털 형태로 만든 후, 옥수수오일(홍화씨유)에 분산시켜 루테인 함량을 약 20%로 조정한 원료이다. 영국에서 66~75세 노인 380명을 대상으로 한 관찰연구에서 혈중 루테인 농도가 옅을수록 노화에 따른 황반기능 저하로 나타날 수 있는 시력저하 등의 위험률이 증가한다는 결과를 보였다. 또한, 루테인 농도와 황반색소밀도(Macula Pigment Optical Density, MPOD)가 양의 상관관계를 보인다는 관찰연구결과가 4개 있었다. 25~45세의 남성 42명, 여성 48명을 대상으로 15 mg/일 의 양으로 20주간 루테인을 보충시켰을 때, 혈중 루테인 농도가 약 5배 증가하였다. 또 다른 연구에서 18~50세 8명을 대상으로 10 mg/일 의 양으로 루테인을 12주간 보충하였을 때, 혈중 루테인 농도가 증가하였고, 황반색소밀도도 유의적으로 증가하는 결과를 나타냈다. 현재 노인성 황반변성을 가진 대상자에게 루테인을 10 mg/일 의 양으로 12개월 보충하였을 때, visual acuity(시력 예민성)가 향상되었고, 정상인 34명에게 루테인을 10 mg/일 보충하였을 때, CATs(Contrast Acuity Thresholds)가 보충군에서 낮아져 시력예민성이 증가했다고 추측할 수 있다. 이러한 실험결과를 종합하여 보면, 루테인의 섭취가 증가하면 혈중 루테인 농도와 황반색소밀도가 증가하여 눈 건강에 도움을 준다고 판단되어 '루테인은 노화로 말미암아 감소할 수 있는 황반색소밀도를 유지해 주어 눈 건강에 도움을 줍니다.'의 수준으로 기능성 내용(기타 Ⅰ 등급)이 인정되었다. 인정된 섭취량은 루테인으로서 10~20 mg/일 이다.

44) 소나무 껍질 추출물 등 복합물

'소나무 껍질 추출물 등 복합물'은 기존에 건강기능식품 원료로 인정된 프랑스 해안송 껍질 추출물에 비타민 C, 비타민 E, 달맞이꽃 종자유를 혼합한 원료이다. 기능성분(또는 지표성분)은 프랑스 해안송 껍질 추출물에서는 프로시아니딘으로 설정하였고, 나머지 원료는 각각 비타민 C, 비타민 E, 감마 리놀렌산으로 설정되었다. 건강한 성인 108명을 대상으로 12주간 소나무 껍질 추출물 등 복합물을 1,130 mg/일의 수준으로 보충한 결과, 대조군보다 보충군에서 주름개선 정도가 유의적으로 높았다. 9~10주령 hairless mice를 대상으로 10주간 소나무 껍질 추출물 등 복합물을 보충한 동물실험 결과, UV에 의한 피부주름이 억제되는 것이 관찰되었다. 따라서 소나무 껍질 추출물 등 복합물은 '햇볕 또는 자외선에 의한 피부손상으로부터 피부 건강을 유지하는데 도움을 줄 수 있습니다.'의 수준으로 기능성 내용(기타기능 Ⅱ 등급)이 인정되었다.

45) 헤마토코쿠스 추출물

'헤마토코쿠스 추출물'은 "헤마토코쿠스(*Haematococcus pluvialis*)"라는 조류를 CO_2(이산화탄소)로 초임계 추출하여 홍화씨유에 분산시킨 원료이다. 기능성분(또는 지표성분)은 아스타잔틴으로 원료 1 g당 50~60 mg이 포함되어 있다. 건강한 성인 39명을 대상으로 아스타잔틴을 5 mg/일씩 4주 동안 보충하였을 때, 눈의 조절력이 유의적으로 증가하여 눈의 피로도를 개선하는 결과를 보였다. 또 다른 연구에서 VDT 증후군(컴퓨터 단말기 증후군)을 가지고 있어 일상적인 눈의 피로를 느끼는 30~40세 40명을 대상으로 4주 동안 아스타잔틴 3 mg/일을 보충한 결과, 눈의 조절력, 조절긴장/이완속도가 섭취 군에 유의적으로 개선되어 마찬가지로 눈의 피로도를 개선하는 것을 알 수 있었다. 정상인 29명에게 아스타잔틴을 6 mg/일씩 4주간 보충하였을 때, 망막의 혈류량이 유의하게 증가하였고, 혈중 아스타잔틴 농도가 유의하게 개선되어 아스타잔틴이 눈의 혈액량을 증가시켜 눈 피로 증상을 개선한다는 결과를 얻었다. 따라서 헤마토코쿠스 추출물은 '눈의 피로도 개선에 도움을 줄 수 있습니다.'의 수준으로 기능성 내용(기타기능 Ⅱ 등급)이 인정되었다.

46) 분말 한천

'분말 한천'은 우뭇가사리를 알칼리 처리하여 식이섬유를 추출한 원료로 기능성분(또는 지표성분)이 총 식이섬유로, 80% 이상 포함되어 있다. 배변일수가 일주일에 5일 이하인 24명을 대상으로 일주일 동안 한천을 3 g/일 보충한 결과, 배변량 및 배변일수가 유의적으로 증가함이 나타났다. 또 다른 연구에서 여대생 60명을 대상으로 한천을 5g/일 양으로 2주 동안 보충한 결과, 배변일수, 배변량이 유의적으로 증가하였고, 변비와 관련된 상쾌감, 변색, 변의 단단함이 유의적으로 감소하였다. 이외에도 한천의 식이섬유에 의한 배변활동이 개선됨을 나타내는 연구결과들이 있었다. 따라서 분말 한천은 '분말 한천의 섭취는 배변 활동에 도움을 줄 수 있습니다.'의 수준으로 기능성 내용(기타기능 Ⅱ 등급)이 인정되었다.

47) KD-28 복합 추출 분말

'KD-28 복합추출분말'은 칡뿌리, 인진, 차조기 세 가지 원료를 주정으로 추출하여 열풍건조 시킨 원료이다. 세 가지 원료의 기능성분(또는 지표성분)은 각각 puerarin, scopoletin, apigenin으로 설정되었다. 건강한 사람 89명을 대상으로 8주간 KD-28 복합추출분말을 섭취시킨 결과, 관절관련 통증의 정도를 나타내는 VAS(Visual Analog Scale)에서 유의적으로 통증이 감소함이 확인되었고, 염증관련 지표인 ESR(Erythrocyte Sedimentation Rate)의 개선이 확인되었다. 또한, 그 외 동물실험과 *in vitro* 실험에서도 KD-28 복합 추출 분말 섭취 시 염증관련 지표들이 감소하는 것이 확인되었다. 따라서 이러한 결과들을 종합하여 '관절건강에 도움'의 수준으로 기능성 내용(기타기능 Ⅱ 등급)이 인정되었다.

48) 게란티바이오 Ge-효모

'게란티바이오 Ge-효모'는 *Saccharomyces cerevisiae*를 사용하여 종균배양을 한 후, GeO_2를 넣고 효모 종 배양을 하고, 그 후 본 배양 시 다시 GeO_2를 넣고 배양한 후, 균체를 회수하여 씻고, 건조 · 분쇄하여 제조하는 원료이다. 기능성분(또는 지표성분)은 게르마늄이고 그 함량은 2,800~3,300 mg/kg이다. 50명을 대상으로 8주 동안 게란티바이오 Ge-효모를 하루에 1.2g 섭취시킨 군에서 B cell이 유의적으로 증가하였으나, 염증을 나타내는 마커인 TNF-α도 증가하여 뚜렷한 면역기능증진의 확인이 어려웠다. 그러나 mouse를 사용한 몇몇 실험에서 게란티바이오 Ge-효모를 섭취시킨 군에서 비장의 B cell 농도가 증가했고, 항체형 성능과 면역 글로불린의 일종인 IgM이 증가했다는 연구결과들이 있었다. 따라서 '면역기능 증진에 도움'의 수준으로 기능성 내용(기타기능 Ⅲ 등급)이 인정되었다.

49) 유단백 가수분해물(락티움)

'유단백 가수분해물(락티움)' 탈지 우유를 원심분리로 casein을 분리하여 NaOH를 pH 7.5~8.5로 알칼리화하여 트립신 가수 분해 후 HCl을 이용하여 산성화하여 90℃에서 열처리하여 180~200℃에서 분무 건조한 원료이다. 기능성분(또는 지표성분)은 αS1-casein(f91-100) 또는 α-casozepine이며 그 함량은 1.8~2.4%이다. 42명의 건강한 남성을 대상으로 락티움을 하루에 1,200 mg 섭취시킨 군에서 stress 유발(cold pressure test, stroop test) 후의 혈압 상승과 코르티솔 분비를 유의하게 낮추어 줄 수 있음이 확인되었으며, 또 다른 연구에서는 락티움을 하루에 150 mg씩 30일 섭취 후에 Hamilton anxiety scale 등과 같은 스트레스 증상을 평가하는 지표에서 유의하게 개선됨이 확인되었다. 그 외 동물실험과 시험관 실험에서 락티움이 동물의 불안을 완화하고, GABA 수용체와 결합력을 가지는 것이 확인되었다. 따라서 '유단백가수분해물은 스트레스로 말미암은 긴장을 완화하는데 도움을 줄 수 있다.'의 수준으로 기능성 내용(기타기능 II 등급)이 인정되었다. 섭취량은 인체실험 자료를 근거로 하여 α S1-casein으로서 1.8~2.4 mg/day로 인정되었다.

50) 참밀 알부민

'참밀 알부민'은 소맥분을 물로 씻어 불용성 분획물(글루텐)을 제거하고, 물로 씻어 수용액 층만 회수하여 전분과 불순물을 제거한 것이다. 침전제(알긴산 나트륨)를 사용하여 알부민만 침전시켜 수용액과 분리되면 용해된 알부민을 막에 통과시켜 농축시키고, 멸균과 동결 건조해 제조하는 원료이다. 기능성분(또는 지표성분)은 albumin이며 그 함량은 250~350 mg/g으로 정하고 있다. 건강인을 대상으로 blind crossover 실험으로 3일 이상 간격으로 다양한 함량을 섭취하도록 한 여러 인체실험결과, 식사와 함께 소맥 알부민 섭취 시 식후 혈당 상승 속도와 인슐린 분비의 속도가 느려짐을 알 수 있었으며, 시험관 실험 결과, 참밀 알부민은 human salvia의 α-amylase 활성을 저해하여 전분의 분해를 느리게 한다는 추측할 수 있는 기전을 얻을 수 있었다. 따라서 '참밀알부민은 급격한 식후 혈당상승을 억제하는데 도움을 줄 수 있습니다.'의 수준으로 기능성 내용(기타기능 II)이 인정되었다.

참고문헌

1) Hasler C., Facts about "Functional Food", 미국 건강 협회 보고서, 2002 http://www.acsh.org, assessed June 15. 2007.
2) Robert E. C, Wildman, Kelley, Nutraceuticals and functional food, In hand-book of nutraceuticals and functional foods, second edition- Edited by Robert E. C. Wildman, CRC press, Boca raton, USA, 2005
3) Henry C.J.K., Heppell N. J., Nutritional aspects of food processing and in-gredients, In Functional foods: prospects and perspectives, Gaithersburg, Aspen Publishers, p45-65, 1998
4) 김대병, 기능성 식품에 대한 국제 동향, http://kfda.go.kr/civilinfo/publication/regular/19, assessed June 15. 2007
5) 김지연, 식품의 기능성 표시 및 평가 동향, 바이오인더스트리 46, 19-24, 2006
6) 남기열, 식물생명과학에 의해 생산된 기능성 식품, http://biozine.kribb.re.kr/kboard_trend/download.php?code=tech&no=1829, assessed June 15. 2007.
7) 송인상 외 18명 공저, 건강기능식품에 사용되는 식물성 원료의 안전성 평가를 위한 가이드, 식품의약품안전청, 2004
8) 식품공전, 제2장 식품일반에 대한 공통기준 및 규격, 2008
9) 식품의약품안전청고시 제2006-55호, 식품의 기준 및 규격 중 개정, 2006년 12월 1일
10) 안준배, 건강기능식품법의 시행과 바이오식품산업의 과제, 지역특화산업 육성 세미나 자료, 충북개발연구원, p27-42, 2003
11) 이철수, 건강기능성 식품의 국내외 기술 및 연구현황, 식품기술 18, p38-54, 2005
12) 임번삼, Probiotics의 기술 및 시장 동향, 식품기술 17, p3-24, 2004
13) 중앙대학교 약학대학 생활건강 편집위원회, 생활건강, 신일상사, 2006
14) 한국건강식품신문, 식품법 및 식품원재료 분류, 제13호(2006년 5월 15일자)
15) 허석현, 건강기능성 식품 관련 법규 및 국내외 동향, 식품기술 18, p28-37, 2005
16) 홍윤호, 기능성 식품학, 전남대학교 출판부, 광주, 2003
17) 식품의약품 안전청, 건강기능식품 소비자 정보

http://hfoodi.kfda.go.kr/am/meun.jsp?code 1=00100010, assessed January 14, 2008

18) 식품의약품 안전청, 기능성원료 인정 현황
http://blog.korea.kr/funhfood, assessed May 21, 2008

3

기능성 식품의 생산

3.1 우수건강기능성 식품 제조기준(생산 공정)

건강기능식품법은 기존에 사용하여 오던 건강보조식품과는 달리 법적으로 상품에 기능성에 대한 표시를 가능하게 함으로써, 건강기능식품을 섭취하는 소비자의 유용성에 대한 기대가 높아지고, 기능성과 안전성 즉 위해요소의 관리와 식품의 특정성분 또는 기능성 성분이 품질관리에 중요한 부분을 차지하게 되었다. 따라서 종래의 제품관리와 같이 최종 품질관리 실험결과 일변도의 평가관리방법은 건강기능식품의 품질보장을 기대하기 어렵다. 따라서 원료로부터 최종제품의 출하에 이르기까지 모든 제조관리와 품질관리가 생산계획에 따라 체계적, 조직적이며, 작업환경이 위생적, 합리적으로 운영되게 함으로써 특정의 품질을 지속적으로 유지하는 것이 건강기능식품의 중요한 목표가 되었다.

건강기능식품에서 품질관리의 중요한 목표는 건강기능식품의 국내외 경쟁력이 치열해지고 있는 상황에서 내수와 수출을 증대시키고자 법에서 요구하는 최소한의 관리기준 이외에 더욱 고품질의 관리수단이 요구되고 이를 달성하기 위한 효율적인 수단으로서 GMP를 의무적으로 적용시키고 있다. GMP(Good Manufacturing Practice)란 우수건강기능식품 제조기준제도로 표준화된 작업관리와 위생관리로 항상 특정 기준의 제품품질을 보장할 수 있는 생산체제를 확립할 수 있는 제도를 의미한다. 이러한, GMP 제도는 미국, 일본 등에서는 건강기능식품의 GMP가 의무규정이 아니라 협회차원에서 자율적으로 시행하고 있으나 우리나라에서는 건강기능식품과 관련하여 식품의약품안전청고시 2004-7호(2004. 01. 31)에 의하여 2004년 2월1일부터 우수건강기능식품제조(GMP)를 시행하고 있으며, 건강기능식품전문제조업소 중 위탁생산을 하는 업체는 2년 경과조치기간 이후인

2006년 2월1일부터는 의무적으로 GMP를 도입하도록 법제화하고 있다.

현재 국제교류의 필요에 따라, 산업분야별로 GMP제도의 도입을 유도하고 있으며, 표1과 같이 건강기능식품 GMP(GMP), 의약품 GMP(KGMP), 인삼 제품 GMP, 화장품 GMP(CGMP), 의료기기 GMP, 생물학적 제제 등 GMP(BioGMP), 원료 의약품 GMP(BGMP) 등 각종 GMP가 제정·시행됨으로써 GMP를 준수한 제조관리 체계구축이 가속화되고 있다.

[표 1] 각종 GMP기준(* 제정연도순임)

GMP의 명칭	제정근거	제정연도	규제대상	약칭
의약품제조 및 품질관리기준	약사법 시행규칙 제40조	77.03.	의약품제조업	KGMP
우수의약품(인삼류) 제조관리기준	보건복지부 예규 제513호	86.12.	홍삼제품제조업	폐지
우수화장품제조 및 품질관리기준	식품의약품안전청고시 제2000-59호	90.04.	화장품제조업	CGMP
우수원료의약품제조 및 품질관리기준	약사법 시행규칙 제40조	90.04.	원료의약품 제조업	BGMP
우수위생용품제조 및 품질관리기준	보건복지부 예규 제576호	90.04.	위생용품제조업	폐지(00)
한약(생약)제제의 KGMP실시지침	약정 제31260-9165호	91.07.	한약제제제조업	-
의료기기제조 및 품질관리기준	의료기기법 시행규칙 제15조	04.05.	의료기기제조업	GMP
수입의료기기 품질관리기준	의료기기법 시행규칙 제22조	04.05.	수입의료기기업	-
생물학적 제제 제조 및 품질관리기준	약사법 시행규칙 제40조	00.06.	생물학적제제등 제조업	BioGMP
수입혈장관리기준	약사법 시행규칙 제40조	02.01.	혈장수입업	-
우수건강기능식품제조기준	식품의약품안전청 고시 제2004-7호	04.01.	건강기능식품	GMP

자료출처: 김성만, GMP해설 세미나

이미 미국과 유럽, 일본 등은 이런 필요에 의하여 cGMP(Current Good Manufacturing Practice) 혹은 HACCP(Hazard Analysis Critical Control Point)와 같은 제도를 관련법규로 규정하여 식품공통 혹은 일부 분류군에 적용하고 있으며, 건강기능식품과 유사한 형태인 식이 보조제 등의 제조에서 GMP 생산을 권장하고 있는 것이 세계적인 추세라고 할 수 있다.

전술한 바와 같이 GMP의 도입에 있어서 중요한 것은 품질보증체계의 확립이며 이를 위해서는 먼저 합리적이고 과학적인 구조설계와 우수한 제조설비 · 시설의 확보를 하여야 한다. 이를 기반으로 과학적인 근거와 타당성에 기초한 제조관리방법의 확립과 자사에 맞는 운영체계(기준서 및 규정)를 갖추고 있어야 GMP를 성공적으로 도입할 수 있다.

1. 생산 공정에서 GMP도입의 필요성

현대인의 건강에 대한 관심 고조와 더불어 각종 건강기능식품이 출현하였고, 이후 끊임없는 기술개발과 소비자의 의식수준향상으로 건강기능식품의 품질이 향상됐다. 한편, 건강기능식품에 대한 소비자의 기호 또한, 복잡하고 다양화되고, 전문화되는 추세이므로 이들 건강기능식품의 품질은 과학적으로 보장된 유효성(efficacy), 안전성(safety), 안정성(stability)을 보증할 수 있어야 하며, 이러한 품질향상에 대한 요구는 더욱 거세질 것으로 보인다. 기존의 건강보조식품 중 소위 건강식품은 과장 · 허위 광고와 안전성이 확보되지 않은 상태에서 무분별하게 생산되어 유통됨으로써 안전성문제와 유효성 논란 등 많은 사회적인 문제를 유발한 사례가 많았다. 특히, 건강기능식품은 본인의 선택에 의하여 장기간 섭취하게 되는 특성을 지니므로 안전성과 균질성이 확보되지 않은 제품은 영양 불균형은 물론 생명까지도 위협할 우려가 있다.

건강기능식품의 품질을 확보하려면 우선 제품의 전 공정에 걸쳐 법적으로 승인된 규격과 기준을 준수하여야 하며 이와 더불어 자체적으로 공정기준보다 강화된 자가 기준을 엄격하게 적용함으로써 품질개선 노력을 기울여야 한다. 특히, 불순물, 이물 등 다른 제품으로부터의 오염 또는 혼입이 발생하지 않도록 예방조치를 연구함과 동시에 혼동이나 작업자의 오류에 의한 품질의 인위적인 오류를 최소화할 수 있도록 하여야 한다. 그러기 위해서는 건강기능식품은 원와 부재료의 입고와 반제품, 완제품, 출고에 이르기까지 전 제조공정에서 조직적인 제조관리와 생산계획에 의한 계획적이고 조직적인 품질관리를 하여야 하며, 이에 따라 건강기능식품의 유효성, 안전성과 안정성이 보장되고 그 효과의 재현성과 유의성이 보장될 수 있도록 규정한 것이 GMP 제도이다.

품질관리적인 측면에서 단위 성분을 이용하여 제조되는 의약품과는 달리 건강기능식품은 복합 성분 혹은 원료의 다양한 조합에 의한 "목적 가능성(purposed functionality)"을 가지는 경우가 많고, 원료의 계절적, 지역별 품질 차이에 의하여 어려움이 예상된다. 또한, 현재 37개 품목군으로 규정되어 있는 건강기능식품은 좀 더 세분화된 기능성을 표방하는 개별인정형 건강기능식품의 출현으로 품질관리의 중요성이 더욱 강조될 것이다.

2. 건강기능성 식품 생산 공정에서의 GMP 구성요건

1) 조직편성

GMP의 주요 조직책임자와 그 임무는 GMP고시 제15조-17조 및 제24조 1, 2에 의하여 영업자, GMP 총괄책임자, 제조관리부서 책임자, 품질관리부서 책임자로 구성된다. 특히 GMP 총괄책임자는 품질관리인이어야 하며, 그 자격조건을 법제화하고 있다. 건강기능식품에 관한 법률시행령 제5조에서 정하는 품질관리인의 직무는 다음과 같다.

- 건강기능식품의 안전성 확보
- 법제21조의 규정에 의한 자가 품질검사 등을 통한 제품과 원료에 대한 품질관리
- 제조시설과 제품에 대한 위생관리
- 종업원에 대한 지도 감독과 교육 훈련

2) 구조 · 설비

우수건강기능식품제조업을 하려면 건강기능식품에 관한 법률 제22조에 따라 GMP를 준수하여야 하며 이를 위하여 필요한 작업장, 보관시설, 제조시설, 품질관리시실과 필요에 따라 특수 작업장 등의 구조·설비를 하고 제조에 필요한 설비 · 기계 기구 등을 비치 운영하여야 한다.

3) 각종 기준, 규정 및 기록서 등

GMP의 합리적인 운영을 위하여 각종 기준서, 규정과 기록서를 비치 운영하여야 한다. GMP의 주요목적인 유효성(efficacy), 안전성(safety), 안정성(stability)의 효과적인 목적을 달성하려면 사내 규정에 의한 기준을 정하고 설비양식과 기구의 정확한 운영방침을 갖추어야 한다. 이들 규정문서의 기본이 되는 것을 4대 기준서라 하며, 모든 규정이나 규제는 이를 근간으로 작성, 비치, 운영되어야 한다.

4) 4대 기준서

① 제품표준서(GMP고시 제10조)

허가사항, 제조방법과 공정검사, 원료 · 반제품 · 완제품의 기준 및 실험방법, 원료 · 반제품 · 완제품의 보관조건, 기타 제조 및 품질관리에 필요한 시설기구 등에 대한 사항

② 제조관리기준서(GMP고시 제11조)

원료 자재 및 완제품의 입고와 보관 및 제조공정 전반에 걸친 공정별 관리와 시설 및 기구관리에 관한 사항과 작업원의 작업관리 등에 관한 사항

③ 제조위생관리기준서(GMP고시 제12조)

작업실, 구조설비, 작업원에 대한 전반적인 위생관리와 제품의 오염방지 등에 관한 사항

④ 품질관리기준서(GMP고시 제13조)

실험검사 시 검사대상물의 채취, 실험결과의 결과판정, 전달방법 등의 품질관리에 관한 사항

⑤ 이 밖에도 필요에 따라 GMP 위원회규정, 교육규정, validation 관리규정, 변경관리규정, 불만처리규정, 보관관리규정, 시설관리규정, 위 · 수탁관리규정 등을 제정하고 각 기준서에 포함하거나 독자적으로 운영하며 이를 작성 비치 운용한다.

3. 건강기능식품 기능성 재료 선정 및 가공

현재까지 건강기능식품을 인정받으려고 다양한 원재료, 다양한 제조방법 등이 신청되었다. 이를 고려하여 분류해 보면 크게 식물, 미생물, 동물, 조류를 단순히 제조 가공한 것과 이로부터 기능성 물질을 추출, 분리 정제한 것으로 나누어 볼 수 있다. 이들 재료를 이용하여 건강기능성 식품으로 생산하고자 우선 사용하는 원료가 식품, 고시형 원료, 개별인정형 원료 또는 개발가능성이 있는 소재인지를 고려하여야 한다. 그 원료가 고시형 원료의 소재일 때에는 일정한 요건을 갖추고(건강기능성 식품 제조기준, GMP) 고시된 기준과 규격(건강기능식품공전 건강기능식품별 기분 및 규격)에 따라 생산하면 된다. 또한, 고시형 원료나 개별인정형 원료의 소재일 때에는 건강기능성 식품으로 가공하기 위해서 다음과 같은 사항들이 준수되어야 한다.

1) 원재료의 표준화

천연물은 기원, 학명, 원산지, 사용부위, 재배조건(산지, 토양, 기후, 농사방법 등) 수확, 수확 후 보존 등의 영향을 고려하여 정확히 기록하고 원재료의 화학적 구성성분에 대한 기록이 정리되어야 한다.

2) 원재료를 단순히 가공한 것

대부분 기능성 원료를 개발하기 위해 다양한 원재료를 사용하고자 함을 알 수 있다. 따라서 건강기능식품을 인정받기 위하여 기능성 원료 소재를 선택할 경우 학명, 일반명, 상용부위 등 확인할 수 있는 항목을 반드시 제공하여야 한다. 또한, 원재료를 확인할 수 있는 실험방법이 있어야 하며 이를 최종제품에서도 확인 할 수 있는 방법이 제시되어야 한다.(HPLC 등)

3) 원재료에서 기능성 소재를 추출, 분리, 정제한 것

원재료를 기원으로 추출하거나 분리 정제하는 품목에서는 반드시 화학적 프로파일에서 기능성을 나타내거나 다른 제품과 구별될 수 있는 지표가 될 수 있는 성분에 의해 확인이 되어야 한다. 또한, 지표성분이나 기능성분은 원재료 및 제조과정에서도 연속적으로 확인이 가능하여야 하며 원료 단계별 각각의 함량이 명확히 제시되어야 한다.

4) 지표성분 또는 기능성분

지표성분은 일반적으로 자연에 존재하는 성분으로 식품, 조류, 미생물 등의 특성을 지을 수 있는 성분이다. 따라서 지표성분은 원재료에서 추출한 것에서도 확인 가능한 성분이어야 한다. 추출이라는 것은 원재료에서 물, 주정, 건강기능식품공전에서 인정한 용매를 이용하여 필요한 성분의 함량을 높이거나 필요 없는 성분을 제한 것을 말한다.

지표성분이나 기능성분을 확인하기 위한 방법으로 TLC(Thin Layer Chromatography)를 사용하여 성분을 확인하는 방법은 적절하지 않다. 함량의 표시가 가능한 보다 정밀한 크로마토그래피를 사용한 분석에 의해 확인되어야 하며 이를 위하여 지표성분이나 기능성분을 확인하는 HPLC(High Pressure Liquid Chromatography), GC(Gas Chromatography), GC-MS(Gas Chromatography Mass Spectroscopy) 등을 이용하는 것이 바람직하다. 이와 같이 지표성분이나 기능성분을 확인하는 방법을 모색할 경우 최근 분석방법을 조사하여 함량 분석능력이 우수하고 공인된 방법을 선택하여 사용하기를 권유한다.

만약 개발하고자 하는 지표성분이나 기능성분이 오래된 방법으로 분석 감도가 낮은 반면 최근 논문에서 보다 정밀하다고 판단되는 분석방법을 선택하고자 할 경우 반드시 분석방법 validation을 "건강기능식품 기능성 원료 인정에 관한 규정"에 따라 최소한의 validation 항목을 검토하여야 한다.

- Specific method를 선택(TLC, 적정실험, 흡광도측정보다는 HPLC, GC, GC-MS 등 선택)

- 기저물질이 분석에 대한 방해요인이 될 수 있으므로 기능성분 또는 지표성분만을 정확하고 정밀성 있게 선택적으로 분리할 수 있는 추출방법을 고려하여야 한다.
- 함량은 단일 수치보다는 범위를 주는 것이 좋으며 범위는 정확성을 위해 가능한 좁은 범위로 설정하는 것이 좋다.

5) 제조가공물의 표준화

건강기능식품을 개발·생산할 경우 표준화 및 규격화는 매우 중요한다. 표준화란 제조공정에서 목표하는 성분을 유지하기 위하여 원재료에서 최종제품까지 가공하는데 최소한의 차이를 줄이기 위한 우수제조공정 규범을 말한다. 표준화는 제조공정을 말하나 몇 가지 다른 접근법이 있다. 가장 일반적인 접근법은 화학적성분의 표준화를 위한 지표성분이용을 말할 수 있다. 이 성분은 구성성분의 안정성, 분석기술의 용이성, 시간과 비용측면의 분석, 연구자 및 개발자가 이전부터 사용했거나 일반적으로 사용한 분석을 근거하여 화학적성분의 표준화를 수행하여야 한다. 분명한 것은 지표성분은 천연물에서 존재하는 구성성분들이고 이들 중에서 확인이나 표준화를 위해 선택되어지는 성분이라는 것이다. 지표성분은 동성분의 존재, 부재, 수작업, 제조, 포장, 저장에 의한 상대적 함량을 결정하기 위한 표준화로 사용된다.

그러나 지표성분은 꼭 기능성을 나타내는 성분은 아니다. 지표성분이 기능성을 나타내는 것으로 알려진 것은 각각의 라인에서 생성된 가공물이 상한치와 하한치의 범위 내에서 동일한 기능성을 나타낼 수 있음을 확인하는 성분이 된다. 그러나 대부분의 건강기능식품은 최소한 하나의 기능성분을 가진다. 그리고 이들은 상승효과의 관계를 가질 수 있고 그래서 인체에 기능을 나타내는 특성을 제공한다. 또한, 과학적 연구에 따라 개념은 변화 될 수 있다.

- 표준화된 가공물은 최종제품에 목표하고자하는 지표성분이 포함될 수 있도록 원재료를 혼합하여 생산될 수 있다.
- 특정 성분에 대한 표준화는 가공에 사용된 원재료가 아닌 최종제품을 근거로 설정되어야 한다.
- 표준화는 식품 또는 조류, 미생물 등 천연에서 생성되는 하나 또는 둘 이상의 구성성분으로 형성되어야 한다.

6) 정제물

정제물의 확인은 향상된 크로마토그래피와 스펙트로피를 사용하여야 한다. 예를 들어

효소는 확인실험으로 겔 전기영동, 다른 적절한 효소활성실험법, 특정 기질에 대한 분석이 필요하다. 어떠한 방법이 존재하지 않을 경우, 보다 정밀하고 정확한 분석방법이 있을 경우, 분석방법을 변화해야만 할 경우 OECD's Principles of Good Laboratory Practice criteria, ICH guidelines, AOAC 등의 validation을 활용한다.

7) 유해물질 표준화

유해물질은 크게 이화학적 물질과 미생물학적 물질로 분류한다. 건강기능식품의 기능성원료를 제조가공할 경우 반드시 기능성분(또는 지표성분)이외에 유해물질에 대한 관리가 필요하며 이를 표준화하여 안전성의 문제를 해결하여야 한다.

① 미생물학적 유해물질

Contaminating fungus(yeast, molds), bacteria, Salmonella spp, Enterbacter spp, Escherichia coli, Staphyococcus aureus, Pseudomonas aeruginosa 등이 있다. 유해 미생물 억제를 위해 살균이나 방사선조사를 할 수 있다. 하지만 방사선조사를 건강기능식품공전에 의거 해당되는 품목에만 사용할 수 있다.

② 이화학적 유해불질

중금속(납, 카드뮴, 비소, 수은 등), 곰팡이독소, 잔류농약, 방사능오염, 천연물 속에 존재하는 유해물질(시안 등) 등이 있다. 특히 용매는 필수불가결하게 사용하여 필요한 성분을 획득하거나 불필요한 성분을 제거하기 위해 사용되는 것으로 현재 건강기능식품공전에 의거 헥산, 이소프로필알코올, 초산에틸, 아세톤만 사용할 수 있으며 그 잔류량은 규정 이하로 제거하여야 한다.

4. 건강기능식품의 제제화

일반식품과 건강기능성 식품과의 구별에 도움을 주고자 건강기능식품원료를 이용하여 제제로 만들어야 한다. 건강기능식품의 제형은 정제, 캅셀제, 분말제, 과립제, 액상, 환 등 6가지로 제형이 제한되어 있었으나, 최근 신소재나 신제품 개발의 어려움을 제기된 바 있어, 정부에서 건강기능식품의 제형 구분을 폐지하였다. (2008년 3월 21일 건강기능식품에 대한 법률 제3조 1항)

1) 정 제품

건강기능식품을 그대로 또는 부형제, 결합제, 붕해제 또는 다른 적당한 첨가제를 넣어 고르게 섞은 것을 적당한 방법으로 과립 상으로 한 다음 활택제 등을 넣어 압축 성형하여 만들며 필요에 따라 교미제 등을 넣을 수 있으며, 적당한 제피제로 제피할 수 있다.

2) 캅셀 제품

캅셀 제품은 보통 캅셀에 건강기능식품 또는 건강기능식품에 적당한 부형제 등을 첨가하여 고르게 섞거나 적당한 입상제품으로 한 것 또는 입상으로 한 것에 제피제로 제피한 것을 성형하여 만든 경질 캅셀제와 젤라틴 등의 캅셀기제에 글리세린, 또는 소르비톨 등을 넣어 소성을 높인 캅셀제에 건강기능식품을 넣어서 제조한 연질 캅셀제가 있다.

3) 환 제품

환 제품은 보통 건강기능식품에 부형제, 결합제, 붕해제 등을 넣어 고르게 섞은 다음 적당한 방법으로 구상으로 성형하여 만드는 것으로 필요에 따라 백당이나 다른 적당한 제피제로 제피를 또는 적당한 물질로 환의를 한 제품을 말한다.

4) 과립 제품

과립 제품은 보통 건강기능식품을 그대로 또는 건강기능식품에 부형제 결합제, 붕해제 등을 고르게 섞은 다음 적당한 방법으로 입상으로 만들고 입자를 고르게 한 것이다. 과립제품은 12호(1,680 μm), 14호(1,410 μm) 및 45호(350 μm) 체를 써서 입도 실험을 할 시 12호 체를 전량 통과하고 14호 체에 남는 것은 전체량의 5.0% 이하이고 45호 체를 통과하는 것은 전체량의 15.0% 이하의 기준을 맞추어 제조하여야 한다.

3.2 건강기능식품의 허가

1. 건강기능식품의 허가

1) 건강기능식품법

건강기능식품법이 제정되기 이전 식품위생법 체제하에서는 건강관련 식품은 건강보조식품, 특수영양식품(영양보충 식품) 및 인삼 제품류 등으로 관리됐다. 이 때문에 이들 식품을 제조, 가공하고자 하는 업체는 식품공전 및 식품첨가물공전에 수록된 원료와 첨가물에 국한하여 제조할 수밖에 없었으며 많은 시간과 비용을 투자하여 신소재 기능성 식품을 개발하였다고 하더라도 당해 식품을 식품위생법상 신설품목 및 사용할 수 있는 식품원료로 설정하기 위한 어려움을 갖고 있었다. 또한, 우리나라에서는 건강식품을 일반식품과 유사하게 식품 안전관리의 입장에서 규제하였으므로 외국의 건강기능식품과 동등한 입장에서 경쟁하기 어려운 문제점을 갖고 있었다. 또한, 건강기능식품의 안전성 및 기능성에 대한 과학적인 증명과 제조/유통업체에 대한 관리 및 규제가 미비하여, 그 때문에 발생하는 소비자 피해에 대해 적절히 대응하지 못하는 문제점도 발생하였다. 이러한 상황을 개선하여 국민보건향상 및 소비자보호를 도모하며, 건강식품의 특성에 맞는 적절한 관리 및 건강식품산업의 경쟁력을 배양하고자 정부는 미국의 식이 보충제 및 건강교육법(DSHEA)를 모범으로 하여 건강기능식품법을 2002년 8월 26일 제정, 공표하였고, 이 법은 1년의 유예기간을 거쳐 2003년 8월 27일부터 시행하고 있다.

현행 건강기능식품법은 기존의 건강보조식품과 특수영양식품, 인삼제품류 등을 포괄하는 개념으로 '건강기능식품'이라는 용어를 사용하고 있다. 구법과 현행법의 가장 큰 차이는 구 식품위생법에서는 유용성이라는 용어를 사용하였으나, 현행 건강기능식품법은 기능성이라는 용어를 사용하여 일반식품과 구별하고 있다는 점이다(표 2).[1)]

[표 2] 건강기능식품, 일반식품과 의약품의 비교

	식 품		의약품
	일반식품	건강기능식품	
형상	통상의 식품	통상의 식품	정제, 캅셀, 환 등
관련법률	식품위생법	건강기능식품법	약사법
섭취대상	건강인, 환자	건강인, 환자	환자
효능, 효과, 유용성	표시할 수 없음	기능표시가능 (의약품과 구별)	표시할 수 있음
표시	식품	건강기능식품 (고시형, 개별인정형)	의약품

2) 건강기능식품의 분류

우리나라 건강기능식품은 크게 식품의약품안전청장이 기준 및 규격을 고시하는 기준·규격 고시형 건강기능식품과 영업자가 개별적으로 식품의약품안전청장으로부터 기준 및 규격을 인정받는 개별인정형 건강기능식품으로 나눌 수 있다(건강기능식품법 제14조, 제15조).

가) 기준 · 규격 고시형 건강기능식품

기준 · 규격 고시형 건강기능식품은 식품의약품안전청장이 판매를 목적으로 하는 건강기능식품의 제조 · 사용 · 보존 등에 관한 기준 · 규격과 원료 · 성분에 대해서 건강기능식품법 제19조의 규정에 따라 건강기능식품의 공전에 고시한 것을 말하며 현재까지 37개 품목이 고시되어 있다. 이들 고시형 건강기능성 식품은 현재 시중에서 판매되고 있고 고시된 기능을 표시할 수 있게 되어 있으므로 추가로 기능성 및 안전성의 평가가 필요하지 않다.

나) 개별인정형 건강기능식품

개별인정형 건강기능식품은 식품의약품안전청장이 고시하지 아니한 식품의 기준과 규격에 대하여 개발자가 당해 건강기능식품의 기준 · 규격, 안전성 및 기능성 등에 관한 자료를 제출하게 하여 검사기관의 검사를 거쳐 그 기준과 규격을 인정한 것을 말한다. 개별인정형 건강기능식품은 현재 고시된 37개 품목 외에 고시되지 않은 건강기능식품이나 고시된 기능성의 범위 외에 기능성을 추가로 표시하고자 하는 경우에 필요한 자료를 제출하게 하여 별도로 인정해 주는 제도이다. 이는 개발자가 개별적으로 제품을 개발하고자 하는 경우 자기가 당해 제품의 기준 · 규격을 정하여 식품의약품안전청장에게 인정을 받으면 기준·규격형 제품과 똑같이 제조할 수 있도록 한 것이다.

건강기능식품의 개별인정은 그 기준 및 규격으로 인정하기 위하여 인정기준, 인정방법, 제출 자료의 범위 및 요건, 인정절차 등에 관한 사항을 정하여 고시한 '건강기능식품 인정에 관한 규정(식품의약품안전청 고시 제2007-50호)'에 의한 심사를 거쳐 이루어진다. 이때 식품의약품안전청장은 기준 · 규격의 검사를 위하여 신청자가 지정한 건강기능식품 검사기관에 동 규정 별지 제3호 서식의 건강기능식품 검사의뢰서와 검사시료를 보내 검사를 의뢰한다. 또한, 이 규정에 따라 기준·규격을 인정받고자 하는 건강기능식품은 건강기능식품법 제14조 제2항 및 제15조 제2항의 규정에 따라 고시한 "건강기능식품 기능성 원료 인정에 관한 규정"(이하 "기능성 원료 인정규정"이라 한다.)에 따라 식품의약품안전청장이 인정한 기능성 원료를 사용하여 제조 · 가공한 것이어야 한다.

3) 개별인정형 건강기능식품 기능성 원료 인정에 관한 서류

건강기능식품 기능성 원료를 인정받으려면 '관련규정(식품의약품안전청 고시 제2007-51호)'에 필요한 서류, 즉 '건강기능식품 기능성 원료 인정 신청서'(전자문서로 된 신청서 포함)에 다음 각 호의 서류(전자문서 포함)를 첨부하여 식품의약품안전청장에게 제출하여야 한다.

1. 식약청 고시 제2007-51호 제12조 제1항에서 정하는 제출자료 2부(원본 1부 포함)
2. 제출 자료를 수록한 CD 1개
3. 제품 또는 시제품 및 기능성분(또는 지표성분)의 표준품
   (국내에서 식품 또는 식품첨가물로 유통된 적이 없는 수입품의 경우, 법 제8조 및 시행규칙 제10조 관련 별표 2 제1호 가목(2)에 의한 연구 · 조사에 사용하는 것이어야 한다.)
4. 국내 건강기능식품검사기관이 발행한 실험성적서 '제출자료 전체의 총괄 요약본'

이때 12조 1항에서 정하는 원료로 인정받으려면 신청자가 제출하여야 하는 자료의 종류는 다음 각 호와 같으며, 이들 각각에 대한 자세한 설명은 '건강기능식품 기능성 원료 인정에 관한 규정'(식품의약품안전청 고시 제2007-51호)을 참고하여 작성하여야 하며 각각의 서류는 "건강기능식품 인정신청프로그램"을 사용하여 작성한 자료를 식품의약품안전청장에게 제출할 수 있다.

1. 제출자료 전체의 총괄 요약본
2. 기원, 개발경위, 국내 · 외 인정 및 사용현황 등에 관한 자료
3. 제조방법 및 그에 관한 자료
4. 원료의 특성에 관한 자료
5. 기능성분(또는 지표성분)에 대한 규격 및 실험방법에 관한 자료
6. 유해물질에 대한 규격 및 실험방법에 관한 자료
7. 안전성에 관한 자료
8. 기능성 내용 및 그에 관한 자료
9. 섭취량, 섭취 시 주의사항 및 그 설정에 관한 자료
10. 의약품과 같거나 유사하지 않음을 확인하는 자료

4) 개별인정형 건강기능식품 기능성 원료 인정에 관한 평가원칙

식품의약품안전청장은 신청한 원료의 기원, 학명, 원산지, 사용부위 등이 구체적으로 기재되었는지를 평가하며, 복합원료일 때에는 각각의 원재료에 대한 내용이 잘 기재되어 있는지를 평가한다. 또한, 신청한 원료의 제조과정에 사용된 용매, 효소 등이 건강기능식품공전, 식품공전, 식품첨가물공전에 적합하게 사용되었는지 그리고 원료의 기능성분(또는 지표성분)에 대한 함량, 규격 및 실험방법이 적절히 설정되었으며 국내 건강기능식품검사기관의 실험결과가 적합한지를 평가하고, 원재료로부터 신청한 원료에 이르기까지 제조단계별 기능성분(또는 지표성분)의 함량 변화가 잘 분석되었는지를 평가한다. 더불어 식품

의약품안전청장은 원료의 유해물질에 대한 규격이 안전성을 확보할 수 있도록 설정되어 있는지를 평가하고, 국내 건강기능식품검사기관의 실험결과가 적합한지 확인한다. 즉, 개별인정형 건강기능식품의 평가에는 기능성 원료의 지표성분 설정에 의한 제품의 표준화가 중요하며, 또한, 해당 식품의 유해물질에 의한 안전성 평가가 강화되어 있는 것을 볼 수 있다.

5) 기능성분 또는 지표성분에 대한 규격 및 실험방법에 관한 자료

기능성분(또는 지표성분)의 규격은 분석 오차를 고려하여 표시하고자 하는 값에 대한 하한치와 상한치를 백분율로 설정한다. 일반적으로 단일성분은 표시량 이상, 추출물은 표시량의 80%~120%를 원칙으로 한다. 기능성분(또는 지표성분)의 실험방법으로는 건강기능식품공전, 식품공전, 식품첨가물공전, CAC 규정, AOAC 방법 등 국내외에서 공인된 방법에 따라 수행되어야 한다. 다만, 공인된 방법이 없거나 더 타당하다고 인정되는 경우 신청자가 제시하는 실험방법을 사용할 수 있으나 이때 신청자는 자신이 제시한 실험방법의 타당성을 밝혀야 한다. 또한, 두 가지 이상의 당해 원료를 혼합한 경우에는 각 원료의 기능성분(또는 지표성분)의 규격과 실험방법을 설정하여야 한다.

6) 안전성에 관한 자료

건강기능식품은 의약품이 아니라 기능성을 가진 식품으로 일반적으로 효과가 바로 나타나지 않으며 정기적으로 장기간 섭취하여야 한다. 이때 고려하여야 할 가장 중요한 것이 건강기능식품의 안전성 문제이다. 따라서 개별인정형 원료를 인정받으려면 개발자가 제안한 방법에 따라 섭취하였을 때 당해 원료가 인체에 위해하지 않음을 확인할 수 있는 과학적 자료를 제출하여야 한다. 이에 대해서는 2.2 건강기능식품의 안전성 및 기능성의 증명 부분에서 이미 언급한 바 있다.

7) 기능성에 관한 자료

기능성에 관한 자료는 해당 원료 또는 성분의 섭취로 얻어지는 보건용도에 유용한 효과를 과학적으로 입증할 수 있는 자료로서, “인체실험, 동물실험, 시험관실험, 총설(review), 메타 분석(meta-analysis), 전통적 사용 근거자료 등을 사용할 수 있다.”라고 되어 있으며 기능성은 여러 실험결과를 종합하여 평가하는 것으로서 기능성 자료의 요건은 국내 · 외 학술지에 게재되거나 게재증명서를 받은 것, 국내 · 외 정부 보고서 또는 국제기구 보고서 등도 가능하다(그림 3).[1] 인체실험 자료는 피험자의 인권보호를 최우선으로 하여 병원, 대학 또는 연구기관 등의 국내 · 외 전문기관에서 분석을 시행하고, 실험결과의 신뢰를 확보하려면 국제 임상실험관리기준(Guideline for Good Clinical Practice by International Conference on Harmonization, ICH GCP)에 따르거나 이에 준하여 실시하여야 한다. 또한, 섭취 근거 자료는 당해 원료의 역사적 사용 기록뿐 아니라 제조방법, 용도, 섭취량 등이 기술된 과학적 자료를 사용할 수 있다. 이에 대해서는 2.2 건강기능식품의 안전성 및 기능성의 증명 부분에서도 이미 언급한 바 있다.

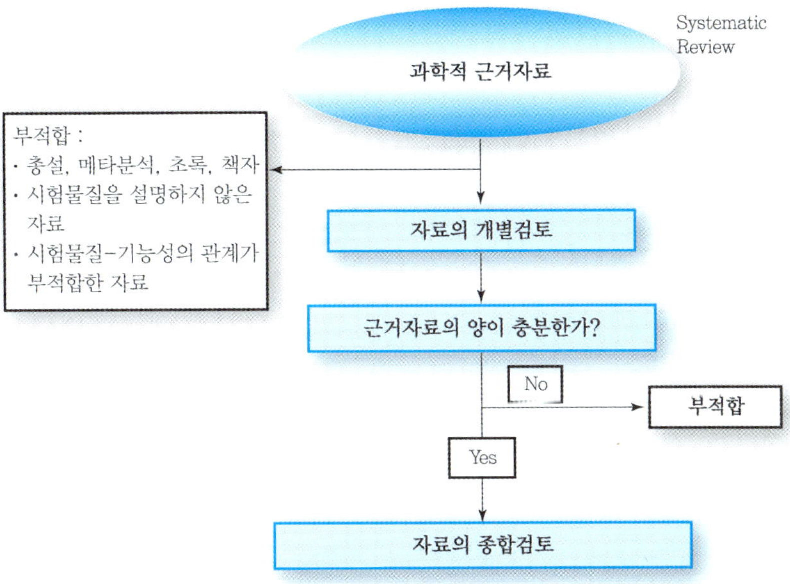

그림 3.1 기능성에 관한 자료의 평가 과정

2. 건강기능식품 제조업 · 판매업의 허가

건강기능식품제조업은 건강기능식품을 전문적으로 제조하는 '건강기능식품전문제조업'과 생산설비 없이 건강기능식품의 기능성 원료 · 성분에 대한 기술 관련자료 등으로 건강기능식품을 건강기능식품전문제조업자에게 위탁하여 제조하는 '건강기능식품벤처제조업'으로 구분되며, 대통령이 정하는 시설을 갖추고 식품의약품안전청장의 허가를 받아야 한다. 건강기능식품을 판매하는 판매업은 건강기능식품을 영업장에서 판매하거나 방문판매 등에 의한 판매를 하는 '건강기능식품 일반판매업'과 건강기능식품전문제조업자에게 의뢰하

1) 권오란, 건강기능식품 기능성 원료 인정기준, 생약학회 과학의 달 학술 발표자료, 2007. 4., 18쪽

여 제조한 건강기능식품을 자신의 상표로 유통 · 판매하는 '건강기능식품유통전문판매업'으로 나눌 수 있으며 특별시장 · 광역시장 · 도지사에게 신고하여야 한다. 다만, 약사법 제20조 규정에 따라 개설등록한 약국에서 건강기능식품을 판매하고자 하는 경우에는 신고하지 않아도 판매가 가능하다(건강기능식품법 제6조제2항).[2)]

3. 건강기능식품 품목제조신고의 요건 및 절차

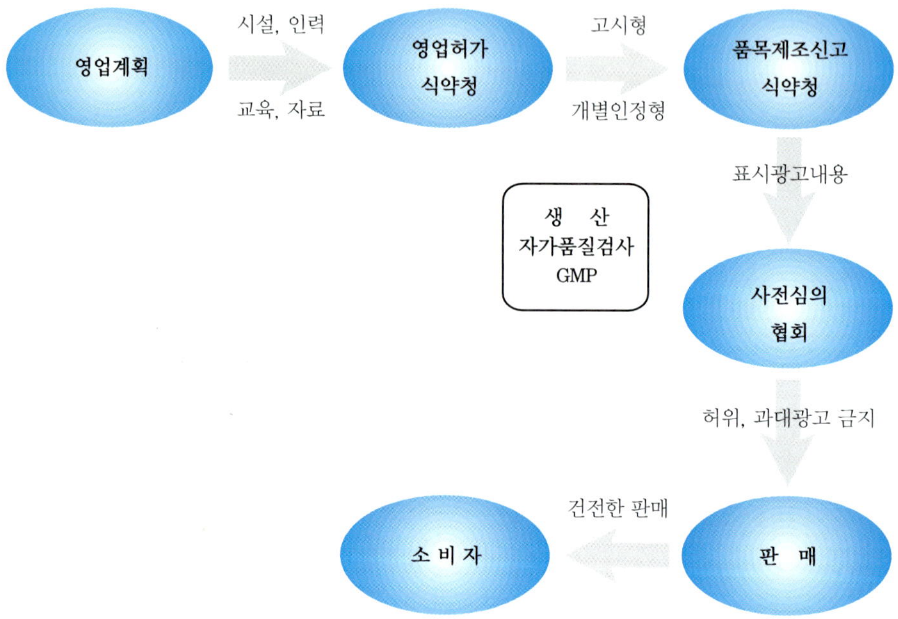

그림 3.2 건강기능식품의 허가 및 판매 절차

건강기능식품제조업은 식품의약품안전청장의 영업허가를 받았다고 하여 바로 건강기능식품을 제조 · 판매할 수 있는 것이 아니라, 각각 품목에 대하여 품목제조신고를 획득하여야 한다. 제조업자는 당해 품목의 1) 품목제조신고서, 2) 제조방법설명서(유통기간 설정 사유서를 포함한다.), 3) 원료 또는 성분의 명칭과 함량, 4) 기준·규격의 검사성적서(건강기능식품의 기준 · 규격제품에 한한다.)를 갖추어 식품의약품안전청장에게 사전에 신고하여야 하며(건강기능식품법 제7조 제1항) 영업허가 신청과 동시에 품목제조 허가 신청이 가능하다(그림 3).[3)] 또한, 허가를 받은 영업소별로 1인 이상의 품질관리인을 의무적으로 두어야 한다(건강기능식품법 제12조 제1항). 다만, 농어촌발전특별조치법 제2조의 규정에 의한 농업인 등 또는 농산물가공산업육성법 제2조의 규정에 의한 생산자단체가 건강기능식품제조업의 허가를 받아 국내산농산물을 주된 원료로 건강기능식품을 제조하는 경우에는 동일 또는 인접 시 · 군 · 구내의 다른 영업소와 공동으로 품질관리인을 둘 수 있다(동법 시행규칙 제15조). 건강기능식품제조업은 일반식품에 비하여 보다 강화된 품질 및 위생상의 안정성을 확보하여야 할 필요성이 있으므로 이를 위하여 일정수준의 전문교육을 이수한 자를 제조업소에 두어 이들로 하여금 건강기능식품의 품질 및 위생을 관리하도록 하였다. 한편, 품목제조신고를 하지 아니하고 건강기능식품을 제조 · 판매한 자는 5년 이하의 징역 또는 5천만 원 이하의 벌금이 과해진다(건강기능식품법 제44조 제2항).

참고문헌

1) 하태열, 식품의 기능성 평가와 건강기능식품소재 개발, 식품기술 18, p88-100, 2005

2) 권오란, 건강기능식품 기능성원로 인정기준, 생약학회 과학의 달 학술 발표자료, p18, 2007

3) 이세정, 건강기능식품법제에 관한 비교법적 연구, 한국법제연구원 현안분석, 2006

골쇄보

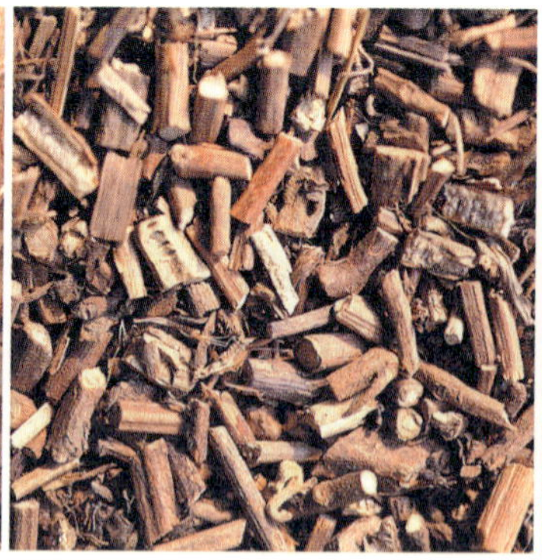
곽향

구기자

구자

국화

굴

굴참나무

귀판

근대

금앵자

금은화

길경

넓은 잎 쥐오줌풀

녹두

녹신

녹용

다엽

단삼

달맞이꽃

당귀

당삼

대두

대추

도인

동충하초

두송실

두충

둥글레

라벤다

로즈마리

마늘

마디풀

마리아엉겅퀴

매실

맥문동

맥아

머위

멜리사

명반
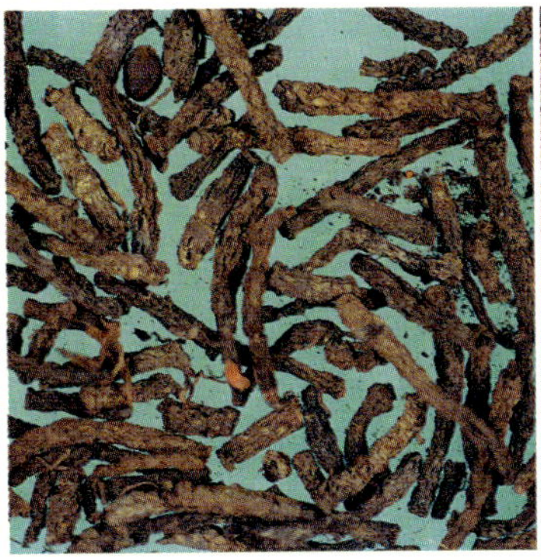
모근

당삼

목이버섯

목통

무

물레나물

민들레

바나나

박하

발레리아나

백강잠

백질려

백출

뱀장어

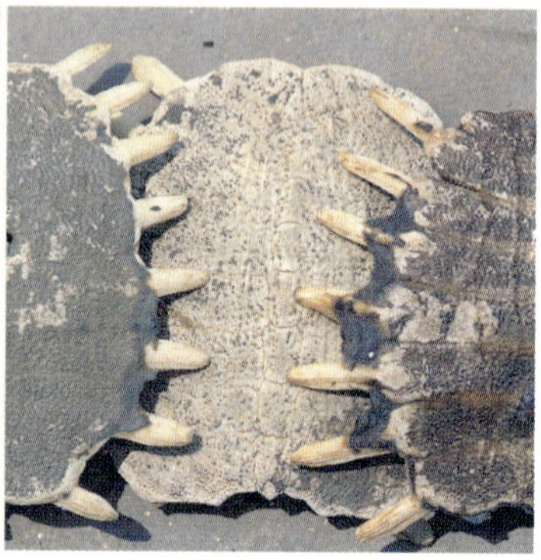

별갑

보골지

복령

복분자

봉밀

붉은토끼풀

비파엽

사삼

사상자

사탕수수

산사자

산수유

산약

산초

삼칠

상기생

상백피

상심자

상엽

상황버섯

생강

사인

서양민들레

선복화

소나무

소엽

소자

솔잎

송화분

수박

숙지황

스피루리나

쐐기풀

아출

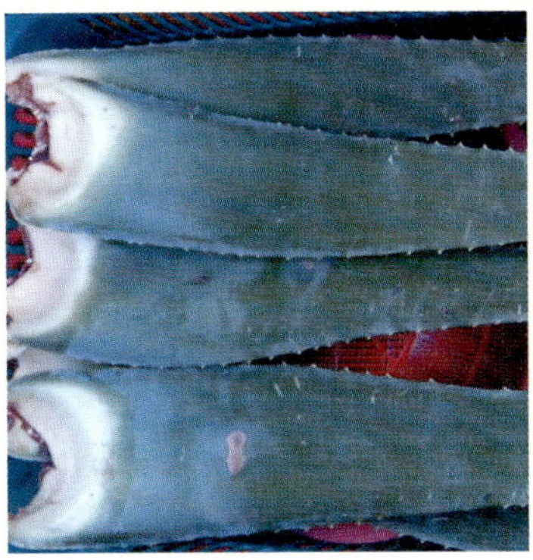
알로에

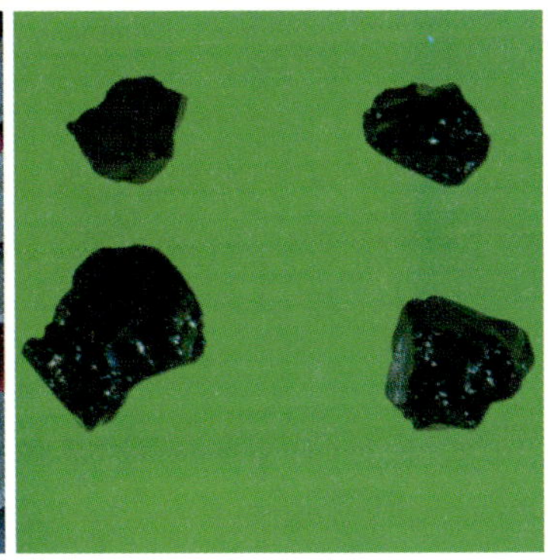
노회

애엽

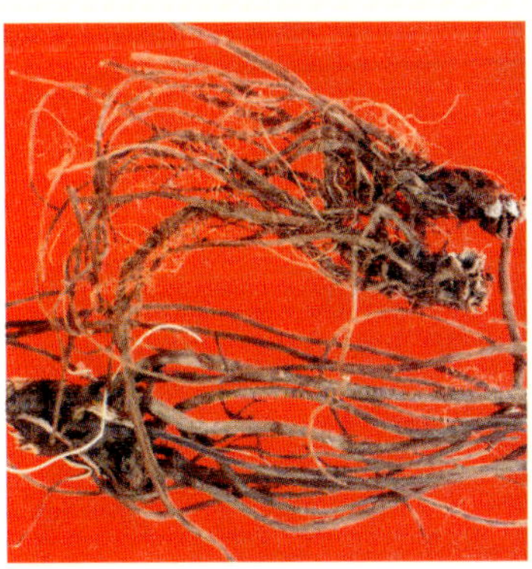
엉겅퀴

여정자

영실

영지

오가피

오매

오미자

목단피

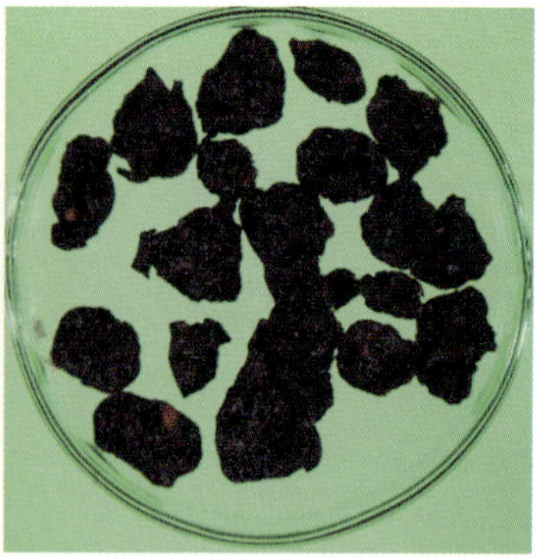

용안육

우바우르시

우방자

우슬

우황

운대자

울금

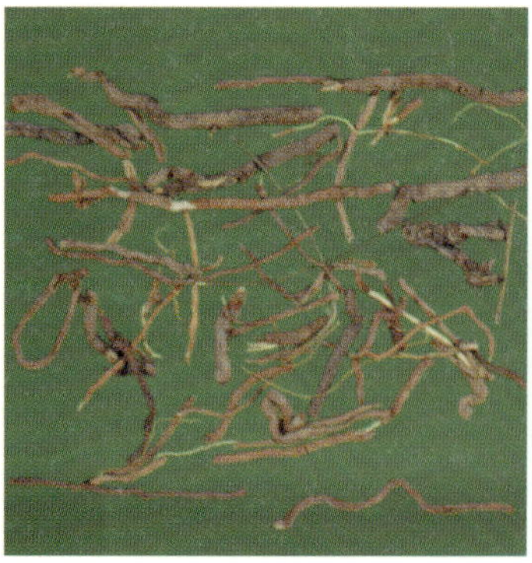

원지

월굴엽

은시호

음양곽

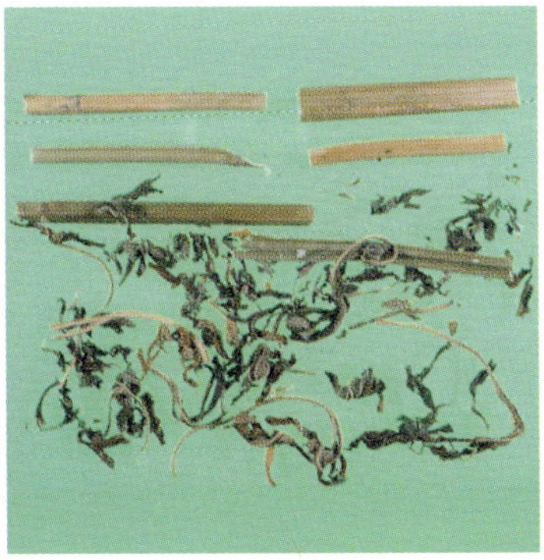
익모초

익지인

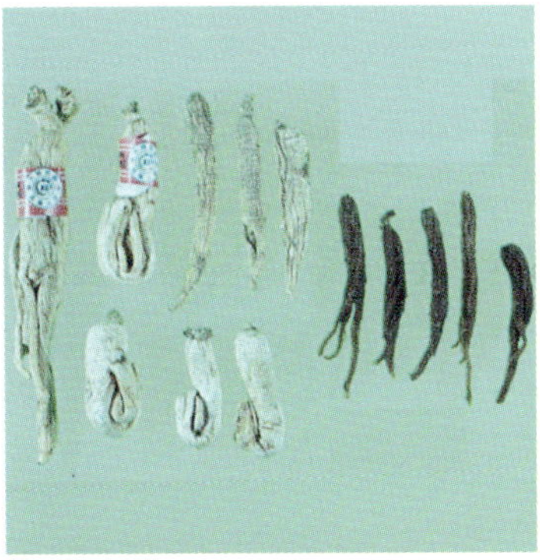
인삼

인진호

자근

자실

작약

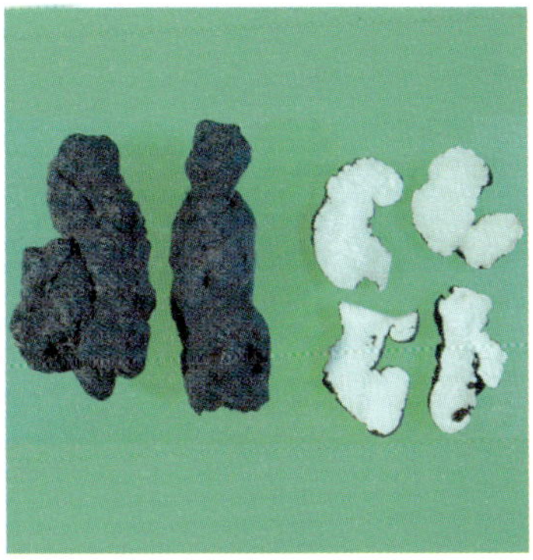
저령

전호

접골목

접시꽃

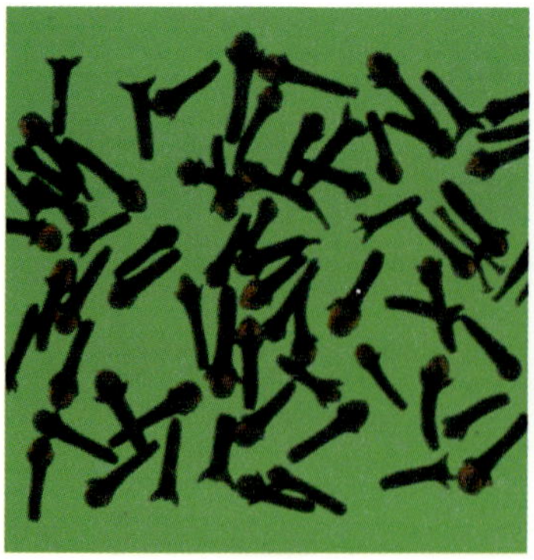
정향

종대황

지렁이

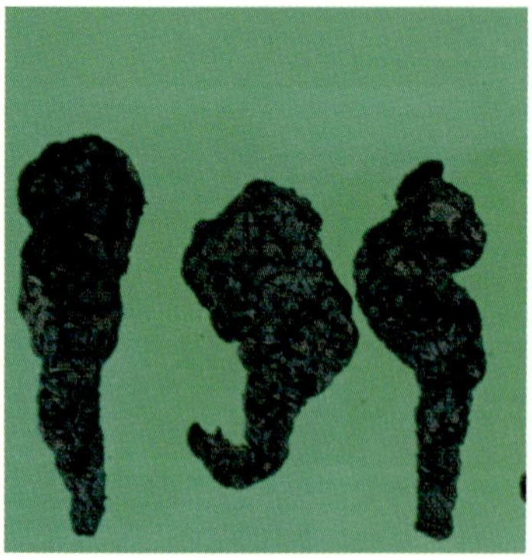
지황

진피

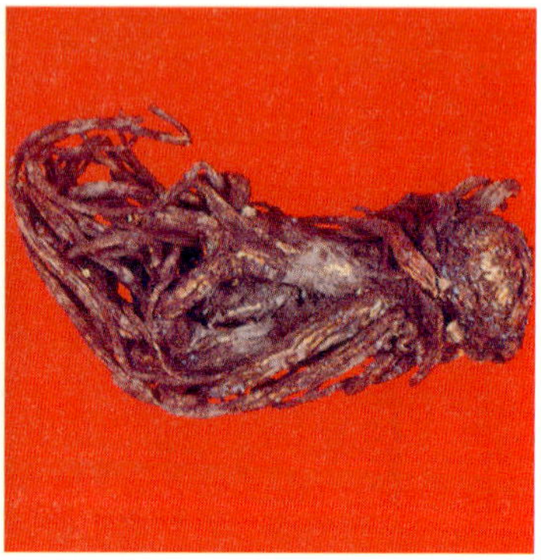
참당귀

창이자

창포

천궁

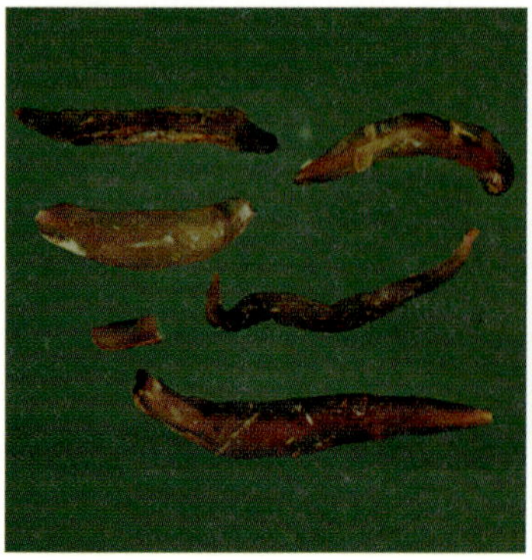
천문동

청피

택란

택사

토사자

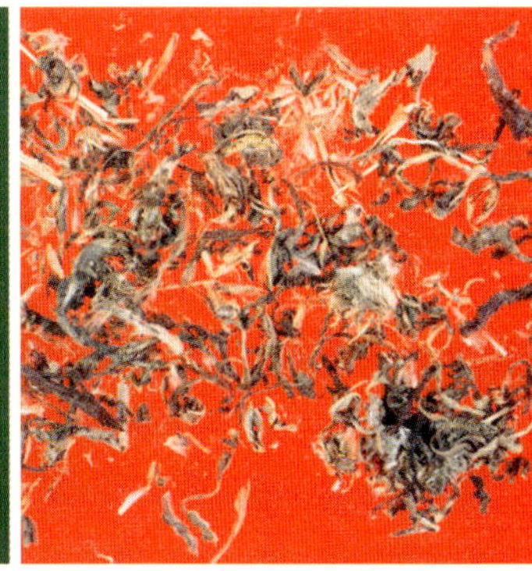
포공영

하수오

해동피

행인

향유

헛개나무

현삼

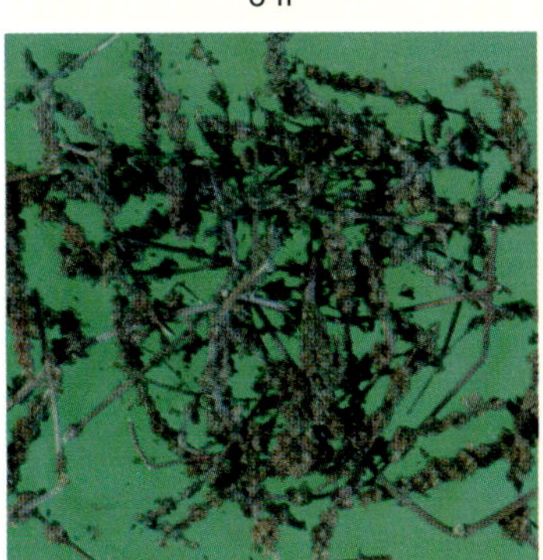
형개

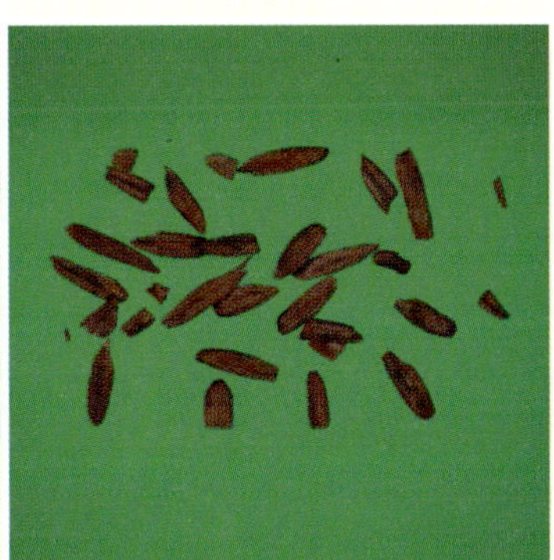
호미카

남과자

홉

홍경천

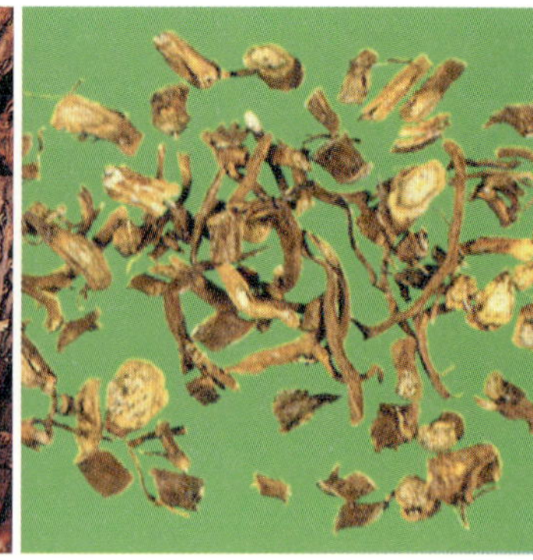

황금

황기

히비스커스

건강기능성
식품

PART 02

제2부 각 론

건강기능성
식품

1 항노화

노화는 모든 생물체가 태어나서 결국은 죽을 때까지 겪게 되는 필수의 과정으로서 생체의 모든 리듬이 서서히 종결 과정을 맞는 것으로서 세포의 수명이 다 한 것으로 볼 수 있으며 이 과정에서 많은 질병을 동반하게 된다.[1)] 노화의 원인에 관하여 수백의 이론이 알려져 있지만, 여러 연구 중에서 일생 동안에 걸쳐서 산화적 손상의 결과로서 일어나는 것으로 보고 있다. 그러나 일부는 회복되지만 지속적으로 축적이 되면서 DNA에 손상을 주게 되어 치명적인 질병으로 발전한다.[2)~4)] 노화의 과정을 막는 것을 항노화(anti-aging)라고 표현할 수 있으며 이것은 결국 사람의 수명의 연장과도 직결된다. 미국인의 평균수명이 1900년에 47세에서 2007년도에 77세로 30세가 연장되었다. 이러한 원인으로는 무엇보다도 치료기술과 놀라운 의약품의 등장으로 볼 수 있다. 이외의 요인으로 가각의 개인들의 자각적인 건강관리능력의 향상, 위생적인 주거 환경, 전문가에 의한 많은 건강 정보 등도 큰 기여를 했다고 볼 수 있다.

노화라는 매우 포괄적인 내용을 여기서 다루기는 매우 어렵거니와, 또한, 특정 기능성 식품군으로 노화를 예방한다는 것도 간단한 문제가 아니다. 그럼에도 불구하고 항산화제에 의한 항노화작용에 대하여 상관성이 입증되는 논문이 많이 발표 되었다.[5),6)] 본 내용은 생체내에서 만들어지는 산소에 의한 자유활성기와 항산화제, 특정 질환군에 응용으로 나누어 설명하고자 한다.

1.1 항산화

1. 자유활성기란?

자유활성기는 생체 내 대사과정에서 자연스럽게 생성된다. 예로서, 미토콘드리아 내에서 호흡의 과정 중에서 나타난다. 이러한 자유활성기는 대부분 효소작용에 의해서 제거되지만 자외선, 공해성 물질, 알코올 등에 의해서 생체 내 제거 능력을 넘어 만들어지는 경우 조직과 기관에 영향을 주게 되면 이러한 것들이 만성적으로 작용하는 경우 암, 동맥경화, 백내장, 노화로 발전한다. 따라서 이러한 질병으로 발전을 막기 위해 항산화제를 섭취하는 것이 매우 당연한 것으로 보인다. 항산화제를 많이 섭취하면 자유활성기와 활성산소를 중화시킬 수 있으므로 만성질환과 노화의 방지로 귀결할 수 있을 것이다. 식품에 들어 있는 알려진 항산화제의 종류는 4000개 이상으로 추정하고 있지만 그 중에서도 대표적인 것으로 비타민 C와 베타카로틴을 들 수 있다.

2. 자유활성기 이론

생체내 정상적인 호흡과정에서 부산물. 소모된 산소의 1~5%가 superoxide anion ($O_2\cdot^-$) 과 과산화수소(H_2O_2)로 환원, 과산화수소는 세포막을 투과하여 각 세포의 기관으로 들어간다.

미토콘드리아내 호흡

$$4H^+ + O_2 \rightarrow 2H_2O(\sim 95\%)$$

$$O_2 \rightarrow O_2\cdot^- \rightarrow H_2O_2(\sim 5\%)$$

3. 자유활성기와 질병과의 관계

이러한 자유활성기는 짝을 이루지 못한 전자를 갖고 있기 때문에 매우 불안정하고 반응성이 높다(안정된 화합물은 쌍전자를 갖고 있으며 원자핵 주위에 반대방향으로 배열되어 있다). 자유활성기는 세포의 구성성분들(DNA, 단백질, 지방)과 매우 반응성이 높아 결합시 정상적인 기능이 원할 하지 않음에 따라 병적인 상태를 가져온다.[7] 몇 가지의 예를 보면

1) 자유활성기는 DNA 사슬을 자를 수 있고, 염기 변화를 야기 시킬 수 있다. 이와 같은 돌연변이는 암화를 촉진시킬 수 있으며. 동물실험에서 오줌에서 변형된 염기(예, 8-hydroxy guanine, thymine glycol)를 추적하면 산화성 손상의 정도를 예측할 수 있다.
2) 세포막에 있는 불포화지방산(polyunsaturtaed fatty acids)의 과산화로 인해 세포

막의 주 기능에 손상을 가져올 수 있다. 혈장에서 지방의 과산화 생성물인 malondialdehyde를 측정하게 되면 산화적 스트레스의 정도를 예측할 수 있다. 산패가 일어난 음식을 섭취하게 되면 세포막에 과산화 영향을 줄 수 있다.[8)]

3) 저지방 지질단백질(low-density lipoproteins)내의 불포화 지방산의 산화로 동맥경화나 심혈관질환의 위험을 높일 수 있다.

4) 히알우론산은 연결조직이나 활액(synovial fluid)내의 복합다당체로서 점성이 있으며 윤활제로서 작용을 한다. 자유활성기는 히알우론산을 분해시키고 백혈구에 의해 만들어지는 자유활성기가로 인해 일어나는 염증으로 관절에서 활액의 감소를 일으킨다.

5) 단백질내에 있는 금속이온, -SH기를 산화시킨다.

이러한 자유활성기에 활성산소종들(ROI)을 포함하고 있으며 종류서는 superoxide anion($O_2^-\cdot$), H_2O_2, RO· ROO·, OH· 등이 세포내 산소의 대사과정에서 나타나고 있다. 활성산소종(ROI) 은 일반적으로 세포의 구성성분인 핵산, 단백질, 지방과 결합을 하여 산화적 손상을 일으켜 심상상애, 간 기능저하, 뇌세포파괴에 따른 뇌기능의 저하, 암의 유발 등 모든 중요한 질환에 작용할 수 있다.[9),10)] 활성산소종들 모두 전자를 한 개 가지고 있으며 부족한 전자를 보충하여 안정하게 만드는 것이 항산화제의 역할이다.

4. 항산화제의 특징

항산화제는 활성산소종을 소거시킴으로서 건강에 직접적으로 해를 줄 수 있는 요인을 제거하는 것으로 정의할 수 있다 특징으로는

1) 생체 내에 미량으로 존재하며 산화를 일으킬 수 있는 기질의 산화를 감소시키거나 늦춘다.

2) 자유활성기와 활성산소종과 반응하여 위험성을 감소시켜 세포의 파괴를 예방한다.

3) 항산화제는 자신이 산화되지만 생체 내에서 만들어질 수 있는 양이 제한이 되어 있다.

4) 지속적으로 내부에서 필요한 양이 만들어져야 하고 또한, 외부에서 섭취를 통해 부족함을 메꾸어야 할 필요가 있다.

5) 구조적으로 전자를 풍부히 갖고 있으며 전자를 활성산소종에 제공하여 안정하게 만드는 능력이 있으며(그림 1.1). 이러한 항산화제가 작용하는 부위가 세포내에서 각각 다르다(그림 1.1).

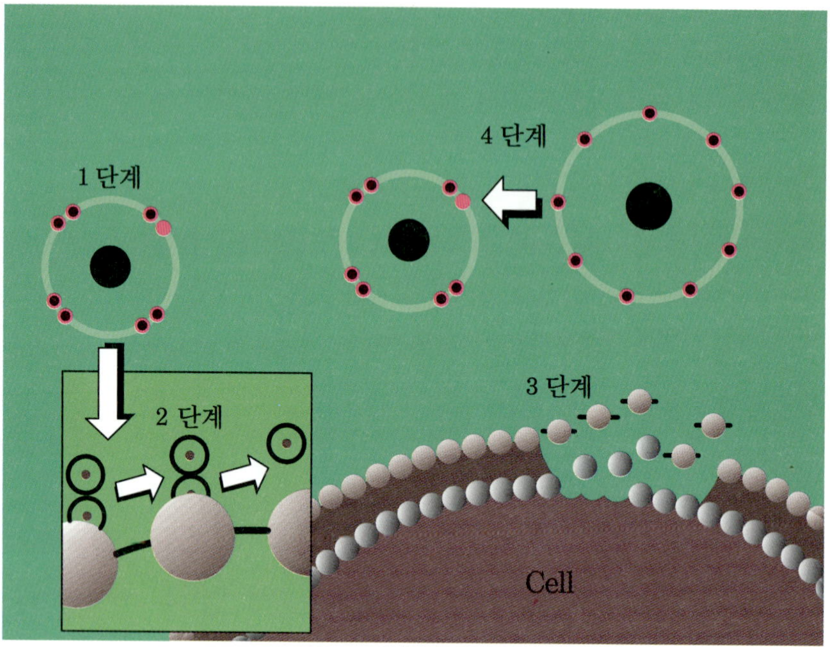

그림 1.1 세포내에서 자유활성기의 유리와 항산화제의 역할

- 1단계 : 정상적인 산소는 4개의 전자쌍을 갖고 있으며 생체 내 대사로 인해 한 개의 전자를 잃어버려 자유활성기로 변한다. 이것은 다른 전자를 채우는 성질을 갖고 있다.
- 2단계 : 자유활성기가 세포벽의 전자를 가져옴으로써 새로운 자유활성기를 만든다.
- 3단계 : 사슬반응에 의한 세포의 손상으로 만성질환을 야기 시킨다.
- 4단계 : 항산화제가 자유활성기를 소거하여 만성질환을 예방한다.

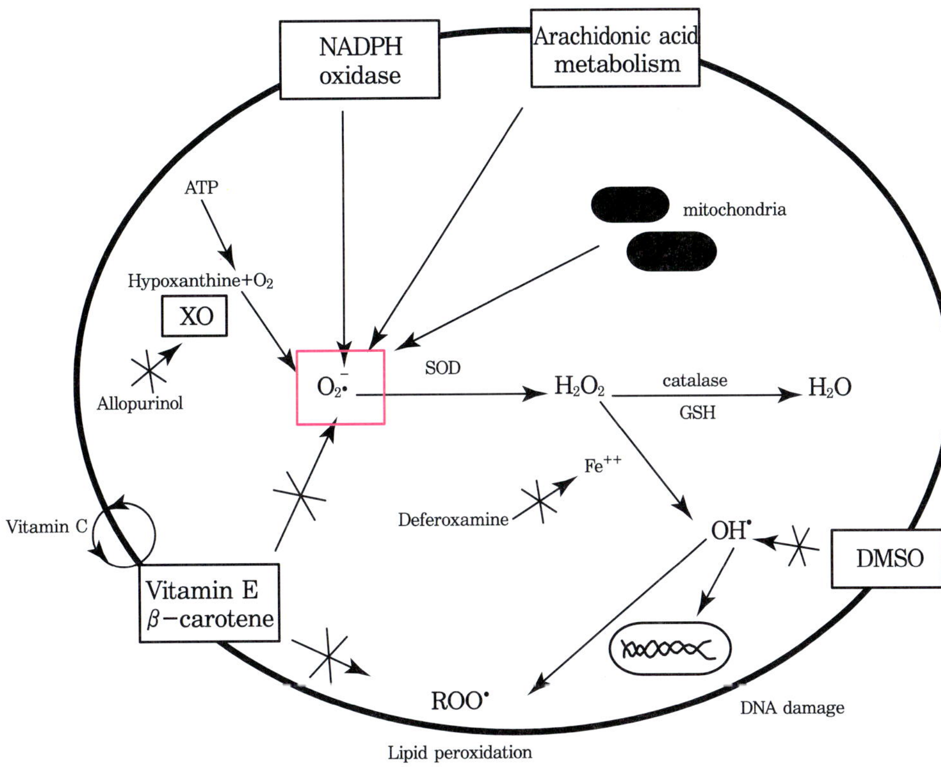

그림 1.2 세포내 산화적 스트레스와 항산화제의 작용부위[11)]

2. 항산화제의 종류

종류로는 효소군과 비효소군으로 나눌 수 있으며 효소군은 생체 내에서 만들어진다.

1) 효소성 항산화제

Superoxide dismutase(SOD)는 superoxide anion ($O_2^- \cdot$)을 H_2O_2로 전환시킨다. 이 H_2O_2 peroxy radicals, hydroxy radical, hypochlorite ion 등으로 변할 수 있다. superoxide anion은 nitric oxide(NO)와 반응하여 반응성이 강한 peroxynitrite ($ONOO^- \cdot$)로 변한다.

항산화효소로는 superoxide dismutase(SOD), catalase, glutathione peroxidase, thioredoxin이 생체 내에서 만들어져 $O_2^- \cdot$와 H_2O_2를 소거한다.

superoxide dismutase (SOD) : $O_2 \rightarrow H_2O_2 + H_2O$
catalase : $H_2O_2 \rightarrow H_2O + O_2$
glutathione peroxidase : $H_2O_2 \rightarrow H_2O + O_2$

2) 비효소성 항산화제

가) 비타민 E(토코페롤)

지용성 비타민이며 세포막에서 산화적 스트레스 연쇄적 사슬반응을 차단해 지방의 과산화를 막는 역할을 하며 활성산소종에 의한 신호전달체계를 조절한다. 비타민 E는 노화를 늦추며 피부가 햇볕에 그을렸을 때 회복시킨다. 특히, 더 많은 연구를 필요로 하지만 비타민 E가 임상실험에서 알츠하이머 질환을 늦출 수 있다는 보고가 있다.[12) 밀겨, 견과류, 종자, 가공전의 곡류, 식물성오일, 생선유 등이 중요한 식품군이다.

나) 비타민 C(아스코르빈산)

수용성 비타민으로 과실류, 토마토, 채소류, 가지과 식물(고추), 브로콜리, 딸기, 양배추, 감자에 많이 존재한다. 사람은 포도당에서 glucurolactone oxidase의 결핍으로 아스코르빈산을 합성하지 못하기 때문에 식품이나 보조제로서 섭취를 해야 한다. 아스코르빈산의 경우 체내 인터페론의 생성을 촉진하며, 박테리아 헬리코박터균의 위암을 유발할 수 있는 독성을 완화시켜주는 효과가 있으며, 또한, 헬리코박터균의 번식을 억제하는 효과가 있다. 이러한 작용은 특히 위암 발생률을 낮출 수 있다. 아스코르빈산은 체내 세포의 성장을 억제하는 효과가 있어 암조직의 성장을 방해하는 항암치료 보조제로 이용할 수 있다.

다) 카로틴류

카로틴은 과실이나 채소류에서 존재하는 마이크로영양원으로서 레티놀(비타민 A)의 전구체이고 항산화작용을 갖고 있다. 약 600개 이상이 식품에서 발견되었고 이중에서 가장 흔한 것은 α-카로틴, β-카로틴, 리코펜(lycopene), 크립토잔틴, 휴코잔틴 등이다. β-카로틴이 가장 연구가 많이 되었고, 레티놀의 2분자가 결합하여 만들어진 것이다. 섭취한 β-카로틴은 장내 점막에서 레티놀로 바뀐다. 식물에서 β-카로틴은 태양의 조사에 의한 해를 막을 수 있는 것으로 보이며 이러한 역할을 생체 내 에서도 유사한 기능을 하리라고 생각한다.

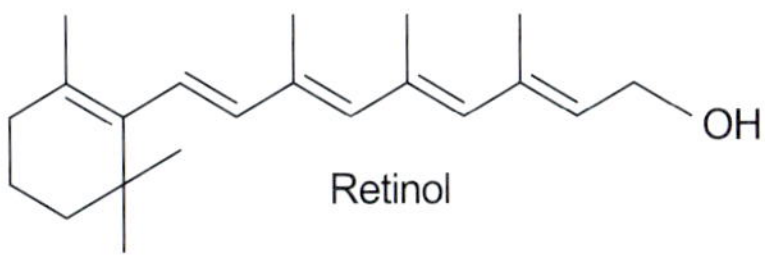

Retinol

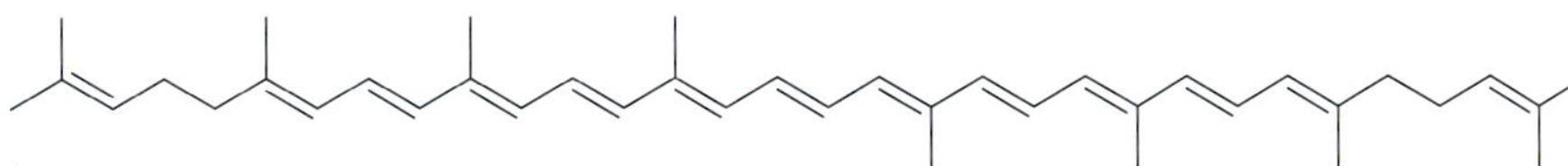

Lycopene

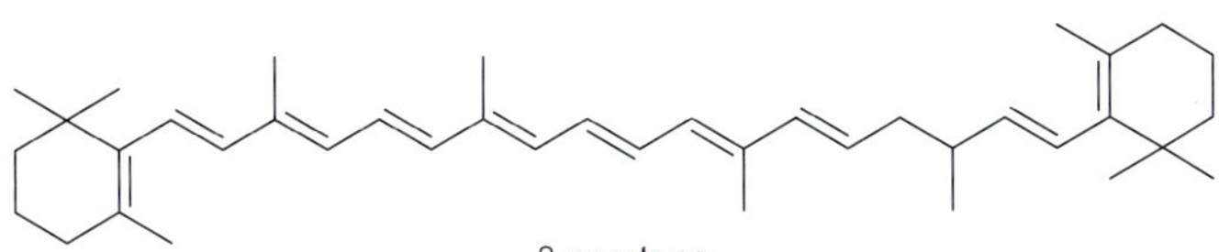

β-carotene

singlet 산소를 억제시키고 자유활성기를 순화시키고 세포막의 지질의 산화를 막아 해를 막는다. 그러나 singlet 산소의 억제과정은 카로틴류의 자가산화를 포함하기 때문에 여기된 산소의 억제시키는 능력이 떨어질 수 있다. 또한, 과산화 활성기와 직접적으로 작용하여 유사한 기능을 하는 vitamin E와 상승작용을 한다.

주요한 식품군은 당근, 호박, 브로콜리, 고구마, 토마토, 케일, 살구, 배 등이 풍부하게 카로틴류를 함유하고 있다.

라) 셀레늄

셀레늄은 바닷물과 토양 속에 미량 존재하기 때문에 식물에도 있다. 인체에서도 필수적인 미네랄원소로 영국에서 필요한 권장량은 남자는 75 ㎍/일, 여자는 60 ㎍/일, 미국에서는 55 ㎍/일이다. 특히 selenocysteine과 selenomethionine으로 결합하여 존재한다,

현재까지 알려진 셀레늄의 역할 중 가장 중요한 것은 글루타티온 과산화효소의 성분으로 작용한다는 점이다. Glutathione peroxidase는 항산화 효소로서 과산화물을 독성이 약한 물질인 알코올 유도체와 물로 전환하는 과정에 작용한다. 과산화물은 반응성이 큰 유리 라디칼로 전환되어 세포막을 파괴하고 세포를 손상시키므로, 셀레늄은 산화적 손상으로부터 세포를 보호하는 역할을 한다. 셀레늄은 또한, 글루타티온 과산화효소의 일부로 작용하며 면역작용을 돕기도 한다.

따라서 셀레늄을 충분히 섭취하면 글루타티온 과산화효소가 신체 중에서 많이 합성되어 세포조직과 세포막의 파괴를 막아준다. 그리고 세포조직과 세포막을 보호해줄 수

있으므로 이차적으로 DNA까지 보호해서 암까지도 예방할 수 있다고 볼 수 있다. 이처럼 셀레늄은 면역강화와 암의 예방 및 치료를 위하여 꼭 필요하기는 하지만 너무 많이 섭취하면 피부, 머리털, 손톱에까지 해를 주며 신경성 부작용이 나타나기 때문에. 셀레늄은 음식물로 섭취하는 것이 좋다.

셀레늄은 영양효모, 해수, 해조류, 마늘, 버섯, 해산물, 우유, 계란, 곡류, 육류의 내장에 풍부하다. 가장 셀레늄이 풍부한 식품은 육류의 내장과 해산물로서 0.4~1.5 μg/g을 함유하고 있으며 그 다음은 육류의 근육살로서 0.1~0.4 μg/g이다. 곡류에는 0.1~0.8 μg/g이 있으며, 유제품에는 0.1~0.3 μg/g, 과일과 채소에는 0.1 μg/g이하가 들어 있다. 곡류에 함유되어 있는 셀레늄의 양은 식물이 토양으로부터 취할 수 있는 셀레늄의 양에 따라 달라진다. 셀레늄의 영양밀도가 높은 식품으로는 참치, 빵, 햄, 알류, 밀가루로 만든 음식, 쇠고기와 닭고기를 들 수 있다. 채소 및 과일류에는 셀레늄의 함량이 낮다.

마) Coenzyme Q10(ubiquinone)

Coenzyme Q10은 지용성 성분이며 ubiquinone으로 불리기도 한다. 이러한 이유는 생체내에서 "quinone" 형태로 널리 분포하기 때문이다. 특히, benzoquinone에 여러 개의 isoprene기가 결합하고 있으며 benzoquinone은 수소와의 부가반응에 의해서 두 개의 carbonyl기는 아래처럼 hydroxyl기로 환원이 된다.

$$\text{CoQ10(ubiquinone)} + H_2 \leftrightarrow \text{CoQ10}H_2\text{(ubiquinol)}$$

CoQ10은 대부분의 사람 조직에서 합성이 되며 benzoquinone은 phenylalanine과 tyrosine 으로부터 만들어지고 isoprene은 콜레스테롤 생합성과정과 부분적으로 공통적인 acetyl-CoA를 거쳐 생합성 된다. benzoquinone과 isoprene이 결합하여 CoQ10을 형성하게 된다.

CoQ10이 풍부한 식품으로는 육류, 생선, 견과류, 콩기름, 평지씨 기름을 들 수 있으며, 과일, 달걀, 낙농식품에 다소 적은 양이 있다. 일반적으로 식이로 섭취하는 CoQ10의 양은 하루 5~10 mg으로 추산하고 있다.

CoQ10의 가장 잘 알려진 기능은 미토콘드리아의 전자전달계의 구성원이다.

세포내에서 식품의 산화에 의해서 유리된 $NADH_2$와 $FADH_2$는 다시 NAD와 FAD로 산화되며 수소는 산소와 결합하여 물로 변한다.

Coenzyme Q10은 거의 모든 세포막의 지질층에서 quinole 또는 quinone 형태로 존재하며 vitamin E와 함께 자유활성기에 의한 산화적 손상으로부터 세포막을 보호하는 것으로 믿고 있다. 세포막에는 산화형 CoQ10(ubiquinone)을 환원형 $CoQ10H_2$로 변화시키는 효소계가 있다. 이 때 환원형의 vitamin E가 중간에 활성산소종(ROS)의 자유기를 소거하는 경우 산화형으로 바뀌며 quinole은 quinone은 원래의 산화형으로 돌아간다. 최근의 연구에서 불포화지방산과 함께 CoQ10을 투여 받은 흰쥐는 노화에 따른 DNA의 분해를 보호하며 수명을 증가시키는 것으로 알려졌다.[13)]

마) α-lipoic acid

α-lipoic acid는 식물과 동물조직에서 합성되는 황을 함유한 화합물이며 식품과 동물에 널리 분포하고 있다. 지용성 및 수용성이며 dihydrolipoic acid(DHLA)로 환원되며 부재탄소를 갖고 있으며 두 개의 광학 이성질체 R-과 S-형태가 존재한다. 자연계에 존재하는 α-lipoic acid는 R-form이며 R-form 반이 조효소로 작용힌다. 특히, 환원형의 글루타티온(glutathione)의 조직 내에서의 농도를 유지시킬 수 있다.[14),15)]

생리적으로 α-lipoic acid의 부족으로 나타나는 질환은 알려져 있지 않기 때문에 필수영양소가 아니고 생체 내에서 생합성 되는 양으로도 충분하다.

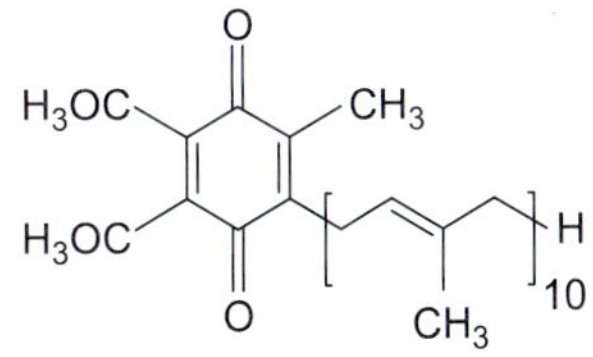

Ubiquinone

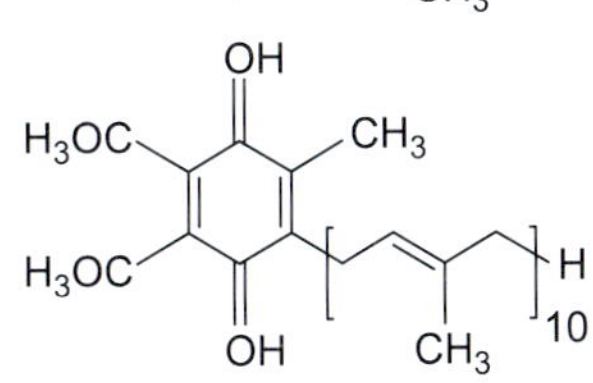

Ubiquinol

많이 들어있는 음식으로는 육류, 시금치, 브로콜리, 토마토 등이며, 보통 lipoamide 형태로 존재한다(lipoic acid-lysine). 사람의 소화 효소는 lipoic acid와 lysine을 분해시키지 못하기 때문에 흡수되는 lipoic acid lipolysine 형태이다. 순수한 α-lipoic acid

를 섭취 시 장으로 대부분 흡수된다. 세포내에서 α-lipoic acid는 환원형의 DHLA로 전환되어 항산화제로 작용하지만, 제거되거나 대사를 거친다. 이러한 점은 지속적으로 섭취를 필요로 할 필요가 있음을 제시하고 있다. 독일에서는 α-lipoic acid가 당뇨성 신경병증에 처방약으로 등록되어 있으며 이러한 목적으로 널리 사용하고 있다. 많은 양을 섭취하여도 큰 문제가 없으며 별 부작용은 보고되어 있지 않으며, 최소 하루에 600 mg씩 섭취하였을 때 위의 질환의 급성이나 진행에 효능이 있는 것으로 믿고 있다. 이러한 것은 항산화작용에 기인하는 것으로 보이며 또한, insulin의 감도와 근육의 글루코스 이용을 증가시킬 수 있다. 식이보조제로서 1일 50~300 mg을 섭취하나 임상 의사들은 2~4배 이상 사용한다. 앞으로, 항산화제의 역할에 대해서 많은 연구가 필요하다.

α-Lipoic Acid

α-Dihydrolipoic Acid (DHLA)

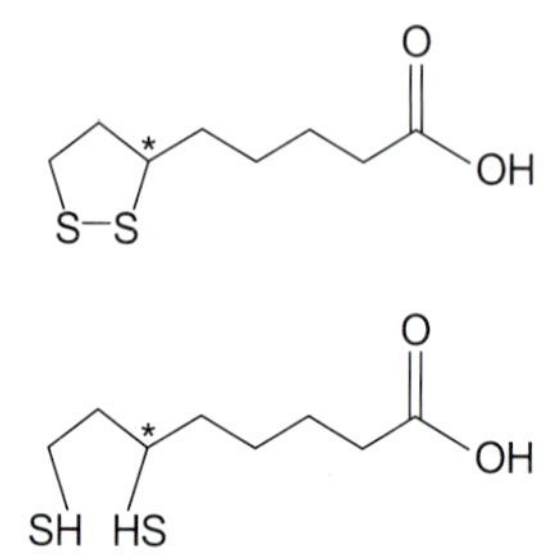

* 부재탄소

사) 식물성 항산화제

위의 식품군에는 언급한 항산화제외에도 식물의 이차대사물인 flavonoids와 polyphenol 등이 중요한 항산화제로 작용한다.[16)]

Flavonoids는 polyphenol성의 화합물로서 식물에 많이 존재하고 있으며 항산화제로 많은 보고가 있다. 그러나 생체 내에서 흡수되었을 때 그러한 효과를 보이는 지는 역시 불분명한 점이 많다.[17),18)] Catechin의 gallic acid 결합체인 epigallocatechin gallate를 제외하고[15)] flavonid류 자체가 xenobiotic이기 때문에 흡수 후 혈액내의 flavonoid는 glucuronic 산, sulfate기, O-metyl기와 결합하여 밖으로 빠져 나간다.[17)] 따라서, 이 결합체는 항산화작용이 없는 것으로 알려져 있다. 이러한 점에서 다른 각도의 연구가 필요할 수 있다.

최근의 연구에 의하면 활성산소종이나 활성질소종이 잠재적 신호전달분자로서 산화-환원계의 전사인자계에서 유전자의 발현을 규제하는 것으로 알려져 있으며, 이러한 전사인자중에는 항산화효소를 유도하는 Nrf-2, cytokine, 세포유착분자, acute phase protein, 항세포 사멸 단백질의 생성을 유도하는 NF-κB, AP-1등을 포함하고 있다. 이러한 전사인자는 산화적 스트레스, 지속적으로 증가하는 활성산소종에 대하여 인산화와 저해 단위체인 I-κB의 분해를 야기 시켜서 NF-κB를 활성화한다. 따라서 식물성 유래 항산화제는 이러한 NF-κB의 활성화를 억제하는 것으로 알려져 있다.[19),20)]

참고문헌

1) Kirkwood, T.B. *et al.*, Nature, 408, 233-238, 2000

2) Bohr, V.A. *et al.*, J. Inherit. Metab. Dis., 25, 215-222, 2002

3) Bohr, V.A. *et al.*, Free Radic. Biol. Med., 32, 804-812, 2002

4) Roth, G.S. *et al.*, Ann, NY Acad, Sci,, 1114, 369-371, 2007

5) Meydani, M. *et al.*, Ann. NY Acad. Sci., 854, 352-360, 1998

6) Smeeding, S.J. W. Geriatric Nursing 22, 219-224, 2001

7) Webb, G.P. Dietary Supplements and Functional Foods, Blackwell, Oxford, 2006

8) Sawada, M. *et al.*, J. Gerontol., 42, 451-456, 1987

9) Dalle-Donne, I., *et al.*, Clin. Chem., 52, 601-623, 2006

10) Kehrer, J.P. Crit. Rev. Toxicol., 23, 21-48, 1993

11) Bulger, E.M. *et al.*, Gastroenterol. Clin. North Am., 27, 403-419, 1998

12) Grundman, M. Am. J. Clin. Nutr., 71, 630-636, 2000

13) Quiles, J.L. *et al.*, Exp. Gerontol., 39, 189-194, 2004

14) Packer, L. *et al.*, Free Radic. Biol. Med., 19, 227-250, 1995

15) Crespy, V. *et al.*, J. Nutr., 134, 3431-3440, 2004

16) Frei, B. *et al.*, J. Nutr., 133, 3275-3284, 2003

17) Halliwell, B. *et al.*, Am. J. Clin. Nutr., 81, 268-276, 2005

18) Williamson, G. *et al.*, Free Radic. Res., 39, 457-469, 2005

19) Lee, J.S. *et al.*, Mutat. Res., 579, 214-224, 2005

20) Surh, Y.J. *et al.*, J. Nutr., 135, 2993-3001, 2005

1.1 항산화

구기자 (Lycium fruit)

【기 원】 *Lycium chinense, L. barbarum*, Solanaceae

【분 류】 개발 가능성이 있는 소재

【사용부위】 과실

【산 지】 한국, 중국, 일본

【생리활성성분】 betaine, cerebroside, zeaxanthine, 4[formyl-5-(methoxymethyl)-1H-pyrrol-1-yl]jbutanoic acid, N-methylcalystegine B2

【효능 및 기전】

1) 항노화 작용[1),2)]

- 추출물은 β-amyloid peptide에 의한 neurotoxicity를 억제함.

【참고문헌】

1) Yu M.S. *et al.*, Int. J. Mol. Med., 20(2), 261, 2007

2) Ho Y.S. *et al.*, Brain Res., 1158C, 123, 2007

【생리활성성분 화학구조식】

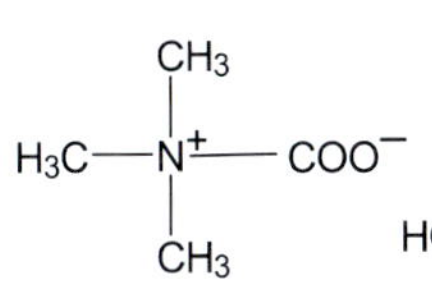

betaine

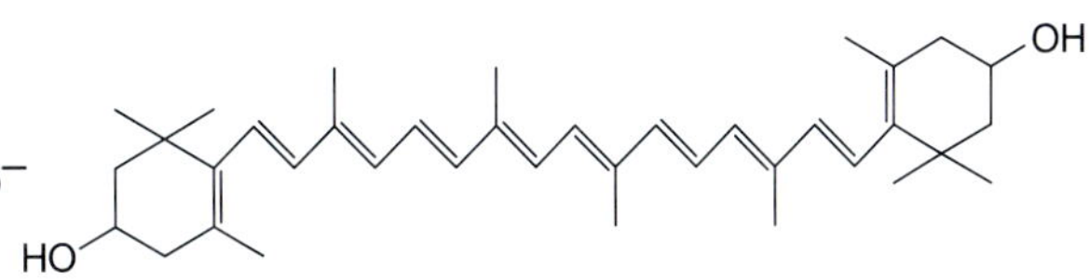

zeaxanthine

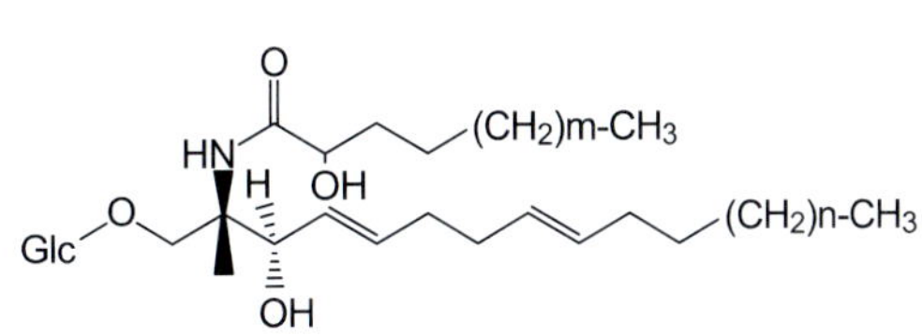

cerebroside

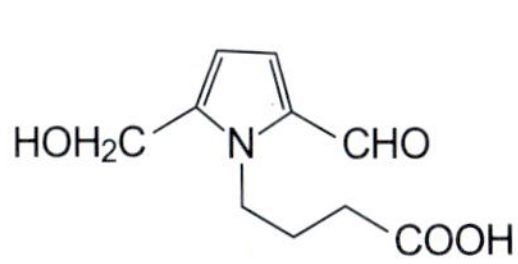

4[formyl-5-(hydroxymethyl)-lH-pyrrol-l-yl]butanoic acid

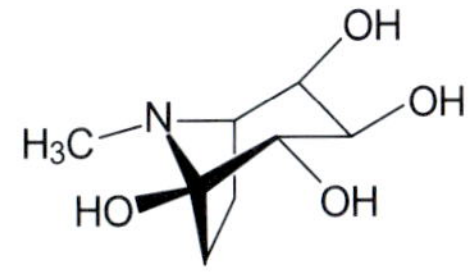

N-methylcalstegine B_2

녹차 추출물 (Green tea extract)

【기 원】 *Thea sinensis*(= *Camellia sinensis*), Theaceae

【분 류】 고시형

【사용부위】 잎을 사용하며 제조과정에 따라 종류가 다양하게 나뉘어 짐

【산 지】 세계 각지

【생리활성성분】 polyphenol(catechin, epicatechin, epicatechin gallate, epigallocatechin 등)

【효능 및 기전】

1) 항산화 효능[1)]
   - 녹차와 홍차는 lipid peroxidation을 억제하는 항산화 효능이 있음.

2) 신경보호효과[2)]
   - 녹차에서 추출한 epigallocatechin gallate는 Alzheimer transgenic mice에서 amyloid를 감소시킴.

【참고문헌】

1) Ojo OO *et al*., J. Med. Food., 10(2), 345, 2007

2) Rezai-Zadeh K *et al*., J. Neurosci., 25(38), 8807, 2005

【생리활성성분 화학구조식】

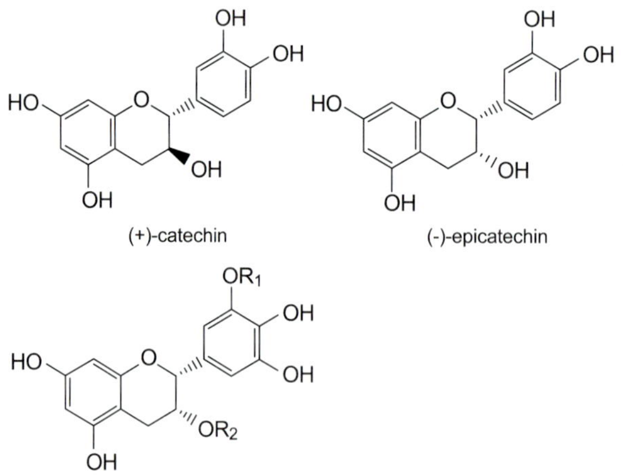

(+)-catechin (-)-epicatechin

(-)-epigallocatechin gallate R_1=OH, R_2=Gal
(-)-epicatechin gallate R_1=H, R_2=Gal

레시틴제품 (Lecithin)

【기 원】 주로 콩기름

【분 류】 고시형

【산 지】 세계 각지

【생리활성성분】 인지질의 복합체를 일컬으며 그 중에 phosphahtidyl choline이 주성분이며 phosphatidyl ethanolamine과 phosphatidylinositol이 소량 포함하고 있다. 주로 콩기름에서 추출하며 난황에서도 뽑는다.[1)]

【효능 및 기전】

1) 생체 내에서 콜린(choline)은 신경전달물질인 acetylcholine의 주성분이다.
2) 세포막과 원형질막에서 인지질의 주성분이다.
3) methyl기의 공여자 역할을 한다. : 레시틴은 콜린의 주 공급원이다.
4) 생체 내 합성과 음식으로부터 섭취로 콜린의 결핍은 거의 일어나지 않지만 부족한 경우 간의 손상이 일어날 수 있다.[2)]
5) 콜린 함유 보조제로 혈장 내 methionine-homocysteine 불균형을 치료할 수 있다.3)

【참고문헌】

1) Webb, G. P. Dietary Supplements and Functional Foods, Blackwell, Oxford, p149-150, 2006
2) Zeisel, S.H. Modern Nutrition in Health and Disease, 9th edn. Phliadelphia : Lippincott, Williams and Wilkins, p513-523, 1999
3) Innis, S. M. *et al.*, Am J Clin Nutr 85, p702-708, 2007

배아제품 (Rice germ, Wheat germ)

【기 원】 *Oryza stiva*, *Triticum aestivum*, Gramineae

【분 류】 고시형

【사용부위】 배아를 분리하여 식용에 적합하도록 가공한 것

【산 지】 세계 각지

【생리활성성분】 vitamin, mineral, lipid, protein, phenylpropanoid, polyphenol

【효능 및 기전】

1) 항산화 작용[1)]

• 쌀 배아와 밀 배아에 함유된 polyphenol 성분들은 항산화 작용을 나타냄.

【참고문헌】

1) Alvarez P *et al.*, Eur. J. Nutr., 45(8) 428, 2006

【생리활성성분 화학구조식】

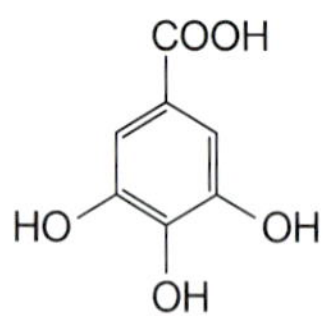

gallic acid

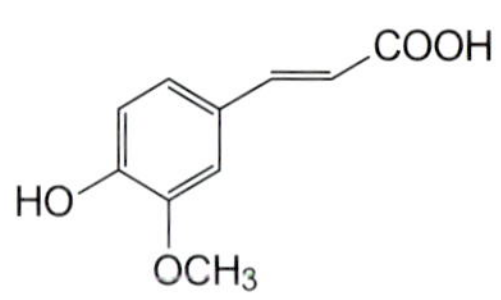

ferulic acid

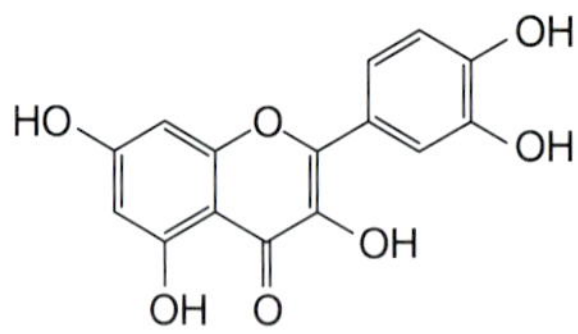

quercetin

베타카로틴 함유 제품 (β-carotene)

【기 원】 1. 식용조류(두라니엘라, 클로렐라, 스피루리나 등)
2. 종자, 과실에서 β-carotene을 추출한 것
3. 당근에서 추출한 것

【분 류】 고시형

【사용부위】 β-carotene이 풍부한 조직으로부터 식용 가능하도록 가공한 것

【산 지】 세계 각지

【생리활성성분】 β-carotene

【효능 및 기전】

1) 인지능력향상[1)]

• β-carotene은 건망증, 치매 등에 의한 인지능력 감소를 예방하고 인지능력을 향상시킴.

2) 항산화 효과[2)]

• β-carotene은 다양한 oxidative stress를 억제하는 항산화 효능을 나타냄

【참고문헌】

1) Gonzalez-Gross M *et al*., Br. J. Nutr., 86(3) 313, 2001

2) Junqueira VB *et al*., Mol. Aspects Med., 25(1~2) 5, 2004

【생리활성성분 화학구조식】

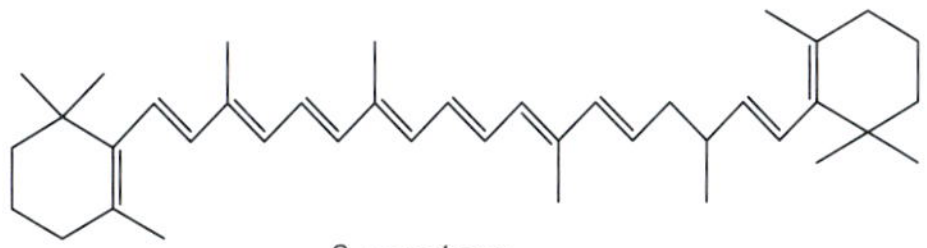

β-carotene

봉밀 (honey)

【기 원】 *Apis mellifera, A. indica*, Adpidae

【분 류】 식품

【사용부위】 벌집에서 모은 감미물

【산 지】 세계각지

【생리활성성분】

1) 당류 : invertose, sucrose, maltose 등

2) 아미노산 : lysine, histidine, arginine 등

3) 유기산 : butylic aicd, lactic acid, succinic acid 등

【효능 및 기전】

1) 항산화 작용[1),2)]

- 물로 희석한 꿀은 지질과산화 억제 작용을 나타냄.
- 당을 제거한 물추출물은 강력한 항산화 작용을 나타냄.

【참고문헌】

1) Perez E. *et al*., J. Med. Food, 9(4), 510, 2006

2) Ghelodf N. *et al*., J. Agric. Food Chem., 50(21), 5870, 2002

【생리활성성분 화학구조식】

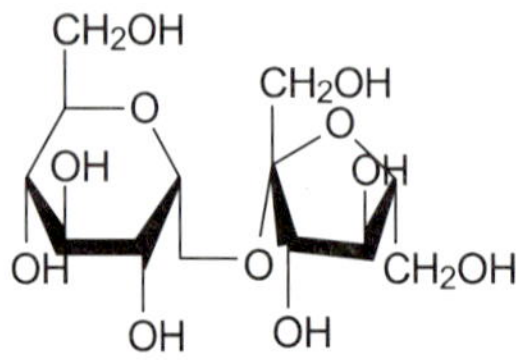
sucrose

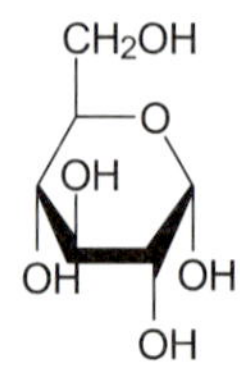
α-D-glucopyranose

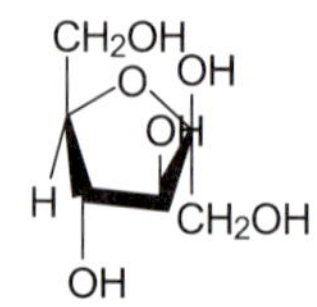
β-D-fructofuranose

빌베리 주정 추출물 (Bilberry extract)

【기 원】 *Vaccinium myritillus*, Ericaceae

【분 류】 개별인정형

【사용부위】 과실을 주정으로 추출한 후 여과하고 가압 농축하여 정제한 것

【산 지】 유럽, 아시아

【생리활성성분】 anthocyanin

【효능 및 기전】

1) 항산화 효능[1)]
   - 추출물은 lipid peroxidation을 억제함.
2) 신경보호 작용[2)]
   - 추출물은 쥐를 대상으로 한 실험에서 기억력 보호 작용, 항불안 작용 등을 나타냄.

【참고문헌】

1) Maatta-Riihinen KR *et al*., J. Agric. Food Chem., 53(22) 84, 2005
2) Ramirz MR *et al*., Pharmacol. Res., 52(6) 457, 2005

【생리활성성분 화학구조식】

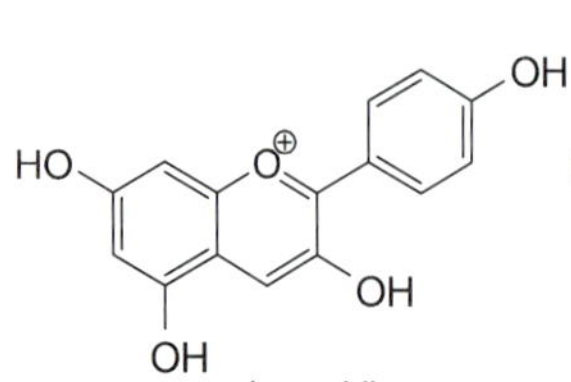
pelargonidin

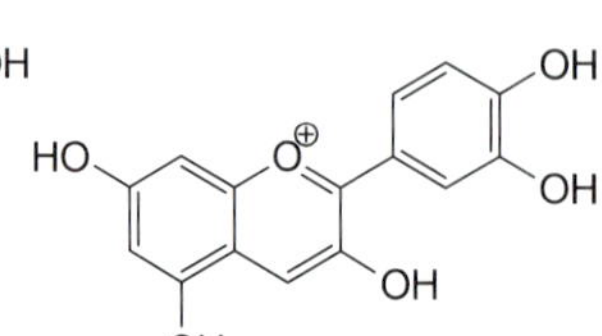
cyanidin

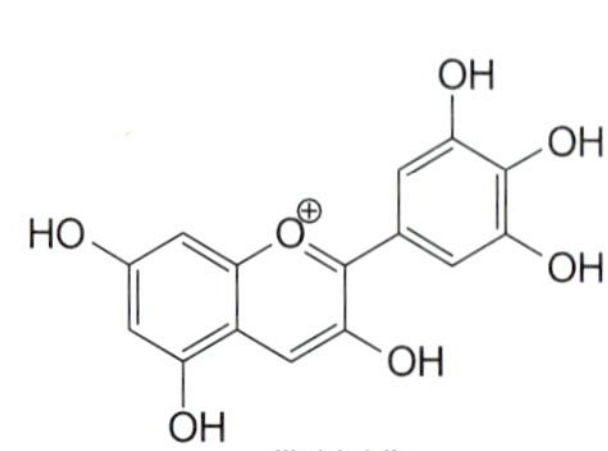
dilphinidin

상심자 (mulberry)

【기 원】 *Morus alba*, Moraceae

【분 류】 개발 가능성이 있는 소재

【사용부위】 과실

【산 지】 세계각지

【생리활성성분】 flavonoid : 6-geranylapigenin, 6-geranylnorartocarpetin, quercetin

stilbene : resveratrol, oxyresveratrol

【효능 및 기전】

1) 항산화 기능[1),2)]

- 추출물은 지질과산화를 억제함.
- 과즙은 스트레스를 억제함.

【참고문헌】

1) Jin, W.Y. *et al.*, Natural Product Sciences, 8(4), 129, 2002

2) Sakagami H. *et al.*, In Vivo, 20(4), 499, 2006

【생리활성성분 화학구조식】

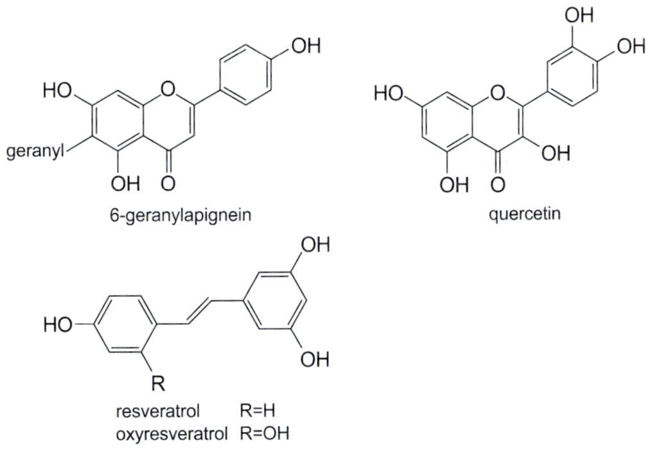

엽록소 함유 제품 (Chlorophyll)

【기 원】 1. 맥류의 어린 잎, 2. 알팔파의 전초, 3. 해조류 4. 엽록소가 풍부한 식용 식물

【분 류】 고시형

【사용부위】 엽록소가 풍부한 잎 또는 줄기를 식용 가능하도록 가공한 것

【산 지】 세계 각지

【생리활성성분】 chlorophyll 특히, 식물이나, algae, cyanobacteria에 많이 포함 되어 있다. 클로렐라(Chlorella)와 스피루리나(Spirullina)가 해당된다.

【효능 및 기전】

1) 간 보호
2) Prebiotic으로서 장운동의 정상화
3) 혈장내의 당의 농도를 균형화
4) 면역증강

【참고문헌】

1) Webb, G. P. Dietary Supplements and Functional Foods, Blackwell, Oxford, p149-150, 2006
2) Halperin, S. A., Smith, B., Nolan, C., Shay, J., and Kralovec, J. CMAJ 169, p111-117, 2003

【생리활성성분 화학구조식】

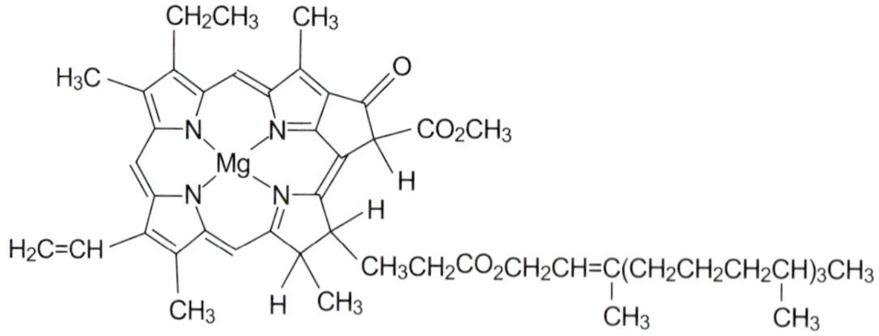

오가피 (Acanthopanax root bark)

【기 원】 *Acanthopanax sessiliflorum*, *A. senticosus*, Araliaceae

【분 류】 개발 가능성이 있는 소재

【사용부위】 뿌리, 줄기 및 가지의 껍질

【산 지】 한국, 중국, 일본, 러시아

【생리활성성분】 Lignan : (-)-syringaresinol, acanthoside B, eleutheroside E; Triterpenoidal saponin : eleutheroside I, eleutheroside K, eleutheroside L, eleutheroside M; Coumarin : eleutheroside B1; Flavonoid : antoside, kaempferitrin; Phenylpropanoid : eleutheroside B, cafffeic acid

【효능 및 기전】

1) 항산화 효능[1)]
   - 오가피에 함유된 lignan 성분은 항산화 효능을 나타냄.
2) Parkinson's disease를 억제함[2)]
   - 물추출물은 MPTP-induced Parkinson's disease를 예방함.

【참고문헌】

1) Lee S., *et al*., Arch. Pharm. Res., 27(1), 106, 2004
2) Fujikawa T. *et al*., J. Ethnopharmacol., 97(2), 375, 2005

【생리활성성분 화학구조식】

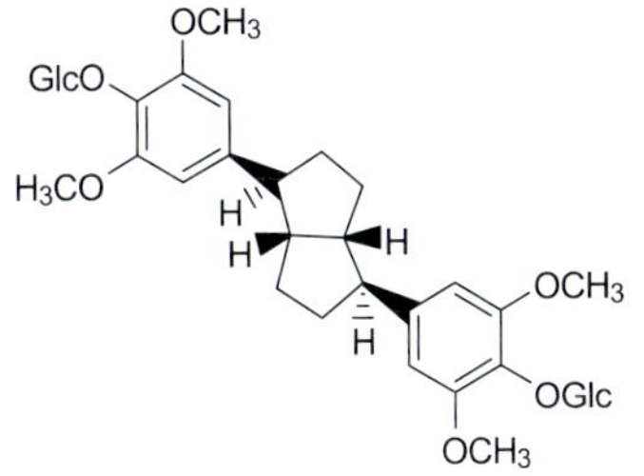

Eleutherosie E

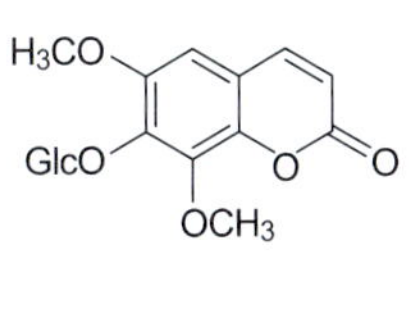

Eleutheroside B1

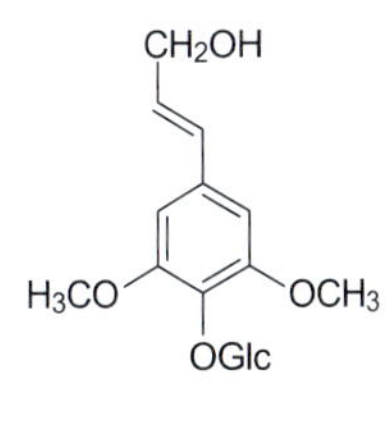

Eleutheroside B

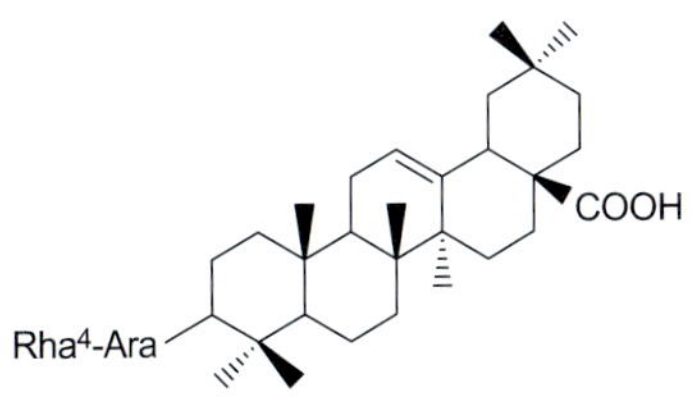

Eleutheroside I

올리브 잎 주정 추출물 (Olive leaf extract)

【기 원】 *Olea europaea*, Oleaceae

【분 류】 개별인정형

【사용부위】 잎을 건조 후 80% 주정으로 추출한 후 가압 농축하여 정제한 것

【산 지】 유럽, 아시아

【생리활성성분】 oleuropein, hydroxytyrosol, tyrosol, hydroxytyrosol acetae

【효능 및 기전】

1) 항산화 효능[1)]

• 추출물에 함유되어 있는 polyphenol은 silk firion에 대해 항산화 작용을 나타냄.

【참고문헌】

1) Baycin D. *et al*., J. Agric. Food Chem., 55(4) 1227, 2007

【생리활성성분 화학구조식】

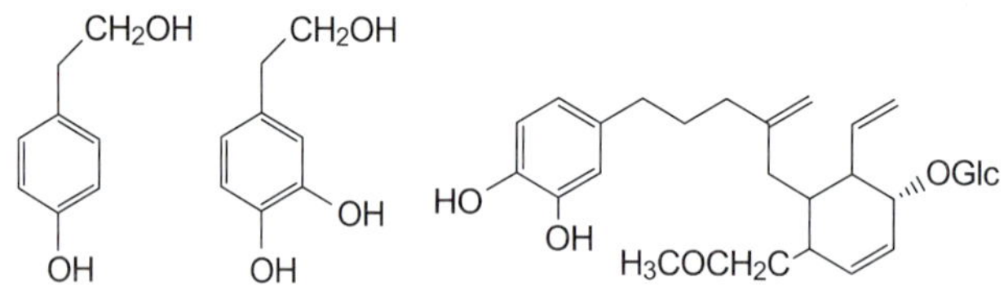

tyrosol　hydroxytyrosol　oleuropeine

인삼 (Ginseng)

【기 원】 *Panax ginseng*, Araliaceae

【분 류】 고시형

【사용부위】 식용(뿌리), 약용(뿌리, 잎), 열매

【산 지】 우리나라 각처 깊은 산의 수림 속에서 자라는 다년초

【생리활성성분】 dammarane계 saponin(ginsenoside Ra1~Rh1), 인삼다당체(panaxan

A-U), oleanane계 saponin(ginsenoside Ro), polyacetylene(panaxynol, panaxytriol)

【효능 및 기전】

1) 신경보호작용[1]
   • ginsenoside는 각종 neurodegenerative disease에 대해 억제적으로 작용함.
2) 항산화 작용[2]
   • ginsenoside Re는 cardiomyocytes에 대해 항산화 작용을 나타냄.

【참고문헌】

1) Rausch WD *et al.*, Acta Neurobiol. Exp(War), 66(4), 369, 2006
2) Xie JT *et al.*, Eur, J. Pharmacol., 532(3) 201, 2006

【생리활성성분 화학구조식】

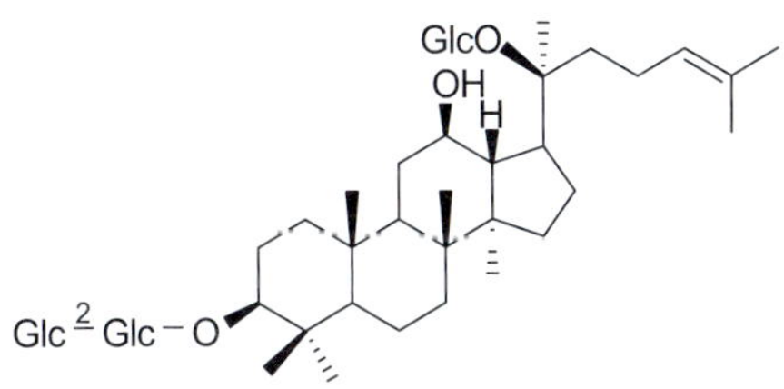

ginsenoside Rd

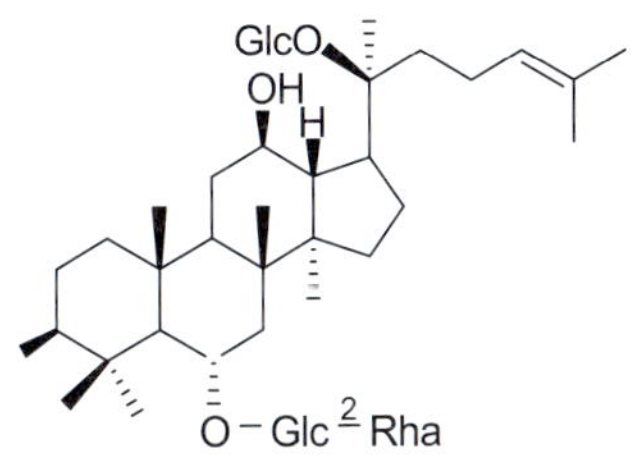

ginsenoside Re

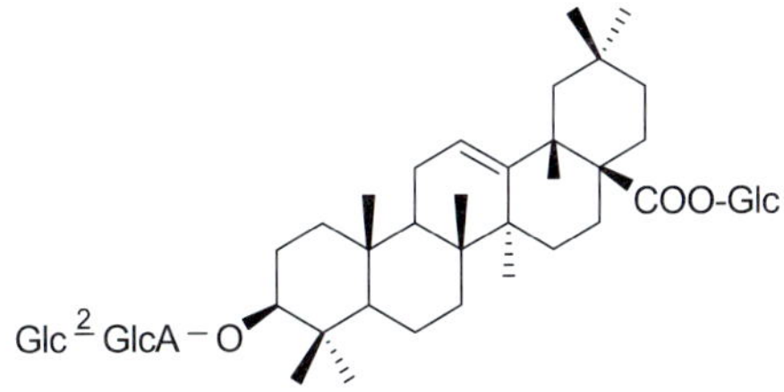

ginsenoside Ro

차 (Tea)

【기 원】 *Thea sinensis*(= *Camellia sinensis*), Theaceae

【분 류】 고시형

【사용부위】 잎

【산 지】 우리나라, 인도, 방글라데시, 스리랑카, 인도네시아, 중국, 대만, 일본

【생리활성성분】 Phenolic compound : (+)-catechin, (−)-epicatechin, (−)-epicatechin gallate, (−)-epigallocatechin gallate, Purine alkaloid : caffeine, xanthine, theophyllin

【효능 및 기전】

1) 차의 polyphenol의 항산화 작용[1)]
   주성분인 epigallocatechin gallate는 강력한 항산화작용을 나타냄.
2) 차의 polyphenol의 항노화 작용[2)]
   catechin, epogallocatechin, epigallocatechin gallate 등은 Alzheimer's disease와 Parkinson's disease등의 치료작용을 나타냄.

【참고문헌】

1) Rice-Evans C. A. *et al.*, Free Radic. Biol. Med., 20, 933, 1996
2) Ramassamy C., Eur. J. Pharamcol., 545, 51, 2006

【생리활성성분 화학구조식】

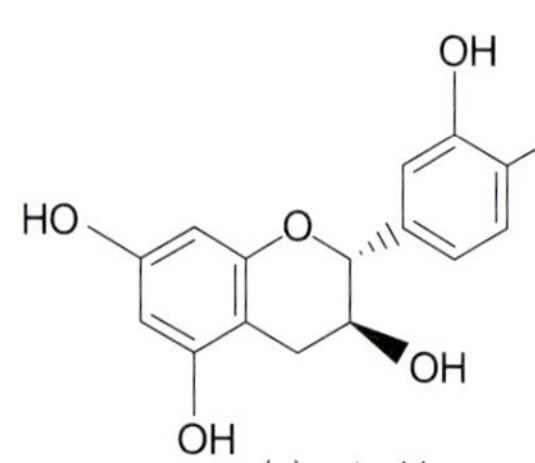

(+)-catechin

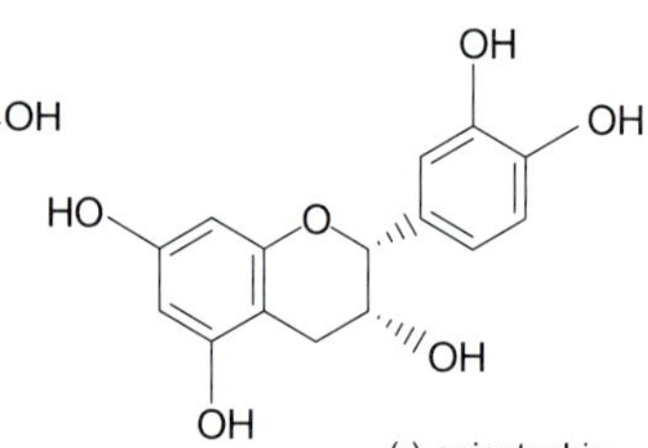

(-)-epicatechin

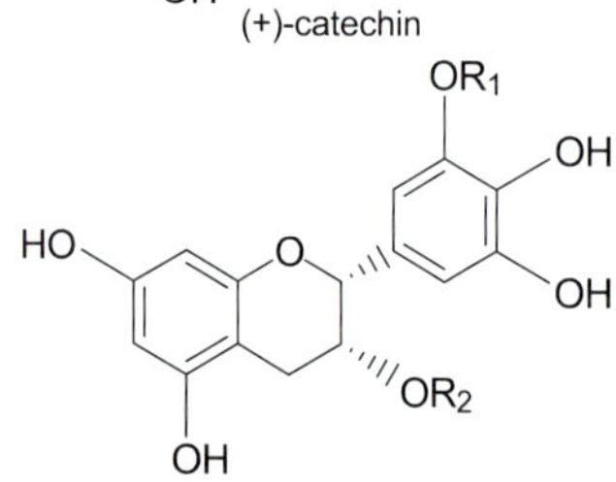

(-)-epigallocatechin gallate R_1=OH, R_2=Gal
(-)-epicatechin gallate R_1=H, R_2=Gal

참깨 (Sesame seed)

【기 원】 *Sesamum indicum*, Pedaliaceae

【분 류】 식품

【사용부위】 씨

【산 지】 우리나라, 중국, 인도, 남미, 아프리카

【생리활성성분】 oleic acid-linoic acid 계열 : oleic acid, linoleic acid

Lignan : sesamin, sesamolin, sesamol, sesamolinol 등

【효능 및 기전】

1) 항산화 작용[1),2)]

- sesamol은 지질과산화를 억제함.
- sesamin, sesamolin은 쥐의 간에서 지방의 과산화를 억제함.

【참고문헌】

1) Joshi R, *et al*., J. Agri. Food Chem. 53, 2696, 2005

2) Sirato-Yasumoto S. *et al*., J. Agri. Food Chem. 49(5), 2647, 2001

【생리활성성분 화학구조식】

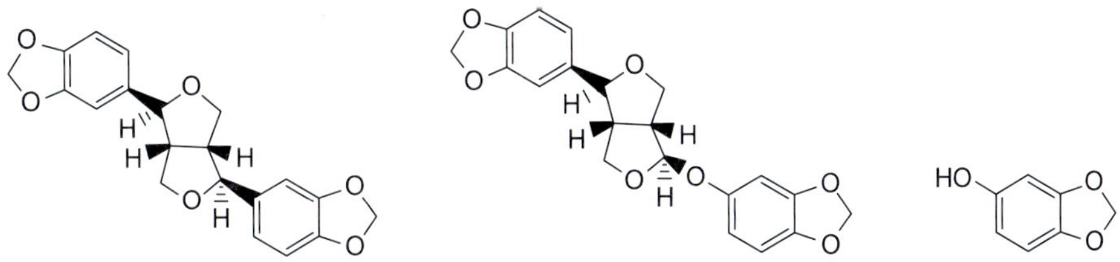

sesamin　sesamolin　sesamol

코엔자임 Q10 (Coenzyme Q10)

【기 원】 Ubiquinone, 체내 합성 항산화제

【분 류】 개별인정형

【사용부위】 합성법 또는 발효법을 이용하여 생산

【생리활성성분】 ubiquinone

【효능 및 기전】

1) 항산화 작용[1)]

- coenzyme Q10을 투여하면 parkinson's disease를 완화시킴.

2) 신경보호 작용[2)]

- 고령의 mouse를 대상으로 한 실험에서 coenzym Q10은 ischemic injury를 억제함.

【참고문헌】

1) Weber CA and Ernst ME, Ann Pharmcother., 40(5) 935, 2006

2) Li G *et al*., Neurobiol. Aging, 28(6) 877, 2007

【생리활성성분 화학구조식】

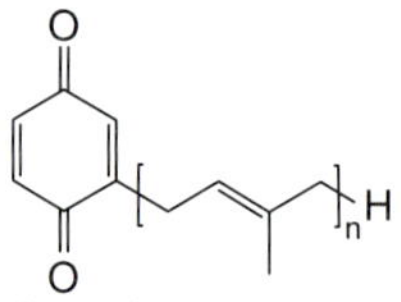

ubiquinones(coenzyme Q)n=1~12

포도씨 (Grape seed)

【기 원】 *Vits vinifera*, Vitaceae

【분 류】 고시형

【사용부위】 씨를 추출하고 정제한 것

【산 지】 세계 각지

【생리활성성분】 catechin, epicatechin, gallic acid, proanthocyanidin, anthocyanin

【효능 및 기전】

1) 항산화 작용[1)]

- 추출물은 ischemia-reperfusion에 의한 신장 장해를 억제시킴

2) 지질과산화 억제작용[2)]

- 추출물은 Cu^{2+}, AAPH, SIN^{-1} 등에 의하여 유도되는 지질과산화를 억제시킴

【참고문헌】

1) Nakagawa T. *et al*., J. Nutr. Sci. Vitaminol., 51(4), 283, 2005

2) Shafiee M. *et al*., Free Rdadic. Res., 37(5) 573, 2003

【생리활성성분 화학구조식】

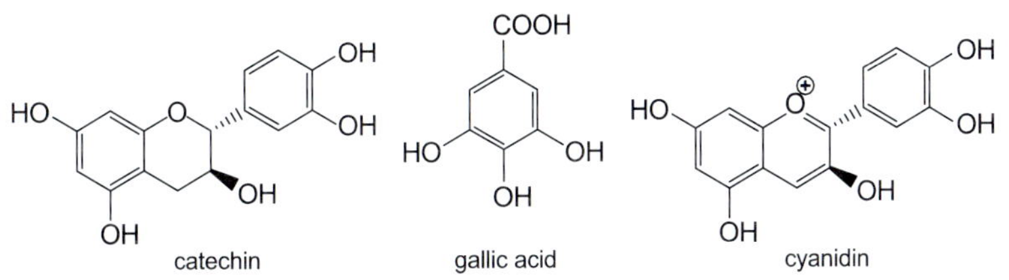

포도씨유 제품 (Grape seed oil)

【기 원】 *Vitis viniferin*, Vitaceae

【분 류】 고시형

【사용부위】 씨를 압착하여 얻은 기름을 정세한 것

【산 지】 세계 각지

【생리활성성분】 지방산(palmitic aicd, stearic acid, oleic aicd), resveratrol, catechin

【효능 및 기전】

1) 신경보호 작용[1)]
   - resveratrol은 focal cerebral ischemia에 대해 보호적으로 작용함.
2) 항산화 작용[2)]
   - resveratrol은 antioxidant enzyme의 activity를 upreglulation시킴.

【참고문헌】

1) Tsai SK *et al*., J. Vascu. Surg., 46(2) 346, 2007
2) Mokni M *et al*., Neruchem. Res., 32(6) 981, 2007

【생리활성성분 화학구조식】

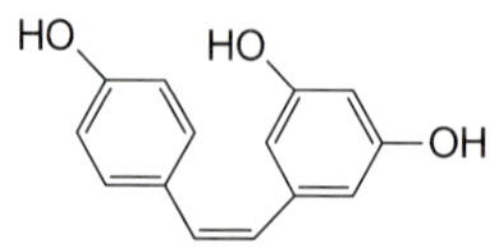

cis-resveratrol

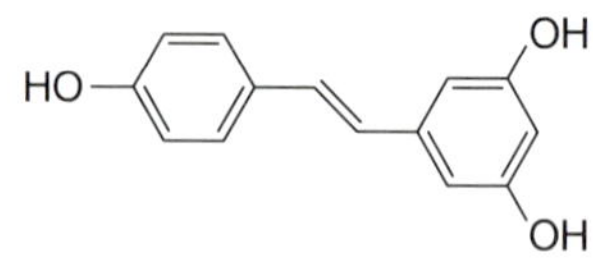

trans-resveratrol

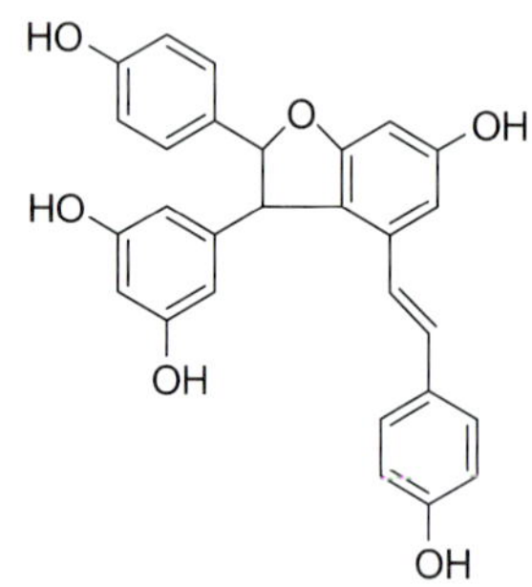

ε-viniferin

포도종자 추출물 (Grape seed extract)

【기 원】 *Vitis vinifera*, Vitaceae

【분 류】 개별인정형

【사용부위】 씨를 주정으로 추출하고 발효시킨 것

【산 지】 세계 각지

【생리활성성분】 procyanidin

【효능 및 기전】

1) 항산화 효능

- 주성분인 procyanidin은 ethanol에 유되는 뇌의 oxidative DNA damage를 억제한다.[1)]

2) 혈관확장작용

- 추출물로부터 얻은 procyanidin은 혈관확장작용을 나타낸다.[2)]

【참고문헌】

1) Guo L *et al.*, J. Agric. Food Chem., 55(14) 5881, 2007

2) Fitzpatrick FD *et al.*, Ann. N. Y. Acad. Sci., 957, 78, 2002

【생리활성성분 화학구조식】

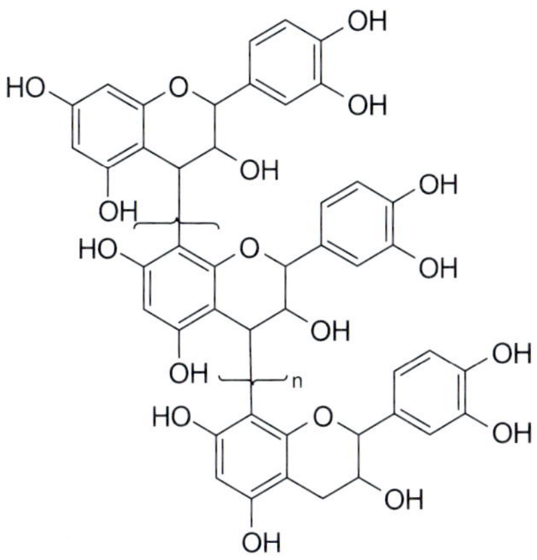

procyanidin oligomer n=2~15

프로폴리스 추출 제품 (propolis)

【기 원】 벌집을 보호할 목적으로 꿀벌들이 나무껍질, 꽃, 나무 싹, 식물의 잎 등에서 채취한 수지상 물질이 벌의 타액과 혼합된 물질

【분 류】 고시형

【사용부위】 수지상 물질을 탈 wax과정을 거쳐 제조

【산 지】 세계 각지

【생리활성성분】 caffeic acid phenethyl ester, chlorogenic acid, 3, 4-dicaffeolyl quinic acid, benzoic acid, caffeic acid, vaniline, scopoletine, flavonoid

【효능 및 기전】

1) 면역조절작용[1)]
   - propolis는 다양한 기전에 의해 면역조절 작용을 함.
2) 항산화 작용[2)]
   - 주성분인 caffeic acid phenethyl ester는 ischemia reperfusion에 의한 injury를 억제함.

【참고문헌】

1) Soforcin JM J. Ethonopharmacol., 113(1), 1, 2007

2) Aydogan H *et al*., J. Plast. Reconstr. Aesthet. Surg., 60(5) 563, 2007

【생리활성성분 화학구조식】

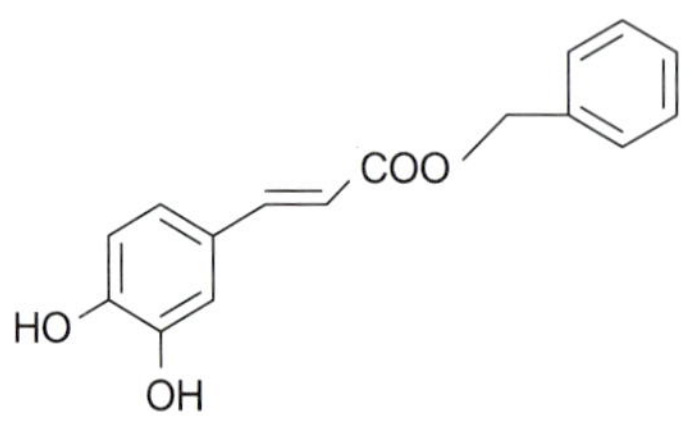

caffeic acid phenethyl ester

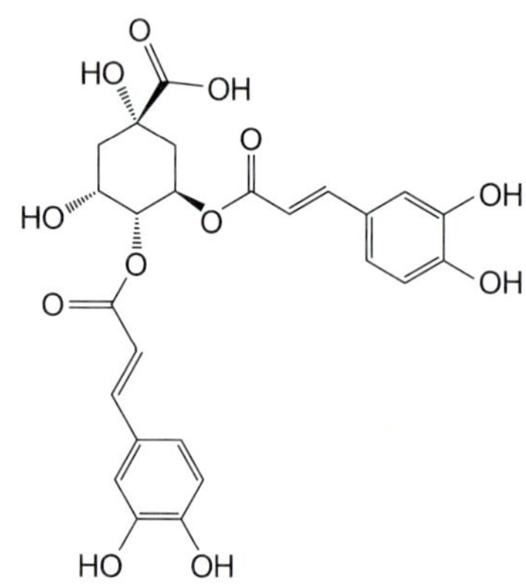

3,4-dicaffeoyl quinic acid

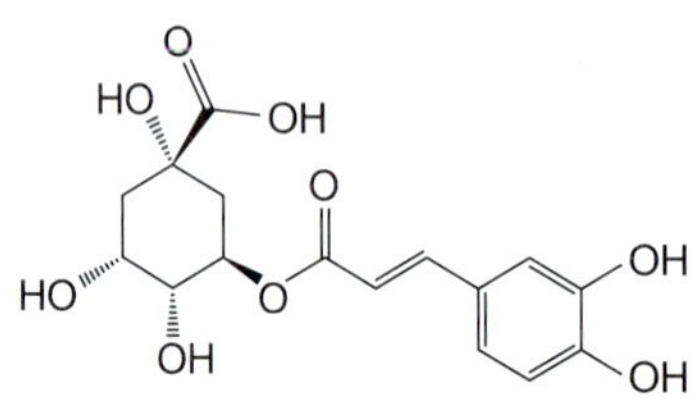

chlorogenic acid

피크노제놀-프랑스 해안송 껍질 추출물

(French maritime pine bark extract, Pycnogenol)

【기 원】 *Pinus pinaster*, Pinaceae

【분 류】 개별인정형

【사용부위】 껍질을 주정으로 추출하고 한외여과하여 정제한 것

【산 지】 프랑스 남서부지방

【생리활성성분】 procyanidin, flavonoid

【효능 및 기전】

1) 정신 신경장애의 치료[1)]

- 추출물을 어린아이에게 투여하면 ADHD(Attention Deficit/Hyperactivity Disorder)를 현저하게 개선시킴.

2) 항산화 효능[2)]

• 추출물은 metalloproteinases를 억제하여 항산화 효능을 나타냄.

【참고문헌】

1) Trebaticka J *et al*., Eur. Child Aldolesc. Psychiatry, 15(6) 329, 2006

2) Grimm T. *et al*., Free Radic. Biol. Med., 36(6) 811, 2004

【생리활성성분 화학구조식】

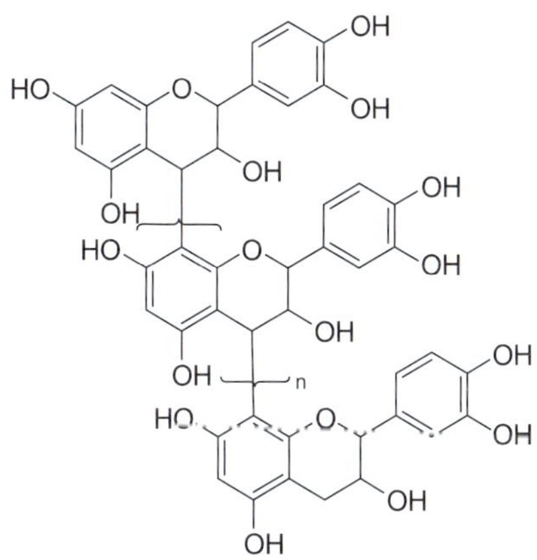

procyanidin oligomer n=2~15

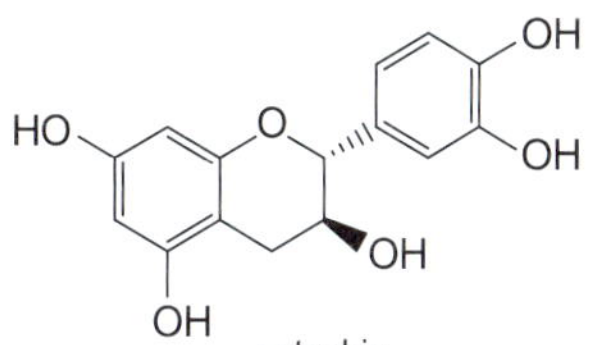

catechin

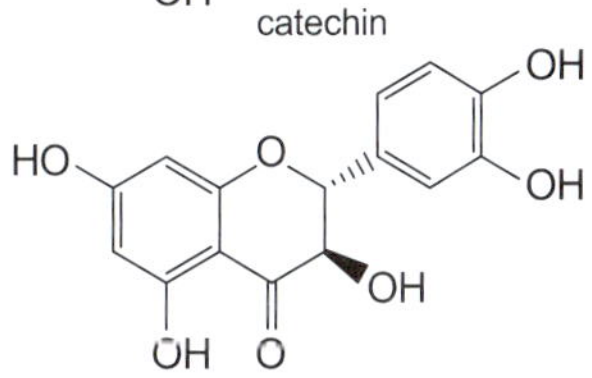

taxifolin

하수오 (Fleeceflower root)

【기 원】 *Polyconum multiflorum*, Polygonaceae

【분 류】 개발가능성이 있는 소재

【사용부위】 덩이뿌리

【산 지】 우리나라, 중국

【생리활성성분】 Anthraquinone : chrysophanol, emodin, rhein

Stilbene : (E)-2, 3, 5, 4'-tetrahydroxystilbene-2-O- β-D-glucoside, 2, 4, 6, 4 ; -tetrahydroxy-2-O- β-D-glucoside, 2,3,5,4'-tetrahydroxystilbene-2-O-β-D-glucoside-2"-monogalloyl ester 등

【효능 및 기전】

1) 뇌세포 보호작용[1),2),3)]

- 2, 3, 5, 4'-tetrahydroxystilbene-2-O- β-D-glucoside는 Alzheimer's disease에 의한 기억력을 개선시킴.
- 물추출물은 amyloid beta에 의한 인지능력의 결손을 억제시킴.
- 추출물은 nigrostriatal dopaminergic degeneration을 억제시킴.

【참고문헌】

1) Zhang L. *et al*., Behav. Brain Res., 173(2), 264, 2006
2) Um M. Y. *et al*,, J. Ethnopharmacol., 104(1-2), 144, 2006
3) Li X. *et al*., Pharmcol. Biochem. Behav., 82(2), 345, 2005

【생리활성성분 화학구조식】

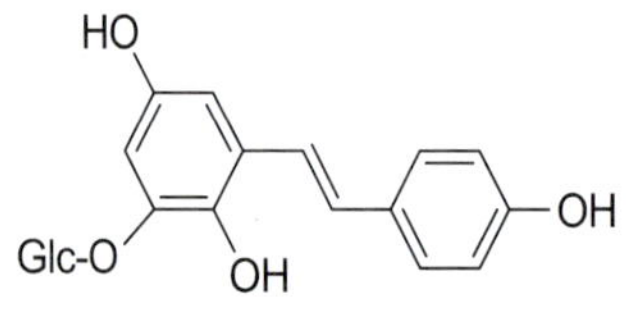

2,3,5,4'-tetrahydrxoystilbene-2-O-β-D-glucoside

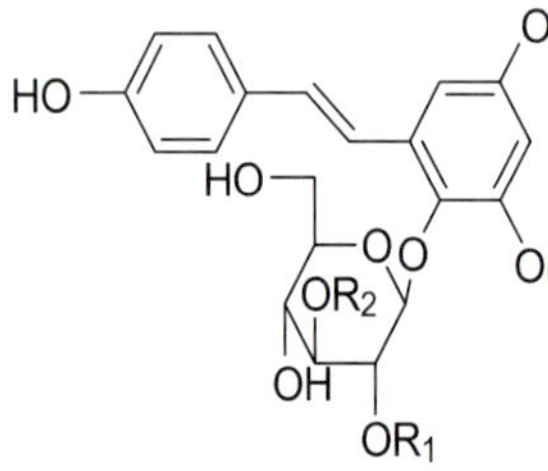

2,3,5,4'-tetrahydrxoystilbene-2-O-β-D-glucoside-2"-monogalloyl ester, R_1=Galloyl, R_2=H

2 암

2.1 항암 및 암 예방

1. 정의 및 특징

암(cancer)은 비정상적인 세포들이 제거되지 못하고 이상 분열 · 증식하여 개체를 사망에 이르게 하는 일련의 질환들을 통칭하는 것으로, 물리적 · 화학적 · 생물학적 발암물질(carcinogen)들과 같은 외부적인 자극 및 선천적인 유전자변이 · 호르몬과 같은 내부적인 요인들이 작용하여 궁극적으로 정상세포의 변이(mutation)를 일으킴으로써 발생하게 된다. 정상 체세포에서는 DNA 복제(replication) 및 염색체 분배(chromosomal segregation)에 있어서 오류가 거의 발생하지 않는 것으로 알려져 있다. 즉, 정상 체세포에서는 세포 한 개가 분열할 때 1.4×10^{-10}개의 뉴클레오티드(nucleotide)가 변화하며 유전자 당 2.0×10^{-7}개의 변이가 발생하는데, 이는 각 세포가 대략 70,000개의 유전자를 함유한다고 가정할 때, 일생에 거쳐 한 개 정도의 극히 적은 변이를 일으킨다고 할 수 있다.[1] 또한, 정상세포는 대사과정 중에 발생하는 활성 산소종에 의하여 하루에 대략 10,000 개의 DNA가 손상을 받는 것으로 추정되나, 세포 내의 비정상적인 DNA를 수복(repair)하는 작용에 의해 회복하게 되어 결국 정상적인 기능을 유지하게 된다.[2),3)] 하지만 이러한 기능이 상실된 암세포에서는 DNA 복제 · 수복 및 염색체 분배 등에 이상이 생기게 되어 염색체 불안정성(chromosomal instability), 비정배성(aneuploidy), 현미부수체 불안정성(microsatellite instability), 침묵 및 다중 돌연변이(silent and multiple mutations in individual genes) 등의 다양한 유전적 변화가 발생한다.

이러한 변이 과정을 거쳐 암세포는 증식 억제 신호를 무시하며, 증식신호 부재 시에도 무제한 증식이 가능하게 되고, 지속적인 혈관신생 · 조직침투를 통해 결국 다른 조직으로의 전이를 일으켜 개체를 사망에 이르게 하는 특성을 지니게 된다.[4] 또한, 현미경을 이용한 세포 형태 관찰시 암세포는 다음과 같은 특징을 지닌다. 즉, 암세포는 크기나 모양에 있어서 정상세포에 비하여 다양성을 보이며(pleomorphic), 종종 핵이 커져서 세포질에 대한 핵의 비율이 높아지며, 핵인(nucleolus) 및 염색질(chromatin)이 확연히 증가되어 있다. 또한, 다핵을 가진 거대 세포의 형상을 보이기도 한다.[5]

2. 암 발생 현황 및 문제점

암은 현대인의 건강을 위협하는 최대의 질병으로서, 세계보건기구(WHO)의 자료에 따르면 2005년에는 전 세계 사망자의 13%인 760만 명이 암으로 사망한 것으로 알려져 있으며 2015년에는 900만 명, 2030년에는 1140만 명이 암으로 사망할 것으로 추정하고 있다.[6] 우리나라의 경우도 예외는 아니어서 2006년 통계청 자료에 의하면[7], 우리나라 사망 원인 중에서 암이 가장 높은 비중을 차지하고 있다. 암을 극복하기 위하여 다양한 치료법 및 진단법이 개발되었음에도 불구하고, 암으로 인한 사망률은 크게 줄어들지 않고 있다. 이는 심혈관계 질환에서 예방의 중요성을 인지하고 Lipitor®와 같은 화학적 예방약을 도입하여 사망이 급격하게 줄어든 것과 비교하면 상당히 대조적이다.[8]

암 발생기전은 아직 완전히 규명되지는 않았으나, 환경인자가 80~90% 정도 관련이 있는 것으로 추정된다. 특히 환경오염, 고지방 식이의 증가, 각종 스트레스의 증가 등 다양한 사회적 · 환경적인 요인에 의해 그 발병률이 증가하는 추세에 있어 이를 치료하기 위한 의약품 개발을 위하여 많은 연구가 진행되고 있다. 현재 항암제, 외과적 수술, 방사선 치료, 레이저 치료, 유전자 치료뿐만 아니라 식이요법, 근자극요법, 동종요법 등의 여러 대체요법 또한, 발달하고 있지만, 이러한 치료법들이 여러 부작용을 일으킬 수 있으며 암 치료 이후에도 재발하는 경우가 많아 암 진단 후 5년간의 생존율은 평균 40% 정도이며 특히 주요 암인 폐암 및 간암의 경우에는 10% 미만으로 나타나고 있어서 대책 마련이 시급하다.[9]

또한, 암은 다른 질환에 비해 고가의 진단 및 치료비용이 소요되는 것으로 알려져 있으며 건강보험 통계자료에 따르면 2002년의 경우 암으로 인한 직접 의료비가 1조 1309억 원이 소비된 것으로 조사되었다. 아울러 암 환자의 사회 · 경제적 활동의 중단으로 인한 손실, 재활 및 말기 환자의 간병에 소요되는 간접비용은 직접비용의 2~3배에 달할 것으로 사료된다.[10]

현재 우리나라에서는 국가 암 관리사업을 통하여 암 조기진단을 위한 경제적 지원 및 홍보가 활발히 이루어지고 있다. 초음파, 전산화단층촬영(CT), 자기공명영상촬영(MRI), 양전자방출단층촬영(PET) 검사 등의 다양한 영상진단기술이 발달하였음에도 불구하고 현재까지의 기술로는 암 조직의 지름이 1 cm 이상일 때에만 확실한 진단이 가능하다. 이때에는 이미 암세포가 수억 개 이상 생긴 상태로서 진단을 통한 암의 조기 진압에 어려움이 따르게 된다.

3. 화학적 암예방

실제로 WHO에서는 암 발생의 1/3은 예방이 가능하고, 1/3은 조기 진단 및 치료로 완치가 가능하며, 나머지 1/3의 암환자도 적절한 치료를 통해 완화가 가능하다고 하였듯이, 암은 더 이상 불치의 병이 아니며 생활습관의 변화 및 조기 검진으로 상당부분 예방이 가능한 질병이라고 할 수 있다.

실험동물 모델을 이용한 기존 연구에서, 다양한 요인에 노출된 정상세포는 수십 년 동안 여러 단계를 거쳐 암세포로 발전하는 것으로 알려져 있는데,[11] 암화 과정은 크게 발암물질이 생체 표적 세포의 DNA를 공격하여 돌연변이를 유도하는 개시(initiation), 발암 개시된 세포가 빠르게 증식하여 양성암(benign tumor) 상태로 전환되는 촉진(promotion), 이어서 악성암(malignant tumor)으로 변형되는 진행(progression)의 세 단계로 구분할 수 있다[12),13)](그림 1). 그러나 실제로는 이러한 과정이 복합적으로 이루어져 암으로 발전하는 것으로 알려져 있으며, 정상조직에서 암으로 진행하는 데 소요되는 시간은 각 장기별로 다양하고, 최소 5년 이상은 걸리므로 예방을 통해서 충분히 극복할 수 있는 질병이라 할 수 있다.[14]

이러한 정보들은, 암을 극복하는데 있어서도 치료뿐만 아니라 예방이 중요한 역할을 할 수 있다는 것을 시사한다. 암예방의 개념은 1976년 Michael B. Sporn 박사가 레티놀산이 종양의 발생을 억제하는 효과가 있다는 것을 발견한 후 이러한 현상을 설명하기 위해 최초로 도입된 개념으로서 일반적으로 화학적 암예방은 암화의 각 단계에서 화합물 혹은 천연 유래 물질들을 사용하여 악성암으로서의 진행을 예방, 지연, 또는 역전시키는 것이라고 정의할 수 있다.[15] 즉, 독성이 없는 합성 물질이나 천연물을 사용해 암이 생성되기 이전에 암을 예방하며 생성된 암의 진행을 지연시키는 것을 의미한다. 이를 바탕으로 한 이상적인 암예방제(chemopreventative agent)는 부작용이 거의 없어야 하고 효율성이 높아야 하며 경구투여가 가능해야 하고 그 작용기전이 알려져 있는 안전한 물질이어야 하고 지속적으로 복용해야 하므로 비용이 적게 들어야 한다.[12]

Watternberg 박사는 암예방제를 암화(carcinogenesis)에 대한 동물 모델을 사용하여,

활성을 나타내는 단계를 기준으로 차단제(blocking agents) 및 억제제(suppressing agents)로 구분하였다. 암화 차단제에 속하는 물질들은 비타민 C(ascorbic acid), 토코페롤류, 페놀류, 인돌류, 방향성 이소티오시아네이트류, 쿠마린류, 플라본류, 디티오티온류, 다이테르펜류, 디티오카바메이트류, 페노티아진류, 바리츄레이트류, 트리메칠퀴놀린류 등이 있으며, 암화 억제제에 속하는 물질들은 비타민 A류, 셀레늄 염들, 단백질 분해효소 저해제들, 아라키돈산 대사 저해제 들이 있으며 이들을 Table 1에 정리하였다. 차단제는 암의 개시 단계에서 발암전구물질(procarcinogen)을 발암물질(carcinogen)로 활성화하는 단계를 억제하거나 생성된 발암물질을 해독화하는 활성을 지닌 물질들을 통칭한다. 반면, 암 억제제의 경우는 암 촉진 및 진행 단계에서 염증과 관련된 cyclooxygenase-2(COX-2) and phospholipase A_2(PLA_2) 등을 저해하거나 nuclear factor-κ B(NF-κ B), activator protein 1(AP-1)와 같은 전사조절인자를 규제하고, 세포 생존, 세포 주기 조절, 세포사멸(apoptosis) 유발 단백질들, 세포분열 신호전달(mitogenic signaling cascades)과 관련이 있는 조절단백질(MAPK, PKC, PI3K), 암유발유전자(oncogenes) ras, c-myc, c-erb-B2, 암억제 유전자(tumor suppressor genes) p53을 조절함으로써 암예방 활성을 나타내는 물질들이 있다.[16,17]

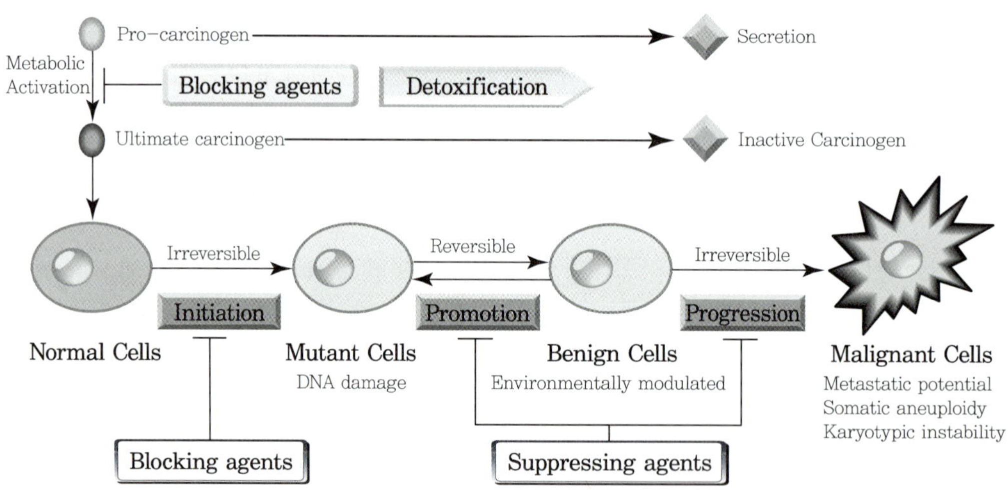

그림 2.1 다단계 발암과정

[표 1] Classical cancer chemopreventive agents

Category	Chemical class	Compounds
Blocking agents	Reductive acids	Ascorbic acid
	Tocopherols	α–Tocopherol, γ–tocopherol
	Phenols	Caffeic acid, ferulic acid, gallic acid, ellagic acid, propyl gallate 2(3)–tert–Butylhydroxyanisole, butylated hydroxytoluene Hydroxyanisole, ellagic acid, p–hydroxycinnamic acid
	Indoles	Indole–3–acetonitrile, indole–3–carbinol, 3,3'–diindolymethane
	Aromatic isothiocyanates	Benzyl isothiocyanate, phenethyl isothiocyanate Phenyl isothiocyanate
	Coumarins	Coumarin, limettin
	Flavones	β–Naphthoflavone, α–naphthoflavone Quercetin pentamethyl ether
	Dithiothiones	5–(2–Pyrazinyl)–4–methyl–1,2–dithiol–3–thione 3–(p–Methoxyphenyl)–1,2–dithiol–3–thione
	Diterpenes	Kahweol palmitate
	Dithiocarbamates	Tetraethylthiuram disulfide, sodium diethyldithiocarbamate
	Phenothiazines	Phenothiazine
	Barbiturates	Phenobarbital
	Trimethylquinolines	6–Ethoxy–1,2–dihydro–2,2,4–trimethylquinoline
Suppressing agents	Retinoids and carotenoids	Retinyl palmitate, retinyl acetate, 13–cis–retinoic acid Ethyl retinamide, 2–hydroxyethylretinamide, retinyl methyl ether N–(4–Hydroxyphenyl)retinamide, other synthetic retinoids β–Carotene
	Selenium salts	Sodium selenite, selenium dioxide, selenious acid, Sodium selenide
	Protease inhibitors	Leupeptin, antipain, soybean protease inhibitors
	Inhibitors of arachidonic acid metabolism	Indomethacin, aspirin

[표 1] (계속)

Category	Chemical class	Compounds
Suppressing agents	Cyanates and isothiocyanatyes	Sodium cyanate, tert-butyl isocyanate, benzyl isothiocyanate
	Phenols	2(3)-tert-Butylhydroxyanisole
	Plant sterols	β-Sitosterol
	Methylated xanthines	Caffeine
	Others	Dehydroepiandrosterone, fumaric acid

천연물은 예로부터 질병의 치료 및 경감을 위한 의약품의 원료 및 선도물질의 제공원으로 중요한 역할을 하고 있다. 과학기술이 발달함에 따라 천연물 자체를 이용하기보다는 천연물 중에 함유되어 있는 유효 성분을 분리하거나 그 유도체를 합성하여 약으로 이용하고자 하는 연구가 활발하게 이뤄지고 있다. 그 결과 일부 천연유래 물질에 대하여 암 예방 및 항암 활성을 임상실험 중이며 이 중에서 일부는 긍정적인 활성을 나타내는 것으로 밝혀졌다(표 2).

[표 2] Cancer chemopreventive agents in clinical trials

Chemicals	Nutrients	Source	Clinical trial phase	Type of cancer
Vitamins	Vitamin D	Dairy products	II-III	Large bowel adenomas
	Folic acid	Vegetables	II	Peripheral T-cell lymphoma
			I	Colorectal cancer
	Vitamin E	Vegetable oils	III	Chemotherapic patients
	Ascorbic acid	Vegetables and Fruits	II	Non-APL acute myelogenous leukaemia
			II	Multiple mieloma
Minerals	Calcium	Dairy products Vegetables	II-III	Large bowel adenomas
	Selenium	Vegetables Fruits, cereal Grains, meat, fish	III	Non small cell lung cancer
			III	Adenomatous colorectal polyps

[표 2] (계속)

Chemicals	Nutrients	Source	Clinical trial phase	Type of cancer
Carotenoids	Lycopene	Tomatoes	II	Uremia-associated urothelial carcinoma
			Not specified	Healthy subjects
Flavonoids	Genistein	Soybeans, Soy products	II	Breast cancer
			II	Healthy women
			II	Pancreatic cancer
	Proanthocyanidins	Vegetables, Fruits, black tea	I	Postmenopausal women
Phenolic acids	Resveratrol	Grapes, red wine	I-II	Colon cancer
			I	Healthy subjects
	Curcumin	Turmeric, curry, Mustard	II	Colorectal cancer
			II	Pancreatic cancer
			II	Smokers
			Not specified	Multiple mieloma
	Epigallocatechin -3-gallate	Green tea	II	Oral leukoplakia
			II	Cervical cancer
			II	Smokers
			I	Esophageal cancer

그 중에서 우리가 일상에서 쉽게 접할 수 있는 과일 및 채소인 감귤, 고추, 대두, 마늘, 버섯, 브로콜리, 생강, 울금, 양파, 토마토, 포도의 항암 및 암 예방 활성에 대하여 정리하였다.

참고문헌

1) Loeb L. A. Cancer Res., 51(12), 3075-3079, 1991

2) Helbock H. J. *et al.*, Proc. Natl. Acad. Sci. U. S. A., 95(1), 288-293, 1998

3) Loeb L. A. Cancer Res., 61(8), 3230-3239, 2001

4) Hanahan D. *et al.*, Cell, 100(1), 57-70, 2000

5) Ruddon R. W. Cancer Biology, 3rd edition, (1995). United States, Oxford University Press, Inc., p8

6) http://www.who.int/mediacentre/factsheets/fs297/en/index.html

7) 통계청, 2006년 사망원인통계연보

8) Sporn M. B. *et al.*, Nat. Clin. Pract. Oncol., 2(10), 518-525, 2005

9) 한국 중앙암등록본부, 한국인의 암생존율

10) 김창민, 암 정복의 현주소, 국립암센터

11) King R. J. B. Cancer Biology, 2nd edition, (2000). England, Pearson Education Limited, p8-13

12) Morse M. A. *et al.*, Carcinogenesis, 14(9), 1737-1746, 1993

13) Surh Y. J. Nat. Rev. Cancer, 3(10), 768-780, 2003

14) Kelloff G. J. *et al.*, Cancer Epidemiol. Biomarkers Prev., 9(2), 127-137, 2000

15) Sporn M. B. *et al.*, Fed. Proc., 35(6), 1332-1338, 1976

16) Tsao A. S. *et al.*, CA Cancer J. Clin., 54(3), 150-180, 2004

17) 분자암학회 한국유전자이식 연구재단, 화학적 암예방, (2000). 도서출판 고려의학, pp. 148-156.

감귤류 과일 (Citrus fruit)

【기 원】 *Citrus aurantium* var. daidai Makino, Rutaceae

【분 류】 식품

【사용부위】 식용(과실), 약용(열매 껍질)

【산 지】 아시아 온대 지방과 열대지방이 원산이고 우리나라에서는 제주, 전남, 경남에서 재배

【생리활성성분】 limonene, limonin, hesperidin, auraptene, naringin, citric acid 등

【효능 및 기전】

1) Citrus fruit 유래 물질의 암예방 효능
   - Auraptene은 azoxymethane이 유도하는 생쥐 결장의 종양생성을 저해하였다.[1)]
   - 항산화 물질인 Auraptene은 실험동물모델에서 N, N-diethylnitrosamine에 의해 유도되는 간암 형성을 억제하였다.[2),3)]
   - Limonin은 실험동물모델에서 iNOS와 COX2의 발현 억제를 통하여 결장암 발생을 저해하였다.[4)]

2) Citrus fruit 유래 물질의 항암 효능
   - Limonoid 류는 햄스터 유래 난소세포(CHO)에서는 증식억제 효과가 나타나지 않지만 신경아세포(SH-SY5Y) 및 결장 선암세포(Caco-2)에서는 증식을 억제하였다.[5)]
   - 미성숙 병감 껍질 추출물은 caspase-3을 통해 위암세포의 apoptosis를 유도하였다.[6)]

【주의사항】

귤을 너무 많이 먹으면 담이 잘 결리고 과도하게 섭취하는 경우 귤에 풍부한 카로틴에 의해 손, 발 부위에 노랗게 착색현상이 나타날 수 있다.

【참고문헌】

1) Hayashi K. *et al*., Nutr. Cancer, 58, 75-84, 2007
2) Hara A. *et al*., Oncol. Rep., 14, 345-351, 2005
3) Sakata K. *et al*., Oncology, 66, 244-252, 2004
4) Vanamala J. *et al*., Carcinogenesis, 27, 1257-1265, 2006
5) Poulose S.M. *et al*., Nutr. Cancer, 56, 103-112, 2006
6) Kim M.J. *et al*., Nutr. Cancer, 51, 78-82, 2005

【생리활성성분 화학구조식】

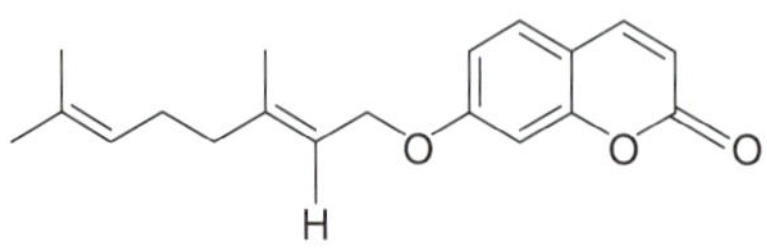

Auraptene

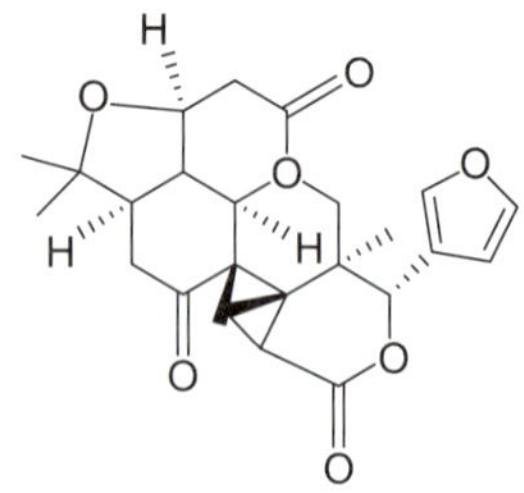

Limonin

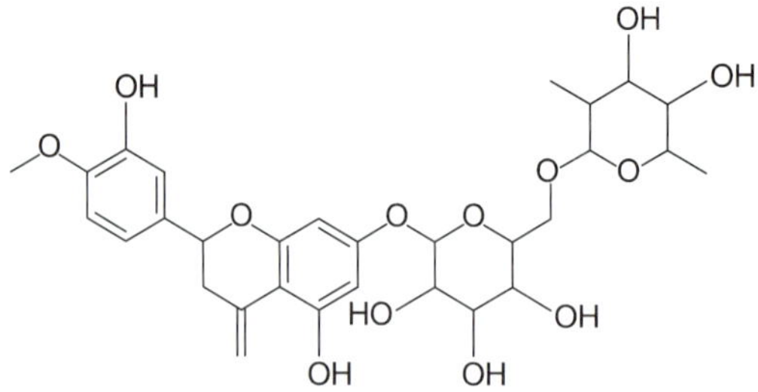

Hesperidin

고추 (Red pepper)

【기 원】 *Capsicum annuum* L., Solanaceae

【분 류】 식품

【사용부위】 식용(과실)

【산 지】 열대 미주가 원산이며 열대, 아열대 및 온대지역에 널리 재배

【생리활성성분】 capsaicinoids(capsaicin Ⅰ, Ⅱ), carotenoids(capsanthin), β-carotene 등

【효능 및 기전】

1) Capsaicin의 암세포 증식저해 및 사멸유도에 의한 항암효과
   - Capsaicin은 간암세포(HepG2)의 apoptosis를 유도하였다.[1)]
   - Capsaicin은 대장암세포(HT29)에서 vanilloid receptor와는 독립적으로 peroxisome proliferator-activated receptor gamma를 활성화시켜 apoptosis를 유도하였다.[2)]
   - Capsaicin은 T세포 유래 혈액암세포에서 세포주기의 진행을 억제시키고 apoptosis를 유도함으로써 세포증식을 농도, 시간 의존적으로 저해하였다.[3)]

- Capsaicin은 정상유방세포(MCF10A)에서는 apoptosis를 유도하지 않지만 H-ras로 변형된 유방세포(H-ras MCF10A)에서는 선택적으로 apoptosis를 유발하였다.[4)]
- Capsaicin은 식도표피암세포(CE 81T/VGH)에서 세포주기를 G0-G1에서 억제시키고 apoptosis를 유도하였다.[5)]
- Capsaicin은 전립선암의 세포증식을 억제하였고 전립선 암세포 동물 이식모델에서도 암의 증식을 저해하였다.[6)]
- Capsaicin은 Bcl-2의 발현을 감소시켜 위암세포의 세포사멸을 유도하였다.[7)]
- Capsaicin은 방광암세포에서 caspase가 매개하는 apoptosis를 유도하며 세포내에서 항산화 효능을 보였다.[8)]

【참고문헌】

1) Kim J.A. *et al.*, Arch. Pharm. Res., 28, 73-80, 2005
2) Kim C.S. *et al.*, J. Med. Food, 7, 267-273, 2004
3) Zhang J. *et al.*, Leuk. Res., 27, 275-283, 2003
4) Kang H.J. *et al.*, Int. J. Cancer, 103, 475-482, 2003
5) Wu C.C. *et al.*, Mutat. Res., 601, 71-82, 2006
6) Mori A. *et al.*, Cancer Res., 66, 3222-3229, 2006
7) Lo Y.C. *et al.*, World J. Gastroenterol., 11, 6254-6257, 2005
8) Lee J.S. *et al.*, Arch. Pharm. Res., 27, 1147-1153, 2004

【생리활성성분 화학구조식】

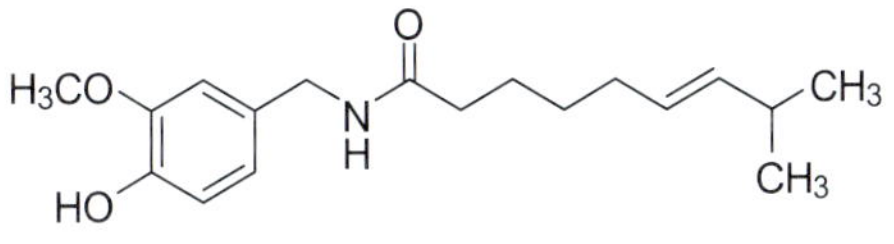

capsaicin

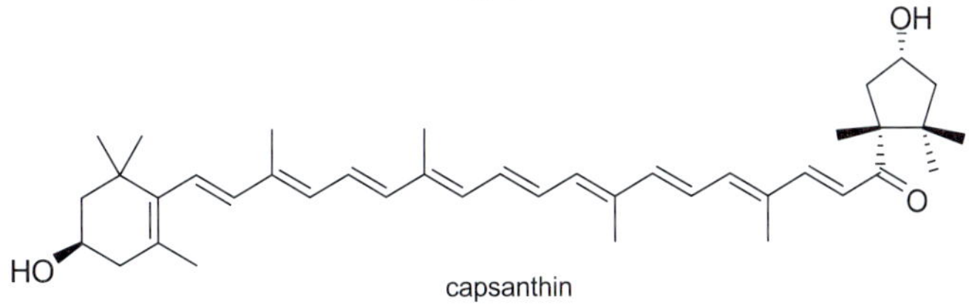

capsanthin

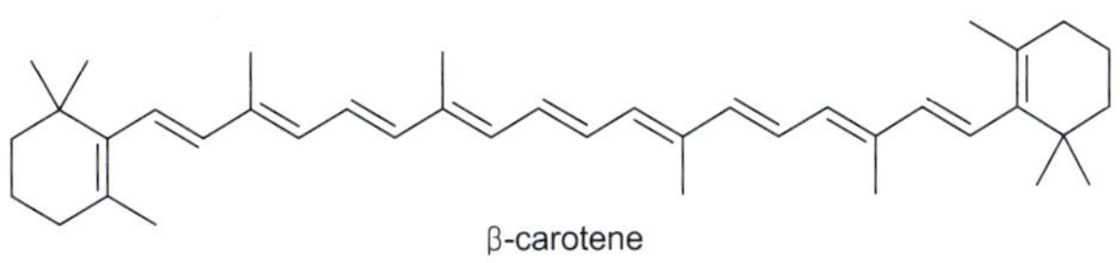

β-carotene

대두 (大豆, Soy bean)

【기 원】 *Glycine max* Merr., Leguminosae

【분 류】 식품

【사용부위】 식용(씨앗, 껍질), 약용(씨앗)

【산 지】 원산지는 동북아시아이며 우리나라 전남 및 전북에서 주로 재배

【생리활성성분】 isoflavone(genistein), soysaponin, Vitamin B, E 등 식이섬유

【효능 및 기전】

1) Soy bean의 항염증 효과[1)]

- Soy-isoflavone(Genistein)은 Adcnosine monophosphate-activated protein kinase(AMPK) 를 활성화 하여 염증 관련 인자인 COX-2의 발현을 줄였다.

2) Soysaponin의 암세포 증식 억제

- Saponin은 대두에 함유된 비타민 B, E와 같은 항산화 작용을 하는 식이섬유와 상승 효과를 나타내어 활성산소 제거 및 항산화 작용에 의한 암 발생 억제 효과가 있다.
- Soysaponin은 자궁경부암세포(HeLa cells)의 세포 사멸과 세포 주기를 방해하여 세포 증식을 억제하는 작용이 있다.[2)]
- Soysaponin추출물은 대장암세포에서 I-κBα, PKC, COX-2의 발현을 저해함으로써 종양생성 및 염증작용을 저해하였다.[3)]

3) Soy-isoflavone의 전립선암 예방 및 항암 효과

- 전립선암은 남성호르몬의 과잉분비가 원인인데, 에스트로겐과 유사한 작용을 하는 isoflavone의 섭취로 남성 호르몬의 분비가 억제되어 전립선암의 발병률을 낮추는 효과가 있다.
- Soy-isoflavone 유도체가 전립선암세포의 세포분화와 주기를 조절하여 성장을 억제함으로써 세포 증식을 억제하였다.[4)]
- 60세 이상 성인 남성을 대상으로 한 실험에서 Isoflavone, genistein, daidzein 의 섭취가 국소성 전립선암에 걸릴 위험을 줄였다.[5)]

4) Soy food의 에스트로겐양 효과 및 유방암 예방 효과[6)]

- Isoflavone에 함유된 phytoestrogen을 섭취했을 때 폐경기 여성들의 유방암 발병률을 저하시키며 특히 아시아 지역 여성의 유방암 위험을 감소시킨다.

5) 식이섬유의 대장암 예방 효과[7)]

• 대두에 함유된 20% 정도의 식이섬유는 콜레스테롤의 배설을 촉진하고 장 기능을 개선하여 발암물질의 배설을 촉진시켜 대장암을 예방하는 효과가 있다.

【참고문헌】

1) Shin J. I. *et al*., Ann. N. Y. Acad. Sci., 1095, 564-573, 2007
2) Xia J. X. *et al*., Exp. Toxicol. Pathol., 18, 2007
3) Kim H. Y. *et al*., Cancer Lett., 210, 1-6, 2004
4) Rice L. *et al*., J. Nutr., 137, 964-972, 2007
5) Kurahashi N. *et al*., Cancer Epidemiol. Biomark. Prev., 16, 538-545, 2007
6) Do M. H. *et al*., Nutr. Cancer, 57, 20-27, 2007
7) 장혜주, 암으로부터 지키는 건강한 밥상 차리기, 웅진닷컴, 2004

【생리활성성분 화학구조식】

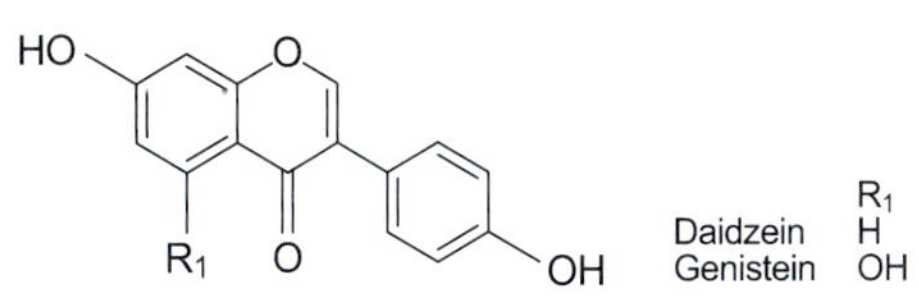

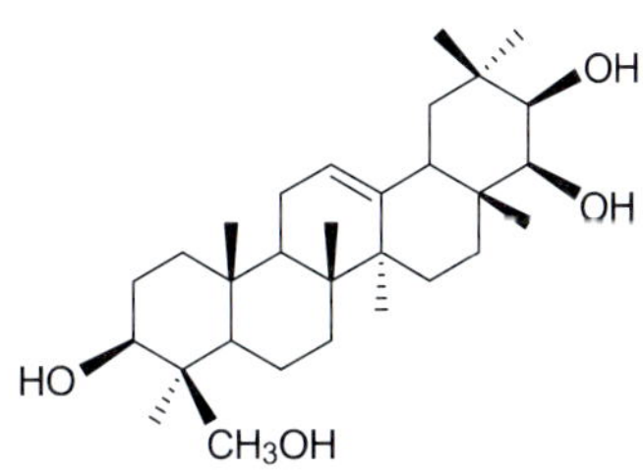

Soysapogenol A

마늘(大蒜, Garlic)

【기 원】 *Allium sativum* L., Liliaceae

【분 류】 식품

【사용부위】 식용(비늘줄기, 줄기), 약용(비늘줄기, 구근)

【산 지】 원산지는 서부 아시아 또는 중국이며 우리나라 전역에서 재배

【생리활성성분】 allicin(정유), alliin(비늘줄기 85%), 황 함유 화합물인 diallyl sulfide (DAS)과 diallyl disulfide(DADS) 등

【효능 및 기전】

1) Diallyl sulfide의 종양 형성 억제[1)]

• Allicin의 환원물인 diallyl sulfide는 향미성분으로 간 대사 과정에 관여하여 diallyl sulfoxide, diallyl sulfone으로 전환되어 종양 발생을 억제하고 이들 물질은 cytochrome P450 2E1 효소의 활성을 억제하여 발암물질이 이 효소에 되는 것을 막아준다.

2) Sulfur(S-), Seleno(Se-) 화합물의 암예방 작용[2)]

- 토양으로부터 셀레늄을 축적하여 다른 식물에 비해 셀레늄이 풍부하며, 특히 여러 Se-화합물 중에서 Se-methyl selenocysteine과 γ-glutamyl-Se-methyl selenocysteine은 암 예방 효능이 뛰어나다.

3) 항산화 작용[3)]

- 펜톤(Fenton)반응을 통해 생성되는 라디칼을 감소시키며, 수용성 추출물은 superoxide radical을 농도 의존적으로 감소시키는 항산화작용이 있다.

4) 항암작용[3)]

- 황화 물질은 암화과정의 해독화에 관여하는 효소의 작용을 증대시킨다.[2)]
- alliin을 다량 포함한 garlic powder 섭취 시 쥐의 간 종양을 감소시킨다.
- allicin이 암세포 형성의 2단계인 촉진단계를 억제하고, 정상세포를 활성화 시키는 기능이 뛰어나므로 정상세포의 변이를 막아서 암세포 발생을 억제하며, 효능이 DADS에 비해 뛰어나다.
- 생마늘을 섭취했을 때 위암 위험(gastric cancer risk)을 감소시킨다.
- 수용성 추출물은 Sarcoma 180을 비롯한 Dalton's lymphoma, ILs 등 종양에 효과가 있다.

【주의 및 부작용】 자극적이므로 생마늘을 과량 복용하면 위를 상할 수 있으므로 주의한다.

【참고문헌】

1) Yokozawa T. *et al.*, Chem. Pharm. Bull., 33, 869-872, 1985

2) Ingrid A. *et al.*, J. Chromatograph. A., 1112, 22-30, 2006

3) Ivan A. Ross, Medicinal Plants of the World, Humana Press, 25-63, 1999

【생리활성성분 화학구조식】

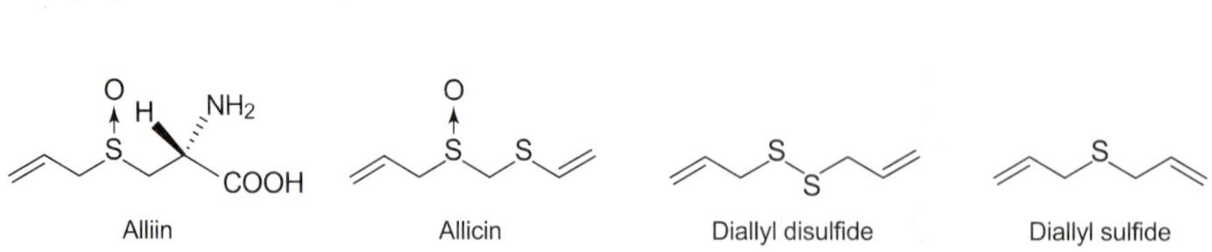

브로콜리 (Broccoli)

【기 원】 *Brassica oleracea* L. var. italica Plenck, Brassicaceae

【분 류】 식품

【사용부위】 식용(꽃봉오리)

【산 지】 원산지는 지중해 연안이며, 유럽, 미국, 일본 및 우리나라에서 재배

【생리활성성분】 Isothiocyanates(Sulforaphane, benzylisothiocyanate), Indole-3-carbinol

【효능 및 기전】

1) 브로콜리 유래 물질의 암세포 성장저해 및 세포사멸 유도에 의한 항암효과
   - Benzyl isothiocyanate(BITC)는 head and neck squamous cell carcinoma(HNSCC)에서 MAPK의 활성을 증가시켜 세포 증식을 저해하였다.[1)]
   - Sulforaphane은 nude mice에 전립선 암세포 이식으로 형성된 종양의 성장을 억제하였다.[2)]
   - Sulforaphane은 난소암 세포 및 악성 교아세포종(T98G, U87MG)의 apoptosis를 유도하였다.[3),4)]
   - Sulforaphane은 Helicobactor 감염을 억제하고, gastric tumor formation을 저해하는 두 가지 작용으로 위암에 대해 보호 작용을 나타내었다.[5)]
   - Indole-3-carbinol(I3C)은 자궁경부암의 세포증식을 억제하고 I3C의 생체 내 생성물인 3, 3'-diindolylmethane(DIM)은 유방암세포(MCF-7) 및 자궁내막암의 증식을 억제하였다.[6),7),8)]
2) Sulforaphane의 암예방효능
   - Surforaphane은 mouse skin에서 TPA에 의해 유도되는 ornithine decarboxylase의 활성을 저해시킴으로써 skin tumorigenesis를 억제하였다.[9)]
   - ApcMin/+mice에 sulforaphane을 투여한 경우 농도 의존적으로 소장 polyp의 크기와 발생빈도가 감소하였다.[10)]
3) 브로콜리의 암 전이 억제 효능[11)]
   - Isothiocyanates는 metalloproteinase(MMP)-9 의 활성을 저해함으로써 TPA에 의해 유도된 유방암세포(MDA-MB-231)의 세포 유주를 저해하였다.

【참고문헌】

1) Lui V. W. *et al.*, Carcinogenesis, 24, 1705-1712, 2003

2) Myzak M.C. *et al.*, Exp. Biol. Med. (Maywood), 232, 227-234, 2007
3) Chaudhuri D. *et al.*, Mol. Cancer Ther., 6, 334-345, 2007
4) Karmakar S. *et al.*, neuroscience, 141, 1265-1280, 2006
5) Fahey J. W. *et al.*, Proc. Natl. Acad. Sci. U.S.A., 99, 7610-7615, 2002
6) Qi M. *et al.*, Mol. Med. 11, 59-63, 2005
7) Riby J. E. *et al.*, Mol. Pharmacol., 69, 430-439, 2006
8) Leong H. *et al.*, Carcinogenesis, 22, 1809-1817, 2001
9) Gills J. J. *et al.*, Cancer Lett., 236, 72-29, 2006
10) Hu R. *et al.*, Carcinogenesis, 27, 2038-2046, 2006
11) Rose P. *et al.*, Toxicol. Appl. Pharmacol., 209, 105-113, 2005

【생리활성성분 화학구조식】

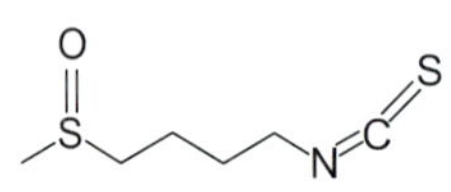

Sulforaphane

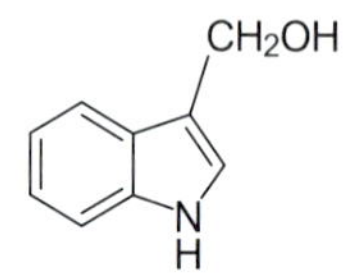

Indole-3-carbinol

상황버섯 (Phellianus linteusapricot)

【기 원】 *Phellinus lentius*, *Phellinus baumi*, Hymenochaetaceae

【분 류】 고시형

【사용부위】 자실체 전체부위

【산 지】 한국, 중국, 일본, 대만의 고산지대와 산악 지대 일부로 고목에 기생하여 자라는 다년생

【생리활성성분】 β-glucan(Polysaccharide), 단백질, 무기질(K, Ca, Mg), 식물성 아미노산

【효능 및 기전】

1) 상황버섯 추출물의 항돌연변이원성 효과[1)]
   - 암 유발 개시단계에서 중요한 작용을 하며 발암물질원이 되는 돌연변이를 억제하는 효과를 나타낸다.
2) 암세포 성장 저해 및 사멸 유도에 의한 항암 효과
   - 사람의 결장암 세포인 HT-29, 간암세포인 HepG2에 대해 농도 의존적으로 성장을

억제하였다.[1)]

- 고용량의 상황버섯 다당류 추출물은 전립선 암 세포인 LNCaP 의 세포 사멸을 유도하였다.[2)]
- 면역 능력을 증강시켜 암 세포의 공격을 막는 효과가 있음. 또한, 세포주기를 정지시키거나 사멸을 유도하여 폐암 세포의 증식을 억제하였다. 기존 항암제인 doxorubicin과 병용 투여시 상승효과를 나타내어 세포 사멸을 유도하였다.[3)]

3) 다당체-단백질 혼합추출물(polysaccharide-protein complex ; PPC)의 항암효과

- PPC는 B-cell의 성장, 사이토킨의 분비, NO의 생성을 증가시키고 NO에 의한 용균성(lytic) 암세포(B16 melanoma) 사멸을 촉진함. 또한, YAC-1 lymphoma에 대해서는 NK세포에 의한 사멸을 증가시킨다.[4)]
- 사람 대장암 세포인 SW480에서 세포 주기를 정지시켜 세포 증식을 억제하고 사멸을 유도하였다.[5)]

4) 산성 다당체의 암 전이 억제[6)]

- 상황버섯에서 추출한 산성 다당류는 세포 침투와 부착을 저해함으로써 암세포(melanoma)의 전이를 억제하였다(in vivo).

5) 상황버섯 균사체의 암 세포 사멸 유도[7)]

- 사람 신경아세포종(neuroblastoma) SK-N-MC 세포에 대해 세포 증식을 억제하고 세포 사멸을 유도하였다.

【참고문헌】

1) Kwon D. J. *et al*., J. Korean Soc. Appl. Biol. Chem., 49, 91-96, 2006
2) Zhu T. *et al*., Br J. Cancer, 96, 583-590, 2007
3) Guo J. *et al*., Mol. Carcinog., 46, 144-154, 2007
4) Kim G. Y. *et al*., Biosci. Biotechnol. Biochem., 70, 1218-1226, 2006
5) Li G. *et al*., Cancer Lett., 216, 175-181, 2004
6) Han S. B. *et al*., Int. Immunopharmacol., 6, 697-702, 2006
7) Choi Y. H. *et al*., Int. J. Mol. Med., 14, 227-232, 2004

【생리활성성분 화학구조식】

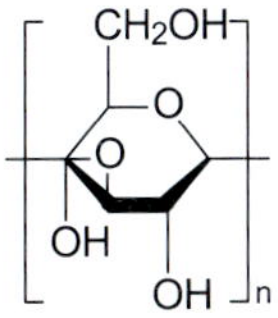

β-glucan

생강 (Ginger)

【기 원】 *Zingiber officinale* Roscoe, Zingiberaceae

【분 류】 식품

【사용부위】 식용(근경)

【산 지】 인도가 원산지이며, 우리나라(충북이남), 중국, 일본, 자메이카, 인도등지에서 재배

【생리활성성분】 정유 : zingiberene, 신미성분 : 6-gingerol 등

【효능 및 기전】

1) 생강의 암세포 증식저해 및 사멸 유도에 의한 항암 효과
   - 생강 추출물은 HEp-2 cell line에서 활성산소종을 증가시켜 apoptosis를 유도하였다.[1)]
   - 생강 추출물 및 생강 유래 화합물은 혈액암세포(HL-60)에서 세포독성을 나타내었다.[2)]
   - 6-gingerol은 췌장암세포에서 세포증식 억제를 나타내고 apoptosis를 유도하였다.[3)]

2) 생강의 암예방 효과
   - 6-gingerol의 전처리 결과 TPA로 유도된 ICR 생쥐의 피부 유두종을 저해하고 TNF-α 및 epidermal ornithine decarboxylase 활성을 억제하는 암예방 효능을 나타내었다.[4)]
   - 6-gingerol은 전립선 암세포에서 항염증 활성을 가지는 MKP5의 발현을 증가시켜 암예방 효능을 나타내었다.[5)]
   - 생강 식이는 쥐에서 화학물질에 의해 요로암이 유도되는 것을 억제하였다.[6)]
   - 결장암 실험동물 모델에서 생강 식이는 종양생성을 저해하였다.[7)]

【참고문헌】

1) Vijaya Padma V. *et al*. Basic Clin. Pharmacol. Toxicol., 100, 302-307, 2007
2) Wei Q. Y. *et al*., J. Ethnopharmacol., 102, 177-184, 2005
3) Park Y. J. *et al*., Yonsei Med. J., 47, 688-697, 2006
4) Surh Y. J. *et al*., J. Environ. Pathol. Toxicol. Oncol., 18, 131-139, 1999
5) Nonn L. *et al*., Carcinogenesis, 28, 1188-1196, 2006
6) Ihaseh S. M. *et al*., World J. Uro., 24, 591-596, 2006
7) Manju V. *et al*., Eur. J. Cancer Prev., 15, 377-383, 2006

【생리활성성분 화학구조식】

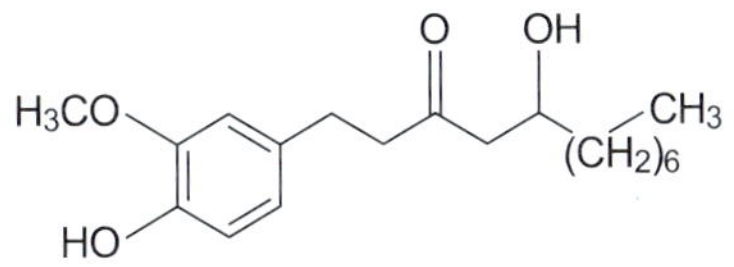

6-gingerol

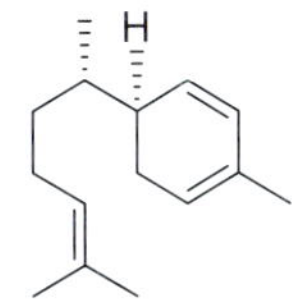

Zingiberene

영지버섯 (Reishi mushroom, Lingzhi mushroom)

【기 원】 *Ganoderma lucidum* (FR.)Karst, Polyporaceae

【분 류】 고시형

【사용부위】 자실체 전체부위

【산 지】 한국, 중국, 대만 일본의 고산지대와 뉴질랜드 산악 지대 일부

【생리활성성분】 다당체(β-glucan), 정유(ganoderol B), 단백질, 무기질(K, Ca, Mg), 식물성 아미노산

【효능 및 기전】

1) Ganoderol B의 암세포 성장 억제[1)]
   - Ganoderol B은 안드로겐 수용체에 작용하여 전립선 암 세포인 LNCaP의 성장을 저해하였다.
2) Ganoderic acid Me의 면역 증강 효과[2)]
   - 균사체에서 추출한 메탄올 분획인 Ganoderic acid Me는 동물실험에서 폐암의 전이와 종양 생성을 억제하고 NK cell의 활성을 증강시키며, 면역과 항암 활성에 관련한 여러 사이토킨(IL-2, IFN-γ)의 생성을 증가시켰다.
3) 영지 추출물의 항암효과
   - 영지 추출물은 유방암 세포인 MDA-MB-231에서 암세포 증식, 전이와 콜로니 형성을 저해하며, 녹차와 병용시 상승효과를 나타내어 암세포의 증식과 전이를 억제하였다.[3)]
   - 영지의 클로로포름 추출물은 간세포 HL-7702에서 항암활성을 나타내며, 방사선치료나 화학요법(cisplatin)에 의한 손상으로부터 정상세포를 보호하는 활성이 있다.[4)]
   - 영지 추출물은 사람 대장암 세포인 SW 480에서 암세포의 증식을 억제하였다.[5)]

4) 영지 균사체 추출물의 항암효과[6)]

- Ganoderic acid T 는 폐암세포인 95-D에서 p53의 발현을 증가시키고 미토콘드리아의 기능을 불활성화 시켜서 암세포의 성장을 저해하며, 동물 실험에서 생성된 종양의 전이를 억제하였다.

5) 영지의 다당체 추출물[7)]

- 육종(Sarcoma 180)을 주입한 쥐에서 육종의 생성을 저해하고 여러 암세포(CaSki, HepG2, CT116)에 세포독성을 나타내어 암세포 사멸을 유도하여 항암활성을 나타내고, NK 세포의 활성을 증강시키는 등 면역 활성도 나타내었다.

【참고문헌】

1) Liu J. *et al.*, Bioorg. Med. Chem., 15, 4966-4972, 2007

2) Wang G. *et al.*, Int. Immuno. pharmacol., 7, 864-870, 2007

3) Thyagarajan A. *et al.*, Int. J. Oncol., 30, 963-969, 2007

4) Wang D. H. *et al.*, Zhongguo. Zhong. Yao. Za. Zhi., 1, 1618-1622, 2006

5) Xie J. T. *et al.*, Exp. Oncol., 28, 25-29, 2006

6) Tang W. *et al.*, Life. Sci,. 80, 205-211, 2006

7) Gao Y. *et al.*, Immunol. Invest., 34, 171-198, 2005

【생리활성성분 화학구조식】

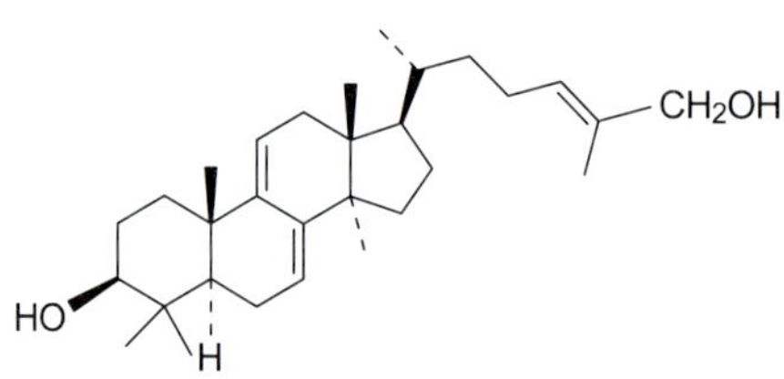

Ganoderol B

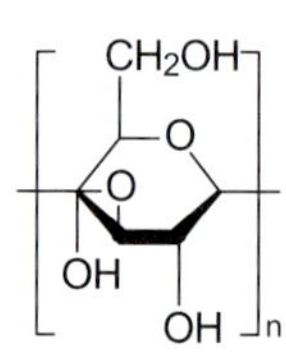

β-glucan

울금 (Tumeric, Curcumae Longae Radix)

【기 원】 *Curcuma longa* L., Zingiberaceae

【분 류】 개발가능성 있는 소재

【사용부위】 약용(덩이뿌리, 잎)

【산 지】 인도와 그 주변의 열대 및 아열대 지방에서 재배되는 다년생 식물

【생리활성성분】 Diallylheptanoid계인 curcumin및 정유성분인 turmerone, zingiberene 등

【효능 및 기전】

1) Curcumin의 항암효과

- 항암제의 일종인 doxorubicin에 저항성을 보이는 melanoma 세포에 대해 curcumin과 함께 면역요법을 함께 처치했을 경우 세포독성을 유도시켜서 암세포 사멸을 일으켰다.
- Curcumin은 human glioma cell(신경교종)의 생존율을 떨어뜨리고 AP-1과 NF-κB 신호전달 과정을 억제하였다.[1)]
- Curcumin은 동물 실험 모델에서 구강, 피부, 대장에서의 암화와 관련한 혈관 신생작용과 암 전이를 억제하는 작용이 있으며 이는 세포 사멸을 유도하여 세포 증식을 저해하는 것과 관련이 있다.[2)]
- Curcumin은 돌연변이 유발과 종양 형성 단계 중 촉진단계를 강력히 억제함. 또한, azoxymethane으로 유도한 대장암화 과정에서 종양의 크기를 줄이고 종양 생성을 억제하였다.[3)]

2) 뿌리 추출물의 항산화 및 항암 효과[4)]

- 말린 뿌리 추출물을 쥐에 경구 또는 정맥 투여하였을 때, 육종(Sarcoma 180)에 대해 항암효과가 있으며, 뿌리 추출물은 DNA의 산화 손상을 보호해주는 효과가 있다.

3) 울금 잎의 항산화 및 항암 효과[3)]

- 울금 잎에는 항산화 효과가 있으며, 자궁 암, 피부 암, 간암 초기, 갑상선 암, 위종양, 폐종양 등의 치료에 쓰인다.

4) 울금의 항산화효과

- β-carotene 과 울금을 같이 처리했을 경우 methyl nitrosamine으로 유도한 암화과정을 억제하는 효과가 있다.[4)]

5) Curcumin의 항염증 및 암예방 효과

- 염증 반응은 암의 촉진 단계와 밀접한 관련이 있는데 curcumin은 염증 매개 인자인 iNOS, COX-2의 발현을 억제하여 암 예방의 효과가 있다.[5)]

【주의 및 부작용】 빈혈이 있거나 임부는 주의하여 사용한다.

【참고문헌】

1) Dhandapani K. M. *et al.*, J. Neurochem., 102, 522-538, 2007
2) Surh Y. J. *et al.*, Adv. Exp. Med. Biol., 595, 149-172, 2007
3) Huang K. C. The pharmacology of chinese herbs, CRC, p462, 1999
4) Ivan A. Ross, Medicinal plants of the world, Humana Press, p147, 1999

5) Menon V. P. *et al.*, Adv. Exp. Med. Biol., 595, 105-125, 2007

【생리활성성분 화학구조식】

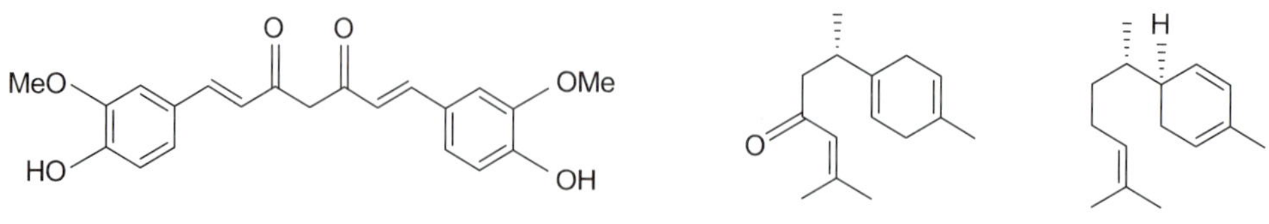

Curcumin Turmerone Zingiberene

양파 (Onion)

【기 원】 *Allium cepa* L., Liliaceae

【분 류】 식품

【사용부위】 식용(비늘줄기), 약용(비늘줄기, 인경)

【산 지】 아시아남서부가 원산지이며 우리나라 전역에서 재배

【생리활성성분】 Quercetin(flavonoid), allicin, alliin, 황 함유 화합물인 diallyl sulfide (DAS), diallyl disulfide (DADS) 등

【효능 및 기전】

1) Diallyl sulfide의 종양형성 억제[1)]
   - 간에서 발암물질의 무독화를 촉진하는 효소인 CYP 1A, CYP2B의 활성과, UDP-glucuronosyl transferase, glutathione S-transferase의 활성을 증가시켜 종양형성 과정인 개시단계에 관여하는 효소의 활성을 억제하여 대장에서의 종양 생성을 억제하였다(in vivo).
   - 개시단계 뿐 아니라 촉진단계에서도 암화(carcinogenesis)를 억제한다.
2) Quercetin의 항산화 및 암 예방 효과
   - Quercetin은 강력한 항산화제로 활성 산소종(ROS)의 생성을 억제하여 세포의 산화 손상을 차단하므로 암화과정을 예방한다.
3) 정유성분의 종양 형성 억제[2)]
   - 양파의 정유 성분(essential oil)을 투여하였을 때 종양촉진제(TPA)로 유도된 피부 종양 형성이 50% 정도 억제되었다(in vivo).

4) 양파의 항암효과[3]

• 적당한 간격을 두고 섭취했을 경우 대장암, 자궁암 그리고 후두암에 효과가 있고, 빈도 높게 섭취한 경우 구강 및 식도암에 효과가 있다.

5) Sulfur(S-), Seleno(Se-) 화합물의 암예방 작용[4]

• 토양으로부터 셀레늄을 축적하여 다른 식물에 비해 셀레늄이 풍부하며, 특히 여러 Se-화합물 중에서 Se-methyl selenocysteine과 γ-glutamyl-Se-methyl selenocysteine은 암 예방 효능이 뛰어나다.

【주의 및 부작용】 동물실험에서 고용량에서 용혈현상 및 독성이 관찰되었다.[5]

【참고문헌】

1) Tache S. *et al*., Eur. J. Cancer, 43, 454-458, 2007

2) Ivan A. Ross, Medicinal plants of the world volume2, Humana Press, 13p, 2001

3) Galeone C. *et al*., Am. J. Clin. Nutr., 84, 1027-1032, 2006

4) Ingrid A. *et al*., J. Chromatograph. A., 1112, 22-30, 2006

5) Monday R. *et al*., J. Agric. Food Chem., 53, 9695-9700, 2005

【생리활성성분 화학구조식】

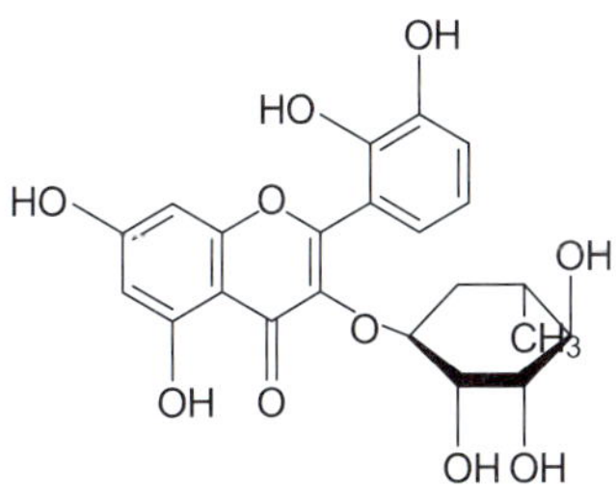

Quercetin

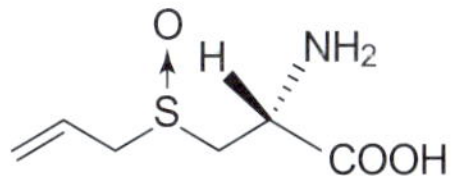

Alliin

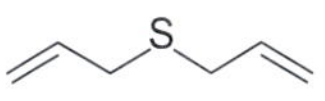

Diallyl sulfide

토마토 (Tomato)

【기 원】 *Lycopersicon esculentum* Mill, Solanaceae

【분 류】 식품

【사용부위】 식용(과실)

【산 지】 남아메리카의 서부고원지대가 원산이며 우리나라 전역에서 재배

【생리활성성분】 lycopene, tomatidine(spirosolane alkaloid), β-carotene, adenine 등

【효능 및 기전】

1) 토마토의 암예방 효능

- Lycopene이 풍부한 토마토는 ROS에 의해 유도되는 DNA 손상을 보호하는 것으로 생각되며 양성 전립선 비대에서 높게 나타나는 prostate-specific antigen(PSA)의 발현을 낮춰주었다.[1),2)]

2) 토마토 병용 투여의 효능

- 전립선 암 실험동물 모델에서 토마토와 브로콜리를 함께 투여한 경우 각각을 단독 투여한 경우보다 암세포 증식 저해에 더 효과적이었다.[3)]
- 위암 유도 실험동물 모델에서 마늘 유래 물질인 S-allylcysteine(SAC)과 토마토 유래 물질인 lycopene을 병용 투여한 경우에 각각을 단독 투여한 경우보다 위암 유발억제 효능이 더 뛰어나고 독성은 더 적은 것으로 나타났나.[4)]
- 햄스터를 이용한 구강암 모델에 토마토와 마늘을 병용 투여한 경우 xenobiotic-metabolizing 효소가 조절되어 돌연변이성과 암화가 완화되었다.[5)]
- 대장암 유도 실험동물 모델에 토마토, 마늘을 투여한 경우 preneoplastic lesion인 averrant crypt foci(ACF)의 빈도와 COX2의 발현이 감소하였는데, 토마토와 마늘을 병용 투여한 경우 효과가 향상되었다.[6)]

3) 토마토 유래 물질의 암세포 성장저해 및 세포사멸 유도에 의한 항암효과

- 토마토의 glycoalkaloids 성분인 tomatine은 대장암세포(HT29)와 간암세포(HepG2)의 성장을 저해하였는데 정상 간세포(HeLa)의 세포증식도 억제하였으므로 사용 시 고려가 필요하다.[7)]
- 토마토의 acyclic carotenoids 및 그 산화물은 혈액암세포(HL-60)에서 apoptosis를 유도함으로 세포증식을 저해하였다.[8)]

【참고문헌】

1) Ellinger S. *et al*., Curr. Opin. Clin. Nutr. Metab. Care., 9, 722-727, 2006
2) Basu A. *et al*., Eur. J. Clin. Nutr., 61. 295-303, 2007
3) Canene-Adams K. *et al*., Cancer Res., 67. 836-843, 2007
4) Velmurugan B. *et al*., J. Med. Food, 8, 494-501, 2005
5) Bhuvaneswari V. *et al*., Nutrition, 21, 726-731, 2005
6) Sengupta A. *et al*., Cancer Lett., 208, 127-136, 2004
7) Lee K.R. *et al*., J. Agric. Food Chem., 52, 2832-2839, 2004
8) Nara E. *et al*., Nutr. Cancer, 39, 273-283, 2001

【생리활성성분 화학구조식】

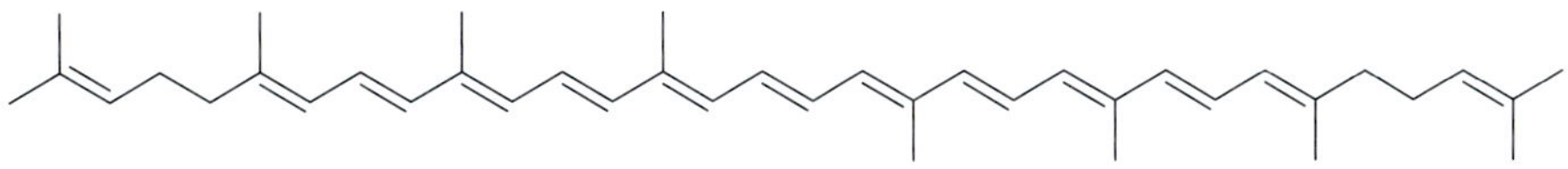

Lycopene

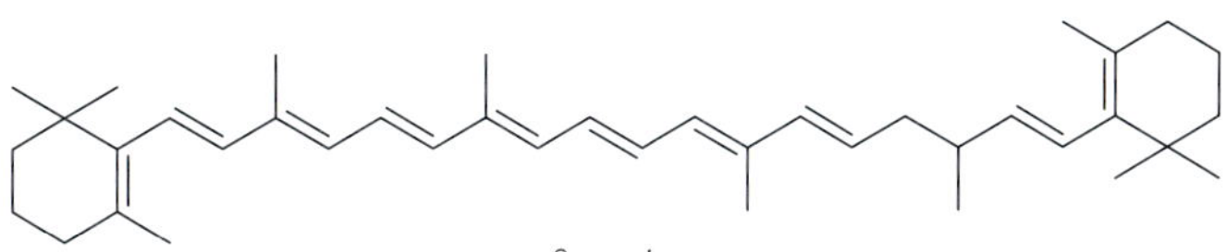

β-carotene

포도 (Grape)

【기 원】 *Vitis vinifera* L., Vitaceae

【분 류】 식품

【사용부위】 식용(과실)

【산 지】 원산지는 카스피해 남부이며 유럽, 칠레와 남아메리카, 일본, 우리나라 등 온화한 아열대기후에서 재배

【생리활성성분】 resveratrol, malvidin, anthocyanin, stearin, palmitin 등

【효능 및 기전】

1) 포도 추출물의 암세포 선택적 세포증식 저해 효과[1)]
   - 포도 추출물을 VLC을 사용해 얻은 분획은 돼지 유래 신장암 세포(PK15)에는 독성을 나타내지 않고 혈액암 세포(L1210)와 간암 세포(HepG)에 선택적으로 세포증식을 저해하였다.

2) Resveratrol의 암세포 증식저해 및 사멸 유도에 의한 항암효과
   - Resveratrol은 전립선 암세포에서 종양 형성을 억제하는 macrophage inhibitory cytokine-1(MIC-1)유전자 발현을 증가시켜 세포증식을 억제하였다.[2)]
   - Resveratrol은 quinone reductase와 p53의 발현을 증가시킴으로 피부암 세포 증식을 저해하였다.[3)]
   - Resveratrol은 사람 유방암 세포인 MCF-7의 세포주기 조절을 방해하여 세포증식을

저해하고 apoptosis를 유도하였다.[4)]

- Resveratrol은 대장암세포(SW480)에서는 death-inducing signaling complex(DISC)의 형성에 관련된 Fas의 재분포를 유도함으로써 apoptosis를 일으켰다.[5)]
- Resveratrol은 구강편평상피세포암(SCC-25)의 세포증식을 억제하였다.[6)]

3) Resveratrol의 암세포 전이 억제효과[7)]

- Resveratrol은 유방암세포(MDA-MB-231)에서 focal adhesions과 focal adhesion kinase(FAK)의 활성을 감소시키며 세포 유주(migration)를 직접적으로 억제하였다.

4) Resveratrol의 암세포 분화 유도효과[8)]

- Resveratrol은 골수 혈액암세포에서 세포 증식을 저해하고, 세포 분화를 유도하였다.

【참고문헌】

1) Jo J. Y. *et al.*, Food. Cheml. Toxicol., 44, 1758-1767, 2006
2) Golkar L. *et al.*, J. Surg. Res., 138, 163-169, 2007
3) Hsieh T. C. *et al.*, Biochem. Biophys Res. Commun., 334, 223-230, 2005
4) Kim Y. A. *et al.*, Oncol. Rep., 11, 441-446, 2004
5) Delmas D. *et al.*, J. Biol. Chem., 278, 41482-41490, 2003
6) ElAttar T. M. *et al.*, Anticancer Drugs, 10, 187-193, 1999
7) Azios N. G. *et al.*, Neoplasia, 7, 128-140, 2005
8) Asou H. *et al.*, Int. J. Hematol., 75, 528-533, 2002

【생리활성성분 화학구조식】

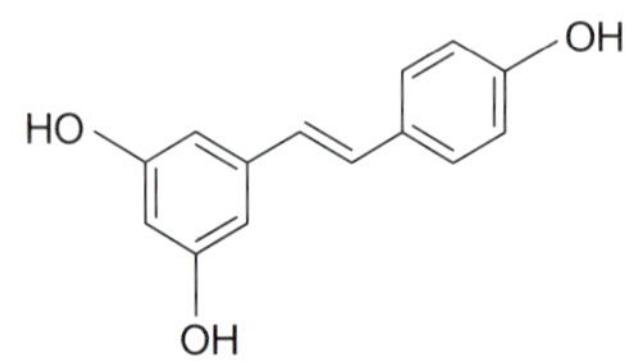

Resveratrol

3 순환계

순환계에 대한 약물치료는 현대의학에서는 고혈압, 고지혈증, 동맥경화, 혈소판응집, 관상동맥질환과 같은 구체적인 증세의 경감에 초점을 맞추는 반면 생약 및 건강기능식품은 이러한 다양한 증세에 복합적으로 효과를 나타낸다. 각종 심장혈관계 질환에는 Na^{+}-channel blocker(quinidine, procainamide, lignocaine), Ca^{++}-antagonist(verapamil, nifedipine, diltiazem), β-adrenoreceptor antagonist(propranolol), K^{+}-channel activator (nicorandil, minoxidil), ACE(angiotensin-converting enzyme) inhibitor(captopril, ramipril) 등의 의약품이 주로 이용된다. 천연물로서 유럽에서 가장 많이 이용되는 은행, 마늘, 산사자 등은 전통적인 용도 외에 새로운 적응증으로 개발되어 순환계 질환에 사용되는 대표적인 생약들이다. 생약의 매력적인 점은 이들의 생리활성성분인 flavonoid, anthocyanin, sesquiterpene 등이 국소순환계에 작용하여 다양하고 복합적인 기전으로 순환계 질환을 개선시킨다는 점이다.

3.1 고지혈증, 고콜레스테롤 개선

고지혈증(hyperlipidaemia)은 고콜레스테롤증 또는 hyperglyceridaemia를 포함한다. 고지혈증, 특히 고콜레스테롤증이 허혈성 심장질환의 원인이 되지만 건강한 여성이나 노인의 경우 혈중농도가 높다고 해서 약물치료를 개시하는 것은 재고의 여지가 있다. 하지만 심근경색으로 인한 관상동맥 심장질환의 경우 혈중 콜레스테롤을 저하시키면 상당히 효과가 있다.

마늘, 솜엉겅퀴 등이 주로 사용되며 saponin 함유생약과 병용한다. saponin은 소화관에서 콜레스테롤을 제거하는 것으로 알려져 있다. Gymnema(가가이 모과 잎)는 saponin

이 풍부하고 임상에서 당뇨환자의 콜레스테롤을 저하시키는 효과가 있다. Alfalfa의 saponin도 콜레스테롤을 저하시킨다. 한편 guar gum과 같은 수용성 섬유질도 콜레스테롤을 저하시킨다. 수용성 섬유질은 대장에서 장내 세균에 의해 short-chain fatty acid로 분해되며 이것이 간의 대사에 영향을 미쳐 콜레스테롤 합성을 억제한다고 추정된다. 느릅나무(ulmus), 접시꽃(althaea), 차전자 등도 점액질이 풍부한 생약이다. 녹차도 혈중 콜레스테롤과 triglyceride의 농도를 저하시키고 HDL은 증가시킨다.

3.2 혈행 개선

협심증(angina pectoris)은 관상동맥질환이나 관상동맥 혈류감소에 의한 심근의 허혈성 질환이다. 대개의 경우 그 자체로 치명적이진 않지만 심장발작의 가능성이 높아지고 치명적인 발작으로 이어질 수 있다. 산사자는 임상에서 심근의 산소요구량을 줄여주는 것으로 밝혀졌다. 산사자는 항산화효과, 심장보호효과, 관상동맥확장효과 등을 복합적으로 나타내며 전통적인 치료제들과 병용할 수 있다. 인도 민간약 *Inula racemosa*는 β-blocker 작용이 있는 생약으로 알려져 있고 *Terminalia arjuna*도 협심증 치료에 효과가 있다. 단삼도 협심증과 심장질환에 대해 연구되었는데 심장보호, 혈관확장, 혈소판응집억제작용이 있다. 혈소판응집억제작용이 있는 Coleus, 마늘, 생강, 울금 등도 협심증에 사용될 수 있다. 적포도주도 효과가 있지만 다량 섭취는 또 다른 문제를 야기시킬 수 있으므로 포도씨 추출액이 적포도주 대용으로 사용될 수 있다.

정맥류(varicose veins)는 정맥의 혈액이 원활하게 순환되지 않아 신체 표면으로 나타나는 증세다. 정맥과 결합조직의 탄력성을 개선시키는데 주안점을 두며 정맥의 혈액순환을 원활케 한다. 마로니에 또는 Ruscus를 내복 또는 피부연고 형태로 사용한다. 산사자, 포도씨 추출액, Meliotus, 서양톱풀, 은행 등도 유용하다. 컴프리, 금잔화, hamamelis 등은 국소적용으로 유용하다.

3.3 혈압 조절

고혈압의 약 90%는 명확한 원인을 알 수 없으며 이를 본태성고혈압(essential hypertension)이라한다. 반면에 신장질환, 대동맥협착, 내분비질환, 임신 등과 같이 직접적인 원인을 알 수 있는 경우를 2차성 고혈압(secondary hypertension)이라 한다. 고혈압에 사용되는 대부분의 생약은 말초혈관 확장제로 작용한다.

산사자는 혈압을 낮추고 심근강화효과가 있다. 마늘은 혈압저하 효과뿐만 아니라 기타 심장혈관계 위험요소들을 개선시킨다. *Coleus forskohlii*는 혈압저하효과가 있으며 forskohlin을 함유한 변종만 사용된다. 혈소판응집 억제효과도 탁월하다. 길초근은 말초 또는 중추 혈관확장제로 작용하는지 아니면 전반적인 신경계 진정효과에 의한 것인지 명확하지 않으나 주로 스트레스성 고혈압에 사용된다. 올리브 잎도 충분한 량을 사용하면 혈압저하 효과가 있다. 백당나무(*Viburnum opulus*)는 평활근을 이완시켜 혈압을 저하시키는 것으로 알려져 있다. 서양톱풀(*Achillea millefolium*)은 심장확장기 이상혈압을 완화시킨다. 민들레는 potassium을 다량 함유하고 있어 이뇨작용이 있으며, 노인의 심장수축기 고혈압에 유용하다.

참고문헌

1) Mills S. and Bone K., Principle and Practice of Phytotherapy, Churchill Livingstone, 2000

2) Rang H. P. *et al*., Pharmacology 4th ed., Churchill Livingstone, 1999

3.1 고지혈증, 고콜레스테롤혈증 개선

구기자 (Lycium fruit)

【기 원】 *Lycium chinense*, Solanaceae

【분 류】 식품

【사용부위】 식용(열매), 약용(열매, 뿌리-지골피)

【산 지】 중국

【생리활성성분】 betaine, cerebroside, polysaccharide

【효능 및 기전】

1) 구기자를 물에 달인 것과 가공하지 않은 polysaccharide 추출물과 정제한 polysaccharide 분획을 alloxan-유도 당뇨 또는 고지혈 토끼에게 식이한 결과 10일 이후부터 혈당수치와 serum total cholesterol과 triglyceride농도의 유의성 있는 감소와 HDL-cholesterol의 현저한 증가를 보임으로서 구기자의 hypoglycemic effect와 hypolipidemic effect를 확인할 수 있었다.[1)]
2) 사염화탄소로 유발된 간 손상 쥐에 대해 혈청중의 GOT, GPT, LDH 효소활성도를 강하게 억제하는 효과를 나타내었고, 1% cholesterol 함유 사료로 사육하여 유발시킨 흰쥐의 고지혈증에 대해 혈청중의 total cholesterol 및 triglyceride 함량을 대조군에 비해 감소시키는 효과를 보였다.[2)]
3) 구기자에서 분리한 cerebroside는 쥐의 간세포가 galactosamine(GalN)에 의해 파괴되는 것에 대해 glutamic pyruvic transaminase(GTP)와 sorbitol dehydrogenase (SDH)의 증가를 가져옴으로서 간 보호작용을 한다.[3)]
4) streptozotocin유도 typeⅡ의 당뇨병 쥐의 혈중 SOD, MDA, total-cholesterol, HDL-, LDL-cholesterol과 triglyceride가 구기자 polysaccharides에 의해 유의성 있는 증감을 보임으로서 항고혈당 약제로의 사용 가능성도 시사하고 있다.[4)]
5) 혈액응고를 방해하는 물질인 anticoagulant를 증가시키는 효과가 있다. 그러나 warfarin과 구기자의 혼용은 피하여야 할 것이다.[5)]

【참고문헌】

1) Luo Qiong *et al*., Life Sciences, 76, 137-149, 2004
2) Kim Nam Jae *et al*., Kor. J. Pharmacogn., 25(3), 264-271, 1994

3) Kim Sun Yeou *et al.*, Phytother. Res., 14, 448, 2000
4) Li X.-M., International Journal of Biological Macromolecules, 40, 461-465, 2007
5) Lam A. Y., Ann Pharmacother, 35, 1199-1201, 2001

【생리활성성분 화학구조식】

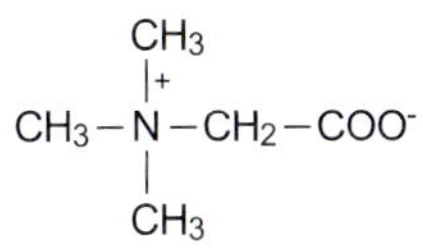

betaine

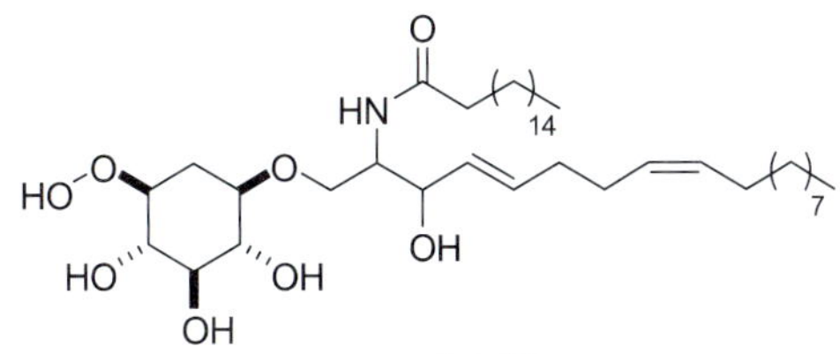

cerebroside

대나무 잎 추출물 (Bamboo leaf extract)

【기 원】 *Phyllostachys bambusoides* 등과 같은 대나무의 잎을 주정으로 추출 농축하여 분말화한 원료이다.

【분 류】 개별인정형 건강기능식품

【사용부위】 추출물

【산 지】 세계각지

【생리활성성분】 명확치 않음

【효능 및 기전】

1) 옛부터 대나무 잎이 번열, 소갈과 악창 등을 낫게 하며 지혈, 중풍, 고혈압, 살균, 항진균에 효능이 있어 한방에서 사용되어왔다고 보고하였다.[1)]
2) 대나무 잎을 가지고 체내 지질대사 개선 효능을 규명하기 위해 각 지방식이에 cholesterol 1%를 첨가한 후 대나무 잎 추출물 농도를 달리 하여 급여하여 흰쥐의 혈중 지질대사에 미치는 영향을 조사한 결과 혈청중성지질과 총 콜레스테롤 농도는 유의하게 감소하였으며, 체중은 감소하였고, 동맥경화지수는 유의적으로 감소하였다.[2)]
3) 동물이나 인간의 혈청 내 TG수치를 낮추고 HDL 수치를 올려주는 역할을 한다. 그리고 관상동맥을 확장하고 혈류의 흐름을 증가시켜 심장근육의 혈액공급 향상과 심근경색의 영역을 감소시킨다. 혈소판의 응집을 감소시키고 혈전증을 저해하며 혈액결핍으로부터

뇌조직을 유지시킨다. 결과적으로 심혈관계질환에 대해 약물이나 식이요법의 공급원으로서의 발전이 기대되는 천연물이다.[3)]

【참고문헌】

1) Kim M. J. *et al*., J. Kor. Soc. Food Nutr., 25, 135, 1996
2) Shin M. K. *et al*., Kor. J. Dietary Culture., 17(1), 30, 2002
3) Lu Bai-yi *et al*., Linchan Huaxue Yu Gongye, 25(3), 120, 2005

대두단백 함유제품 (Soy bean protein)

【기 원】 *Glycine max*(Leguminosae) 대두에서 지방 등을 제거하고 단백질을 주로 분리, 정제한 것

【분 류】 고시형 건강기능식품

【사용부위】 종자

【산 지】 각국

【생리활성성분】

【효능 및 기전】

1) 혈중 지질이 약간 높은 156명을 대상으로 3, 27, 37, 62 mg의 isoflavone이 함유된 대두단백 25 g을 9주간 섭취케 한 결과, 62 mg의 경우 total cholesterol이 4%, LDL-cholesterol이 6.1% 감소하였고 HDL-cholesterol이 2.5% 증가하였다.[1)]
2) 혈중 지질이 약간 높은 42명을 대상으로 여성에게는 55 g/day, 남성에게는 71 g/day의 대두단백을 5주간 섭취하게 하고 isoflavone은 낮은 군과 높은 군으로 나누어 섭취시켜 단백질 섭취군에서 total cholestrol이 2%, LDL-cholesterol이 2% 감소하였으며 HDL-cholesterol이 3% 증가하였고 중성지방이 11% 감소하였다. 하지만 isoflavone의 농도에 따른 cholesterol의 변화는 보이지 않았다.[2)]
3) Cholesterol이 약간 높은 179명에게 118 mg의 isoflavone이 함유된 분리대두단백 40 g을 3개월간 섭취시키면 LDL/HDL cholesterol의 비율이 10.6% 감소하였으며 중성지질이 15.8% 감소하나 Lp(a)가 18.7% 증가함이 관찰되었다.[3)]
4) Cholesterol이 약간 높은 51명에게 20 g의 대두단백 보충제를 6주 동안 하루에 한번 섭취하는 군과 두 번에 나누어 섭취하는 군으로 나누어 실험한 결과 하루에 한번 섭취한

군에서는 total cholesterol이 4.5%, LDL-cholesterol이 4.8% 감소하였고, 두 번에 나누어 섭취한 경우에는 total cholesterol이 6.0%, LDL-cholesterol이 6.9% 감소함이 확인되었다.[4)]

5) Cholesterol이 약간 높은 폐경기 여성 94명을 대상으로 80 mg의 isoflavone이 함유된 분리대두단백과 isoflavone이 제거된 대두단백을 12주간 섭취한 결과, isoflavone이 함유된 대두단백이 total cholesterol 3.4%, LDL-cholesterol이 10.3% 낮아졌다.[5)]

6) 20명의 사람을 대상으로 15주 동안 대두 식이섬유소로 실험한 결과 혈중 콜레스테롤이 평균 7.7% 감소, LDL(low density lipoprotein) 콜레스테롤이 평균 7.4% 감소하는 효과를 보였다.[6)]

7) 하루 25 g 대두 식이섬유소를 섭취 시 비만과 당뇨환자에게 효과적으로 혈청 콜레스테롤 감소 효과를 보였고, 고콜레스테롤혈증 환자(hypercholesterolemia)에게 하루 25 g 대두 식이섬유소 섭취로 전체 plasma cholesterol을 5~11% 감소시킨 연구가 보고되고 있다.[7)]

8) 식이 섬유소가 콜레스테롤을 저하하게 되는 기작은 우리 몸속의 콜레스테롤의 일부가 담즙산으로 변환되며, 이 생성된 담즙산은 다시 간장으로 들어가서 콜레스테롤 재생에 참여하는데, 이 과정에서 식이 섬유소가 물리적으로 흡착하여 대변으로 배설됨으로써 간장과 혈액 속의 콜레스테롤을 낮추게 되는 것이다. 이러한 기작은 특히 수용성 식이섬유소가 큰 것으로 보고되고 있다.

많은 연구에서 isoflavone과 cholesterol 저하기능과의 상관관계를 밝히고자 하였으나 상반된 결과들이 발표되고 있으며 이들 결과들에 대한 메타분석 결과 isoflavone의 함량과는 상관관계가 없음이 알려지고 있다. Isoflavone이 제거된 대두단백 또한, cholesterol 저하기능이 감소된다는 보고가 있으므로 자연적으로 isoflavone이 함유되도록 하는 것이 중요하다.

【참고문헌】

1) Crouse *et al.*, Arch. Intern. Med., 159, 2070-2076, 1999

2) Lichtenstein, Arterioscler. Thromb. Vasc. Biol., 22, 1852-1858, 2002

3) Teede, J. Clin. Endocrinol. Metab., 86, 3053-3060, 2001

4) Washburn, Menopause, 6, 7-13, 1999

5) Gardner, Am. J. Clin. Nutr., 73, 728-735, 2001

6) Lo G. S. *et al.*, Atherosclerasis, 82, 59, 1990

7) Tsai A. C. *et al.*, Am. J. Clin. Nutr., 38, 504, 1983

8) Shorey R. L., J. Am. Diet Assoc., 85, 1461, 1985

【생리활성성분 화학구조식】

특정구조 없음

마늘 (Garlic)

【기 원】 *Allium sativum, Liliaceae*

【분 류】 식품

【사용부위】 식용(비늘줄기), 약용(비늘줄기)

【산 지】 한국, 중국, 일본 등에서 재배

【생리활성성분】 alliin, allicin

【효능 및 기전】

1) 마늘의 효능으로는 중성지방의 대사, LDL 산화, 혈소판의 응집성 등 매우 다양하지만 대체로 항고지혈증과 항혈전으로 그 생리적 기능이 압축된다.[1)]
2) 마늘의 주성분인 allicin은 coenzyme A의 -SH와 결합하여 지방산, 중성지질, 인지질, 그리고 콜레스테롤의 생합성에 필요한 SH-group을 차단함으로써 acetyl기의 전이를 방해하며, 혈중 HDL-cholesterol 농도를 상승시켜 말초조직으로부터 간으로의 콜레스테롤 수송을 자극하고 콜레스테롤의 담즙산으로의 배설을 증가시킨다.[2)]
3) 고콜레스테롤 식이 섭취 시 1% 수준의 마늘가루 첨가는 간 조직 중 지질농도에는 영향을 미치지 않는 것으로 나타났으나, 혈장 총콜레스테롤과 중성지질을 유의적으로 낮추었으므로 식이 중 마늘의 섭취는 고지혈증의 개선에 유익한 효과를 가질 것으로 기대된다.[3)]

【참고문헌】

1) Kang J. A. and Kang J. S,, Korean J. Nutr., 30(2), 132-138, 1997
2) Suh Y. J. *et al.*, J. Agric. Food Chem., 32, 196-204, 1999
3) Jo H. J. and Choi M. J., J. Korean Soc. Food Sci. Nutr., 31(1), 98-103, 2002

【생리활성성분 화학구조식】

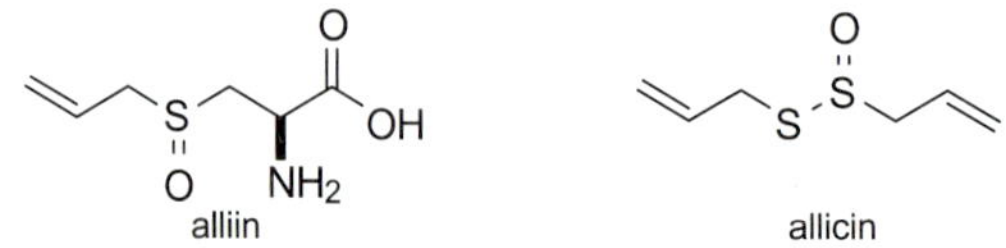

마리아엉겅퀴 (St. Mary thistle)

【기 원】 *Silybum marianum, Compositae*

【분 류】 개발가능소재

【사용부위】 약용(열매)

【산 지】 유럽

【생리활성성분】 silybin(flavolignan), silymarin(flavolignan혼합물). *S. marianum*의 열매에서 추출한 silymarin은 50~70%의 flavolignan(silibinin, silybin, isosilybin, silydianin 및 silychristin 등), flavonoid taxifolin 및 미량성분을 함유하고 있고 그 외에도 약 30%의 아직 구조가 밝혀지지 않은 polyphenolics를 함유하고 있다.[1)]

【효능 및 기전】

1) silybin은 in vitro에서 콜레스테롤 합성의 필수효소인 HMG-CoA reductase의 활성을 저해함으로서 hypocholesterolaemic effect를 나타내고[2)] silymarin은
   - paracetamol로 손상된 hepatocytes에서 LDL이 rat의 hepatocytes에 결합하는 것을 촉진함으로서 plasma LDL수치를 낮추어 주고
   - hyperlipaemic rats의 plasma cholesterol과 LDL-cholesterol 수치를 낮추어 준다.
   - 임상 연구에서 silymarin은 환자의 plasma triacylglycerol과 pre-beta lipoprotein 함량을 낮추어 준다고 보고되었다.[3)]
2) silymarin의 polyphenolic fraction은 혈중 콜레스테롤 함량을 낮추어 주고 지방간의 진행을 억제하며 혈중 lipoprotein 형태를 조절한다.[4)]
3) silymarin과 그의 polyphenolic fraction은 고지방식이성 쥐의 장에서 콜레스테롤의 흡수를 저해하고 혈중 lipoptotein cholesterol profile를 조절하고 혈중 지질함량(콜레스테롤, TAG)을 조절한다.[1),5)]

【참고문헌】

1) Sobolova L. *et al*., Pharmacol. Res., 53, 104-112, 2006
2) Nassuato G. *et al*., J. Hepatol., 12, 290-295, 1991
3) Skottova N. *et al*., Physiol. Res., 47, 1-7, 1998
4) Skottova N. *et al*., Pharmacol. Res., 47, 17-26, 2003
5) Krecman V. *et al*., Planta Med., 64, 138-142, 1998

【생리활성성분 화학구조식】

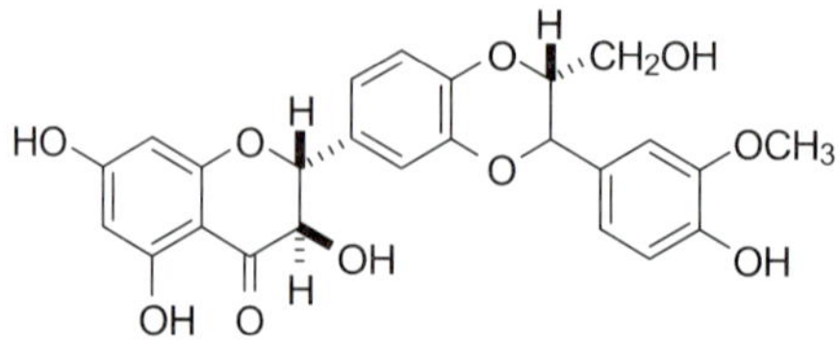

silybin

삼칠 (Notoginseng)

【기 원】 *Panax notoginseng, Araliaceae*

【분 류】 식품

【사용부위】 식용(뿌리), 약용(뿌리)

【산 지】 중국(운남, 광서, 사천, 호북 등)

【생리활성성분】 ginsenosides(saponin)

【효능 및 기전】

1) 삼칠(43 mg/kg/day)은 고지혈증 치료제로 사용되는 HMG-CoA reductase 저해제인 fluvastatin(3 mg/kg/day)과 유사한 cholesterol 저하작용을 나타낸다(*in vivo*, rat). 또한, fibrinogen 혈증을 현저하게 개선한다.[1)]
2) 삼칠의 saponin과 ginsenoside는 심장과 뇌에 있는 lipofuscin과 혈청 과산화지질을 감소시키고, HDL 콜레스테롤 수치는 증가시켰다(in old rats).[2)]
3) 삼칠에서 추출된 ginsenoside Rb3 제제는 고지혈증, 동맥경화증, 협심증 등 심혈관계 질환의 치료에 사용될 수 있다.[3)]

【참고문헌】

1) Cicero A. F., *et al.*, Phytother. Res., 17, 174-178, 2003
2) Fan P., S. Lin., Zhongguo Yaolixue Yu Dulixue Zazhi, 2(4), 257-260, 1988
3) Wang Z. *et al.*, Faming Zhuanli Shenqing Gongkai Shuomingshu, p7, 2005

【생리활성성분 화학구조식】

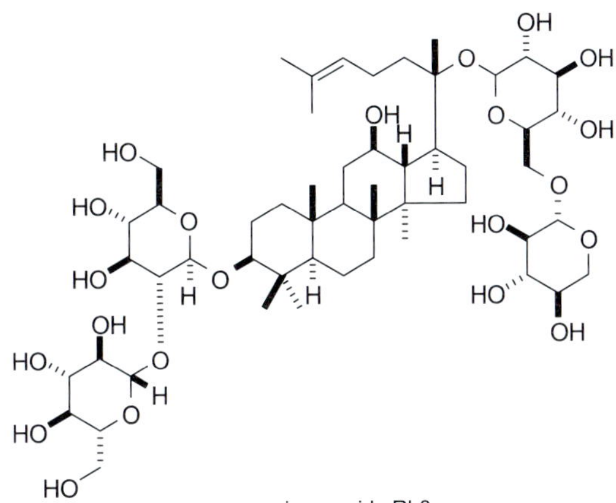

ginsenoside Rb3

솜엉겅퀴 (Artichoke)

【기 원】 *Cynara scolymus, Compositae*

【분 류】 개발가능소재

【사용부위】 약용(잎)

【산 지】 유럽

【생리활성성분】 cynarin

【효능 및 기전】

1) Cynarin(1,5-dicaffeolquinic acid)을 3~19개월간 경구로 20 mg/day로 투약한 환자에서 혈청 triglycerides는 평균 24% 감소하였고, 총 콜레스테롤 수치는 31% 감소하였다. Cynarin은 또한, lipolysis를 억제하였으며 부작용을 일으키지 않았다.[1)]
2) 경구로 에탄올을 6 g/kg/day로 3일간 투여한 Rats에서 혈청과 간의 콜레스테롤 수치가 각각 44%와 75% 상승했다. 알코올과 함께 cynarin(30 mg/kg)을 투여한 rats에서는 두 가지 수치 모두 감소하였다.[2)]
3) 솜엉겅퀴 잎의 물추출물은 콜레스테롤의 생합성을 억제한다(Rat hepatocytes).[3)]
4) HMG-CoA-reductase 활성을 간접적으로 억제함으로써 간의 콜레스테롤 생합성을 억제하여 고지혈증 저하에 기여한다.[4)]

【참고문헌】

1) Hammerl H., *et al.*, Wiener Medizinische Wochenschrift, 123(41), 601, 1973
2) Wojcicki J., Drug and Alcohol Dependence, 3(2), 143, 1978
3) Gebhardt R., Phytother. Res., 16, 368, 2002
4) Gebhardt R., J. Pharmacol. Exp. Therapeutics, 286(3), 1122, 1998

【생리활성성분 화학구조식】

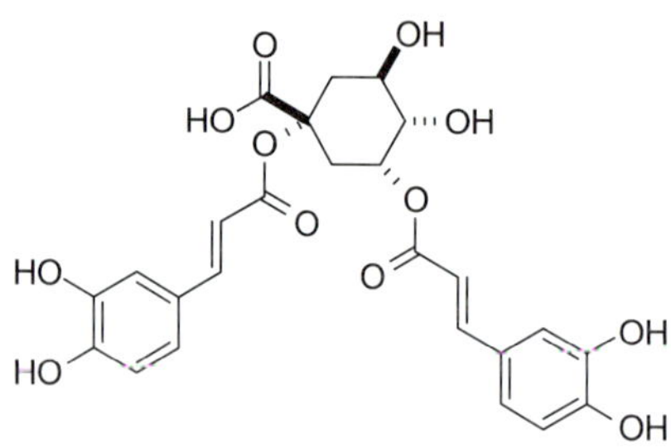

cynarin

스피루리나 원말 (Spirulina powder)

【기 원】 *Spirulina platensis*, 남조류 스피루리나 원말은 스피루리나(*Spirulina platensis*) 배양물을 열풍 분무 건조하여 만든 원료

【분 류】 개별인정형 건강기능식품

【사용부위】 건조 배양물

【산 지】 배양

【생리활성성분】 Phycocyanin(10%~20%)

【효능 및 기전】

1) 약간의 고지혈증과 고혈압 증상이 있는 건강한 남성을 두 그룹으로 나누어 혈청 지질에 대한 스피루리나의 영향을 실험하였다. A그룹에는 8주 동안 매일 4.2 g을 주고, B그룹에는 동량으로 4주간은 주고 나머지 4주는 주지 않았다. B그룹에서 스피루리나를 준 기간에는 총 혈청 콜레스테롤 수치가 확연히 감소하였으나, 주지 않은 기간 동안 다시 baseline으로 돌아왔다. HDL 콜레스테롤에는 큰 변화가 없었으나 약간 증가하는 경향이 보였다. Triglyceride 수치와 체중은 변화가 없었다.[1)]

2) 스피루리나의 항고지혈 작용은 공장의 콜레스테롤 흡수와 회장의 담즙 재흡수 모두를 억제하는 것과 관련이 있다. 이것은 C-phycocyanin이라는 단백질의 효과로 인한 것이다.[2)]

【참고문헌】

1) Nakaya N. *et al.*, Nutr. Rep. Int., 37(6), 1329, 1988

2) Nagaoka S. *et al.*, J. Nutr., 135(10), 2425, 2005

【생리활성성분 화학구조식】

Phycocyanin은 남조류(cyanobacteria)나 홍조류의 phycobiliprotein 계통의 복잡한 고분자 색소성분이다.

식물 스타놀 에스테르 (Phytostanol Ester)

【기 원】 식물 스타놀은 밀, 호밀, 옥수수 등과 같은 곡물 종자의 지방에 소량 포함되어 있으며 옥수수유 등과 같은 식물성 유지에도 포함되어 있다. 식물 스타놀 에스테르는 콩기름로부터 얻은 식물스테롤을 수소화 시킨 후 에스테르화 공정에 의하며 제조되며 sitostanol과 campestanol이 주요 성분이다.

【분 류】 개별인정형 건강기능식품

【사용부위】 식물 스테롤을 수소화 시킨 후 에스테르화 공정에 의하여 제조

【산 지】 각국

【생리활성성분】 sitostanol, campestanol

【효능 및 기전】

1) 30명의 고콜레스테롤혈증 성인을 대상으로 1.6 g의 free phytostanol(phytostanol ester로서)을 28일 동안 섭취시켰다(double-blind). Phytostanol 섭취 결과 총 콜레스테롤은 8% 감소하였고, LDL 콜레스테롤은 9% 감소하였다. HDL 콜레스테롤이나 triglyceride의 농도는 변화가 없었다.[1)]

2) 햄스터 실험에서 non-HDL-cholesterol 농도가 대조군에 비해 감소하였고, free stanols보다 disodium ascorbyl phytostanyl phosphates(DAPP)의 형태에서 3배 더 효과가 강했다.[2)]

3) Sitosterol과 콜레스테롤의 cocrystallization mechanism을 통하여 phytosterol과

phytostanol의 혈청 콜레스테롤 저하 효과가 나타난다.[3)]

【참고문헌】

1) Woodgate D. *et al.*, Lipids, 41(2), 127, 2006
2) Ebine N. *et al.*, Lipids, 40(2), 175, 2005
3) Mel'nikov S. M. *et al.*, Chemistry and Physics of Lipids, 127(1), 15, 2004

【생리활성성분 화학구조식】

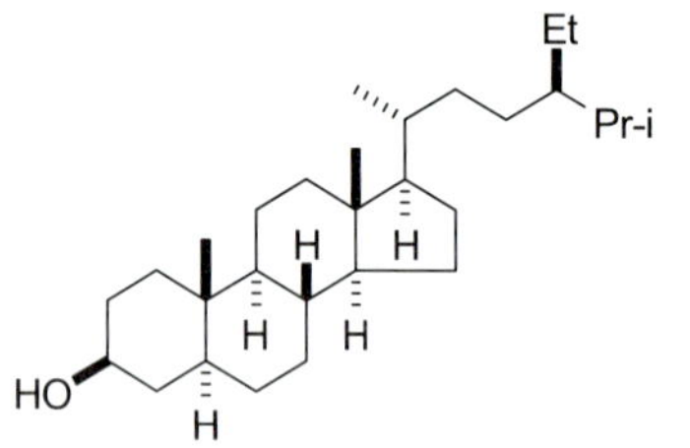

β-sitostanol

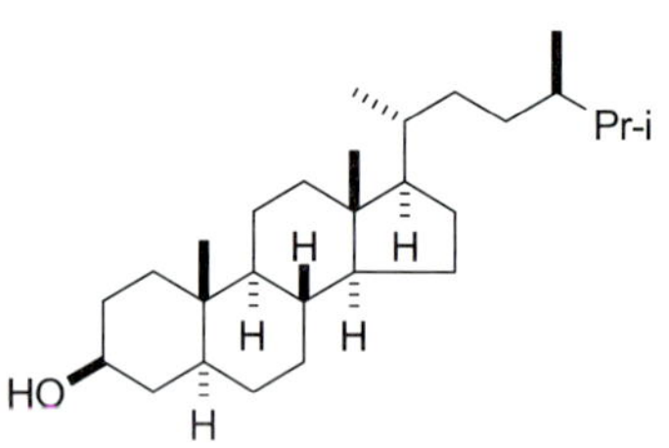

campestanol

식물스테롤 함유제품 (Phytosterol)

【기 원】 주로 식용유(콩기름, 옥수수유, 채종유 등) 생산과정 중 탈취공정에서 생긴 증류물을 추출 및 정제하여 제품화

【분 류】 고시형 건강기능식품

【사용부위】 종자유

【산 지】 각국

【생리활성성분】 sitosterol, campesterol, brasiccasterol(phytosterols)

【효능 및 기전】

1) Cholesterol 수치가 높고 BMI가 30 이상인 성인 45명을 대상으로 phytosterol 음료를 8주간 섭취시킨 결과 total cholesterol은 4.4%, LDL-cholesterol은 8.3% 감소하였으나 HDL-cholesterol은 별 차이가 없었다.[1)]
2) Phytosterol을 함유한 마가린버터를 21일간 섭취하게 한 결과 HDL-cholesterol과 중성지방은 별 변화가 없었으나 total cholesterol과 LDL-choesterol이 현저히 감소하였다.[2)]
3) 42명을 phytosterol이 함유된 마가린 섭취군과 버터 섭취군으로 나누어 비교하였을

때, HDL-cholesterol과 중성지방은 변화가 없었으나 phytosterol이 함유된 마가린을 섭취한 군에서의 total cholesterol과 LDL-cholesterol이 유의적으로 감소하였다.[3)]

4) Cholesterol 수치가 약간 높은 사람 63명에게 phytosterol을 2.5g/day로 8주 동안 섭취시킨 결과 total cholesterol과 LDL-cholesterol은 감소시키나 HDL-cholesterol은 변화가 없었다.[4)]

【참고문헌】

1) Shin M. J. *et al.*, Nutr. Res., 23, 489-496, 2003

2) Vanstone C. A. *et al.*, Am. J. Clin. Nutr., 76, 1272-1278, 2002

3) Malgorzata K. W. *et al.*, Metabolism, 52, 1373-1378, 2003

4) Neil H. A. W. *et al.*, Atherosclerosis, 156, 329-337, 2001

【생리활성성분 화학구조식】

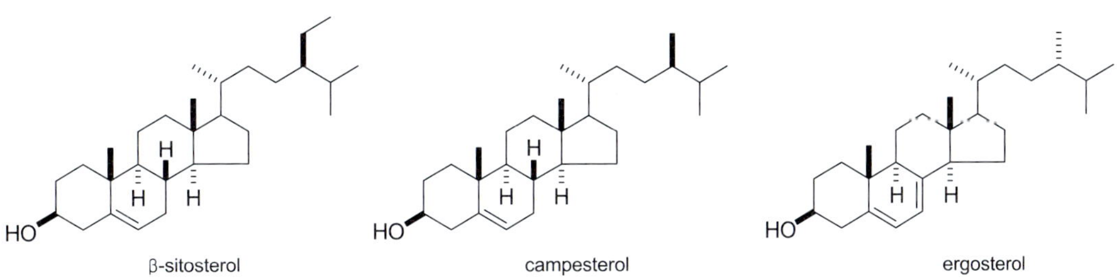

아마인 (Linseed)

【기 원】 *Linum usitatissimum*(Linaceae)

【분 류】 개별인정형 건강기능식품

【사용부위】 종자

【산 지】 한국, 일본, 인도, 북미, 남미, 등

【생리활성성분】 linoleic acid, linolenic acid

【효능 및 기전】

1) 다가불포화 지방산(polyunsaturated fatty acid, PUFA)은 지질단백대사 및 구조에 영향을 미침으로서 지질단백 생성 저하[1)], LDL 이화작용의 증가[2)], 혈장으로의 very low density lipoprotein(VLDL) 분비율 감소[3)], LDL-recepter의 활성증가[4)] 등에 의해

혈장 콜레스테롤, VLDL 및 LDL 농도를 감소시키는 것으로 알려졌다.

2) ω-3 지방산인 α-linolenic acid의 함유비가 높은 아마인유가 식이성 고지혈증 흰쥐의 간장지질성분 및 혈청지단백, 뇌 및 심장지질의 지방산 조성에 미치는 영향을 실험한 결과 대조군에 비해 유의적으로 혈청의 지질함량이 낮았으며, HDL-cholesterol 농도비는 높은 수준으로 나타났다. 또한, 동맥경화 지수는 낮았으며, 유리 cholesterol 및 cholesterol ester 농도도 대조군에 비해 낮게 나타났다. 결과적으로 혈청의 지질개선 효과가 높게 나타났다.[5)]

【참고문헌】

1) Sprita N. *et al*., J. Clin. Invest., 48, 78, 1969
2) Baudet M. F., J. Lipid Res., 25, 456, 1984
3) Chait A., Atherosclerosis, 20, 347, 1974
4) Shepherd J., J. Lipid Res., 21, 91, 1980
5) Woon-Jeong Choi *et al*., J. Kor. Soc. Food Nutr., 23(1), 23, 31 (2), 198, 205, 1994

【생리활성성분 화학구조식】

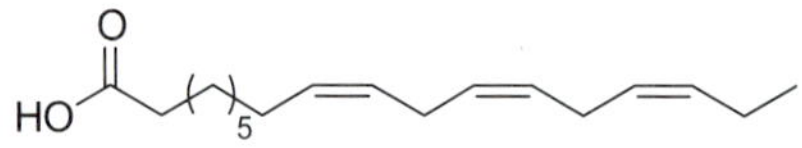

linolenic acid

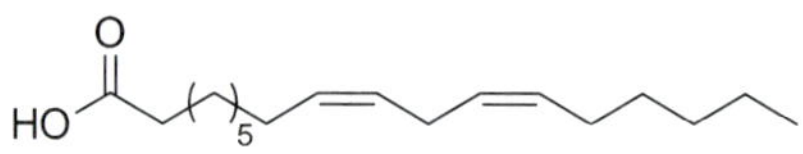

linoleic acid

알로에 복합 추출물 (Aloe extract-complex)

【기 원】 *Aloe ferox*(*A. africana*, *A. spicata*, *A. vera*)와 홍국(쌀에 Monascus pilosus을 접종) 알로에 복합 추출물분말은 베타시토스테롤과 모나콜린 K를 대표적인 기능성분으로 하는 원료로서 알로에 즙내기액의 주정 추출물에 홍국을 혼합한 원료이다.

【분 류】 개별인정형 건강기능식품

【사용부위】 알로에 추출물과 홍국

【산 지】 각국

【생리활성성분】 barbaloin, monacolin-K

【효능 및 기전】

알로에 복합 추출물분말은 동물실험에서 높은 혈청 콜레스테롤 수준을 낮추는데 도움을 주는 것으로 나타났으나 인체실험에서는 아직까지 확인된 바 없다.

【생리활성성분 화학구조식】

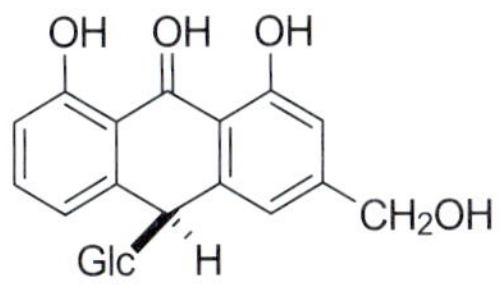

barbaloin

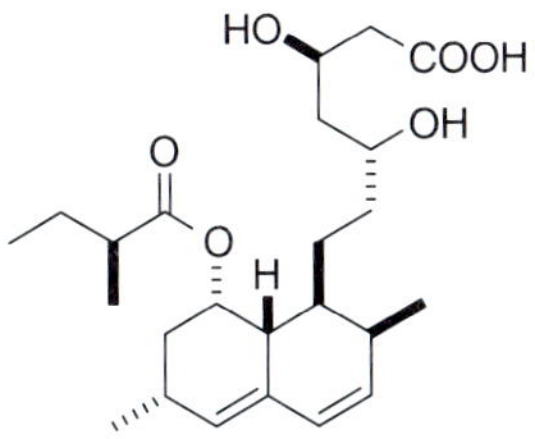

활성형 monacolin K

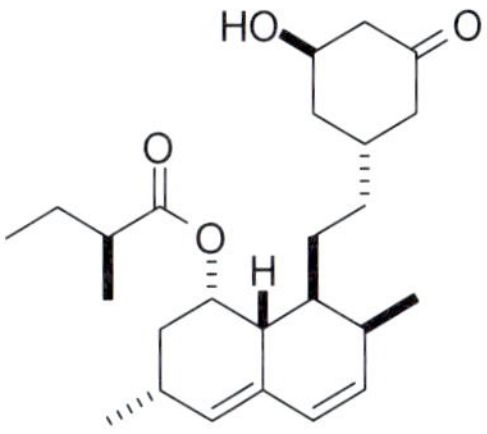

비활성형 monacolin K

알로에 추출물 분말 (Aloe extract powder)

【기 원】 *Aloe ferox, A. africana, A. spicata, A. vera,* 알로에 추출물 분말은 베타시토스테롤을 대표적인 기능성분으로 하는 원료로서 알로에 즙내기액을 주정으로 추출하여 얻은 것이다.

【분 류】 개별인정형 건강기능식품

【사용부위】 추출물

【산 지】 세계 각지

【생리활성성분】 barbaloin, isobarbaloin(anthrone C-glycosides)

【효능 및 기전】

1) 나이가 들수록 혈중 콜레스테롤 함량은 증가하고 이런 동물을 컨트롤군으로 사용하여 비교 분석한 결과 주기적인 알로에 투여그룹(Aloe vera-supplemented groups)은 컨트롤 그룹에 비해 콜레스테롤 함량이 30% 정도 감소하였다. 주기적인 알로에 복용은 나이가 듦에 따라 늘어나는 콜레스테롤 함량의 증가를 억제한다.[1]
2) 원숭이 동물실험에서 알로에 겔을 투여하였을 때 콜레스테롤 수치가 61% 감소하였고 HDL 수치는 증가함을 관찰하였다.[2),3)]

【참고문헌】

1) Lim B. O. *et al.*, J. Nutr. Sci. Vitaminol., 4, 292-296, 2003

2) Reynolds T. *et al.*, J. Ethnopharmacol., 68, 3-37, 1999

3) Dixit V. P. *et al.*, Indian J. Med. Res., 78, 417-421, 1983

【생리활성성분 화학구조식】

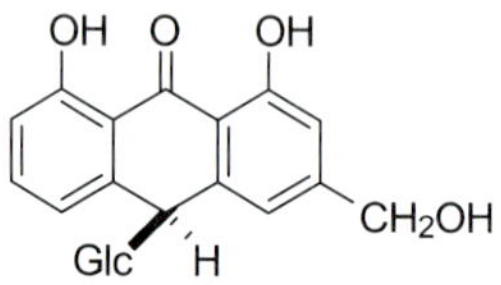

barbaloin

우황 (Oriental bezoar)

【기 원】 *Bos taurus L.* var *domesticus,* Bovidae

【분 류】 개발가능소재

【사용부위】 담석

【산 지】 세계 각지

【생리활성성분】 bile pigment, bile acids

【효능 및 기전】

우황은 소의 담낭 중에 생긴 결석으로 담즙색소 bilirubin, cholesterol, cholic acid, deoxycholic acid, carotenoids, cystine, cysteine 등으로 구성되어 있고 적혈구신생 촉진작용, 진정작용, 강심작용, 혈압상승 및 강하작용, 이담작용 진경작용 등이 있으며 실험적 혈전증 유발로 인한 허혈성 심장장해에 대한 효과가 있다.[1)]

【참고문헌】

1) Kubo M. *et al.*, Shoyakugaku Zasshi, 38, 59, 1984

【생리활성성분 화학구조식】

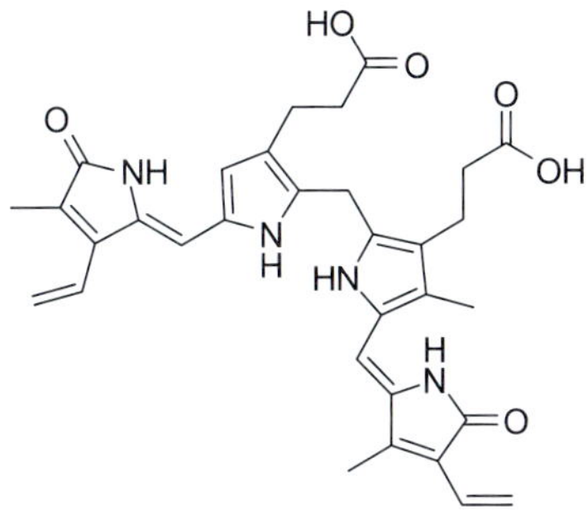

bilirubin

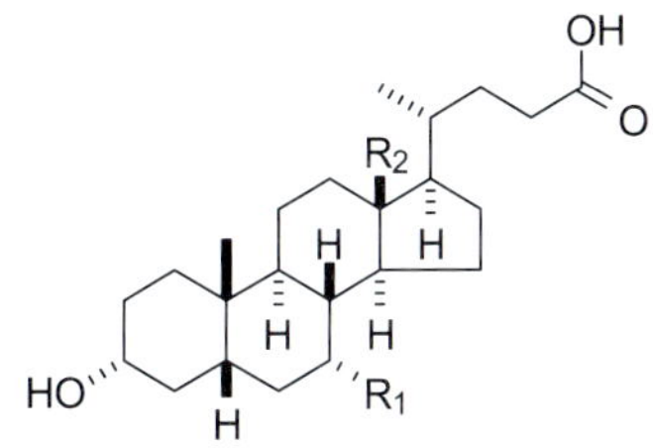

	R_1	R_2
cholic acid	OH	OH
desoxycholic acid	H	OH
chenodeoxycholic acid	OH	H

인삼 (Ginseng)

【기 원】 *Panax ginseng*, Araliaceae

【분 류】 식품

【사용부위】 식용(뿌리), 약용(뿌리, 잎), 열매

【산 지】 우리나라 각처 깊은 산의 수림 속에서 자라는 다년초

【생리활성성분】 dammarane계 saponin(ginsenoside Ra1~Rh1), 인삼다당체(panaxan A-U)

【효능 및 기전】

1) 1.5% 콜레스테롤, 0.25% cholic acid 및 우지 25%를 첨가한 식이로 콜레스테롤혈증을 유발시킨 실험동물에 대하여 조직배양산삼 메탄올 추출물을 4주간 경구 투여하여 각 군간 비교실험을 한 결과, 혈중 총 콜레스테롤 경우 정상그룹과 고지방그룹에서 유의성 있는 감소를 보였으나 triglyceride 측정에서는 시료효과를 확인할 수 없었다.[1)]
2) 홍삼의 사포닌 분획은 고지혈 쥐(Triton WR-1339-induced hyperlipidemic mice)의 혈중 triglyceride 및 총 콜레스테롤 함량을 현저히 감소시켰고 분리한 Rg3 및 Rh2는 혈중 총 콜레스테롤과 triglyceride 함량을 현저히 감소시켰으며 Rh2는 Rg3에 비하여 더욱 현저한 항콜레스테롤 효과를 나타내었다. 인삼사포닌의 이런 항콜레스테롤 작용은 혈중 콜레스테롤 및 triglyceride 합성을 저해함으로서 나타내는 것이라고 추정된다.[2)]

3) 인삼추출물이 인체내 지질대사에 대한 영향을 알아보고자하여 콜레스테롤, malondialdehyde (MDA), superoxide dismutase(SOD) 및 catalase(CAT) 함량을 측정해본 결과 인삼추출물 복용 8주 후(6 g/day) 혈중 총콜레스테롤, triglyceride, LDL 및 혈중 MDA 수치가 감소되었고 HDL 수치는 증가되었음을 관찰하였다. 인삼추출물이 SOD와 CAT의 활성을 증가시키고 MDA의 수치를 낮추는 결과로부터 인삼추출물의 항산화작용이 항고지혈작용을 유발하는 기전의 하나로 작용하지 않을까하고 추정된다.[3]

4) 당뇨병이 있는 쥐에게 ginsenoside Re를 투여하였을 때 혈당, 총콜레스테롤 및 triglyceride 수치가 현저히 감소시키었고[4] ginsenoside Rf는 PPAR α(lipid disorder 및 기타 심혈관 질병을 일으키는 물질)의 antagonist로 작용하여서 혈중 lipoprotein 대사를 조절한다.[5]

【참고문헌】

1) Lee E. J. *et al*., Kor. J. Phrmacogn., 34, 179-184, 2003
2) Trinh H. T. *et al*., J. Microbiol. Biotechnol., 17, 1127-1133, 2007
3) Kim S. H. *et al*., Pharmacol. Res., 48, 511-513, 2003
4) Cho W. C. S. *et al*., Eur. J. Pharmacol., 550, 173-179, 2006
5) Lee H. *et al*., Biochem. Bioph. Res. Co., 339, 196-203, 2006

【생리활성성분 화학구조식】

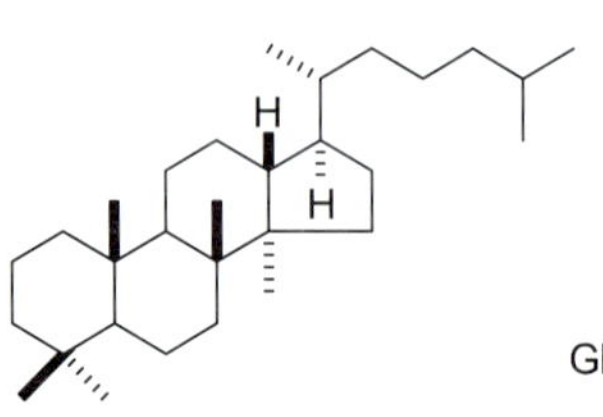

dammarane

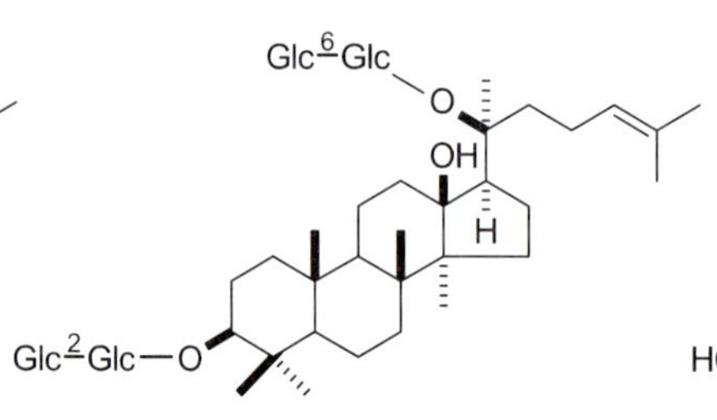

ginsenoside Rb1
20(s)-protopanaxadiol

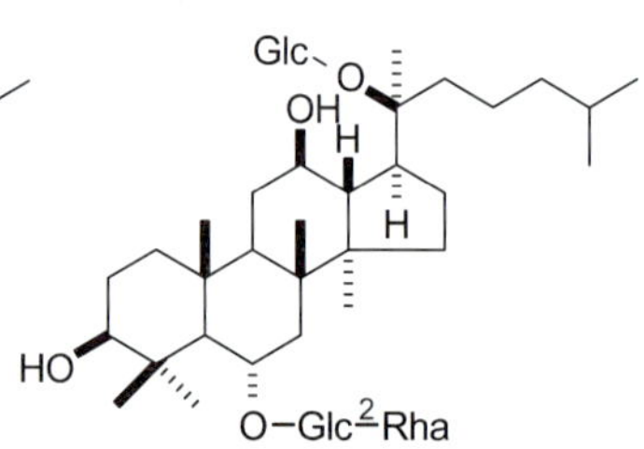

ginsenoside Re
20(s)-protopanaxatriol

EPA 및 DHA 함유제품 (EPA/DHA product)

【기 원】 EPA와 DHA는 조직의 membrane phospholipid, circulating cells, plasma lipoprotein에 ester화 된 상태로 존재한다. DHA는 생선기름에서 많이 발견된다. 이들 지방산의 함량은 생선에 따라 많은 차이가 있지만 연어, 정어리, 참치 등에서 많이 발견된다.

건강기능식품으로 판매되는 제품들도 대부분 생선기름에서 얻어진 것들이 많다. 생선기름은 생선의 간에서 추출되며 오랜 기간 동안 대구 간에서 추출된 생선기름이 전 세계적으로 가장 많이 사용되고 있다. 그 외에 해조류 등에서도 발견된다.

【분 류】 고시형 건강기능식품

【사용부위】 주로 대구 간

【산 지】 세계각지

【생리활성성분】 EPA, DHA

【효능 및 기전】

1) EPA와 DHA가 풍부한 생선유의 섭취는 HDL-cholesterol의 농도 조절에 중요한 역할을 하는EL(Endothelial lipase)의 활성을 억제하여 HDL-cholesterol의 혈장 농도를 증가시킨다. HDL-cholesterol과 EPA, DHA는 endothelial nitric oxide(eNO)와 prostacyclin(PG12) 합성을 증가시켜 동맥경화를 예방하는 것으로 알려져 있다.[1)]
2) 심근경색 후 회복된 2033명의 남성을 나누어 지방 섭취의 감량(포화지방 비율의 증가), 생선지방 섭취의 증량, 곡식 섬유질 섭취의 증량을 각각 한 그룹과 하지 않은 그룹으로 할당하였다. 첫 번째 그룹과 세 번째 그룹에서는 생존율에 큰 변화가 없었으나 생선지방 섭취 그룹에서는 하지 않은 그룹에 비해 2년간 사망률이 29% 감소하였다.[2)]
3) 오메가-3 지방산의 활성성분인 EPA와 DHA는 triglyceride(TG)를 낮추는 효능이 있다. TG를 낮추기 위한 총 용량은 하루 2~4 g이 추천된다. LDL-cholesterol은 기준 TG level에 의존하여 증가하였으나, 최종적으로 EPA/DHA 치료는 non-HDL cholesterol을 감소시키는 효과가 있다.[3)]
4) Statin으로 치료받는 고콜레스테롤 환자 15명을 임의로 선정하여 21일간 아침식사에 DHA가 풍부한 알을 섭취하게 한 그룹과 대조군으로 나누었다. 섭취한 DHA는 하루 217 mg이었고, 총 ω-3 PUFA는 629 mg이었다. 총 혈청 콜레스테롤 수치는 두 그룹에서 모두 유의한 변화가 없었으나, 알 섭취 그룹에서 혈청 인지질의 EPA와 DHA의 수치가 23% 정도 증가하여 허혈성 심장 질환의 위험을 감소시킬 것으로 예상된다.[4)]
5) EPA/DHA의 심장보호 효과는 혈액 콜레스테롤 감소와 관계없이 다양한 메커니즘과 관계된다. 그것은 항부정맥, 혈중 TG 감소, 항혈전, 항염증, 내피 이완 등의 효과를 포함한다.[5)]

【참고문헌】

1) Das Undurti N., Prostaglandins, Leukotrienes and Essential Fatty Acids, 72(3), 173-179, 2005

2) Burr M. L. *et al*., Lancet, 2(8666), 757-761, 1989
3) McKenney J. M., Sica D., Pharmacotherapy, 27(5), 715-728, 2007
4) Gillingham Leah G. *et al*., Food Res. Int., 38(10), 1117-1123, 2005
5) Holub Darren J. *et al*., Mol. Cell. Biochem., 263(1&2), 217-225, 2004

【생리활성성분 화학구조식】

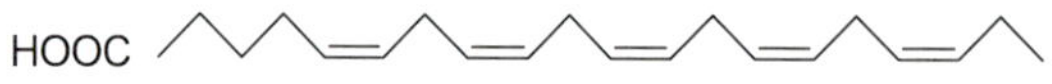

EPA(eicosapentaenoic acid)

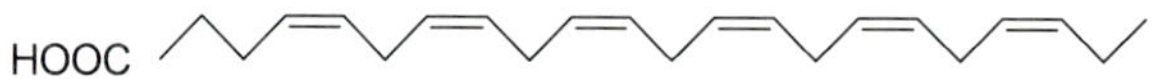

DHA(docosahexaenoic acid)

택사 (Water Plantain)

【기 원】 택사 *Alisma orientale* 또는 그 밖의 동속 근연식물(택사과 Alismataceae)의 줄기, 엽기 및 뿌리를 거의 벗겨 없앤 덩이줄기이다.

【분 류】 개발가능성이 있는 소재

【사용부위】 덩이줄기

【산 지】 한국, 중국, 일본

【성분】 Triterpenoids(alisol A, alisol A monoacetate, alisol B, alisol B monoacetate, alisol C monoacetate), Sesquiterpene(alismol, alismoxide)

【효능 및 기전】

1) 한방에서 널리 쓰고 있는 생약 중 하나인 택사가 이뇨, 항염증 작용뿐만 아니라 항지간 작용도 한다.[1]는 사실에 근거하여 실험한 결과 혈청 및 간조직의 triglyceride의 함량이 각각 50%이상 감소하였고 총 cholesterol 함량역시 50%이상 감소하였다. 이에 반해 혈청 HDL-cholesterol 함량은 유의성은 없지만 회복되는 것을 관찰할 수 있었다.[2]
2) 택사의 methanol 추출물을 n-hexane, ether, BuOH, water로 분획하여 각 분획이 흰쥐의 적출회장에서 angiothensin 및 bradykinin에 의한 수축에 미치는 영향을 검색한 결과 ether분획은 1 mg/cc의 농도에서 강력한 수축억제 작용을 나타내었다.[3] 그리고 택사 추출물의 ethyl acetate 분획은 hypocholesterolemic action을 나타냄이 보고되고 있다.[4]

3) 택사추출물인 alismol은 토끼에서 angiotensin I 에 대해 contractile 반응을 억제[5]하고, alisol A 24-monoacetate는 콜레스테롤의 흡수를 용량 의존적으로 저해한다.(rats having thoracic duct fistulas)[6]

【참고문헌】

1) Murata T. *et al.*, Chem. Pharm. Bull., 18(7), 1347, 1354, 1362, 1369, 1970
2) Min Ji Seo *et al.*, Kor. J. Environ. Toxicol., 10(3-4), 15, 1995
3) Yun (Choi) Hye-Sook *et al.*, Kor. J. Pharmacog., 12(4), 200, 1981
4) Aramaki Y. *et al.*, J. Atheroscler. Res., 7, 653, 1967
5) Yamahara J. *et al.*, Chem. Pharm. Bull., 34(10), 4422, 1986
6) Imai Yoshio *et al.*, Takeda Kenkyushoho., 29, 462, 1970

【생리활성성분 화학구조식】

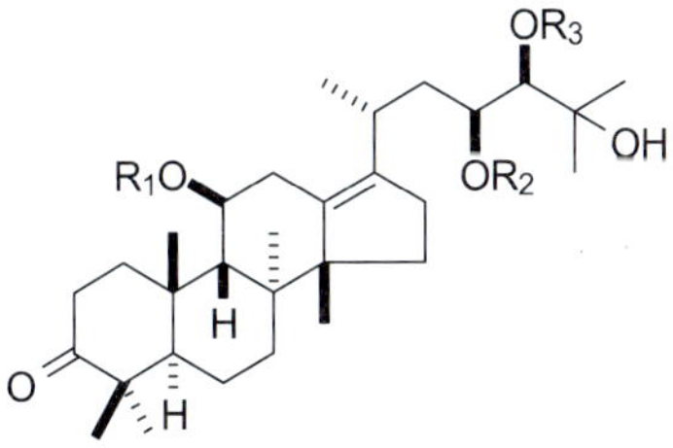

alisol A

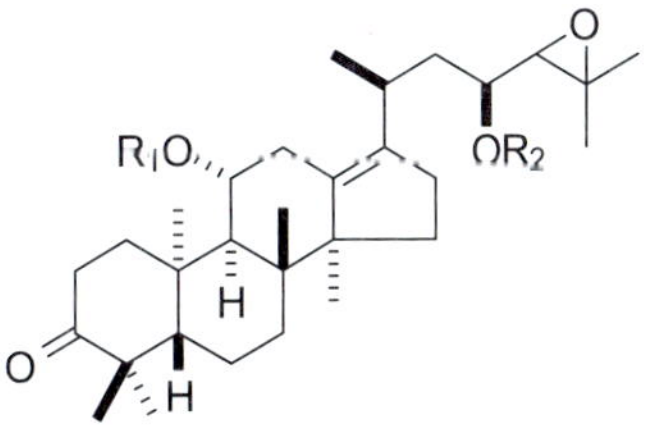

alisol B

하수오 (Fleece flower root)

【기 원】 *Polygonum multiflorum, Polygonaceae*

【분 류】 식품

【사용부위】 식용(뿌리), 약용(뿌리)

【산 지】 중국

【생리활성성분】 anthraquinone(chrysophanol, emodin, rhein, physcion)과 그 배당체와 2,3,5,4-tetrahydroxystilbene, starch, lecithine 등

【효능 및 기전】

하수오의 생리활성성분과 콜레스테롤이 결합하여 장관의 콜레스테롤 흡수를 감소시키며

혈청 콜레스테롤의 증가를 억제하고, 콜레스테롤이 간에 침착하는 것을 저해한다. 지질성분이 혈청 내에 체류하거나 동맥내막에 침투하는 것을 저지하여 동맥경화의 형성을 억제한다.[1)]

【참고문헌】

1) Chiu P. Y. *et al.*, Planta Med., 68, 951-956, 2002

【생리활성성분 화학구조식】

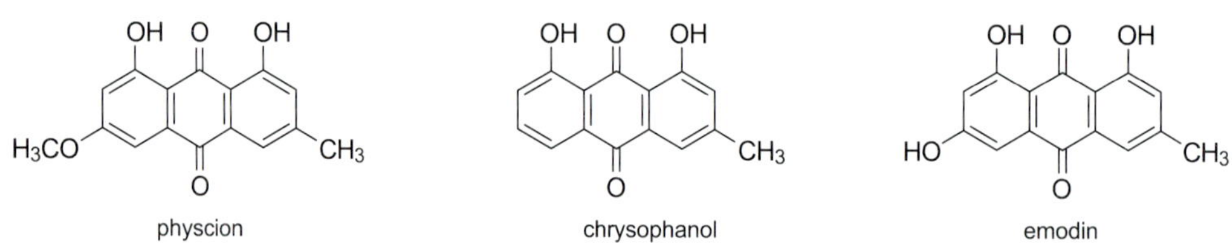

physcion chrysophanol emodin

홍국 (紅麴, Red Yeast)

【기 원】 홍국(紅麴)은 쌀에 사상균의 일종인 홍국균(*Monascus pilosus*)을 접종하여 고체발효한 제품이다. 접종된 홍국균 이외의 미생물 생육은 억제해서 곰팡이에 의한 독소가 생성되지 않도록 철저하게 관리되어야 한다. 홍국의 중요 기능성분인 monacolin K와 함께 간독성을 나타내는 citrinin이 동시에 생산되는데 액체발효의 경우 citrinin이 대량 생성될 수 있다. 또한, monacolin K만을 분리 정제하거나 화학적인 방법으로 후처리하여 사용할 경우 비활성형 monacloin K(lactone 형)가 다량 생성될 수 있고 이는 간 기능 이상이나 횡문근융해(rhabdo-myolysis)를 일으킬 수 있기 때문에 주의해야 한다. 따라서 쌀을 고체발효한 것만 인정하고 액체발효는 불인정하며 monacloin K를 인위적으로 첨가하는 것은 금지한다.

【분 류】 고시형 건강기능식품

【사용부위】 홍국균으로 발효한 쌀

【산 지】 각국

【생리활성성분】 monacolin-K

【효능 및 기전】

1) Monicolin-K는 HMG-CoA와 유사한 구조를 가지고 있으며 HMG-CoA reductase에 대한 친화도가 HMG-CoA보다 10,000배나 높기 때문에 효소를 저해하여 cholesterol 생합성을 저해한다. Cholesterol이 약간 높은 83명을 대상으로 12주간 홍국 2.4 g씩 섭취시킨 결과, HDL-cholesterol은 별 변화가 없었으나 total cholesterol과 LDL-choesterol, 중성지질이 현저히 감소하였다.[1)]
2) 관상동맥질환 증세가 있는 사람 60명을 대상으로 홍국을 고지방 식이와 함께 하루에 1.2 g씩 6주간 섭취케 한 결과 total cholesterol, LDL-cholesterol, lipoprotein, triglyceride가 가각 21%, 30%, 23%, 25% 감소하였고 HDL-cholestrol은 16% 증가하였다.[2)]
3) 유효활성성분으로 dimerumic acid 및 monacolin K 등을 함유하고 있는 홍국마늘발효추출물(monascus garlic fermented extract, MGFE)의 항고지혈작용을 측정해보고자 하여 15명(남자 11명, 여자 4명)의 33~39세사이의 사람에 대하여 실험을 진행하였다. 아침, 저녁 식사 후 225 mg/capsule의 MGFE를 연속 4주간 복용하였을 때 혈중 총콜레스테롤 및 LDL 수치가 현저히 감소되었으나 HDL 수치에는 변화가 없었고 복용정지 2주 후에는 이런 효과가 사라짐을 관찰하였다. 이는 MGFE가 항동맥경화 약물로 개발될 수 있는 잠재력이 있음을 의미한다.[3)]

【참고문헌】

1) Heber D. *et al.*, Am. J. Clin. Nutr., 69, 231-236, 1999
2) Liu L. *et al.*, Clin. Chem., 49, 1347-1352, 2003
3) Sumioka I. *et al.*, Hiroshima J. Med. Sci., 55, 59-64, 2006

【생리활성성분 화학구조식】

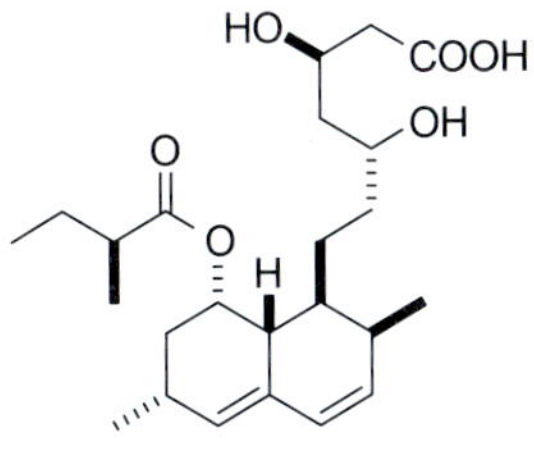

활성형 monacolin K

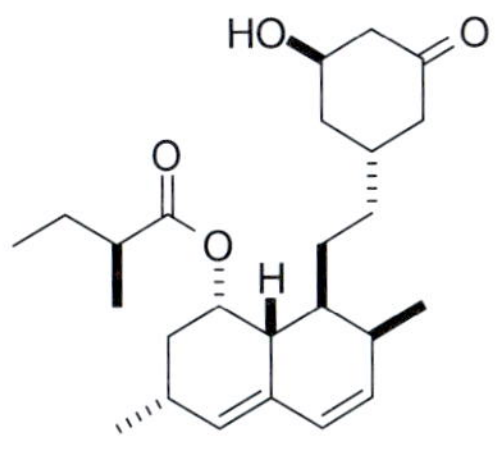

비활성형 monacolin K

히비스커스 등 복합추출물 (Hibiscus extract complex)

【기 원】 히비스커스 등 복합추출물은 키토산, 에이치씨에이(HCA), 카르니틴(L-carnitine)을 대표적인 기능성분으로 하는 원료로서 키토산, 키토올리고당, 히비스커스꽃 물 추출물, 카르니틴을 혼합하여 얻은 원료.

【분 류】 개별인정형 건강기능식품

【사용부위】 종자

【산 지】 각국

【생리활성성분】 명확치 않음

【효능 및 기전】

1) 히비스커스 추출물은 항산화작용으로 LDL의 산화를 막아 동맥에 지질이 침전되는 것을 방지하고, 혈청 triglyseride의 수치를 감소시킴을 동물 실험을 통해 확인하였다. LDL수치와 LDL/HDL 비율의 수치 모두가 고지혈증이 있는 동물모델에서 감소하였다.[1)]
2) 히비스커스의 말린 꽃받침의 물 추출물은 LDL 산화를 막는 항산화작용과 항고지혈 효과를 함께 가진다.(in hypercholesterolemic rats)[2)]
3) 콜레스테롤 수치 175-327인 성인을 대상으로 히비스커스 추출물 캡슐을 1, 2, 3개씩 투약한 결과, 매식사와 함께 2캡슐씩 한 달간 투약한 용법이 효과적으로 혈청 콜레스테롤 수치를 낮출 수 있음이 확인되었다.[3)]

【참고문헌】

1) Chen C.-Chen. *et al.*, J. Sci. Food Agri., 84(15), 1989, 2004
2) Hirunpanich, V. *et al.*, J. Ethnopharmacol., 103(2), 252, 2006
3) Lin T.-L. *et al.*, Nutr. Res.(NY, United States), 27(3), 140, 2007

3.2 혈행개선

감마리놀렌산 함유제품 (γ-Linolenic acid)

【기 원】 gamma-linolenic acid는 18개의 탄소와 3개의 2중 결합을 가지고 있는 ω-6 장쇄 불포화지방산이다. 주로 식물의 종자유에 함유되어 있다. 바늘꽃과 Onagraceae의 달맞이꽃 *Oenothera ordorata* Jack.의 종자유(種子油)에는 9% 정도 함유. 그 외 black current flower, borrage flower의 종자유를 사용.

【분 류】 고시형

【사용부위】 종자

【산 지】 달맞이꽃은 남미 칠레 원산으로 전국에 분포하는 귀화식물

【생리활성성분】 gamma-linolenic acid

【효능 및 기전】

1) 혈중 콜레스테치가 높은 9명과 정상군 10명을 대상으로 매일 3.6g의 γ-linolenic acid가 함유된 달맞이 종자 유를 섭취했을 때 혈행 개선 효과를 볼 수 있었다.[1)]
2) 7명의 혈액투석환자에게 12주 동안 γ-linolenic acid가 함유된 supplementation 을 oral로 투여한 결과, red blood cell의 변형이 개선되었다.[2)]
3) linolenic acid 섭취가 blood pressure에 따른 coronary artery disease와의 연관관계를 알아보고자 National Heart, Lung, and Blood Institute (NHLBI)에서 4594 white participants(aged 25 to 93 years/age, sex, energy intake, body mass index, risk group, study site, education, smoking, alcohol intake, exercise, 그리고 coronary artery disease 과거병력과 diabetes mellitus 등을 고려하여)를 대상으로 실험한 결과 고혈압을 예방하고 blood pressure를 일정하게 유지시키는 것으로 보고되었다. linolenic acid 를 투여하는 방법으로 남자에게는 0.81±0.35 g/per day를 여자에게는 0.69±0.29 g/per day섭취시켰다. 통계에 따르면(신뢰도 95%) hypertension를 1.0 이라고 했을 경우, linolenic acid를 섭취했을 경우 0.73(0.56 to 0.95), 0.71(0.53 to 0.95), and 0.67(0.47 to 0.96)로 control에 비해 나타났으며, 본 연구에서는 고혈압 환자에게 linolenic acid를 섭취를 제안하였다.[3)]
4) Gamma-linolenic acid(GLA)와 omega-6 polyunsatutated fatty acid가 함유된 borage oil(BOR)에서 젊은 사람과 hypertension에 대한 연관성을 실험하였다. 5주 동안, male SHR(14-15 wk old)에게 11%(by wt.) sesame oil(SES)군 그리고 BOR를 첨가

한 군으로 나누어 투여하고, 매주 plasma renin activity(PRA), aldosterone(PA), 그리고 corticosterone(PC) levels 등을 측정하였다. SEA를 먹인 군에 비해 BOR식이를 먹인 군에서는 혈압이 12 mmHg정도 낮게 나왔으며, Plasma aldosterone도 낮았다.[4)]

【참고문헌】

1) Ishigawa T. *et al.*, Atherosclerosis, 75, 95-104, 1998

2) Shigeruko L. *et al.*, Nephron, 86 (2), 122-128, 2000

3) Luc D. *et al.*, Hypertension, 45(3), 368-373, 2005

4) Marguerite E. *et al.*, Proc. Soc. Exp. Biol. Med., 218(3), 234-243, 1998

【생리활성성분 화학구조식】

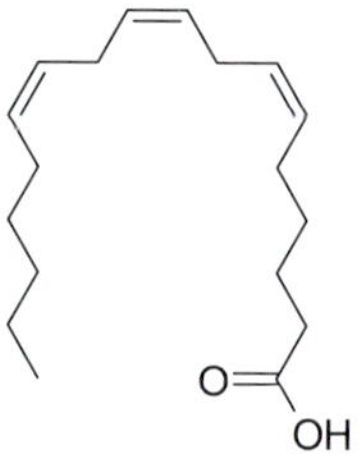

γ-linolenic acid

구인 (Earthworm)

【기 원】 지렁이과 Megascolecidae의 지렁이 *Pericaeta communissima* Gete et Hatai 및 동속지렁이의 몸체

【분 류】 개발가능소재

【사용부위】 몸체

【산 지】 전국의 비옥한 저습지

【생리활성성분】 lumbrofebrin, lumbritin, terrestro-lumbrilysin, alanine, valin, leucine, phenylalanine, tyrosine 등

【효능 및 기전】

1) 항염, 진통, 해열, 항암 효과가 알려져 있는 지렁이의 추출물은 혈액순환에도 영향을 줄 수 있다. APTT(activated partial thromboplastin time) 측정(in vitro)을 통해 항

응고 작용이 homogeneous DNA fragment에서 입증되었고, 이 활성은 trypsin digestion으로 더욱 촉진된다.[1)]

2) 안정하고 강력한 fibrinolytic enzymes(six homogeneous proteins)가 지렁이 동결 건조분말의 추출물에서 분리되었다. 이 효소는 단일 polypeptide chain으로서 매우 강력한 fibrinolytic activity을 가지며, pH1~11까지, 그리고 60℃까지 안정하다. 기질 특이성 연구결과 이 효소는 alkaline trypsin-like serine proteases라는 것이 밝혀졌다. 이 여섯 개의 효소 단백질은 적어도 4가지 다른 genes의 isozyme으로부터 유래된 것으로 추정된다.[2)]

3) 지렁이 동결 건조분말 120 mg이 17일 동안 매 식후에 7명의 건강한 성인에게 경구 투여되었다. FDP(fibrin degradation products) value, t-PA(tissue plasminogen activator) antigen level 그리고 t-PA 활성이 혈액에서 측정되었다. t-PA antigen level은 17일까지 점차 증가하였고, FDP level은 이틀째 까지는 증가하다가 다시 감소하여 표준으로 돌아왔으며, fibrinolytic activities는 증가하는 경향을 보였다. 실험결과로 보아 지렁이 분말은 경구 혈전용해제로서의 가능성을 가진다고 할 수 있다.[3)]

【참고문헌】

1) Paik Seung R. *et al*., J. Biochem. Mol. Biol., 30(1), 37-40, 1997

2) Nakajima N. *et al*., Biosci. Biotech. Biochem., 57 (10), 1726-1730, 1993

3) Mihara H. *et al*., The Southeast Asian Journal of tropical medicine and public health, 23 Suppl 2 131-140, 1992

단삼 (Red Root Sage)

【기 원】 꿀풀과 Labiatae의 단삼 *Salvia miltiorrhiza* Bunge의 뿌리.

【분 류】 식품

【사용부위】 뿌리

【산 지】 중국의 安徽, 河北, 山西, 四川省

【생리활성성분】 Phenanthraquinone계 색소 : tanshinone I(자갈색), tanshinone II(적색), cryptotanshinone(등색), tanshiol I, II alkaloid; salviamiltamide등을 함유한다.

【효능 및 기전】

1) 고지방 식이성 토끼에게 단삼을 투여하였을 때 동맥경화 부위가 56% 감소하였고 콜레스테롤 수치는 50% 감소하였다. 단삼에 의한 동맥경화증세의 감소는 콜레스테롤수치를 감소시키는 것과 관계될 뿐만 아니라 더욱 중요하게는 고지혈 동물의 endothelia 손상과 LDL 산화를 저해함으로서 항콜레스테롤 효과를 나타내는 것으로 사료된다.[1,2]

2) 단삼에서 분리한 활성성분인 isotanshinone은 collagen에 의하여 유도되는 혈소판응집을 현저히 저해하고[3] tanshinone과 salvianolic acid B는 human vascular endothelial cell에서 adhesion 분자인 ICAM-1 및 VCAM-1의 발현을 억제함으로서 혈관 벽에 분자들이 침적하는 것을 막아준다.[4]

【참고문헌】

1) Chen Y. L. *et al*., J. Cell. Biochem., 83, 484-493, 2001

2) Wu Y. J. *et al*., Arterioscler. Thromb. Vasc. Biol., 18, 481-486, 1998

3) Lee A. R. *et al*., J. Nat. Prod., 50, 157-160, 1987

4) Ling S. *et al*., Clin. Exp. Pharmacol. Physiol., 32, 571-578, 2005

【생리활성성분 화학구조식】

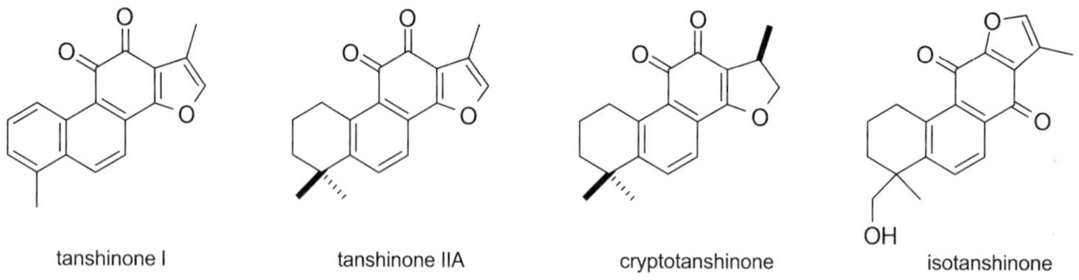

당귀 (Korean angelica)

【기 원】 미나리과 Umbelliferae의 참당귀 *Angelica gigas* Nakai의 뿌리.

【분 류】 식품

【사용부위】 뿌리, 잎

【산 지】 전국의 산, 특히 강원도 평창에서 많이 재배한다.

【생리활성성분】 pyranocoumarin류인 decursin, decursinol 그 밖에 nodakenin, nodakenetin, umbelliferone, imperatorin등을 함유한다.

【효능 및 기전】

1) 당귀의 항동맥경화 작용을 검증하고자 동맥경화증이 있는 토끼를 실험군으로 하여 동물실험을 실시한 결과 10주 후 고지혈군의 plaque area는 당귀를 투여한 군보다 컸지만(35.58/pm7.25% vs 63.31/pm7.46%) 혈중 지질농도는 triglyceride를 제외한 총콜레스테롤, HDL 및 LDL 수치가 고지혈군과 당귀 투여군에서 별반 차이가 없는 것으로 보아 당귀는 혈중 triglyceride 농도를 낮추어 줌으로서 혈류를 개선하여 항동맥경화 작용을 나타낸다.[1)]

2) 고지방 식이가 유도된 흰쥐의 복강내에 당귀의 메탄올추출물 및 luteolin-7- β-D-glucoside화합물을 투여하고 혈중 지질 농도를 관찰하였던바 지방조직의 무게는 정상군에 미치지 않았으나 다소 감소하는 경향을 보였고 총콜레스테롤, VLDL 및 LDL 농도는 현저히 감소되었다. 또한, 이들은 고지방 식이군보다 총 지질 및 triglyceride 함량감소 및 lipase의 활성을 증가시키는 활성을 나타내었다. 따라서 당귀는 고지혈증을 야기 시켰을 때 혈중 지질성분 농도를 저하시키며 이에는 당귀의 주성분인 luteolin-7- β-D-glucoside가 활성물질의 일부로 작용하는 것으로 사료된다.[2)]

【참고문헌】

1) Yu Z. *et al.*, Clin. Hemorheol. Micro., 22, 305-310, 2000

2) Park J. C. *et al.*, Kor. J. Pharmacogn., 26, 337-343, 1995

【생리활성성분 화학구조식】

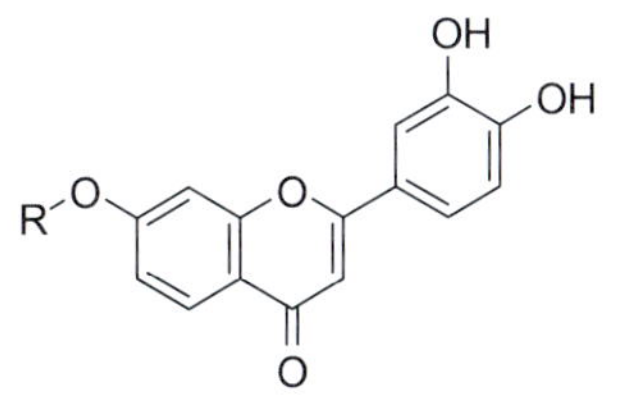

1 R=Glu, luteolin-7-2-D-glucoside

2 R=Glu6Rha, luteolin-7-O-rutinoside

도인 (Peach kernel)

【기 원】 장미과(Rosaceae)의 복숭아나무 *Prunus persica*(L.) Batsch의 성숙한 종자를 건조한 것

【분 류】 개발가능소재

【사용부위】 종자를 사용하며, 잎, 줄기, 꽃 등도 사용한다.

【산 지】 전국에서 재배한다.

【생리활성성분】 flavone ; quercetin, multiflorin A, B, olecic acid, palmitic acid, stearic acid.

【효능 및 기전】

1) 도인의 항혈액응고작용의 원리를 알고자 mice에서 plasma recalcification time을 측정하여 활성을 측정하였다. 그 결과 활성의 주성분은 triolein으로 밝혀졌다.[1)]

【참고문헌】

1) Kosuge, Takuo, *et al.*, Chem. Pharm. Bull., 33(4), 1496-1498, 1985

【생리활성성분 화학구조식】

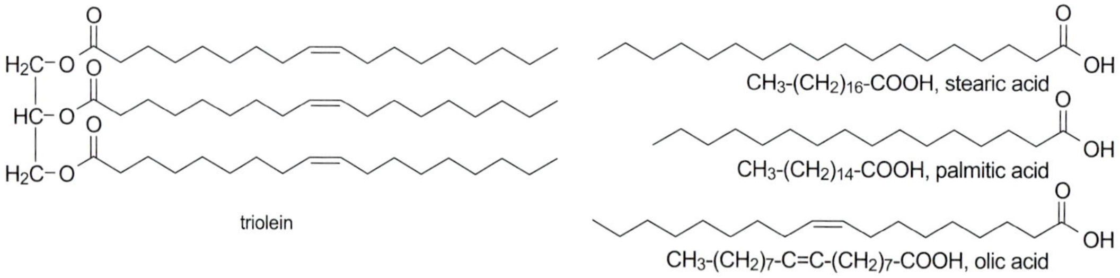

레시틴 제품 (Lecithin)

【기 원】 달걀의 난황(Lekithos)과 콩 Glycine max Merr.의 종자(種子)에 함유되어있다.

【분 류】 고시형

【사용부위】 난황 및 종자.

【산 지】 각국

【생리활성성분】 lecithin

【효능 및 기전】

1) Vitamin E 500 mg 과 300 mg lecithin을 매일 섭취했을 때, 혈액점도(the viscosity of blood)를 감소시켜서 eye, ear, heart 그리고 cerebellum 등의 혈행을 증진시킨다.[1]
2) Hypocholesterolemic와 antiatherogenic에서 soybean lecithin의 효과를 알아보고자 cynomolgus monkeys와 hamsters를 이용하여 실험을 실시하였다. 18 monkeys를 3개 그룹으로 나누어 American diet(AAD)와 American Heart Assocn. Step I diet(AHA), 그리고 modified AHA Step I diet contg. 3.4% soy lecithin(mAHA)식이를 8주 동안 실시하였다. 그리고 blood plasma samples 을 채취해서 total cholesterol(TC)와, high-d. lipoprotein cholesterol(HDL-C), 그리고 very low-and low-d. lipoprotein cholesterol(non-HDL-C), 그리고 triglyceride(TG) concns.를 측정하였다. 그 결과 mAHA diet식이를 한 군에서는 AAD group에 비해서 plasma TC가 46% 정도 감소하였고 non HDL-C은 55% 정도 감소하였다. 45마리의 hamster는 3개 그룹으로 나누어 실시하였는데, hypercholesterolemic diet(HCD) with 10% coconut oil and 0.05% cholesterol, HCD+3.4% soy lecithin(+SL), 그리고 HCD+linoleate 그룹 그리고 choline equiv. to the +SL diet but no lecithin (-SL)그룹으로 8주 동안 실시하였다. 그 결과 HCD group에 비해, SL-fed hamsters그룹에서 plasma TC 58% 정도 낮에 나왔고, non-HDL-C도 73% 낮았다. 그리고 aortic fatty streak area도 90% 정도 감소하였다.[2]
3) 9명의 type II hyperlipoproteinemia 환자와 9명의 type IV hyper-lipoproteinemia 환자에게 soy lecithin(12 g/day, 3달 동안) 투여한 결과, plasma cholesterol과 triglycerides이 각각 15와 23% 감소하였다. 또한, (HDL)-cholesterol은 16% 정도 증가하였다. Hypertriglyceridemic 환자에게선 total cholesterol이 18% 정도 떨어졌으며, triglycerides는 36% 감소하였고, HDL-cholesterol은 14% 증가하였다. 17명의 hypertriglyceridemic patients에게 한 달 동안 용량을 달리하여(6, 12, and 18 g/day) 투여한 결과 매일 12 g soy lecithin을 투여한 환자에게서 VLDL, LDL level이 감소하였다. Soy lecithin 식이가 hypertriglyceridemic patient에게 효과가 있음을 확인하였다.[3]
4) 중년에게 매일 45 g lecithin 을 투여했을 때 4주 동안 10.1% plasma cholesterol의 level이 감소하였고, plasma triglycerides은 8% 정도 감소하였다.[4]
5) Soybean lecithin을 공급했을 때 apoprotein(apo) AI/high-d. lipoprotein system에 대한 연구를 실시하였다. type IIA hypercholesterolemia환자(3 women과

7 men, aged 52±5)에게 6주간 3 g soybean oil(SO)을 투여한 결과, HDL-C level이 증가함을 확인하였다.[5)]

【참고문헌】

1) Roshdy I. *et al.*, Eur. Pat. Appl., p34, 1986
2) Thomas W. *et al.*, Atherosclerosis(Shannon, Ireland) 140(1), 147-153, 1998
3) Brook J. G. *et al.*, Biochem. Med. Metabol. Biol., 35(1), 31-39, 1986
4) Wirths W. *et al.*, Muenchener Medizinische Wochenschrift 124(5), 95-97, 1982
5) Elisabeth P. *et al.*, J. of Nutr. Biochem., 9(11), 659-664, 1998

【생리활성성분 화학구조식】 phosphoric acid, choline, fatty acids, glycerol, glycolipids, triglycerides, phospholipids 등의 혼합물

목단피 (Moutan root bark)

【기 원】 작약과 Paeoniaceae의 목단 *Paeonia moutan* Sims.의 根皮

【분 류】 개발가능소재

【사용부위】 근피(根皮)

【산 지】 장흥, 단양, 승주, 의성, 영풍 등에서 재배한다.

【생리활성성분】 paenol 및 그 배당체인 paenolide, paenoside, paeoniflorin, benzoyl-paeoniflorin, tannin 등을 함유한다.

【효능 및 기전】

1) paeoniflorin의 국소 뇌허혈과 rCBF(regional cerebral blood flow)에 대한 protective effects를 실험하였다(in rats). MCAO(middle cerebral artery occlusion)에 의한 국소 뇌허혈 쥐 모델에 MCAO 이틀 전, 30분 전과 4시간 후, 12시간 후에 각각 한번씩 paeoniflorin을 injection하였다. 24시간 후 약의 효과를 neurol. deficit(뇌 조직의 수분 함량, 현미경 하 뇌경색 부위 등)와 rCBF를 통해 평가하였다. 50 mg/kg, 100 mg/kg 투여에서 확연히 neurol. deficit가 촉진되어 뇌 조직의 수분함량과 뇌 경색부위가 감소되었다. 절편에서도 신경에 대한 protective effect를 볼 수 있었다. 100 mg/kg 투여에서 rCBF의 뚜렷한 증가 또한, 관찰되었다.[1)]
2) 목단피의 혈관 확장 효과를 쥐의 흉부 대동맥에서 실험하였다. 0.3㎛의 phenylephrine

이 전투여된 대동맥에 5가지 활성 분획(paeoniflorin, paeonidanin, methylpaeoniflorin, tetragalloylglucose, pentagalloylglucose)을 투여하여 혈관 확장을 관찰하였다. 실험 결과 pinane glycosides와 galloylglucoses가 목단피의 혈관확장 효과를 나타내는 성분임이 확인되었고, 이것은 내피세포로부터 nitric oxide 유리의 증가와 관련되는 것으로 보인다.[2)]

3) 목단피에서 분리된 paeoniflorin 등의 monoterpene glycosides는 혈소판 응고, 플라스미노겐과 플라스민 활성에 대한 억제 효과를 가진다.[3)]

【참고문헌】

1) Ma Ren-qiang *et al.*, Zhongchengyao, 28(6), 835-838, 2006

2) Yoo M.Y. *et al.*, Planta Medica, 72(14), 1338-1341, 2006

3) Tani Tadato *et al.*, Shoyakugaku Zasshi, 34(4), 299-305, 1980

【생리활성성분 화학구조식】

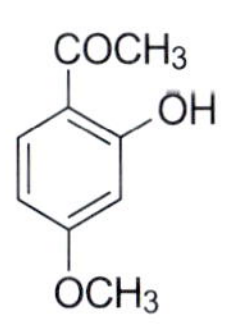

paenol

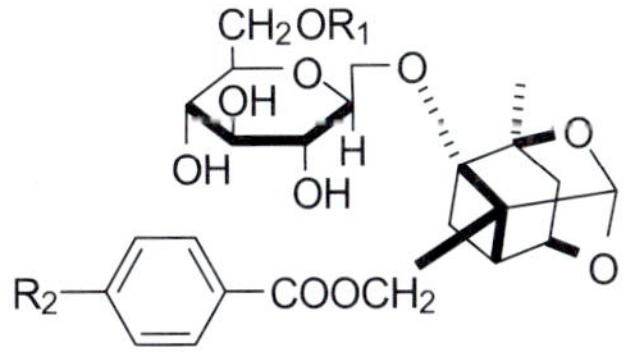

1 paenoniflorin $R_1=R_2=H$
2 oxypaeoniflorin $R_1=H, R_2=OH$
3 bengoylpaenoniflorin $R_1=COC_6H_5, R_2=H$
4 bengoyloxypaenoniflorin $R_1=COC_6H_5, R_2=OH$

숙지황 (Steamed rehmannia root)

【기 원】 현삼과 Scrophulariaceae의 지황 *Rehmannia glutinosa* Libosch. var. purpurea Makino의 뿌리를 구증구폭(九蒸九曝) 한 것

【분 류】 식품

【사용부위】 뿌리

【산 지】 전국에서 재배한다.

【효능 및 기전】

1) 예부터 숙지황은 보약, 빈혈, 위황병, 뇌빈혈 등에 쓰인다고 전해온다. 숙지황이

streptozotocin 유발 고혈당 흰쥐에 미치는 항당뇨 효과에서 높은 혈당강하작용을 보였으며[1], 실험적 신성 고혈압백서의 신장기능에 지황수침액이 미치는 영향을 연구한 결과, 신장의 혈장 renin효소의 활성을 감소시킴으로서 혈압저하를 가져왔다고 보고된다.[2]

2) 난소적출 흰쥐의 성호르몬 지질대사에서 E-2 및 progesterone 함량의 유의성 있는 증가를 보였고 혈중 LH(항체형성호르몬) 및 FSH(난포자극호르몬)의 유의성 있는 증가를 보였다. 그리고 지질대사에서 혈중 total cholesterol의 감소를 보이며 HDL-cholesterol 증가, LD-cholesterol 감소를 나타냈으며[3], 고과당 식이를 실시한 쥐에 대해 숙지황의 영향을 검사 한 결과 상승된 혈당치 및 Tc, TG의 농도를 유의하게 저하시켰고, 고과당 식이로 저하된 aspartate aminotransferase(AST) 및 alanine aminotransferase(ALT) 활성을 정상수준으로 상승시키는 효과를 보였다.[4]

【참고문헌】

1) Jeong H. J. and Kim I. H., J. Pharm. Sci., 4, 22-31, 1990
2) Park J. B., department of oriental medicine, graduate school of Wonkang university, 2
3) Kim S. Y., Lee I. S., J. Orient. Gynecol., 11(1), 175, 1998
4) Cho E. H., Kim Y. S., Kor. J. Herbology, 18(1), 73, 2003

어류 오메가 3,6 지방산

【기 원】 EPA와 DHA는 조직의 membrane phospholipid, circulating cells, plasma lipoprotein에 ester화 된 상태로 존재한다.

【분 류】 고시형 건강기능식품

【사용부위】 생선유

【산 지】 각국

【생리활성성분】 EPA, DHA

【효능 및 기전】

1) ω-3, 6 다가불포화지방산(PUFA)이나 포화지방산(SFA)의 심근경색에 대한 영향을 실험하였다. Male albino Sprague-Dawley rats(n=20)에게 생선유(오메가-3 PUFA),

땅콩유(ω-6 PUFA), 또는 코코넛유(SFA)를 60일간 섭취시켰고, isoproterenol로 심근경색을 유도하였다. 그 결과 ω-3 지방산을 섭취한 그룹에서 사망률, CPK 수치, 심근 과산화지질, 글루타티온 수치가 감소한다는 것이 증명되었다. 코코넛유 섭취 그룹에서는 심근 손상이 가장 큰 것으로 나타났다. 그러므로 실험적으로 유도된 심근경색에 대한 보호 작용은 오메가-6, SFA에 비해 ω-3 지방산이 가장 우수한 것으로 확인되었다.[1]

2) ω-3 불포화 지방산이 풍부한 식품은 고콜레스테롤혈증과 허혈성, 동맥경화성 질환의 위험을 감소시키는 것으로 알려져 있어 ω-6 지방산을 포함한 고도불포화지방산을 splanchnic artery occlusion(SAO, 동맥혈관패색) shock 생쥐에 식이 하였을 때 혈장 내 lysomal protease, cathepsin D, free amino-nitrogen화합물, cardiotoxic peptide, myocardial depressant factor의 낮은 활성을 보임으로서 SAO shock에 대한 유용한 효과를 가진다고 할 수 있다.[2]

3) 물리적, 화학적으로 다른 두 가지 형태의 오메가-3 지방산이 풍부한 음식 -천연 해양 지질 추출물에서 만들어진 Liposomes〔phospholipids(PL) organized in bilayer structures〕 또는 생선유를 포함하는 지방의 혼합물을 rats에게 2주간 섭취시켰다. Liposomes이나 생선유에 있는 ω-3 지방산의 hypotriglyceridemic effect가 관찰되었으나, Liposomes 섭취한 쥐에서 PL과 콜레스테롤의 패턴은 달랐다.[3]

【참고문헌】

1) Nageswari K. *et al*., J. Nutr. Biochem., 10, 338-344, 1999

2) Aoki N. *et al*., Prostaglandins-Leukot-Essent-Fatty-Acids, 37(2), 89-95, 1989

3) Cansell, Maud *et al*., Eur. J. Lipid Sci. Technol., 108, 459-467, 2006

【생리활성성분 화학구조식】

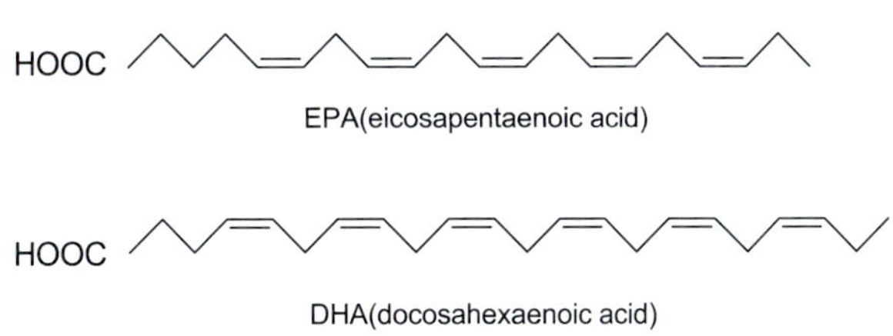

올리브 잎 주정 추출물(Olive leaf alcohol extract)

【기 원】 물푸레나무과 Oleaceae과의 올리브나무 *Olea europapea* L.의 잎. 올리브 잎 주정 추출물은 건조 올리브 잎을 분쇄하여 80% 주정추출한 후, 가열추출, 여과, 가압 농축하여 제조한 것. 기능성분은 oleuropein으로 원재료에는 약 5% 정도 함유되어 있으나, 제조공정을 거쳐 약 18~26% 정도로 농축.

【분 류】 개별인정형

【사용부위】 잎

【산 지】 유럽의 지중해 연안에서 재배한다.

【생리활성성분】 Phenolic compound : hydroxytyrosol, tyrosol, Lignan compound : africanal, (+)-hyddroxypinoresinol, Coumarin : esculetin, esculin등을 함유한다.

【효능 및 기전】

1) 올리브 잎의 주정 추출물의 주성분인 oleuropein(Oleu)는 자연적인 항산화제로서의 역할을 한다. In vivo에서 DXR(doxorubicin)과 oleuropein를 같이 투여했을 때 cardiotoxicity를 측정하였다. 50마리의 쥐를 6그룹으로 나눠 control group(2 mL normal saline i.p.), DXR만(20 mg/kg i.p) 처리한 그룹, 그리고 DXR 과 oleu을 함께(20 mg/kg DXR i.p.)한 그룹, 그리고 100 또는 200 mg/kg/BW의 oleu만 i.p.로 실험한 그룹을 나눠 실시하였다. 투여 72시간 후 쥐의 blood sample을 채취하고, creatine phosphokinase(CPK), creatine phosphokinase-MB(CPK-MB), lactatedehydrogenase(LDH), aspartate aminotransferase(AST), 그리고 alanine aminotransferase(ALT) assessments 등의 실험을 수행하였다. 그 결과 oleu과 DXR을 동시에 treatment한 그룹에서 cardiotoxicity를 예방하는 것으로 나타났다.[1)]
2) Oleuropein을 ischemia를 유도한 rabbit에 투여했을 때 infarction size와 oxidative damage 그리고 ischemia에 관련된 실험을 실시하였다. Oleuropein을 올리브 잎(Olea europea)에서 분리하여 Newzealand white rabbit에게 ischemia를 유도한 다음, normal 식이를 먹인 그룹과 hypercholesterolemic 식이를 먹인 그룹을 나눠 용량별, 그리고 투여 기간 등을 달리한 8그룹으로 나누어 실험을 실시하였다. 실험 후 개복하여 malondialdehyde, protein carbonyl, nitrite+nitrate, cholesterol, triglycerides, and superoxidase dismutase(SOD) 등을 실시하기 위해 blood level을 검사하였고, infarction/risk areas 등을 측정하였다. 그 결과 oleuropein을 10 mg/kg/day 6주 동

안 먹인 그룹(16.1±2.9%) 그리고 20 mg/kg/day 3주 동안 먹인 그룹(21.7±2.2%), 6주(24.3±1.3%)로 각각 나타났는데, 이는 control의 infarction size %(infarction/risk areas)인 48.05±2.0%에 비해 월등히 적은 것으로 나타났다. Hypercholesterolemic rabbits에 고용량을 투여한(20 mg/kg/day) 그룹에서는 infarction size가 34.7±4.4%(6wk)와 34.8±6.1%(3wk)로 각각 나타났는데 역시 cholesterol-fed control group(52.8±2.4%)에 비해 infarction size가 적은 것으로 나타났다. 더불어 blood test를 통해 oleuropein은 blood plasma lipid peroxidation을 감소시키는 것으로 보고되었으며, 이 실험의 결과를 바탕으로 oleuropein은 ischemia를 유도한 rabbits의 infarction size를 감소시키며, antioxidant로 작용하며, 혈행에서 lipid level을 감소시키는 것으로 보고되었다.[2)]

【참고문헌】

1) Ioanna A. *et al.*, J. Mol. Cell. Cardio., 42(3), 549-558, 2007

2) Ioanna A. *et al.*, J. Nutr., 136(8), 2213-2219, 2006

【생리활성성분 화학구조식】

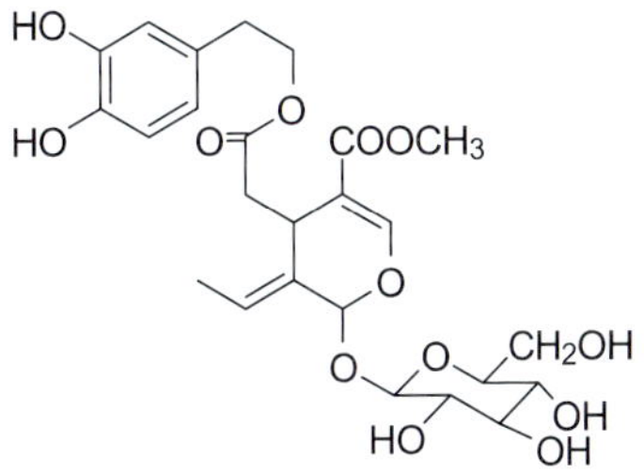

oleuropein

우슬 (Achyranthis root)

【기 원】 비름과(Amaranthaceae)의 쇠무릎 *Achyranthes japonica* Leveille et Vaniot의 뿌리

【분 류】 식품

【사용부위】 뿌리

【산 지】 전국의 산야

【생리활성성분】 oleanolic acid를 genin으로 하는 saponin을 함유하며, 또한, 곤충의 변태 호르몬인 ecdysterone, inokosterone을 함유한다.

은행 잎 (Ginkgo leaf)

【기 원】 은행과 Ginkgoaceae의 은행 *Ginkgo biloba* L.의 잎

【분 류】 개발가능소재

【사용부위】 잎, 종자

【산 지】 전국의 마을 부근에 식재한다.

【생리활성성분】 flavonoid : amentoflavone, ginkgetin, isoginkgetin, bilobetin, apigenin, sesquiterpene : bilobalide A, bilobanone, diterpene : ginkgolide A, B, C, J, alkaloid : ginkgotoxin

【효능 및 기전】

1) 은행 잎 추출물(*Ginkgo biloba* extract, EGb 761)이 혈중 지질농도에 미치는 영향을 알아보고자 하여 암컷 wistar rat에 대하여 실험을 진행하였다. 컨트롤군, 콜레스테롤 섭취군, 콜레스테롤+은행 잎 추출물 섭취군들의 혈중 콜레스테롤, triglycerides 및 HDL 농도를 측정한 결과 은행 잎 추출물을 투여한 군은 혈중 콜레스테롤 수치가 현저히 감소하였음을 관찰하였다. 하지만 혈중 triglyceride 및 HDL 농도에 대해서는 큰 영향이 없었다.[1)]
2) 은행 잎 추출물의 혈중 지질농도 및 에 대한 영향을 알아보고자 하여 고지혈증이 있는 쥐를 상대로 동물실험을 진행하였다. 은행 잎 추출물 투여군은 고지혈군에 비해 총콜레스테롤, triglyceride 및 LDL 수치가 현저히 감소되었다. 따라서 은행 잎 추출물은 고지혈증의 지질 대사를 효과적으로 조절해주고 고지방식이로 인하여 유발되는 고지혈증을 예방한다.[2)]
3) 은행 잎 추출물은 쥐의 mesangial cell에서의 LDL이 산화에 의하여 유도되는 fibronectin 생성을 막아줌으로서 항고지혈작용을 나타낸다.[3)]
4) 8명의 동맥경화증이 있는 환자에게 은행 잎 추출물을 2달간 복용시킨 후 혈중 oxLDL/LDL 비중이 15.7±7.0% 감소하였고 lipoprotein 농도가 52.4±8.2 mg/dl로부터 42.0±9.9 mg/dl로 감소하였다. 은행 잎 추출물의 이런 작용은 동맥경화의 최초단

계인 endothelia의 기능장애를 어느 정도 수복함으로써 nanoplaque(동맥 혈관벽 내 지방등 물질의 침적, 동맥경화의 특징으로 됨)를 감소시키는 것으로 추정된다.[4)]

【참고문헌】

1) Dubey A. K. *et al*., Iran. J. Pharmacol. Therap., 4, 9-12, 2005

2) Wei *et al*., Chinese Journal of Clinical Rehabilitation, 10, 188-190, 2006

3) Akiba S. *et al*., Brit. J. Pharmacol., 142, 419-424, 2004

4) Schafer P. *et al*., Desalination, 191, 426-431, 2006

【생리활성성분 화학구조식】

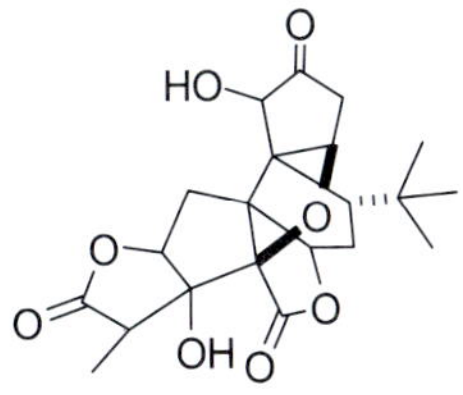

ginkgolide A

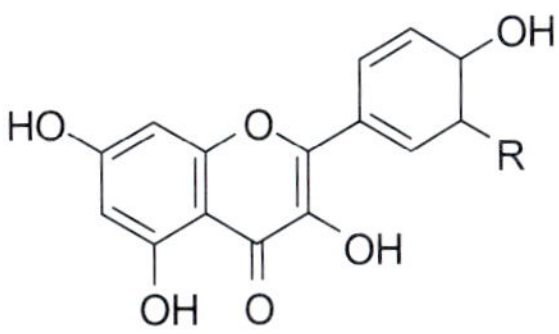

1 quercertin R=OH
2 kaempferol R=H
3 isorhamnetin R=OCH_3

작약 (Paeony root)

【기 원】 작약과 Paeoniaceae의 작약 *Paeonia lactiflora* Pallas 또는 동속 식물의 뿌리이다.

【분 류】 식품

【사용부위】 뿌리

【산 지】 산청, 의성 등에서 재배한다.

【생리활성성분】 monoterpene인 paeoniflorin, albiflorin, oxypaeoniflorin, tannin인 tetragalloylglucose, pentagalloylglucose 등을 함유한다.

【효능 및 기전】

1) 작약뿌리 추출물은 prostaglandin F2a를 전투여한 쥐의 대동맥을 확장시켰다. 내피세포가 포함된 대동맥에서는 확장이 있어났으나 내피세포가 없는 것에서는 일어나지 않았다. 작약의 주 활성 성분인 paeoniflorin과 paenol에서는 혈관확장 효과가 없었다. 내피세포 의존성 혈관확장효과의 활성 성분은 gallotannin으로 확인되었다.[1)]

2) 작약의 뿌리는 전통 동양의학에서 여성 질환의 치료에 흔히 사용되어온 중요한 식물로서, 항혈액응고 작용을 가진다. Plasma recalcification time(in mice)의 측정으로 활성의 원리를 평가하였고, 활성물질은 paeoniflorin과 benzoylpaeoniflorin으로 확인되었다.[2)]

【참고문헌】

1) Goto, Hirozo, *et al.*, Planta Medica, 62(5), 436-439, 1996

2) Ishida, Hitoshi, *et al.*, Chem. Pharm. Bull., 35(2), 849-852, 1987

천궁 (Cnidium rhizome)

【기 원】 미나리과 Umbelliferae의 천궁 *Cnidium officinale* Makino의 뿌리줄기

【분 류】 식품

【사용부위】 뿌리줄기, 잎

【산 지】 울릉도의 나리 분지에서 많이 재배하였지만, 지금은 많이 줄었음

【생리활성성분】 精油 1-2% ; cnidilide, ligustilide, neocnidilide, butylphthalide, sedanoic acid등을 함유한다.

【효능 및 기전】

1) 천궁에서 분리한 osthole(7-methoxy-8-isopentenoxycoumarin)는 지방우유 섭취에 의하여 혈중지질농도가 높아진 쥐에 대하여 치료 작용이 있다. 그 메커니즘은 lipid protein lipase(LPL)와 hepatic lipase(HL)의 활성을 증가시키는 것과 관계된다.[1)]

2) 고지방 및 알코올식이성에 의하여 고지혈증이 유발된 쥐에게 osthole를 투여한 결과 혈중 총콜레스테롤, triglyceride, LDL 수치가 현저히 감소하였고 간 조직에서의 총콜레스테롤 및 triglyceride 수치도 현저하게 감소하였다. osthole는 지질축적을 현저히 억제한다.[2)]

3) 천궁열매에서 분리한 osthole은 stroke-prone spontaneously hypertensive rats (SHRSP)의 수축압의 상승을 억제하고 hepatic 콜레스테롤수치를 낮추는 HMG-CoA reductase mRNA 발현을 현저하게 증가시킨다. 또한, osthol은 hepatic CPT1a mRNA 발현의 증가와 관계되는 hepatic ACO mRNA 발현을 증가시킴으로서 간지방의 산화를 촉진한다. 이는 어느 정도에서 osthol이 SHRSP의 간 중 triglyceride 수치를 낮추어주

는 것과 관계된다. osthol는 동맥경화 및 지방간 축적의 저해에 모두 작용을 나타낸다.[3)]

【참고문헌】

1) Zhang Y. *et al.*, Acta. Pharmacol. Sin., 28, 398-403, 2007
2) Song F. *et al.*, World J. Gastroenterol., 12, 4359-4363, 2006
3) Ogawa H. *et al.*, J. Ethnopharmacol., 112, 26-31, 2007

【생리활성성분 화학구조식】

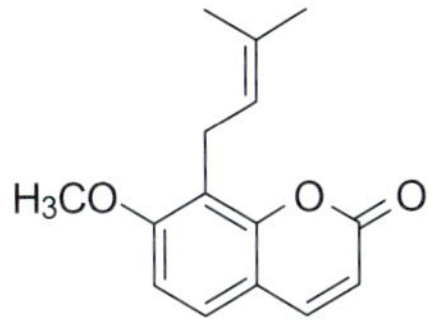

osthole

카세인 가수분해물 (Casein hydrolyzate)

【기 원】 카세인 가수분해물은 우유 단백질인 카세인을 가수분해하여 제조한 가수분해물로 흰색 또는 미색의 분말형태다. 기능성분은 카세인 가수분해물로[Phe-Phe-Val-Ala-Pro-Phe-Pro-Glu-Val-Phe-Gly-Lys]의 12개 아미노산으로 구성된 펩티드이다.

【분 류】 개별인정형

【사용부위】 우유

【산 지】 각국

【생리활성성분】 [Phe-Phe-Val-Ala-Pro-Phe-Pro-Glu-Val-Phe-Gly-Lys]의 12개 아미노산으로 구성된 펩티드.

【효능 및 기전】

1) 트립신과 함께 카세인 가수 분해물을 처리했을 때 혈행 질환 및 cerebral stroke 등을 예방한다.[1)]
2) 63명의 규폐증이 있는 남성 환자들에게 카세인 가수분해물을 투여한 결과, blood protein함량이 증가 하고, 혈행 개선에도 영향이 있었다.[2)]
3) fibrinogen은 동맥경화를 유발하는 risk factor중 가장 많이 논의 된 것 중 하나인데, 2~6세 소아(pediatric)가운데 유전적혈행계 질병(family history of circulatory

system diseases, FHCAD)을 가진 그룹과 그렇지 않은 그룹에 카세인 가수분해물과 soy protein을 base로 한 단식을 실시했을 때, soy formula를 한 두 그룹에서는 fibrinogen level이 어떤 그룹에서도 변화가 없었으며, 카세인 가수분해물을 섭취한 유전적 혈행계 질병(FHCAD)을 가진 그룹에서는 fibrinogen level이 감소한 것으로 나타났다.[3]

【참고문헌】

1) Ryuji S. *et al.*, PCT Int. Appl., p18, 1995

2) Kanantseva T. *et al.*, Sovetskaya Meidtsina, 21, 26-27, 1957

3) Mikoluc B. *et al.*, Adv. Med. Sci., 51, 214-218, 2006

폴리코사놀-사탕수수 왁스알코올 (policosanol-sugar cane wax alcohol)

【기 원】 폴리코사놀-사탕수수 왁스알코올은 쿠바의 동부지역에서 생산되는 사탕수수(*Saccharum officinarum* L.)의 잎과 줄기를 압착한 후 헥산으로 추출하고 비누화시킨 후 아세톤과 헥산을 이용하여 지방산 1차 알코올을 추출 정제하여 분말화한 원료. 본 원료는 지방산 알코올의 혼합물

【분 류】 개별인정형

【사용부위】 잎, 줄기

【산 지】 쿠바

【생리활성성분】 (1-tetracosanol 0.01~2%, 1-hexacosanol 3.0~10%, 1-heptacosanol 0.1~3.0%, 1-octacosanol 60~70%, 1-nonacosanol 0.1~2.0%, 1-triacontanol 10~15%, 1-dotriacontanol 5~10.0%, 1-tetratriacontanol 0.1~5%)이 90% 이상 함유된 1차 알코올

【효능 및 기전】

1) policosanol은 사탕수수, 쌀겨, 밀랍, 등에서 분리된 것으로 long chain primary alcohols(C24-34)이 속하는 것으로 한다. 이 policosanol은 type Ⅱ 당뇨병인 인슐린 비의존성 당뇨병(Non-insulin-dependent diabetes mellitus, NIDDM) 환자와 hypercholesterolemia 환자의 혈장 total cholesterol과 LDL-cholesterol을 낮추고 HDL-cholesterol을 높이는 효과를 보였다.[1),2),3)]

2) Golden Syrian hamster를 6주에 걸쳐 4개의 그룹으로 각각 0(control), 0.38, 0.75, 1.50 g/kg의 policosanol을 식이하여 중성과 산성 sterol의 대변으로의 배설과 Human LDL의 항산화활성을 연구한 결과 0.38~1.5 g/kg을 식이한 그룹에서 serum total cholesterol level이 15~25% 감소하였고 HDL-cholesterol은 7~16.8% 증가하였다. 이것은 policosanol이 산성 sterol의 배설이 25~73% 증가하였기 때문이다. 이와 같이 sterol의 배설을 증가시키고, LDL의 산화를 억제 한다.[4)]

3) Cuban sugar cane policosanol에서 cholesterol-lowering 효능이 결핍될 수도 있다는 보고도 있다.[5)]

【참고문헌】

1) Castano G. *et al*., J. Clin. Pharmacol. Res., 22, 89-99, 2002

2) Castano G. *et al*., Gynecol. Endocrinol., 14, 187-195, 2000

3) Pons P. and Mas, R., Curr. Ther. Res., 52, 507-513, 1992

4) Chi Ho Ng *et al*., J. Agric. Food Chem., 53(16), 6289-6293, 2005

5) Kassis A. and Jones, Peter J. H. Am. J. Clin. Nutr., 84(5), 1003-1008, 2006

【생리활성성분 화학구조식】

$HO-(CH_2)_{19}-CH_3$ 1-eicosanol	$HO-(CH_2)_{21}-CH_3$ 1-docosanol
$HO-(CH_2)_{23}-CH_3$ 1-tertracosanol	$HO-(CH_2)_{25}-CH_3$ 1-hexacosanol
$HO-(CH_2)_{27}-CH_3$ 1-octaeosanol	$HO-(CH_2)_{29}-CH_3$ 1-triacontanol

피크노제놀-프랑스 해안송 추출물

(pycnogenol-French pine tree extract)

【기 원】 피크노제놀-프랑스 해안송 껍질 추출물은 프랑스 남서부 지방에 자생하는 해안송(French maritime pine tree, *Pinus pinaster*)의 껍질을 주정으로 추출하고 한외여과를 이용해서 정제한 procyanidin을 주성분으로 하는 원료.

【분 류】 개별인정형

【사용부위】 껍질

【산 지】 프랑스

【생리활성성분】 β-carotene, α-tocopherol, catalase, desferrioxamine, hydrogen peroxide, curcumin, 등

【효능 및 기전】

1) 피크노제놀은 혈행, 염증, 면역반응에 대해 효과를 보일 수 있다. 피크노제놀의 활성은 풍부하지만 주로 산소와 질소의 능동적인 순환에서 그것의 수용에 의해 결정되는 것으로 보여 진다.[1),2)]
2) 인슐린 비의존성 당뇨병(Non-insulin-dependent diabetes mellitus, NIDDM)에 대해서 유의적으로 혈당수치를 낮추고 glycosylated hemoglobin의 농도를 낮춤으로서 pycnogenol의 당뇨병치료제로서 효능을 검증하였다.[3),4)] 또한, 세포안의 LDL로의 산화에 대한 강한 억제효과를 보인다.[2)]
3) 또한, 한 연구에서는 하루 복용량을 최대 200 mg으로 하고 asprin과 비교하여 asprin 500 mg과 pycnogenol 125 mg을 복용하면 흡연에 의한 혈소판응집이 감소[5),6)]하고, 또한, pycnogenol을 하루에 첫 번째 담배를 피우기 3시간 전 200 mg씩 2개월간 섭취하면 흡연에 의한 혈소판응집 수치가 비흡연자의 수치와 같아진다고 보고한다.[6)]

【참고문헌】

1) Rimbach Gerald *et al*., Oxidative Stress and Disease, 8(handbook of anti-oxidants), 417, 2002
2) Andrzej Mazur *et al*., Atherosclerosis, 145, 421, 1999
3) Ximing Liu *et al*., Life Sci., 75, 2505-2513, 2004
4) Ximing Liu *et al*., Diabetes Care, 27(3), 839, 2004
5) M. putter Thromb-Res., 95(4), 155-1, 1999
6) Mohsen Araghi-Niknam Integ. Med., 2(2/3), 73-7, 1999
7) Araghi-Niknam M. *et al*., Integr. Med., 2(2), 73-7, 2000

【생리활성성분 화학구조식】

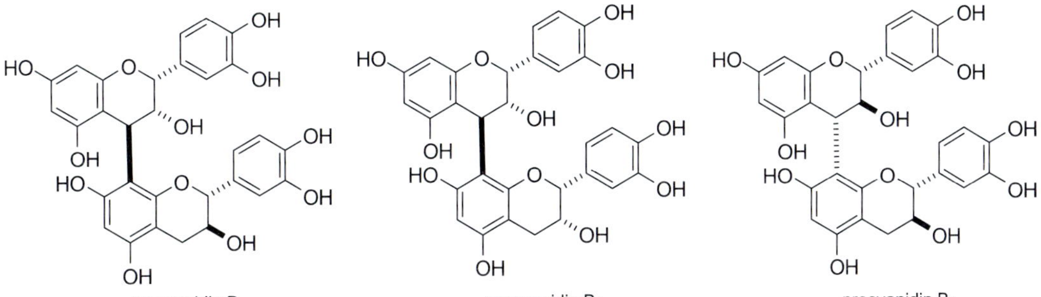

procyanidin B₁ procyanidin B₂ procyanidin B₃

3.3 혈압조절

결명자 (Cassia seed)

【기 원】 *Cassia obtusifolia* L. 또는 *Cassia tora* L.(Leguminosae)

【한국명】 초결명, 긴강남차

【분 류】 식품

【사용부위】 종자(식용)

【산 지】 우리나라 각지에서 식용 또는 약용으로 재배

【생리활성성분】

Anthraquinone(chrysophanol, physcion, emodin, rhein 등), anthraquinone glycosides (glucoobtusifolin, glucochryso-obtusin 등)

【효능 및 기전】

1) 물 추출물의 혈압강하작용[1)]
   - 마취시킨 쥐, 개, 고양이 또는 토끼의 혈압을 내린다.
2) EtOH 추출물의 혈압강하작용
   - 마취시킨 개, 고양이 또는 토끼의 혈압을 내린다.

【참고문헌】

1) Koo, A. *et al.*, Amer. J. Chinese Med., 4(3), 249-55, 1976

【생리활성성분 화학구조】

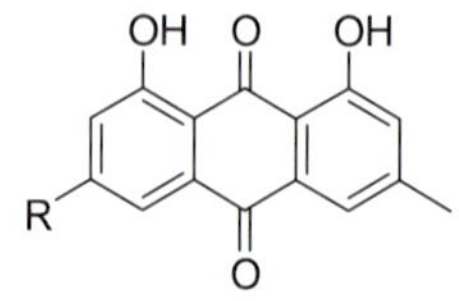

chrysophanol, R=H
emodin, R=OH
physion, R=OCH_3

두충 (Eucommia bark)

【기 원】 *Eucommia ulmoides* Oliver, Eucommiaceae

【분 류】 식품

【사용부위】 수피(약용, 식용), 잎(식용)

【산 지】 중국(사천, 협서, 호북, 하남, 귀주, 운남), 한국, 일본

【생리활성성분】 Iridoid glycoside(geniposidic acid), lignan(pinoresinol, pinoresinol di-O-β-D-glucopyranoside)

【효능 및 기전】

1) 물 추출물의 혈압강하작용 : 실험동물의 혈압을 현저하게 저하시키며 귀동맥을 확장, 내장과 자궁의 긴장도를 높인다(rabbit). 실험동물의 혈압과 신장박동수를 낮추고(800 mg/kg, p.o.) 요량을 증가시키나 전해질 농도와 뇨의 pH에는 영향을 주지 않는다(흰쥐). 두충차나 두충주 : 2~4개월간 복용한 고혈압 환자의 94%에게서 혈압개선 효과가 나타났다.
   - 두충엽의 수성분획물은 muscarinic acethylcholine 수용체를 거쳐서 부교감신경계를 자극하는 agonist로서 작용을 나타낸다. 또 Ca 길항작용 등도 관여하는 것으로 보고되어 있다. 한편 ACE를 매개로 하는 강압작용은 없는 것으로 보고되고 있다.[1)]
   - SHR(spontaneous hypertensive rat)에 두충 엑기스를 22일간 투여 후 수축기의 혈압을 측정하였을 때 10 mmHg/hr의 속도로 혈압을 낮추었다.[2)]
2) Aq. ethanol 추출물의 혈압강하작용[3)] : Aq. ethanol 용액을 여과, 농축하여 다공성 수지 column chromatography로 정제하여 ethanol 용축액을 여과, 농축, 분말로 건조

한 것. 30~90 wt%의 lignanoid 함유(pinoresinol diglucoside가 주). 혈압강하효과가 우수함. 고혈압의 예방, 치료의 약품, 기능성 식품 원료로 사용.

3) 두충엽 배당체의 혈압 강하작용 : 두충엽 배당체의 작용을 단맹검법(피검자수 96명)으로 복용 8주간을 수축기 혈압 130 mmHg 이상의 고혈압군에 대하여 임상 실험한 결과 두충엽 배당체군은 복용 개시 전에 비하여 복용 개시 후 4, 6, 8주간에 수축기 및 평균 혈압을 유의성 있게 저하하였다.[4)]

4) Geniposidic acid의 혈압 강하작용 : 혈압이 정상인 WKY rat에 대해서는 둔화한 혈압 강하작용을 나타내는 반면, 혈압이 높은 SHR rat에 대하여서는 강한 강압작용을 나타낸다. 이 작용은 식품으로서는 특징적인 작용이다.[1)]

5) Pinoresinol di-O-β-D-glucopyranoside의 혈압 강하작용 : 혈압개선 효과. 사람의 대장 세균에 의하여 당연히 pinoresinol로 전환된다. (+)-Pinoresinol도 장내세균인 *Enterococcus faecalis*(PDG-1)에 의하여 (+)-lariciresinol로 전환된다.

6) 두충엽 분말의 콜레스테롤 저하작용 : 고지방 식이를 한 SHRSP(stroke-prone spontaneously hypertensive rat)에 5% 두충엽 분말을 투여하였을 때 serum 총 cholesterol을 유의성 있게 저하하였다.[5)]

【참고문헌】

1) 川崎晃一 외 : 건강과학, 22, 별책, 九州大學건강과학센터, 29-36, 2000

2) Lang Cynthia *et al*., Amer. J. Chinese Medicine, 33(2), 215- 230, 2005

3) Ouyang Dongsheng *et al*., Faming Zhuanli Shenqing Gongkai Shuoningshu, CN 101011452 A 20070808. Application : CN 1003-4348 20070129.

4) 上園慶子 외, Ther. Res., 18, 94-97, 1997

5) Ogawa, Hiroshi *et al*., Nippon Eiyo Shokuryo Gakkaishi, 47(4), 301-306, 1994

【생리활성성분 화학구조】

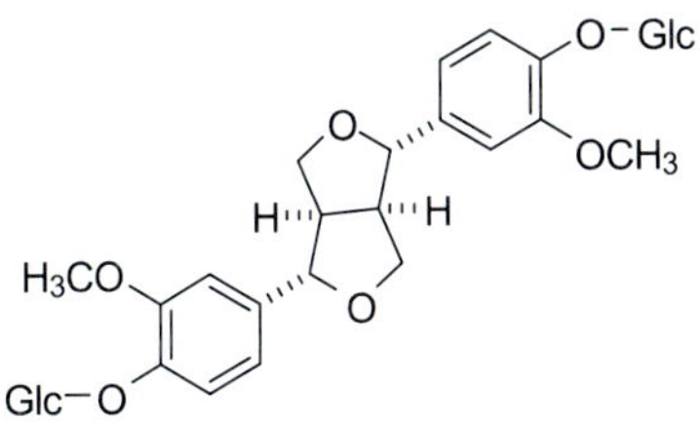

pinoresinol-di-O-²-D-glucopyranoside

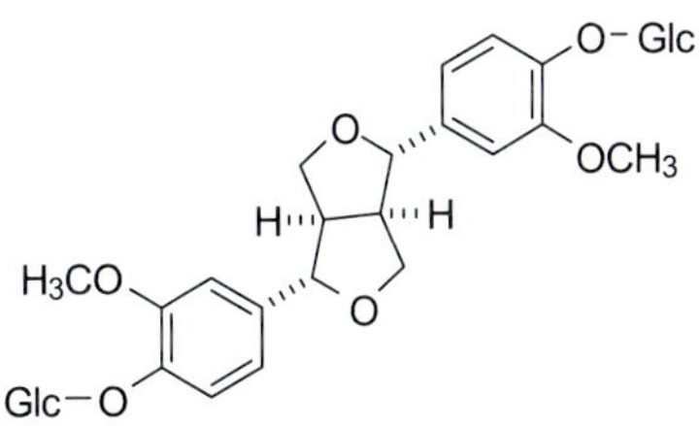

(+)-pinoresinol

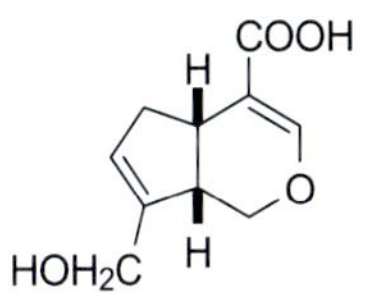

geniposidic acid

【사용상의 주의사항】

두충 잎 물 ext.를 치료량의 4~5배의 량으로 토끼, rat, guinea-pig, 개에 투여하여도 아주 약간의 신장애가 일어날 뿐이었다. 변이원성 등 다른 독작용은 없었다.

미강유 (Rice bran oil)

【기 원】 *Oryza sativa L.*, Gramineae

【분 류】 식품

【사용부위】 쌀겨에서 얻은 기름

【산 지】 각국

【생리활성성분】 Ferulate

【효능 및 기전】

1) Unsaponifiable 분획의 작용
   - 미강유의 unsaponifiable 활성 분획의 심혈관계 질환, 고콜레스테롤혈증 및 당뇨 등 건강 장애를 예방, 치료 효과를 확인하였다. 또한, 안전하고 소량에서도 극히 유효한 것이 밝혀졌다.[1]

2) Choline의 혈압강하작용[2]
   - 미강유의 작용이 choline과 유사하게 혈압강하, 심박동수 감소를 가지고 오는데 이는 그 속에 함유된 choline에 기인한다.

3) γ-Oryzanol의 작용[2]
   - 미강유에 함유되어 있는 γ-oryzanol은 토끼 혈중농도는 5시간 이상 지속하다가 간장에서 대사된다. 중추신경에는 직접 작용하지 않음.

4) Ferulate의 혈압강하작용
   - 미강유 속에 함유되어 있는 ferulate를 알칼리 처리하여 기름을 제거하고 중화한 다음 ether로 추출하여 crude ferulate를 얻고 column chromatography를 행하여 순수한 ferulate를 분리하였다. Ferulate는 혈압을 낮추거나 혈관 확장의 목적으로 임상에서 사용된다.[3]

【참고문헌】

1) Cherukuri, R. S. V. *et al.*, U. S. Pat. App. Publ., US 2006083700 A1 20060420. Application : US 2005-251875, p13

2) 赤松金芳, 신정 화한약, 1980, 의치약출판주식회사

3) Kato, A. and Tanaka, A. Jpn. Kokai Tokkyo Koho, JP50030686 19751003. Application : JP 65−78964 19651203, p3

【생리활성성분 화학구조】

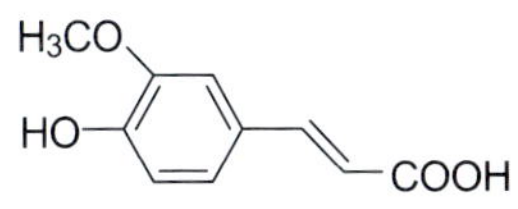

ferulic acid

산사자 (Hawthorn)

【기 원】 산사자나무 *Crataegus pinnatifida* Bunge var. typica C. K. Schneider, Rosaceae

【분 류】 식품

【사용부위】 열매(식용, 약용)

【산 지】 우리나라

【생리활성성분】 Cyanogenic glycoside(amygdalin), flavonoid(quercetin, pinnatifinoside A-D 등)

【효능 및 기전】

1) 에스테르류의 혈압 강하작용
   - 산사자에 함유되어 있은 에스테르류에 혈관확장작용에 의한 혈압 강하작용이 있다.
2) Flavonoid 분획의 혈압강하작용[1)]
   - 산사자 잎에서 얻은 flavonoid 분획의 정맥 또는 근육 주사액이 고혈압, 고지혈 등 심혈관 및 뇌혈관 질환의 치료에 사용된다. 이 약의 특징은 간단하고 안정성이 높으며 빠르고 신빙성이 있으며 높은 생체이용률을 나타낸다.
   - 산사자의 flavone과 phospholipid의 혼합물이 심근 무산소증, 부정맥을 치료하고 혈소판응집을 억제하고 혈압을 내리며 혈액지질의 대사를 조절하는 등의 작용을 가진다.[2)]
3) 과실 엑기스로 만든 점액제의 혈압강하작용[3)]
   - 산사자 과실 엑기스와 PEG, poloxamer, sodium stearate, S40, glycogelatin의 단독 또는 혼합 점액제는 혈액지질을 강하시키는 적당한 제제로서 그 작용이 빠르고 높은 생체이용률을 가지며 간단한 제조공정을 가지고 있기 때문에 산사자 과실 엑기

스의 제형으로 이상적이다.

【참고문헌】

1) Xu X., Faming Zhuanli Shenqing Gongkai Shomingshu, CN 1559399 A 20050105. Application : CN 1000-6313 20040225, p19, 2005

2) Pan Q. *et al*., Faming Zhuanli Shenqing Gongkai Shomingshu, CN 1799542 A 20060712. Application : CN 1009-4104 20041230, p5, 2006

3) Xu X., Faming Zhuanli Shenqing Gongkai Shomingshu, CN 1559399 A 20050105. Application : CN 1562095 A 20050112. Application : CN 1000-8724 20040316, 10 pp, 2005

【생리활성성분 화학구조】

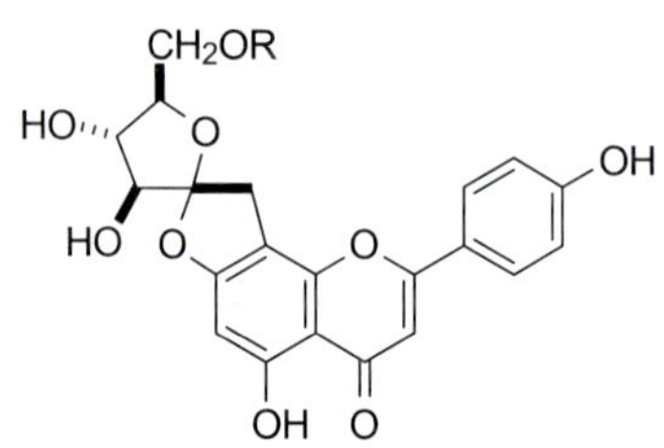

pinnatifinoside A, R=H
pinnatifinoside B, R=Ac

상기생 (Mulberry Mistletoe)

【기 원】 *Viscum album* L. var. *coloratum*(Kom.) Ohwi, Loranthaceae, 뽕나무 겨우살이

【분 류】 개발가능소재

【사용부위】 잎, 줄기, 가지

【산 지】 우리나라 각지에 재배

【생리활성성분】 Flavonoid(avicularin, quercitrin)

【효능 및 기전】

1) Avicularin의 혈압 강하작용
   - Avicularin에는 이뇨작용과 혈압 강하작용이 있다.

2) γ-Aminobutylic acid의 혈압 강하작용

- 상기생으로부터 γ-amimobutylic acid가 분리되었는데 rat에서 0.3 mg/kg의 용량에서 혈압강하작용을 나타내었다.[1]

3) Phenolic 화합물의 관상혈관계에 대한 작용2)

- 상기생의 n-butanol 분획에서 언어진 kalopanaxin D가 rat aortic ring에 대한 매우 약한 이완작용을 나타내었다.

【참고문헌】

1) Samuelsson, Gunnar, Svensk Farmaceutisk Tidskrift, 63, 545-63, 1959

2) Deliorman, D. *et al.*, J. Ethnopharmacol., 72(1-2), 323-9, 2000

【생리활성성분 화학구조】

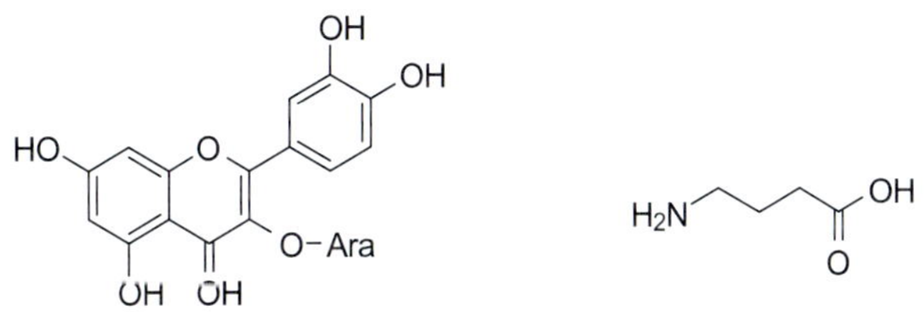

avicularin　　γ-aminobutylic acid

상백피 (Mulberry root bark)

【기 원】 *Morus alba*, Moraceae

【분 류】 식품

【사용부위】 약용(뿌리껍질, 잎, 열매), 식용(열매)

【산 지】 우리나라 산야에 자생, 재배

【생리활성성분】 Prenyl flavonoid(morusin, kuwanon A-L), stilbene(oxyresveratrol, kuwanon P, Y, Z), benzofuran(mulberrofuran A, B, E, M-Q, albanol, albafuran A-C, A-M, dimoracin)

【효능 및 기전】

1) 엑기스의 작용 : 엑기스는 고혈압, 허혈성 심장 질환, 만성 신장장애 등에 유용하게 쓰일 수 있는 ECE(endothelin-converting enzyme) 저해 활성을 가진다.[1]

2) 수층 및 부탄올층 : 설치류와 개에 대해 진경, 이뇨, 진해, 항부종, 진정, 혈압강하작용

을 나타낸다.

3) Kuwanon G, H, sanggenone C, D, mulberrofuran C : 현저한 혈압 강하작용, 저혈압 유발(rabbit, iv)

4) Mulberrofuran F, G(rabbit), moracenin A, B, C(rat) : 혈압강하작용

【참고문헌】

1) Hachiya, Akira *et al.*, Jpn. Kokai Tokkyo Koho, JP 2000302633 A 20001031. Application : JP 99-109766 19990416, p6, 2000

【생리활성성분 화학구조】

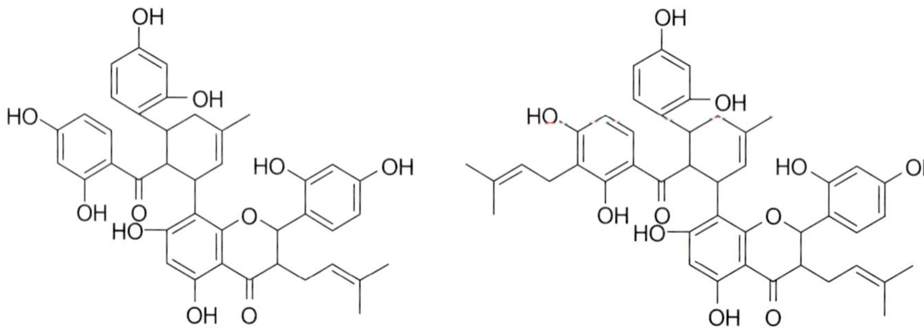

kuwanon G　　kuwanon H

은행 잎 (Ginkgo leaf)

【기 원】 *Ginkgo biloba* L. Ginkgoaceae

【분 류】 개발가능소재

【사용부위】 잎

【산 지】 우리나라 각지에 재배

【생리활성성분】 Diterpenes(ginkgolide a-c 등), biflavonoids(ginkgetin, isoginkgetin 등), flavonoids(apigenin, kaempferol 등)

【효능 및 기전】

1) 관상동맥 확장작용

- 동맥의 혈관은 확장하고 정맥의 혈관은 수축시킨다. 모세혈관의 신축성을 증진시키고 혈소판이나 적혈구의 응집을 억제한다. 또한, 모세혈관의 과다투과성을 줄여주고

조직으로의 혈행을 원활하게 하여 세포대사를 촉진한다.

2) 은행잎 추출물(EGb 761, flavone rich ext.)의 작용

- 은행잎 추출물(EGb 761)은 정상 혈압 쥐나 선천성 고혈압 쥐에서 free radical scavenger 작용을 가져서 재관류로 유도된 이온의 비평형을 간접적인 방법으로 줄여주고 이온 항상성을 증가시키는 것으로 나타났다.[2)]
- EGb 761은 enalpril과 같이 투여함으로써 폐고혈압 억제효과를 강화시키는데 이는 EGb 761의 항산화작용에 의한 endotherial 세포 보호에 기인하는 폐혈관 확장을 증가시킴으로써 일어난다.[4)]
- EGb 761은 SHR rat에서 혈액 관류를 증가시키고 혈관운동 기능을 조절하고 모세혈관을 효과적으로 확장하고 말초저항을 해소함으로써 치료효과를 나타낸다. 또한, EGb 처치로 손상된 SHR rat의 혈관상피세포도 부분적으로 회복됨을 알았다.[5)]
- EGb 761의 기억과 인식 장애와 연관된 노화 및 정서에 대한 작용을 관찰하기 위하여 건강한 젊은 실험참여자에게 스트레스를 주고 이중맹검법에 의하여 실험하였다. EGb 761의 한번 투여는 스트레스로 인한 혈압상승을 심장박동과는 무관하게 감소시켰다. 또한, 스트레스로 인한 침 속의 cortisol의 농도 상승을 억제하였다. 이 결과로 EGb 761은 스트레스로 인한 혈압상승을 억제하고 cortisol 분비에 영향을 주었다.[7)]
- EGb 761은 SHRSP/lzm(stroke-prone spontaneously hypertensive rats)에서 혈압을 낮추고 강한 antithrombotic 작용과 항산화 작용을 나타내는 것을 확인하였다.[9)]
- Ginkgo biloba ext.(ExGb)의 고혈압에 대한 작용을 실험하기 위하여 16명의 고혈압 환자에게 플라세보를 조절한 실험을 실시하였다. 그 결과 실험군에서는 수축기 및 이완기 혈압을 의미있게 낮추었으나 플라세보군에서는 작용이 없었다. 혈중 uric acid 농도도 실험군에서는 실험 종료 시까지 의미있게 낮추었으나 플라세보군에서는 아무 변화가 없었다. 박동수, 체중, 혈장치 등 다른 요인들은 양 군에서 변화가 없었다.[10)]
- 은행잎 제제인 "Tanakon"은 고혈압성 동맥경화를 억제하고 신장 고혈압 쥐에서 뇌졸중을 예방한다. 혈액 속에서 발병인자인 angiotension I, II, endothelin, aldosterone은 감소하고 SOD와 cGMP는 증가하였다.[3)]
- GBE(Ginkgo biloba extract)의 선천성 고혈압 쥐에서의 혈압, 심장 박동, 혈액 포도당 및 여러 가지 간장 지표에 대한 실험을 실시한 결과 실험한 지표에 특별한 유익한 효과를 나타내지 못하였고 또한, 심지어 고농도의 투여에도 어떤 뚜렷한 독성도 보이지 않았다.[6)]
- Ginkgo biloba ext.(GBE)는 rat의 혈관 내피세포의 세포내 칼슘 농도 증가로 인한

NO 합성 및 유리를 통한 혈관확장에 의한 항고혈압작용을 가진다. 또한, GBE는 염농도 연관 고혈압을 낮추고 대동맥의 acethylcholine에 의해 유도된 혈관확장을 치료한다.[11)]

3) 은행잎 flavonoid 유도체의 작용

- 은행잎으로부터 추출된 flavonoid 유도체들은 경동맥압을 낮추고 혈류량은 증가시킨다.[1)]
- 은행잎의 total flavone은 정상 rat, 신장 고혈압 쥐, 선천성 고혈압 쥐에서 혈압을 낮추고 뇨속의 단백질 함량, NO 함량 및 ET 활성을 낮추었다. 이들은 항고혈압의 증명이 된다.[8)]

4) Ginkgoflavonoid의 작용

- Quercetin, kaempferol, isorhamnetin 등은 심부전증이 있는 관상동맥을 확장한다.

【참고문헌】

1) Asano M. *et al*., Koshu Eiseiin Kenkyu Hokoku, 21(1), 20-9, 1972
2) Droy-Lefaix, J.-T. *et al*,. Int. J. Tissue React., 15(2), 85-91, 1993
3) Fang Y. *et al*., Zhongguo Shenjing Jingshen Jibing Zazhi, 24(4), 208-210, 1998
4) Lee Y-M. *et al*., Yakhak Hoechi, 43(4), 487-93, 1999
5) Zhang J. *et al*., Clin. Hemorheol. Microcirc., 23(2-4), 133-138, 2000
6) Umegaki K. *et al*., Shokuhin Eiseigaku Zasshi, 41(3), 171-177, 2000
7) Jezova D. *et al*., J. Phys. Neuroendoc., 53(3), 337-348, 2002
8) Geng X. *et al*., Zhongguo Zhongyao Zazhi, 27(8), 606-608, 2002
9) Sasaki Y. *et al*., Clin. Exp. Pharmacol. Phys., 29(11), 963-7, 2002
10) Chonan O. *et al*., Nippon Eiyo Shokuryo Gakkaishi, 55(1), 11-17, 2002
11) Kubota Y. *et al*., Biol. Pharm. Bull., 29(2), 266-269, 2006

【생리활성성분 화학구조】

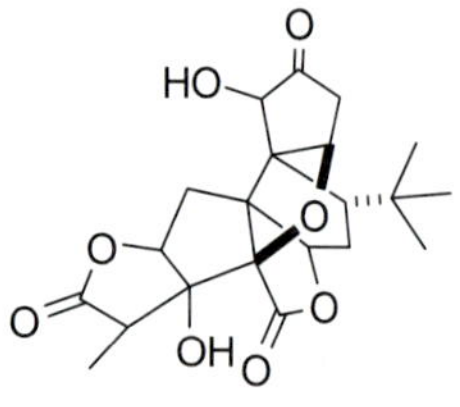

ginkgolide A

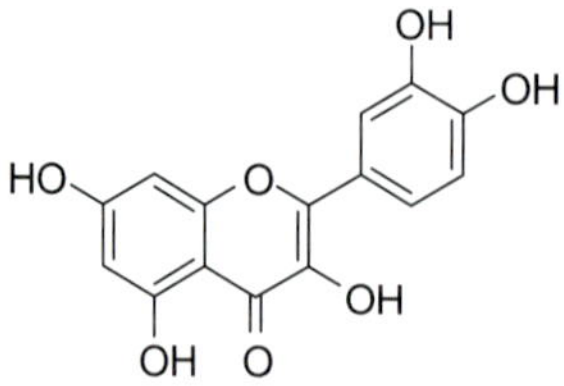

quercetin

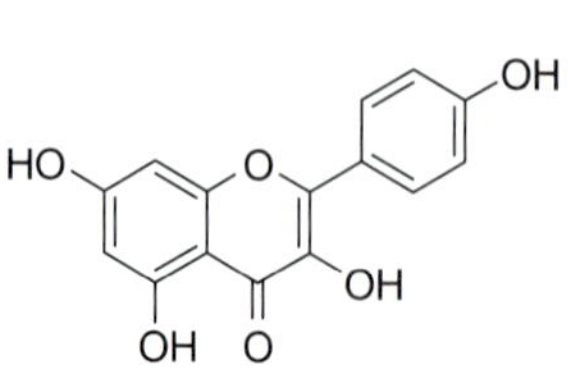

kaempferol

음양곽 (Epimedium)

【기 원】 *Epimedium koreanum* Nakai, Berberidaceae, 삼지구엽초

【분 류】 개발가능소재

【사용부위】 약용(전초)

【산 지】 전국 각지, 강원도 지방(재배)

【생리활성성분】 Prenyl flavonoids(icariin, icariside, icariside II, epimedoside A-E, epimedin A-C)

【효능 및 기전】

1) 혈압강하 작용 : 지속적인 관상동맥 확장에 의하여 혈압을 낮춘다.
2) Epimedium icrine 및 flavonol의 혈압 강하작용 : 토끼의 혈압을 약간 낮추어 줌. 뇌혈류의 지속적인 증가와 뇌혈관 저항력을 낮추어준다.[1)]
3) Epimedisides A, D and E의 혈압강하작용 : Flavonol glycoside인 epimedisides A, D 및 E가 혈압을 낮추어준다.[2)]

【참고문헌】

1) Liu C. *et al.*, Shenyang Yaoke Daxue Xuebao, 12(3), 192-194, 1995
2) Daigo K. *et al.*, Jpn. Kokai Tokkyo Koho, JP 47033125 19720823, application : JP 70-114860 19701218, p3, 1972

【생리활성성분 화학구조】

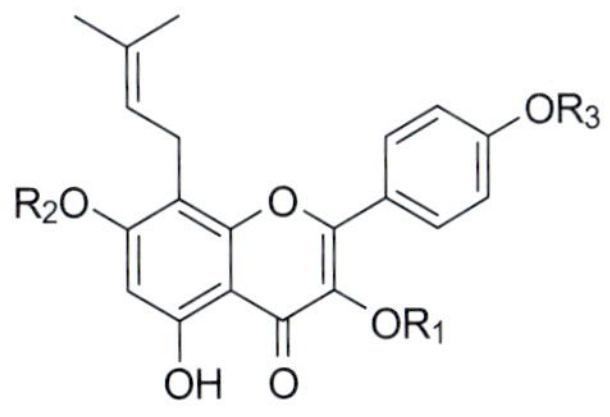

icariin, R_1=RHa, R_2=Glc, R_3=CH_3
icariside, R_1=H, R_2=Glc, R_3=CH_3
epimedoside A, R_1=Rha, R_2=Glc, R_3=H

정어리 펩티드 (Sardine peptides)

【기 원】 *Sardinops melanosticta* Temminck et Schlegel, Clupeidae

【분 류】 개별인정형 건강기능식품

【사용부위】 근육

【산 지】 각국

【생리활성성분】 Peptides(H-Val-Lys-Ala-Gly-Phe-OH, H-Lys-Val-Leu-Ala-Gly-Met-OH, H-Leu-Lys-Leu-OH)

【효능 및 기전】

1) 가수분해물의 작용

- 정어리 근육의 효소 가수분해로 얻은 peptides(분자량 1000~2000)을 SHR의 정맥내 주사하면 혈압이 내려간다. 또한, 경구투여(0.5~4.0 g/kg) 하면 혈압을 용량 의존적으로 떨어뜨리는데 3시간 후 최고가 되고 6시간 지속한다. 이 peptide를 토끼에 경구투여하면 20분 후 귀정맥을 이완시키며 그 작용은 120분간 지속한다.[1)]
- 정어리 단백질을 Bacillus licheniformis의 alkaline protease로 분해하여 평균 분자량 315의 peptides를 얻었다. 이들 short chain peptides는 쓴맛이 없고 약간 비린내가 날 정도이다. 이들은 강한 ACE 억제작용을 나타내었는데 다른 소화 효소들의 가수분해에 대하여서는 강한 저항력을 가지고 있다. 이들 short chain peptides를 SHR에 실험을 하여 혈압을 내리는 것을 확인하였다.[3)]

2) Peptide들의 혈압강하작용

- 정어리 근육을 물로 homogenize하고 pepsin으로 가수분해를 하여 3가지 peptides (H-Val-Lys-Ala-Gly-Phe-OH, H-Lys-Val-Leu-Ala-Gly-Met-OH, H-Leu-Lys-Leu-OH)를 분리, 정제하였다. 이들은 모두 ACE 억제작용을 나타내는데 IC50은 각각 83, 15, 96㎛이었다.[2)]
- 정어리로부터 유도된 peptides, valyl-tyrosine과 4가지 peptide의 혼합물은 ACE 억제작용을 가지는데 SHR에서 효능을 실험하였다. 경구 1회 투여로 세 가지 실험군이 모두 수축기의 혈압을 내렸는데 그 ED는 각각 10, 1, 10 mg/kg이었다. 이들 효과는 투여 후 8시간 지속하였다. Valyl-tyrosine의 혈압강하효과가 다른 두개보다 강하였으며 1, 10 mg/kg 투여의 경우 용량의존성을 나타내었다. 세 가지를 각각 1000, 10, 10 mg을 SHR에 하루에 두 번 10일간 투여한 경우, 모두 수축기 혈압을 강하시켰

으며 그 효과는 5일간 계속되었다.[4]

- Valyl-tyrosine의 항고혈압작용을 high-normal 혈압, mild essential 고혈압 및 SHR에 대하여 placebo 조절된 무작위 이중맹검법에 의하여 실시하였다. 그 결과 실험군에선 수축기 및 이완기의 혈압이 떨어졌으나 placebo군에서는 변화가 없었다. 혈장 angiotensin I과 valyl-tyrosine의 농도는 현저히 증가하였으나 angiotensin II와 aldosterone은 감소하였다. 따라서 valyl-tyrosine은 ACE의 억제에 의해 mild 고혈압 개체에서 강한 혈압강하작용을 나타내었으나 아무런 부작용은 나타나지 않았다.[5]

【참고문헌】

1) Suetsuna, K. and Osajima, K., Nippon Eiyo Shokuryo Gakkaishi, 42(1) 47-54, 1989
2) Matsuda H. *et al*., Jpn. Kokai Tokkyo Koho, JP 05252790 A 19931012. Application : JP 91-157355 19910603, 6 pp.
3) Seki E. *et al*., Nippon Shokuhin Kagaku Kogaku Kaishi, 43(5), 520-525, 1996
4) Seki E. *et al*., Nippon Eiyo Shokuryo Gakkaishi, 52(5), 271-277, 1999
5) Kawasaki T. *et al*., J. Human Hyperten., 14(8), 519-523, 2000

【생리활성성분 화학구조식】

Peptides(H-Val-Lys-Ala-Gly-Phe-OH, H-Lys-Val-Leu-Ala-Gly-Met-OH, H-Leu-Lys-Leu-OH)

칡뿌리 (Pueraria)

【기 원】 *Pueraria lobata*(Willd.) Ohw, Leguminosae, 칡뿌리

【분 류】 식품

【사용부위】 식용(뿌리)

【산 지】 우리나라 전역의 산에 자생

【생리활성성분】 Isoflavonoid(daidzin, daidzein, pueralin), triterpenoid(soyasaponin I)

【효능 및 기전】

1) EtOH 추출물의 혈압강하작용

- EtOH 추출물에는 완화한 혈압강하작용이 있고 동시에 noradrenaline에 의한 승압 반응 및 methacholine에 의한 강압반응을 약화시킨다. 또한, adrenergic β-receptor blocker로서의 작용도 있다(in vivo).

2) Flavonoid 분획의 혈압강하작용

- Flavonoid 분획은 뇌와 심장으로 가는 혈류량을 증가시키고 심근의 산소 소비량을 줄여 준다. 임상적으로 칡뿌리의 isoflavonoid는 편두통, 협심증과 고혈압, 심근경색에 효과가 있다.
- Alcohol ext.에서 얻은 flavone 분획이 마취 개나 마취하지 않은 고혈압 개에 대하여 혈압강하작용을 나타내었다. Flavone 분획은 혈관 저항력과 noradrenaline에 의한 혈압반응 및 methacholine에 의한 혈압반응을 저하시킨다. Flavone 분획은 acetylcholine이나 histamine에 의한 뇌혈관 확장이나 noradrenaline이나 serotonin 에 의한 혈관 수축작용에 아무런 영향을 주지 않았고 말초와 뇌혈류를 증가시켰다.[1]

3) Daidzein, daidzin 및 puerarin의 작용[2]

- 고혈압과 관련된 두통이나 다른 증상들을 개선한다.
- Puerarin은 심혈관 질환, 협심증, 고혈압, 심장병, 뇌동맥경화 등의 질환에 많이 처방되고 있는데 최근에는 그가 가지는 부작용이 관심의 대상이 되고 있다.[4]

4) 무기 이온들의 작용[3]

- 칡의 각 기관별로 구리, 아연, 철, 칼슘 및 마그네슘의 농도를 flame atomic absorption spectrophotometry(FAAS)에 의하여 분석하였다. 이 결과들은 칡의 금속이온들과 고혈압 질환과 뇌혈관 질환 치료와의 관계를 논할 수 있게 하였다.

【참고문헌】

1) Tseng K. Y. *et al*., Zhonghua Yixue Zazhi, 54(5), 265-270, 1974
2) Fang C. C. *et al*., Zhonghua Yixue Zazhi, 54(5), 271-274, 1974
3) Han P. *et al*., Guang Pu Xue Yu Guang Pu Fen Xi, 25(9), 1507-9, 2005
4) Hu J. *et al*., Shijie Linchuang Yaowu, 27(4), 215-220, 2006

【생리활성성분 화학구조】

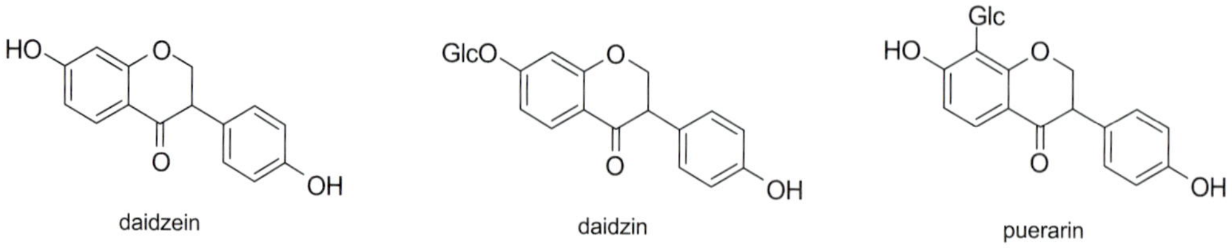

카세인 가수분해물 (Casein hydrolyzate)

【기 원】 *Bos taurus* L. var. *domesticus* Gmelin, Bovidae

【분 류】 개별인정형 건강기능식품

【사용부위】 우유에서 얻어지는 단백질의 trypsin 가수분해물

【산 지】 각국

【생리활성성분】 Peptides(Val-Pro-Pro, Ile-Pro-Pro, NWGPLV)

【효능 및 기전】

1) 효소 가수분해물의 항고혈압작용

- Bovine milk casein의 trypsin 가수분해물을 반복하여 경구투여하면 SHR에 대하여 혈압강하작용을 나타낸다. 1회 투여하면 angiotensin I의 pressor 반응을 길항한다. 이 가수분해물은 ACE를 저해하는데 세 개의 저해활성을 가지는 peptide가 분리되었다. 이 가수분해물은 소장에서 흡수되어 항고혈압작용을 나타내는 것으로 인정된다.[1)]
- Milk casein의 trypsin 가수분해물의 항고혈압작용을 정상혈압 및 중등 고혈압환자에 대하여 실험하였다. 가수분해물(ACE 억제 peptide 1% 함유)을 투여하고 혈압, 박동수 및 다른 임상 data를 측정하였다. 정상 혈압 개체에 20, 40 g의 가수분해물을 1회 투여한 결과 혈압과 박동수에 변화가 없었다. 중등 고혈압 개체에 10, 20 g의 가수분해물을 투여한 결과 혈압을 떨어뜨리는 경향이 있었으며 박동수에는 변화가 없었다. 가수분해물 10 g을 하루에 두 번 4주간 투여한 경우 4.6~6.6 mmHg 혈압을 떨어뜨렸으나 박동수에는 변화가 없었다. 어느 실험군이나 부작용은 없었다.[2)]
- Alpha s1-과 beta-casein에 *Lactobacillus helveticus* CP790 protease를 처리하여 얻은 peptide의 ACE 억제효과와 SHR에 대한 항고혈압능을 실험하였다. 두 가지 casein 가수분해물 모두 ACE 억제효과를 나타내었고 beta-casein에서 얻어진 peptide의 하나가 가장 강한 억제효과를 나타내었고 그 IC50은 4 ㎛이었다. 이 가수분해물을 15 mg/kg의 량으로 SHR에 경구 투여한 결과 혈압강하효과를 나타내었다. *Lactobacillus helveticus* CP790으로 발효한 우유는 약 0.3%의 peptide를 가지고 있는데 혈압강하효과를 나타낸 반면 *Lactobacillus helveticus* CP791로 발효한 우유는 활성이 없었다. 이 균주는 protease 활성이 없다.[3)]
- Milk casein의 trypsin 가수분해물의 심혈관계 질환에 대한 효과를 SHRSP에 대하

여 실험하였다. 투여 후 혈압, 체중, 뇌 무게, 심장무게, 생존율, 뇌졸중 빈도 등 병태 data를 조사하였다. 가수분해물과 같은 조성의 아미노산 혼합물을 control로 사용하였다. 10% 가수분해물을 30주 투여한 경우 뇌부종에 의한 뇌 무게의 증가 및 뇌졸중의 빈도를 현저히 지연시켰다. 또한, 고혈압에 의한 심장의 무게 증가도 억제하였다. 이 결과는 이 가수분해물이 rat의 심혈관계 질환의 예방에 도움이 되고 생존율을 증가시켰다.[4)]

- 저분자 casein 가수분해물의 항고혈압작용을 SHR에서 실험하였다. 실험 전에 이 가수분해물이 소화관의 소화에 저항하는가를 pepsin, trypsin, chymotripsin과 배양한 후 ACE 활성을 측정함으로써 확인하였다. 가수분해물을 500 mg/kg 경구 투여한 3시간 후의 수축기 혈압은 12.9% 떨어졌다. 이 가수분해물을 30% egg yolk와 emulsion하여 투여한 경우는 그냥 투여한 것보다 더 효과가 좋았다(~15.9% 강하). 50일 장기간 투여에서는 하루에 한번 투여하였는데 혈압강하 작용은 35일에 나타나서 끝날 때까지 지속하였다.[5)]
- Soybean 단백질 가수분해물의 ACE 억제 및 SHR에서의 항고혈압 효능을 실험하였다. 각 peptide의 IC50은 0.82(casein), 0.73(soybean protein isolate), 0.48 mg/ml(soybean acid pptd. protein)이었다. 이들 가수분해물들은 SHR에서의 수축기의 혈압을 낮추었다. 이 결과로부터 soybean 가수분해물은 SHR에서 고혈압의 발현을 지연시키고 in vivo에서 ACE를 억제한다.[6)]
- Casein을 시중에서 파는 9가지 proteolytic 효소에 의한 분해산물에 대하여 ACE 억제활성을 측정하였다. 이들 효소 중 *Aspergillus oryzae*에서 얻어진 protease가 peptide당 가장 높은 활성을 나타내었다. 이 peptide는 SHR에서 32 mg/kg을 경구 투여하여 5시간 후의 수축기 혈압을 재었을 때 가장 높은 항고혈압효과를 나타내었다. 9.6, 32, 96 mg을 투여하였을 때 용량 의존적으로 효과를 나타내었다. 이 peptide는 실험한 모든 casein 분해물 중에서 가장 짧은 길이를 가지고 있는데 평균이 1.4 아미노산이었다. 아미노산 서열을 분석해 본 결과 X-Pro 및 X-Pro-Pro 서열을 가지고 있는 것으로 밝혀졌다.[7)]
- *Aspergillus oryzae* protease로 제조된 casein 분해물은 Val-Pro-Pro나 Ile-Pro-Pro와 같은 ACE 억제 peptide를 함유하고 있는데 이들의 항고혈압작용을 placebo 조절된 이중맹검법으로 실험하였다. 그 결과 이들 peptide들은 high-normal 혈압이나 mild 고혈압에 대하여 유의성있는 하강효과를 나타내고 특별한 부작용은 없었다.[8)]
- 대두 유래의 protease D3에 의한 단백질 가수분해물이 다른 효소 가수분해물에 비하여 쓴맛이 약하였다. 대두 protease D3에 의해 얻어진 ACE 억제 가수분해물을 gel

filtration chromatography 및 역상 chromatography에 의하여 정제하여 구조를 electrospray MS/MS 분석에 의하여 확인하였다. 그 결과 후보 peptide들은 보고된 ACE 억제 peptide와 동질성을 나타내었다. 8가지 형태의 peptide를 합성하여 IC50 치로 확인하였다. 가장 강력한 peptide는 NWGPLV로 IC50이 21 ㎛이었다. 이들 peptide의 용량 의존적 항고혈압 효과가 확인되었고 100 mg/kg 넘는 양을 경구 투여하였을 때 수축기의 혈압을 유의적으로 낮추었다.[9)]

- Milk casein의 proteolytic 가수분해물 유래의 3 아미노산 peptide인 Val-Pro-Pro와 Ile-Pro-Pro의 혈관 내피 기능에 대한 실험을 행하였다. VPP나 IPP는 다른 ACE 억제제가 그런 것처럼 혈관 내피의 기능 억제를 회복시키는 것이 밝혀졌다.[10)]

【참고문헌】

1) Karaki H. *et al*., Comp. Pharmacol. Toxicol., 96(2), 367-371, 1990

2) Sekiya S. *et al*., Nippon Eiyo Shokuryo Gakkaishi, 45(6), 513-517, 1992

3) Yamamoto N. and Akano, T. J. Dairy Sci., 77(4), 917-922, 1994

4) Yamori Y. *et al*., Nippon Eiyo Shokuryo Gakkaishi, 48(4), 307-311, 1995

5) Kim H. S. *et al*., J. Animal Sci. Tech., 44(4), 483-490, 2002

6) Chen J-R. *et al*., J. Food Biochem., 28(1), 61-73, 2004

7) Mizuno S. *et al*., J. Dairy Sci., 87(10), 3183-3188, 2004

8) Sano J. *et al*., J. Med. Food, 8(4), 423-430, 2005

9) Kodera T. *et al*., J. Food Sci., 71(3), C164-C173, 2006

10) Hirota T. *et al*., Hypertension Res., 30(6), 489-496, 2007

【생리활성성분 화학구조식】

Peptides(Val-Pro-Pro, Ile-Pro-Pro, NWGPLV)

4 소화기계

소화기계 관련된 기능성은 장내균총 건강유지, 변비, 소화기능, 장 기능과 같은 위장관 기능 및 간 기능을 포함한다. 본 항목에서는 4.1 위장관기능, 4.2 배변촉진, 4.3 간기능, 4.4 숙취 등으로 구성하였다. 주요 선진국에서 대장암은 부위별 암 발생에서 2위이며, 우리나라도 급격하고 증가하고 있다. 또한, 과민성대장 증상과 장염이 증가하고 있어 장건강을 증진시키기 위한 각종 기능성 식품 소재 및 약제의 개발이 매우 활발할 것으로 예상되고 있다. 이러한 요구를 충족시키기 위하여 식품의 다양한 기능성을 부여한, 특히 장내환경의 균형과 활성의 증진을 목표로 하는 기능성 식품은 현재 유럽, 일본, 호주 등에서도 건강기능성 식품의 가장 중요한 부분을 차지하고 있다. 살아있는 미생물로 적정량을 섭취하였을 때 건강기능효과를 주는 미생물을 프로바이오틱스(probiotics)라고 하며 주로 비피더스와 유산간균에서 선발되었다. 프로바이오틱스 균들을 소장과 대장에서 활동하며 유해한 균의 증식을 억제하고 유익한 균들의 작용을 도와준다.

올리고당과 같이 소화되지 않고 대장에까지 도달한 후 대장의 장내세균에 의해 발효됨으로 유용한 미생물의 성장을 촉진시키는 것도 장의 건강을 유지하는 데 효율적인 한 방법이다. 갈락토올리고당은 Bifidobacteria나 Lactobacilli와 같은 유익한 장내세균의 성장 촉진제로 사용하고 있다. 또한, 식이섬유는 변비나 과민성 대장증상의 개선에 기능성이 있다고 알려져 있다.

4.1 위장관 기능

계피 (Cinnamon bark)

【기 원】 *Cinnamomum cassia*, Lauraceae

【분 류】 식품

【사용부위】 식용(수피), 약용(수피)

【산 지】 중국 남부, 제주도

【생리활성성분】 정유(cinnamaldehyde, cinnamyl acetate, phenylpropyl acetate, cinnamic acid, salicylaldehyde, anhydrocinnzeylanol 등), diterpenoid(cinnzeylanine, cinnzeylanol, cinncassiol A, B, C1~3, D1~4, E, anhydrocinnzeylanine 등), Tannin ((−)-epicatechin, procyanidin B2, B5, C1, cinnamtannin A2~4 등)

【효능 및 기전】

1) 혈액순환촉진작용
   - cinnamaldehyde는 말초혈관확장작용이 있다.
   - cinnamaldehyde는 부신(副腎)에 직접 작용하여 혈중 catecholamine의 농도를 상승시키며, 혈압강하, 심박수 감소, 혈당상승을 유발한다.
   - cinnamaldehyde에는 지속적인 말초혈관 확장작용(혈압강하), 혈소판 응집억제작용, 완화한 중추작용(소량에서 각성적, 다량에서 억제적), 진경작용, 국소 자극작용, 항치매작용 등을 나타낸다.
2) 건위작용
   - 물추출물은 serotonin으로 위궤양을 유도할 때 이를 억제시킨다. 이러한 작용은 계피의 물추출물이 위산의 분비를 억제하면서 동시에 위점막으로의 혈류량을 증가시킴으로써 일어난다(*in vivo*, rat, *p.o*).[1] 물추출물의 활성분획으로부터 cassioside, cinnamoside, trimethoxyphenol 배당체가 분리되었다.
   - 정유는 생체 위장관의 운동을 항진시키고, 긴장도를 높인다(*in vivo*).
3) 항종양작용
   - cinnamaldehyde(4.8 μg/ml)의 알데하이드기가 leukemia cell(L1210)의 thiol기에 작용하여 leukemia cell의 성장을 억제하며(*in vitro*), SV-40으로 유도한 W2K-11 tumor의 성장을 억제한다(*in vitro,* mouse).
   - cinnamaldehyde는 대장균에 돌연변이를 일으키는 몇 가지의 물질과 UV조사에 대

해 항돌연변이 작용을 나타낸다(*in vitro*).[2)]

4) 기타

• 물추출물을 신염(腎炎)을 일으킨 실험동물에 경구투여하면 뇨중의 단백질함량이 줄어든다(*in vitro*, rat).

• 물추출물에는 항알레르기 작용이 있으며, 활성분획에는 diterpenoid 성분이 다량 함유되어 있다(*in vitro*).

【참고문헌】

1) Akira T *et al*., Planta Med., 52, 440-443, 1986

2) Ohta T *et al*., Mutat. res., 107, 219-227, 1983

【생리활성성분 화학구조식】

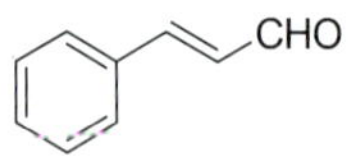

cinnamaldehyde

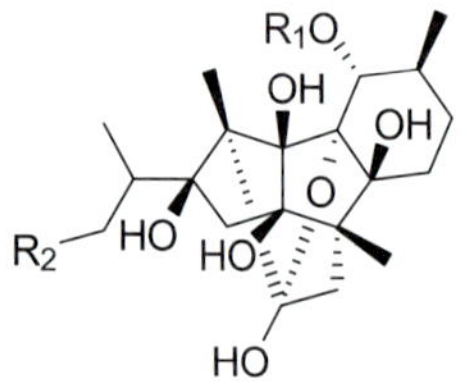

cinnzeylanine, R_1=Ac, R_2=H
cinnzeylanol, R_1=H, R_2=H
cinncassiol B, R_1=H, R_2=OH

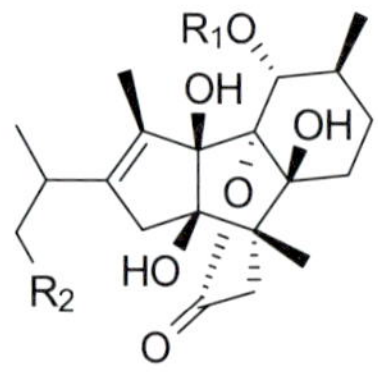

anhydrocinnzeylanine, R_1=Ac, R_2=H
anhydrocinnzeylanol, R_1=H, R_2=H
cinncassiol A, R_1=H, R_2=OH

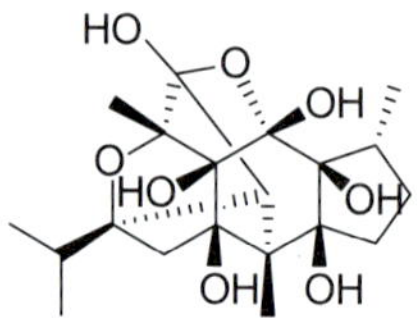

cinncassiol E

맥아 (Germinated barely)

【기 원】 *Hordeum vulgare*, Gramineae,

【분 류】 식품

【사용부위】 식용(열매), 약용

【산 지】 우리나라 각처에서 자라는 일년초

【생리활성성분】 효소류, vitamine류, 필수지방산, alkaloid(hordatine A, B, hordatine B glucoside, hordenine(= N,N-dimethyltyramine), distichonic acid A, distichonic acid B, mugineic acid, isomugineic acid, 3-hydroxymugineic acid, 2'- deoxymugineic acid, N-carbamolyputrescine 등), flavonoid (orientin, lutomarin 등)

【효능 및 기전】

1) 건위 · 정장작용

- 전분, 단백질 및 이들의 분해효소, 맥아당 등과 소화효소를 다량 함유하고 있어 소화력을 증강시키고 위의 기능을 돕는다.
- 비타민 B군과 E(tocopherol) 및 필수지방산을 다량 함유하고 있어 건강보조식품으로서 다양한 효과를 나타낸다.
- hordenine은 어린아이와 어른의 설사에 유효하다.[1)]

【참고문헌】

1) Pharmacognosy, Phytochemistry, Medicinal Plants, Bruneton J, Intercept, 1995, Paris, France

【생리활성성분 화학구조식】

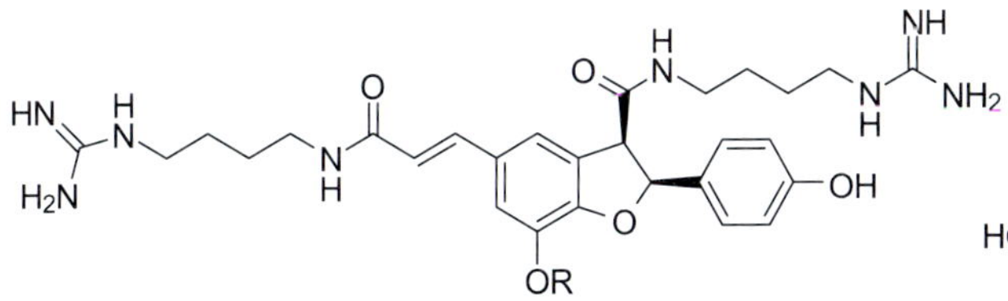

hordatine A, R=H
hordatine B, R=CH_3

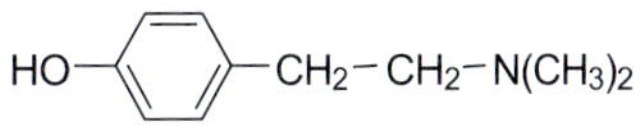

hordenine

산사 (Hawthorn fruit)

【기 원】 *Crataegus pinnatifida*, Rosaceae

【분 류】 식품

【사용부위】 식용(열매), 약용(열매)

【산 지】 우리나라 중부지방

【생리활성성분】 Cyanogenic glycoside(amygdalin), flavonoid〔quercetin, pinnatifinoside A~D, 3-O-β-D-glucopyranosyl quercetin, 3-O-β-D-galactopyranosylquercetin, 3-O-β-D-glucopyranosyl(6→1)-α-L-rhamnosyl quercetin, 3-O-β-D-galacopyranosyl(6→1)-α-L-rhamnosyl quercetin, kaempferol, 7-O-α-L-rhamnosyl-3-O-β-D-glucopyranosyl kaempferol, vitexin, vitexin-2"-rhamnoside, 3"-O-acetylvitexin, hyperoside, rutin, 8-C-β-D-(2"-O-acetyl) glucofuranosylapigenin], triterpenoid(crataegolic acid, ursolic acid, uvaol, corosolic acid), 기타(chlorogenic acid, tartaric acid, protocatechuic acid, gallic acid, catechol p-hydroxybenzoic acid, 지방분해효소 등)

【효능 및 기전】

1) 소화액분비촉진작용
   - crataegolic acid 등은 위액 및 췌장액의 분비를 촉진한다.

2) 항균작용
   - 적리균(赤痢菌, *Shigella dysenteriae*)의 성장을 억제한다.

3) 순환계에 대한 작용
   - 혈관확장에 의한 혈압강하작용이 있다.
   - 관상동맥기능부전과 같은 심장질환에 유효하다. 즉, 노년성 심장쇠약, 경증의 고혈압, 좌심장 확대 등의 증상에 디기탈리스제제가 효과가 없을 때, 산사제제가 유효할 때가 있다. 산사에 함유되어 있는 배당체가 강심작용을 나타내며 에스테르계 성분이 혈관확장작용을, 플라보노이드계 성분이 흥분작용을 나타내는 것으로 추측된다.

4) 기타
   - 항암작용 : corosolic acid는 여러 가지 암세포주에 대해 세포독성을 나타내고, K-562 leukemic cell에서 protein kinase C(PKC)의 활성을 저해한다(*in vitro*).[1]

【참고문헌】

1) Ahn K. S. *et al*., Planta Med., 64, 468-470, 1998

【생리활성성분 화학구조식】

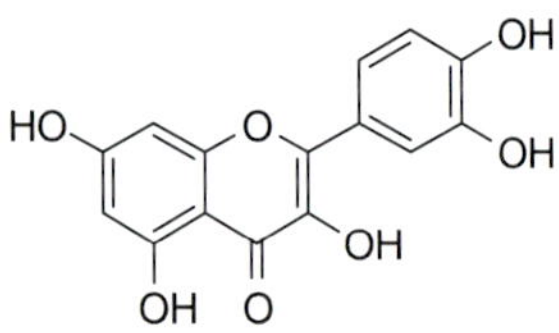

quercetin

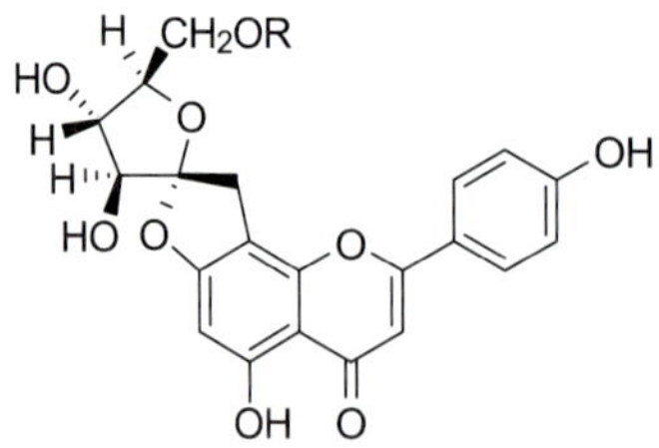

pinnatifinoside A, R=H
pinnatifinoside B, R=Ac

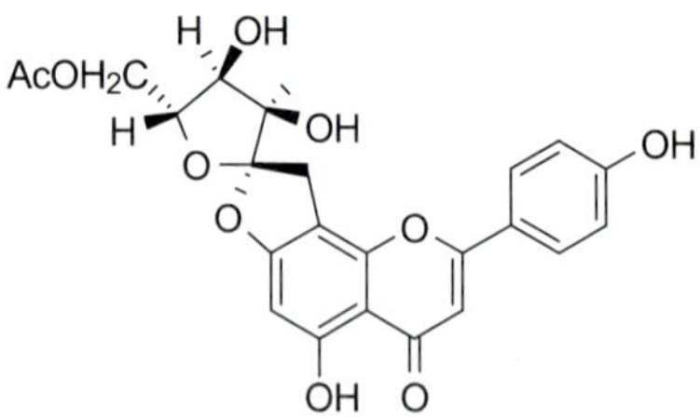

pinnatifinoside C

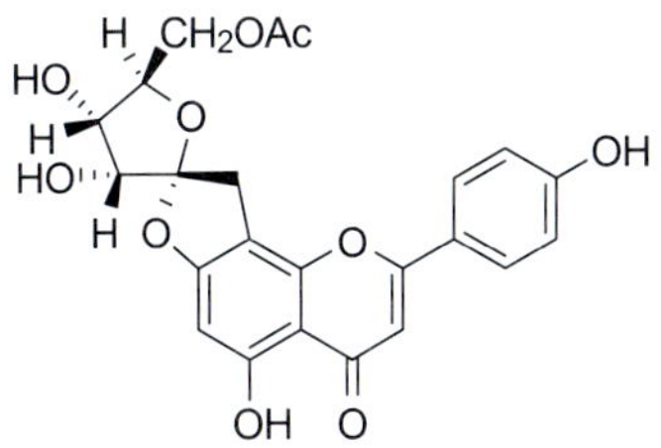

pinnatifinoside D

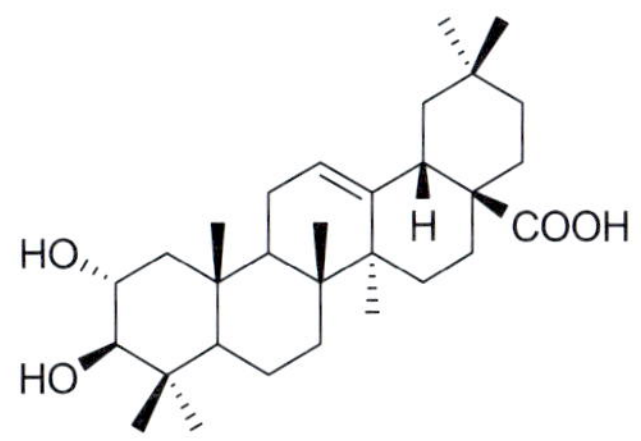

crataegolic acid

산초 (Zanthoxylum fruit)

【기 원】 *Zanthoxylum piperitum*, Rutaceae,

【분 류】 식품

【사용부위】 식용(과피), 약용(과피)

【산 지】 제주도

【생리활성성분】 Acid amide(α-, β-, γ-sanshool, hydroxy-α-sanshool, hydroxy-γ-sanshool, sanshoamide), 정유성분(citronellal, α-limonene, β-phellandrene, terpinolene, linalool, 1,8-cineol, α-terpineol, dipentene, geraniol, citral), 기타(과실에서 tannin이 분리되었고, 수피에서 piperitol과 그 유도체가 분리되었으며, 5종의 lignan 화합물인 xanthoxylol, piperitol, sanshodiol, (-)-asarinin, (-)-sesamin이 있고, 또 phytosterol, γ-fagarine, skimmianine, arbutin, syringaldehyde, piperinylic acid, menispermine, laurifoline, magniflorine, 2,4-dimethoxy-5-hydroxycinamate, esculetin dimethyl ether(뿌리)가 분리되었다.

【효능 및 기전】

1) 건위작용
   - 산초에 들어있는 β-sanshool과 γ-sanshool, 불포화 지방산아미드류는 적출장관(guinea pig)에 대해 위장관의 긴장을 완화하고 회장을 수축시킨다.[1)]
   - 물추출물을 정맥주사하면 장에서의 혈류가 증가된다.

2) 항균작용, 살충작용, 해독작용
   - sanshool류와 sanshoamide는 국소 마비 작용을 갖는 신미성 물질로 살충작용과 어독(魚毒)에 대한 해독작용이 있다.
   - α-sanshool과 β-sanshool은 두 물질 모두 거의 같은 정도의 살충 및 항균작용이

있다.

3) 국소지각마비작용

- 에테르 및 에탄올에 녹지 않는 성분은 국소지각마비작용이 있다.
- 신미(辛味)성분인 sanshool류와 sanshoamide에는 국소지각마비작용이 있다.

4) 기타

- arbutin과 magnoflorine은 linoleic acid의 산화를 억제하는 항산화작용을 나타내며 DPPH radical에 대해서는 radical-scavenging activity를 나타낸다(*in vitro*).[2]

【참고문헌】

1) Hashimoto K. *et al*., Planta Med., 67, 179-181, 2001

2) Hisatomi E. *et al*., J. Agr. Food Chem., 48, 4924-4928, 2000

【생리활성성분 화학구조식】

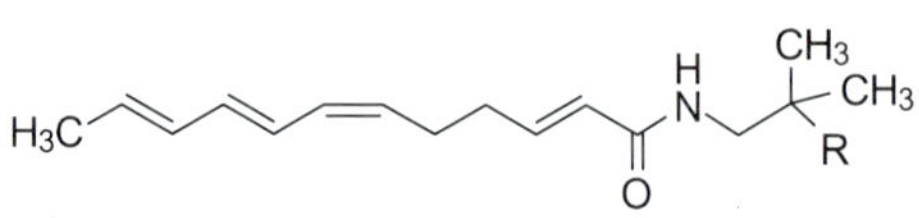

α-sanshool, R=H
hydroxy-α-sanshool, R=OH:

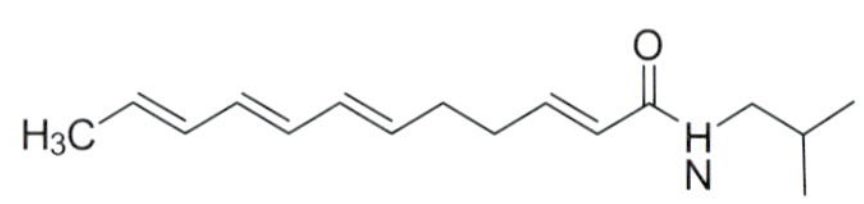

β-sanshool

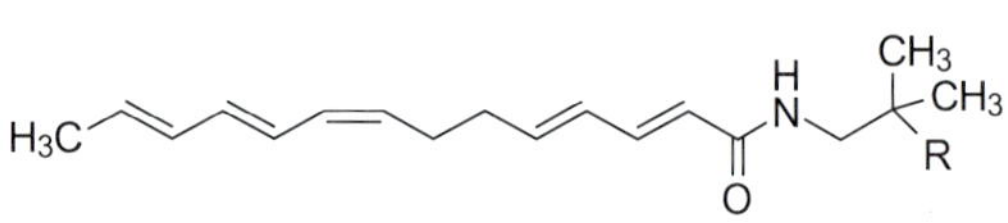

γ-sanshool, R=H
hydroxy-γ-sanshool, R=OH

(+)-limonene

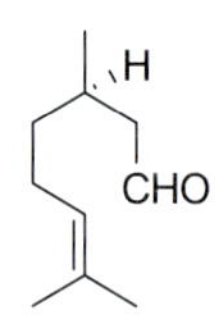

citronellal

생강 (Ginger)

【기 원】 *Zingiber officinale*, Zingiberaceae

【분 류】 식품

【사용부위】 식용(뿌리줄기), 약용(뿌리줄기)

【산 지】 열대아시아, 우리나라 남부

【생리활성성분】 정유(zingiberene, camphene, α-pinene, cineol, linalool, borneol, cumene, bisabolene, myrcene, borneol acetate, phellandrene), 신미성분(6-gingerol, gingerol, dehydrogingerol, 6-shogaol, 10-dehydrogingerdione, 10-dehydrogingeol, diary-lphthalides(artifact), shogaol, zingerone, desmethylhexahydrocoumarin, kuwanon D, E, F)

【효능 및 기전】

1) 발한작용

- 발한작용은 말리지 않은 생강이 건강보다 더 크다.
- 생강에는 6-gingerol이 있으나 6-shogaol이 없는 반면에 건강에는 6-shogaol이 많이 함유되어 있어 약리작용에서 차이를 나타낸다.[1),2)]

2) 건위작용

- 물추출액은 타액에 의한 전분소화력을 촉진하고 황산동에 의한 구토를 억제한다.
- 건강가루는 멀미, 수술 후나 임신부의 구토에 효과적이다(1 g/day). 이러한 진토작용은 중추신경계에 대한 작용보다는 위장관에 대한 직접적인 작용에 의한 것으로, 건강의 아세톤추출물(75 mg/kg)이나 6-shogaol(2.5 mg/kg), gingerol의 위장관운동 항진작용은 metoclopramide(10mg/kg)의 효과에 견줄만하다(*in vitro*, mouse).[3)]
- zingiberene은 항궤양효과를 나타낸다(*in vitro*, rat).[3)]
- 6-gingerol은 담즙의 분비를 증가시킨다(*in vitro*, rat, *p.o.*).[3)]

3) 기타

- 전제는 식도하신경절에 pentylenetetrazole으로 유발시킨 발작을 억제한다.
- 50% 메탄올 추출물에는 진통작용(초산 writhing 억제), hexobarbital에 의한 수면연장 및 위액분비억제작용이 있다.
- 6-gingerol 및 6-shogaol은 진정, 진통, 일과성 혈압강하 및 위운동 억제작용이 있다.
- 에탄올 추출물은 적출 회장을 수축하고 항히스타민작용 및 항바륨작용을 나타낸다(guinea pig).
- 생강함유식이는 동물실험에서 혈청 및 간의 cholesterol량을 저하시킨다.
- 6-gingerol, 10-dehydrogingerdione, 10-gingerdione은 prostaglandin의 생합성을 저해한다(항염증작용, *in vitro*).
- 8-gingerol은 간세포에서 사염화탄소로 유발시킨 독성에 대한 보호 작용이 있다(*in vitro*).[3)]

【참고문헌】

1) 생약학 연구회, 현대생약학, 학창사, p160, 1992
2) Aburada M. *et al.*, Proc. Symp., 15, 162, 1982

3) Pharmacognosy, Phytochemistry, Medicinal Plants, Bruneton J, Intercept, 1995, Paris, France

【생리활성성분 화학구조식】

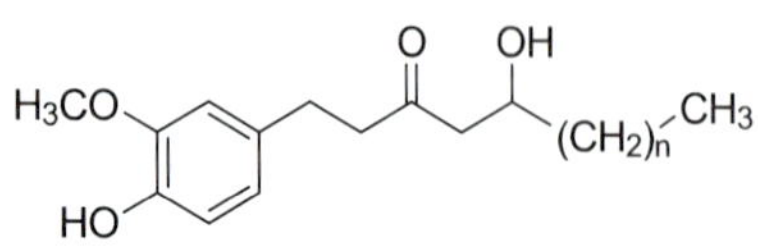

6-gingerol n=6
8-gingerol n=8
10-gingerol n=10
12-gingerol n=12

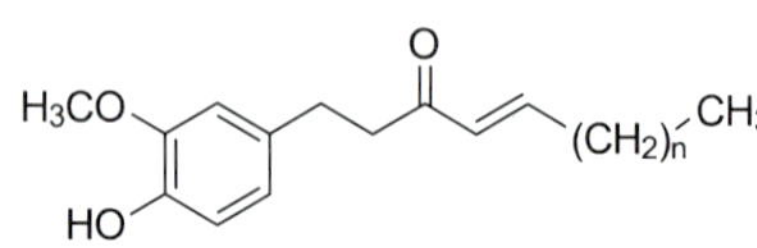

4-shogaol n=2
6-shogaol n=4
8-shogaol n=6

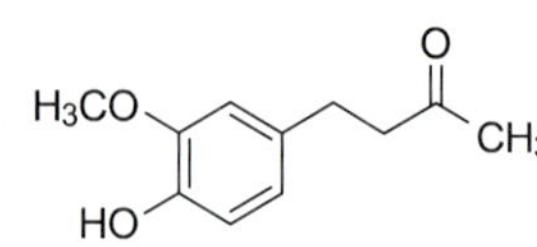

zingerone

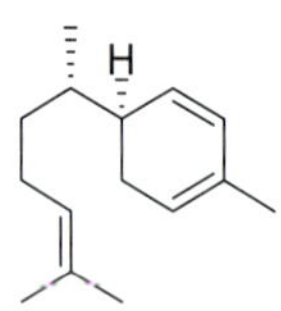

zingiberene

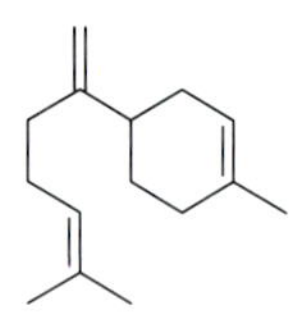

β-bisabolene

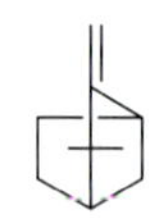

camphene

석류 (Pomegranate)

【기 원】 *Punica granatum*, Punicaceae

【분 류】 식품

【사용부위】 식용(열매), 약용(줄기, 가지 및 뿌리의 껍질)

【산 지】 제주도, 우리나라 남부지방,

【생리활성성분】 Piperidine alkaloid(pelletierine, isopelletierine, pseudopelletierine, methyl isopelletierine), tannin(punicalin, terchebin, granatin B, punicacortein A~D, casuarinin, 2-O-galloylpunicalin, punic acid, mannitol, sorbitol 등)
Flavonoid : daidzein, genistein 등

【효능 및 기전】

1) 지사작용
   - 수렴작용이 있어 지사작용을 나타낸다.[1]

2) 조충구제작용 · 수렴작용 · 항influenza작용
   - pelletierine 0.01% 용액은 조충을 마비시켜 치사하게 한다. 그러나 조충 이 외의 다른

장내 기생충에 대한 효과는 훨씬 약하다. isopelletierine과 pseudopelletierine에도 유사한 구충효과가 있으나 pelletierine에 비해 아주 약하다. 또한, 총 알칼로이드보다는 전제의 조충구제작용이 더 크다.

- 에탄올추출물은 연체동물을 죽이는 작용이 있다.[2]

3) 항미생물작용

- 수침제(1 : 4)는 그람 음성균과 여러 종류의 피부진균의 성장을 억제한다. 메탄올추출물에는 항균작용이 있다(*in vitro*).[3]
- 추출물(gel상)은 임상적으로 국소 칸디다증(구내염)에 대하여 항진균작용을 나타낸다.[4]
- 석류피의 미량 성분 중의 하나인 betulinic acid는 항HIV작용과 항말라리아작용이 있다.[5]

3) 기타

- Carbonic anhydrase 억제활성도 있다.[6]
- 열매의 에탄올추출물 〔석류주(酒)〕에는 항산화작용이 있어 동맥경화와 같은 혈관질환에 관여하는 혈관내피 세포에서의 NF-κB의 활성화를 억제한다.[7]
- 발효시킨 석류열매의 과즙이나 열매껍질의 폴리페놀 성분, 종자유는 에스트로겐의 합성에 관여하는 aromatase와 17-β-hydroxysteroid dehydrogenase type 1의 활성을 억제하며 후자에 대한 억제활성은 종자유>발효과즙>열매껍질의 폴리페놀 성분의 순이다. 발효시키지 않은 신선한 과즙보다는 발효시킨 과즙의 estrogen-dependent 유방암세포주인 MCF-7 세포주에 대한 억제활성이 높다. 종자유도 MCF-7의 증식과 침윤과정을 억제하며, estrogen-independent 세포주인 MDA-Mβ-435의 세포사멸을 촉진한다.[8]
- 열매 껍질은 세포성 면역을 촉진한다(100 mg/kg, rabbit).[9]

【참고문헌】

1) Pillai N. R. *et al*., Int. J. Pharmacogn., 30, 201, 1992
2) Tripathi S. M., Singh DK. Braz. J. Med. Biol. Res., 33, 1351-1355, 2000
3) Prashanth D. *et al*., Fitoterapia., 72, 171-173, 2001
4) Vasconcelos L. C. *et al*., Mycoses., 46, 192-196, 2003
5) Hashimoto F. *et al*., Bioorg. Med. Chem., 5, 2133-4213, 1997
6) Satomi H. *et al*., Biol. Pharm. Bull., 16, 787, 1993
7) Schubert S. Y. *et al*., FASEB J., 16, 1931-1933, 2002
8) Kim N. D., Breast Cancer Res. Treat., 71, 203-217, 2002
9) Gracious Ross R. *et al*., J. Ethnopharmacol., 78, 85-87, 2001

【생리활성성분 화학구조식】

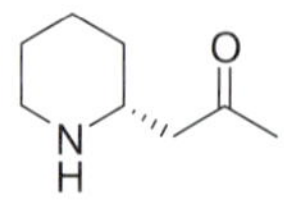

pelletierine

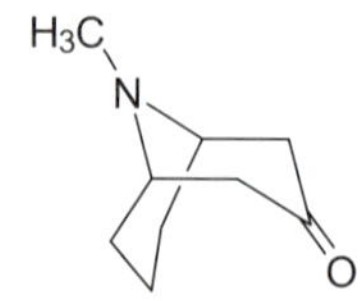

pseudopelletierine

오매 (OMae)

【기 원】 *Prunus mume*, Rosaceae

【분 류】 식품

【사용부위】 식용(열매), 약용(열매)

【산 지】 중국 원산으로 전국 각지에서 재배

【생리활성성분】 휘발성분(n-hexanal, trans-2-hexanal, n-hexanol, linalool, geraniol, tetradecanoic acid, benzaldehyde, benzyl alcohol), flavonoid(rhamnocitrin-3-O-rhamnoside, kaempherol-3-O-rhamnoside, rhamnetin-3-O-rhamnoside, quercetin-3-O-rhamnoside), polysaccharide(P-1), organic acid(succinic acid, citric acid, tartaric acid, malic acid, mumefural, furfurylakohol), 기타(culorogenic acid)

【효능 및 기전】

1) 항균 · 항진균작용

- 물추출물은 *E. coli, Bacillus anthracis, B. subtilis, Staphylococcus aureus* 등에 대하여 항균 작용을, *Trichophyton mentagrophytes* 등에 대하여 항진균활성을 나타낸다.

2) 혈류개선작용

- 오매의 농축과즙은 angiotensin II로 유도한 혈관평활근 세포의 성장을 억제함으로써 혈류개선 작용을 나타낸다(in vitro).[1]
- 농축과즙 제조의 가열과정중에 생기는 mumefural을 포함하는 화합물과 오매에 본래 존재하는 citric acid와 malic acid, furfuryl alcohol과 같은 유기산은 혈류개선 작용을 나타낸다.[2]

3) 항과민성 작용

- 단백질에 의한 과민성과 히스타민 shock에 의한 사망률을 낮춘다(in vivo, mouse).

그러나 히스타민에 의한 천식에 대해서는 효과가 없다.

4) 돌연변이억제작용

- 메탄올추출물과 헥산추출물, trimethyl citrate, dimethyl citrate에는 돌연변이억제작용이 있다(*in vitro*, Ames test).[3),4)]
- 질산염과 아민이 풍부한 오매의 추출물은 인체 내에서 발암물질인 nitrosamine류의 생성을 억제한다.[5)]

5) 기타

- 강장작용 : 다당류인 P-1은 C3H/HeN, C3H/HeJ과 같은 비장세포의 분열을 촉진한다(*in vitro*).[6)]
- benzyl β-D-glucopyranoside는 ether stress로 인하여 감소한 catecholamine을 회복시키며 dopamine을 올려주고, chlorogenic acid는 감소한 adrenocorticotropic hormone(ACTH)을 증가시킴으로써 폐경기의 정신적인 긴장감 해소에 도움을 줄 수 있다(*in vivo*, menopausal model, rat).[7)]
- 5% 오매환(烏梅丸) 용액은 회충의 활동성을 현저하게 억제한다.
- 이 외에도 진해작용, 거담작용, 항염증작용, 지사작용, 해열작용이 알려져 있다.

【참고문헌】

1) Utsunomiya H. *et al*., Life Sci., 72, 659-667, 2002
2) Chuda Y. *et al*., J. Agric. Food Chem., 47, 828-831, 1999
3) Miyazawa M. *et al*., Nat. Prod. Res., 17, 319-323, 2003
4) Dogasaki C. *et al*., Yakugaku Zasshi, 112, 577-584, 1992
5) Choi S. Y. *et al*., Food Chem. Toxicol., 40, 949-957, 2002
6) Dogasaki C. *et al*., Biol. Pharm. Bull., 17, 386-390, 1994
7) Ina H. *et al*., Biol. Pharm. Bull., 27, 136-137, 2004

유산균 함유제품

【기 원】 유산균이란 포도당과 같은 탄수화물을 산소가 없는 조건에서 대사시켜 젖산(lactic acid)을 생성하는 세균을 총칭하며, 현재 알려진 유산균 중 20여 종류가 주로 발효유 제조 및 유산균 산업에 응용되고 있다. 대표적으로 요구르트, 발효유, 치즈 등의 생산에 유산간균(Lactobacillus)과 유산구균(Streptococcus)이 이용되고 있으며, 비피더스균(Bifidobacterium)은 유산과 초산 생산에, 연쇄구균인 Streptococcus는 치즈나 요구르트 등의 제조에, 쌍구

균인 Leuconostoc은 발효버터의 생산에 그리고 균체가 4개씩 연결된 연쇄 구균인 Pediococcus는 절임식품에서 젖산의 발효에 이용된다. 건강기능식품으로 허가된 유산균함유제품에 해당하는 원료는 다음과 같다.

1) 유산균

유산간균(*L. acidophilus, L. casei. L. gasseri, L. delbrukeii, L. helveticus, L. fermentum* 등) 또는 유산구균(*S. thermophilus, S. lactis, E. faecium, E. faecalis* 등)을 배양한 것으로 식용에 적합한 것

2) 비피더스균

비피더스균(*B. bifidum*, *B. infantis*, *B. breve*, *B. lomgum* 등)을 배양한 것으로 식용에 적합한 것

【분 류】 식품

【사용부위】 식용(균사체)

【생리활성성분】 유산균 또는 비피더스균

【효능 및 기전】

1) 장내 유해미생물의 억제 및 정장 작용

- 장내에 정착한 유산균은 병원성 세균이 소화관 상피에 부착하는 것을 방해하고, 장내 유해 미생물의 증식을 억제하는 반면에 유익한 유산균의 증식을 돕는다.
- 대사산물로 젖산을 만들어 장을 산성화시켜주기 때문에 병원미생물의 발육을 저지하고 정상적인 장내 세균총이 자리 잡을 수 있도록 작용한다.
- 이상 발효에 의한 암모니아나 발암물질의 생성을 줄여주는 역할을 하고 있어 정장제로 작용한다.

2) 장내연동 운동 증가

사람이 나이가 들면 침과 위액의 분비량이 줄어들고, 장의 운동이 약해진다, 이런 이유로 나이가 들어가면서 유산균의 수는 감소하고 유해균의 수는 증가하는데 이럴 때 유산균의 섭취는 장의 벽을 자극함으로써 배변 활동에 중요한 역할을 하는 장의 연동운동을 증가시켜준다.

정향 (Clove)

【기 원】 *Syzygium aromaticum* (= *Eugenia caryophyllata*), Myrtaceae,

【분 류】 식품

【사용부위】 식용(꽃봉오리), 약용(꽃봉오리)

【산 지】 말레이제도 및 아프리카, 중국

【생리활성성분】 정유(eugenol), phenylpropanoid(eugenol, acetyleugenol, chavicol, eugenol salicylate 등), sesquiterpenoid(α-, β-, γ-caryophyllene, β-caryophyllene oxide, humulene, α-humulene epoxide I 등), triterpenoid(oleanolic acid, 2α-hydroxyoleanolic acid 등), chromone glycoside(biflorin, isobiflorin, eugenoside I, II, 5,7-dihydroxy-2-methylchromone-8-C-β-D-glucopyranoside), tannin(eugeniin, 1-desgalloyleugeniin, syzyginin A, syzyginin B, gallic acid, ellagic acid tellimag-randin 등), alkaloid(higenamine), flavonoid(rhamnetin, kaempferol, myricetin, rhamnocitrin 등), 기타(methyl salicylate, vanillin, 지방유, 납 및 phytosterol)

【효능 및 기전】

1) 건위작용
   - pepsin의 분비를 증가시켜 건위작용을 나타낸다.
   - eugenol과 acetyleugenol은 이담작용이 있다.
   - 추출물은 *Helicobacter pylori*의 성장을 억제한다(in vitro).

2) 항균 · 항진균 · 항바이러스작용
   - 정향유와 eugenol은 살균 · 방부작용이 있고, Brucella균, 결핵균, 피부병원성 백선균, 황선균(黃癬菌) 등에 대하여 항균작용을 나타낸다(in vitro).
   - 에탄올추출물은 penicillin G에 내성을 보이는 포도상구균에 대하여 항균작용을 나타낸다(in vitro, agar-well diffusion method).
   - tellimagrandin은 바이러스가 세포에 융합되는 과정(syncytia formation)을 억제한다(in vitro).[1] Eugeniin도 항바이러스작용이 있다.

3) 기타
   - 정향유는 강력한 혈소판응집 저해작용이 있다. 국소마취와 약한 진통작용이 있어 치과에서는 오래전부터 eugenol을 산화아연과 paste상태(ZOE)로 혼합하여 사용해 왔으나, 조직손상을 일으킬 수 있다는 이유로 지금은 선호되지 않는다. 정향유의 주성

분(84~95%)인 eugenol에는 중추신경 억제작용이 있다. 정향은 약으로보다는 향료로 사용되며 산업적으로는 vanillin의 제조 원료로 사용된다. eugenol은 빠른 시간 내에 대사되어 배설되므로 1,500 ppm까지 음식에 첨가할 수 있다.

- 항염증 · 항암작용 : eugenol은 LPS로 유도한 COX-2의 발현을 억제한다(*in vitro*).
- 살충작용 : eugenol과 acetyleugenol, isoeugenol, methyleugenol은 진드기에 대하여 살충작용이 있다.
- 간질 치료작용 : maximal electroshock에 의한 경련을 억제하고 pentylenetetrazole을 복강투여 하였을 때 일어나는 경련에 대하여서는 그 역치를 높인다(*in vivo*).
- β-caryophyllene과 β-caryophyllene oxide, α-humulene, α-humulene epoxide I, eugenol은 마우스의 간과 소장에서 glutathione S-transferase의 활성을 증가시킨다.

【참고문헌】

1) Kim H. J. *et al*., Planta Med., 67, 277-279, 2001

【생리활성성분 화학구조식】

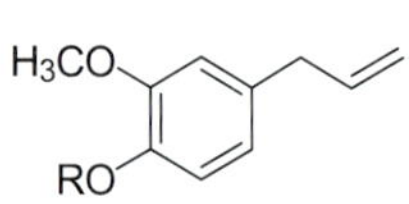

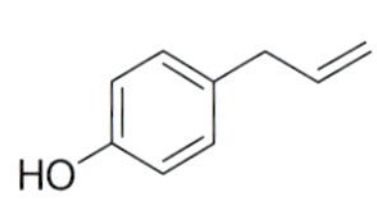

chavicol

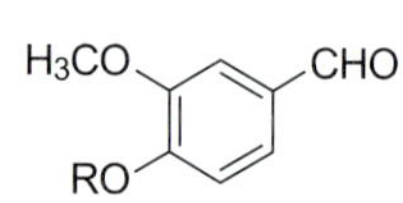

vanillin

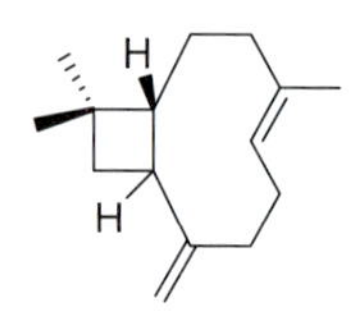

caryophyllene

eugenol, R=H
acetyleugenol, R=Ac
salicyleugenol, R=

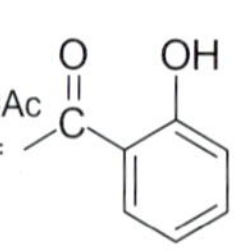

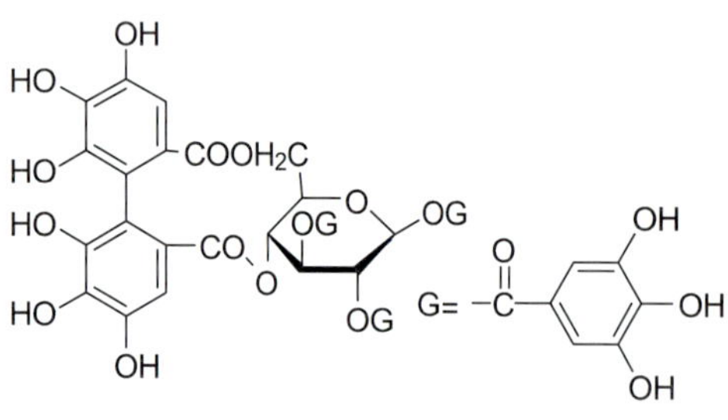

eugeniin

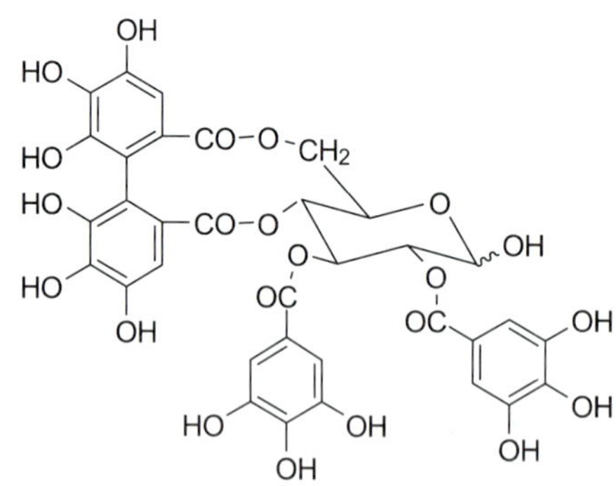

tellimagrandin I

진피 (Citrus unshiu peel)

【기 원】 *Citrus unshiu*, Rutaceae

【분 류】 식품

【사용부위】 식용(열매), 약용(과피)

【산 지】 제주도

【생리활성성분】 flavonoid(hesperidin, rutin, naringin, neohesperidin, nobiletin, vitexin), limonoid (nomilinic acid 17-O-β-D-glucopyranoside, methyl nomilinate, 17-O-β-D-glucopyranoside, obacunone 17-O-β-D-glucopyranoside 등), alkaloid(synephrine), 정유[(+)-limonene, linalool, linalylacetate]

【효능 및 기전】

1) 건위 · 구풍작용
   - 정유 성분과 플라보노이드 성분은 소화액의 분비와 연농운동을 촉진한다.
   - (+)-limonene은 진정, 중추억제작용이 있고, 적출한 회장과 자궁, 말초혈관에 대한 수축작용이 있다. 또한, 점막과 국소를 자극하는 성질이 있으며, 담즙분비를 촉진하고 간과 혈청에서의 cholesterol농도를 낮춘다.
   - polymethoxyflavonoid인 nobiletin을 함유한 식이요법은 azoxymethane으로 유도한 장내이상병소(colonic aberrant crypt foci, ACF)의 형성을 억제한다(rat).[1)]

2) 항알레르기작용
   - 3',4',5,6,7,8-hexamethoxyflavone과 5-hydroxy-3',4',6,7,8-pentamethoxyflavone은 복부비만세포로부터 유리되는 히스타민을 농도 의존적으로 억제한다(*in vivo*, rat).[2)]
   - hesperidin은 type I reaction에 의한 알레르기반응을 억제한다(*in vitro*, *in vivo*).[3)]

3) 기타
   - 모세혈관강화작용 : hesperidin에는 rutin, epicatechol, quercetin 등과 같은 모세혈관강화작용이 있다.
   - 항염증작용, 항종양작용 : nobiletin은 phorbol ester로 유도시킨 피부의 염증, oxidative stress, 종양발생을 억제한다(*in vivo*, mouse).[4)]
   - 혈중지질저하작용 : hesperidin은 돼지의 췌장 lipase의 작용을 억제함으로써 혈장 중의 triglyceride의 농도를 낮춘다.[5)]

• 이 밖에 구토와 딸꾹질을 억제하고 담(痰)을 제거하는 작용이 있다.

【참고문헌】

1) Kohno H. *et al.*, Life Sci., 69, 901-913, 2001
2) Kim D. K. *et al.*, Arch. Pharm. Res., 22, 642-645, 1999
3) Matsuda H. *et al.*, Yakugaku Zasshi, 111, 193-198, 1991
4) Murakami A. *et al.*, Cancer Res., 60, 5059-5066, 2000
5) Kawaguchi K. *et al.*, Biosci. Biotechnol. Biochem., 61, 102-104, 1997

【생리활성성분 화학구조식】

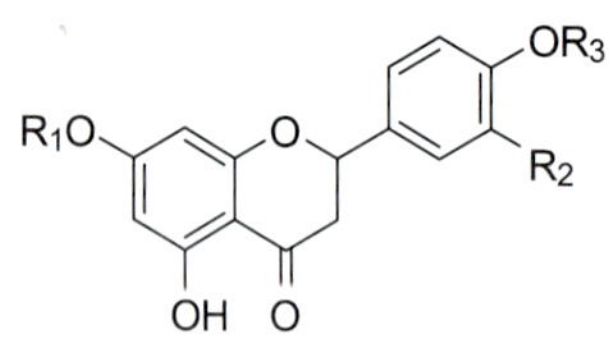

	R_1	R_2	R_3
hesperidin	-Glc^{6}Rha	OH	CH_3
neohesperidin	-Glc^{2}Rha	OH	CH_3
naringin	-Glc^{2}Rha	H	H
poncirin	-Glc^{2}Rha	H	CH_3

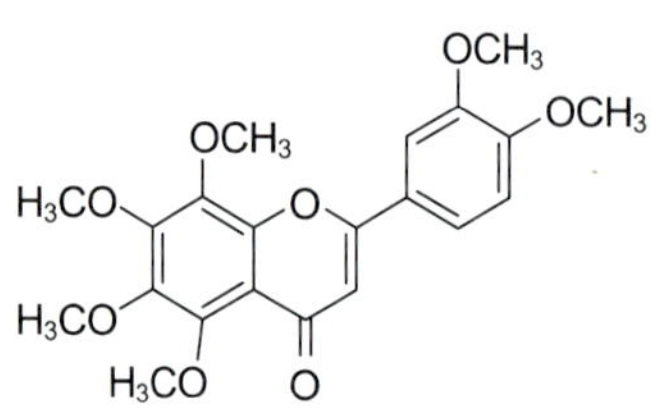

nobiletin

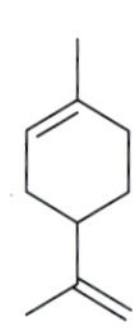

limonene

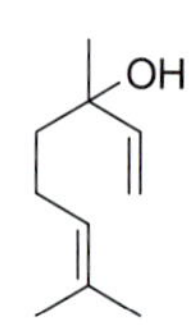

linalool

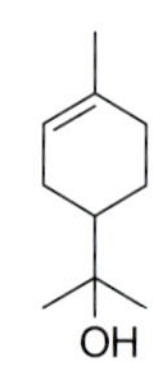

terpineol

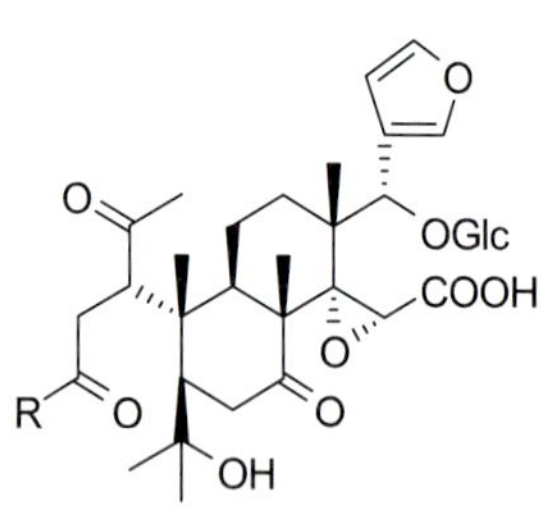

nomilinic acid 17-*O*-β-D-glucopyranoside, R=OH
methylnomilinate 17-*O*-β-D-glucopyranoside, R=OCH_3

프락토올리고당

【기 원】 설탕의 과당잔기에 1~3개의 과당이 결합된 설탕과 유사한 구조를 가진 당류의 혼합물로 자연적으로는 치커리, 양파, 아스파라거스, 우엉, 벌꿀 등에 함유되어 있으나 함량이

낮아, 효소적 방법에 의해 과량 생산

【분 류】 식품

【효능 및 기전】

1) 장내비피더스균의 증식 및 장내 유해균의 성장 억제에 도움을 준다.
2) 배변 활동을 원활히 하는데 도움을 준다.
3) 칼슘흡수에 도움이 된다.

효소 함유제품

【기 원】 효소함유 식품은 식품에 식용 미생물을 배양시켜 효소를 다량 함유하도록 제조한 것을 말하는데, 원료에 따라 곡류 효소함유 식품(곡류의 배아 60% 이상), 배아 효소함유 시품(곡물의 배아 40% 이상)과 채소류효소함유 제품(과 · 채류 60% 이상), 그리고 기타식물효소함유 등이 있음

【분 류】 식품

【사용부위】 식용(효소 배양체)

【생리활성성분】 효소류 및 비타민, 미네랄, 아미노산, 지방산

【효능 및 기전】

1) 신진대사기능
   - 효소제품에 포함된 비타민 C와 E 같은 항산화물질은 장에서 독성물질이 생성되는 것을 억제하고 비타민 B군은 세포의 신진대사를 촉진하여 위와 장의 항상성을 유지시킨다.
2) 건강증진 및 유지
   - 효소의 기능을 통해 음식물이 흡수되기 용이한 형태로 전환시킴으로써 영양소의 흡수를 촉진시키는 작용을 한다.
3) 연동작용 및 배변에 도움
   - 효소함유제품에 포함된 효소와 식이섬유는 장의 연동운동을 촉진하여 배변을 도움으로써 변비를 호전시킨다.

【부작용 및 주의사항】

잘 정제되지 못한 제품이나 과량을 섭취하였을 경우 설사, 구토, 복통, 등의 위장관 장애를

유발할 수 있다.

4.2 배변촉진

대두올리고당

【기 원】 대두 *Glycine max*, Leguminosae로부터 기름을 짠 후 대두단백질 제조 과정에서 얻어지는 부산물인 콩훼리에서 정제

【분 류】 식품

【생리활성성분】 스타키오스, 라피노오스

【효능 및 기전】

1) 장내유익균인 비피더스균의 선택적 증식을 도와 장내환경을 개선시킨다.
2) 배변 활동에 도움을 준다.

목이버섯 (Ear mushroom)

【기 원】 목이버섯 *Auricularia auricula-judae*, Auriculariaceae

【분 류】 식품

【사용부위】 균사체

【산 지】 우리나라 각지

【생리활성성분】 식이섬유(40%이상)

【효능 및 기전】

1) 배변 원활
   - 식전에 4 g을 섭취할 경우 배변 활동을 원활히 하는데 도움을 줄 수 있음이 인체실험을 통해 확인되었다.
   - 목이버섯의 기능성성분인 식이섬유는 장에서 수분을 흡수하여 부피가 팽창하여 변의 양을 늘려주게 되므로 목이버섯을 섭취 시에는 충분한 물과 함께 섭취하여야 한다.

2) 기타 작용

- 민간요법으로 과산화지질 생성을 억제하여 노화를 방지하고, 멜라닌이 피부에 침적되는 것을 막아 피부에 주름살이나 잡티, 검버섯이 생기지 않게 한다.

알로에 (Aloe leaf)

【기 원】 *Aloe ferox*, Liliaceae

【분 류】 식품

【사용부위】 식용(잎), 약용(잎에서 얻은 즙액)

【산 지】 아프리카가 원산지로 현재 100여종이 세계 각지에 분포 또는 재배

【생리활성성분】 anthrone C-glycoside(barbaloin (= aloin A), isobarbaloin (= aloin B), aloinoside A~B, 5-hydroxyaloin A, homonataloin 등), anthraquinone(aloe-emodin, 1,3,6-trihydroxy-8-methyl-anthraquinone, nataloe-emodin, chrysophanol 등), chromone(aloesone, aloeresin A~D 등)

【효능 및 기전】

1) 건위 · 사하작용

- barbaloin은 소량에서 고미건위작용을 나타내며, 대량에서는 대장을 자극하여 연동운동을 항진한다.
- 알로에 가루에 의한 사하효과는 barbaloin의 함량에 비례하고, 염산 tetracycline을 미리 투여하면 사하작용이 현저하게 약화된다(rat, *p.o.*).
- barbaloin은 담즙에 의하여 aloe-emodin으로 변화하여 강한 사하작용을 일으킨다고 알려져 있다.

2) 상처치유작용

- polyuronide와 같은 다당류는 육아형성 촉진작용이 있어 상처치유효과를 나타낸다.

3) 기타

- 알코올추출물에는 항암작용, 항진균작용이 있다.
- 현재 우리나라에서 건강보조식품의 원료로 사용되고 있는 알로에의 종류에는 알로에 베라(*A. barbadensis* Mill. 또는 *Aloe vera* L.)와 알로에 아보레센스(*A. arborescens* Mill.), 알로에 사포나리아(*A. saponaria* Haw)가 있다. 이들 알로에는 모두 정도의 차이는 있으나 항염증작용, 항궤양 및 세포재생 작용, 항균 및 항진균작용, 건위작용,

사하작용, 면역조절기능(다당류의 항암작용), 피부보습작용, 미백작용, 혈행촉진작용 등을 가지고 있다. 알로에 아보레센스는 특히 혈액순환 촉진과 혈관개선, 심장기능항진작용이 다른 알로에보다 강하고, 알로에 사포나리아는 가장 순해서 알레르기를 일으키는 일이 적어 미용 재료로 적합하다.[1]

【참고문헌】

1) 노완섭, 허석현(1999) 건강보조식품과 기능성 식품, 효일문화사, p270-285

【생리활성성분 화학구조식】

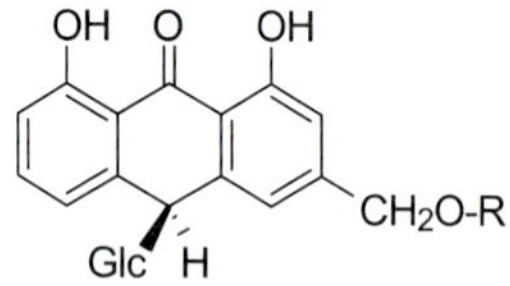

barbaloin, R=H
aloinoside A, R=Rha

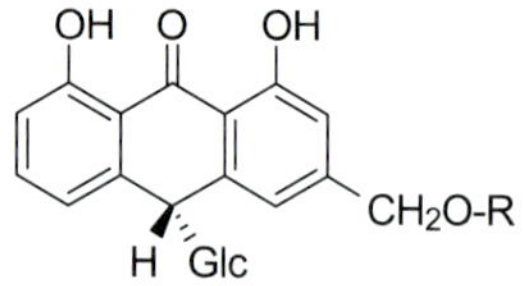

isobarbaloin, R=H
aloinoside B, R=Rha

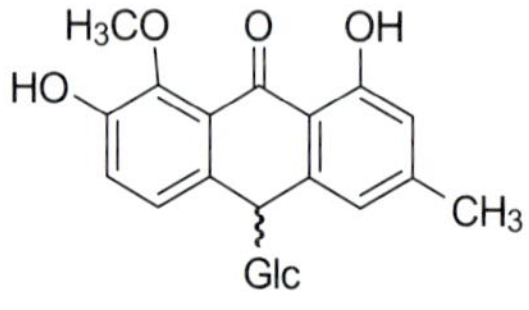

homonataloin

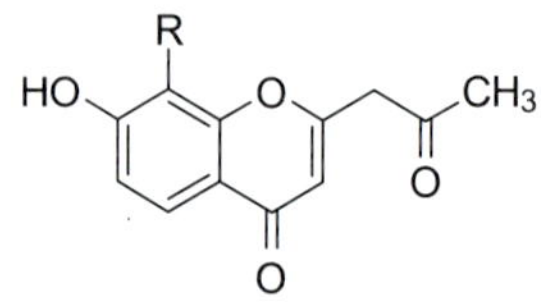

aloesone, R=H
aloeresin C, R=Glc

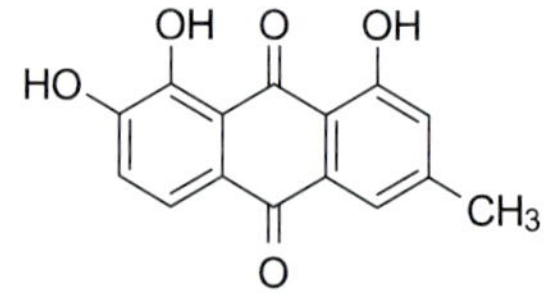

nataloe-emodin

이소말토올리고당

【기 원】 전분을 α-amylase, β-amylase 및 transglucosidase에 의해 효소 반응시킨 것으로, 포도당이 α-1,6 결합으로 당이 2~4개 모여 있는 형태의 분지올리고당

【분 류】 식품

【생리활성성분】 isomaltose, panose, isomaltotriose, isomaltotetraose, isomaltopentaose 등이 주성분

【효능 및 기전】

1) 장내유익균인 비피더스균의 선택적 증식을 도와 장내환경 개선시킨다.
2) 배변 활동에 도움을 준다.

- Bifidobacteria과 Lactobacillidml 증식이 늘어나면서 lactic acid, 단쇄지방산 등이 생성되고 이로 인해 장내의 pH를 저하시켜 장내 환경을 유해균이 성장하기에 적합하지 않은 환경으로 만들어 주어 배변 활동의 개선에 도움을 준다.

3) 구강내 충치균을 억제한다.

4.3 간 기능

구기자 (Lycium fruit)

【기 원】 *Lycium chinense*, Solanaceae

【분 류】 식품

【사용부위】 식용(열매), 약용(열매)

【산 지】 우리나라

【생리활성성분】 betaine, cerebroside, carotinoid(zeaxanthin, physalien(= zeaxanthin dipalmitate), phyrrole 유도체(4[formyl-5-(hydroxymethyl)-1H-pyrrol-1-yl] butanoic acid, 4[formyl-5-(methoxymethyl)-1H-pyrrol-1-yl] butanoic acid, 4[formyl-5-(methoxymethyl)-1H-pyrrol-1-yl]-butanoate, amino acid, N-methylcalystegine B2, linoleic acid,(-)-1,2-dehydro-a-cyperone, (+)-a-cyperone, 비타민 B1, dehydroactinidiolide, safranal, β-ionone, megastigmatrienone, 3-hydroxy-β-ionone, scopoletin

【효능 및 기전】

1) 간세포 보호 작용
   - 구기자의 물추출물과 betaine은 항지간 및 간 기능 보호 작용이 있다.
   - betaine은 choline이 산화되어 생성되는 대사물로 동물조직에 분포하며 간세포와 신장세포의 삼투압 조절에 관여하며,[1] homocystinuria의 치료제로 사용된다.[2]
   - betaine은 methionine cycle에 존재하는 생체 내 물질로, 생체 내에서 methyl donor로 작용하는 S-adenosylmethionine(SAM)으로 전환되는 methione과 hepatic glutathione(GSH)의 합성에 관여한다.[3]
   - 구기자에서 분리된 cerebroside류와 pyrrole 유도체 화합물은 간세포에 사염화탄소나 galactosamine으로 독성을 유발시켰을 때 보호 작용을 나타낸다(*in vitro*).[4)~7)]

- zeaxanthin dipalmitate는 간섬유화를 억제한다(rat).[8]

2) 혈압강하작용

- 물추출물과 betaine은 혈압 강하작용이 있다. betaine은 당뇨에도 효과가 있다.

3) 기타

- *N*-methylcalystegine B2는 rat liver lysosomal α-galactosidase을 선택적으로 억제한다(Fabry's disease model).[9]
- 이 외에도 구기자는 면역기능 촉진 및 조절작용을 비롯하여 항노화 작용, 항동맥경화 작용, 여성호르몬유사작용, 항종양작용, 조혈기능촉진작용이 있는 것으로 알려져 있다.

【참고문헌】

1) Wettstein M. *et al*., Hepatology, 27, 787-793, 1998
2) Anonymous, Prescription Drug Product List. 16th ed. Washington, DC : US Food and Drug Administration, 1996
3) Finkelstein D. *et al*., Biochem. Biophys. Res. Commun., 108, 344-348, 1982
4) Kim S. Y. *et al*., J. Nat. Prod., 60, 274-276, 1997
5) Chin Y. W. *et al*., Bioorg. Med. Chem. Lett., 13, 79-81, 2003
6) Kim S. Y. *et al*., Phytother. Res., 14, 448-451, 2000
7) Kim S. Y. *et al*., Biol. Pharm. Bull., 22, 873-875, 1999
8) Kim H. P. *et al*., Biol. Pharm. Bull., 25, 390-392, 2002
9) Asano N. *et al*., Eur. J. Biochem., 248, 296-303, 1997

【생리활성성분 화학구조식】

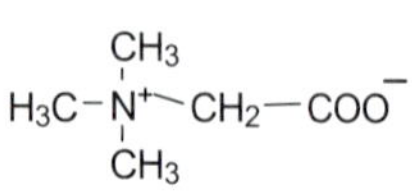

betaine

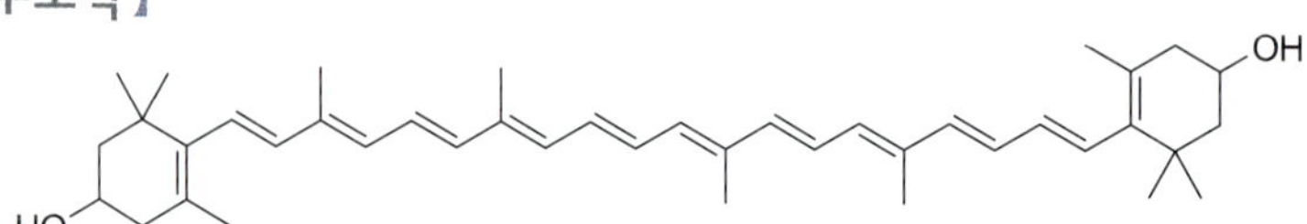

zeaxanthin

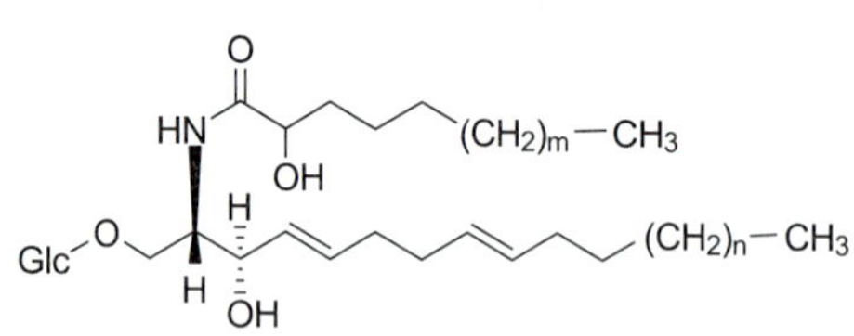

cerebroside
1-O-β-D-glucopyranosyl-(2*S*, 3*R*, 4*E*, 8*Z*)-2-[(2(*R*)-hydroxyicosanoyl)amido]-4,8-octadecadiene-1,3-diol

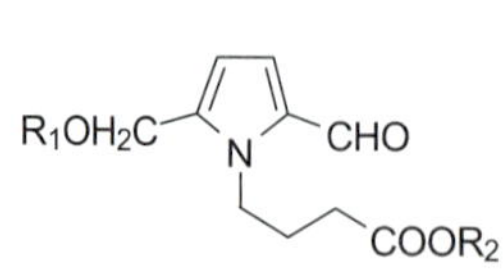

4[formyl-5-(hydroxymethly)-1*H*-pyrrol-1-yl]-butanoic acid, R_1=H, R_2=H
4[formyl-5-(hydroxymethly)-1*H*-pyrrol-1-yl]-butanoic acid, R_1=CH_3, R_2=H
4[formyl-5-(hydroxymethly)-1*H*-pyrrol-1-yl]-butanoate, R_1=CH_3, R_2=CH_3

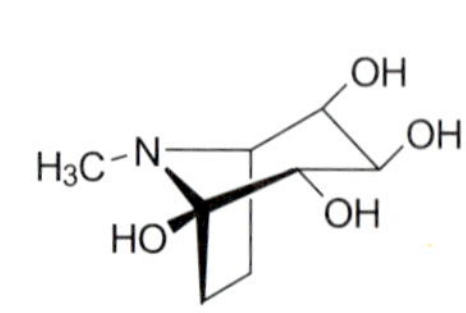

N-methylcalystegine B_2

근대 (Chard)

【기 원】 *Beta vulgaris* var. cicla, Chenopodiaceae

【분 류】 식품

【사용부위】 식용(전초), 약용(전초)

【산 지】 유럽 남부원산, 우리나라

【생리활성성분】 flavonoid(vitexin 2"-xylose, 6"-malonyl-2"-xylosyl vitexin, kaempferol 3-gentiobioside, isorhamnetin 3-gentiobioside 등), phenolic amide(N-cis-feruloyl3-O-methyldopamin, N-cis-feruloyl tyramine, N-trans-feruloyl 3-O-methyldopamin, N-trans-feruloyl tyramine 등)

【효능 및 기전】

1) 간세포 보호 작용
   - 근대 추출물은 사염화탄소에 의한 독성에 대하여 간세포 보호 작용이 있다(*in vivo*, rat).[1]
   - 근대 추출물은 당뇨를 유발시킨 흰쥐에서 간 보호 작용을 나타낸다(*in vivo*, rat).[2]
   - flavon glycoside계 성분 중, vitexin 7-O-beta-D-glucopyranoside, vitexin 2"-O-beta-D-glucopyranoside는 간세포에 사염화탄소로 독성을 유발시켰을 때 간세포 보호 작용을 나타낸다.[3]
2) 혈당강하작용
   - 근대 추출물은 streptozotocin으로 당뇨를 유도한 실험동물모델에서 혈당강하작용을 나타낸다(rat).[4]
3) 기타
   - phenolic amides는 LPS로 유도시킨 산화질소의 생성을 억제한다(RAW 264.7cells).[5]

【참고문헌】

1) Aggarwal M. *et al.*, Fitoterapia, 77, 91-93, 2006
2) Ozsoy-Sacan O. *et al.*, Biosci. Biotechnol. Biochem., 68, 1640-1648, 2004
3) Kim I. *et al.*, Arch. Pharm. Res., 27, 600-603, 2004
4) Bolkent S. *et al.*, J. Ethnopharmacol., 73, 251-259, 2000
5) Kim Y. *et al.*, Phytother Res., 17, 983-985, 2003

【생리활성성분 화학구조식】

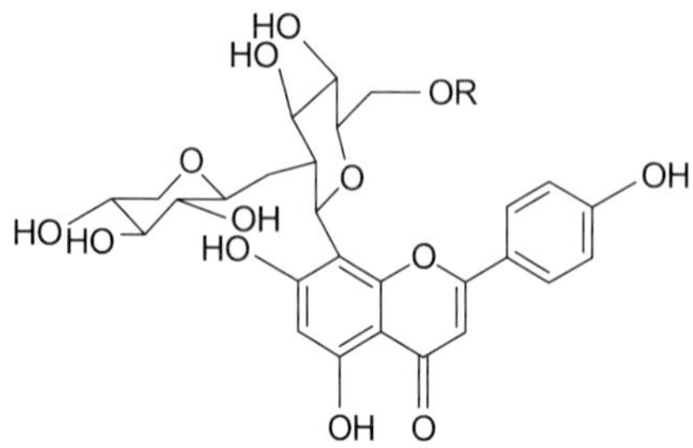

vitexin 2"-xyloside R=H
6"-malonyl-2"-xylosyl vitexin R=$COCH_2COOH$

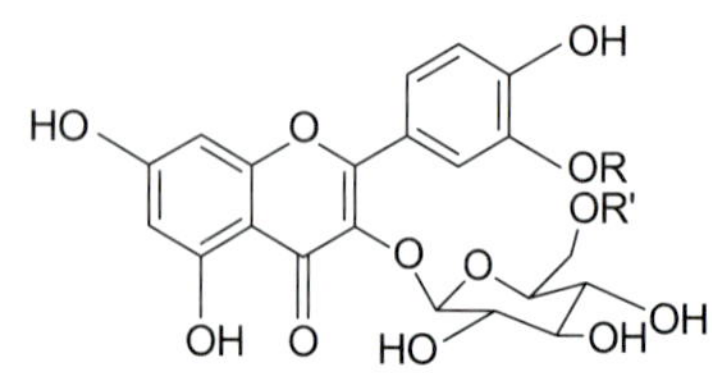

kaempferol 3-gentibioside R=H, R'=glucose
isorhamnetin 3-gentioboiside R=CH_3, R'=glucose
isorhamnetin 3-vicianoside R=CH_3, R'=arabinose

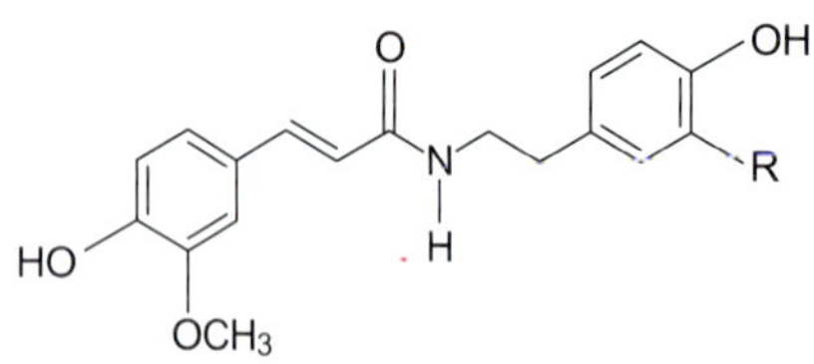

N-trans-feruloyl 3-*O*-methyldopamine R=OCH_3
N-trans-feruloyl tyramine R=H

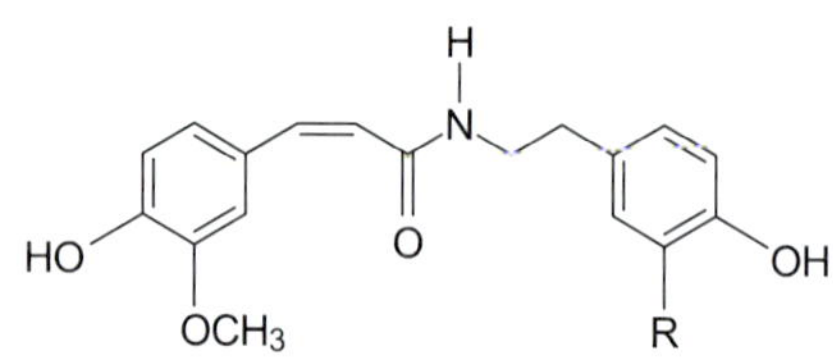

N-cis-feruloyl 3-*O*-methyldopamine R=OCH_3
N-cis-feruloyl tyramine R=H

마리아엉겅퀴 (St. Mary thistle, blessed milk thistle, milk thistle fruit)

【기 원】 *Silybum marianum*, Compositae

【분 류】 식품

【사용부위】 식용(열매), 약용(열매)

【산 지】 유럽

【생리활성성분】 flavolignan(silybin(= silibinin), isosilybin, silychristin, silydianin, silandrin, silyhermin, silymonin 등)

【효능 및 기전】

1) 간세포 보호 작용

- silymarin과 그 구성 성분은 간세포 보호 작용을 나타낸다. 즉, 사염화탄소나 galactosamine, 그 밖의 독성물질로부터 간세포를 보호한다(*in vivo*, mouse). 또한, phalloidin에 의한 독성도 phalloidin 투여 후에 silymarin을 투여한 경우에 한해서

경감시킨다.

- silymarin은 간세포의 세포막의 구조를 변화시켜 독성물질의 침입을 막는다. 또한, 단백질의 합성을 증가시켜 간조직의 재생을 촉진한다.
- silymarin은 알코올에 의한 간섬유화의 진행을 늦추며(*in vivo*, boboon),[1] 광대버섯이나 B형, C형 간염, 알코올로 유도시킨 간세포 손상에 의한 사망률을 낮춘다(*in vivo*).[2] 또한, 임상적으로 알코올에 의한 간경화에 효과가 있었으며 부작용은 관찰되지 않았다.[3]
- silybin은 concanavalin A로 유도한 T cell이 관여하는 간질환(간염)의 발생을 억제하고(*in vivo*, mouse),[4] 간의 Kupffer cell에서 leukotriene이 형성되는 과정을 선택적으로 억제함으로써 간세포 보호작용을 나타낸다(*in vitro*).[5]
- flavolignan계 성분 중, silydianin과 silychristin이 silymarin이나 silybin, isosilybin보다 효과적으로 간세포 보호 작용을 나타낸다(*in vitro*, allyl alcohol이나 CCl4로 간 독성을 유도).[6]

2) 항산화작용, 항염증작용

- silymarin은 지질의 과산화를 억제하여 세포막을 안정화시킨다.
- silybin을 비롯한 flavonolignan류는 항산화작용이 있다(*in vitro*).[7]
- silymarin은 5-lipoxygenase의 활성을 저해함으로써 항염증작용과 항관절염작용을 나타낸다(*in vivo*, rat).[8]

3) 항암작용

- silibinin은 epidermal growth factor receptor가 관여하는 세포의 신호전달 체계에 작용하여 암세포주의 성장을 억제한다(*in vitro*, rat glioma cell line).[9] 또한, 사람의 전립선암 세포의 성장을 억제하며(*in vitro*, in vivo), cisplatin이나 carboplatin과 같은 항암제의 효력을 증가시킨다(*in vitro*, human PCA DU145 cell).[10] 사람의 백혈병 관련 암세포인 HL-60 cell의 분화를 촉진하는 작용도 있다(*in vitro*).[11]
- silymarin을 피부에 바르면 UV에 의한 피부면역감소와 산화적 스트레스에 의한 피부암의 발생을 줄일 수 있다(*in vivo*).[12] 또한, silymarin은 azoxymethane으로 유도한 대장암과 4-nitroquinoline 1-oxide로 유도한 설암의 발생을 억제한다(*in vivo*, male F344 rat).[13,14]
- silybin과 silymarin은 전립선암 세포의 성장을 억제하고 세포사멸을 유도함으로써 전립선암의 예방과 치료에 효과가 있다(*in vitro*, *in vivo*, rat).[15]

4) 기타

- 면역증강 작용 : 추출물은 면역증강작용이 있다(*in vitro*).[16]
- 뇌신경세포 보호 작용 : 추출물은 신경의 분화를 촉진하고(PC-12 cell) 산화적 스트

레스로부터 신경세포(rat hippocampal neuron)를 보호한다(*in vitro*).[17]

- 신장세포 보호 작용 : silibinin과 silichristin은 항암제에 의하여 손상을 입는 신장세포의 손상 정도를 줄여 준다(*in vitro*, kidney cells of African green monkey).[18]
- 콜레스테롤 저하작용 : silymarin은 간 기능을 개선하여 혈중지단백의 대사를 정상화함으로써 혈중 콜레스테롤 수치를 낮춘다. silybin 단독으로보다는 silymarin의 작용이 더 크다.[19]

  또한, silybin dihemisuccinate는 동물의 간 균질액에서 cholesterol의 생합성을 억제한다.[9]
- 이 외에 silymarin에는 위보호 작용이 있으며(*in vivo*, rat),[20] saponin에 의한 용혈(hemolysis)로부터 적혈구를 보호한다.

【참고문헌】

1) Lieber C.S. *et al*., J. Clin. Gastroenterol., 37, 336-339, 2003
2) Laekeman G. *et al*., J. Pharm. Belg., 58, 28-31, 2003
3) Ferenci P. *et al*., J. Hepatol., 9, 105-113, 2003
4) Schumann J. e*et al*., J. Hepatol., 39, 333-340, 2003
5) Dehmlow C. *et al*., Hepatology, 23, 749-754, 1996
6) Dvorak Z. *et al*., Toxicol. Lett., 137, 201-212, 2003
7) Psotova J. *et al*., Phytother. Res., 16, S63-67, 2002
8) Gupta O.P. *et al*., Phytomedicine, 7, 21-24, 2000
9) Qi L. *et al*., Cancer Biol. Ther., 2, 532-533, 2003
10) Dhanalakshmi S. *et al*. Int. J. Cancer, 106, 699-705, 2003
11) Kang S.N. *et al*., Biochem. Pharmacol., 61, 1487-1495, 2001
12) Katiyar S.K., Int. J. Oncol., 21, 1213-1222, 2002
13) Kohno H. *et al*,. Int. J. Cancer, 101, 461-468, 2002
14) Yanaida Y. *et al*., Carcinogenesis, 23, 787-794, 2002
15) Tyagi A. *et al*., Prostate, 53, 211-217, 2002
16) Wilasrusmee C. *et al.,* Med. Sci. Monit., 8, BR439-43, 2002
17) Kittur S. *et al*., J. Mol. Neurosci., 18, 265-269, 2002
18) Sonnenbichler J. *et al*., J. Pharmacol. Exp. Ther., 290, 1375-1383, 1999
19) Skottova N., Krecman V., Physiol. Res., 47, 1-7, 1998
20) Alarcon de la Lastra A. C. *et al*., Planta Med., 61, 116-119, 1995

【생리활성성분 화학구조식】

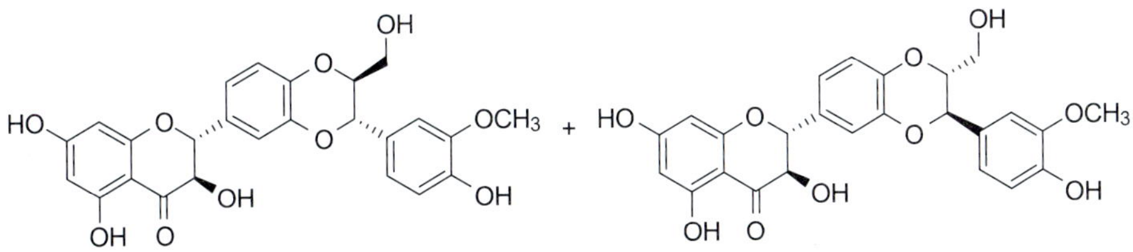

silybin
(diastereoisomeric pair)

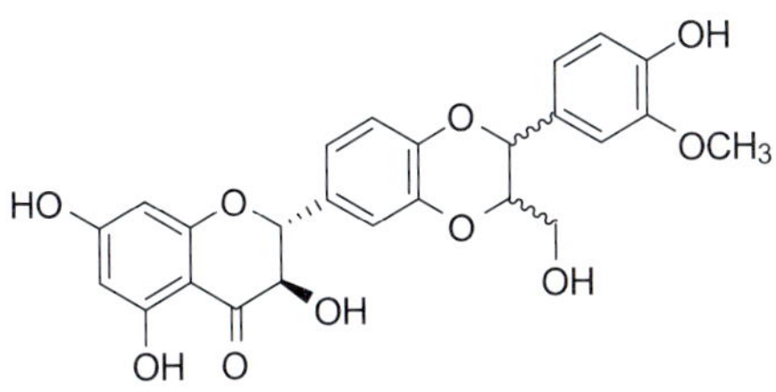

isosilybin

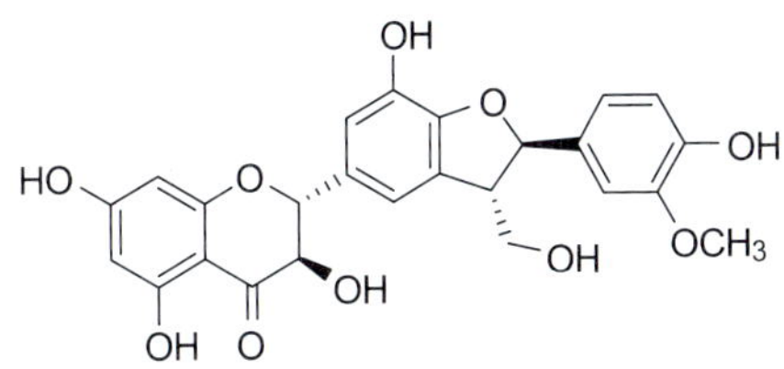

silychristin

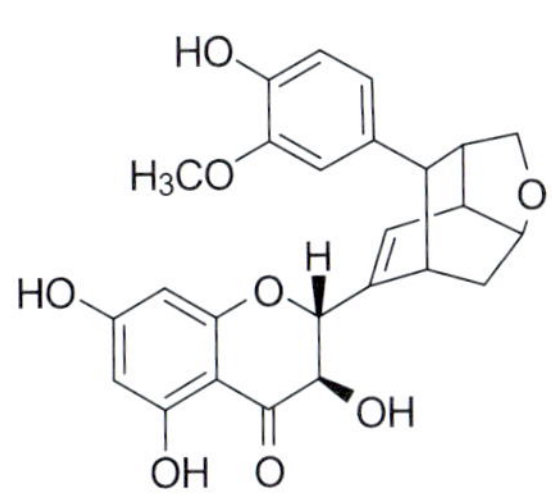

silydianin

서양민들레 (Dandelion)

【기 원】 *Taraxacum officinale*, Compositae

【분 류】 식품

【사용부위】 식용(전초), 약용(전초)

【산 지】 우리나라, 중국, 일본

【생리활성성분】 flavonoid(luteolin, chrysoeriol, quercetin, luteolin 7-glucoside, apigenin 7-glucoside, luteolin 4'-glucoside, luteolin 7-rutinoside, quercetin 7-glucoside, isorhamnetin 3-glucoside, isorhamnetin 3,7-diglucoside), phenolic compound(caffeic acid, chlorogenic acid), coumarin(scopoletin, esculetin, cichoriin 등)

【효능 및 기전】

1) 이담작용

- 임상적으로는 이담작용이 있고 만성 담낭경련 및 결석증에 유효하며, 이뇨작용이 있다. 이뇨작용은 민들레에 다량으로 존재하는 칼륨염에 의한 것으로 추측된다.

2) 항균 · 항진균 작용

- 민들레의 수침액은 포도상구균, 용혈성연쇄구균, 폐렴쌍구균, 뇌막염균, 디프테리아균, 녹농간균, 변형간균, 티푸스균 등에 대하여 살균작용을 나타낸다. 또 각종 피부진균의 성장을 억제한다.
- 전제는 쉽게 흡수되어 뇨중에서 항균작용을 나타낸다(mouse).

3) 면역증강작용, 항암작용

- 다당류 분획에는 항종양작용과 더불어 강한 면역증강작용이 있으며, 단백질 함유 분획은 고형암의 성장을 억제하고(*in vivo*, mouse), 면역기관의 무게를 늘린다(normal mouse).[1]
- 서양민들레(*T. officinale*)의 전제는 면역증강작용과 항암작용을 나타낸다.[2]

4) 기타

- desacetylmatricarin은 항알레르기 작용과 밀접한 관련이 있는 β-hexosaminidase의 유리를 억제한다(IC50, 7.5μM, RBL-2H3 cells).[3]
- 민들레에서 혈액응고과정을 억제하는 단백질이 분리되었다. 이 단백질은 열에 약하다.[4]
- 건위작용, 완하작용 등이 있다.

【참고문헌】

1) Jeong J. Y. *et al*., Arch. Pharm. Res., 14, 68-72, 1991
2) Baba K. *et al*., Yakugaku Zasshi, 101, 538-543, 1981
3) Cheong H. *et al*., Planta Med., 64, 577-578, 1998
4) Yun S. I. *et al*., Biosci. Biotechnol. Biochem., 66, 1859-1864, 2002

엉겅퀴 (Thistle)

【기 원】 *Cirsium japonicum*, Compositae.

【분 류】 식품

【사용부위】 식용(전초), 약용(전초)

【산 지】 우리나라 전도 및 일본(대마도), 만주, 중국, 우수리에 자생

【생리활성성분】 flavonoid(linarin, pectolinarigenin-7-O-β-D-glucopyranoside, hispidulin 7-neohesperidoside, cirsimaritin-4'-glucoside, acacetin-7-rutinoside), polyacetylene(cis-8,9-epoxy-heptadec-1-ene-11,13-diyne-10-ol, ciryneol A~C, H, ciryneone F, cireneol G, 8,9,10-triacetoxyheptadec-1-ene-11,13-diyne), phenylpropanoid(p-coumaric acid, syringin)

【효능 및 기전】

1) 간세포 보호 작용
   - 메탄올추출물은 에탄올의 산화를 촉진하고 지방의 과산화를 억제함으로써, 알코올에 의한 독성으로부터 간세포를 보호한다(*in vivo*, rat). 활성 성분으로 hispidulin 7-*O*-neohesperidoside가 분리되었다.[1]
2) 지혈작용
   - 한방에서는 열혈(熱血)에 의한 출혈, 토혈 등에 대한 지혈작용이 있는 것으로 생각하며, 일부는 실험적으로 인정된다.[2]
3) 항균작용
   - 뿌리의 전제 또는 전초의 증류액은 1 : 4000의 농도에서 결핵균의 성장을 억제한다.
4) 혈압강하작용
   - 물추출물이나 에탄올추출물은 개, 고양이, 토끼의 혈압을 내린다.
5) 기타
   - 신경계 강화작용 : 인삼과 마찬가지로 polyacetylenic alcohol류와 이들의 linoleate 유도체들은 신경돌기의 생성(neuritogenesis)을 촉진한다(*in vitro*, PC12h cell, Neuro2a cell).[3]

【참고문헌】

1) Park J. C. *et al.*, Phytother. Res., 18, 19-24, 2004
2) Ishida H. *et al.*, Chem. Pharm. Bull., 35, 861-864, 1987

3) Yamazaki M. *et al.*, Biol. Pharm. Bull., 24, 1434-1436, 2001

【생리활성성분 화학구조식】

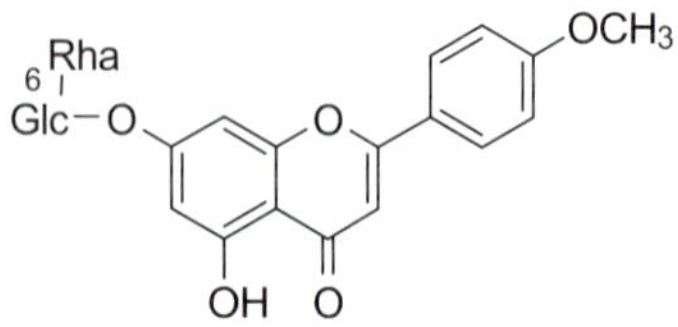

linarin

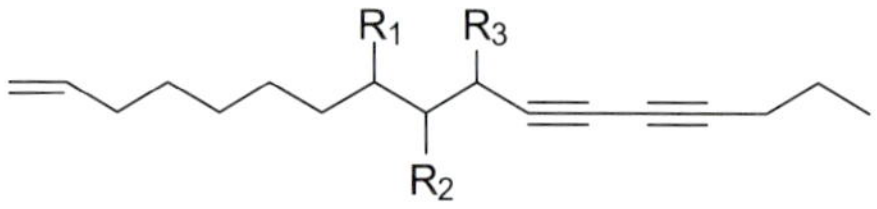

ciryneol A, R_1=OAc, R_2=OH, R_3=OH
ciryneol B, R_1=OCH_3, R_2=OH, R_3=OH
ciryneol C, R_1=Cl, R_2=OH, R_3=OH

오미자 (Schizandra fruit)

【기 원】 *Schisandra chinensis*, Schisandraceae.

【분 류】 식품

【사용부위】 식용(열매), 약용(열매)

【산 지】 중국, 우리나라

【생리활성성분】 Lignan(schisandrin A~C, schisandrol A, B(주성분), schisantherin A, B, D, isoschisandrin, gomisin A~H, J, K1-3, L1,2, M1,2, N, O, S, T, angeloylgomisin H, O, P, Q, angeloylisogomisin O, benzoylgomisin H, benzoylisogomisin O, tigloylgomisin H, P, epigomin O, deoxygomisin A, pregonmisin, wuweizisu A~C, wuweizichun A, B, schisanhenol 등), 정유(citral, α-, β-chamigrene, β-chamigrenal, 기타(유기산인 citric acid, malic acid, tartaric acid와 비타민 C, 지방산 등)

【효능 및 기전】

1) 간세포 보호 작용

- 에탄올추출물은 사염화탄소나 아세토아미노펜으로 유도한 sGPT의 증가를 억제한다(*in vivo*, mouse, rat). lignan 분획은 간세포에서 사염화탄소에 의해 유발된 독성에

대해 보호효과가 있으며(α-tocopherol보다 강력). 이러한 작용은 lignan 분획이 간의 glutathione S-transferase계의 활성을 높여주고(*in vivo*, mouse),[1] gomisin A가 실험적 간암발생과정 중에 증가하는 glutathione S-transferase placental form(GST-P) positive foci의 수와 크기를 줄여주는 현상과 일치한다(*in vivo*, rat).[2]

- gomisin A는 사염화탄소에 의하여 증가되는 혈청 중의 GOT와 GPT, lactate dehydrogenase, total bilirubin과 total cholesterol의 활성과 양을 감소시킨다(*in vivo*, mouse). wuweizisu A, B, C와 wuweizichun A, B도 sGPT의 수치를 낮춘다.[3]
- gomisin A는 실험적 급성 간 기능 부전 현상을 예방하고(in vivo),[4] 간 기능을 활성화시키며, 염색체이상(배수성)을 정상화시킴으로써 3'-MeDAB에 의한 간암발생을 억제한다(*in vivo*, rat).[5]
- 사염화탄소에 의한 간독성에 대해서는 schisandrin C와 schisantherin D가 뛰어난 보호활성을 나타내며, 갈락토자민에 의한 간독성에 대해서는 deoxygomisin A과 gomisin N, schisandrin C, schisantherin A, schisantherin D가 효과적이다. dibenzocyclooctane 골격의 methylenedioxy기가 이러한 간 보호 활성에 중요한 역할을 하며, 지질과산화를 억제하고 liver microsomal monooxygenase 활성을 증가시킴으로써 간세포를 보호하는 것으로 추측된다(*in vitro*, rat hepatocyte).
- schisandrin A, B 및 schisanhenol 등은 간의 대사 효소계를 활성화시키며, schisandrin B, C 및 schisandrol B는 사염화탄소에 의해 유도되는 지질과산화를 억제하며, 사염화탄소와 liver microsome내의 지질과의 결합을 억제한다(*in vivo*, mouse).[5]
- schisandrin B는 간암세포에서의 DNA, ATP 및 핵단백질 합성을 저해한다(*in vitro*).

2) 진해 · 거담작용

3) 중추신경흥분작용

- 물추출물은 호흡중추를 자극하여 호흡수와 호흡강도를 높인다(rabbit, dog, *i.v.*).
- 척추반사를 증강시키며, 반사 역치를 낮춘다. 정신적 기능을 개선시키며, 작업능률을 향상시킨다.[6]
- 추출물(수층)은 cycloheximide에 의한 기억력감퇴현상을 완화시킨다(*in vivo*, rat).[7]

4) 혈압 강하작용

- 물추출물이나 알코올추출물은 혈관을 확장시켜 혈압을 강하시킨다(dog, cat, rabbit).

5) 기타

- gomisin A는 hexobarbital에 의한 수면시간을 연장한다(mouse). 또한, 위의 수축작용을 억제하며 스트레스로 인한 위궤양의 발생을 줄이며(mouse, *i.v.*), 스트레스에 대한 저항성을 키워준다(dog, *p.o.*).
- pregomisin과 β-chamigrenal은 혈소판응집인자(PAF)의 활성에 길항한다(*in vitro*, IC_{50}, 48μM, 0.12μM).[8)]
- 추출물은 임신여부에 상관없이 자궁에 주기적인 수축을 유도한다(*in vivo*, rabbit).
- gomisin C는 rat neutrophil의 산화적파괴현상을 억제하고(*in vitro*),[8)] gomisin 유도체, schsandrin 유도체 등은 ACAT(acyl-CoA : cholesterol acyltransferase) 활성을 억제한다(rat liver). gomisin N의 억제활성이 가장 크다(IC_{50}, 25μM).[10)]
- gomisin N과 schisandrol A를 비롯한 lignan류는 암세포에 고농도로 존재하는 단백질인 NFAT의 발현을 억제한다.[11)]

【참고문헌】

1) Chiu P. Y. *et al*., Planta Med., 68, 951-956, 2002.
2) Miyamoto K. *et al*., Biol. Pharm. Bull., 18, 1443-1445, 1995
3) Yan-yong C. *et al*., Sci Sin., 19, 276-290, 1976
4) Mizoguchi Y. *et al*., Planta Med., 57, 320-324, 1991
5) Nomura M. *et al*., Anticancer Res., 14, 1967-1971, 1994
6) Wang Y. S., Pharmacology and Applications of Chinese Materia Medica, People's Health Publisher, p177-186, 1983
7) Hsieh M. T. *et al*., Phytother. Res., 13, 256-257, 1999
8) Lee I. S. *et al*., Arch. Pharm. Res., 20, 633-636, 1997
9) Wang J. P. *et al*., Br. J. Pharmacol., 113, 945-953, 1994
10) Kwon B. M. *et al*., Planta Med., 65, 74-76, 1999
11) Lee I. S. *et al*., Planta Med., 69, 63-64, 2003

【생리활성성분 화학구조식】

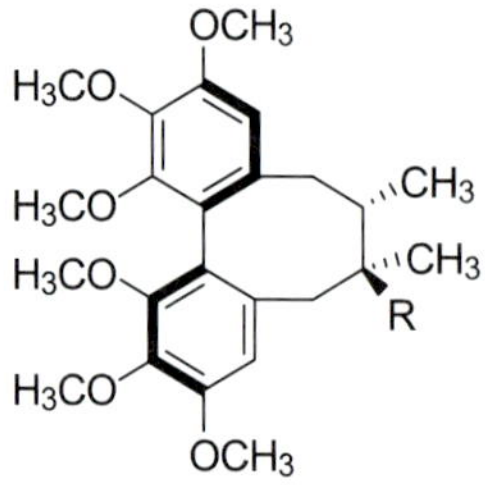

schisandrin A, R=H
schisandrol A, R=OH

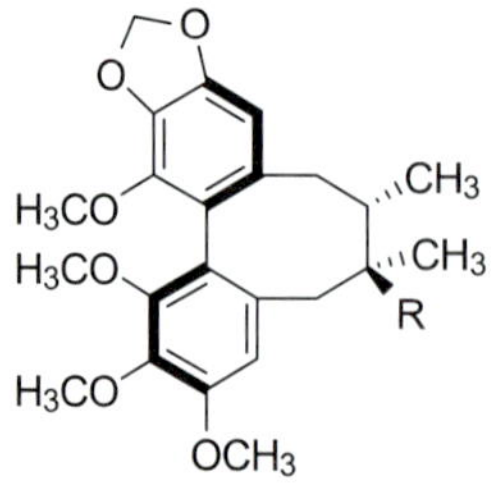

schisandrin B, R=H
schisandrol B, R=OH

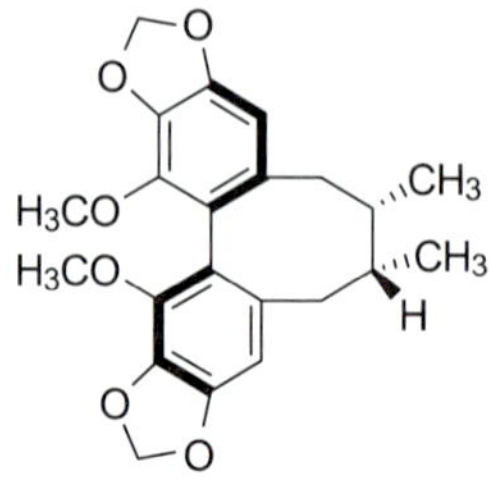

schisandrin C

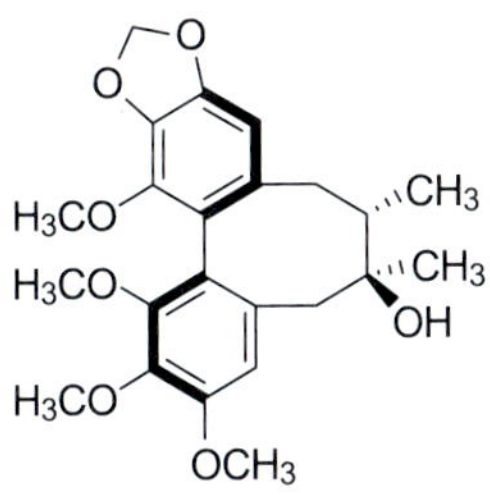

gomisin A

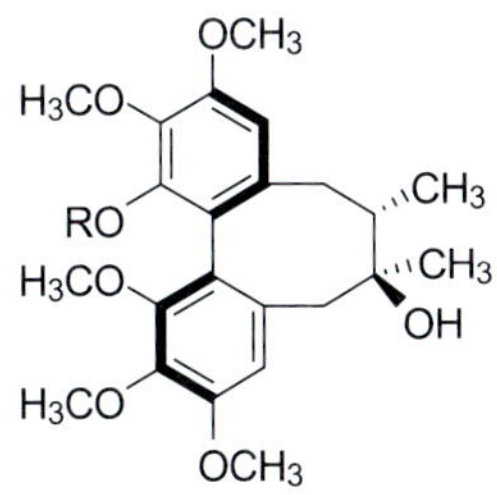

benzoylgomisin H, R= 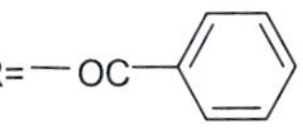

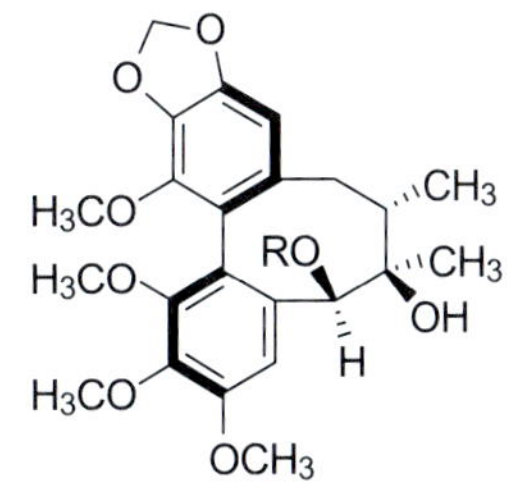

gomisin B, R= 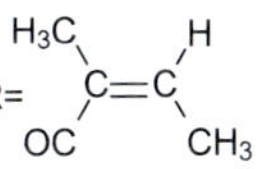

gomisin C, R= 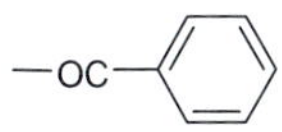

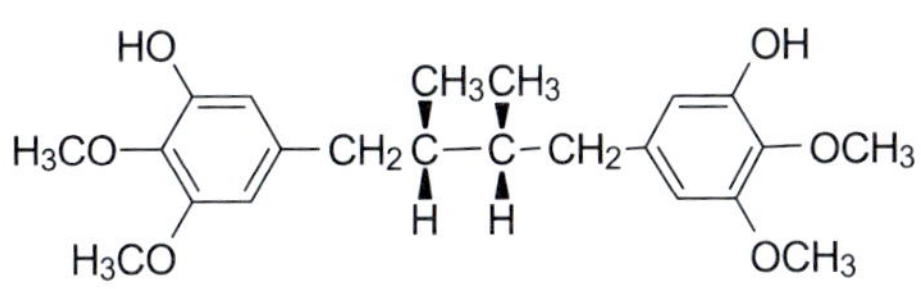

pregomisin

울금 (Curcuma root, turmeric)

【기 원】 *Curcuma longa*, Zingiberaceae,

【분 류】 식품

【사용부위】 식용(덩이뿌리), 약용(덩이뿌리),

【산 지】 중국 및 동남아

【생리활성성분】 황색색소(curcumin, p-coumaroylferuloylmethane, di-p-coumaroylmethane 등), 정유(turmerone, ar-turmerone, zingiberene, phellandrene, 1,8-cineole 등)

【효능 및 기전】

1) 이담작용
   - curcumin I, II 및 III에는 담즙분비 촉진효과가 있다.[1)]
   - curcumin은 간장의 기능을 항진시키며 담즙분비 촉진작용 외에 항균작용도 있다.
   - 울금의 정유 성분에는 담도결석개선효과가 있다.

2) 건위작용
   - 간기능장애로 인한 기능성소화불량에 유효하다.

3) 항암작용

- curcumin은 ERK(extracellular signal-regulated kinase)와 NFkB의 활성을 억제함으로써 phorbol ester로 유도시킨 COX-2의 발현을 억제한다(in vivo, mouse).[2]
- curcumin은 K562 human leukemia cell에서 지질과산화물의 detoxification에 관여하는 효소인 glutathione S-transferase의 활성을 증가시킨다(in vitro).[3]
- 결합조직종양인 fibrosarcoma에 cisplatin과 curcumin을 병용투여하면 종양표지효소의 수치가 정상수준으로 낮아진다(*in vivo*).[4]

4) 기타

- curcumin은 기도의 배상세포(goblet cell)로부터 mucine의 분비를 촉진한다(*in vitro*).[5]
- curcumin을 전처리하면 방사선에 의한 장애를 줄일 수 있다(*in vivo*, mouse).[6]
- curcumin은 T림프구의 증식도 억제하지만 동시에 apoptosis에 의한 T림프구의 사멸도 억제한다(*in vitro*).[7]
- curcumin은 LPS로 유도한 TNF와 IL-1의 생산을 억제한다(항염증작용, *in vitro*, 5μM).[8]
- 물추출물은 실험동물의 적출자궁에 대하여 지속적이면서도 확실한 자궁수축작용을 나타낸다.
- ar-turmerone은 뱀독을 중화시킨다(*in vivo*).[9]

【참고문헌】

1) Gorchakava N. K. *et al*., Farmatsiya(Moscow)., 33, 12, 1984
2) Chun K. S. *et al*., Carcinogenesis, 24, 1515-1524, 2003
3) Singhal S. S. *et al*., Toxicol. Lett., 109, 87-95, 1999
4) Navis I. *et al*., Pharmacol. Res., 39, 175-179, 1999
5) Lee C. J. e*et al*., Planta Med., 69, 523-526, 2003
6) Choudhary D. *et al*., J. Ethnopharmacol., 64, 1-7, 1999
7) Sikora E. *et al*., Biochem. Pharmacol., 54, 899-907, 1997
8) Chan M. M. *et al*., Biochem. Pharmacol., 49, 1551-1556, 1995
9) Ferreira L. A. *et al*., Toxicon, 30, 1211-1218, 1992

【생리활성성분 화학구조식】

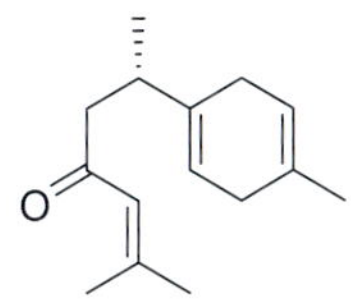

turmerone

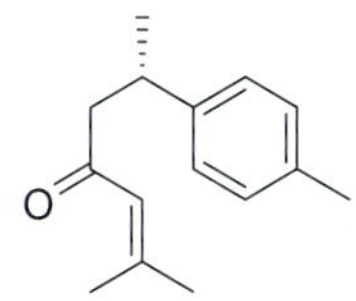

ar-turmerone

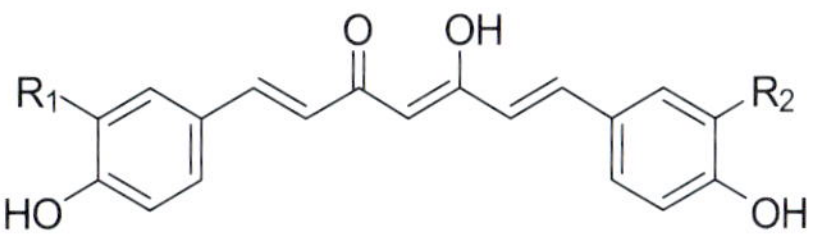

curcumin I, R_1=OCH_3, R_2=OCH_3
curcumin II, R_1=OCH_3, R_2=H
curcumin III, R_1=H, R_2=H

인진호 (Korean artemisia)

【기 원】 *Artemisia capillaris*, Compositae

【분 류】 식품

【사용부위】 식용(지상부), 약용(지상부)

【산 지】 우리나라, 중국, 일본

【생리활성성분】 Polyacetylene[capillin, capillene, norcapillene, capillone, capillarin (isocoumarin)], coumarin(esculetin, esculetin 6,7-dimethyl ether, artemicapin B, scopoletin, isoscopoletin, scoparone), chromone(capillarisin, 4'-methoxycapillarisin, 7-methylcapillarisin, 6-demethoxy-4'-methylcapillarisin, 6-demethoxycapillarisin), flavonoid(cirsilineol, cirsimaritin, genkwanin, rhamnocitrin, gueroetin, isorhamnetin, arcapillin), 기타(P-hyolroxyacetophenone, chlorogenic acid)

【효능 및 기전】

1) 간세포 보호 작용
- 물추출물은 NF-kB의 활성화를 억제함으로써 LPS로 유도한 염증반응을 억제한다(human hepatoma cell line, rat liver).[1)]
- 전제는 nuclear receptor인 간의 constitutive androstane receptor(human)를 활성화시킴으로써 bilirubin clearance를 높인다(*in vivo*, mouse).[2)]
- 물추출물은 에탄올로 유도한 cytokine(TNFa, IL-1a)의 분비를 억제한다(*in vitro*, Hep G2 cell).[3)]
- 수용성 고분자물질은 간암세포주의 세포사멸을 촉진한다(in vitro, human hepatoma

cell line SMMC-7721).[4)]

- capillarisin은 GSH system을 안정화하고 free radical을 소거함으로써 tert-butylhydroperoxide에 의한 산화적 손상으로부터 간세포를 보호한다(*in vitro*, rat primary hepatocytes).[5)]

2) 이담작용

- esculetin 6,7-dimethylether는 담즙분비촉진작용이 있다(*in vivo*, dog, *i.v.*).
- 담즙분비촉진작용을 가지고 있는 capillarisin과 esculetin 6,7-dimethylether의 함량은 꽃봉오리가 생기기 시작할 때부터 꽃이 피기 시작할 때 각각 최고가 된다.[6)]
- 급성담낭염에 내시경적 유문(幽門) 괄약근 절개술과 동시에 인진호의 전제를 투약하면 임상적인 효과가 더 좋다는 보고가 있다.[7)]
- p-hydroxyacetophenone과 chlorogenic acid는 담즙분비의 증가와 함께 담즙 중의 고형물을 이루는 cholic acid와 bilirubin의 배설도 증가시킨다.[11)]
- 인진호탕은 임상적으로 전염성 간염이나 황달에 유효하다는 보고가 있다.

3) 기타

- 혈소판응집억제작용 : artemicapin B와 isoscopoletin, scopoletin, esculetin, capillarisin, capillene, capillin, 그리고 quercetin을 비롯한 인진호의 15가지 이상의 화합물에는 혈소판응집억제작용이 있다.[8)]
- 항바이러스작용 : arcapillin, isorhamnetin, esculetin은 HIV의 복제를 현저하게 억제한다(*in vitro*, H9 lymphocytic cell).[8)]
- 관상동맥확장작용 : scoparone은 협심증에 사용되는 nitroglycerin처럼 nor-epinephrine을 경쟁적으로 저해함으로써 관상동맥 확장작용을 나타낸다(rabbit thoracic aorta).[9),10)]
- esculetin 6,7-dimethylether는 혈압을 떨어뜨려 관상동맥의 혈류량을 증가시킨다. 기침에도 효과가 있다.[9)]
- 구충작용 : 정유 성분은 사람에 기생하는 기생충에 대하여 구충작용을 나타낸다.
- 항균 · 항진균작용 : 정유 성분은 항균 · 항진균작용이 있고, 특히, capillin은 피부진균인 *Trichophyton purpureum*의 성장을 완전히 저지한다.
- 해열작용 : 침출제는 강한 해열작용이 있지만 전제로 하면 해열작용이 약하다.[11)]
- 콜레스테롤 저하작용 : 혈관벽에 지방질이 축적하는 것을 방지한다.[11)]

【참고문헌】

1) Hong S. H. *et al.*, Int. J. Mol. Med., 13, 717-720, 2004
2) Huang W. *et al.*, J. Clin. Invest., 113, 137-143, 2004
3) Koo H. N. *et al.*, Immunopharmacol. Immunotoxicol., 24, 441-453, 2002

4) Hu Y. Q. *et al.*, Jpn. J. Cancer. Res., 91, 113-117, 2000
5) Chu C. Y. *et al.*, Arch. Toxicol., 73, 263-268, 1999
6) Ikenaga T. *et al.*, Biol. Pharm. Bull., 17, 150-151, 1994
7) Shang D. *et al.*, World J. Gastroenterol., 4, 443-445, 1998
8) Wu T. S. *et al.*, Bioorg. Med. Chem., 9, 77-83, 2001
9) Yamahara J. *et al.*, J. Ethnopharmacol., 26, 129-136, 1989
10) Yamahara J. *et al.*, Chem. Pharm. Bull., 37, 1297-1299, 1989
11) 향약(생약)대사전 식물편, 정보섭, 신민교, 영림사, 1990, 서울

【생리활성성분 화학구조식】

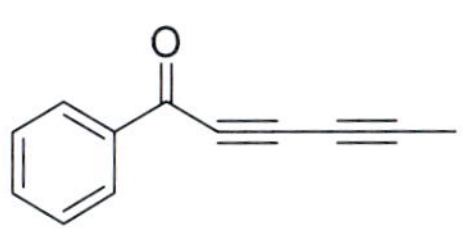
capillin

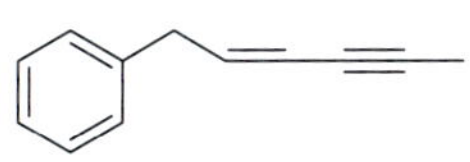
capillene

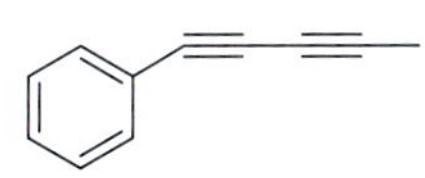
norcapillene

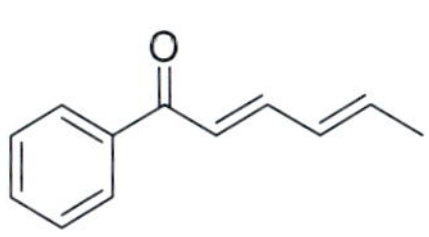
capillone

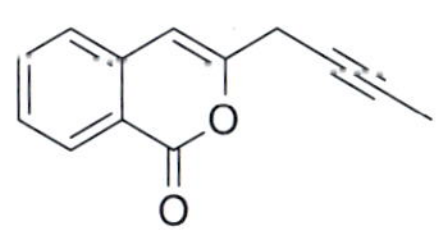
capillarin

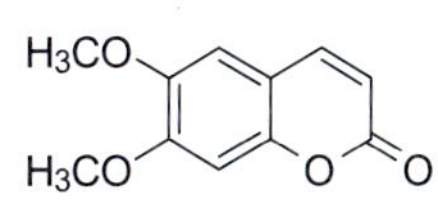
esculetin 6,7-dimethyl ether

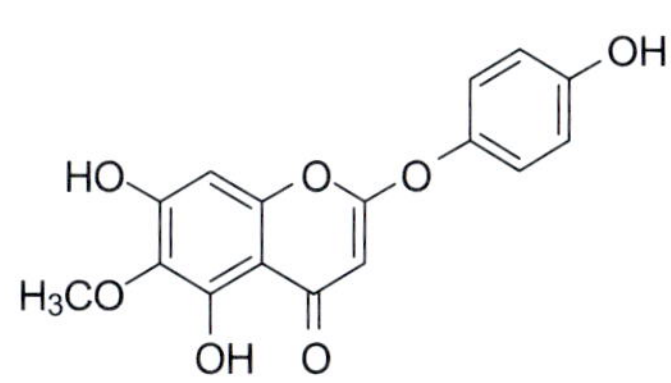
capillarisin

4.4 숙취

가시오가피 (Siberian Ginseng)

【기 원】 *Acanthopanax* (= *Eleutherococcus*) *senticosus*, Araliaceae

【분 류】 식품

【사용부위】 식용(뿌리), 약용(뿌리, 뿌리줄기)

【산 지】 한국, 중국, 일본 및 러시아

【생리활성성분】 Lignan[syringaresinol, acanthoside B (= syringaresinol monoglucoside), eleutheroside E(= syringaresinol diglucoside, acanthoside D, liriodendrin), (−)−sesamin], triterpene[eleutheroside I (= mussenin B), eleutheroside K, eleutheroside L, eleutheroside M (= hederasaponin B)], coumarin[eleutheroside B1 (= isofraxidin −7−a−glucoside)], flavonoid(antoside, kaempferitrin, kaempferol−7−rhamnoside, quercetin−7−rhamnoside, isoquercitrin 등), phenylpropanoid[syringin(= eleutheroside B), chlorogenic acid, coniferin, coniferyl alcohol, caffeic acid 등]

【효능 및 기전】

1) 간 보호 작용

- GF−AS(30kDa glycoprotein)은 급성, 만성 알코올 투여 시 에탄올과 지질 대사를 증가시키고 항산화방어기전에 작용하여 간 독성을 감소시킨다.[1)]

2) 강장작용

- 가시오가피의 주된 효과는 사포닌 성분의 강장작용이며 이 효과는 인삼이나 오가피보다 큰 것으로 알려져 있다.
- 사포닌 성분은 심근경색을 예방하며, 고혈당증 동물에서 혈당강하작용을 나타낸다.
- (+)−syringaresinol−di−O−β−D−glucoside의 경우 실험동물(rat)의 수영시간을 연장시킨다.[2)]
- eleutheroside A, B, B1, C, E에는 adaptogenic activity와 gonadotropic action이 있다.
- eleutheroside B는 alloxan으로 유도한 당뇨에 의해 유리되는 hexokinase의 activity를 억제하여 혈당을 낮추며, 동물실험에서 체력 및 번식력의 증강에 유효하다.

3) 항염증작용

- 추출물은 피부과민성(mast cell−dependent anaphylaxis)과 히스타민의 유리를 억제한다(설치류, *in vivo*, *in vitro*).[3)]
- 줄기껍질에서 분리된 liriodendrin을 경구투여하면 아세트산으로 유도한 혈관투과성의 증가가 억제되며(mouse), carrageenan으로 유도한 발부위의 급성부종이 감소한다(rat). liriodendrin의 가수분해산물인 syringaresinol이 liriodendrin보다 NO와 PGE2, TNFa의 생성(LPS로 유도)을 더 강력하게 억제하는 것으로 보아 liriodendrin이 syringaresinol로 전환되어 이러한 항염증, 진통작용을 나타내는 것으로 보인다.[4)]
- chlorogenic acid와 syringaresinol−di−O−β−D−glucoside는 스트레스에 의한 위궤양의 발생을 억제한다(rat).[5)]

4) 기타

- 가시오가피의 배양세포에서 분리된 다당류는 TLRs(= toll-like receptors)에 작용하여 mitogen-activated protein kinase와 NF-kB를 활성화시킴으로써 B 세포와 macrophage의 작용을 활성화한다(면역강화작용, *in vitro*).[6]
- 뿌리껍질의 추출물은 스트레스나 Parkinson병과 관련된 뇌 조직에서의 noradrenaline과 dopamine의 양을 조절하는 작용을 가지고 있다.[7]
- 고온이나 과산화물, 중금속(구리, 카드뮴)과 같은 스트레스로부터 태아(물뱀, *Lymnaea stagnalis*)를 보호한다.[8]
- liriodendrin에는 진통작용이 있다.

【참고문헌】

1) Choi J. S. *et al.*, Biol. Pharm. Bull., 29, 306-314, 2006
2) Nishibe S. *et al.*, Chem. Pharm. Bull., 38, 1763-1765, 1990
3) Yi J. M. *et al.*, J. Ethnopharmacol., 79, 347-352, 2002
4) Jung H. J. *et al.*, Planta Med., 69, 610-616, 2003
5) Fujikawa T. *et al.*, Biol. Pharm. Bull., 19, 1227-1230, 1996
6) Han S. B. *et al.*, Int. Immunopharmacol., 3, 1301-1312, 2003
7) Fujikawa T. *et al.*, Phytother. Res., 16, 474-478, 2002
8) Boon-Niermeijer E. K., Phytomedicine, 7, 389-399, 2000

【생리활성성분 화학구조식】

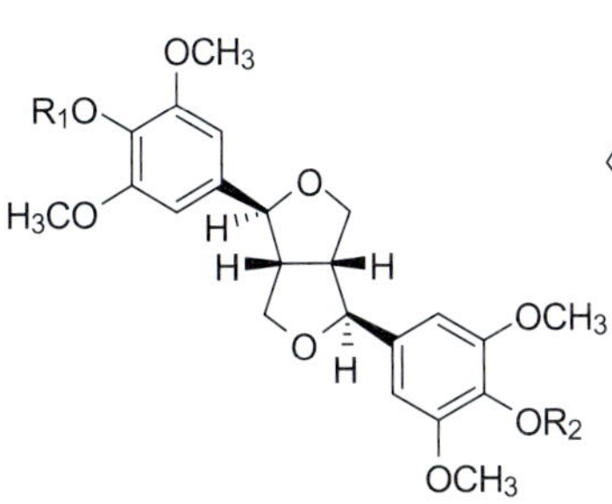

syringaresinol, R_1=H, R_2=H
acanthoside B, R_1=Glc, R_2=H
eleuthroside E, R_1=Glc, R_2=Glc
(=acanthoside D, liriodendrin)

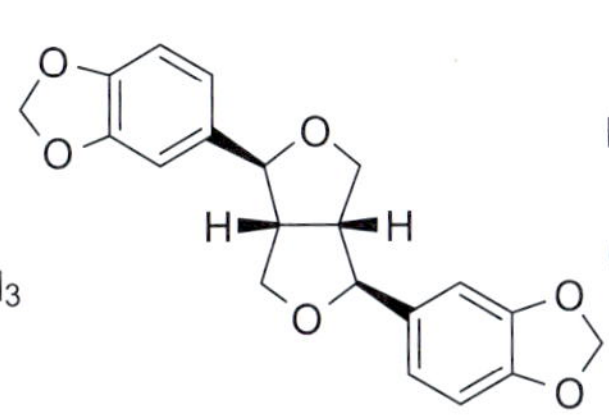

(-)-sesamin

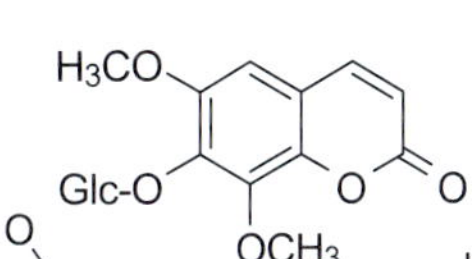

eleutheroside B_1
(=isofraxidine-7-α-glucoside)

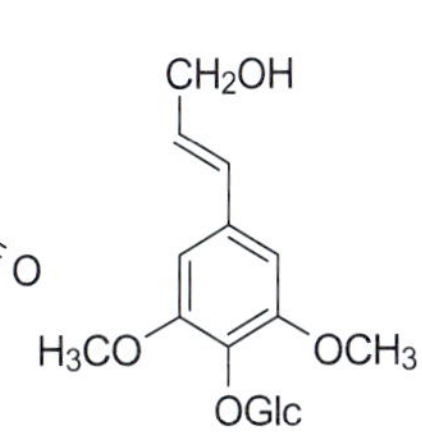

syringin
(=eleutheroside B)

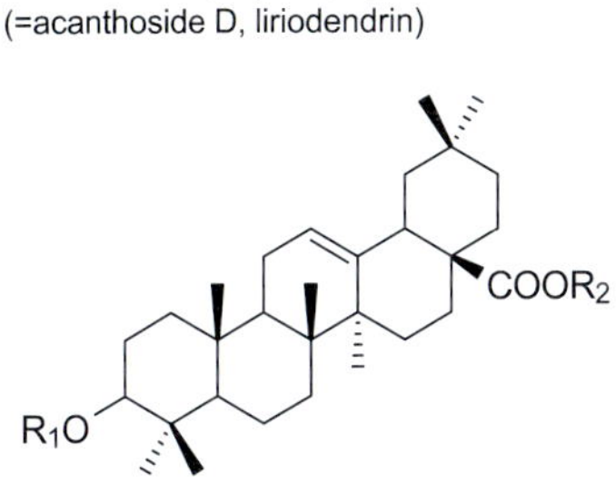

eleutheroside I (=mussenin B), R_1=Ara^{4}Rha, R_2=H
eleutheroside K, R_1=Ara^{2}Rha, R_2=H
eleutheroside L, R_1=Ara^{4}Rha, R_2=Glc^{6}Glc^{4}Rha
eleutheroside M (=hederasaponin B), R_1=Ara^{2}Rha, R_2=Glc^{6}Glc^{4}Rha

갈화 (arrow root)

【기 원】 *Pueraria lobata*, Leguminosae

【분 류】 식품

【사용부위】 식용(뿌리), 약용(뿌리, 꽃봉오리)

【산 지】 우리나라

【생리활성성분】 Isoflavonoid(tectorigenin, tectoridin, genistein, irisolidone, kakkalidone, kakkalide 등), saponin(kaikasaponin I~III, soyasaponin I 등), glucosyltryptophan 유도체(PF-P)

【효능 및 기전】

1) 갈증을 없애주고 주독을 풀어주는 작용이 있다.
2) 기타
   - kaikasaponin III과 tectorigenin은 돌연변이의 발생을 억제하고 지질 과산화를 막는다(*in vitro*).[1),2)]
   - tectorigenin은 백혈병세포의 분화와 세포사멸을 유도한다(*in vitro*, leukemia HL-60 cells).[3)]

【참고문헌】

1) Park K. Y. *et al.*, Arch. Pharm. Res., 25, 320-4, 2002
2) Miyazawa M. *et al.*, J. Agric. Food Chem., 49, 336-341, 2001
3) Lee K. T. *et al.*, Biol. Pharm. Bull., 24, 1117-1121, 2001

【생리활성성분 화학구조식】

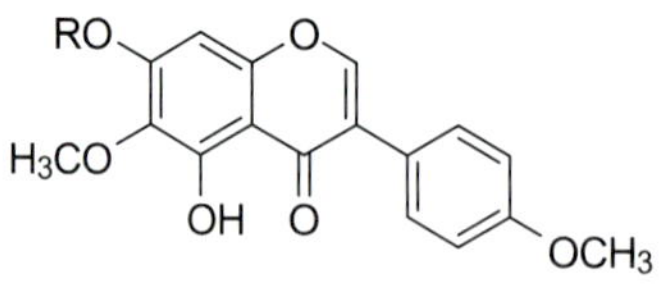

irisolidone, R=H
kakkalidone, R=Glc
kakkalide, R=Glc-Xyl

칡뿌리 (Pueraria root)

【기 원】 *Pueraria lobata*, Leguminosae,

【분 류】 식품

【사용부위】 식용(뿌리), 약용(뿌리, 꽃봉오리)

【산 지】 우리나라

【생리활성성분】 Isoflavonoid(puerarin, daidzein, daidzin, irisolidone, daidzein 4',7-diglucoside, puerarin 7-xyloside, 4',6"-di-O-acetylpuerarin, genistein, formononetin, puerarol, kakkonein, moroestrol, tectorigenin tectoridin 등), triterpenoid(soyasaponin I, soyasapogenol A, kudzusaponin SA3, kudzusapogenol B, kudzusapogenol B methylester, kudzusaponin B 등)

【효능 및 기전】

1) 알코올 섭취 억제작용
   - daidzin, daidzein, puerarin은 알코올에 중독된 흰 쥐가 알코올을 더 좋아하는 것을 막는다. 이러한 현상은 alcohol dehydrogenase(ADH)를 억제하는 경로가 아닌 중추신경계를 통해 일어나는 것으로 보인다(*in vivo*). 또한, daidzin은 혈중 알코올수치를 낮추며, 알코올 섭취로 인한 수면시간을 줄인다.[1]

2) 해열작용 · 진경작용
   - 물추출물은 위에 투여하면 해열작용을 나타내고, 물 또는 메탄올추출물에는 진경작용이 있으며 이 작용은 daidzein의 함량에 비례한다(*in vivo*).
   - daidzein은 papaverine의 1/3 정도의 진경작용이 있다. daidzin, daidzein, formononetin, genistein은 cyclic AMP phosphodiesterase의 활성을 억제한다.

3) 순환계에 대한 작용
   - flavonoid분획은 뇌와 심장으로 가는 혈류량을 증가시키고 심근의 산소소비량을 감소시킨다. 임상적으로 칡뿌리의 isoflavonoid가 편두통, 협심증과 고혈압, 심근경색에 효과가 있다.
   - 에탄올추출물에는 완화한 혈압강하작용이 있고 동시에 noradrenaline에 의한 승압반응 및 methacholine에 의한 강압반응을 약화시킨다. 또한, adrenergic β-receptor blocker로서의 작용도 있다(*in vivo*).

4) 혈당 강하작용

- puerarin은 인슐린이 결핍되어 있는 상태에 있는 C2C12 세포의 α_A-adrenoreceptor를 활성화시켜 phospholipase C-protein kinase C경로를 거쳐서 포도당의 uptake를 증가시킨다(*in vitro*).[2]
- puerarin을 streptozotocin으로 당뇨를 유발한 흰 쥐에 정맥주사하면(15.0 mg/kg) 용량 의존적으로 혈장 내 포도당의 농도가 감소한다. 또한, 용량 의존적으로 혈장 내 포도당의 세포내 uptake가 증가하며, 3일 동안 투여한 경우에 근육세포에서의 GLUT4 mRNA와 단백질의 양이 증가한다(*in vivo*).[3]

5) 기타

- 간세포 보호 작용 : 조saponin은 antiserum(immunological injury)에 의한 alanine aminotransferase(ALT)의 상승을 억제한다(*in vitro*, primary culture of rat hepatocytes, 90 μg/ml).
- 항혈전 작용, 항알레르기 작용 : 장 내 세균에 의하여 만들어지는 daidzin과 puerarin의 대사체인 daidzein은 ADP와 collagen으로 유도한 혈소판응집을 억제하고, pulmonary thrombosis에 의한 치사율을 낮춘다(*in vivo*, mouse, *i.p.*, *p.o.*). 또한, β-hexosaminidase의 유리(RBL 2H3 cell)와 피동적 피부과민반응(passive cutaneous anaphylaxis, PCA)을 억제한다.[4]
- 항균 작용 : irisolidone이 *Helicobacter pylori*의 성장을 억제한다(*in vitro*, MIC : 12.5-25 μg/ml).[5]
- 항돌연변이 작용 : tectorigenin과 메틸유도체는 furylfuramide, 4-nitroquinoline-1-oxide, N-methyl-N'-nitrosoguanidine과 activated Trp-P-1에 의한 SOS 반응과 umu 유전자의 발현을 억제한다(*in vitro*, *Salmonella typhi*).[6]

【참고문헌】

1) Lin R. C. *et al.*, Alcohol Clin. Exp. Res., 20, 659-663, 1996
2) Hsu H. H. *et al.*, Planta Med., 68, 999-1003, 2002
3) Hsu F. L. *et al.*, J. Nat. Prod., 66, 788-792, 2003
4) Choo M. K. *et al.*, Biol. Pharm. Bull., 25, 1328-1332, 2002
5) Bae E. A. *et al.*, Planta Med., 67, 161-163, 2001
6) Miyazawa M. *et al.*, J. Agric. Food Chem., 49, 336-341, 2001

【생리활성성분 화학구조식】

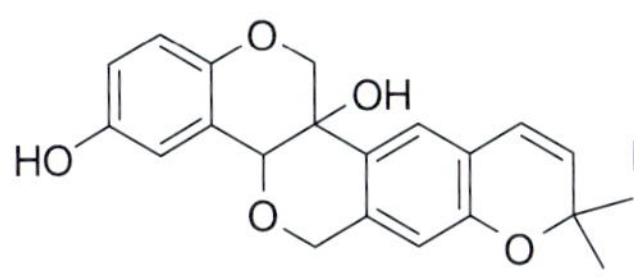

kakkonein

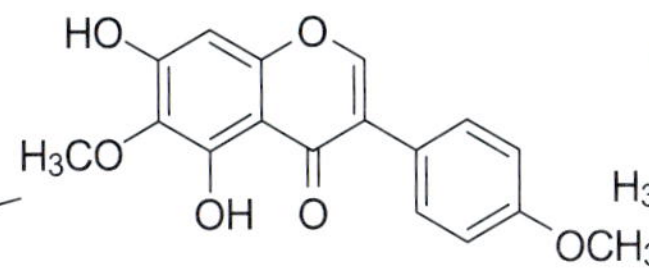

irisolidone

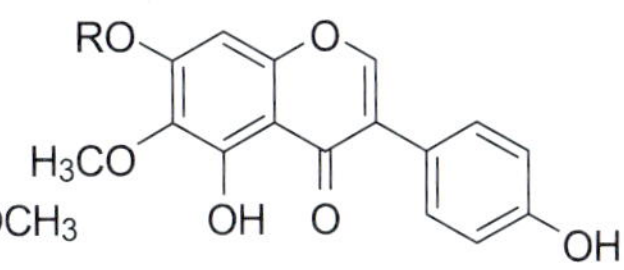

tectorigenin, R=H
tectoridin, R=Glc

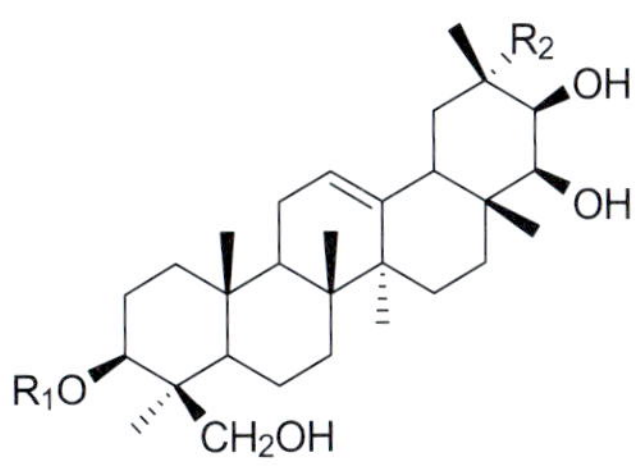

soyasapogenol A, R_1=H, R_2=CH_3
kudzusapogenol B, methyl ester, R_1=H, R_2=$COOCH_3$
kudzusaponin B, R_1= - Glc A $\overset{2}{—}$ Glc $\overset{2}{—}$ Rha, R_2=COOH

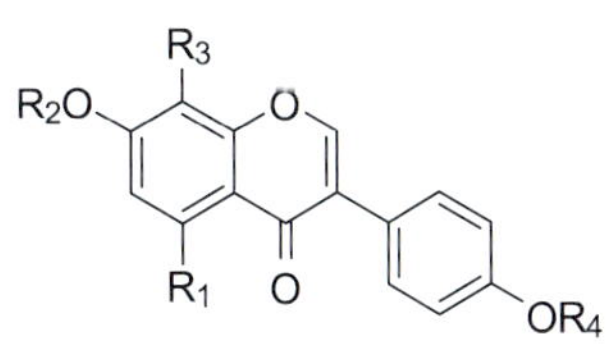

	R_2	R_3
daidzein	H	H
daidzin	Glc	H
puerarin	H	Glc
genistein	H	H
formononetin	H	H

허깨나무 (Raisin tree)

【기 원】 *Hovenia dulcis*, Rhamnaceae,

【분 류】 식품

【사용부위】 식용(열매), 약용(열매)

【산 지】 우리나라

【생리활성성분】 Triterpene saponin(hovenoside I, hovacerboside A1, hovenidulcioside A1, A2, hovenidulcioside B1, B2, hoduloside Ⅲ 등), flavonoid(rutin, dihydrokaempferol, quercetin, (+)-3,3',5,5'7-pentahydroflavanone, apigenin, kaempferol, (+)-ampelopsin, hovenitin I~III, laricetrin, hovenodulinol, (+)-dihydromyricetin 등), alkaloid (perlolyrine)

【효능 및 기전】

1) 알코올 농도 저하작용

- 물추출물은 알코올 투여 후에 혈중 알코올 농도를 감소시키며 ADH 활성을 증가시킨다(*in vivo*, mouse).[1)]

2) 간세포 보호 작용

- 알코올로 인한 급성독성에 효과가 있다(*in vivo*, mouse).[2)]
- 메탄올추출물은 사염화탄소나 galactosamine/LPS로 유도한 간독성으로부터 간세포를 보호하며(*in vitro*), 활성성분으로는 hovenitin Ⅰ과 (+)-ampelopsin이 분리되었다. hovenitin Ⅰ과 (+)-ampelopsin은 알코올에 의한 근육의 이완을 억제한다(rat).[3),4)]

3) 기타

- 이뇨작용 : 현저한 이뇨작용이 있으며 부작용은 없다(rabbit).
- 항히스타민작용 : hovenidulcioside A1, A2, B1, B2는 히스타민의 유리를 억제한다(*in vitro*, rat peritoneal exudate cells).[5),6)]

【참고문헌】

1) Chen S. H. *et al*., Zhongguo Zhong Yao Za Zhi, 31, 1094-1096, 2006
2) Ji Y. *et al*., Zhong Yao Cai, 24, 126-128, 2001
3) Hase K. *et al*., Biol. Pharm. Bull., 20, 381-385, 1997
4) Yoshikawa M. *et al*., Yakugaku Zasshi, 117, 108-118, 1997
5) Yoshikawa M. *et al*., Chem. Pharm. Bull., 44, 1736-1743, 1996
6) Yoshikawa M. *et al*., Chem. Pharm. Bull., 43, 532-534, 1995

【생리활성성분 화학구조식】

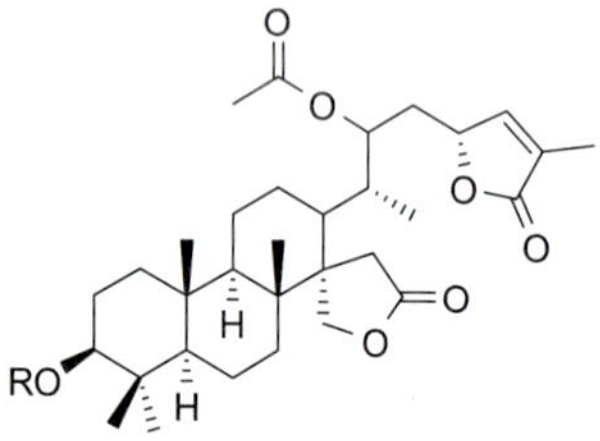

hovenidulcio side A_1, R=Glc^{2}Rha
hovenidulcio side A_2, R=Glc
hovenidulcigenin, R=H

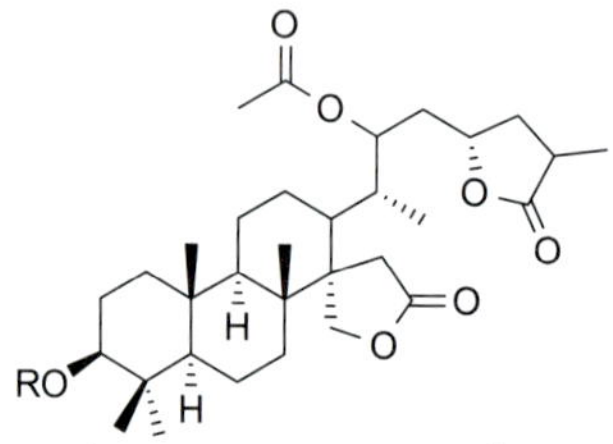

hovenidulcio side B_1, R=Glc^{2}Rha
hovenidulcio side B_2, R=Glc

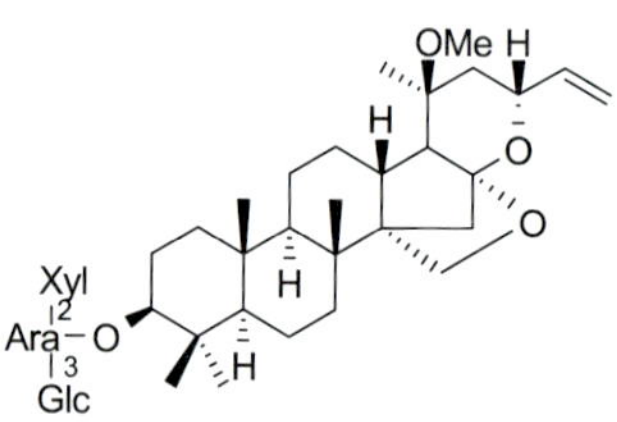

hoveno side I

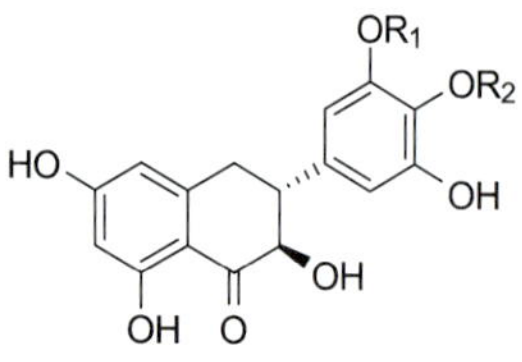

(+)-ampelopsin, R_1=H, R_2=H
hocenitin I, R_1=CH_3, R_2=H
hovenodulinol, R_1=CH_3, R_2=CH_3

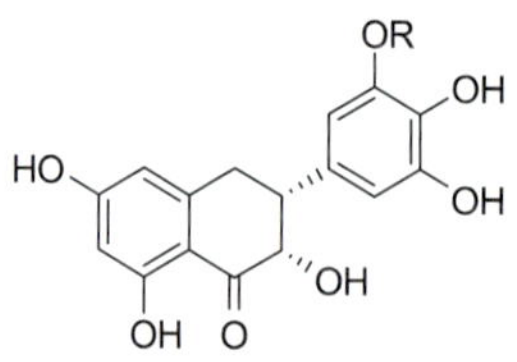

hovenitin II, R=CH_3
hovenitin III, R=H

5 신경계

인체의 신경계는 중추신경계와 말초신경계로 크게 나누어지며, 중추신경계는 두개골(머리뼈)이나 척추(등뼈)와 같이 단단한 뼈 조직 안에서 보호받는 대뇌(큰골), 소뇌(작은골), 뇌간(숨골) 및 척수(등골)로 구성되어있고, 말초신경계는 중추신경계로부터 갈라져 나오는 신경 연락망을 뜻하는데, 머리 부분에 분포하는 12쌍의 뇌신경과 몸통과 팔, 다리에 분포하는 31쌍의 척수 신경과 이들 신경의 지배를 받는 근육으로 구성되어 있다.

이처럼 신경계는 인체 전반에 걸쳐 광범위하게 분포하여, 인간이 인간다운 삶을 영위하는데 가장 중요한 장기이기 때문에 신경계에 이상이 발생하면 실로 다양한 증상을 수반한다. 이러한 증상들을 모두 나열할 수 없으나 의식장애 증상, 마비 증상, 감각장애 증상, 운동이상 증상, 시각 장애 증상, 음식을 삼키기 어렵거나 사레가 자주 걸리는 증상, 발음과 언어장애 증상, 어지럼증이나 끊임없이 귀에서 소리가 들리는 증상, 노망, 지능 장애, 발달과 행동장애 증상 등이 비교적 흔히 접하는 신경계의 이상으로 말미암은 증상에 속한다. 또한, 뇌혈관의 이상에 의하여 갑자기 발생하는 반신마비와 같이 뇌의 부분적 기능이상 증상이나 의식 변화를 나타내는 뇌졸중(중풍), 경련 발작을 다루는 간질(전간), 말초신경이나 근육에 발생하는 질환을 다루는 말초신경과 근육질환, 파킨슨씨병과 같은 운동 이상 증상을 다루는 운동질환, 대뇌의 전반적인 기능 감퇴로 발생하는 지적 저하 상태를 다루는 치매(노망), 뇌염이나 뇌척수막염과 같이 신경계에 발생하는 감염성 질환을 나타내는 신경계 감염 질환, 두통과 신경통에 의한 통증 및 신경계의 종양(혹) 등이 신경계와 관련된 질환이다. 이러한 신경계의 여러 질환 중에서 여기에서 다루고자 하는 것은, 기능 식품을 통한 예방이나 치료에 도움이 되는 증상과 질환들이다.

5.1 신경장애와 불안장애

신경장애는 수면장애와 중추, 교감, 말초와 부교감신경의 이상으로 신경계 반응의 반사 조절의 장애가 나타나는 임상적 증후와 증상을 의미하며, 수면효과를 얻으려면 졸음을 유발하여 수면상태의 시작과 유지를 가능한 한 자연 수면과 유사하게 유도하여야 한다. 효과적인 안정제(항불안제) 역할을 하려면 운동 또는 정신 활동에 대한 영향은 없거나 미미하면서 불안을 감소하면서 평정을 찾게 하는 효과를 가져야 한다. 불안장애의 치료를 위해 기능성 식품을 선택하려면 중추신경계 억제 정도는 치료 효과에 대비하여 최소한이어야 한다.

5.2 우울증

항우울 효과는 뇌의 시냅스 전 억제성 수용체 밀도가 감소하여 신경전달물질의 합성을 많이 증가시키고, 시냅스 간격으로 유리를 증가시켜 시냅스 후 뉴런의 신호를 증강시켜서 그 효과를 나타내는 것으로 알려졌다. 그 기전으로는 선택적 세로토닌 재흡수 억제, 세로토닌/노르에피네프린 재흡수 억제 또는 차단, 모노아민 산화 효소 억제, 신경전달물질 수용체 차단 등의 기전이 있다.

5.3 노이로제

노이로제 신경증의 증세는 다양하나 신경증의 본태는 성장기(유 · 소아기)에 부모와의 관계에서 생긴 무의식적 갈등에서 출발하는 불안과 불안에 대한 방어기제의 동원으로 말미암은 것이므로 체계적인 정신치료법이 가장 효과적이며, 건강기능성 식품의 섭취를 병행함으로써 그 효과를 증대시킬 수 있다. 예를 들면, 과일에 많이 들어 있는 비타민 C의 섭취는 스트레스를 경감하고 마음을 편하게 해주는 효과가 있음이 밝혀졌다.

5.4 신경통 및 두통

신경통의 가장 흔한 원인은 근육이나 인대 또는 뼈의 주변에 있는 통증을 담당하는 신경이 조여 있거나 신경으로 가는 혈액이 원활하지 못한 경우이다. 그러므로 신경을 누르거나 신경으로 가는 혈관에 문제를 일으킬 수 있는 여러 가지 원인이 모두 신경통을 유발시킬 수 있다. 우리가 흔히 볼 수 있는 신경통의 종류에는 삼차 신경통, 좌골 신경통, 말초 신경염, 수근터널(손목터널) 증후군, 늑간 신경통 등이 있다. 두통은 일반적으로 흔히 겪는 질환 중 하나이지만, 그 원인과 증상은 다양하고 복잡하다고 할 수 있다. 임상적으로 일차성(긴장성 두통, 편두통, 우울증 등)과 이차성(기질성 두통: 종양, 외상, 감염, 혈관질환)으로 분류한다.

5.5 기억력, 항치매, 인지능력 향상

뇌기능 향상에 도움되는 항산화성 음식인 산딸기, 당근 등을 먹으면 좋다는 여러 연구결과가 보고되고 있으며, 우리나라에서 가장 많은 치매는 알츠하이머병과 혈관성 치매이며, 다른 나라들에 비해서 알코올 중독에 의한 치매나 외상에 의한 치매가 차지하는 비율이 높다. 그리고 나이가 많아질수록 유병률도 증가하고 남자보다 여자에서 더 많다. 뇌기능의 향상을 위한 건강기능성 식품의 연구와 판매가 많은 부분적으로 이루어지고 있으며, 단순한 약물치료보다는 지속적인 식품의 섭취와 생활습관 개선이 뇌기능을 향상시킨다.

5.1 신경장애와 불안장애

귀리 (Oat)

【기 원】 *Avena sativa* L., Gramineae

【분 류】 식품

【사용부위】 열매

【산 지】 주로 우리나라 북부에서 재배, 원산지는 아르메니아 중심의 중앙아시아, 주생산지는 유럽, 미국, 캐나다, 호주 등

【생리활성성분】 avenacoside A-B, scopoletin, anthranillic acid, avenalumin Ⅱ, Ⅲ, avenanthramide A-E, avenic acid A-B, avenin, avenothionin, isovitexin, mollupentin

【효능 및 기전】

1) avenin의 신경근 자극효과가 알려져 있다.
2) 콜레스테롤 감소 효과[1)]
   - oat bran 섭취 시 고콜레스테롤증 혹은 비만 환자의 전체 콜레스테롤양 및 LDL 콜레스테롤양이 감소한다.

【참고문헌】

1) Berg A. *et al*., Ann. Nutr. Metab., 47, 306-311, 2003

【생리활성성분 화학구조식】

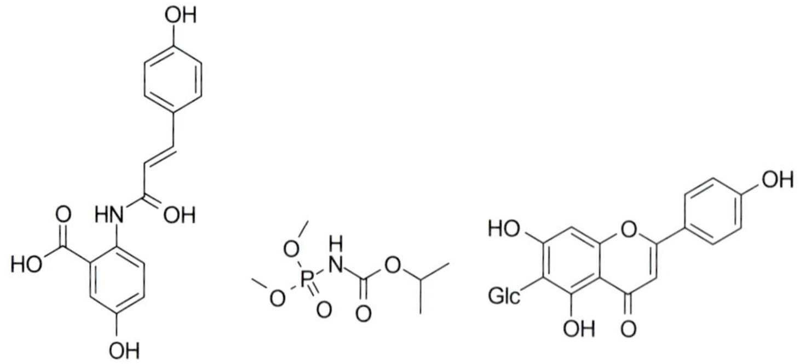

avenanthramide A　　avenin　　Isovitexin

멜리사 (lemon balm)

【기 원】 *Melissa officinalis*, Labiatae

【분 류】 식품

【사용부위】 잎, 가지

【산 지】 동부 지중해 및 아시아에 자생, 중앙 유럽에서 재배 혹은 자생함

【생리활성성분】 주로 volatile oil로서 geranial, neral, citronellal, linalool, geraniol, methyl citronellate, trans-β-ocimene, β-caryophyllene, caryophyllebepoxide, germacren D, eugenol glucoside, rosmarinic acid)

【효능 및 기전】

1) 진정 및 진경 작용
   - 임상실험에서 항불안증 개선작용을 나타냈다.[1]
   - 수면이상이나 산만한 어린이에게서 진정효과를 나타냈다.[2]

【참고문헌】

1) Kennedy D.O. *et al*., Phytother. Res., 20, 96-102, 2006

2) Müller S.F. *et al*., Phytomedicine, 13, 383-387, 2006

【생리활성성분 화학구조식】

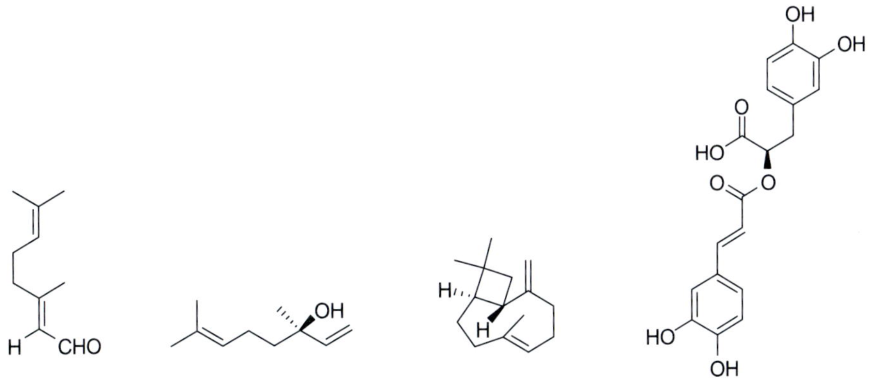

geranial (-)-linalool caryophyllene rosmarinic acid

발레리아나, 길초근, 힐초 (Valerian)

【기 원】 *Valeriana fauriei* Briquet, Valerianaceae

【분 류】 식품

【사용부위】 약용(뿌리 및 근경), 식용(어린 순)

【산 지】 제주도 및 전국 산지의 약간 습한 곳이나 그늘진 곳에 자라는 다년생 초본

【생리활성성분】 정유(kesso oil)로서 monoterpenoid계의 (+)-bornylisovalerate, bornyl acetate, α-, β-pinene, (-)-camphene, (-)-limonene, α-terpineol 등; sesquiterpenoid계[1)]의 α-kessyl alcohol, kessane, kessanol, valeranone; alkaloid로서 chatinine, valerianine[2)]; Iridoidal glycosides로서 kanokoside A-D, patrinoside, veleroside 등[3)]

【효능 및 기전】

1) 진정작용[4)]
   - CH_2Cl_2 추출물 및 kessylglycol diacetate, kessylglycol 8-monoacetate는 진정작용을 나타낸다.
   - sesquiterpene류 및 valepotriate류가 수면진정제인 benzodiazepine 수용체에 결합한다.
   - 특히 kessoglycol diacetate는 수면연장효과, open field test에 의한 자발행동의 억제, 수동적 회피반응 억제, 항스트레스 작용을 나타낸다.
2) 항궤양 효과
   - 50% 에탄올엑스는 진정작용에 의하여 항스트레스성 위궤양작용을 가진다.
3) 혈압강하 효과
   - 부교감신경 흥분작용 및 중추신경계 억제작용에 기인한 혈압강하 작용을 나타낸다.

【참고문헌】

1) Nishiya K. *et al*., Phytochemistry, 31, 3511-3514, 1992
2) Lee S.S. *et al*., J. Nat. Prod., 62, 803-810, 1999
3) Zhang Z.X. *et al*., J. Asian Nat. Prod. Res., 8, 397-400, 2006
4) Oshima Y. *et al*., Chem. Pharm. Bull.,, 43, 169-170, 1995

【생리활성성분 화학구조식】

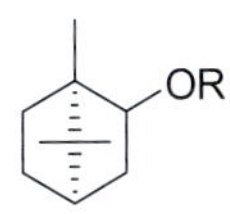

bornylacetate, R=COCH3
bornylisovalerate, R=COCH2CH<CH3 CH3

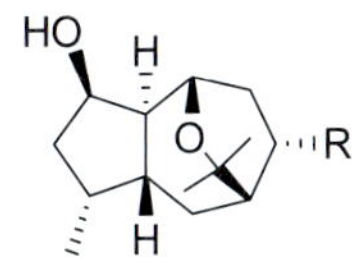

α-kessylalcohol, R=H
kessylglycol, R=OH

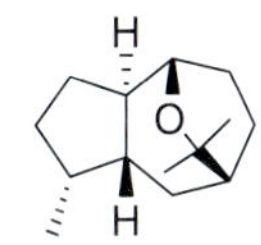

kessane, R=H
lessanol, R=OH

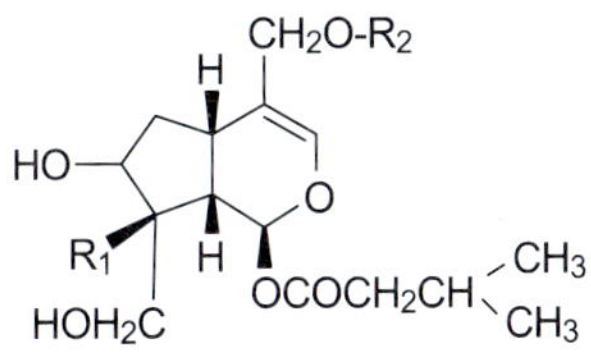

kanokoside B, R1=OH, R2=Glc
kanokoside D, R1=H, R2=gentiobiose
patrinoside, R1=H, R2=Glc

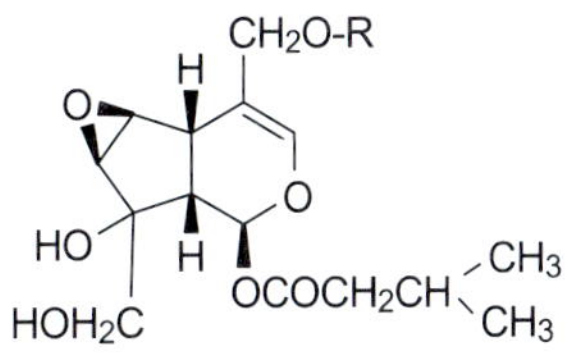

konokoside A, R=Glc
konokoside C, R=gentiobiose

수난꽃, 시계꽃 (Passion flower), 서번련

【기 원】 *Passiflora coerulea* L., Passifloraceae

【분 류】 식품

【사용부위】 식용(열매), 약용(꽃, 열매, 뿌리, 잎)

【산 지】 브라질 원산, 열대 아메리카, 아시아, 오스트레일리아 등지에 분포하는 상록 다년생 덩굴 식물

【생리활성성분】 chrysin, pyrocatechol, galloic acid 등[1)]

【효능 및 기전】

1) 정신안정 작용
- 숙면을 방해하는 긴장, 불안 등의 증세에 대한 식물처방에 주요 약재로 사용된다.[1)]
- chrysin은 동물실험에서 pentylenetetrazol이 유발한 경련을 예방한다.[2)]
- chrysin의 항불안 작용은 chrysin의 BDZ receptor에 대한 agonist로의 작용 때문으로 추정된다.

【참고문헌】

1) Krenn L. *et al.*, Wien Med. Wochenschr., 152, 404-406, 2002

2) Medina J.H. *et al.*, Biochem. Pharmacol., 40, 2227-2231, 1990

【생리활성성분 화학구조식】

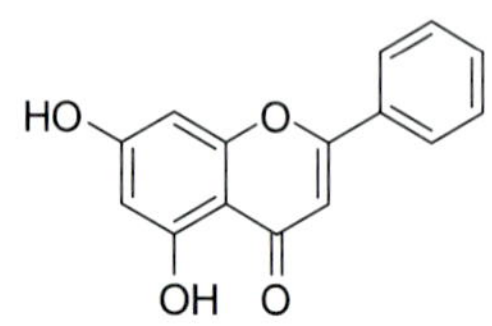

chrysin

홉, 맥주풀 (Hops)

【기 원】 *Humulus lupulus* L., Moraceae

【분 류】 식품

【사용부위】 구과, 줄기, 잎

【산 지】 강원도에서 주로 재배, 유럽이 원산으로 북아메리카, 남아메리카 지역에서 자라는 다년생 초본

【생리활성성분】 고미질로서 humulone, luplin, lupulone, humulinone 등, 정유로서 myrcenol, myrcene, α-, β-humulene, humuladienone, flavonoid로서 xanthohumol, xanthomunol B-E, 8-prenylnaringin, 6-generanylnaringenin 등

【효능 및 기전】

1) 진정작용[1)]

- 추출액 및 고미성분이 중추신경계에 진정 및 ketamine유도 수면시간 연장효과를 나타낸다.
- 추출액은 GABA와 유사한 활성을 나타낸다.[2)]

【참고문헌】

1) Schiller H. *et al.*, Phytomedicine, 13, 535-541, 2006

2) Aoshima H. *et al.*, J. Agric. Food Chem., 54, 2514-2519, 2006

【생리활성성분 화학구조식】

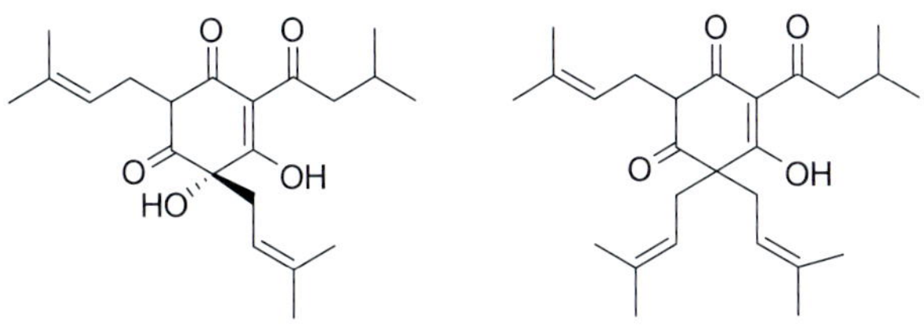

humulone lupulone

5.2 항우울증

물레나물 (St. John's Wort)

【기 원】 *Hypericum ascyron*, Guttiferae

【분 류】 식품

【사용부위】 약용(전초)

【산 지】 전국 각지에 야생하며, 일본, 동부아시아, 온대, 알타이 등지에 분포

【생리활성성분】 flavonoid, xanthone, triterpene1) 등이 보고되어 있음. hypericin, α-caryophyllene, hyperoside, rutin, imanin, neo-imanin, quercitrin, quercetin, iso-quercitrin, coumarin, saponin.

【효능 및 기전】

1) 항우울 효과

- hypericin은 MAO(monoamine oxidase)저해활성을 가진다.[2)]

【참고문헌】

1) Hu, L.H. *et al.*, Phytochemistry, 52, 1371-1373, 1999

2) Veronika B. *et al.*, Brain Research, 930, 21-29, 2002

【생리활성성분 화학구조식】

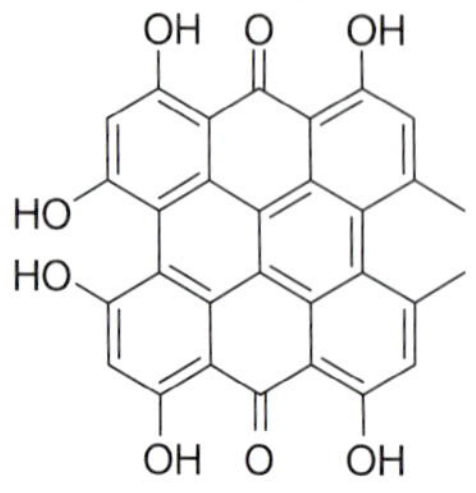

hypericin

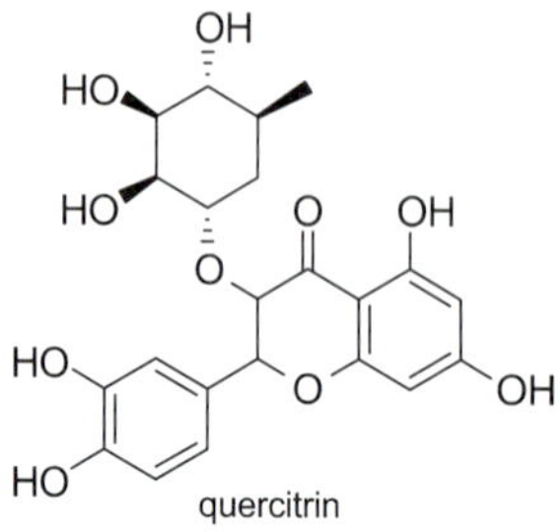

quercitrin

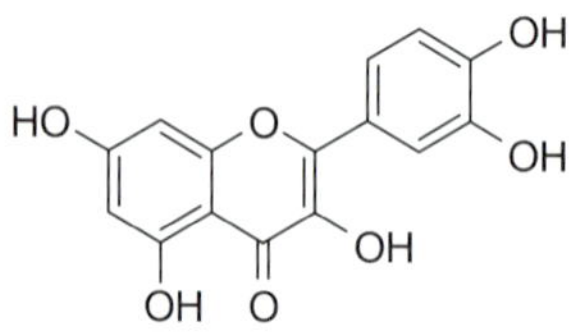

quercetin

보라지 (Borage)

【기 원】 *Borago officinalis*, Boraginaceae

【분 류】 식품

【사용부위】 식용(꽃, 잎), 약용(꽃, 잎, 종자)

【산 지】 지중해 연안, 유럽

【생리활성성분】 γ-linolenic acid, palmitic acid, stearic acid 등

【효능 및 기전】

1) 고대로부터 항우울 약으로 사용하였다[1].
2) 잎과 꽃은 목욕제로 사용하면 피부를 부드럽고 청결하게 하며 심신의 긴장 해소에 도움을 주는 것으로 알려져 있다.[2]

【참고문헌】

1) 하순혜, 허브도감, (주)아카데미서적, p298, 2006
2) New Herbal Richard Mabey, 小學館, 1998

【생리활성성분 화학구조식】

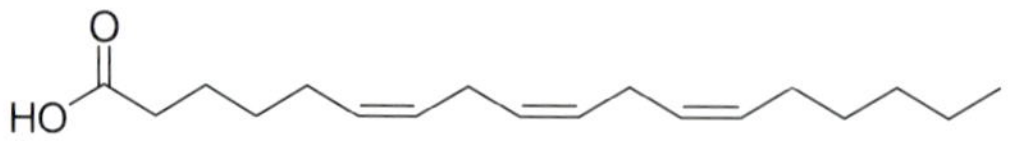

γ-linolenic acid

카바카바 (Kava kava)

【기 원】 *Piper methysticum*, Piperaceae

【분 류】 식품

【사용부위】 약용(뿌리)

【산 지】 피지 등 남태평양 섬에서 자라는 다년생 관목

【생리활성성분】 kawain, dihydrokawain, methysticin, dihydromethysticin, yangonin, demethoxyyangonin 등

【효능 및 기전】

1) 수천 년 동안 남태평양 섬 주민들이 전통 의식 때 kava kava의 뿌리로 만든 음료를 사용하였으며, 스트레스와 불안 치료약으로도 사용하였다.[1]
2) 불면증, 신경과민증, 신경통, 치통, 과민성 방광 증후군, 스트레스 및 근육 경련에 효과가 있는 것으로 알려져 있다.
3) Kava kava의 성분들 중 kavalactone이 생리활성물질로 추정되고 있다.[1,2]

【참고문헌】

1) Singh Y.N., Blumenthal M., Herbalgram., 39, 33-56, 1997
2) Dharmaratne H.R.W., *et al*., Phytochemistry, 59, 429-433, 2002

【생리활성성분 화학구조식】

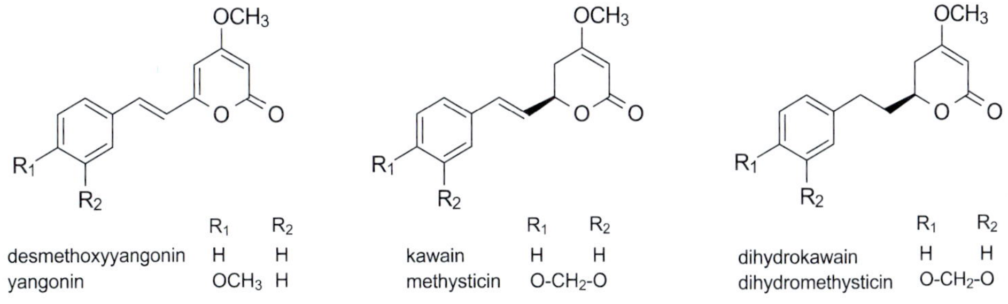

5.3 노이로제

구장, 필발 (Long pepper), 서미의 열매 (Piperis Longi Fructus)

【기 원】 *Piper longum* L., Piperaceae

【분 류】 식품

【사용부위】 약용(열매이삭, 뿌리)

【산 지】 중국 남부와 인도, 말레이시아를 비롯한 열대 지방에서 자라는 다년생 덩굴식물

【생리활성성분】 piperine, piperlonggumine, piperlonguminine, tetrahydropiperic acid 등

【효능 및 기전】

1) 항우울 작용[1)]

- peperidine은 MAO-A 및 MAO-B 억제효과를 가진다.

【참고문헌】

1) Lee S.A. *et al*. Chem. Pharm. Bull., 53, 832-835, 2005

【생리활성성분 화학구조식】

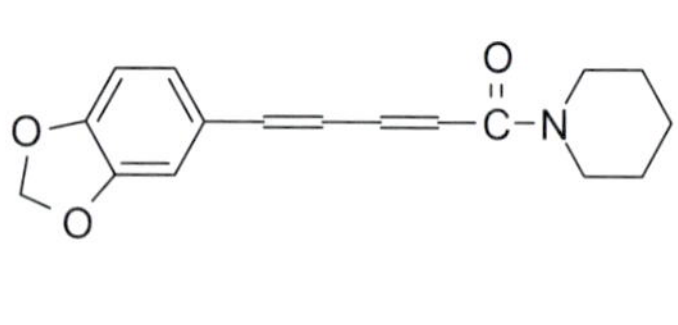

(trans, trans) pierine
(cis, cis) chavicine

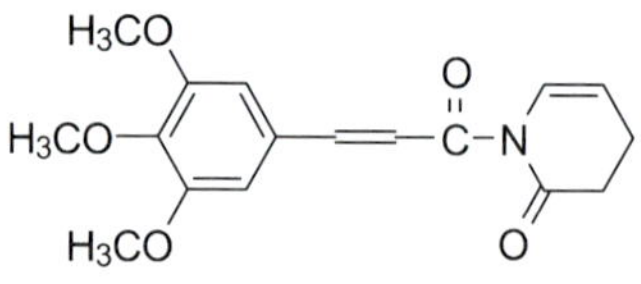

piperlongumine

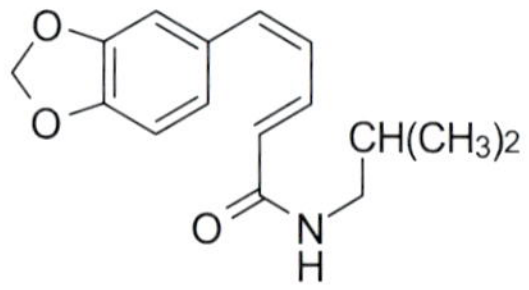

piperlonguminine

접시꽃, 접중화, 촉규화 (Hollyhock)

【기 원】 *Althaea rosea*(L.) Cav., Malvaceae

【분 류】 식품

【사용부위】 약용(꽃, 뿌리, 종자), 관상용(꽃)

【산 지】 중국이 원산지, 현재 유럽과 아시아에서 재배

【생리활성성분】 quercetin, kaempferol, mucilages(acetylated galacturonorhamnane), malvidinemono배당체, delphinidine.

【효능 및 기전】

1) quercetin은 히스타민 작용저해, 심장병, 암예방, LDL 콜레스테롤 산화작용, 항염증작용, 중금속해독 작용 등을 나타낸다.
2) kaempferol은 항암작용을 가진다.

【참고문헌】

1) 건강기능식품의 원료 및 성분의 DB구축, 식품의약품안전청, 2003

【생리활성성분 화학구조식】

kaempferol : R=H
quercetin : R=OH

5.4 신경통 및 두통

두송실 (Juniper berry)

【기 원】 *Juniperus communis*, J. rigida, Cupressaceae

【분 류】 식품

【사용부위】 약용(열매)

【산 지】 전국의 양지바른 산기슭의 모래땅이나 화강암 지대에서 자라는 다년초

【생리활성성분】 δ-cadinene, α 및 β-cedrene, cuparene, β-elemene

【효능 및 기전】

1) 발한, 이뇨, 신경통에 사용하고 과실의 정유는 두송실정을 만들어 증류주인 진(gin)의 향료로써 사용한다.[1)]
2) 한방에서는 이뇨, 거풍, 제습 등에 효과가 있다고 알려져 있다.[2)]

【참고문헌】

1) 한국 약용식물학 연구회 저, 종합 약용식물학, 학창사, 108-109

2) Kim J.G. Illustrated natural drugs encyclopedia(color edition) Vol. 2, 南山堂, p362, 1992

【생리활성성분 화학구조식】

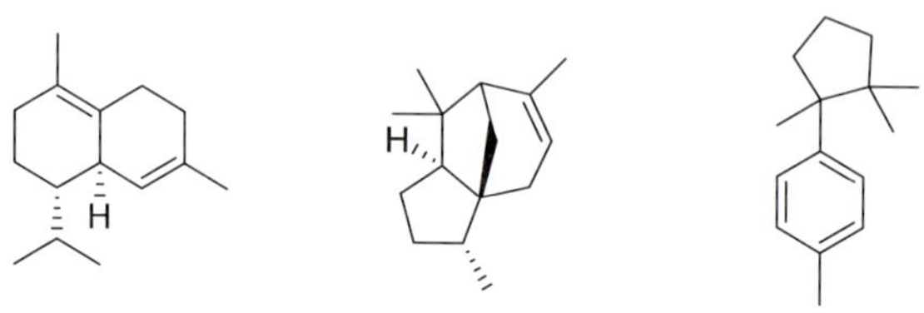

δ-cadinene α-cedrene cuparene

라벤더 (Lavender)

【기 원】 *Lavandula angustifolia*, *L. officinalis*, Labiatae

【분 류】 식품

【사용부위】 식용(꽃, 잎), 약용(꽃, 정유)

【산 지】 지중해 연안에 자라는 상록성 반관목

【생리활성성분】 Essential oil

【효능 및 기전】

1) 에센스 오일의 통증완화, 진정작용
   - Essence oil은 자율신경계로 전달됨과 동시에 폐에 흡수되어 전신에 영향을 미치며 통증을 완화시키고 진정작용과 거담 작용을 한다.

2) 향 요법 마사지
   - 라벤더 향 요법 마사지가 Osteoarthritis(골관절염) 통증완화에도 효과가 있다 .

【참고문헌】

1) 정화영, 중앙간호논문집 8, p1-9, 2004

2) 이선영, 대한임상건강증진학회지 6, p235-244, 2006

3) Choi I.R. Korean J. Women Health Nurs., 12, 168-176, 2006

로즈마리 (Rosemary)

【기 원】 *Rosmarinus officinalis*, Labiatae

【분 류】 식품

【사용부위】 식용(잎), 약용(잎)

【산 지】 지중에 연안에 자생하며, 전 세계적으로 재배되는 상록성 관목

【생리활성성분】 α-pinene, camphene, rosmarinic acid

【효능 및 기전】

1) 진경, 진해, 진정약으로서 심계항진, 불면, 류머티즘 외에 피부병, 타박상등에 사용한다.[1)]
2) 요산합성을 유도하는 xantine oxidase의 활성을 저하시켜, 요산의 농도를 감소시키므로 골, 관절, 신장에서 요산결정이 용해되어 관절통을 억제시킨다.[2)]
3) 설치류에서 에탄올 추출물은 acetic acid와 formalin으로 유도된 licking(신경통)과 shaking(염증통)에 대해서 소염진통효과가 나타난다.[3)]

【참고문헌】

1) 한국 약용식물학 연구회 저, 종합 약용식물학, 학창사, p277-278
2) CA 1994, 121 : 125169k
3) Gonzalez-Trujano M.E. *et al.*, J. Ethnopharmacol., 111, 476-482, 2007

멜리사 (Melissa, Lemon Balm)

【기 원】 *Melissa officinalis*, Labiatae

【분 류】 식품

【사용부위】 잎

【산 지】 지중해 연안에 자생하는 다년초

【생리활성성분】 Phenol 계열

【효능 및 기전】

1) Phenol 계열

- 중추신경의 활동을 촉진시키고 강한 살균효능을 함께 가지고 있으며 Lemon Balm Aroma oil은 skin 및 body 관리 시 근육통의 완화에 진정효과가 있다.

2) Lemon Balm Aroma oil

- skin 및 body 관리 시 근육통의 완화에 진정효과가 있다.

【참고문헌】

1) 이순이, 대구 가톨릭대 보건과학대학원, 2004

수양피 (Willow)

【기 원】 *Salix gilgiana*, Salicaceae

【분 류】 개발가능성이 있는 소재

【사용부위】 수피

【산 지】 우리나라 각처 냇가에 자라는 낙엽활엽 관목

【생리활성성분】 Phenylpropanoid로서 coumaric acid, caffeic acid, ferulic acid; catechin, epicatechin, tannin, salicin 등

【효능 및 기전】

1) 2천 년 전부터 사용한 기록이 있으며 약효로는 잎과 수피를 진통, 해열, 이뇨, 수면제로서 사용하는 것 이외에 타박상등에 외용한다. 특히 salicin은 현재 가장 많이 사용하고 있는 해열 진통제인 aspirin이 여기에서 개발되었다.

【참고문헌】

1) 한국 약용식물학 연구회. 종합약용식물학. p138, 2002

창포 (Calamus)

【기 원】 *Acorus calamus* var. angustatus, Araceae

【분 류】 식품

【사용부위】 식용(뿌리, 줄기), 약용(뿌리줄기)

【산 지】 우리나라 각처 연못가에서 자라는 다년초

【효능 및 기전】

1) 물 추출물이 pCT105로 유도된 치매모델에서 βAPP의 CT105 발현 신경아세포 암세포주의 세포증식과 신경돌기의 형태를 변화를 유도시켜 apoptosis를 효과적으로 억제하고 신경세포를 보호한다.
2) 석창포에서 추출된 정유는 진정 및 진통효과가 있다.

【참고문헌】

1) 최혁, 원광대 대학원, 2003
2) 정혜선, 慶北大 大學院, 1997

터리풀 (Meadow sweet)

【기 원】 *Filipendula glaberrima*, Rosaceae

【분 류】 식품

【사용부위】 식용(어린 잎), 약용(종자, 꽃), 관상용(꽃)

【산 지】 전국 각지의 산지에 분포하며 깊은 산의 계곡 주변이나 습윤지, 주로 양지에 생육

【생리활성성분】 spiraein, monotropitin, salicylate류, phenolic glycoside, (+)-catechin, tannin, coumarin

【효능 및 기전】

1) 유럽에서 소염, 진통, 통풍의 목적으로 사용되었다.
2) 꽃의 동물 실험에서 알코올 추출물과 물 추출물은 궤양을 억제한다.
3) 꽃의 Ethyl acetate 추출물은 보체의 활성화를 억제하는 효과가 있다.

【참고문헌】

1) Tayler N. Plant drugs that changed the world, Dodd, Mead & Company, New York, p292, 1965

2) Barnaulov O.D. *et al*., Rastitel'Nye Resursy., 13, 661-669, 1977

3) Halkes S.B.A. *et al*., Pharm. Pharmacol. Lett., 7, 79-82, 1997

4) Csedo K. *et al*., Planta Med., 59, A675, 1993

【생리활성성분 화학구조식】

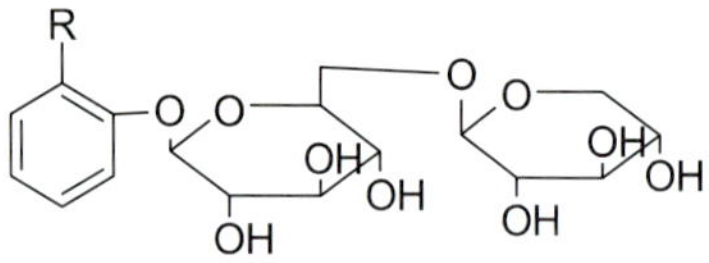

spiraein : R=CHO
monotropitin : R=$COOCH_3$

5.5 기억력, 항치매, 인지능력 향상

콩기름 유래 포스파티딜세린 (Soybean-derived phosphatidylserine)

【기 원】 *Glycine max*, Leguminosae

【분 류】 개별인정형 건강기능성 원료

【사용부위】 대두 레시틴을 효소 처리하여 만들어진 원료로서 포스파티딜세린 40% 이상을 함유

【생리활성성분】 phosphatidylserine

【효능 및 기전】

1) 인지능력 개선
   - 동물 및 노인들을 대상으로 한 실험에서 통계적으로 유의한 인지능력 개선이 확인되었다.

2) 뇌 보호 효과
   - 동물 모델에서 amyloid beta proteins(Abetas)에 의한 독성으로부터 뇌를 보호한다.[1]

【주의사항】

임산부와 수유부는 섭취에 주의하셔야 하며 과잉 섭취 시에는 위장장애나 불면증을 유발할 수 있음을 주의해야 한다.

【참고문헌】

1) Zhang N.Y. *et al.*, Life Sci., 80, 1971-1976, 2007

【생리활성성분 화학구조식】

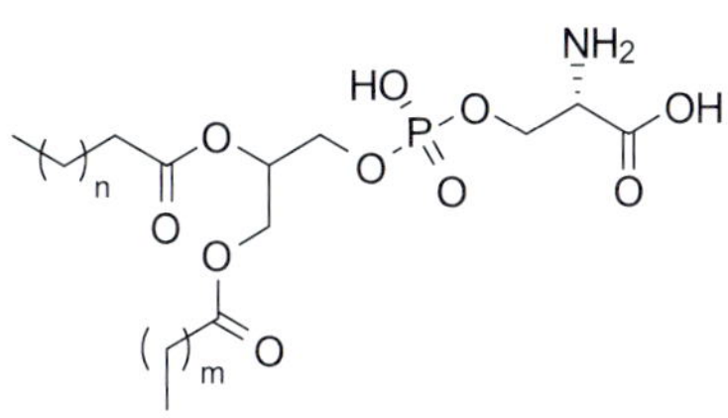

phosphatidylserine

참당귀 주정 추출 분말 (Korean angelica edible ethanol extract powder)

【기 원】 *Angelica gigas*, Umbelliferae

【분 류】 개별인정형 건강기능성 원료

【사용부위】 참당귀 뿌리를 주정으로 추출하여 분말화한 것

【산 지】 우리나라 각처 깊은 산의 수림 속에서 자라는 다년초

【생리활성성분】 decursinol, decursin

【효능 및 기전】

1) 기억력 손상을 예방[1)]
   - 참당귀의 EtOH 추출물이나 decursinol을 장기간 복용하면 β-amyloid peptide (Alzheimer's disease)에 의해 발생하는 기억력 손상을 예방할 수 있다.

2) 기억력 감퇴 개선[2)]
   - decursin은 해마에 있는 acetylcholinesterase(AchE)를 저해함으로써 scopolamine으로 유도한 기억력 감퇴를 개선한다.

【참고문헌】

1) Yan J.J. *et al.*, Prog. Neuropsychopharmacol. Biol. Psychiatry., 28, 25-30, 2004

2) Kang Y.Y. *et al.*, Neurobiol. Learn. Mem., 79, 11-18, 2003

【생리활성성분 화학구조식】

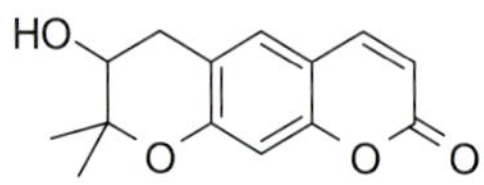

decursinol

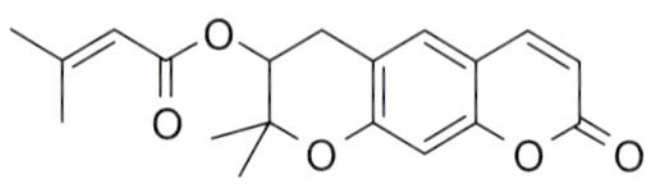

decursin

테아닌 복합추출물 (Theanine extract complex)

【기 원】 녹차, Thea sinensis, Theaceae

【분 류】 개별인정형 건강기능성 원료

【생리활성성분】 L-theanine, GABA

【효능 및 기전】

1) 뇌보호 효과와 인지능력 향상[1)]

- 테아닌(L-theanine)은 뇌의 serotonin, dopamine, GABA의 수준을 증가시키며, AMPA, Kainate 과 NMDA 수용체의 친화력을 증가시킨다(in vivo).
- 동물 모델에서 group 1 metabotrophic glutamate 수용체의 길항 효과를 통하여 뇌 보호 효과를 나타낸다.

【주의사항】

테아닌은 카페인과 길항작용이 있으므로 카페인 함유 음료(커피, 홍차, 녹차)를 함께 섭취하지 않는 것이 좋다.[2)]

【참고문헌】

1) Nathan P.J. *et al.*, J. Herb Pharmacother. 6, 21-30, 2006

2) 식품의약품안전청 건강기능식품 자료실

【생리활성성분 화학구조식】

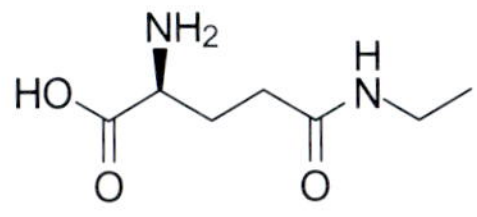

L-theanine

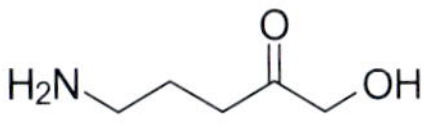

γ-aminobutyric acid(GABA)

피브로인 추출물 (Fibroin extract)

【기 원】 *Bombyx mori* L.(Bombycidae) 누에고치

【분 류】 개별인정형 건강기능성 원료

【사용부위】 누에고치에서 얻은 실크 단백질 중 피브로인을 가수분해하여 제조

【생리활성성분】

【효능 및 기전】

1) 신경독성에 대해 보호 작용[1)]
   - SH-N-SH세포주에서 아밀로이드 베타 단백질에 의한 신경독성에 대해 caspase의 활성화가 감소되고, 세포내 칼슘의 농도가 감소하였으며, 활성기 산소종의 증가가 저해되었다.
   - 사립체 막전위차의 손상이나 싸이토크롬씨의 세포질 방출과 같은 사립체 기능 손상이 효과적으로 억제되어 궁극적으로 신경보호효과를 나타내었다.
2) 기억력 향상과 학습능력 향상
   - 동물 모델에서 acetylcholine 의 수준을 증가시켜 기억력을 향상시킨다.[2)]
   - 뇌 기능을 손상시킨 동물에 이 원료를 섭취시킨 후 수중미로에서 특정 지점에 도달하는 시간을 측정하거나, 충격에 대한 기억을 갖고 있는 정도를 측정하는 방법(수동회피테스트, 수중미로테스트 등) 등을 이용하여 기억력 개선에 도움을 줄 수 있음이 확인되었다.

【참고문헌】

1) Lee D. *et al*., Kor. J. Anat., 40, 57-67, 2007
2) Kim D.K. *et al*., J. Health Sci., 51, 317-324, 2005

6 면역계

6.1 면역기능

면역기능은 감염 등으로부터 우리 몸을 보호하는 기능을 말하며, 면역기능은 몸에 원래 내재한 면역과 적응으로 만들어진 면역 기능의 두 가지로 나누어질 수 있다. 면역기능은 기관지, 위, 장 등의 점막에서 작용하기도 하며 이러한 기관을 통해 전달된 신호들이 우리 몸의 전체 면역체계를 조절하기도 한다. 면역반응은 매우 다양하고 세포의 종류에 따라 다르지만 이러한 반응을 통해 종합적으로 외부의 물질로부터 우리 몸을 방어할 수 있도록 해준다. 그러나 과도한 면역반응은 우리 몸에 바람직하지 않은 결과를 가져온다. 예를 들면, 외부에서 들어온 어떤 물질에 관하여 너무 과민하게 반응하는 알레르기(allergy), 면역세포의 지나친 염증반응도 바람직하지는 않지만 면역반응의 하나이다. 건강한 면역체계는 우리 몸에 해로운 외부 물질이나 비정상적으로 변형된 세포들을 인식해서 찾아내고 그것들을 제거하기 위한 적절한 기능들을 자연스럽게 수행하는 것이며, 건강한 식생활은 우리 몸의 면역체계에 좋은 영향을 미쳐 외부의 침입으로부터 보호할 수 있게 한다. 건강한 면역기능 유지에 해로운 요인으로는 환경오염물질, 스트레스, 인스턴트식품, 포화지방산 함유식품(튀긴 음식, 동물성 지방), 술과 담배 등이 있다. 이러한 요인들로부터 건강기능성식품의 섭취는 면역력을 증강할 수 있으며, 많은 면역력 향상 효과를 위한 기능성 식품이 출시되고 있다. 면역 기능과 관련된 건강기능식품은 우리 몸에 면역세포의 활성을 증가시켜 건강한 면역기능 유지에 도움을 줄 수 있다. 건강한 면역능력을 유지하려면 적절한 면역세포가 제 역할을 원활히 수행해야 한다. 예를 들어, 인삼/홍삼 등을 함유한 건강기능식품은 필요한 면역세포를 증가시키거나, 그 기능을 조절하여 면역능력에 도움을 줄 수 있다.

6.2 류머티즘 질환 및 통풍

류머티즘 질환이란 관절과 관절 주변의 연골, 뼈, 근육, 인대 등에 발생하는 병적인 현상이나 질환을 말한다. 기록에 의하면 류머티즘의 존재에 대해서는 지금부터 약 2400년 전 히포크라테스 시대 때부터 알고 있었고, 기원후 1세기경 사람들은 류모(rheum)라는 물질이 사람 몸속을 돌아다니다가 멈추는 곳에서 이런 병이 발생하는 것으로 생각했다. 류머티즘 관절염이 일반인에게 많이 알려져서 류머티즘이 류머티즘 관절염을 말하는 것으로 생각하는 사람들이 많지만, 류머티즘 관절염은 여러 가지 류머티즘 질환 중의 하나다. 먼저 대부분의 류머티즘 질환에 나타날 수 있는 소견은 관절염이다. 관절염은 면역반응의 이상으로 생기는 관절 활막의 염증을 의미하는데, 관절에 발열(열감), 발적(붉은색으로 변색), 종창(붓는 것) 및 통증으로 나타난다. 질환에 따라 관절의 침범 부위가 다른데, 류머티즘 관절염은 주로 손가락과 같은 작은 관절에 잘 생기고, 전신 관절에 대칭적으로 발생하는 양상을 보인다. 대부분 관절염은 관절염 이외의 다른 여러 가지 전신 증상들을 동반하게 되므로 관절염이 있는 경우 이것이 관절에만 국한되어 발현되는 것이 아니라 전신질환의 국소적 발현이라는 것을 염두에 두어야 한다. 또한, 류머티즘 질환에는 피부 및 점막의 병변이나, 눈의 포도막염 등의 증상을 나타내기도 한다.

관절염에 대한 치료 또는 개선의 효과를 판단하는 것은 매우 어려우며 호전 또는 악화가 되어도 서서히 나타나기 때문이다. 주로 몇 개월 몇 년 등 시일이 지나 나타나는 것이 증상의 본질이며 그 증상도 매우 불안정하며 환자가 매우 효과가 좋다고 느끼다가 그 기간이 지나면 또 악화할 수가 있다. 물론 기능성 식물 소재를 이용한 치료가 자연치유에 속하는지 아니면 약초요법에 속하는지 구분하는 것은 명확하지 않으며 지극히 주관적인 판단으로 해석할 수 있으며 문제는 이런 만성 관절염, 관절염 또는 대사 장해를 가지는 다수 환자는 대부분 오직 병만 낫는 처치방법만을 생각하게 되지만 이런 방법은 대부분 허구적인 것이 많다는 것을 인식하여야 한다. 그럼에도, 대사성 질환을 치료하는데 기능성의 식물을 이용한 약초요법이 많이 증가하고 있으며 이런 것이 좋은 영향을 줄 수도 있으나 반대로 나쁜 영향을 줄 수도 있기 때문에 이런 소재를 이용한 대사성 질병의 치료 또는 예방에는 엄격한 기준을 적용하여 처방 또는 적용시켜야 하고 이에 대한 유통관리와 가격관리를 철저하게 해야 한다.

통풍은 혈액 중에 요산이 높은 상태로 오래감으로써 요산의 결정체가 여러 조직에 침착하여 여러 가지 증상을 유발하는 대사성 질환으로 주로 40대 이후의 남자에게 발생한다. 요산은 세포가 신진대사를 한 결과 생기는 물질로, 말하자면 몸이 여러 가지 물질을 에너지로 소비하고 나서 생기는 찌꺼기이다. 원인 물질이 되는 요산은 우리가 먹는 음식물 중에도 많이 포함되어 있는데, 핵산이 많이 함유된 음식, 즉 육류나 등 푸른 생선 등을 많이 먹는 경우에 유발 가능성이 커지며, 그 외에 음주나 비만증, 정신적 또는 육체적 스트레스, 약물 등으로도 유발될 수 있다. 통풍의 치료는 두 가지로 나눌 수 있다. 하나는 급성 통풍발작을 치료하는 것이고 또 다른 것은 요산의 배설을 촉진하여 체내의 요산 수치를 떨어뜨리는 것이다.

6.1 면역기능

근대류 (Chard)

【기 원】 *Beta vulgaris*, Chenopodiaceae

【분 류】 식품

【사용부위】 식용(지상부), 약용(과실을 사용하며 첨채자라고 한다)

【산 지】 유럽원산으로 우리나라 각지에서 재배하는 다년생 초본

【생리활성성분】 효능은 적색 색소인 betanin과 flavonoidal anthocyanin에 의한 것임. saponin(oleanoilic acid의 glucuronide), phytosterine, lecithin, diastase, invertase, thyrosinase, beta-carotene 등

【효능 및 기전】

악성종양에 효과가 있는 것으로 보고된 바 있다.

【생리활성성분 화학구조식】

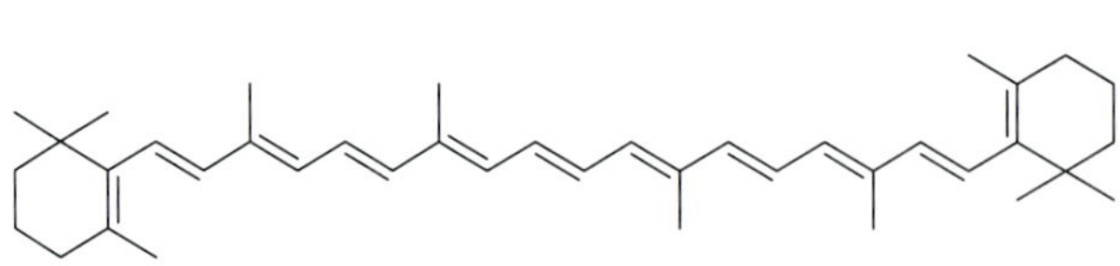

β-carotene

당귀 혼합 추출물 (Angelica mixed extract)

【기 원】 *Angelica gigas*(당귀), Umbeliiferae ; *Cnidium officinale*(천궁), Umbelliferae ; *Paeoniae lactiflora*(백작약), Paeoniaceae, 당귀 천궁 백작약 등 3종의 생약을 혼합 제조한 생약복합조성물

【분 류】 개별인정형 건강기능성 원료

【사용부위】 식용(당귀 : 잎), 약용(뿌리, 근경)

【산 지】 우리나라 각지에서 재배되고 있는 다년생 초본으로 대량생산 되고 있다.

【생리활성성분】 decursin, decursinol, umbelliferone, cnidilide, paeoniflorin, benzoylpaeoniflorin, albiflorin, paeonilactone, paeonol 등의 성분이 함유되어 있으며, 면역기능효과에는 주로 다당 물질이 작용하는 것으로 보고되고 있다. 일예로, 작약성분의 산성 다당 물질인 peonan PA와 SB가 있다.

【효능 및 기전】

1) 면역효과

면역 증강작용 : murine macrophage(RAW 264.7)를 당귀의 다당류 성분처리 시 CD14와 CR3, p38 MAPK(mitogen-activated protein kinase)의 활성화를 거쳐서 NFkB/Rel를 활성화와 면역세포 회복 증진에 효과가 있고,[1),2),3)] 작약의 peonan PA와 SB는 세망내피세포계 활성과 항보체활성이 있는 것으로 보고된 바 있다.[4)] 또한, peonan PA는 L-arabinose : D-galactose : D-galacturonic acid를 2 : 1 : 10 몰 비로 함유하고 있으며 면역증강효과가 예상된다.

【참고문헌】

1) Jeon Y.J. *et al*., Int. Immunopharmacol., 1, 1331-1339, 2001

2) Jeon Y.J. *et al*., Int. Immunopharmacol., 1, 237-245, 2001

3) Han S.B. *et al*., Immunopharmacol., 40, 39-48, 1988

4) Tomoda M. *et al*., Biol. Pharm. Bull., 17, 1161-1164, 1994

【생리활성성분 화학구조식】

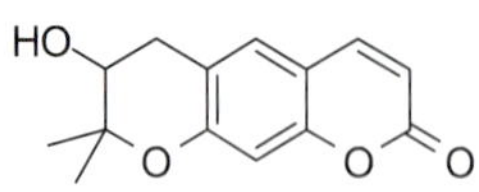

decursinol

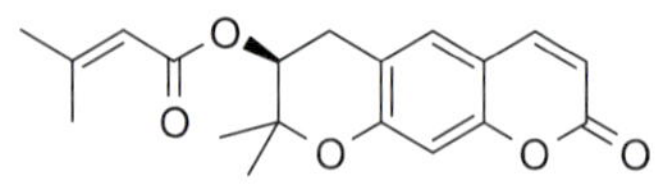

decursin

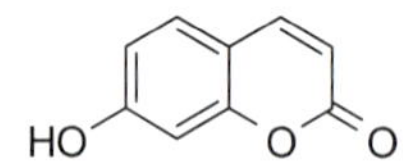

umbelliferone

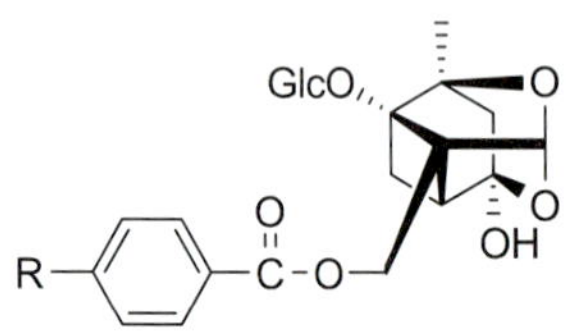

paeoniforin: R=H
oxypaeoniflorin: R=OH

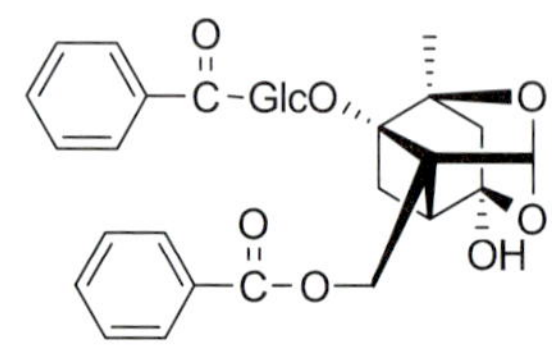

benzoylpaeoniflorin

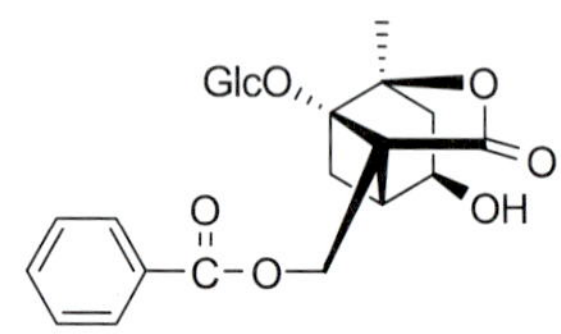

albiflorin

버섯제품 (Mushroom product)

【기 원】 *Ganoderma lucidum*(영지버섯), Polyporaceae ; *Coriolus versicolor*(운지버섯 또는 구름버섯), Polyporaceae ; *Lentinus edodes*(표고버섯), Tricholomataceae

1) 버섯자실체제품

영지버섯, 운지버섯, 표고버섯의 자실체의 건조물을 분말화한 것이나 자실체를 물 또는 주정으로 추출한 것을 주원료(건조분말 : 30.0% 이상, 추출물 : 자실체의 건조물로 환산하여 제품 전체중량의 30.0% 이상)로 하여 제조, 가공한 것이다.

2) 버섯균사체제품

영지버섯, 운지버섯, 표고버섯의 균사체 배양물(균사체+배양액)을 물 또는 주정으로 추출한 것을 주원료(균사체 배양물의 건조물로 환산하여 제품 전체중량의 50.0% 이상)로 하여 제조, 가공한 것이다.

【분 류】 고시형

【사용부위】 식용(전체), (약용)자실체, 균사체

【산 지】 일반적으로 침엽수 또는 활엽수의 그루터기에서 군생하며, 특히 표고버섯은 대표적인 식용버섯으로 너도밤나무과 활엽수에 주로 기생한다.

【생리활성성분】 영지 : ganoderic acid, ganoderenic acid, lucidenic acid ; 운지 : coriolan ; 표고 : lentionin. 공통성분으로 beta-glucan, ergosterol을 함유

【효능 및 기전】

1) 면역기능 효과

단일성분으로 beta-glucan 다당류는 Th1/Th2 면역조절전환에 효과에 의한 항염증효과가 보고되고 있으며 면역보조제효과와 면역증강효과가 있다.[1,2] 또한, 상기제품의 일반적 주요성분인 다당물질(polysaccharide)은 T-림프구의 증진에 의한 항암효과도 보고되고 있다.[3]

【참고문헌】

1) Dong S.F. *et al.*, Int. Immunopharmacol., 7, 725-733, 2007

2) Tao Y. *et al.*, Carbohydr. Res., 341, 2261-2269. 2006

3) Mushiake H. *et al.*, Cancer Immunol. Immunochemother., 54, 120-128, 2005

【생리활성성분 화학구조식】

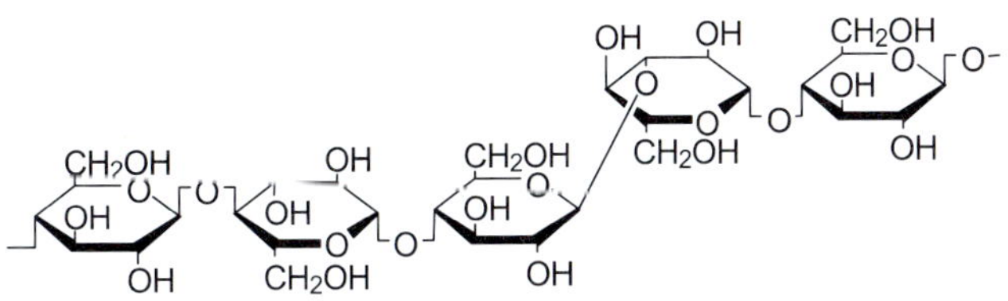

β-glucan

알로에 제품 (Aloe products)

【기 원】 *Aloe vera*(또는 *A. barbadensis*), *A. arborescens*, Liliaceae

【분 류】 고시형

【사용부위】 약용(잎)

【산 지】 아프리카 수단이 원산지로서 현재는 전 세계적으로 재배되고 있음.

【생리활성성분】 Anthracene derivatives : anthrone-10-C-glycoside(종류 : aloin A, aloin B, 7-hydroxyaloins A, B ;,8-dihydroxy anthraquinones(종류 ; Aloe-emodin, chrysophanol) ; 2-alkylchromones : Aloe resins A, B, C and D

【효능 및 기전】

1) 면역조정기능(다당류의 항암작용)

B-림프구와 T-림프구에 대한 면역자극효과와 macrophage활성화 효과가 보고되고

있으며[1], *Aloe vera*의 다당체는 pattern recognition 수용체에 대한 면역반응효과를 증진하여 감염성질환에 대한 방어력을 증진시킨다.[2]

【참고문헌】

1) Leung M. Y. *et al*., Immuno Lett., 105, 101-114, 2006.

2) Liu C. *et al*., Int. Immunopharmacol, 6, 1634-1641, 2006

【생리활성성분 화학구조식】

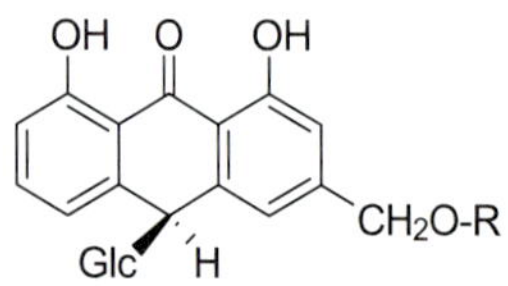

barbaloin: R=H
aloinoside A: R=Rha

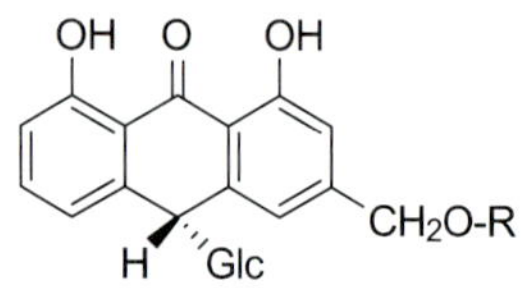

isobarbaloin: R=H
aloinoside B: R=Rha

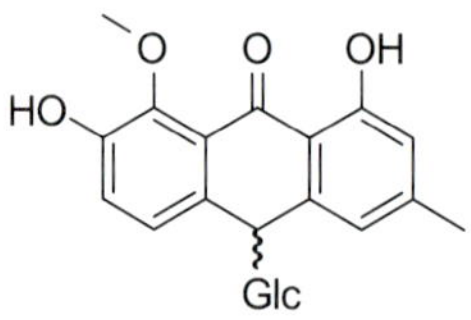

homonataloin

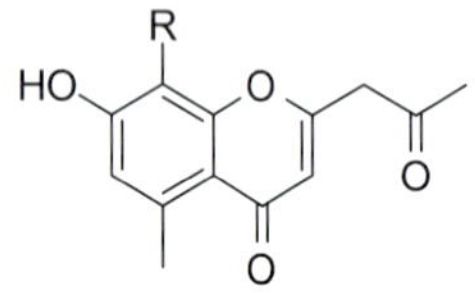

aloesone: R=H
aloeresin: R=Glc

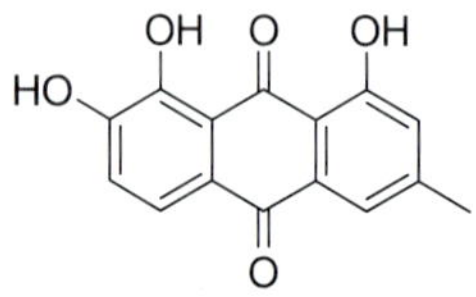

nataloe-emodin

에키나세아 (Echinacea)

【기 원】 *Echinacea purpurea, E. pallida*, Compositae

【분 류】 개발가능성이 있는 소재

【사용부위】 약용(*E. purpurea*-뿌리, *E. pallida*-전초)

【산 지】 북미 중부 및 동부에서 자생하며 유럽에서 재배

【생리활성성분】 Water-soluble immunostimulating polysaccharides로서 4-*O*-methylglucuronylarabinoxylans, acidic arabinorhamnogalactans ; 정유로서 germacrene alcohol, borneol, bornylacetate, pentadeca-8-en-2-on germacrene D, caryophyllene, caryophyllene epoxide ; ferulic acid 유도체로서 cichoriic acid, cichoriic acid methyl ester, 2-*O*-caffeoyl-3-*O*-feruloyl-tartaric acid, 2,3-*O*- diferuloyl tarataric acid 2-*O*-caffeoyl tartaric acid ; alkamides로서 undeca-2E, 4Z-dien-8,10-diin acid, dodeca-2E, 4E-8Z, 10E/Z-tetraen acid isobutylamide ;polyenes으로서 trideca-1,11-dien-3,5,7,9,-tetraine, trideca-1-en-3,5,7,9,11-pentaine, trideca-8,10,12 -trien-2,4,6 -triine, pontica epoxide

【효능 및 기전】

1) 면역세포증강효과 : 동물(생쥐)모델에서 에키나세아 추출물은 체액성면역반응을 증진하고[1], 자동면역질환의 일종인 Type I 당뇨병질환에 대해서 지속적인 NK면역세포의 증강효과가 있는 것으로 보고되었다.[2]
2) 생쥐의 폐와 비장 내 macrophages의 탐식세포 활성화를 유도한다.[3]
3) 면역증강에 의한 항암효과와[4] 면역 보체적 효과에 의한 항암효과가 있다.[5]

【참고문헌】

1) Freier D.O. *et al.*, Immunopharmacol. Immunotoxicol., 25, 551-560, 2003
2) Delorme D., Miller S.C., Autoimmunity, 38, 453-461, 2005
3) Goel V. *et al.*, J. Nutr. Biochem., 13, 487-491, 2002
4) Lersch C. *et al.*, Cancer Invest., 10, 343-348, 1993
5) Currier N.L., Miller S.C., Altern. Complement. Med., 8, 49-58, 2002

【생리활성성분 화학구조식】

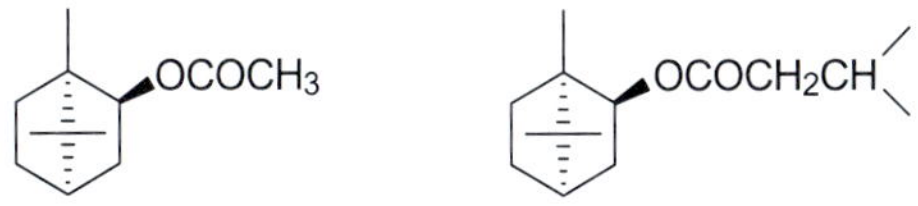

bornylacetate　　bornylisovalerate

L-글루타민 (L-Glutamine)

【기 원】 L-글루탐산의 gamma-아미드이며 중성 alpha-아미노산의 하나로, 2-아미노글루탐산이라고도 함. 화학식은 $C_5H_{10}N_2O_3$이며, 1883년에 사탕무에서 처음 발견되었음. 현재는 *Corynebacterium glutamicum* 세균을 사용하여 대량으로 생산한다.

【분 류】 개별인정형 건강기능성 원료

【사용부위】 사탕무의 경우 전체를 사용하며 *C. glutamicum*을 사용 시 대사생성물질

【생리활성성분】 L-glutamine으로 생체 내에서 질소대사에 반응물로 사용 됨

【효능 및 기전】

인체 내에 필요한 아미노산의 일종으로 운동 후 또는 상처 등으로 약화된 면역계의 면역세포의 기능을 복원시킴으로서 면역력 유지 및 강화에 일조하는 것으로 알려지고 있다.[1)]외상 후 면역세포기능 회복에 L-glutamine이 요구됨이 관찰된 바 있다.[2)]

【참고문헌】

1) 나재철, 동아대학교 체육학과 (석사논문), 1998.

2) Boelense P.G. *et al*., Clin. Exp. Immunol., 136, 356-364, 2004

【생리활성성분 화학구조식】

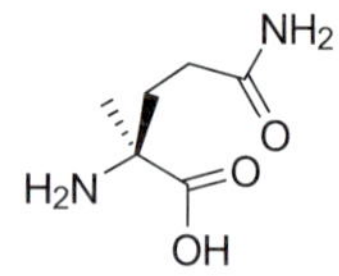

접골목류 (Elderberry, American elder), 엘더

【기 원】 *Sambucus williamsii* var. coreana, Caprifoliaceae

【분 류】 식품

【사용부위】 식용 (과실) 약용[줄기의 심부(접골목 : Sambuci Ligunum), 꽃(Sambuci Flos), 열매(Sambuci Fructus)]

【산 지】 우리나라 각처의 산기슭에 자생 또는 가정 또는 공원에 식재하는 낙엽성 관목

【생리활성성분】 sambunigrin, ursolic acid, caffeic acid, chlorogenic acid, saponin 등

【효능 및 기전】

1) 면역증강기능

민간요법으로 항암효과와 더불어 백혈구의 생존기능을 연장하는 등 면역기능을 강화하는 것으로 알려져 있다.

【생리활성성분 화학구조식】

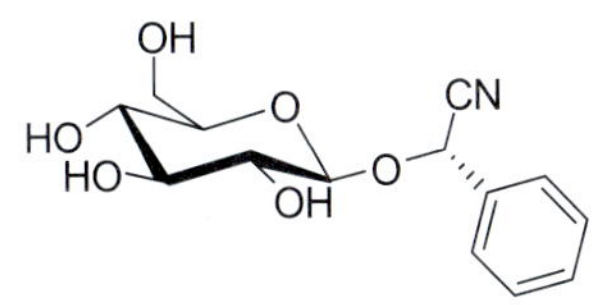

sambunigrin

키토산 함유제품 (Chitosan-containing products)

【기 원】 Crustacean, Mollusca 갑각류(게, 새우 등)의 껍질, 연체류(오징어, 갑오징어 등)의 뼈를 분쇄, 탈 단백, 탈염화한 키틴을 탈아세틸화하여 식용에 적합하도록 처리한 것.

【분 류】 고시형

【사용부위】 식용(전체), 약용(갑각류 껍질, 연체류의 뼈)

【산 지】 바다에서 서식

【생리활성성분】 chitosan

【효능 및 기전】

1) 면역력 증강 기능

- 뇌수막염접합백신 백신[1] 또는 influenza백신[2] 제조 시 면역보조제로 사용하여 체액면역과 세포매개성 면역반응을 증강시킨다.
- Chitosan 면역보조제는 T- 및 B- 림프구 자극에 의한 항원 특이성 DTH 반응을 유도한다.[3]

【참고문헌】

1) Baudner B.C. *et al.*, J. Drug Target, 13, 489-498, 2005
2) Read R.C. *et al.*, Vaccine, 23, 4367-4374, 2005
3) Seferian P.G., Martinez M.L., Vaccine, 8, 661-668, 2000

【생리활성성분 화학구조식】

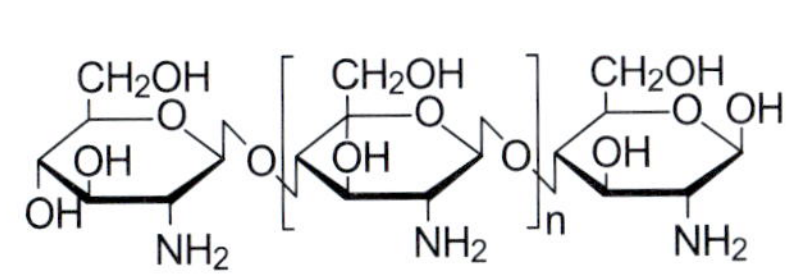

chitosan

키토올리고당 함유제품 (Chitooligosaccharide-containing products)

【기 원】 Chitosan, 키토산을 효소로 처리하여 얻은 올리고당류로 식용에 적합하도록 처리한 것.

【분 류】 고시형

【사용부위】 식용(올리고당) 약용(키토올리고당)

【산 지】 바다에서 서식

【생리활성성분】 키토올리고당

【효능 및 기전】

1) 면역력증강기능
   키토산함유제품과 거의 유사한 작용을 하는 것으로 사료된다.

표고버섯 균사체 (Lentinus hyphae)

【기 원】 *Lentinus edodes*, Tricholomataceae, 표고버섯(*Lentinus edodes*) 균사체를 배양한 액에 alpha-아밀라아제, 펙티나아제, 프로테아제를 처리한 후 원심분리하고 상층액을 농축하여 살균, 동결 건조한 것으로서 지표성분인 α-1,4 glucan이 20~37% 함유되어 있는 것.

【분 류】 개별인정형 건강기능성 원료

【사용부위】 식용(전체), 약용(균사체)

【산 지】 대표적인 식용버섯 중의 하나로서 참나무, 상수리나무, 밤나무, 잣나무, 떡갈나무 등의 너도밤나무과 활엽수에 기생하거나, 이들의 자른 나무를 이용하여 대량생산 한다.

【생리활성성분】 lentionine과 ergosterol이 다량 함유

【효능 및 기전】

1) 면역증강작용의 일환으로, B 림프구 외 T 림프구를 활성화하여 항암효과가 기대된다.[1]

【참고문헌】

1) Zhang J. *et al.*, Life Sci., 71, 623-638, 2002

【생리활성성분 화학구조식】

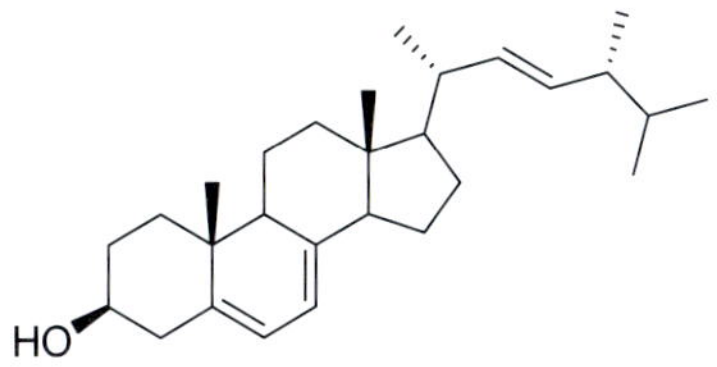

ergosterol

피나무류 (linden tree ; lime tree)

【기 원】 *Tilia cordata, T. platyphyllos*, Tiliaceae

【분 류】 식품

【사용부위】 식용(꽃봉오리), 약용(꽃, 잎, 껍질)

【산 지】 북반구가 원산지로 약 30여종이 있으며 일부 종류는 관상수나 녹음수로 사용

【생리활성성분】 hesperidine, saponin, 정유, 틸리아린, 틸리아레틴, tannin, ascorbic acid 등

【효능 및 기전】

1) 면역기능 항진

정상적인 T-림프구의 증식을 향상시키나 암적인 림프구의 증식에 대해서는 억제 또는 사멸 시키는 이중효과가 있다.[1] 민간요법에서는 발한을 통한 방위력을 증대 시키고 파상풍 등 세균에 대한 저항력을 향상시켜주고 인체의 면역기능증진에 효과가 있는 것으로 알려져 있다.

【참고문헌】

1) Manuele M.G. *et al.*, Life Sci., 79, 2043-2048, 2006

【생리활성성분 화학구조식】

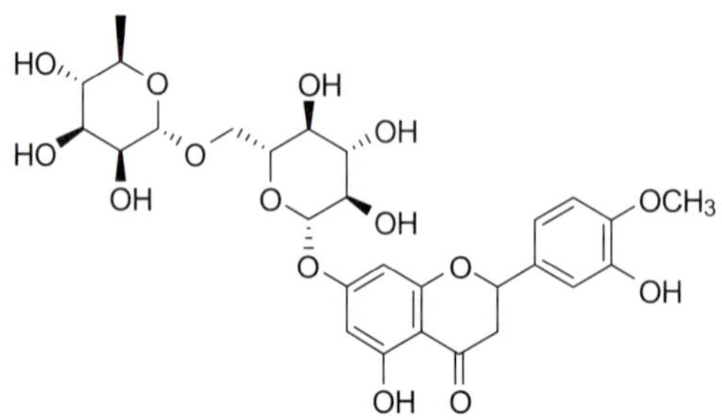

hesperidin

6.2 류머티즘성 질환 및 통풍

녹두 (Mung bean)

【기 원】 *Phaseolus radiatus*, Leguminosae

【분 류】 식품

【사용부위】 식용(종자), 약용(종자)

【산 지】 우리나라 각지에서 재배

【생리활성성분】 1) Flavonoid : isovitexin, vitexin

2) lipoxygenase

3) 단백질, 아미노산

【효능 및 기전】

1) 이뇨작용[1)]

- 주성분 중 일종의 필수아미노산인 중 guanidineaminovaleric acid가 현저한 이뇨작용을 나타내며 soya saponin도 해독 및 이뇨작용을 나타낸다.

2) 항당뇨 작용[2)]

- 당뇨병 치료제인 glucokinin과 유사한 물질과 chromium염이 함유되어 있어 항당뇨 작용을 나타낸다.

【참고문헌】

1) Kraus L.J. *et al.*, Dtsch. Apoth. Ztg., 122, 2357-2360, 1982

2) Muller A. *et al.*, Naturwissenschaften, 75, 155-156, 1988

【생리활성성분 화학구조식】

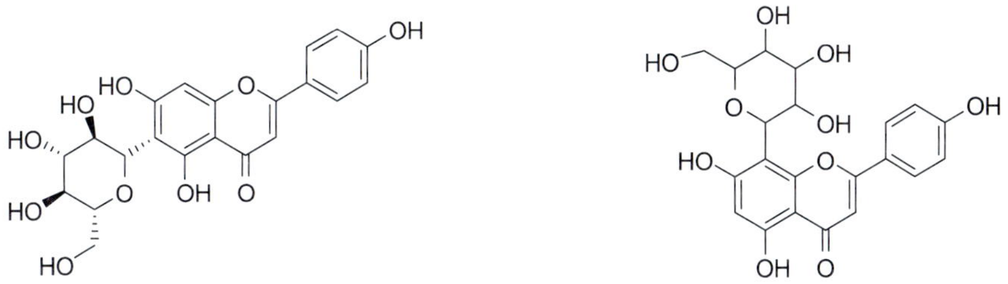

isovitexin vitexin

민들레 (Dandelion)

【기 원】 *Taraxacum platycarpum*, T. officinale, Compositae

【분 류】 식품

【사용부위】 식용 및 약용(뿌리, 지상부)

【산 지】 우리나라 전국의 들에 자라는 다년초

【생리활성성분】 1) Sesquiterpene lactones (고미성분) ; taraxinacetyl-1'-glycoside 등

2) Triterpene 및 steroid ; beta-sitosterol, beta-sitosterol glucosides, traxasterol, taraxerol, taraxol 등

3) Flavonoids ; apigenin-7-O-glucoside, luteolin-7-O-glucosides

【효능 및 기전】

1) 이뇨 및 이담작용[1)]

- 담즙분비의 촉진 이뇨작용이 매우 크며 따라서 담결석 및 신 및 요로결석에 좋은 효과를 나타내며 인체의 세포전반에 활성을 나타내기 때문에 이런 것을 이용하여 춘계요법을 실시한다.
- 춘계요법은 매년 봄이 오면 춘곤증을 이기기 위해 민간에서 하는 방법으로 4월에서 5월까지 아침저녁으로 복용하는 것을 말한다.

2) 면역증강작용[2)]

• 강력한 면역증강 작용, 항암작용과 더불어 항알레르기 작용이 알려져 있다.

【참고문헌】

1) Yun S.I. *et al.*, Biosci. Biotechnol. Biochem., 66, 1859-1864, 2002

2) Cheng H. *et al.*, Planta Med., 64, 577-578, 1998

【유효성분 화학구조식】

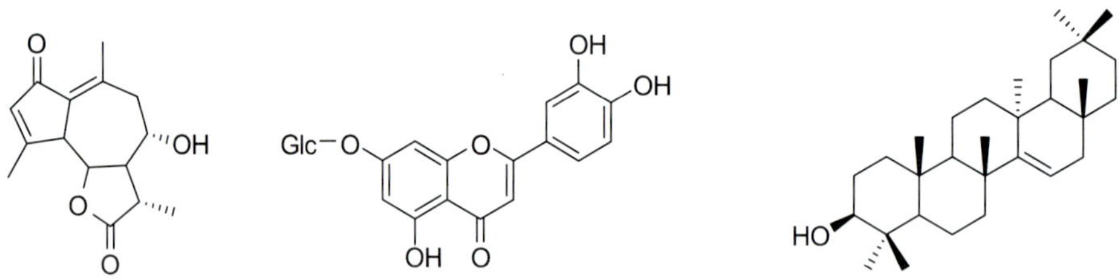

deacetylmatricarin　　luteolin-7-glucoside　　taraxerol

Vervascum

【기 원】 *Vervascum densiflorum, V. thapsiforme, V. phlomoides* (Scrophulariaceae)

【분 류】 개발 가능성이 있는 소재

【사용부위】 꽃

【산 지】 중남미 및 동남부 유럽, 소아시아 북아프리카, 에티오피아

【생리활성성분】 1) 점액질

2) Iridoid : aucubin, catalpol

3) Saponin : verbascosaponin

4) Flavonoid : apigenin, luteolin

【효능 및 기전】

1) 민간에서 이뇨 및 관절염, 외상치료 치료에 사용된다.

【참고문헌】

1) Gruenwald J. *et al.*, PDR Herbal Medicines, Thomson, p581-582, 2004

2) Bisset N.G. Herbal Drugs and Phytopharmaceuticals, CRC press, p517-518, 1994

【생리활성성분 화학구조식】

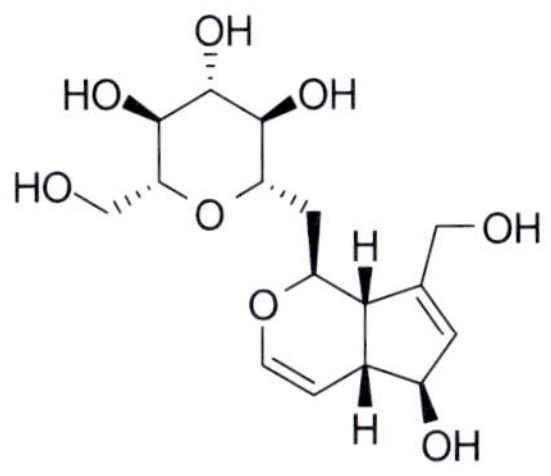
aucubin

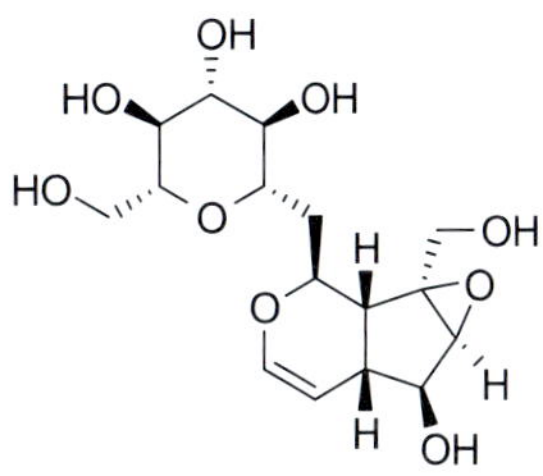
catalpol

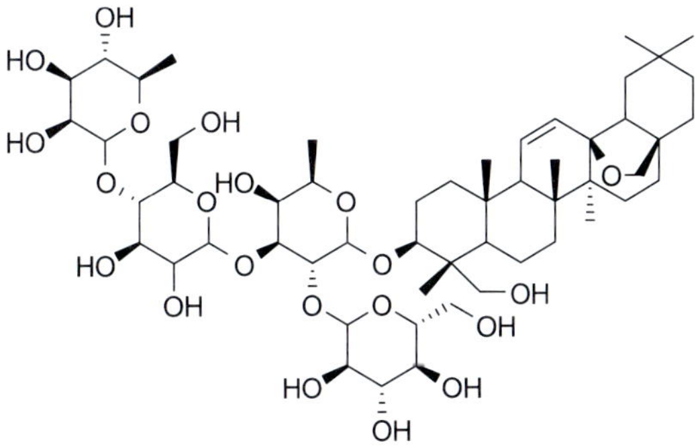
verbascosaponin

Bittersweet

【기 원】 *Solanum dulcamara*, Solanaceae

【분 류】 개발 가능성이 있는 소재

【사용부위】 줄기

【산 지】 유럽, 북아프리카, 동서 아시아, 북미

【생리활성성분】 1) Steroidal alkaloid glycoside

2) Tomatidenol(alpha-solamarine, beta-solamarine)

3) Solasodine(solasonine, solamargine)

4) Steroid saponin

【효능 및 기전】

1) 식작용을 자극하며, 용혈성, 세포독성 항바이러스성을 나타내며, 항콜린, 국소마취작용

등을 나타낸다.

【참고문헌】

1) Gruenwald J. *et al*., PDR Herbal Medicines, Thomson, p89-90, 2004

2) Duke J.A. Handbook of medicinal herbs, CRC Press, p80-81, 2002

【생리활성성분 화학구조식】

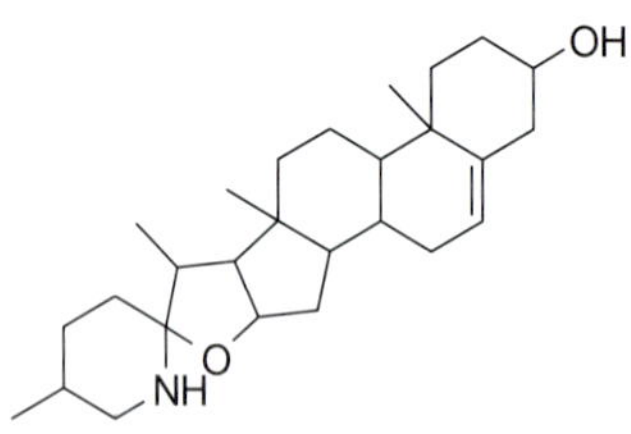

solasodine

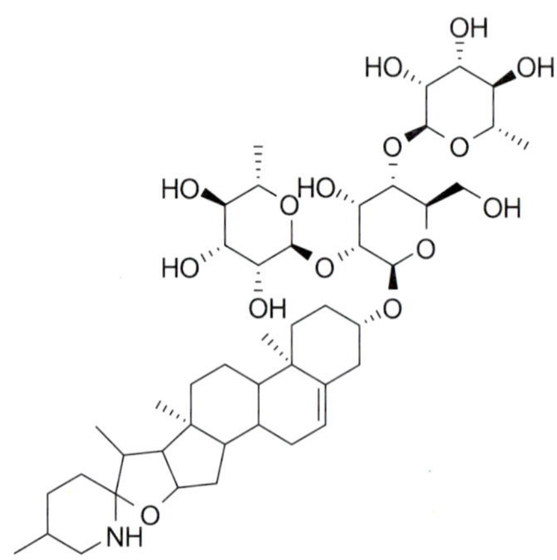

solamarine

선사초 (German sarsaparilla)

【기 원】 *Carex alterniflora* Fr., Cyperaceae

【분 류】 개발 가능성이 있는 소재

【사용부위】 건조한 근경

【산 지】 대서양 발트해, 남 스칸디나비아 해변 원산, 미주 대서양 해변에 퍼짐

【생리활성성분】 sapoinin, 정유, flavonoid

【효능 및 기전】

1) 독일의 경우 민간에서 통풍, 류머티즘, 관절염, 피부질환 등에 사용하며, 기타 성병, 장내가스 제거, 복통, 간장병, 당뇨병, 부종, 결핵, 무월경 등에 사용되고 있다.

【참고문헌】

1) Gruenwald J. *et al*., PDR Herbal Medicines, Thomson, p359-360, 2004

2) Duke J.A. Handbook of medicinal herbs, CRC Press, p127-128, 2002

쐐기풀 (Nettle)

【기 원】 *Urtica thunbergiana, U. dioica*, Urticaceae

【분 류】 개발가능성이 있는 소재

【사용부위】 약용(지상부)

【산 지】 우리나라 전 지역의 인가근처 들에 자라는 다년초

【생리활성성분】 1) Lignan : pinoresinol, secoisorariciresinol, dehydroconiferyl alchohol, neo-olivill

2) 기타 : lectin

【효능 및 기전】

1) 통풍, 류머티즘, 관절염 등의 관절 증상에 효과가 있다. 잎에서 발견된 lectin 성분은 인체의 림프구를 증식시키는 작용을 하는데 관절염뿐 아니라 알레르기성 비염, 소아 습진 등에도 효과를 보인다.
2) 쐐기풀의 증상완화 효과는 주로 BHP와 연관되어 있다.
3) 잎의 추출물은 proinflammatory transcription factor인 NF-κB를 억제한다.
4) 그러나 쐐기풀 단독 투여에 의한 관절염, 류머티즘의 치료효과에 대한 임상적 근거는 아직까지는 없다.

【참고문헌】

1) Kristina R. *et al.*, FEBS Lett., 442, 89-94, 1999
2) Heinrich M. Fundamentals of Pharmacognosy and Phytotherapy, Churchill Livinstone, p257-258, 2004

【생리활성성분 화학구조식】

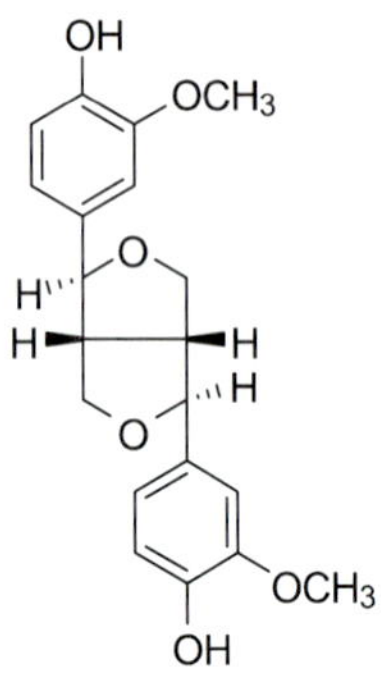

pinoresinol

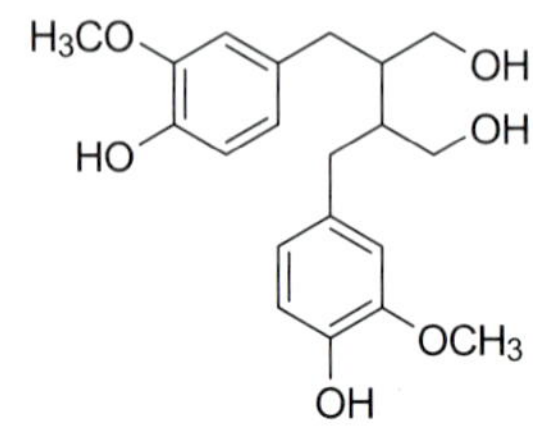

secoisolariciresinol

악마의 발톱 (Devil's claw)

【기 원】 *Harpagophytum procumbens*, Pedaliaceae

【분 류】 개발가능성이 있는 소재

【사용부위】 약용(뿌리)

【산 지】 남아프리카 및 나미비아의 사바나지방

【생리활성성분】 1) Iridoid glycoside : harpagoside, harpagide

2) Phenylethyl유도체 : verbascoside

3) Oligosaccharide : stachyose

【효능 및 기전】

1) 류머티즘성 관절질환 개선

- 소염작용으로 인한 항류머티즘 작용으로 phenylbutazone에 필적하는 진통, 소염, 진경작용을 나타낸다.
- 광범위한 류머티즘 질환으로 관절병, 추골강직을 수반하는 통증, 만성관절염 및 다발성 관절염, 신경통, 두통 등에 사용하며 Harpagorms 분말 추출물을 장기적으로 복용하면 좋은 효과를 볼 수 있으며 동통을 수반하는 관절염이 개선됨으로서 전신의 상태를 좋게 한다.

2) 콜레스테롤 저하 작용

• 물질대사질환 환자에게 다제요법으로 투여하면 cholesterol과 중성지방의 수치를 낮춰주기 때문에 류머티즘질환, 비만증, 고지혈증을 수반하는 고령자에게 투여하는 것이 바람직하다.

【참고문헌】

1) Baghdikian B. *et al.*, Planta Med., 65, 164-166, 1999

2) Sporer F. *et al.*, Phytother. Res., 20, 335-336, 1999

【생리활성성분 화학구조식】

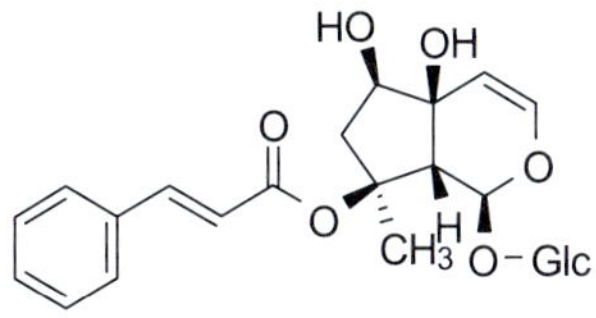

harpagoside

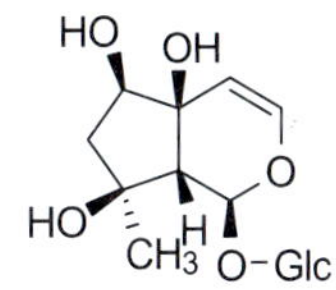

harpagide

우엉 (Burdock)

【기 원】 *Arctium lappa*, Compositae

【분 류】 식품

【사용부위】 식용(뿌리), 약용(종자)

【산 지】 우리나라 각지에서 재배함

【생리활성성분】 Lignan : arctiin, arctigenin, lappaol A, B, F

【효능 및 기전】

1) 이뇨 및 완화작용[1),2)]

• 함유되어 있는 다당류에 의해 완화작용을 나타내며 신장 및 소화기관에서 이뇨작용이 커서 류머티즘 질환에 사용된다.

【참고문헌】

1) Lin C.C. *et al.*, Am. J. Cli. Med., 24, 127-137, 1996

2) Lapinina O. *et al.*, Farmatsevt. Zh., 19, 52-58, 1964

【생리활성성분 화학구조식】

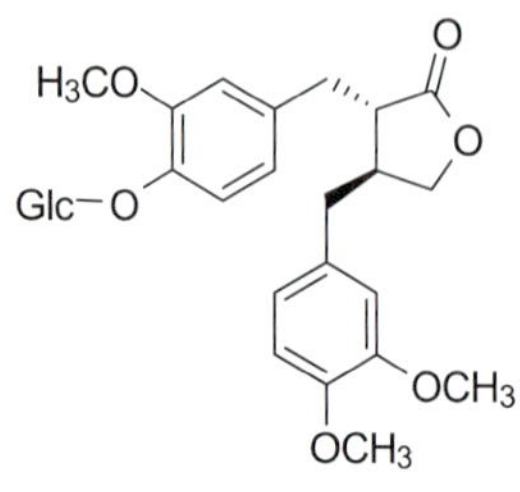

arctiin

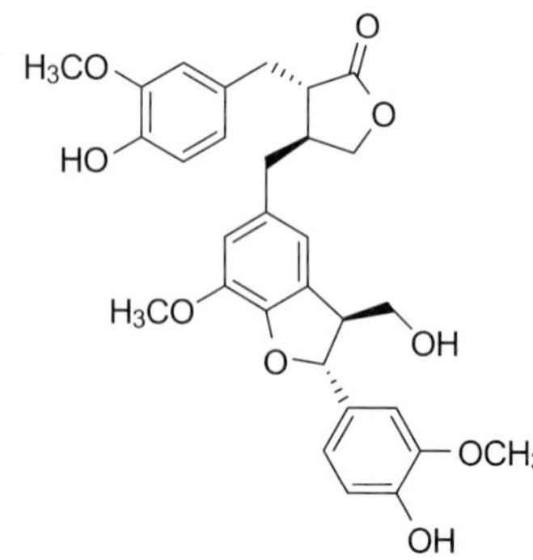

lappaol A

자작나무 (White birch)

【기 원】 *Betula platyphylla* var. *japonica, B. papyrifera*, Betulaceae

【분 류】 식품

【사용부위】 잎, 수액

【생리활성성분】 1) Flavonoid : quercetin, hyperoside, quercitrin, myricetin digalactoside

2) Triterpene : betulin, dammarane-type triterpene ester

3) 기타 : betuloside

【효능 및 기전】

1) 이뇨 작용[1)]

- 주로 전반적인 이뇨제로서 사용되며 신장 및 방광의 세균감염에 대한 세척제로서 사용된다.

2) 요산의 분비 촉진[2)]

- 세뇨관 및 혈액 내에서 요산의 분비를 촉진한다.

【참고문헌】

1) Schilcher H. *et al.*, Dtsch. Apoth. Ztg., 124, 2429-2436, 1984

2) Melzig M.F. *et al.*, Phytotherphy, 21, 193-196, 2000

【생리활성성분 화학구조식】

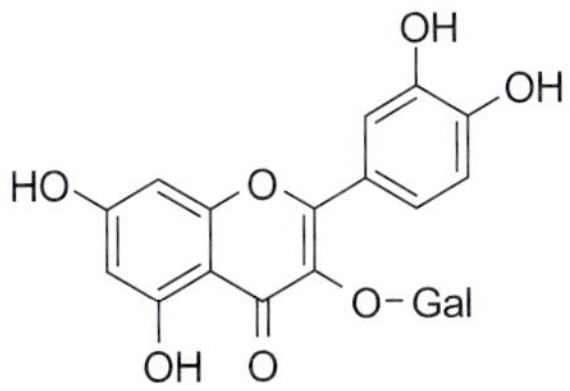

hyperoside

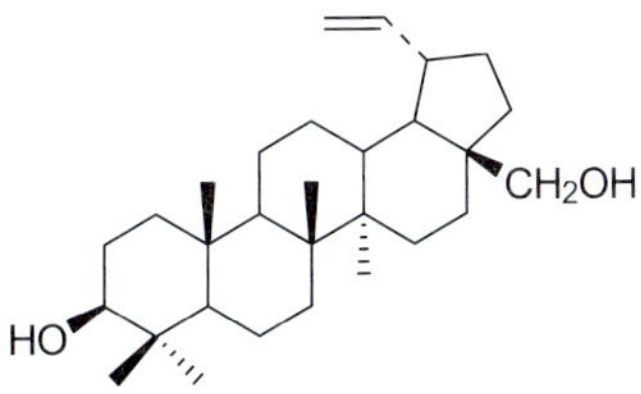

betulin

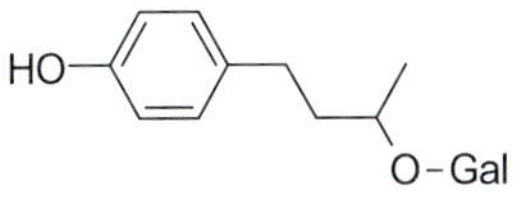

betuloside

현삼 (Scrophularia root)

【기 원】 *Scrophularia buergiana*, Scrophulariaceae

【분 류】 개발 가능성이 있는 소재

【사용부위】 뿌리

【산 지】 전국산지

【생리활성성분】 1) Iridoid : buergerinin, harpagoside

2) Phenylpropanoid : buergiside, E-p-methoxycinnamic acid

【효능 및 기전】

1) 뇌 신경 보호 작용: harpagosides, harpagide는 뇌신경 퇴화로부터 뇌신경세포를 보호한다.

2) 말초혈관 확장작용이 있어 국소 혈액 순환을 촉진하는 작용이 있다.

【참고문헌】

1) 생약학교재편찬위원회, 생약학, 동명사, p208-210. 2006

2) Kim S.R. *et al.*, Cognitive Brain Research, 17, 454-461, 2003

【생리활성성분 화학구조식】

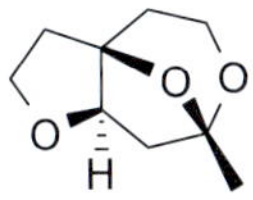

buergerinin F

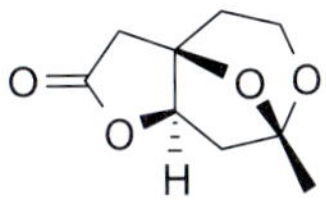

buergerinin G

7 대사계

인체의 대사조절에 관련된 내용에는 인체 생명활동의 기초 에너지가 되는 비타민과 무기질을 포함한 영양물질의 대사를 비롯하여 랑게르한스섬에서 인슐린과 글루카곤의 분비에 의한 혈당 농도를 조절하는 기능과 부신호르몬, 티록신, 성장호르몬 등에 의한 대사조절 등을 포함한다.

대사평형은 여러 가지 호르몬의 공동작용에 의해 인슐린, 성 스테로이드 등의 에너지 저장물질의 합성에 관련된 동화작용과 글루카곤, 에피네프린, 당류 코르티코이드 등의 저장물질을 이용하는 이화작용 등으로 구분할 수 있으며, 이들의 평형 유지 관계가 혈당 등의 에너지 기질의 적절한 혈장농도를 조절하는 원동력이 된다.

7.1 혈당조절

인슐린은 췌장의 랑게르한스섬 β세포에서 분비되는 호르몬으로, 포도당으로부터 글리코겐의 생성, 포도당의 산화 및 지방으로의 전화 등에 관여한다. 인슐린 수용액을 주사하면 혈당이 저하되므로 당뇨병의 치료에 이용된다. 당뇨병(diabetes mellitus)은 insulin양의 부족으로 혈액 중의 포도당이 정상인보다 그 농도가 짙어져 소변에 포도당이 배출되는 만성 질환이다. 당뇨병의 발병은 췌장의 랑게르한스섬 β세포에서 분비되는 insulin의 부족과, 뇌하수체 전엽, 부신, 갑상선 등의 내분비선 기능 항진 등의 이들 요인이 합쳐져서 발병하는 것으로 보고 있다.

당뇨병의 병증은 한의학에서 소갈(消渴)과 유사하여 음식소화가 잘 되어 빨리 배가 고프고, 목이 말라 물을 많이 찾게 되며 갈증이 그치지 않고, 소변을 자주 보면서 양이 많고, 소변에 단맛이 있다. 소갈의 치료는 열을 내려주고 음을 보충하는 것을 기본으로 한다.

1. 인슐린

인슐린은 1995년 미국의 Sanger가 그 화학적 구조를 밝혀냄으로써 아미노산의 결합 순위와 분자량이 확인되었다. 21개의 A 사슬과 30개의 B 사슬이 결합한 51개의 아미노산으로 이루어진 폴리펩티드로 결합이 끊어지면 인슐린의 생리활성이 소실된다. 인슐린은 근세포, 심장근, 지방조직, 자궁근 세포 등에서 그 효과가 크며, 각 세포 내로의 포도당의 이동과 사용량을 증가시켜 혈당량을 저하함으로써 당뇨병에 특효약으로 이용된다. 인슐린의 작용은 포도당, 아미노산과 지방산 등의 세포막 이동을 촉진하여 세포 내에서 당질형성, 단백질합성과 지방의 형성 등을 촉진하여 결과적으로 혈당치를 떨어뜨리게 된다.

2. 인슐린의 포도당 대사

소장에서 소화 흡수된 포도당은 간으로 이동되어 간세포에 들어가 글루코키나제(glucokinase)에 의해 인산화 반응을 일으켜 글리코겐(glycogen)으로 변화되어 간에 저장되거나 해당과정을 거쳐 분해된다. 인슐린은 이 해당과정에서 글리코겐의 분해를 억제하거나 당 신생(gluconeogenesis)을 억제하여 간 내에 글리코겐의 저장량을 증가시키는 역할을 한다. 간에 저장되는 글리코겐의 양은 100 g 정도이며 인슐린은 글리코겐 생성에 관여하는 효소의 활성은 증가시키고, 글리코겐 분해에 관여하는 효소의 활성은 억제하는 역할을 하기도 하여 혈당치를 저하한다. 인슐린의 분비는 혈중 포도당의 농도에 의해 좌우되는데 혈액의 포도당의 농도가 짙으면 랑게르한스섬 β세포에 작용하여 인슐린의 분비를 촉진해 포도당의 세포 내 운반이 증가하게 하며, 혈액 내 포도당의 농도가 옅어지면 인슐린의 분비가 억제되어 포도당의 세포 내 이동이 감소한다.

3. 인슐린의 지방대사

간으로 이동된 포도당이 글리코겐으로 변환되고 남은 포도당은 인슐린에 의해 지방산으로 전환되어 지방조직에 저장된다. 또한, 글리세롤 생산을 자극하여 트리 글리세리드(triglyceride)의 저장을 촉진하는데 인슐린은 리파아제(lipase)의 작용을 억제하여 트리글리세리드의 분해를 막아주며, 인슐린이 부족해지면 리파아제가 활성화되어 저장된 지방을 분해하여 혈중 지방산과 글리세롤이 유리되면서 혈중 지방산의 농도가 현저하게 짙어지게 된다. 에너지원으로 사용하고 남은 여분의 지방산과 글리세롤은 간세포에서 트리 글리세리드 형태로 저장되며 지방간을 형성하기도 한다. 간에서 일부의 지방산은 인지질과 콜레스테롤로 전환되며 이것들은 동맥경화증의 원인이 되기도 한다. 인슐린이 과다하게 분비되면 에너지원으로 사용하고 남은 포도당은 지방질로 전환하기 때문에 세포 비만이 일어나고 과도한 지방의 축적은 비만을 유발하고 비만은 인슐린의 효과를 저하해 당뇨병을 일으킬 수도 있다.

4. 인슐린의 단백질대사

음식물을 통해 소화 흡수된 단백질은 아미노산 형태로 흡수되고 체내에서 단백질로 다시 합성되는데 인슐린이 관여한다. 인슐린은 많은 아미노산을 세포 내로 이동을 촉진해 조직세포 내에서 단백질 합성을 촉진하고 단백질 분해를 지연시켜 식후 일정시간 체내 저장을 유도한다. 인슐린이 부족해지면 단백질 분해가 합성보다 우세하여 조직과 근육에서 단백질의 소실이 나타나며 혈중 아미노산의 농도가 증가하게 된다.

5. 당뇨병(Diabetes mellitus)

당뇨병은 췌장의 랑게르한스섬 β세포에서 분비되는 인슐린의 결핍에 의하여 과혈당과 당뇨가 일어나는 동시에 단백질과 지방대사, 탄수화물 대사에 심각한 불균형을 유발하는 질환이다. 당뇨병의 초기 증상은 당뇨, 갈증, 다뇨와 피로감이 나타나며, 심할 때는 합병증으로 동맥경화증, 당뇨병성 신장증, 수족감각의 이상이 생겨 말초 신경염 등이 발병한다. 당뇨병의 진단은 다음, 다갈, 다식, 다뇨 증상이 일어나면서 식사와 관계없이 혈당치를 측정하였을 때 혈당치가 200 mg/dl 이상을 나타내면 당뇨병으로 판단한다. 공복 시는 8시간 이상 금식한 상태에서 혈당치가 126 mg/dl 이상을 나타내면 당뇨병으로 판단하며, 경구 당 부하실험에서 2시간 후의 혈당치가 200 mg/dl 이상을 보이면 당뇨병으로 판단한다.

당뇨병은 췌장의 베타세포가 자가면역 반응이나 화학물질에 의해 손상을 받아 인슐린의 합성과 분비에 이상을 가져와 인슐린 결핍상태가 되어 이로 말미암아 고혈당이 유발되는 1형 당뇨병과 인슐린 농도는 정상이거나 고 인슐린 상태로 말초조직에서의 인슐린저항성이 높아져서 포도당 대사에 이상이 생겨 고혈당이 발생하는 2형 당뇨병으로 구분된다.

6. 내당능(glucose tolerance)

탄수화물을 섭취 시에 혈당은 일시적으로 상승하지만 단시간 내로 섭취 전 수준으로 돌아간다. 이것은 흡수된 포도당이 췌장의 β세포를 자극하여 인슐린의 분비를 촉진하고 이 인슐린의 작용으로 포도당의 이용을 증진시킴으로써 혈당을 정상수준으로 조절되는데 이런 능력을 내당능이라 한다.

7. 저혈당(hypoglycemia)

저혈당은 탄수화물의 흡수에 비하여 인슐린이 과도하게 분비되어 일어나는 것으로 보통 식후 3시간이 지나 혈중 포도당의 농도가 정상 이하로 떨어져서 매우 나른한 상태를 보이다가 심하면 무의식 상태를 가져오기도 한다.

8. 글루카곤(glucagon)

글루카곤은 췌장의 α세포에서 분비되는 호르몬으로 29개의 아미노산으로 이루어진 폴리펩티드이며 부신수질에서 분비되는 에피네프린과 같이 혈당치를 상승시킨다. 간세포에서 인산화 반응을 증가시켜 당원질의 분해를 촉진하며 이로 말미암아 이차적으로 아미노산으로부터 당신생이 촉진되어 혈당치가 높아진다. 또한, 글루카곤은 지방분해를 증가시켜 지방산으로부터 케톤체의 생산하여 근육이 이를 이용하도록 한다. 글루카곤의 분비는 혈당치에 의해 조절되며 혈당치가 높아지면 분비가 감소하고 혈당치가 낮아지면 분비가 증가한다. 글루카곤은 간의 글리코겐을 유동화시켜 포도당으로 방출시키며, 근육의 글리코겐은 주로 에피네프린에 의해 분해되어 에너지로 이용된다.

9. 소마토스타틴(somatostatin)

소마토스타틴은 췌장의 δ세포에서 분비되고 14개의 아미노산으로 구성된 펩티드이며, 이것의 분비는 대량의 포도당과 아미노산이 있을 때 촉진되어 인슐린과 글루카곤의 분비를 억제한다. 그 결과 인슐린의 과도분비를 억제함으로써 저혈당을 억제하는 것으로 알려졌다.

참고문헌

1) 정영태, 정경아, 인체생리학, 청구문화사, 2003

가시오가피 (Siberian ginseng)

【기 원】 *Acanthopanax senticosus*, Araliaceae

【분 류】 식품

【사용부위】 뿌리, 뿌리줄기

【산 지】 극동아시아 북위 40~50o지역, 러시아 우수리강, 중국 흑룡강성 유역, 일본 북해도, 우리나라의 고산지대에 분포.

【생리활성성분】 Lignan계 syringaresinol, acanthoside B, D(eleutheroside E), eleutheroside B(syringin), saponin

【효능 및 기전】

1) Insulin resistance 증진 효과[1)]
   - 가시오가피의 뿌리 추출물은 fructose-rich chow-fed rats에 대하여 insulin resistance를 증진시키는 효과가 있다.
2) 가시오가피 사포닌의 혈당강하작용
   - 가시오가피의 잎에서 분리해 낸 사포닌은 정상 생쥐에 adrenaline, glucose, alloxan으로 유발한 고혈당에 혈당강하작용이 있다.[2)]
3) 가시오가피 추출물의 혈당 강하 작용
   - Streptozotocin으로 유도한 당뇨 쥐에게 가시오가피 물 추출물과 에테르 추출물을 투여 시 혈중 glucose 농도와 triglyceride 농도를 저하시키며, 물 추출물이 더 효과적이다.[3)]

【참고문헌】

1) Liu T.P. *et al.*, Clin. Exp. Pharmacol. Physiol., 32(8), 649-654, 2005
2) Sui D.Y. *et al.*, Zhongguo Zhong Yao Za Zhi. 19(11), 683-685, 1994
3) Lee K.K. *et al.*, 대한침구학회지, 19(2), 1-13, 2002

【생리활성성분 화학구조식】

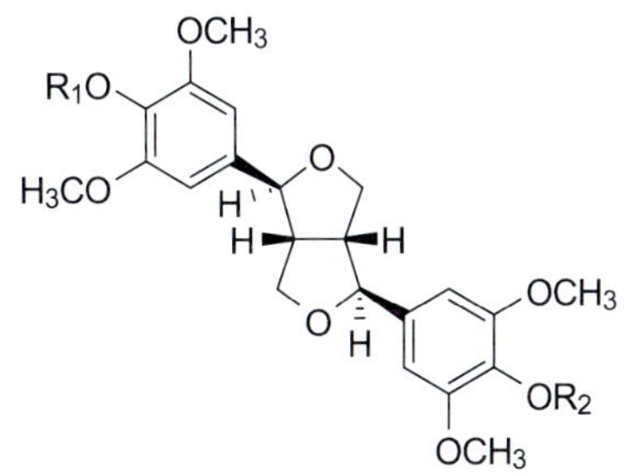

syringaresinol, R_1=H, R_2=H
acanthoside B, R_1=Glc, R_2=H
eleutheroside E, R_1=Glc, R_2=Glc
(=acanthoside D, liriodendrin)

계피 (Cinnamon bark)

【기 원】 *Cinnamomum cassia*, Lauraceae

【분 류】 식품

【사용부위】 약용(수피)

【산 지】 중국 남부에 자생

【효능 및 기전】

1) 계피 추출물의 혈당강하작용
- 계피 추출물을 쥐에게 투여 시 혈당 강하와 혈장 인슐린 수치 증가 효과가 나타남.[1]
- Streptozotocin유도 당뇨 쥐에게 계피 추출물을 투여한 결과 iNOS 유전자의 억제로 인한 NF-κB활성 억제가 나타남으로써 항 고혈당 작용이 있다.[2]
- type 2 당뇨병 환자에게 계피 물 추출물을 투여한 결과 실험 군에서 10.3%의 혈장 glucose 수치 강하, 대조군에서 3.4% 강하 효과를 보인다.[3]
- type 2 당뇨 환자에게 계피 추출물을 투여한 결과 혈당 강하, triglyceride, cholesterol 수치 강하가 나타남으로써 당뇨로 인한 심혈관계 질환의 위험을 줄일 수 있음이 판명되었다.[4]
- type 2 당뇨 환자가 계피 6 g을 rice pudding과 섭취하였더니 식후 혈당 증가를 억제함. GER(gastric emptying rate)의 감소가 나타났다.[5]

- 고 과당 식을 섭취한 Wistar rat에게 3주간 계피 추출물을 300 mg/kg/day섭취시킨 결과, 인슐린 분비 저하의 개선 효과가 나타났다.[6)]

【참고문헌】

1) Verspohl E.J. *et al.*, Phytother. Res., 19(3), 203-206, 2005
2) Kwon K.B. *et al.*, World J. Gastroenterol., 12(27), 4331-4337, 2006
3) Mang B. *et al.*, Eur. J. Clin. Invest., 36(5), 340-344. 2006
4) Khan A. *et al.*, Diabetes Care, 26(12), 3215-3218, 2003
5) Hlebowicz J. *et al.*, Am. J. Clin. Nutr., 85(6), 1552-1556, 2007
6) Qin B. *et al.*, Horm. Metab. Res., 36(2), 119-1125, 2004

구기자 (Lycium fruit)

【기 원】 *Lycium chinense*, Solanaceae

【분 류】 식품

【사용부위】 열매

【산 지】 한국, 중국

【생리활성성분】 betaine, zeaxanthin

【효능 및 기전】

1) 구기자의 혈당 강하작용[1)]
   - Streptozotocin으로 유발시킨 당뇨 쥐에 대하여 구기자의 디클로로메탄 및 뷰탄올 분획물이 항 당뇨 효능이 있음을 확인하였다.

【참고문헌】

1) Shin J.S., 생약학회지 28(3), 138-142, 1997

【생리활성성분 화학구조식】

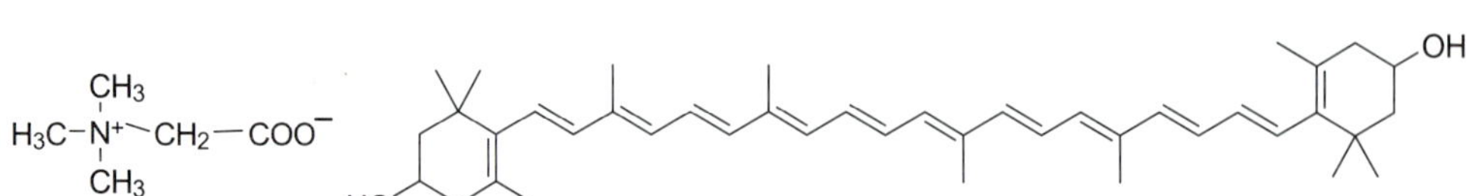

betaine　　zeaxanthin

구아바 잎 (Guaba leaves)

【기 원】 *Psidium guajava*, Myrtaceae

【분 류】 개별인정형

【사용부위】 잎

【산 지】 아열대 지방

【생리활성성분】 Psidium guajava leaf extract

【효능 및 기전】

1) 혈당 강하 효과
   - 구아바 잎의 물추출물은 streptozotocin으로 유발시킨 쥐에 대하여 혈당 강하 효능을 나타냈다.[1)]
   - Protein tyrosine phosphatase 1B(PTP1B) 저해 효능을 확인하여 혈당 강하 효능을 확인하였다.[2)]
   - Alloxan으로 유도된 쥐에 대해 혈당 강하 효능을 확인하였다.[3)]

【참고문헌】

1) Ojewole J.A., Methods Find. Exp. Clin. Pharmacol., 27(10), 689-695, 2005

2) Oh W.K. *et al*., J. Ethnopharmacol., 96(3), 411-415, 2005

3) Mukhtar H.M., Pharmazie, 59(9), 734-735, 2004

【생리활성성분 화학구조식】

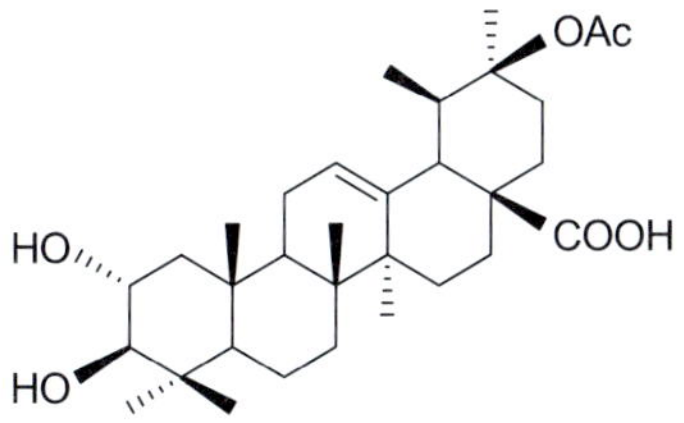

guavanoic acid

난소화성 말토덱스트린 (Resistant maltodextrin)

【기 원】 Resistant maltodextrin

【분 류】 개별인정형

【효능 및 기전】

1) 난소화성 말토덱스트린의 혈당 강하작용1)

- 식이섬유 중 하나인 난소화성 말토덱스트린은 glucose의 흡수를 늦추고, 식후 혈당 수치를 낮춤.

【참고문헌】

1) Kishimoto Y. *et al*., Eur. J. Nutr., 46(3), 133-1338, 2007

다엽 (Tea leaves)

【기 원】 *Thea sinensis*, Theaceae

【분 류】 식품

【사용부위】 잎

【산 지】 인도, 한국, 중국, 태국, 일본

【생리활성성분】 Phenolic compound(catechin, epicatechin), Purine alkaloid(caffeine)

【효능 및 기전】

1) 다엽 추출물의 혈당강하작용

- Streptozotocin으로 유도된 당뇨 쥐에게 다엽 추출물을 경구 투여한 결과 혈청과 심장 지질농도의 감소, 몸무게와 심장 무게의 현저한 감소, 혈당 수치의 감소 등이 나타나, 당뇨병 환자의 지질 대사를 개선하는 효과가 있음이 판명되었다.[1]
- 건강한 사람에게 녹차 추출물을 경구 투여 시 glucose 대사의 활성화가 나타났다.[2]
- Streptozotocin으로 유도된 당뇨 쥐에게 경구 투여 시 superoxide dismutase, catalase, glutathione peroxidase의 현저한 증가가 나타남. 혈청, 심장 glutathione농도의 현저한 감소가 나타나, 당뇨병 환자의 산화적 스트레스로 인한 심장 기능 이상을 억제하였다.[3]

【참고문헌】

1) Babu P.V. *et al.*, Clin. Exp. Pharmacol. Physiol., 33(12), 1184-1189, 2006

2) Tsuneki H. *et al.*, BMC Pharmacol., 4, 18, 2004

3) Babu P.V. *et al.*, Chem. Biol. Interact., 162(2), 114-120, 2006

【생리활성성분 화학구조식】

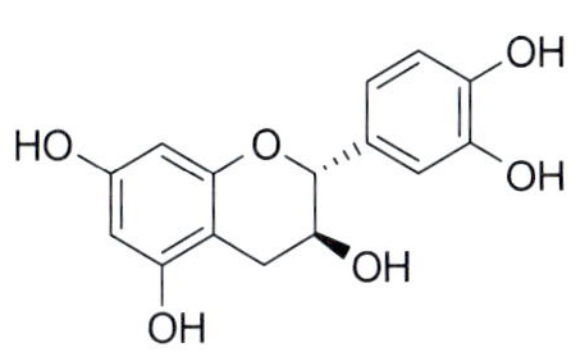

(+)-catechin

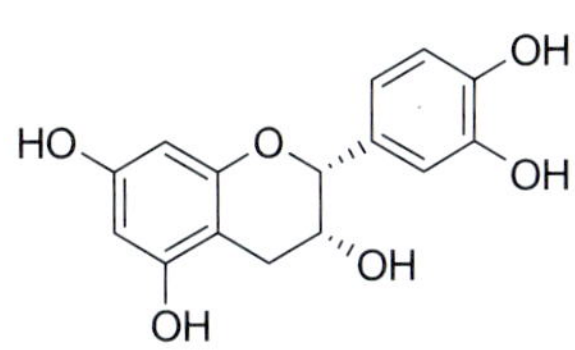

(-)-epicatechin

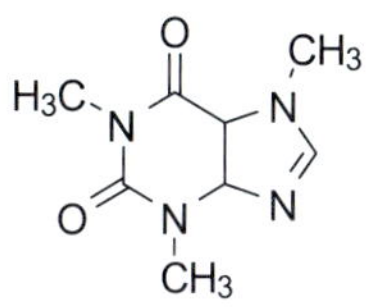

caffeine
(1,3,7-trimethylxanthine)

동충하초 (Cordyceps)

【기 원】 *Cordyceps sinensis*, Hypocreaceae

【분 류】 식품

【사용부위】 버섯의 자실체, 유충의 몸체

【산 지】 우리나라에서 맥각균과의 동충하초균(Cordyceps sinensis Sacc)이 박쥐나방과(Hepialidae)에 속하는 곤충의 유충에 기생하여 자란 버섯의 자실체(字實體)와 유충의 몸체

【효능 및 기전】

1) 동충하초의 항 고혈당 작용[1]
   - 동충하초의 추출물을 nicotinamide, streptozotocin으로 유도된 당뇨병 쥐에게 경구 투여한 결과 혈당 수치가 대조군에 비해 현저히 낮음을 확인하였다.

2) 동충하초 다당체의 혈당강하 작용
   - 동충하초 다당체(CSP-1)를 alloxan으로 유도시킨 당뇨 생쥐와 streptozotocin으로 유도된 당뇨 쥐에게 투여한 결과 혈청 인슐린 수치의 증가와 현저한 혈당 강하가 나타났다.[2]
   - 동충하초 다당체(CS-F30)를 streptozotocin으로 유도된 당뇨 생쥐에게 복강 투여한 결과, 혈장 glucose수치의 현저한 감소가 나타남. 간의 글리코겐 저장량의 감소에도

불구하고 hepatic glucokinase, hexokinase, glucose-6-phosphate dehydrogenase의 활성 증가가 나타났다.[3]

【참고문헌】

1) Lo H.C. *et al*., Am. J. Chin. Med., 34(5), 819-832, 2006

2) Li S.P. *et al*., Phytomedicine, 13(6), 428-433, 2006

3) Kiho T. *et al*., Biol. Pharm. Bull., 19(2), 294-296, 1996

바나바 주정 추출물 (Banaba edible ethanol extract)

【기 원】 *Lagerstroemia speciosa*, Lythraceae.

【분 류】 개별인정형

【사용부위】 뿌리, 뿌리줄기

【산 지】 인도, 필리핀, 태국, 말레이시아, 인도네시아 등에 널리 분포

【생리활성성분】 Corosolic acid, Glucosol, Tannin(lagerstroemin)

【효능 및 기전】

1) 바나바에서 분리된 tannin 성분의 혈당 저하 효과[1]
   - Tannin 성분은 혈중 glucose의 양을 저하시키고, 3T3-L1 세포에서 지방세포 분화를 억제하였다.
2) Lagerstroemin의 insulin 수용체 활성화 효능[2]
   - 바나바의 ellagitannin 성분인 lagerstroemin은 insulin 수용체를 활성화시켰다.
3) 바나바 추출물은 혈당 저하효과[3]
   - 바나바 추출물은 type II 당뇨환자의 경구투여에 의해 혈당저하 효능을 확인하였다.
4) 바나바 열수 추출물의 혈당 저하효과[4]
   - 바나바 열수추출물은 당뇨 유전형질을 지닌 Type II(KK-AY/Ta Jcl) 생쥐에 대해 혈당 저하 효능을 나타냈다.

【참고문헌】

1) Liu X. *et al*., J. Nutr., 135(2), 165-171, 2005

2) Hattori K. *et al*., J. Pharmacol. Sci., 93(1), 69-73, 2003

3) Judy W.V. *et al*., J. Ethnopharmacol., 87(1), 115-117, 2003

4) Kakuda T. *et al.*, Biosci. Biotechnol. Biochem., 60(2), 204-208, 1996

백강잠 (Dried sick silk worm)

【기 원】 *Bombyx mori*, Bombycidae

【분 류】 식품

【사용부위】 누에 유충이 백강병균의 감염으로 인해 경직사한 충체

【산 지】 각지의 양잠지구

【효능 및 기전】

1) 바소프레신 배출을 억제 작용[1)]
   - Steptozotocin으로 유발된 당뇨 쥐의 시상하부에서 바소프레신 배출을 억제 작용하여 혈당 저하 효능을 확인하였다.

【참고문헌】

1) Kim M.J. *et al.*, Neurol. Res., 29 Suppl. 1, S72-77, 2007

산약 (Chinese yam)

【기 원】 *Dioscorera japonica*, D. batatas, Dioscoreaceae

【분 류】 식품

【사용부위】 뿌리줄기

【산 지】 한국, 중국, 일본의 산지

【생리활성성분】 dioscin, dioscoran A~F

【효능 및 기전】

1) 산약 추출물의 혈당강하작용[1)]
   - 산약을 고과당 식이를 섭취한 쥐에 4주간 경구 투여한 결과 인슐린 분비 증가와 혈장 glucose농도의 감소가 확인되었다.

2) Dioscoran의 혈당강하작용[2)]

- 산약의 메탄올/물 추출물에서 6개의 glycan성분을 포함한 분획물(dioscorans A, B, C, D, E, F)을 alloxan유발 당뇨 mice에 투여한 결과, 혈당 강하효과가 나타났다.

3) Steroidal saponin의 혈당강하작용[3)]

- Dioscin을 포함한 산약 추출물을 쥐에 투여 시 위산 분비가 증가하였고 위장관 운동이 활성화됨으로써 소화기능이 개선됨. 혈장 glucose, lipid농도가 감소하였다.

4) Sapogenin의 혈당강하작용

- 산약 sapogenin추출물과 diosgenin제제를 투여한 streptozotocin 유발 당뇨 쥐의 대변의 무기질과 장관 지질을 분석한 결과 대조군에 비하여 대변으로의 지질 배출량이 현저히 증가하였다.[4)]
- 당뇨 Wistar rat에 diosgenin 함유 식이를 3주간 실시한 결과 혈장 glucose농도가 현저히 감소하였고 간에서의 ATP-citrate lyase, pyruvate kinase and glucose-6-phosphate dehydrogenase 활성 또한, 현저히 감소함을 확인하였다.[5)]

【참고문헌】

1) Hsu J.H. *et al*. J. Ethnopharmacol., 13, 2007.
2) Hikino H. *et al*. Planta Med., 52(3), 168~171, 1986.
3) Jeon J.R. *et al*. Arch. Pharm. Res., 29(5), 348~353, 2006.
4) Omoruyi F.O. *et al*. Pak. J. Pharm. Sci., 19(4), 269~275, 2006.
5) McAnuff M.A. *et al*. West Indian Med. J., 54(2), 97~101, 2005.

【생리활성성분 화학구조식】

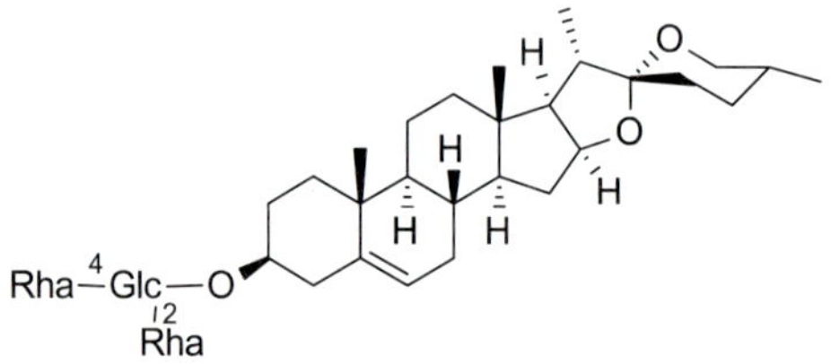

dioscin

산수유 (Cornus fruit)

【기 원】 *Cornus officinalis*, Cornaceae

【분 류】 식품

【사용부위】 과육

【산 지】 한국의 중부, 남부지방의 산과 들, 중국, 일본

【생리활성성분】 Iridoid glycoside인 loganin, morroniside, secoiridoid 성분인 sweroside, triterpenoid 성분인 ursolic acid, oleanolic acid

【효능 및 기전】

1) 산수유 추출물의 혈당강하작용
   - Streptozotocin으로 유도된 당뇨쥐에게 산수유 추출물을 경구 투여하여 고혈당증과 단백뇨가 억제됨을 확인하였다.[1)]
   - Non-insulin-dependent diabetic mellitus(NIDDM) rat에 산수유의 알코올 추출물을 경구 투여한 결과 GLUT4 mRNA의 단백 발현을 촉진하여 식후 인슐린 분비를 증가시키고 glucose대사를 활성화를 촉진시킴을 확인하였다.[2)]
2) Oleanolic acid의 혈당강하작용[3)]
   - Wistar rat에 산수유 성분의 하나인 oleanolic acid 투여에 의한 혈장 glucose농도의 감소와 인슐린 수치의 증가를 확인하였다.
3) Morroniside의 당뇨환자의 혈관보호 효과[4)]
   - Human umbilical vein endothelial cells(HUVEC)를 높은 glucose 농도에서 morroniside 존재하에 48시간 배양하였더니 세포 내 glucose 유입량과 세포 형태 파괴 비율이 대조군보다 현저히 낮았다. 이는 morroniside가 당뇨로 인한 혈관 질환 예방에 효과가 있음을 나타냈다.

【참고문헌】

1) Yamabe N. *et al*., Biol. Pharm. Bull., 30(3), 520-526, 2007
2) Qian D.S. *et al*., Zhongguo Zhong Yao Za Zhi, 26(12), 859-862, 2001
3) Hsu J.H. *et al*., Neurosci. Lett., 404(1~2), 112-116, 2006
4) Xu H.Q. *et al*., Acta Pharmacol. Sin., 25(4), 412-415, 2004

【생리활성성분 화학구조식】

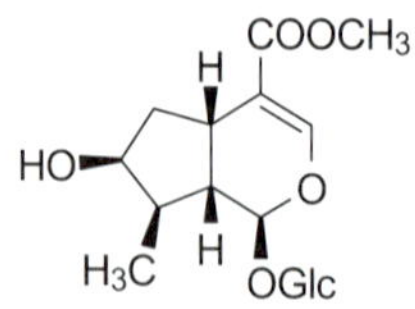

loganin

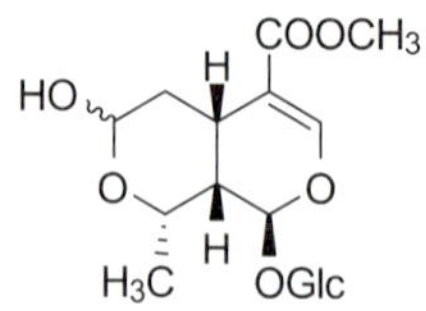

morroniside

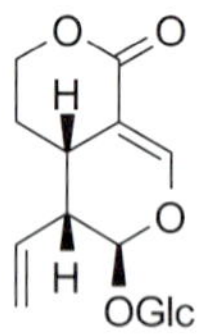

sweroside

상엽 (Mulberry leaf)

【기 원】 *Morus alba*, Moraceae

【분 류】 식품

【사용부위】 잎

【생리활성성분】 1-deoxynojirimycin, fagomine, flavonoid

【효능 및 기전】

1) 상엽의 혈당강하작용

- 상엽은 streptozotocin 유발 당뇨 쥐 소장의 proximal 부분의 이당류 분해효소 활성을 억제시켜 혈당 상승을 완화시켰다.[1)]
- 0.24% 1-deoxynojirimycin을 함유한 상엽 추출물을 사람에 투여 시 소장 sucrase 활성은 96%, maltase활성은 95%, lactase활성은 38% 감소함으로써 혈당 상승이 억제되었다.[2)]
- Streptozotocin유발 당뇨 쥐에게 뽕잎 물추출물을 투여 시 시상하부의 nitric oxide synthase(NOS) 분비를 조절함으로써 항고혈당 작용을 나타냈다.[3)]
- Streptozotocin유발 당뇨 생쥐에게 상엽 전제는 혈당강하작용을 나타냈다.[4)]
- 상엽에서 분리된 질소함유당류는 glycosidase의 활성을 억제하였다.[5)]

【참고문헌】

1) 유수경 *et al*., 한국식품영양과학회지, 1071-1077, 2002
2) Oku T. *et al*., Br. J. Nutr., 95(5), 933-938, 2006
3) Jang M.H. *et al*., J. Pharmacol., 90(2), 189-192, 2002
4) Chen F. *et al*., Yakugaku Zasshi, 115, 476-482, 1995

5) Asano N. *et al.*, Carbohydr. Res. 259, 243-255, 1994

【생리활성성분 화학구조식】

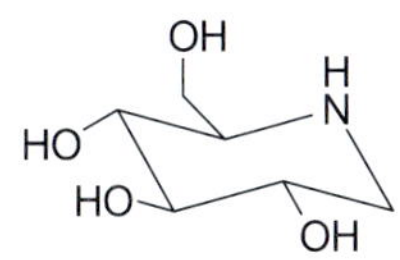

1-deoxynojirimycin

솔잎 증류농축액 (Pine needle distilled extract)

【기 원】 *Pinus densiflora*, Pinaceae

【분 류】 개별인정형

【사용부위】 솔잎

【산 지】 한국, 중국, 일본

【효능 및 기전】

1) 식품의약품안전청에서 건강한 혈당의 유지에 도움을 줄 수 있는 건강기능성 식품으로 인정되어 있다.

영지 (Reishi mushroom)

【기 원】 *Ganoderma lucidum*, Polyporaceae

【분 류】 식품

【사용부위】 자실체

【산 지】 전 세계 활엽수 뿌리에서 발생하는 1년생 버섯

【생리활성성분】 Polysaccharide(GL-1), Proteoglycan

【효능 및 기전】

1) 혈당 강하 효능

- Alloxan으로 유도한 췌장손장 생쥐에서 영지 다당체가 혈당 저하 효과가 있음을 확인하였다.[1)]
- Streptozocin-induced diabetic rat에서 혈당강하작용이 확인되었다.[2)]
- 영지 다당체가 streptozocin으로 유발시킨 당뇨 생쥐에서 혈청 glucose 수치와 triglyceride 수치를 낮추어 혈당 강하작용이 있음 확인하였다.[3)]

【참고문헌】

1) Zhang H.N. *et al.*, Life Sci., 73(18), 2307-2319, 2003

2) He C. *et al.*, J. Asian Nat. Prod. Res. 8(8), 705-711, 2006

3) Zhang H. *et al.* Acta Pharmacol. Sin., 25(2), 191-195, 2004

우슬 (Achyranthes)

【기 원】 *Achryanthes fauriei*, Amaranthaceae

【분 류】 식품

【사용부위】 약용(뿌리, 잎, 줄기)

【산 지】 한국, 일본, 중국

【효능 및 기전】

1) 토우슬(Achyranthes aspera) 추출물의 혈당 강하 작용

- 토우슬 전초의 물추출물, 메탄올 추출물은 정상 토끼와 alloxan으로 유도한 당뇨토끼에게 경구 투여한 결과 현저한 혈당 강하 효과가 나타났다. 이는 췌장 베타 세포에 칼슘, 아연, 마그네슘, 망간, 구리 등 필수적인 무기물을 공급해줌으로써 나타나는 작용으로 판명되었다.[1)]

【참고문헌】

1) Akhtar M.S. *et al.*, J. Ethnopharmacol., 31(1), 49-57, 1991

우절 (The node of lotus rhizome)

【기 원】 *Nelumbo nucifera*, Nymphaeaceae

【분 류】 식품

【사용부위】 뿌리줄기의 마디

【산 지】 중국

【생리활성성분】 catechol, gallocatechol, tryptophan

【효능 및 기전】

1) 우절의 혈당강하작용[1)]
   - 우절의 ethanol 추출물은 streptozotocin 유도한 고혈당 쥐에 경구 흡입하였을 때 혈당을 낮추는 효과가 있었다.
   - 추출물은 혈당저항성을 증가시키며, 정상 쥐에게 인슐린을 주사한 것과 같은 효과가 있다.
2) 우절의 tryptophan은 과량의 glucose의 투여로 유발된 고혈당 생쥐에 경구 섭취하였을 때 혈당강하 효과가 나타났다.[2)]

【참고문헌】

1) Mukherjee P.K. *et al*., J. Ethnopharmacol., 58(3), 207-213, 1997
2) Lee M.W. *et al*., Nat. Prod. Sci., 7, 107-109, 2001

익모초 (Leonurus herb)

【기 원】 *Leonurus japonicus*, Labiatae

【분 류】 식품

【사용부위】 꽃이 피었을 때의 지상부

【산 지】 중국, 한국, 일본

【생리활성성분】 leonurine

【효능 및 기전】

1) 혈당저하작용[1)]

- leonurine 성분은 guanidin 화합물로 당대사에 영향을 주어 혈당저하작용을 함.

【참고문헌】

1) 생약학교재편찬위원회, 생약학, 동명사, p467-468, 2006

【생리활성성분 화학구조식】

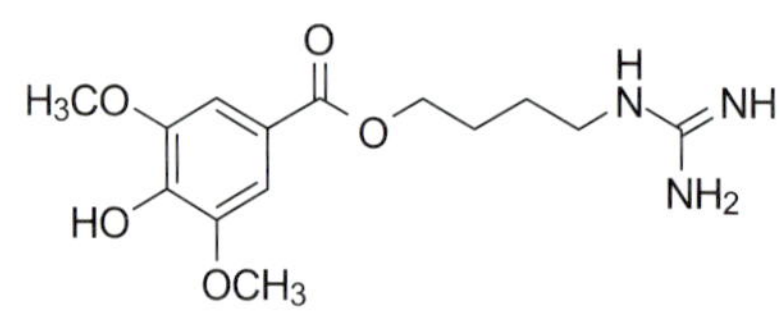

leonurine

인삼 (Ginseng)

【기 원】 *Panax ginseng*, Araliaceae,

【분 류】 식품

【사용부위】 식용(뿌리), 약용(뿌리, 잎), 열매

【산 지】 우리나라 각처 깊은 산의 수림 속에서 자라는 다년초

【생리활성성분】 ginsenoside Rb2, 인삼 다당체(panaxan A-U)

【효능 및 기전】

1) 인삼 다당체의 혈당 강하작용[1)]

- Alloxan으로 유발한 생쥐의 고혈당에 인삼 다당체(A, B, C, D, E, U, T, S, R, O)가 현저한 혈당 강하작용을 나타냈다.

2) 인삼 사포닌의 혈당 강하작용[2)]

- Strepzotocin 유발 diabetic rat에서 ginsenoside Rb2가 고지혈증 개선효과 및 혈당 강하작용이 있으며 epinephrine과 고농도의 포도당을 주사하여 유발한 고혈당에서도 혈당 강하작용이 있다.

6) 인삼의 insulin 분비 효과[3)]

- 인삼 투여에 의해 acetylcholine분비 증가에 의한 insulin 분리가 증가되어 혈당이

강하되는 효능이 확인되었다.

【참고문헌】

1) Konno C. *et al*., Planta Med., 50, 434-436, 1984
2) Yokozawa T. *et al*., Chem. Pharm. Bull., 33, 869-872, 1985
3) Su C.F. *et al*., Neurosci. Lett., 412, 101-104, 2007

【생리활성성분 화학구조식】

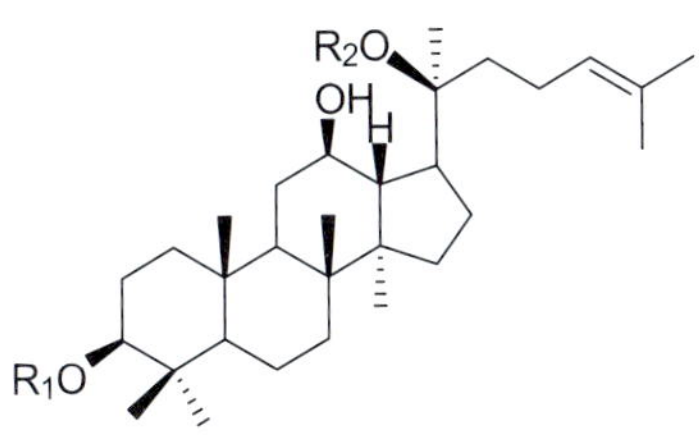

20(*S*)-protopanaxadiol

	R_1	R_2
20(*S*)-protopanaxadiol	H	H
ginsenoside-R_{a1}	Glc^{2}Glc-	Xyl^{4}Ara(p)^{6}Glc-
ginsenoside-R_{a2}	Glc^{2}Glc-	Xyl^{2}Ara(f)^{6}Glc-
ginsenoside-R_{b1}	Glc^{2}Glc-	Glc^{6}Glc-
ginsenoside-R_{b2}	Glc^{2}Glc-	Ara(p)^{6}Glc-
ginsenoside-R_{b3}	Glc^{2}Glc-	Xyl^{6}Glc-
ginsenoside-R_c	Glc^{2}Glc-	Ara(f)^{6}Glc-
ginsenoside-R_d	Glc^{2}Glc-	Glc-

지황 (Rehmannia root)

【기 원】 *Rehmannia glutinosa*, Scrophulariaceae

【분 류】 식품

【사용부위】 뿌리

【산 지】 중국

【생리활성성분】 catalpol, rehmannioside A~D, stachyose

【효능 및 기전】

1) 지황으로부터 추출된 stachyose를 경구 투여하였을 때, 정상 쥐와 당뇨 쥐의 혈당을 낮추었다.[1]
2) Alloxan으로부터 유도된 당뇨쥐에 대한 oligosacchride의 항 당뇨 효과와 메커니즘을 규명하였다.[2]

【참고문헌】

1) Zhang R.X. *et al*., Pharmazie, 59(7), 552-556, 2004
2) Zhang R. *et al*., J. Ethnopharmacol., 90(1), 39-43, 2004

【생리활성성분 화학구조식】

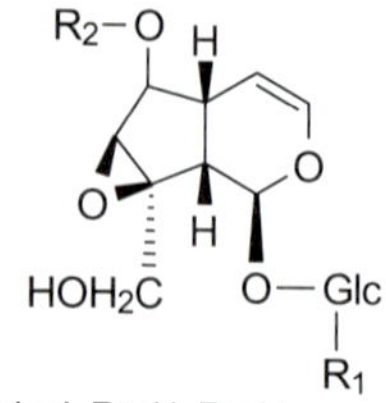

catalpol, R_1=H, R_2=H
rehmannioside A, R_1=Gal, R_2=H
rehmannioside B, R_1=H, R_2=Gal

피니톨 (Pinitol)

【기 원】 *Glycine max*, Leguminosae

【분 류】 개별인정형

【사용부위】 대두의 잎, 줄기, 뿌리, 뿌리혹, 씨앗에서 추출하여 정제한 당알코올 성분인 pinitol

【산 지】 한국

【생리활성성분】 pinitol(3-O-methyl-D-chiro-inositol)

【효능 및 기전】

1) Pinitol을 obese-diabetic과 streptozotocin-diabetic mice에게 경구와 복막투여 시에 고혈당 저하효능을 확인하였다.[1)]
2) 고혈당 저하효능이 있다.[2)]
3) Rhizophora apiculata에서 분리된 pinitol의 항고혈당 작용[3)]
   - Rhizophora apiculata에서 분리된 pinitol이 streptozotocin으로 유발된 쥐의 고혈당을 억제하였다.
4) 콩에서 분리한 pinitol의 혈당 저하 효과[4)]
   - 콩에서 분리된 pinitol이 type 2 당뇨환자의 식후 혈당 수치를 저하시켰다.

【참고문헌】

1) Bates S.H. *et al.*, Br. J. Pharmacol., 130(8), 1944-1948, 2000
2) Nascimento N.R. *et al.*, Proc. Natl. Acad. Sci., 103(1), 218-223, 2006
3) Lakshmi V. *et al.*, Nat. Prod. Res., 20(14), 1295-1299, 2006
4) Kang M.J. *et al.*, J. Med. Food., 9(2), 182-186, 2006

【생리활성성분 화학구조식】

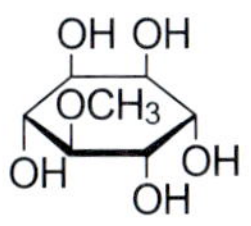

D-pinitol

해동피 (Castor aralia bark)

【기 원】 *Kalopanax pictus*, Araliaceae

【분 류】 식품

【사용부위】 줄기껍질

【산 지】 한국, 중국

【생리활성성분】 Kalopanaxsaponin류

【효능 및 기전】

1) 지질 저하작용, 혈당 저하작용[1)]

- Kalopanaxsaponin A는 streptozotocin으로 유도한 당뇨 쥐에 대해 혈당강하작용을 갖는다.

【참고문헌】

1) Park H.J. *et al*., Arch. Pharm. Res., 21, 24-29, 1998

【생리활성성분 화학구조식】

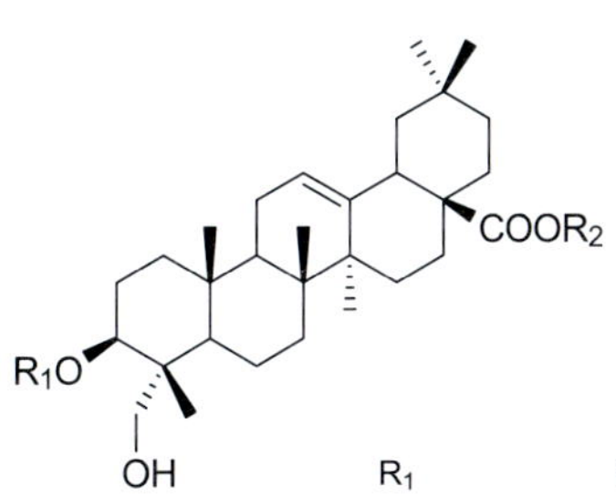

	R_1	R_2
kalopanaxsaponin A	Rha^{2}Ara	H
kalopanaxsaponin B	Rha^{2}Ara	Rha^{6}Glc
kalopanaxsaponin I	Xyl^{3}Rha^{2}Ara	H
kalopanaxsaponin H	Xyl^{3}Rha^{2}Ara	Rha^{2}Glc^{6}Glc
kalopanaxsaponin K	Glc^{4}Xyl^{3}Rha^{2}Ara	Rha^{2}Glc^{6}Glc

홍경천 등 복합추출물 (Golden root extract complex)

【기 원】 *Rhodiola rosea*, Crassulaceae, *Cinnamomum* cassia, Lauraceae

【분 류】 개별인정형

【사용부위】 홍경천의 주정추출물과 계피의 열수추출물을 혼합한 원료

【산 지】 한국, 중국, 일본

【효능 및 기전】

1) 혈당강하작용[1)]
   - 홍경천 복합추출물은 혈당 강하하는 작용이 있다.
2) 혈당조절작용[2)]
   - 홍경천의 추출물은 α-amylase, α-glucosidase와 angiotensin converting 효소를 저해하여 2형 당뇨병과 혈압을 조절하는 작용이 있다.

【참고문헌】

1) Kim S.H. *et al*., Biofactors, 26, 209-219, 2006
2) Kwon Y.I. *et al*., Asia Pac. J. Clin. Nutr., 15, 425-432, 2006

8 비뇨기계

비뇨기계에 미치는 건강기능성 식품의 개발동향은 크게 성 기능 개선과 주로 전립선 질환에 의한 배뇨 개선에 관한 것이다. 발기부전은 각종 스트레스와 정신적 불안 등의 심인성 요인과 각종 혈관질환, 신경계의 손상 및 내분비계의 이상과 같은 기질적 요인에 의해 발생하는 것으로 보고되고 있으며, 심인성 요인과 기질성 요인을 동반하는 때도 있다.

8.1 성 기능

심인성 발기부전은 주로 심리적 불안 또는 대인관계 요소 때문으로, 성욕장애와 같은 다른 성 기능 장애와 함께 발병되는 경우가 많고 우울증이나 불안증 같은 정신질환에 의해서도 발생 될 수 있다.

기질성 발기부전은 몇 가지로 분류되며, 첫째, 혈관성 발기부전이다. 각종 혈관질환으로 인하여 발생하며, 관상동맥경화증, 음경동맥 손상 등으로 말미암아 음경동맥으로 흐르는 혈류의 장애가 발생하여 생기거나, 정맥폐쇄 기전의 장애로 정맥을 통한 혈류의 유출이 동맥을 통한 혈류의 유입보다 많을 때 발생한다. 발생 원인으로는 음경해면체 평활근 내피세포의 구조적 결함과 평활근의 부적절한 이완 등이 있다. 둘째, 신경인성 발기부전으로, 기질성 발기부전의 20% 정도를 차지하며, 뇌, 척수, 외음부신경과 해면체신경에 영향을 주는 신경 혈관계의 손상이나 질환에 의해 발생한다. 뇌나 척수 손상, 중풍, 파킨슨병으로 말미암은 중추성 발기부전이나, 반사성 발기에 관여하는 감각신경이나 동맥 확장과 평활근 이완에 관여하는 자율신경의 이상 또는 당뇨병이나 알코올중독으로 말미암은 말초성 발기부전으로 분류된다. 셋째, 내분비성 발기부전이 있다. 발기부전에 흔히 관련되는 내분비 질환으로는 성선기능저하증, 고프로락틴혈증 및 갑상선 질환 등이 있다. 고환의 내분비

기능은 시상하부-뇌하수체-성선 축의 상호작용과 관련되어 있으며, 성행동과 성욕에 영향을 미친다. 따라서 테스토스테론 감소로 말미암아 성욕이나 발기력에 영향을 받고, 고프로락틴혈증의 경우 프로락틴이 중추에서 도파민의 활성과 성선자극호르몬-분비호르몬을 억제하기 때문에 임신능력과 성 기능을 손상할 수 있다. 또한, 갑상선기능항진증과 갑상선기능저하증은 모두 성욕을 감퇴시키고 발기부전을 일으키는 것으로 보고되고 있다.

발기과정을 살펴보면 1) 뇌로부터 성적자극이 부교감신경에 전달되어 acetylcholine을 유리시키는 단계, 2) acetylcholine이 nonadrenergic noncholinergic(NANC) 신경 말단으로부터 nitric oxide(NO)를 유리시키는 단계, 3) NO가 음경해면체 평활근 세포 내의 guanylate cyclase를 활성화해 cGMP 생성을 촉진하는 단계, 4) 생성된 cGMP가 음경해면체의 평활근을 이완시켜, 음경 내로 혈류유입이 증가하고 따라서 음경의 부피가 커져 발기되는 단계, 5) 생성된 cGMP가 phosphodiesterase type 5(PDE5)에 의해 분해되어 발기가 쇠퇴하는 단계의 5단계로 구분된다.

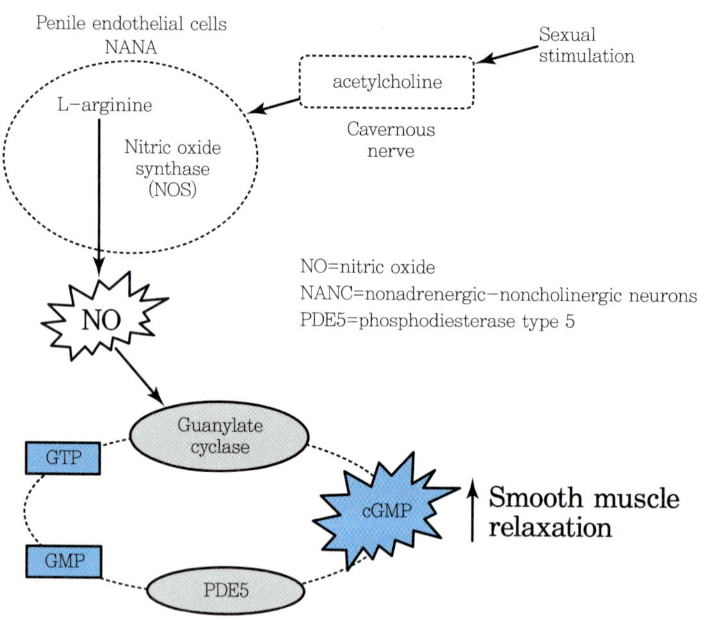

실제로 비아그라 등의 경구용 PDE5 저해제는 이러한 단계 중 마지막 단계에서 작용하는 약물로서, 음경해면체에 고농도로 분포하는 PDE5를 억제함으로써 cGMP 분해를 막아주기 때문에 발기를 유지하는 남성발기 부전 치료제로 사용되고 있으나, 비아그라는 그 효과에 반해 고혈압, 심장병 환자들에게 심각한 부작용을 가져하는 것으로 보고되고 있다.

인삼(*Panax ginseng*)은 2,000년간 약물로서의 역사를 가진 것으로, 고대로부터 자양, 강장과 건강과 수명을 늘리고자 사용됐다. 인삼은 정력, 집중력 강화, 스트레스 저항, 일의 효율성을 개선하고자 처방되었고 노령, 만성 질환자의 퇴행성 질환을 개선하고자 사용되고 있다. 인삼은 NO 생성을 증가시켜 혈관 내피 이상을 개선하고 항산화 작용과 폐, 심장, 신장, 음경 해면체에서 NO 합성을 증가시킴으로써 발기부전에 작용한다. 활성 물질로는 사포닌 성분으로 ginsenoside로서, NO 분비를 증가시켜 토끼의 음경 해면체 평활근을 용량 의존적으로 이완시키는 것으로 알려졌다. 보고에 의하면, 발기부전에 대한 전체적인 치료 효과는 60% 정도로, 인삼 900 mg을 하루에 3번 8주 동안 투여한 후 Index of Erectile Function(IIEF) 지수, RigiScan, 혈청 테스토스테론 수치 등으로 발기 상태를 평가한 결과 IIEF 평균 점수, 음경 강직도, 혈류 역학적 상태가 모두 개선되었으나, 혈중 테스토스테론 수치에는 변화가 없었다.

은행 잎(*Ginkgo biloba*)은 항우울제가 유발한 성 기능 장애를 개선하고자 사용할 수 있다. 기억력 향상을 위해 Gingko를 복용한 노인들의 발기력 개선이 연구 계기가 된 물질이다. 즉, 항우울제에 의한 이차적 발기 부전 상태를 개선하는 효능을 갖고 있다. 성 기능에서 중추신경계의 주 역할은 교감 신경계를 통한 발기 억제이다. 신경세포(paragigantocellular nucleus, PGN)에서 척추의 발기 유발 센터에 신호를 보내면 그곳에서 세로토닌을 분비한다. 그 결과 NO synthase가 억제되어 음경 해면체 평활근으로 NO 방출을 감소시켜 발기를 억제한다. 항우울제로 복용하는 선택적 세로토닌 흡수 억제제(SSRIs)는 중추 신경계에 세로토닌을 증가시켜 발기를 억제하는 것이다. 따라서 항우울제로 유발된 발기 부전 남성이 40~60 mg Ginkgo 캡슐을 하루에 2번 복용(최고 120 mg)하면 복용자의 76%가 발기력에 효과를 보이며, 이는 Ginkgo가 NO를 증가시켜 SSRIs의 발기 억제 효과를 경감시키며, 또한, NOS 활성을 증가시키기 때문이다. Ginkgo는 NO 이용률을 증가시켜 심장, 뇌, 음경의 혈관 평활근을 이완시킨다. Ginkgo 단독으로는 발기 부전 치료 효과가 미미하지만 NO 이용률을 증가시킴으로써 혈류 순환을 개선한다.

Dehydroepiandrosterone(DHEA)은 부신에서 분비되는 호르몬으로 스테로이드, 아드레날린, 에스트로겐, 테스토스테론의 전구 호르몬이다. 발기장애가 있는 남성에서 혈중 DHEA가 감소해 있다. 즉, 혈청 중 DHEA 수치와 발기부전 빈도는 역관계가 있으며, 나이를 들수록 발기부전율은 증가하지만 혈청 중 DHEA 수치는 감소한다. 실제, DHEA의 발기부전 치료 효과에 대한 증거가 미미함에도 DHEA 50 mg을 날마다 6개월간 복용하면 성 기능이 개선된다고 보고되었다.

또한, *Tribulus terrestris*에서 추출한 protodioscin이 DHEA 수치를 증가시켜 발기부

전을 개선한다는 연구도 있다. Protodioscin이 DHEA로 전환되어 성욕을 증가시키고 발기력을 증진시킨다. 그러나 DHEA 및 *Triublus terrestris*의 장기투여에 의한 안전성이나 효율성에 대한 명확한 근거는 아직 미흡한 실정이다.

8.2 배뇨 개선

배뇨 곤란, 소변증가, 배뇨 급박, 잔뇨감 등의 증세를 일으키는 전립선 질환 중 전립선 비대증(benign prostatic hyperplasia)은 요도주위 상피조직과 섬유근이 과증식 되어 전립선이 위치한 부위의 요도가 좁아져서 배뇨장애를 일으키는 질병이다. 전립선 비대증의 원인은 노령화에 따른 성호르몬의 부조화, 전립선 간질과 상피질간의 상호작용의 변화 등이 관여하는 것으로, 임상적으로 75세 이상 남자의 70%가 발병하는 질환이다. 전립선비대증에는 천연물의 사용이 대중화되어 유럽 등지에서 치료를 위해 일반적으로 처방되고 있다. 식물 추출물은 phytosterol, plant oil, fatty acid, phytoestrogen 등을 함유하고 있다. 식물 약제의 작용기전은 잘 알려지지 않았지만, 대표적인 기전으로는 항염증, 5α-reducatase 저해, 성장 인자의 변환 등이다.

Serenoa repens(Saw palmetto), *Urtica dioica*, pumpkin seed 등은 모두 남성의 전립선과 관련하여 항염, 호르몬 조절 등의 작용을 하는 것으로 알려졌으며, 전립선 비대증 및 전립선염 등의 예방과 완화작용을 하고 있으며, 배뇨장애, 다뇨증 등 비뇨기계 질환에 응용되고 있다.

Serenoa repens(Saw Palmetto Berry Extract, 톱 야자열매 추출물)는 전립선비대증 치료에 가장 일반적으로 사용되는 식물로, anti-androgenic effect, 5α-reductase의 isoenzyme type 1 및 2의 억제, 성장인자(EGF)의 억제, 항염증작용 등 다양한 작용기전이 제시되고 있다. 활성 성분으로 seed oil에는 지방산 및 glyceride가 있으며, 또한, 추출액은 각종 phytosterol 즉, sitosterol, campesterol, cycloartenol 등을 포함하고 있다.

호박씨추출물(pumpkin seed extract)의 지용성 성분 또는 pumpkin seed oil은 전립선 비대증 또는 과민성 방광질환(irritable bladder)에 유효한 것으로 알려졌으며, 콜레스테롤 저하 및 혈관강화에도 효과적인 것으로 보고되고 있다.

Urtica dioica(stinging nettle, 서양쐐기풀의 일종)추출물은 전립선비대증에서 오는 하부요로증상의 치료에 널리 사용되고 있으며, 뿌리에는 다당류, 렉틴(Urtica dioica agglutinin), β-sitosterol, lignan 등을 함유하고 있다.

현재까지 성 기능 장애나 전립선비대증 치료제로 응용되는 식물은 없다. 또한, 성 기능

개선이나 전립선비대증 개선 효과를 나타내는 식물에 대해서도 서로 상반되는 결과가 보고되고 있는 것을 고려하면 보다 구체적이고 다양한 연구가 수행되어야 할 것으로 생각한다. 또한, 명확한 효과 및 기전 그리고 장기간 사용했을 때의 부작용 등이 아직 밝혀지지 않은 이러한 물질들의 사용에 신중을 기해야 하며, 성 기능 장애나 전립선비대증 증상의 치료보다는 증상을 경감시킴으로 환자들의 삶의 질을 높이는 것에 초점을 맞추어야 할 것으로 생각한다.

참고문헌

1) McKay D, Nutrients and botanicals for erectile dysfunction : examining the evidence. Altern Med Rev., 9(1), 4-16., 2004
2) Tharakan B, Manyam BV. Botanical therapies in sexual dysfunction. Phytother Res., 19(6), 457-463., 2005
3) Rowland DL, Tai W., A review of plant-derived and herbal approaches to the treatment of sexual dysfunctions. J Sex Marital Ther., 29(3), 185-205., 2003
4) Lowe FC. Phytotherapy in the management of benign prostatic hyperplasia. Urology, 58(6 Suppl 1), 71-77, 2001
5) Cristoni A, Di Pierro F, Bombardelli E. Botanical derivatives for the prostate. Fitoterapia, 71(S1), S21-28., 2000

8.1 성 기능

가시오가피 (Siberian ginseng)

【기 원】 *Acanthopanax senticosus*(=*Eleutherococcus senticosus*), Araliaceae

【분 류】 식용

【사용부위】 뿌리, 줄기, 가지껍질, 열매, 잎

【산 지】 한국, 중국, 일본

【생리활성성분】 Lignan : acanthoside B, eleutheroside E(=acanthoside D)

【효능 및 기전】

1) 정자 운동성 증가작용[1)]
   - 추출물은 정자무력증 환자의 정자 운동성을 향상시킨다.
2) glucocorticoid-like effect[2)]
   - 추출물은 glucocorticoid 수용체 결합을 증가시킨다.
3) eleutheroside A,B,B1,C,E는 adaptogenic activity와 gonadotropic action이 있다.

【참고문헌】

1) Chen *et al*., Zhonghua Nan Ke Xue, 13(1), 21-23, 2007

2) Pearce *et al*., Endocrinol. Jpn., 29(5), 567-573, 1982

【생리활성성분 화학구조식】

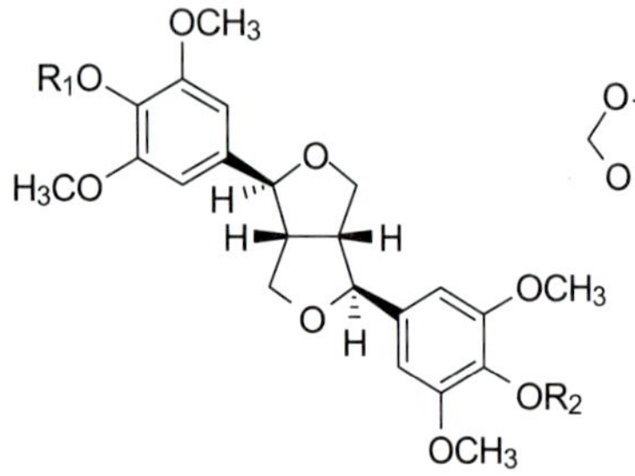

syringaresinol, R1=H, R2=H
acanthoside B, R1=Glc, R2=H
eleutheroside E, R1=Glc, R2=Glc
(=acanthoside D, liriodendrin)

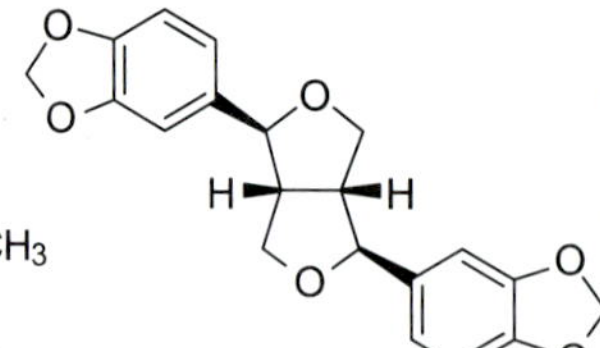

(-)-sesamin

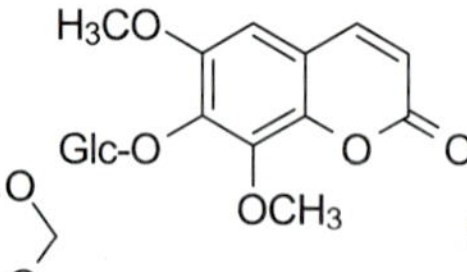

eleutheroside B1
(=isofraxidine-7-α glucoside)

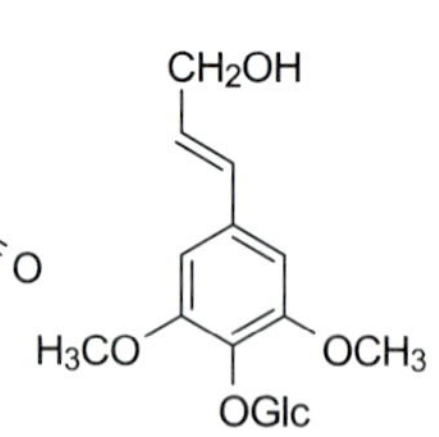

syringin
(=eleutheroside B)

구자 (Chinese chive seed)

【기 원】 *Allium tuberosum*, Liliaceae

【분 류】 개발가능성이 있는 소재

【사용부위】 씨

【산 지】 한국, 중국, 일본

【효능 및 기전】

1) 항산화 작용[1)]
   - 추출물은 운동에 의한 산화적 스트레스 저하효과를 나타낸다.

2) 발기 촉진 작용[2)]
   - 추출물은 동물실험 모델에서 발기 촉진 작용을 나타낸다.

【참고문헌】

1) Choi *et al*., Ann. Nutr. Metab., 50(2), 132-138, 2006
2) Wang *et al*., Zhongguo Zhong Yao Za Zhi, 30(13), 1017-1018, 2005

녹용 (deer antler)

【기 원】 *Cervus nippon, Cervus elaphus*, Cervidae

【분 류】 식품

【사용부위】 골질화되지 않았거나 약간 골질화된 어린 뿔

【산 지】 한국, 중국, 일본

【효능 및 기전】

1) 강정 및 항노화 작용[1),2)]
   - 추출물은 혈장 중 testosterone의 수치를 높이고, 간과 뇌에서 malondialdehyde의 수치를 낮추며, 간의 단백질 함량과 superoxide dismutase의 활성을 증가시킨다.
   - 동물실험 모델에서 간과 신장에서의 단백질 합성을 촉진시킨다.

2) 전립선염 개선효과[3)]
   - 물추출물은 만선 전립선염 개선 및 회복 효과를 나타낸다.

【참고문헌】

1) Wang *et al.*, Chem. Phrm. Bull., 36(7), 2587-2592, 1988
2) Wang *et al.*, Chem. Phrm. Bull., 36(7), 2593-2598, 1988
3) Aleksandrov *et al.*, Vopr Kurortol Fizioter Lech Fiz Kult.(5), 23-24, 2004

동충하초 (cordyceps, caterpillar fungus)

【기 원】 *Cordyceps sinensis, Cordyceps militaris*, Hypocreaceae

【분 류】 식품

【사용부위】 자실체와 유충의 몸체

【산 지】 한국, 중국, 일본

【효능 및 기전】

1) 성기능 항진 작용[1)~4)]
   - 정자의 생성능력 및 운동성을 증가시킨다.
   - 동물실험 모델에서 혈청 중 testosterone 수치를 증가시킨다.
   - 추출물, 수용성 단백질, 수불용성 다당류와 단백질은 용량과 시간 의존적으로 testosterone 생성을 증가시킨다.
2) 스테로이드합성 촉진작용[5)~8)]
   - 추출물은 mouse Leydig 세포, MA-10 Leydig tumor세포 및 human granulosa-lutein 세포에서 스테로이드합성(steroidogenesis)를 촉진한다.
   - 추출물은 cAMP-PKA경로를 활성화시킴으로서 steroidogenesis를 조절한다.
3) 혈관확장 작용[9),10)]
   - 추출물로부터 얻은 고분자 물질은 혈관확장 작용을 나타내며, 이러한 작용은 NO 생성과 관련이 있다.

【참고문헌】

1) Lin *et al.*, Am. J. Chin. Med., 35(4), 631-641, 2007
2) Huang *et al.*, Life Sci., 75(9), 1051-1062, 2004
3) Hsu *et al.*, Life Sci., 73(16), 2127-2136, 2003
4) Huang *et al.*, Life Sci., 69(22), 2593-2602, 2001
5) Chen *et al.*, Int. J. Biochem. Cell Biol., 37(1), 214-223, 2005

6) Hsu *et al.*, FEBS Lett., 543(1~3), 140-143, 2003
7) Huang *et al.*, J. Androl., 22(5), 831-837, 2001
8) Huang *et al.*, Biol. Pharm. Bull., 23(12), 1532-1535, 2000
9) Drewes *et al.*, Phytochemistry, 62(7), 1019-1025, 2003
10) Chiou *et al.*, Life Sci., 66(14), 1369-1376, 2000

두충 (Eucommia bark)

【기 원】 *Eucommia ulmoides*, Eucommiaceae

【분 류】 식용

【사용부위】 잎, 수피

【산 지】 한국, 중국, 일본

【효능 및 기전】

1) 혈관확장 작용[1),2)]
   - 잎과 줄기의 물 추출물은 혈관확장 작용을 나타낸다.
   - 줄기껍질 물 추출물은 nitric oxide생성을 통하여 혈관확장 작용을 나타낸다.
2) 혈청 중 testosterone 증가 효과[3)]
   - 추출물은 동물실험 모델에서 혈청 중 testosterone의 수치와 cAMP level을 증가시킨다.

【참고문헌】

1) Kwan *et al.*, Vascul. Pharmacol., 40(5), 229-235, 2003
2) Kwan *et al.*, Naunyn. Schmiedebergs Arch. Pharmacol., 369(2), 206-211, 2004
3) Deyama *et al.*, Acta Pharmacol. Sin., 22(12), 1057-1070, 2001

마늘 (garlic)

【기 원】 *Allium sativum*, Liliaceae

【분 류】 식용

【사용부위】 비늘줄기, 구근

【산 지】 한국, 중국, 일본, 남유럽, 인도, 서부아시아 및 열대아시아 전지역

【효능 및 기전】

1) 정자 수 증가 작용[1]

- 물 추출물은 정낭 및 부고환의 중량 증가와 정자 수의 증가를 나타낸다.

2) 고환의 testosterone 증가 작용[2]

- garlic powder 섭취는 뇌하수체로부터 luteinizing hormone(LH)의 증가를 통하여 고환에서의 testosterone 생성의 증가를 가져온다.

3) 정자 생성능 증가작용[3]

- aged garlic 추출물은 spermatogenesis(정자생성)을 촉진시킨다.

【참고문헌】

1) Al-Bekairi *et al*., J. Ethnopharmacol., 29(2), 117-125, 1990

2) Oi *et al*., J. Nutr., 131(8), 2150-2156, 2001

3) Kasuga *et al*., J. Nutr., 131(3s), 1080S-1084S, 2001

복분자 (Korean bramble)

【기 원】 *Rubus koreanus*, Rosaceae

【분 류】 식품

【사용부위】 열매

【산 지】 한국, 중국, 일본

【효능 및 기전】

1) 뇌하수체-시상하부-성선 자극 작용[1]

- 물 추출물은 혈중 testosterone 증가 및 흉선에 의한 luteinizing hormone-releasing hormone(LHRH)분비의 증가를 나타낸다.

2) 호르몬성 작용[2]

- rat와 rabbit의 질점막에서 에스트로겐 작용을 나타낸다.

【참고문헌】

1) Chen *et al*., Zhongguo Zhong Yao Za Zhi., 21, 560-562, 1996

2) Bensky D. and Gamble A., Chinese Herbal Medicine : Materia Medica, 1993, p.388

산수유 (Asiatic dogwood)

【기 원】 *Cornus officinalis*, Cornaceae

【분 류】 식품

【사용부위】 열매

【산 지】 한국, 중국, 일본

【효능 및 기전】

1) 이뇨, 혈압강하 작용
   - 물 추출물은 현지한 이뇨작용이 있으며 혈압을 일시적으로 낮춘다.
2) 정자 운동성 증가작용[1]
   - 물 추출물은 사람에서 정자의 운동성을 증가시킨다.
3) 간기능 및 고환기능 개선작용[2]
   - 물 추출물은 쥐 모델에서 신양(腎陽)부족으로 인한 간 및 고환의 기능을 호전시킨다.

【참고문헌】

1) Jeng *et al*., Am. J. Chin. Med., 25, 301-306, 1997
2) Li *et al*., Zhongguo Zhong Yao Za Zhi., 28, 743-746, 2003

서양 산사나무 (Hawthorn)

【기 원】 *Crataegus oxyacantha*, Rosaceae

【분 류】 개발가능성이 있는 소재

【사용부위】 열매

【산 지】 남미

【효능 및 기전】

1) 정자 운동성 증가 작용[1)]
   - in vitro 모델에서 정자 운동성을 증가시킨다.

2) 불임 예방효과[2)]
   - 뿌리 물 추출물은 *Tripterygium wilfordii* multi-glucoside로 유발한 동물실험 모델에서 불임에 효과를 나타낸다.

3) 혈관 확장 작용[3)]
   - 추출물은 nitric oxide 경로를 통하여 혈관 확장 작용을 나타낸다.
   - procyanidin은 혈관 확장 작용을 나타낸다.

【참고문헌】

1) Hu *et al*., Zhongguo Zhong Yao Za Zhi, 31(4), 333-335, 2006

2) Hu *et al*., Zhongguo Zhong Yao Za Zhi. 31(18), 1521-1525, 2006

3) Brixius *et al*., Cardiovasc. Drugs Ther., 20(3), 177-184, 2006

4) Kim *et al*., Life Sci., 67(2), 121-131, 2000

여정자 (Glossy privet fruit)

【기 원】 *Ligustrum ludicum*, Oleaceae

【분 류】 개발가능성이 있는 소재

【사용부위】 열매

【산 지】 한국, 중국, 일본

【효능 및 기전】

1) 정자생성 작용[1)]
   - 추출물은 luteinizing hormone(LH), follicle-stimulating hormone(FSH) 및 testosterone의 수치를 증가시킨다.

2) 항산화 작용 및 신장보호 효과[2)]
   - 에탄올 추출물은 동물실험 모델에서 BHT로 유발된 산화적 스트레스 예방효과를 나타낸다.

【참고문헌】

1) Feng *et al.*, Asian J. Androl., 3(1), 71-73, 2001

2) Lin *et al.*, J. Ethnopharmacol., 111(1), 129-136, 2007

은행 (Ginkgo)

【기 원】 *Ginkgo biloba*, Ginkgoaceae

【분 류】 식용

【사용부위】 잎

【산 지】 한국, 중국, 일본

【효능 및 기전】

1) 성기능 개선효과[1)]
   - 추출물은 항우울제에 의한 성기능 장애 개선효과를 나타낸다.
2) 생식기계에 대한 작용[2)]
   - 잎 추출물은 부고환 및 전립선의 중량 증가를 가져온다.
3) 추출물의 용매 fraction은 음경해면체의 확장작용을 나타낸다.[3)]

【참고문헌】

1) Ashton *et al.*, Am. J. Psychiatry, 157(5), 836-837, 2000

2) Al-Yahya *et al.*, J. Ethnopharmacol., 107(2), 222-228, 2006

3) Paick *et al.*, J. Urol., 156(5), 1876-1880, 1996

음양곽 (Epimedium herb)

【기 원】 *Epimedium koreanum*, Berberidaceae

【분 류】 개발가능성이 있는 소재

【사용부위】 지상부, 줄기, 잎

【산 지】 한국, 중국, 일본

【효능 및 기전】

1) 발기부전 치료효과[1),2)]

- 추출물은 nitric oxide/cGMP/PDE5 경로를 통하여 해면체 평활근 확장 작용을 나타낸다.
- 동물모델에서 추출물의 해면체 투여는 음경해면체압력(penile intracavernous pressure)를 증가시켜 발기능력을 향상시킨다.

【참고문헌】

1) Chiu *et al*., Int. J. Impot. Res., 18(4), 335-342, 2006

2) Chen *et al*., Urology, 67(3), 631-635, 2006

익지인 (Bitter cardamon)

【기 원】 *Alpinia oxyphylla*, Zingiberaceae

【분 류】 식품

【사용부위】 열매

【산 지】 중국 해남도, 광동성

【효능 및 기전】

1) 항이뇨 작용 및 혈청 중 11-hydroxycorticosteroid 증가 작용[1)]

- 50% 에탄올 추출물은 항이뇨 작용을 나타내며, 혈청중의 11-hydroxycorticosteroid 함량의 증가를 나타낸다.

2) 성욕 항진작용[2)]

- *Alpinia calcarata* 물 추출물은 혈청 중 testosterone level 및 발기촉진작용을 나타낸다.

3) 정자 수 및 운동성 증가작용[3)]

- *Alpinia glalanga* 에탄올 추출물은 정자 수 및 운동성을 증가시킨다.

【참고문헌】

1) Kubo *et al*., Yakugaku Zasshi, 115, 852~862, 1995

2) Ratnasooriya *et al*., Acta Biol. Hung., 57, 23~35, 2006

3) Qureshi *et al*., Planta Med., 58, 124~127, 1992

인삼 (Ginseng)

【기 원】 *Panax ginseng*, Araliaceae

【분 류】 식품

【사용부위】 뿌리

【산 지】 우리나라 각처 깊은 산의 수림 속에서 자라는 다년초

【생리활성성분】 dammarane계 saponin(ginsenoside Ra1~Rh1), 인삼다당체(panaxan A-U)

【효능 및 기전】

1) 인삼사포닌의 발기촉진 작용[1)~4)]
   - 인삼 사포닌은 rabbit의 음경해면체 평활근에 작용하여 nitric oxide생성을 촉진함으로서 평활근 이완을 통한 발기촉진 작용을 나타낸다.
   - 홍삼은 사람의 발기부전 치료효과를 나타낸다.
2) 정자의 운동성 증가작용[5)~7)]
   - ginsenoside Re는 in vitro 모델에서 사람 정자의 운동성을 증가시키며, 이러한 효과는 NO/cGMP/PKG 경로를 활성화시킴으로서 나타난다.
   - ginsenoside Rb2 와 Rc는 in vitro 모델에서 사람 정자의 운동성을 증가시킨다.
   - 물 추출물은 guinea pig모델에서 2,3,7,8-tetrachlorodibenzo-p-dioxin(TCDD) 처리로 저하된 정자의 생존율 및 운동성을 증가시킨다.
3) 성호르몬 분비 증가작용[8)~10)]
   - ginsenoside Rb1은 뇌하수체 전엽세포에 직접 작용하여 황체형성호르몬(luteinizing hormone)의 분비를 증가시킨다.
   - ginsenoside Rb1은 스트레스 유발에 의한 성기능 저하를 예방하고 혈청중 testostenone 양을 증가시킨다.
   - 추출물은 성호르몬의 분비를 증가시킨다.

【참고문헌】

1) Kim *et al*. Br. J. Urol., 82, 744~748, 1998
2) Chen *et al*., Br. J. Pharmacol., 115, 1995
3) de Andrade *et al*., Asian J. Androl., 9, 241~244, 2007
4) Hong *et al*., J. Urol., 168, 2070~2073, 2002

5) Zhang *et al*., Mol. Reprod. Dev., 74, 497~501, 2007
6) Chen *et al*., Am. J. Chin. Med., 29, 155~160, 2001
7) Hwang *et al*., BJU Int., 94, 663~668, 2004
8) Tsai *et al*., Chin. J. Physiol., 46, 1~7, 2003
9) Lian *et al*., Yao Xue Xue Bao, 33, 184~187, 1998
10) Salvati *et al*., Panminerva Med., 38, 249~254, 1996

【생리활성성분 화학구조식】

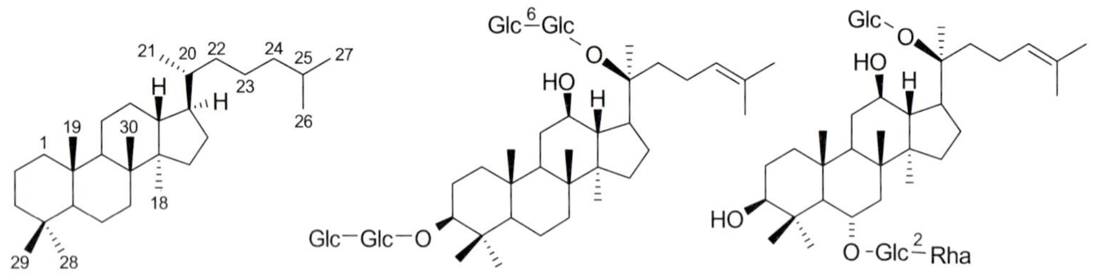

dammarane　　ginsenoside Rb_1 20(*S*)-protopanaxadiol　　ginsenoside Re 20(*S*)-protopanaxadiol

접시꽃 (hollyhock)

【기 원】 *Althaea roseae*, Malvaceae

【분 류】 개발가능성이 있는 소재

【사용부위】 꽃, 종자, 뿌리

【산 지】 한국, 중국, 일본

【효능 및 기전】

1) 고환 기능 개선 작용[1),2)]
   - 메탄올 추출물은 동물실험 모델에서 쥐의 고환 기능 개선 작용을 나타낸다.

2) rat Leydig 세포에서 물추출물 투여에 의해 androgen 수치 증가 작용을 나타낸다.[3)]

【참고문헌】

1) Papiez, J. Mol. Histol., 35(8~9), 733-740, 2004
2) Papiez *et al*., Folia Histochem. Cytobiol., 40(4), 353-359, 2002
3) Papiez, Folia Histochem. Cytobiol., 39(2), 219-220, 2001

토사자 (Dodders Seed)

【기 원】 *Cuscuta chinensis*, Convolvulaceae

【분 류】 식품

【사용부위】 식용(종자), 약용(종자)

【산 지】 한국, 중국, 일본

【효능 및 기전】

1) 생식기계 및 내분비 기능항진 작용[1),2)]
   - flavonoid 추출물은 male rat 실험 모델에서 생식기관 및 뇌하수체의 성장을 증진시키고, testosterone 및 luteinizing hormone(LH)의 분비를 촉진시킨다.
   - 추출물은 female rat 실험모델에서 정신적 스트레스에 의한 베타-엔돌핀, 성선자극호르몬 follicle-stimulating hormone(FSH) 및 luteinizing hormone(LH)의 변화를 통한 시상하부-뇌하수체-난소의 개선효과를 나타낸다.
2) 정자보호 작용[3)]
   - *Cuscuta japonica* 추출물은 ROS에 의해 야기되는 정자의 손상 예방효과를 나타낸다.

【참고문헌】

1) Qin *et al*., Asian J. Androl., 2, 99-102, 2000
2) Wang *et al*., Zhong Yao Cai., 25, 886-888, 2002
3) Yang *et al*., Zhongguo Zhong Yao Za Zhi, 31, 422-425, 2006

황기 (Astragalus, Milk vetch)

【기 원】 *Astragalus membranaceus*, Leguminosae

【분 류】 식품(개발가능성이 있는 소재)

【사용부위】 식용(뿌리), 약용(뿌리, 나무껍질, 잎)

【산 지】 한국의 북부 가지, 중국, 만주

【효능 및 기전】

1) 정자 운동성 증가작용[1)]

- 물 추출물은 in vitro 모델에서 정자의 운동성을 증가시킨다.
- 수컷 실험동물(rat)의 발정을 일으키며, 비장과 간장의 RNA합성을 촉진시킨다.

2) 신장 보호 효과[2),3)]

- 다당체 분획은 동물실험 모델에서 사구체신염 예방효과를 나타낸다.
- astragaloside는 동물실험 모델에서 신장의 산화적 손상을 예방한다.

【참고문헌】

1) Hong *et al*., Am. J. Chin. Med., 20, 289-294, 1992

2) Li *et al*., Int. Immunopharmacol., 7(1), 23-28, 2007

3) Li *et al*., Urol Res., 34(4), 277-282, 2006

8.2 배뇨 개선

모근 (Thatch grass)

【기 원】 *Imperata cylindrica*, Gramineae

【분 류】 개발가능성이 있는 소재

【사용부위】 근경

【산 지】 아시아의 아열대지방이 원산으로 우리나라 각처 구릉, 들, 초지 등에서 자라는 다년초

【효능 및 기전】

1) 이뇨작용[1)]

- 물추출물이 토끼의 뇨량을 뚜렷하게 증가시킴. 이는 모근의 칼륨염 성분에 의한 것으로 추측되며, 임상에서 급성사구체염, 급성혈관구신염에 대해 현저한 이뇨작용을 나타낸다.

【참고문헌】

1) 생약학교재편찬위원회, 생약학, 동명사, p232-234, 2006

목통 (Akebia stem)

【기 원】 *Akebia quinata*, Lardizabalaceae

【분 류】 개발가능성이 있는 소재

【사용부위】 줄기

【산 지】 우리나라, 일본, 중국을 비롯한 동부 아시아

【생리활성성분】 saponin-hederagenin, akeboside Stb-f, h-k, quinatoside A-D, triterpenoid -norajunolic acid, akebonoic acid, 기타-stigmasterol, sitosterol, saccharose

【효능 및 기전】

1) 이뇨작용[1),2)]
   - 물추출물을 토끼에게 경구투여, 또는 귀에 정맥주사 시 이뇨작용을 나타내며, 아울러 복수에 효과가 있다.

2) 항염증작용[3)]
   - hederagein 및 oleanolic acid 유도체는 항염증 작용을 나타낸다.

【참고문헌】

1) 생약학교재편찬위원회, 생약학, 동명사, p599-601, 2006
2) Nortier J.L. *et al.*, Toxicology, 181, 577-580, 2002
3) Choi, J. *et al.*, J. Med. Food, 8, 78-85, 2005

【생리활성성분 화학구조식】

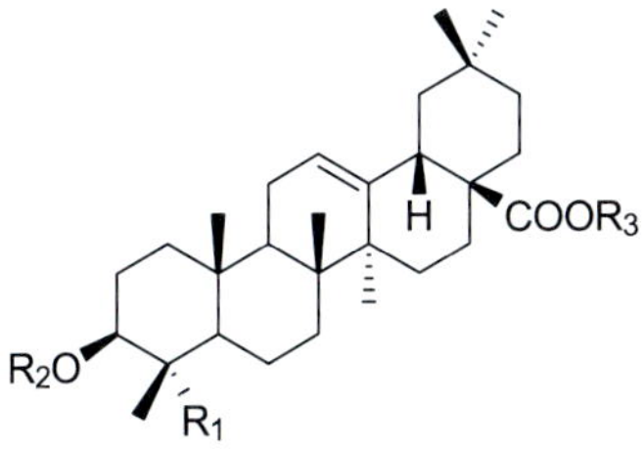

	R_2	R_3
akeboside St_e	Rha-Glc-Ara-	H
akeboside St_j	Rha-Glc-Ara-	Rha-Glc-Glc-
akeboside St_b	Ara-	H
akeboside St_c	Rha-Ara-	H
akeboside St_d	Glc-Ara-	H
akeboside St_f	Rha-Glc-Ara-	H
akeboside St_h	Rha-Ara-	Rha-Glc-Glc-

복령 (Hoelen)

【기 원】 *Poria cocos*, Polyporaceae

【분 류】 개발가능성이 있는 소재

【사용부위】 균핵으로 바깥층을 거의 제거한 것

【산 지】 소나무가 자라는 세계 전역

【생리활성성분】 Triterpenoid-pachymic acid, eburicoic acid, dehydroeubrocoic acid, tumulosic acid 등, 다당체-pachyman, heteropolysaccharide

【효능 및 기전】

1) 이뇨작용[1)]
   - 물추출물은 토끼, 흰쥐, 생쥐 등의 뇨량을 약하게 증가시킨다.
2) 항염증작용[2)]
   - TPA나 arachidonic acid로 유도한 귀의 염증을 3β-p-hydroxybenzoyldehydrotumulosic acid가 억제한다.

【참고문헌】

1) 생약학교재편찬위원회, 생약학, 동명사, p646-648, 2006
2) Yasukawa *et al.*, Phytochemistry, 48, 1357-1360 1998

쐐기풀 (Stinging Nettle)

【기 원】 *Urtica thunbergiana*, Urticaceae

【분 류】 개발가능성이 있는 소재

【사용부위】 꽃이 필 때의 뿌리, 잎

【산 지】 세계 온대전역

【생리활성성분】 flavonoid-rutin, isoquercitrin, astragalin, silicilic acid, steroids-sterols, β-sitosterol, stigmastrol, campesterol, Coumarins-scopoletin, lignan-(+)-neoolivil, (-)-secoisolariciresinol

【효능 및 기전】

1) 전립선 비대증에 유효[1)~6)]
   - steroid와 같은 hydrophobic 성분은 전립선의 Na^+, K^+-ATPase활성을 저해하여 전립선 증식을 억제한다.
   - 물추출물은 전립선 조직에서 sex hormone-binding globulin(SHBG)과 soluble prostatic receptor의 결합을 저해한다.
   - 뿌리 추출물은 전립선 비대증에 유효한 효과를 나타낸다.
   - 추출물은 쥐의 전립선 비대증 모델에서 저해효과를 나타낸다.

2) 항염증 작용[7),8)]
   - 추출물은 NF-kB저해를 통한 항염증 효과를 나타낸다.
   - 물추출물은 lymphocyte증식 증가 및 nitric oxide 저해를 통한 항염증 효과를 나타낸다.

3) 항암작용[9)~11)]
   - 물추출물은 전립선암 환자의 전립선 조직에서 adenosice deaminase활성을 저해한다.
   - 20% MeOH 추출물의 polysaccharide 분획은 인제 전립신암(LNCaP) 상피세포의 증식을 저해한다.

【참고문헌】

1) Hirano T. *et al.*, Planta Med., 60(1), 30-33, 1994
2) Hryb D.J. *et al.*, Planta Med., 61(1), 31-32, 1995
3) Gruenwald, J. *et al.* PDR Herbal Medicines, Thomson, p792-797, 2004
4) Lichius J.J. *et al.*, Planta Med., 63(4):307-310, 1997
5) Safarinejad M.R., J. Herb. Pharmacother., 5(4), 1-11, 2005
6) Koch E., Planta Med., 67(6), 489-500, 2001
7) Riehemann K. *et al.*, FEBS Lett., 442(1), 89-94, 1999
8) Harput U.S. *et al.*, Phytother. Res., 19(4), 346-348, 2005
9) Durak I. *et al.*, Cancer Biol. Ther., 3(9), 855-857, 2004
10) Lichius J.J. *et al.*, Pharmazie, 54(10), 768-771, 1999
11) Konrad L. *et al.*, Planta Med., 66(1), 44-47, 2000

【생리활성성분 화학구조식】

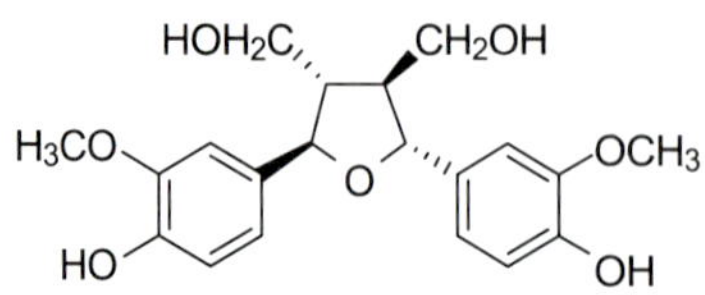

(+)-neoolivil

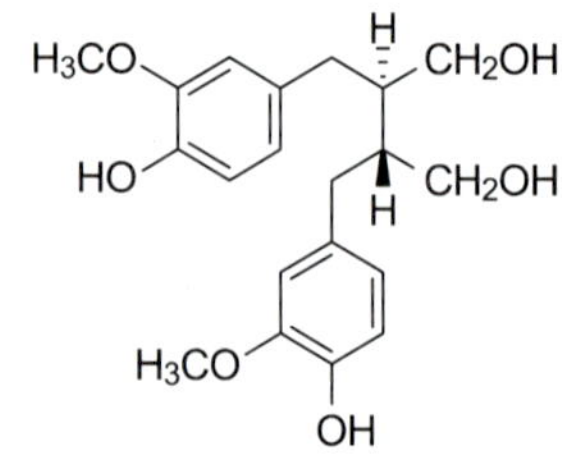

(-)-secoisolariciresinol

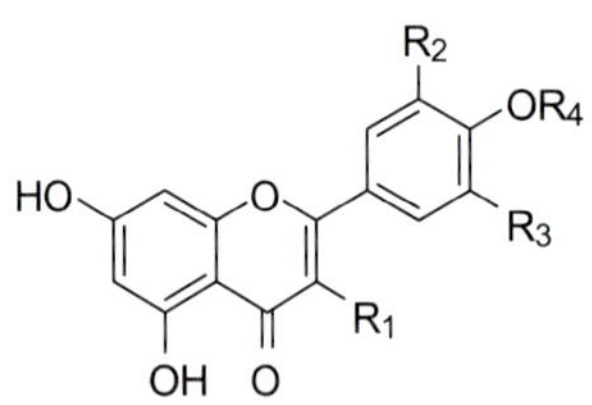

kaempferol 3-glucoside, R_1=Glc, R_2=H, R_3=H, R_4=H
kaempferol 3-rutinosie, R_1=Glc-Rha, R_2=H, R_3=H, R_4=H
quercetin 3-glucoside, R_1=Glc, R_2=OH, R_3=H, R_4=H
quercetin 3-rutinoside, R_1=Glc-Rha, R_2=OH, R_3=H, R_4=H

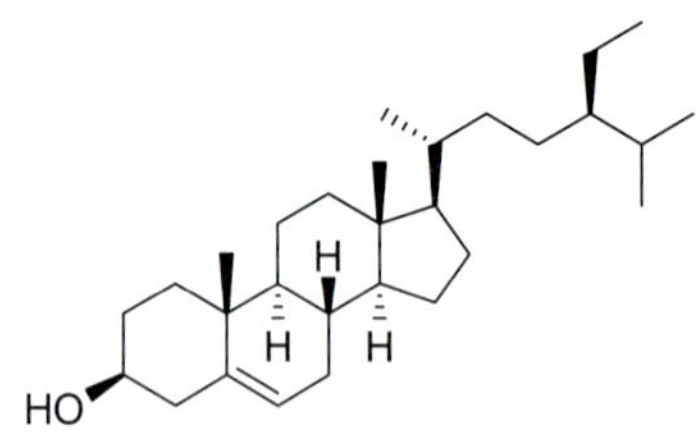

β-sitosterol

쏘 팔메토 (Saw palmetto)

【기 원】 *Sabal serrulata*, Palmaceae

【분 류】 개별인정형

【사용부위】 과실

【산 지】 미국 남동부지역

【효능 및 기전】

1) 전립선 비대증에 유효[1)~11)]

- 전립선 비대의 원인물질인 dihydrotestosterone 및 상피세포인자(EGF)의 생성을 저해한다.
- hexane 추출물(Permixon)은 5α-reductase저해효과를 나타낸다.
- lipido-sterolic extract는 임상에서 전립선 비대증에 유효하다.
- 종자 에탄올 추출물(Prostasan®)은 인체 전립선 암세포에서 apoptosis를 유도하여 antiproliferative effect를 나타낸다.
- lipido-sterolic extract는 전립선 비대증에 의한 하부요로증상(lower urinary tract

symptoms, LUTS)의 개선효과를 나타낸다.

- soft gel capsule(Prostataplex™)은 전립선 비대증에 의한 하부요로증상(lower urinary tract symptoms, LUTS)의 개선효과를 나타낸다.

【참고문헌】

1) Di Silverio F. *et al*., Prostate, 37(2), 77-83, 1998
2) Bayne C.W. *et al*., Prostate, 40(4), 232-241, 1999
3) Gong E.M. *et al*., Am. J. Chin. Med., 32(3), 331-338, 2004
4) Gruenwald, J. *et al*. PDR Herbal Medicines, Thomson, p707-710, 2004
5) Pytel Y.A. *et al*., Adv. Ther., 19(6), 297-306, 2002
6) Stepanov V.N. *et al*., Adv. Ther., 16(5), 231-241, 1999
7) Hostanska K. *et al*., Anticancer Res., 27(2), 873-881, 2007
8) Koch E., Planta Med., 67(6), 489-500, 2001
9) Gerber G.S. *et al*., BJU Int., 94(3), 338-344, 2004
10) Fagelman E. *et al*., Rev. Urol., 3(3), 134-138, 2001
11) Shi R. *et al*., J. Urol., 179(2), 610-615, 2008

에필로비움 (Willow Herb)

【기 원】 *Epilobium* species

【분 류】 개발가능성이 있는 소재

【사용부위】 뿌리와 전초

【산 지】 유럽, 아시아 아프리카 아메리카, 호주, 뉴질랜드 등

【생리활성성분】 Flavonoids-isoquercetin, quercitrin, guaiaverin, quercetin-3-O-β-D -glucuronide, Steroids-β-sitosterol과 그의 ester 화합물, Tannin(oenothein A, oenothen B)

【효능 및 기전】

1) 항염증작용, 소염작용, 삼출물분비억제작용을 나타낸다.[1)]
2) 전립선 비대증에 유효[2)~7)]
   - ellagitannin 성분인 oenothein A와 oenothein B 성분은 5α-reductase 및

aromatase 저해효과를 나타낸다.

- 추출물은 항산화, 항염증 작용을 나타낸다.
- 추출물은 인체 전립선 상피세포(PZ-HPV-7)의 증식을 억제한다.
- 추출물과 oenothein B는 전립선 암세포에서 neutral endopeptidase의 활성을 유도한다.

【참고문헌】

1) Saacanin I. *et al*., J. Chromatogr., 557, 391, 1991
2) Lesuisse D. *et al*., J. Nat. Prod., 59(5), 490-492, 1996
3) Ducrey B. *et al*., Planta Med., 63(2), 111-114, 1997
4) Steenkamp V. *et al*., J. Ethnopharmacol., 103(1), 71-75, 2006
5) Vitalone A. *et al*., Farmaco., 56(5~7), 483-489, 2001
6) Vitalone A. *et al*., J. Pharm. Pharmacol., 55(5), 683-690, 2003
7) Kiss A. *et al*., Phytomedicine, 13(4), 284-289, 2006

영실 (Baby brier)

【기 원】 *Rosa multiflora*, Rosaceae

【분 류】 개발가능성이 있는 소재

【사용부위】 과실

【산 지】 세계전역

【생리활성성분】 flavonoids-multiflorin A, B, multinoside A, B, qercetin, afzein, rutin 등 carotinoid-lycopene , 각종 지방산과 유기산, vitamin C 등

【효능 및 기전】

1) 이뇨작용 : 뇨량을 증가시킨다.[1]
2) 사하작용 : multiflorin A는 사하작용을 나타낸다.[2]
3) 요로감염, 신장결석 등에 사용한다.[3]

【참고문헌】

1) Grases F. *et al*. Planta Med., 58, 509-512, 1992
2) Seto T. *et al*., Chem. Pharm. Bull., 40, 2080-2082, 1992

3) Brantner A. *et al*. J. Ethnopharmacol., 44, 35-40, 1994

【생리활성성분 화학구조식】

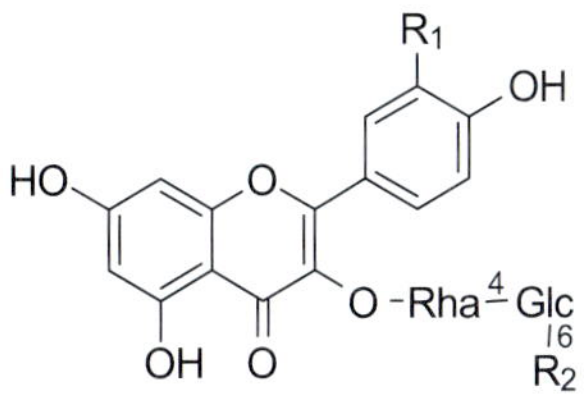

multiflorin A, R_1=H, R_2=Ac
multiflorin B, R_1=H, R_2=H
multifloside A, R_1=OH, R_2=H
multifloside A, R_1=OH, R_2=Glc

우바우르시 (Uva-Ursi)

【기 원】 *Arctostaphylos uva-ursi*, Ericaceae

【분 류】 개발가능성이 있는 소재

【사용부위】 잎

【산 지】 유라시아 고산지대

【생리활성성분】 hydroquinone glycoside-arbutin, methylarbutin, piceoside, flavonoid-hyperoside, quercetin, isoquercitrin, myricitrin, triterpenes-β-amyrin, ursolic acid, gallo tannin-elagitannins, corlagin

【효능 및 기전】

1) 이뇨작용 및 요로방부작용[1)~4)]
   - arbutin이 가수분해되어 생성되는 hydroquinone이 이뇨작용과 요로방부작용을 나타낸다.
   - 요로감염 질환에 유효하다.

2) 항염증작용[5)]
   - 물추출물은 항알레르기 및 항염증 작용을 나타낸다.

【참고문헌】

1) Gruenwald, J. *et al*., PDR Herbal Medicines, Thomson, p847-851, 2004

2) Beaux D. *et al.*, Phytother Res,. 13, 222-225 1999
3) Jahodr L. *et al.*, Pharmazie, 33(8), 536-537, 1978
4) Yarnell E, World J. Urol., 20(5), 285-293, 2002
5) Matsuda H *et al.*, Yakugaku Zasshi, 112(9), 673-677, 1992

【생리활성성분 화학구조식】

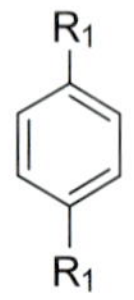

arbutin, R_1=OH, R_2=OGlc
methylarbutin, R_1=OCH_3, R_2=OGlc
hydroquinone, R_1=OH, R_2=OH

월귤엽 (Alpine Cranberry)

【기 원】 *Vaccinum vitis-ideae*, Ericaceae

【분 류】 개발가능성이 있는 소재

【사용부위】 잎, 과실

【산 지】 유라시아 고산지대

【생리활성성분】 hydroquinone glycoside-arbutin, pyroside, hydroquinone gentioglycoside, flavonoid-avicularin, hyperoside, quercetin, triterpene-β -amyrin, oleanolic acid, ursolic acid, tannin-catechin, epicatechin, epigallocatechin

【효능 및 기전】

1) 이뇨작용 및 요로방부작용[1)~3)]
- 물 추출물은 요량을 증가시키며, hydroquinone이 arbutin보다 강하게 신장세포를 자극하여 이뇨효과를 나타낸다.
- arbutin이 가수분해되어 생성되는 hydroquinone이 요로 방부작용을 나타낸다.
- tannin fraction에 의한 항바이러스 및 요로감염에 사용된다.

【참고문헌】

1) Beaux D. *et al.*, Phytother. Res., 13, 222-225, 1999

2) Matsuda H. *et al*. Yakugaku Zasshi, 111, 253-258, 1991
3) Gruenwald, J. *et al*. PDR Herbal Medicines, Thomson, p22-23, 2004

【생리활성성분 화학구조식】

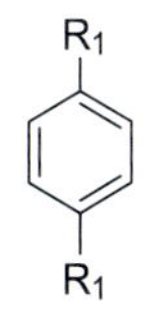

arbutin, R_1=OH, R_2=OGlc
methylarbutin, R_1=OCH_3, R_2=OGlc
hydroquinone, R_1=OH, R_2=OH

자실 (Chinese catalpa fruit)

【기 원】 *Catalpa ovata*, Ericaceae

【분 류】 개발가능성이 있는 소재

【사용부위】 과실

【산 지】 중국원산으로 한국과 일본등지에서 자란다.

【생리활성성분】 iridoid glycoside-catalposide, catalpol, catalpin, prenylnaphtoquinone-catalpalacton, catalponol, deoxylapachol, flavonoid-5, 6-dihydroxy-7, 4'-dimethoxyflavone-6-glycoside, 5, 6-dihydroxy-7,4'-dimethoxyflavone-6-sophoroside

【효능 및 기전】

1) 이뇨작용[1),2)]
 - 물추출물 또는 catalposide는 생쥐나 흰쥐에 경구 투여 시 이뇨작용을 나타낸다.
 - 과실 추출물은 이뇨작용을 나타낸다.

【참고문헌】

1) 생약학교재편찬위원회, 생약학, 동명사, p403-404, 2006
2) Suzuki Y., Nippon Yakurigaku Zasshi, 64(2), 93-107, 1968

【생리활성성분 화학구조식】

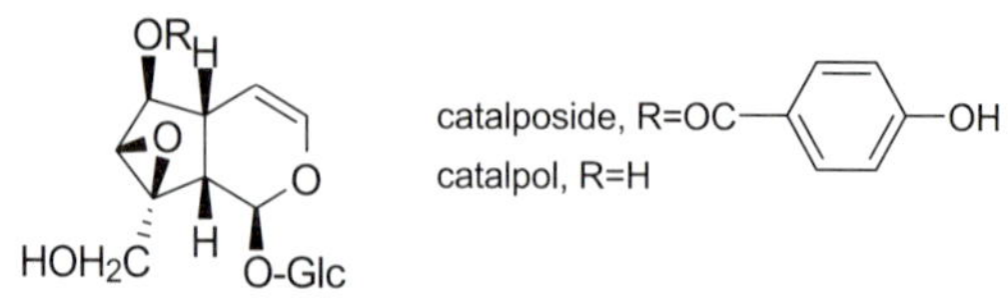

저령 (Polyporus)

【기 원】 *Polyporus umbellatus*, Polyporaceae

【분 류】 개발가능성이 있는 소재

【사용부위】 오리나무속, 참나무속, 자작나무속 식물 등의 뿌리에 부착하여 자라는 균핵 덩어리

【산 지】 온대지역

【생리활성성분】 Sterol-ergosterol, ergosta-4,6,8(12)22-tetraen-3-one, polyporusterone A-G 등, 다당체-glucan, 지방산-L-α-hydroxytetracosanoic acid, biotin 등

【효능 및 기전】

1) 이뇨작용[1),2)]
- 물추출물이 세뇨관에서 전해질과 물의 재흡수를 억제하여 이뇨작용을 나타낸다.
- ergosta-4,6,8(14), 22-tetraen-3-one(ergone) 화합물은 항알도스테론성 이뇨작용을 나타낸다.

2) 항암작용[3)~5)]
- 저령추출물과 mitomycin C를 병용 투여 시 Sarcoma 180(간암유도)를 이식한 동물의 생존기간을 연장시킨다.
- polyporusterone A-G는 leukemia 1210 cell의 증식을 억제한다.
- ergosterol 및 관련화합물은 쥐의 방광암에 대한 항암효과를 나타낸다.

【참고문헌】

1) 생약학교재편찬위원회, 생약학, 동명사, p653-654, 2006
2) Yuan D. *et al.*, Biol. Pharm. Bull., 27(6), 867-870, 2004
3) You J.S. *et al.*, Am. J. Chin. Med. 22, 19-28, 1994

4) Ohsawa T. *et al.*, Chem. Pharm. Bull., 40, 143-147, 1992
5) Yazawa Y. *et al.*, Biol. Pharm. Bull., 23(11), 1298-1302, 2000

【생리활성성분 화학구조식】

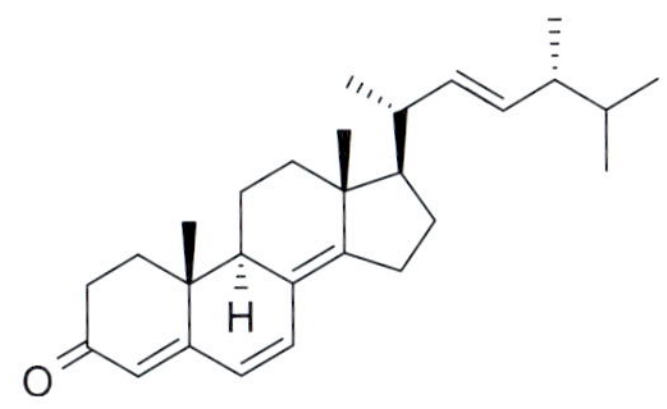

ergosta-4,6,8(12), 22-tetraen-3one

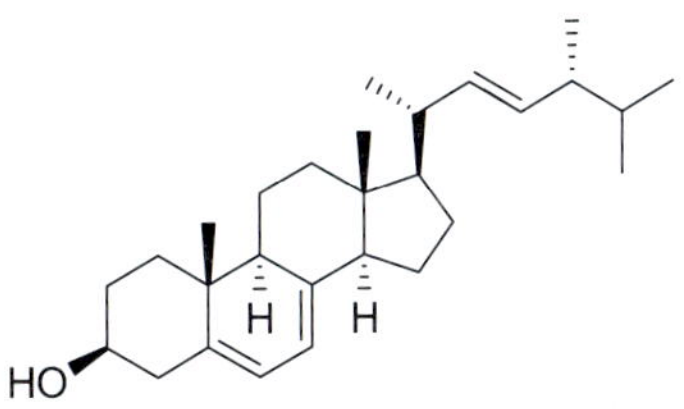

ergosterol

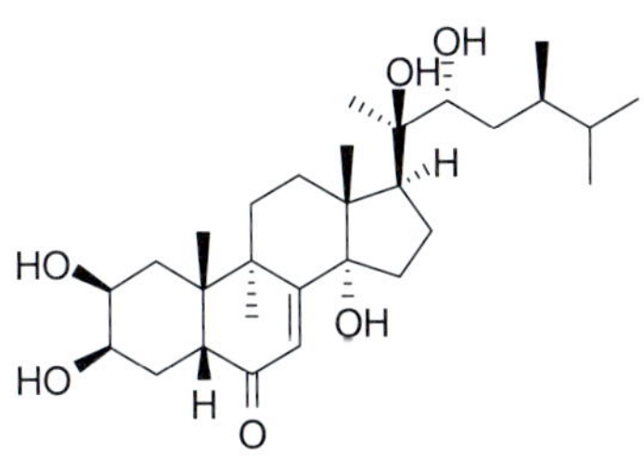

polyporusterone A

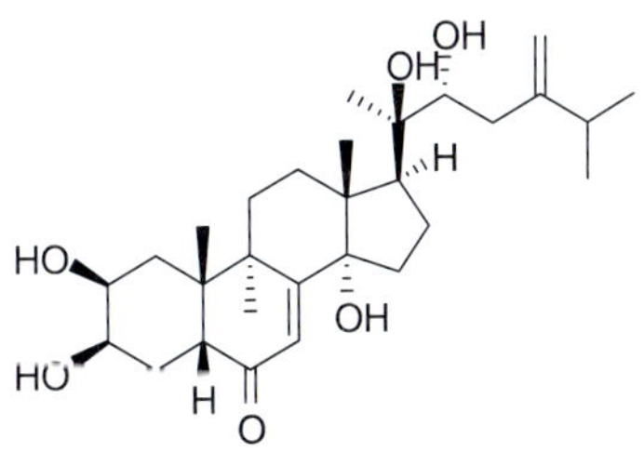

polyporusterone B

포플러 (Poplar)

【기 원】 *Populus specis*, Salicaceae

【분 류】 개발가능성이 있는 소재

【사용부위】 피류와 잎

【산 지】 세계 온대전역

【생리활성성분】 salicortin, salicin, tremulacin, populin, tremuloidin chrysin, tetochrysin, galengine, apigenin, pinobanksin, 3,7-dimethylquercetin, pinocembrin 등

【효능 및 기전】

1) 소염, 진통, 항균작용[1)]
   - 포플러의 피류와 잎의 salicylic acid 유도체와 flavonoid류는 소염, 진통, 항균작용을 나타낸다.

2) 전립선 비대증 유효[2)~4)]

- 전립선 비대증으로 배뇨 곤란 시에 효과가 있다.
- pinobanksin, 3,7-dimethylquercetin, pinocembrin은 5 α-reductase저해효과를 나타낸다.
- 추출물은 항산화, 항염증 및 전립선 비대증에 유효하다.

【참고문헌】

1) Anonym E. *et al*., DAZ., 136, 4012-4015, 1996
2) Vonkruedener S. *et al*., Arzneim. Forsch, 46, 809-814, 1996
3) Komoda Y., Chem. Pharm. Bull., 37(11), 3128-3130, 1989
4) Oka M. *et al*., Phytomedicine, 14(7-8), 465-472, 2007

【생리활성성분 화학구조식】

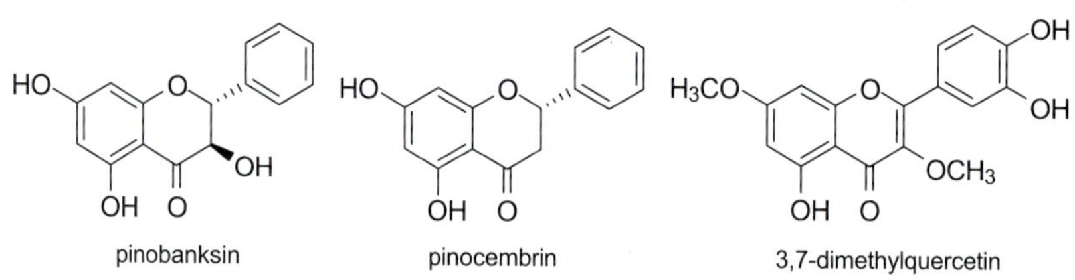

호박씨 (Pumpkin seed)

【기 원】 *Cucurbita pepo*, Cucurbitaceae

【분 류】 개발가능성이 있는 소재

【사용부위】 종자

【산 지】 세계전역

【효능 및 기전】

1) 이뇨작용[1)]

- 호박씨의 지방성분이나 호박씨 기름이 뇨량을 증가시킨다.[1)]

4) 전립선 비대증에 유효[2)~5)]

- 호박씨의 지용성 성분 또는 호박씨 oil은 전립선 비대증(benign prostatic hyperplasia) 또는 과민성 방광질환(irritable bladder)에 유효하다.

- 호박씨 oil은 testosterone유도에 의한 전립선 비대 저해효과를 나타낸다.

【참고문헌】

1) Foster and Tyler VE Tyler's Honest Herbal, The Howorth Press, NY 1999
2) Gruenwald, J. *et al*., PDR Herbal Medicines, Thomson, p663-665, 2004
3) Carbin *et al*., Br. J. Urol. 66, 639-641, 1999
4) Grups, Schiebal-Schlosser, Therapiewoche 8, 495-498, 1995
5) Gossell-Williams M. *et al*., J. Med. Food., 9(2), 284-286, 2006

9

피부질환

9.1 피부염 및 습진

피부의 구조는 상피, 진피, 피하와 다양한 부속기관으로 이루어져 있다. 상피는 중층 편평상피로 구성되며 이는 기저층, 극세포층, 과립층, 각질층으로 구성된다. 상피 내에는 다른 곳에서 생성되어 존재하는 멜라닌 세포, 메르켈 세포와 랑겔한스 세포가 있으며, 진피는 콜라겐섬유가 주 구성물질로 탄력섬유와 망상 섬유들이 일부 공존하고 있다. 또한, 혈관과 신경의 분포와 피부 부속기관인 땀샘과 모낭 등이 존재한다. 피하는 주로 지방세포로 이루어져 있으며, 진피층과 기저층 사이에는 기저 막이 존재하는 구조로 구성되어 있다.[1)]

피부질환은 피부가 신체의 표면을 이루고 있어 여러 병원체에 직접 감염과 외부로의 자극을 받으며, 체내에서 발생하는 현상에 영향을 받는다. 피부는 눈으로 보고 손으로 만질 수 있어 근소한 변화도 쉽게 감지할 수 있어 병변이 생긴 부분은 환부 일부를 채취하여 병리 조직학적으로 검사하며, 미생물의 검색 등의 검사가 가능하여 질병에 대해 진단하기 쉽다.

피부염의 주요 원인 물질로는 세균, 곰팡이, 햇볕, 생활 속의 화학물질, 중금속 등 있으며, 원인 물질에 감염되면 신체의 항체가 결합하든지 예민한 상태로 만드는 감작이 발생하여 접촉부위가 몹시 가렵고 홍반이 되며, 질환이 깊어져 구진 수포가 생성되기도 하며 건조하고 밀가루 같은 부스러기가 형성되어 만성으로 되기도 한다.

9.2 탈모증

사람의 머리카락의 수는 약 10~15만 개 정도로 일정기간 성장하고 빠지게 되며, 다시 모근에서 새로운 머리카락이 성장한다. 일반적으로 나이가 들면서 탈모현상이 나타나지만 현재는 어린 나이에 탈모로 고민하는 사람이 증가하고 있다. 탈모의 원인은 모공 안에 있는 모유두가 영양을 흡수하여 모세포에서 모발을 만들어내야 하는데 이러한 생리현상이 정상적이지 않아 발생한다. 특히 스트레스와 영향의 불균형이나 영향부족이 원인에 포함되며, 체내에 열이 많아 발생하는 때도 생길 수 있다.

참고문헌

1) 송계용, 지제근, 함의근, 핵심병리학, 고려의학, p733-761, 1998

9.1 피부염 및 습진

감국·야국·고의 (국화, Chinese chrysanthemum)

【기 원】 *Chrysanthemum indicum*, Compositae

【분 류】 식품

【사용부위】 꽃

【산 지】 한국, 중국, 일본에 분포하는 다년초이다.

【효능 및 기전】

1) 항병원체작용[1]
   - 감국은 황색포도상구균, 인형 결핵균에 억제작용이 있으며, 수침액은 병원성 피부진균과 항바이러스작용이 있다.
2) 모세혈관의 저항력 증강작용[2]
   - EtOH 추출물은 실험동물의 모세혈관 투과성 억제와 항염증작용이 있다.

【참고문헌】

1) Aridogan B. C. *et al*., Arch. Pharm. Res., 25, 860-864, 2002
2) Kato T. *et al*., Arch. Int. Pharmacodyn. Ther., 285, 288-300, 1987

강판귀 (며느리 배꼽, 하백초, Perfoliate smartweed)

【기 원】 *Polygonum perfoliatum*., Polygonaceae

【분 류】 식품

【사용부위】 식용(어린 잎), 약용(전초)

【산 지】 한국, 중국, 일본, 동남아, 러시아 극동부에 분포하며 전국 각지에 자생하는 덩굴성 일년초이다.

【효능 및 기전】

1) 습진, 옴, 버짐, 나력에 효과가 있다. 잎은 즙을 내어서 술과 함께 복용하면 뱀에 물린 상처 치료에 효과가 있다.[1]

2) 신선한 전초는 작은 종기 치료에 효과적이다.
3) 이수작용 : 전신이 붓고 소변을 잘 못 보는데 효력이 있다.

【참고문헌】

1) 도해 향약 대사전, 향문사, p322-323, 1990

마늘 (Garlic)

【기 원】 *Allium sativum* L., Liliaceae,

【분 류】 식품

【사용부위】 약용, 식용(인경)

【산 지】 서부아시아 또는 중국이 원산으로 한국, 중국, 일본 등에서 재배하는 다년초이다.

【생리활성성분】 alliin, allicin, S-allylcysteine, S-allylmercapto-L-cysteine

【효능 및 기전】

1) 항균 작용[1)]
   - 마늘의 수용액(0.5%)이나 정유 성분, 마늘즙 및 allicin은 각종 세균에 대하여 강한 성장억제작용이나 살균작용을 가지고 있다.
   - 페니실린, 스트렙토마이신, 클로로마이세틴, 오레오마이신의 내성 세균에 마늘 제제 phytocidin은 민감하다.

2) 항진균 작용
   - 마늘의 정유성분 및 마늘 추출액은 *Candida albicans* 등의 병원성 진균에 억제 또는 살균작용이 있다. 마늘의 항진균 및 항균작용은 번식과 관련있는 mercapto기를 포함하는 효소의 활성을 소실시켜 미생물의 생장을 억제 시킨다.

3) 항병원충 작용
   - 아메바성 이질 환자에 자색 마늘의 물 추출물이 뚜렷한 치료효과 있음

4) 항산화 작용[2)]
   - 마늘 추출물은 유리기 소거작용(radical scavenging activity)으로 항산화작용이 있다.

【참고문헌】

1) Ankri S., Mirelman D., Microbes Infect., 1, 125-129, 1999
2) Tabibkov A. *et al*., Biochim. Biophys. Acta, 1379, 233-244, 1998

【생리활성성분 화학구조식】

명반 (백반, Alum, Potassium aluminium sulfate)

【기 원】 천연산 명반은 8면형의 백색 결정이나 때로는 실모양으로도 된다. 다른 광석면에 부착되어 있어 그 양이 적으므로 거의 인공적으로 제조한다.

【분 류】 식품

【생리활성성분】 $AlK(SO_4)_2 \cdot 12H_2O$

【효능 및 기전】

1) 항균작용[1)]
   - 황색포도상 구균과 *Bacillus proteus*에 억제작용. 대장균, 녹농균, 탄저균, 적리균, 장티푸스균, 파라티푸스균, 포도상구균 등에도 항균작용을 나타낸다.

2) 항트리코모나스 작용이 있다.

3) 피부염증에 수렴약으로 사용한다.

【참고문헌】

1) Chiang Su New College(ed.), Dictionary of Chinese Crude Drug, Shanghai Scientific Technological Publisher, Shanghai, p 2092, 1977

【생리활성성분 화학구조식】

$AlK(SO_4)_2 \cdot 12H_2O$

산포도 (왕머루, Amur grape)

【기 원】 *Vitis amurensis*, Vitaceae

【분 류】 식품

【사용부위】 식용(열매), 약용(뿌리)

【산 지】 한국, 일본, 중국, 타이완 등지에 분포하며 산기슭 및 산골짜기의 숲속에 자생하는 덩굴성식물이다.

【생리활성성분】 tannin, resveratrol, resveratrol oligomers 등

【효능 및 기전】

1) 항염증 효과[1)]
   - leukotriene B4의 생합성을 억제하는 작용이 있다.
2) 외상통, 위장동통, 신경성두통, 수술 후 동통을 다스린다.[2)]

【참고문헌】

1) Huang *et al.*, Phytochemistry, 58, 357-362, 2001
2) 정보섭, 신민교, 도해 향약 대사전, 영림사, p300-301, 1990

【생리활성성분 화학구조식】

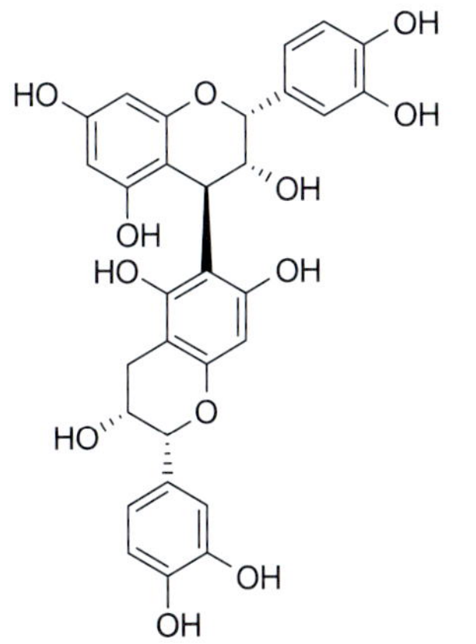

procyanidin B-5

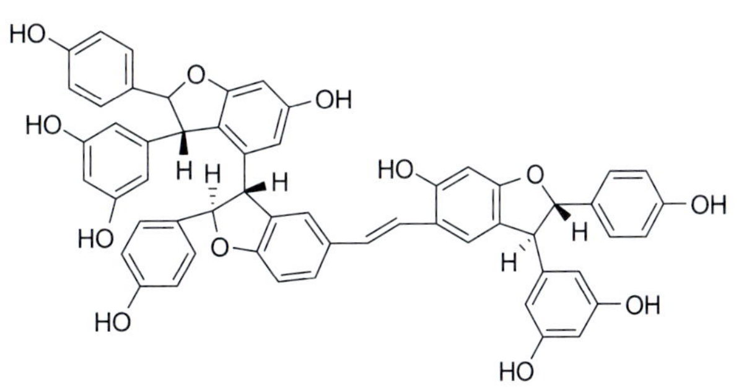

heyneanol A

자초 (지치, Redroot Gromwell)

【기 원】 *Lithospermum erythrorhizon*, Boraginaceae

【분 류】 식품

【사용부위】 약용(뿌리), 염료(뿌리)

【산 지】 한국, 중국, 일본의 건조지형에 자생하는 다년생 초본이다.

【생리활성성분】 Naphthoquinone색소(shikonin, acetylshikonin, β, β-dimethylacetylshikonin, isobutylshikonin, deoxyshikonin, lithospermidin A, B 등), Phenol성 화합물(lithospermin acid A, B, rosmarinic acid 등)

【효능 및 기전】

1) 항진균, 항바이러스작용
  - acetylshikonin은 칸디다균(*Candida albicans*)의 성장을 억제함.[1)]
  - shikonin과 deoxyshikonin은 *Candida krusei*나 *Saccharomyces cerevisiae*와 같은 yeast-like fungi에 대해서는 fluconazole 보다 우수한 진균력을 가지고 있다.[2)]
  - deoxyshikonin, shikonin은 Gram-positive bacteria인 *Micrococcus luteus*의 증식을 억제한다.[3)]
2) 피부 보호 작용[4)]
  - 자초의 추출물은 UVB irradiation에 의한 epiderma cell의 보호 작용이 있다.
3) 어린이 피부염, 외음부 습진, 음도염과 자궁경염 치료 작용이 있다.[5)]
  - 자초의 에테르 추출물에 1% 채종류 제제는 음부의 습진, 궤양의 치료와 자궁 경부염으로 생기는 골반 내 염증에 효과가 있다.
4) 만성습진 치료 작용
  - shikonin 0.1% 주사로 만성습진 치료효과 있다.

【참고문헌】

1) Sasaki K. *et al.*, Yakugaku Zasshi, 120, 587-589, 2000
2) Sasaki K. *et al.*, Biol. Pharm. Bull., 25, 669-670, 2002
3) Honda G. *et al.*, J. Nat. Prod., 51, 152-154, 1988
4) Ishida T. *et al.*, Biol. Pharm. Bull., 30, 928-934, 2007
5) Chiang Su New College(ed.), Dictionary of Chinese Crude Drug, Shanghai Scientific Technological Publisher, Shanghai, p 2204, 1977

【생리활성성분 화학구조식】

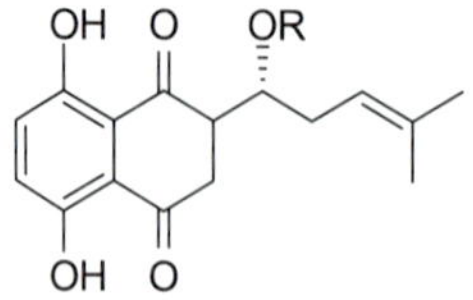

shikonin, R=H
acetylshikonin, R=Ac
β,β-dimethylacetylshikonin, R=COCH=C(CH_3)$_2$
isobutylshikonin, R=COCH(CH_3)$_2$

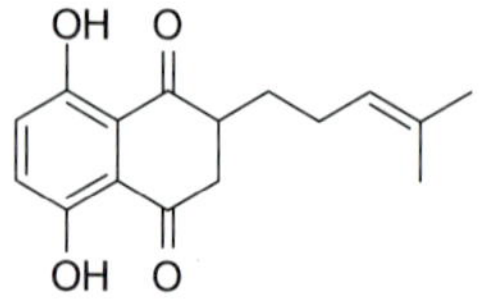

deoxyshikonin

9.2 탈모증

백질려 (Tribuli Fructus)

【기 원】 *Tribulus terrestris*, Zygophyllaceae

【분 류】 식품

【사용부위】 과실

【산 지】 열대에서 온대지방의 건조지대에 분포하며 우리나라에는 주로 해변의 모래밭에 자생하는 1년생 초본이다.

【효능 및 기전】

1) 탈모치료 효과[1)]
   - 백질려, 산수유, 천궁, 백작약 등을 75% 에탄올 추출물과 식초를 섞어 만든 용액제를 외용제로 사용할 시 탈모를 치료함.

【참고문헌】

1) Nie J., Faming Zhuanli Shenqing Gongkai Shuomingshu, p5, 2006

아출 (Zedoary)

【기 원】 아출(莪朮, *Curcuma zedoaria*), 봉아출(蓬莪朮, *C. phaeocaulis*), 광서봉아출(廣西蓬莪朮, *C. kwangsiensis*) 온울금(溫鬱金, *C. wenyujin*, Zingiberaceae)

【분 류】 식품

【사용부위】 뿌리줄기를 그대로 또는 수증기로 쪄서 말린 것이다.

【산 지】 중국의 광서, 사천 지역이 주산지이며, 열대지방에 분포한다.

【효능 및 기전】

1) 육모작용
   - 아출, 당귀, 센나엽 등을 포함한 혼합물의 유기용매 추출물은 탈모를 예방하거나 감소시키고, 모발 성장을 촉진시킨다.[5)]

【참고문헌】

1) Sasaki Y. *et al.*, Biol Pharm Bull., 26, 1135-1143, 2003.
2) Syu W. J. *et al.*, J. Nat. Prod., 61, 1531-1534, 1998
3) Hong C. H. *et al.*, Planta Med., 68, 545-547, 2002
4) Maeda S. *et al.*, Yakugaku Zasshi, 104, 640-643, 1994
5) Eur. Pat. Appl. De Laet, Hans., 2003

우유자초 (Redroot gromwell)

【기 원】 *Lithospermum erythrorhizon*, Boraginaceae

【분 류】 식용

【사용부위】 뿌리

【산 지】 우리나라, 중국 및 일본의 건조지형에 자생한다.

【생리활성성분】 Naphthoquinone색소(shikonin, acetylshikonin), Phenol성 화합물(lithospermic acid A,B, rosmaric acid 등)

【효능 및 기전】

1) 항진균, 항바이러스 작용
   - acetylshikonin은 칸디다균의 성장을 억제한다(*in vitro*)[1]
   - shikonin은 HIV-1이 숙주세포내로 들어가는데 관여하는 G protein-coupled chemokine receptor를 억제함으로써 HIV-1의 증식을 억제한다.(*in vitro*)[2]
2) lithospermic acid는 antagonadal activity3)를 지니고 항염 효과를 지닌다.
3) shikon의 항균작용[3]
   - 지치의 뿌리에서 발견되는 성분인 shikon은 shikonin과 함께 항균작용이 강하다.
4) 탈모치료효과[4]
   - testosterone 5a-reductase inhibitors인 shikonin을 포함한 생약 추출물에서 탈모를 방지하는 효과가 나타났다. 이는 testosterone 5a-reductase의 저해 효과 때문이다.

【참고문헌】

1) Sasaki K. *et al.*, Yakugaku Zasshi, 120, 587-589, 2000
2) Sasaki K. *et al.*, Biol. Pharm. Bull., 25, 669-670, 2002

3) Findly Willian E. *et al.*, Contraception, 21, 199, 1981
4) Sasaki K. *et al.*, Biol. Pharm. Bull., 25, 669-670, 2002
5) Hisa T. *et al.*, Anticancer Res., 18, 783-790, 1998
6) Tsuboi M. Jpn. Kokai Tokkyo Koho, p5, 1987

【생리활성성분 화학구조식】

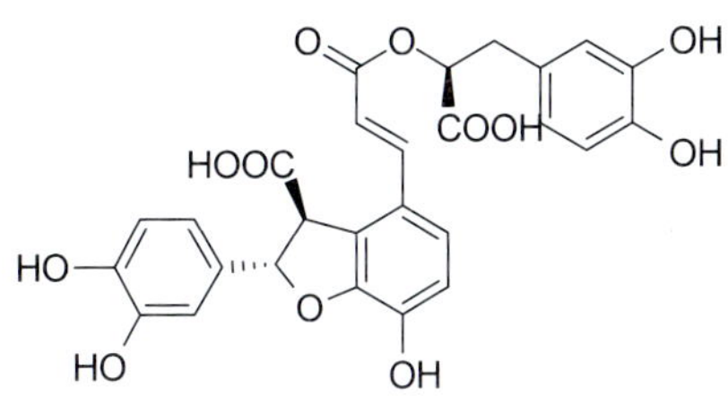

lithospermic acid

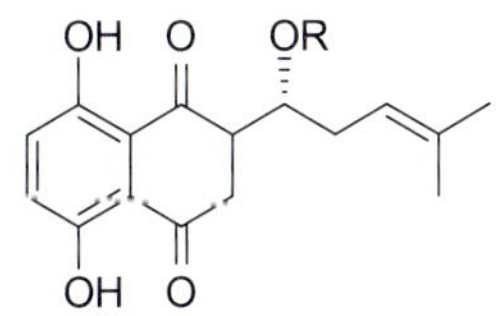

shikonin, R=H
acetylshikonion, R=COCH=C$<^{CH_3}_{CH_3}$

택란 (Lycopi Herba)

【기 원】 *Lycopus lucidus*, Labiatae

【분 류】 개발가능성이 있는 소재

【사용부위】 약용(지상부)

【산 지】 우리나라, 일본, 중국에 분포하며 습지주변에 자생하는 다년생 초본

【생리활성성분】 정유(Rosmarinic acid), flavonoid화합물(quercetin, luteolin), betulinic acid.

【효능 및 기전】

1) 탈모를 예방하고, 모발성장을 촉진하는 효과[1)]

- 택란은 탈모를 예방하고, 모발성장을 촉진하며, 혈액순환을 원활하게 한다. 외용제

로서 피부 자극이나 부작용 없이 탈모를 치료할 수 있다.

2) 항알레르기 효과[2)]

- 택란의 물추출물은 Type1 과민반응을 감소시켜준다. 이것은 한국에서 항염효과로 널리 알려진 전통약물이다. 그러나 그 기전은 아직 밝혀지지 않았다.

3) 헤어토닉, 성장 촉진제[3)]

- 택란의 물에 녹는 유기 용매 추출물 층은 혈액순환을 촉진시키며, 말초혈관 순환을 향상시킨다.

4) 면역조절 작용[4)]

- 택란에서 분리한 Betulinic acid가 대식세포를 매개하며, 염증반응을 억제하고, 면역반응을 조절한다.

5) 항산화 작용[5)]

- 택란의 페놀성 화합물인, rosmarinic acid와 플라보노이드 화합물인 luteolin은 NBT superoxide scavenging assay에서 항산화효과를 나타낸다.

【참고문헌】

1) Han Y., Faming Zhuanli Shenqing Gongkai Shuomingshu, 2006

2) Shin T. *et al.*, Toxicology and Applied Pharmacology, 209, 255-262, 2005

3) Yamamoto T. *et al.*, Jpn. Kokai Tokkyo Koho, p7, 1999

4) Yun Y. *et al.*, Archives of Pharmacal Research, 26, 1087-1095, 2003

5) Woo E. *et al.*, Archives of Pharmacal Research, 26, 1087-1095, 2003

【생리활성성분 화학구조식】

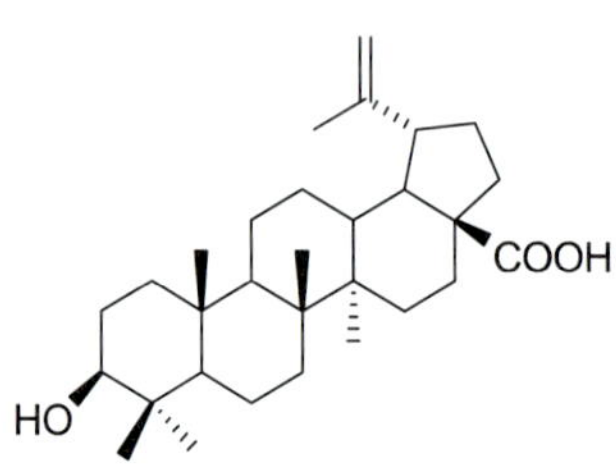

betulinic acid

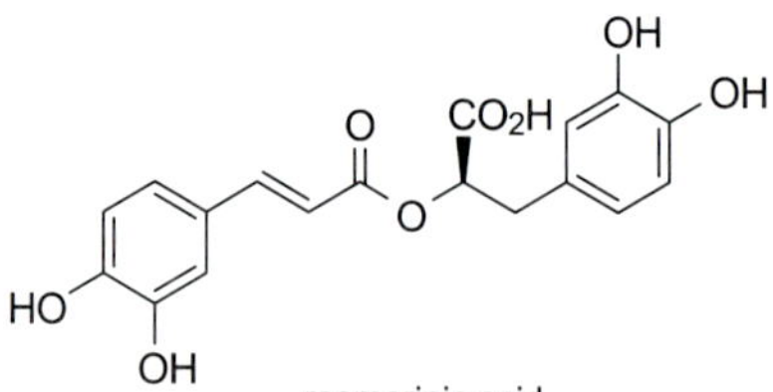

rosmarinic acid

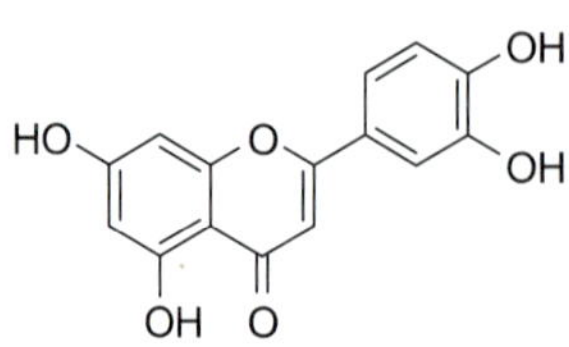

luteolin

흑지마 (Sesame)

【기 원】 *Sesamum indicum*, Pedaliaceae

【분 류】 식용

【사용부위】 식용(종자), 약용(종자)

【산 지】 우리나라, 인도, 중국, 아프리카원산으로 오랜 기간 재배되어 온 1년생 초본이다.

【생리활성성분】 lignan화합물(sesamin, sesamolin)

【효능 및 기전】

1) 남성형 탈모의 치료, 예방 효과[1]

   흑지마의 기름 층 중 (+)-sesaminol 을 함유한 층에서 5a-reductase 를 78% 억제하는 효과가 나타났다.

2) 흑지마 추출물의 모발 성장 촉진 효과[2]

   흑지마 추출물이 모근의 효소를 활성화 시켜 모발성장을 촉진하는 효과가 있다.

3) 항산화효과[3]

   리그난 화합물을 함유한 흑지마의 에탄올 추출물(91.4%) 1 mg의 항산화 효과는 1.0 mg tocopherol(90.5%)과 같은 효과를 나타낸다.

【참고문헌】

1) Morita K. *et al.*, Jpn. Kokai Tokkyo Koho, p6, 2001
2) Hirose N. *et al.*, Journal of Lipid Research, 32, 629-638
3) Tsuji K. *et al.*, Kokai Tokkyo Koho, p15, 2003
4) Koizumi Y. *et al.*, Nippon Shokuhin Kagaku Kogaku Kaishi, 54, 9-17, 2007.
5) Chang L. W. *et al.*, FoodChemistry, 78, 347-354, 2002
6) Nakano D. *et al.*, J. Pharmacology and Experimental Therapeutics, 318, 328-335, 2006

【생리활성성분 화학구조식】

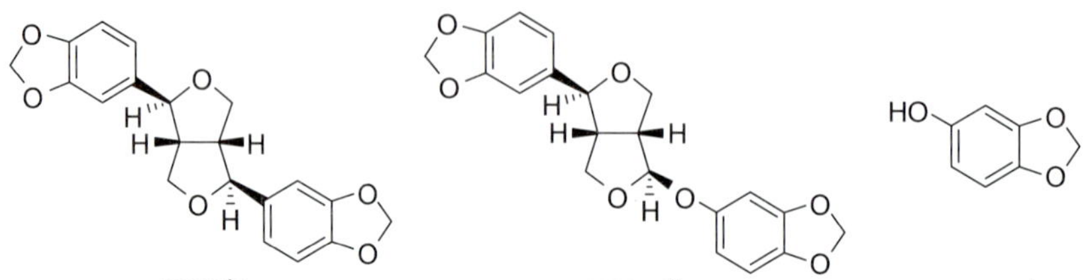

sesamin sesamolin sesamol

힐초 (Valerian)

【기 원】 *Valeriana officinalis*, Valerianaceae

【분 류】 식품

【사용부위】 약용(뿌리, 뿌리줄기)

【산 지】 한국(울릉도 · 백두산 · 관모봉) · 일본 · 사할린 · 중국 다소 습한 곳에서 자생한다.

【생리활성성분】 Valerenic acid, iridoid : valtrate류(valtrate, isovaltrate, acevaltrate)

【효능 및 기전】

1) 모발 성장 촉진효과
   - 힐초를 비롯한 다양한 생약추출물 중의 정유 성분은 모발성장을 촉진하는 효과가 있다.[1]
   - 힐초는 히스타민 생합성 저해효과로 인하여 모발생장을 촉진한다.[2]
   - 힐초 추출물 중 5a-reductase, mammal oil, and/or bran glycoprotein hydrlyzate와 같은 활성 물질로 인하여 모발 성장 촉진된다.[3]

【참고문헌】

1) Moriyama M. *et al*., Jpn. Kokai Tokkyo Koho, p12, 2005.
2) Ito K. *et al*., Jpn. Kokai Tokkyo Koho, p29, 2004
3) Daihara O., Jpn. Kokai Tokkyo Koho, p7, 1996
4) Bos R. *et al*., Phytomedicine, 5, 219-225, 1998
5) Dietz B. M. *et al*., Molecular Brain Research, 138, 191-197, 2005

【생리활성성분 화학구조식】

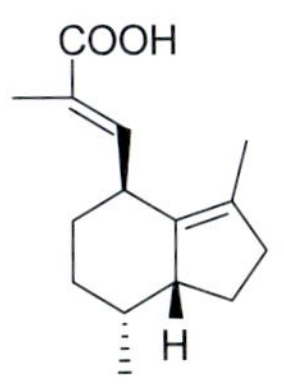

valerenic acid

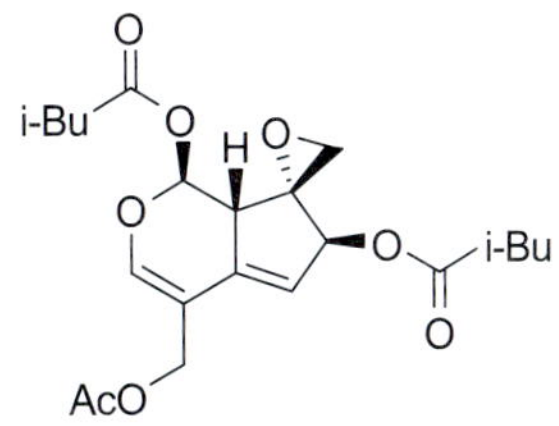

valepotriate

10 호흡기계 생약

호흡기계 질환은 흔히 감기, 독감, 편도선염 등의 상기도 감염증과 급·만성 기관지염, 폐렴, 기관지 천식 등이 있다.

10.1 감기

감기는 비강, 인두, 후두, 기관지, 폐와 같은 호흡기에 발생하는 급성 염증성 질환이다. 감기의 원인은 대부분 세균과 바이러스, 마이코플라스마, 클라미디아와 같은 병원미생물의 감염이나, 주위 환경에 따른 급격한 체온 변동, 체력 소모, 외부 환경에 대한 방어력 약화 등의 원인에 의하여 감기에 걸리게 된다. 감기의 증상은 재채기, 콧물, 목 아픔, 목쉼, 기침, 발열, 두통, 전신권태 등 매우 다양한데, 흔히 콧물이나 코막힘, 두통, 미열 등을 주 증상으로 호소하는 코감기와 인후통, 인후 건조증 또는 쉰 목소리 등이 주 증상인 목감기, 그리고 기침이나 해소, 객담 등이 주로 나타나는 기침 감기 등으로 분류한다. 대개는 발열이나 오한과 함께 여러 가지 증상이 복합적으로 나타나게 되며, 드물게는 결막염이나 설사가 같이 동반되기도 한다. 예전부터 감기는 만병의 근원이라고 하며, 감기를 소홀히 할 경우 중이염, 축농증, 기관지염, 폐렴, 뇌막염 등의 합병증을 일으킬 수도 있고, 생명에 위독한 질병에 걸릴 수도 있어 특별히 감기에 걸리지 않도록 유의해야 한다.

감기에 대하여는 안정, 보온, 수분과 영양 공급 등의 일반 요법이 많은 도움을 주며, 아직 특효약이 없고, 감기의 증상을 개선하는 대증요법이 주로 이용된다. 기침을 멎게 하거나, 콧물을 나지 않게 하며, 담을 없애 주고, 체온을 조절하는데 도움을 주는 생약으로서 칡뿌리, 감국, 계지, 고본, 금은화, 도라지, 박하, 뽕잎, 생강, 선복화, 소엽, 어성초, 은시호, 전호, 죽력, 진피, 창이자, 청호, 총백, 향유, 형개, 황금 등이 주로 이용되고 있다.

10.2 해소 · 천식

해소(=해수)는 기침을 말하며 이는 기도 안에 생긴 이물을 밖으로 내보내기 위한 반사운동이다. 주로 목, 기관, 기관지 등의 기도 점막에 분포된 미주신경의 말초가 자극을 받아 해수중추가 흥분됨으로써 일어나는 현상이다. 음식물이나 이물이 기도에 들어갔거나, 연기나 가스가 기도에 들어갔을 때의 기침은 기계적 자극에 의한 방어반응이나, 감기, 편도염, 기관지염, 폐렴, 기관지천식, 폐결핵으로 말미암아 기침을 할 경우는 기관지에 어떤 병변이 생겨서 일어나는 것이다. 기침은 건성과 습성으로 크게 나뉜다. 건성 기침은 가래를 동반하지 않는 것으로 마른기침이라고 하며, 기관지의 충혈, 부종 등에 의한 자극으로 일어나는 것과, 기도 이외의 미주신경 지배 영역의 자극으로 일어나는 것이 있다. 습성 기침은 가래를 동반하는 것으로서, 감기, 폐열, 기관지염, 기관지확장증, 폐결핵 등이 있을 때 기관지와 폐의 염증에 의한 삼출액의 자극으로 일어나며, 기도 내의 병적 분비물을 몸 밖으로 배출하는데 도움이 된다. 기침을 멎게 하려면 우선 기침을 유발하는 원인부터 제거해야 하며 안정을 취하고, 방안을 따뜻하게 하며, 코로 호흡하여 자극을 피한다. 비파엽, 상백피, 소자, 행인 등이 기침이나 가래를 멎게 하는데 도움을 줄 수 있다.

천식은 숨을 쉴 때 들어오는 여러 가지 자극 물질에 대한 기관지의 과민반응으로, 기관지를 비롯한 기도 점막에 지속적이고 만성적인 염증이 생긴 상태로, 여러 가지 원인에 의해 기관지가 좁아져서 기침, 호흡곤란, 천명(쌕쌕거리는 호흡음) 등이 초래되는 질환으로서 야간이나 새벽에 증상이 더욱 심해진다. 기관지 천식은 그 원인에 따라서 외인성 천식과 내인성 천식으로 나뉘며 외인성 천식은 알레르기를 일으키는 물질(집먼지진드기, 꽃가루, 동물의 털, 곰팡이) 등에 대한 알레르기 반응에 의해 증상이 발생하는 것으로서 알레르기성 비염이나 부비강염, 두드러기 등을 동반하는 경우가 많다. 반면 내인성 천식은 원인이 쉽게 규명되지 않는 것으로 주로 나이가 많은 환자에서 많은데 기후 변화, 대기 오염물질, 진한 냄새, 감기와 같은 호흡기 감염, 아스피린이나 진통 소염제와 같은 약물, 색소, 방부제 등과 같은 식품첨가제 등에 의하여 유발될 수 있다. 천식 증상을 개선하려면 그 원인에 따라 적절한 방법을 선택하여야 한다. 알레르기에 의한 천식은 원인이 되는 알레르기를 회피하는 방법이 우선적이며, 면역요법이나, 다량의 수분을 섭취하는 수액요법도 효과적이다. 또한, 규칙적인 운동은 호흡기, 순환기의 기능 향상 및 심리적인 안정효과를 가져와 천식의 증상에 도움을 줄 수 있다. 기관지 천식을 포함한 모든 알레르기 질환의 완치는 힘들지만 제대로 치료하지 않으면 합병증으로 더욱 고생할 수 있으므로 지속적으로 치료하는 것이 최선의 방법이다. 천식의 증상에 도움을 줄 수 있는 생약으로서는 도라지, 맥문동, 원지, 천문동 등이 있다.

10.1 감기

감국 (Chrysanthemum flower)

【기원】 *Chrysanthemum indicum* 또는 *C. morifolium*, Compositae

【분류】 식품

【사용부위】 감국 또는 국화의 꽃이다. 꽃은 말려서 차를 만들기도 한다. 어린 순은 나물로 한다.

【산지】 전국 각지의 야산에 자생한다.

【생리활성성분】

〈*C. indicum*〉

- Flavonoid : acacetin, acacetin-7-O-β-D-galactopyranoside
- Sesquiterpene : arteglasin A, chrysetunone, tunefulin

〈*C. morifolium*〉

- Sesquiterpene : chlorochrymorin, chrysandiol, chrysartemin A

【효능 및 기전】

1) 해열·진통작용 : 현기증이 날 때 사용하고, 수침액은 해열작용이 있으며 모세혈관의 저항성을 증강시킨다.
2) 항미생물작용 : 항균작용과 항바이러스작용이 있다.[1]
3) 면역작용 : acetylene기를 가지고 있는 화합물과 flavonoid류는 LPS로 유도한 대식세포에서의 NO 생성을 억제한다(*in vitro*).[2]

【참고문헌】

1) Aridogan B. C. *et al*., Arch. Pharm. Res., 25, 860~864, 2002
2) Yoshikawa M. *et al*., Chem. Pharm. Bull., 48, 651~656, 2000

계지 (Cassia ramulus)

【기 원】 *Cinnamomum cassia*, Lauraceae

【분 류】 식품

【사용부위】 계피나무의 어린가지이다

【산 지】 중국 남부, 베트남

【생리활성성분】

1) 정유 1~3% : cinnamaldehyde, cinnamic acid, salicylaldehyde 등
2) Diterpenoid : cinnzeylanine, cinnzeylanol, cinncassiol A 등
3) Tannin : (−)-epicatechin, procyanidin B2 등

【효능 및 기전】

1) 발한 해열작용
   - 초기 감기에 땀을 내며, 열을 내리고 어깨, 등, 사지관절의 통증을 완화한다.[1)]
   - 진정작용과 수분대사를 조절한다.
2) 항알레르기작용
   물추출물에는 항알레르기작용이 있으며, 활성분획에는 diterpenoid 성분이 많다 (*in vivo*).

【참고문헌】

1) 신민교, 임상본초학, 영림사 p518 1994.

【생리활성성분 화학구조식】

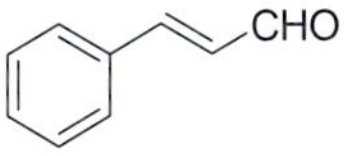

cinnamaldehyde

고본(Angelica tenuissima root)

【기 원】 *Angelica tenuissima*, Umbelliferae

【분 류】 식품

【사용부위】 고본의 뿌리줄기 및 뿌리이다

【산 지】 전국 각지의 고산에 자생한다.

【생리활성성분】 정유 성분 : limonene, neocnidilide, ligustilide, cnidilide, sabinene, butylidene

【효능 및 기전】

- 두통, 발열, 해수, 가래, 콧물과 같은 감기에 사용한다.
- 휘발성 정유 성분은 진정, 진통, 해열, 항염증 작용을 나타낸다.

【참고문헌】

1) Yook C. S. *et al.*, Yakhak Hoeji, 41, 273-276, 1997.

금은화 (Lonicera flower)

【기 원】 *Lonicera japonica*, Caprifoliaceae

【분 류】 식품

【사용부위】 인동덩굴의 꽃봉오리이다.

【산 지】 전국의 산기슭에서 흔히 자란다.

【생리활성성분】

1) Iridoid : loganin, secologanin, sweroside, loniceracetalide A, B, C
2) Flavonoid : luteolin, lonicerin, ochnaflavone(biflavonoid)
3) Triterpenoid : hederagenin, loniceroside A, B, C 등
4) Phenolic compound : 꽃봉오리의 주성분은 chlorogenic acid, isochlorogenic acid이다. 꽃의 단맛은 inositiol에 기인한다.

【효능 및 기전】

1) 해열작용 및 해독작용
   열을 내리고, 해독의 효능이 있으며, 이하선염을 치료한다.[1)]
2) 항균작용
   알코올추출물은 *Salmonella typhi*, *S. paratyphi*, *Proteus*균, *Pseudomonas aeruginosa*, *Escherichia coli*, *Diplococcus pneumoniae*, *Staphylococcus aureus*, *Streptococcus* 균 등의 성장을 억제한다.
3) 항바이러스작용
   chlorogenic acid를 influenza virus를 감염시킨 실험동물에 투여하면 증상이 호전된다(mouse).[2)]
4) 항염증작용

- 물추출물은 발의 부종을 억제한다(*in vivo*, PAR2-mediated paw edema, mouse).[2)]
- loniceroside C는 croton oil로 유도한 귀의 부종을 억제한다(*in vivo*, mouse).[3)]
- 물추출물은 간에서의 IκBα의 분해를 줄여 NFκB의 활성을 억제함으로써 항염증작용을 나타낸다(*in vivo*, rat).[4)]
- ochnaflavone은 phospholipase A2의 활성을 억제한다(*in vitro*).[5)]

【참고문헌】

1) 배기환, 한국의 약용식물, 교학사, p471, 2000.
2) Kwak W. J. *et al.*, Chem. Pharm. Bull., 51, 333-335, 2003.
3) Tae J. *et al.*, Clin. Chim. Acta 330, 165-171, 2003.
4) Lee J. H. *et al.*, Int. J. Med., 7, 79-83, 2001.
5) Chang H. W. *et al.*, Biochem. Biophys. Res. Commun., 205 : 843-849, 1994.

【생리활성성분 화학구조식】

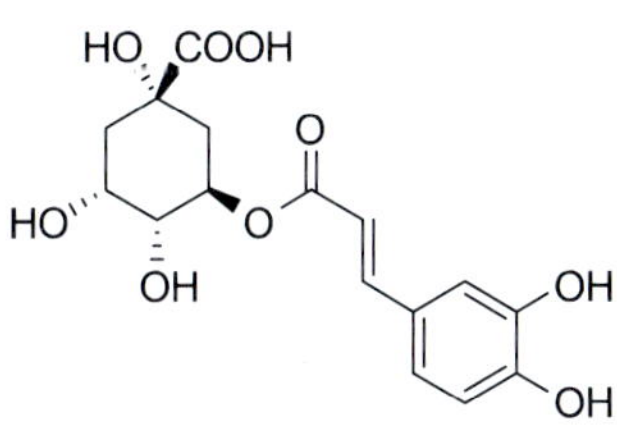

chlorogenic acid
(3-O-caffeoylquinic acid)

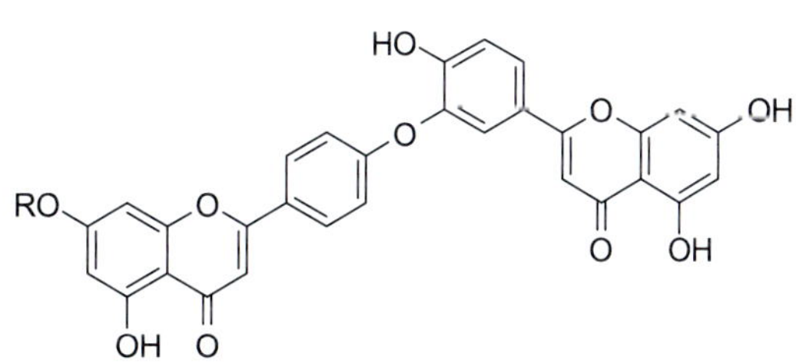

ochnaflavone

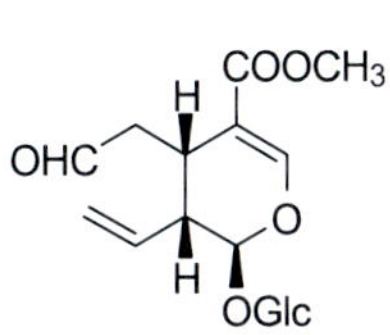

secologanin

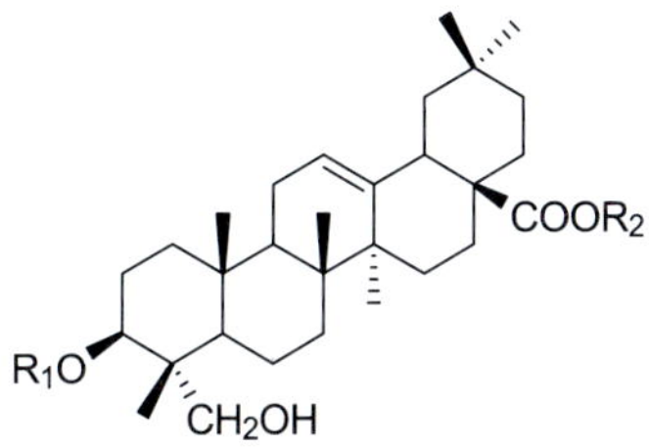

hedragenin, R_1=H, R_2=H
loniceroside A, R_1=Ara, R_2=Glc$\frac{2}{}$Rha (6-Xyl)
loniceroside B, R_1=Ara-Rha, R_2=Glc$\frac{2}{}$Rha (6-Xyl)
loniceroside C, R_1=Glc, R_2=Glc$\frac{2}{}$Rha (6-Xyl)

박하 (Mentha herb)

【기 원】 *Mentha arvensis* var. *piperascens*, Labiatae

【분 류】 식품

【사용부위】 박하의 지상부

【산 지】 전국의 습지나 냇가에서 자라며, 흔히 재배한다.

【생리활성성분】

1) 정유 1% 내외 : (-)-menthol(주성분), (-)-menthone, isomenthone, camphene, (-)-limonene, piperitone, pulegone 등
2) 배당체 : (-)-menthol-β-D-glucoside

【효능 및 기전】

1) 호흡기계에 대한 작용
   열을 내리며, 소염작용이 있고, 호흡기도의 점액 분비를 증가시키며, 모세혈관 확장작용과 중추신경 흥분작용이 있다. 인후염, 편도선염, 두통, 감기에 사용한다.
2) 진통작용
   50% MeOH 추출물은 초산으로 유도한 실험동물의 writhing(통증)을 억제한다(*in vivo*, mouse, *p.o.*).
3) 지양작용, 항알레르기작용
   물추출물은 면역학적 또는 비면역학적인 자극으로 인하여 발생하는 과민반응을 감소시키며 peritoneal mast cell에서의 TNFα 생성을 억제한다(*in vivo*, rat, *i.p.*, *p.o.*, *i.v.*).[1]
4) 중추억제작용, 국소마취작용, 미주신경자극작용
   정유는 중추억제작용, 혈관확장작용, 피부 발적 작용이 있다.
5) 기타
   박하의 정유 성분은 피부진균의 성장을 억제한다(*in vitro*, *in vivo*).[2]

【참고문헌】

1) Shin T. Y., Immunopharmacol. Immunotoxicol., 25, 273-283, 2003
2) Kishor N. *et al.*, Mycoses 36, 211-215, 1993

【생리활성성분 화학구조식】

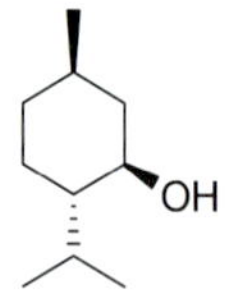

(-)-menthol

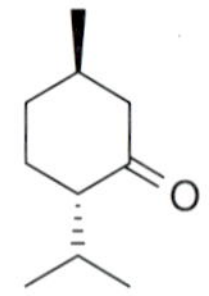

(-)-menthone

상엽 (Mulberry leaf)

【기 원】 *Morus alba*, Moraceae

【분 류】 식품

【사용부위】 뽕나무의 잎

【산 지】 우리나라, 중국, 일본에 자생한다.

【생리활성성분】

1) Flavonoid : isoquercitrin, astragalin, rutin, quercetin, prenylflavane
2) Coumarin : scopolin, skimmin
3) Alkaloid : 1-deoxynojirimycin, fagomine
4) 기타 : mulberroside F, roseoside II, benzyl D-glucopyranoside 등

【효능 및 기전】

1) 해열작용, 진해 · 거담작용
   한방에서는 폐열을 발산시켜 발열, 두통, 기침을 억제한다.
2) 항균작용
   새로 난 잎의 추출물은 티푸스균이나 포도상구균의 성장을 억제한다.

【참고문헌】

1) 생약학교재편찬위원회, 생약학, 동명사, p531, 2006

생강 (Ginger)

【기 원】 *Zingiber officinale*, Zingiberaceae

【분 류】 식품

【사용부위】 신선한 뿌리줄기

【산 지】 열대 아시아 원산으로 우리나라 남부지방에서 재배한다.

【생리활성성분】

1) 정유 3% 내외 : zingiberene, camphene, α-pinene, cineol, linalool, borneol, cumene,

bisabolene, myrcene, borneol acetate, phellandrene

2) 신미성분 0.8% 내외 : 6-gingerol, dehydrogingerol, 6-shogaol, 10-dehydrogingerdione, 10-dehydrogingeol, shogaol, zingerone

【효능 및 기전】

1) 발한작용

- 땀을 내게 하며, 감기, 구토, 가래, 기침을 멎게 한다.[1]
- 발한작용은 말리지 않은 생강이 건강보다 더 강하다.
- 생강에는 6-gingerol이 있으나 6-shogaol이 없는 반면에 건강에는 6-shogaol이 많이 함유되어 있어 약리작용에서 차이를 나타낸다.[2]

2) 진통작용

- 50% MeOH 추출물에는 진통작용과 수면연장 및 위액분비 억제작용이 있다.
- 6-gingerol 및 6-shogarol에는 진정, 진통, 혈압강하 및 위 운동 억제작용이 있다.

3) 기타

- 에탄올 추출물은 적출회장을 수축하고 항히스타민작용을 나타낸다(guinea pig).
- 6-gingerol, 10-dehydrogingerdione, 10-gingerdione은 prostaglandin의 생합성을 저해한다(항염증작용, *in vitro*).

【참고문헌】

1) 배기환, 한국의 약용식물, 교학사, p584, 2000.

2) Aburada M. *et al.*, Proc. Symp., 15, 162, 1982

【생리활성성분 화학구조식】

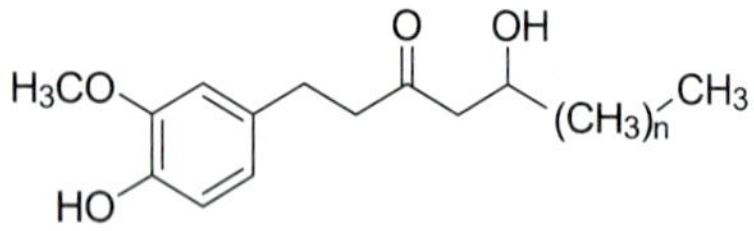

6-gingerol n=6
8-gingerol n=8
10-gingerol n=10
12-gingerol n=12

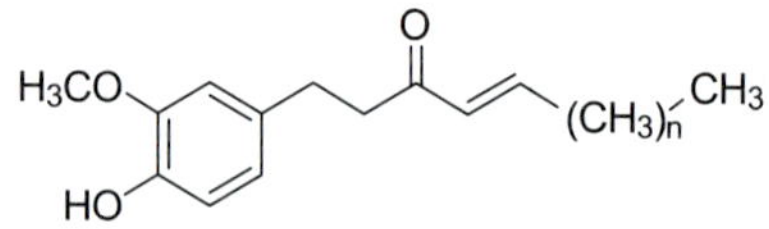

4-shogaol n=2
6-shogaol n=4
8-shogaol n=6

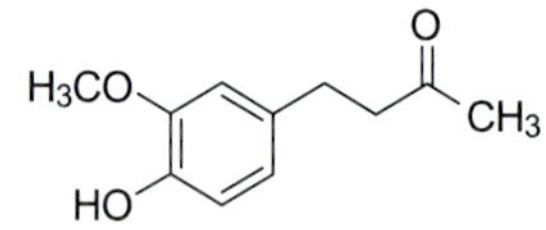

zingerone

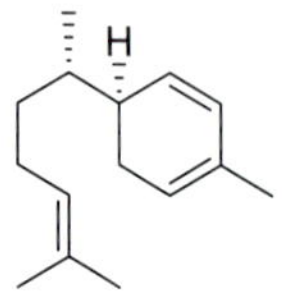

zingiberene

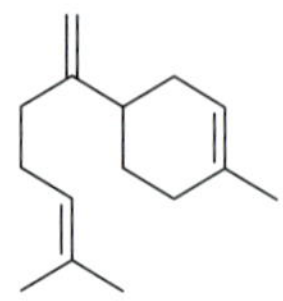

β-bisabolene

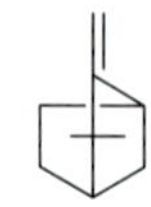

camphene

선복화 (Inula flower)

【기 원】 *Inula japonica* 또는 *I. britannica*, Compositae

【분 류】 식품

【사용부위】 금불초의 꽃

【산 지】 전국 각지의 산야 습지에 자생한다.

【생리활성성분】

1) Sesquiterpene lactone : eupatolide, inuchinenolide A~C, xanthanolide, eudesmanolide, ivalin, britannilactone, 1-O-acetylbritannilactone, ergolide 등
2) Flavonoid : patulitrin, nepitrin, axillarin, kaempferol, patuletin, luteolin 등
3) 기타 : taraxasterol, taraxasteryl acetate, inusterol B, C 등

【효능 및 기전】

1) 진해 · 거담작용
   기침을 멎게 하고, 가래를 없애 준다.
2) 항염증작용
   - Sesquiterpene lactone 화합물의 iNOS 저해활성이 알려져 있다.[1)]
   - Ergolide는 NFκB를 억제함으로써 iNOS와 COX-2의 발현을 저해한다.(*in vitro*, RAW 264.7 macrophages).[2)]

【참고문헌】

1) Lee H. T. *et al*., Arch. Pharm. Res. 25, 151-153, 2002.
2) Han W. J. *et al*., Br. J. Pharmacol. 133, 503-512, 2001.

소엽 (Perilla leaf)

【기 원】 *Perilla frutescens* var. *acuta* 또는 *P. frutescens* var. *crispa*, Labiatae

【분 류】 식품

【사용부위】 차즈기 또는 주름소엽의 잎 및 끝가지이다.

【산 지】 전국에서 재배한다.

【생리활성성분】

정유성분 : perillaldehyde(특유의 방향성분), (-)-limonene(10%), elsholtziaketone, naginataketone, perillalcohol, perillaketone, citral

1) Phenylpropanoid : caffeic acid, rosmarinic acid, elemicin, myristicin
2) Phenylpropanoid glycoside : perilloside E
   색소 : cyanin, cyanin p-coumarate
3) glycoprotein : Pf-gp6
4) Flavonoid : luteolin, apigenin

【효능 및 기전】

1) 발한 · 해열작용

   물추출물에는 발한 · 해열작용이 있다.

2) 항미생물작용

   - 자소엽에서 분리된 glycoprotein인 Pf-gp6은 HIV-1 바이러스의 침입과 초기복제 단계를 방해한다(*in vitro*, cellular assay, IC_{50}, 1.3~71.0 μg/mL).[1]
   - periillaldehyde와 citral에는 항백선균작용이 있으며, 정유성분에는 강한 방부작용이 있다.

3) 항염증작용

   - rosmarinic acid에는 fibrin을 분해하는 작용과 항산화작용이 있어 사구체 혈관간세포의 과다증식에 의한 사구체신염의 발생을 억제한다.[2]
   - luteolin과 rosmarinic acid, caffeic acid가 TNFα의 생산을 억제한다.[3]

4) 항알레르기작용

   물추출물과 rosmarinic acid에는 항알레르기작용이 있다.[4]

【참고문헌】

1) Kawahata T. *et al.*, Antivir. Chem. Chemother., 13, 283-288, 2002
2) Makino T. *et al.*, Nephron., 92, 898-904, 2002
3) Ueda H. *et al.*, Biol. Pharm. Bull., 25, 1197-1202, 2002
4) Makino T. *et al.*, Phytother. Res., 17, 240-243, 2003

【생리활성성분 화학구조식】

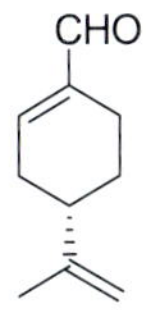

(-)-perillaldehyde

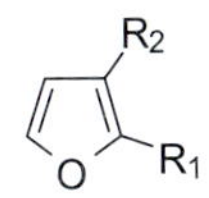

	R_1	R_2
elsholtziaketone	$-CO\text{-}CH_2\text{-}CH(CH_3)_2$	CH_3
perillaketone	H	$-CO\text{-}(CH_2)_2\text{-}CH(CH_3)_2$
naginataketone	$-CO\text{-}CH{=}CH(CH_3)_2$	CH_3

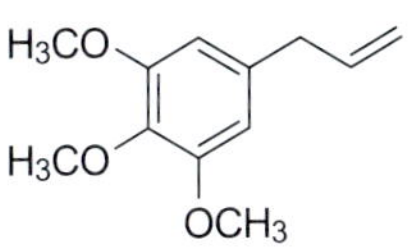

elemicin

myristicin, R=H
dillopiol, R=OCH_3

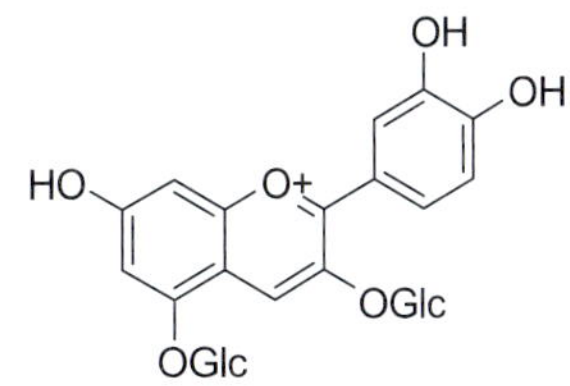

cyanin

어성초 (Houttuynia herb)

【기 원】 *Houttuynia cordata*, Saururaceae

【분 류】 식품

【사용부위】 약모밀의 개화기의 지상부이다.

【산 지】 한국, 중국, 일본, 히말라야, 자바에 분포한다.

【생리활성성분】

1) Flavonoid : quercetin, quercitrin, isoquercetin, afzerin, rutin 등
2) Alkaloid : piperolactam A, norcepharadione B, cepharadione B 등
3) 기타 : decanoylacetaldehyde, methyl n-nonyl ketone, lauryl aldehyde, capryl aldehyde, sodium houttuyfonate 등

【효능 및 기전】

1) 해열 · 해독작용
   해열 · 해독작용, 소염작용이 있고, 폐렴, 말라리아 등을 치료한다.
2) 항균 · 항진균작용
   decanoylacetaldehyde는 포도상구균 및 항산성세균, 피부사상균에 대한 항균성을 나

타낸다.[1),2)]

2) 항바이러스작용

- 열탕추출물은 HSV-2에 대하여 유효한 항바이러스작용을 나타낸다.
- 신선한 어성초에서 수증기 증류로 얻은 정유 성분과 정유 성분의 구성 성분인 methyl n-nonyl ketone, lauryl aldehyde, capryl aldehyde는 HSV-1과 influenza virus, HIV에 대하여 항바이러스 작용을 나타낸다(*in vitro*).[3)]

3) 항산화작용, 항염증작용

- 추출물과 polyphenol 화합물은 지질과산화를 억제하고 free radical(DPPH) 소거작용을 나타낸다(*in vitro*).[4),5)]
- 항염증작용이 있다(*in vitro*, *in vivo*, mouse).[6)]

【참고문헌】

1) Suzuki *et al*., Yakugaku Zasshi 72, 1277, 1952
2) Suzuki *et al*., Yakugaku Zasshi 73, 435, 1953
3) Hayashi K. *et al*., Planta Med., 61, 237-241, 1995
4) Cho E. J. *et al*., Am. J. Chin. Med., 31, 907-917, 2003
5) Cho E. J. *et al*., Phytomedicine 10, 544-551, 2003
6) Hou Y. Zhang X. Zhongguo Zhong Yao Za Zhi 15, 221-222, 255, 1990

은시호 (Gypsophila root)

【기 원】 *Gypsophila oldhamiana*, Caryophyllaceae

【분 류】 식품

【사용부위】 대나물의 뿌리

【산 지】 제주를 제외한 우리나라 전국 각지와 중국에 분포한다.

【생리활성성분】 1) Flavonoid : 6, 8-di-C-β-D-galactopyranosyl apigenin

2) Cyclopeptide : dichotomin A~I, stellaria cyclopeptide A, B

3) Steroid : β-sitosterol, α-spinasterol, stigmasterol

【효능 및 기전】

해열작용, 진해작용, 거담작용이 있다.

【참고문헌】

1) 생약학교재편찬위원회, 생약학, 동명사, p 174, 2006

전호 (Angelica decursiva root)

【기 원】 *Angelica decursiva* (=*Peucedanum decursivum*) 또는 P. *praeruptorum* Umbelliferae

【분 류】 개발 가능성이 있는 소재

【사용부위】 바디나물 또는 백화전호의 뿌리

【산 지】 전국의 산과 들에서 자라며, 일본, 중국, 인도차이나에 분포한다.

【생리활성성분】

1) Lignan : podophyllotoxin, deoxypodophyllotoxin, angeloyl podophyllotoxin mor-elensin, yatein, arctigenin
2) Polyacetylene : falcarindiol
3) Coumarin : decursin, nodakenin 등〈*A. decursiva*〉
   praeruptorin A, B, C, E, qianhucoumarin D 등〈*P. praeruptorum*〉

【효능 및 기전】

1) 거담 · 해열작용
   거담작용과 해열작용이 있다.
2) 항알레르기작용
   - 백화전호에서 분리된 praeruptorin A, B와 같은 성분들은 혈소판 응집인자에 의한 혈소판 응집을 억제하며, histamine이나 leukotriene D_4에 의한 회장의 수축을 억제한다.[1)]
   - 백화전호와 바디나물에서 분리된 coumarin 성분들은 칼슘이온의 유입을 저해함으로써 concanavalin A로 유도한 mast cell로부터의 과민반응 매개인자의 유리를 억제한다.[2)]

【참고문헌】

1) Aida Y. *et al*., Chem. Pharm. Bull., 43, 859-867, 1995
2) Suzuki T. *et al*., J. Pharmacobiodyn., 8, 257-263, 1995

죽력 (Bambusae Caulis in Liquamen)

【기 원】 *Phyllostachys nigra* var. *henonis*, Gramineae

【분 류】 식품

【사용부위】 솜대(淡竹)의 간경(稈莖)을 잘라서 양끝의 마디를 제거하고 불로 구어 흘러내린 즙액을 모은 것이다.

【산 지】 한국, 중국

【생리활성성분】 Triterpenoid계 : glutinone, friedelin, glutinol

【효능 및 기전】

1) 급성기관지염, 폐렴, 뇌졸중에 사용한다.
2) 심한 가래나 소아경풍, 전간에도 유효하다. 열이 심하고 가슴이 답답하면서 갈증을 일으킬 때에도 효력이 있다.

【참고문헌】

1) 생약학교재편찬위원회, 생약학, 동명사, p453, 2004
2) 육창수 외, 한국본초학, 계축문화사, p307, 1981

진피 (Citrus unshiu peel)

【기 원】 *Citrus unshiu*, Rutaceae

【분 류】 식품

【사용부위】 귤나무의 잘 익은 열매껍질이다.

【산 지】 우리나라 제주도에서 재배한다.

【생리활성성분】

1) Flavonoid : hesperidin, rutin, naringin, neohesperidin, nobiletin, vitexin, poncirin, 5-hydroxy-3',4',6,7,8-pentamethoxyflavone, 3',4',5,6,7,8-hexamethoxyflavone 등
2) limonoid : nomilinic acid 17-O-β-D-glucopyranoside 등
3) Alkaloid : synephrine

4) 정유 : (+)-limonene, linalool, linalylacetate, terpineol

【효능 및 기전】

1) 거담작용

- 구토와 딸꾹질을 억제하고 담을 제거하는 작용이 있다.
- (+)-limonene에는 진정, 중추억제작용이 있다.

2) 항알레르기작용

- 3',4',5,6,7,8-hexamethoxyflavone과 5-hydroxy-3',4',6,7,8-pentamethoxyflavone은 복부비만세포로부터의 히스타민유리를 농도 의존적으로 억제한다(*in vivo*, rat).[1]
- hesperidin은 type I reaction에 의한 알레르기반응을 억제한다(*in vitro*, *in vivo*).[2]

3) 기타

항염증작용, 항종양작용 : nobiletin은 phorbol ester로 유도한 피부의 염증, oxidative stress, 종양 발생을 억제한다(*in vivo*, mouse).[3]

【참고문헌】

1) Kim D. K. *et al.*, Arch. Pharm. Res., 22, 642-645, 1999
2) Matsuda H. *et al.*, Yakugaku Zasshi, 111, 193-198, 1991
3) Murakami A. *et al.*, Cancer Res., 60, 5059-5066, 2000

【생리활성성분 화학구조식】

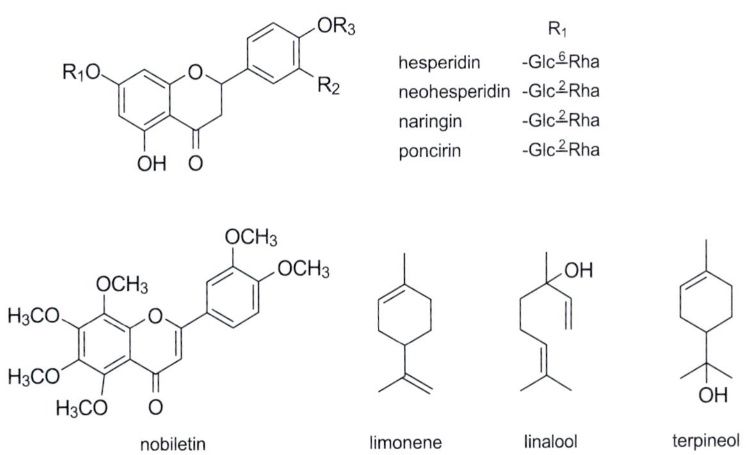

창이자 (Cocklebur fruit)

【기 원】 *Xanthium strumarium*, Compositae

【분 류】 식품

【사용부위】 도꼬마리의 열매이다

【산 지】 전국의 들이나 길가에서 흔히 자란다.

【생리활성성분】

1) Sesquiterpenoid : xanthanol, isoxanthanol, tomentosin(=xanthanolide), xanthatin, xanthumanol, xanthumin 등
2) Alkaloid : thiazinedione, xanthiazone
3) Phenolic compound : 1, 3, 5-tri-O-caffeoylquinic acid, caffeic acid

【효능 및 기전】

1) 발한 · 진통작용
   발한, 진통작용이 있으며, 감기, 두통, 콧물이 날 때 효과가 있다.
2) 항염증작용
   임상적으로 만성 비염에 효과가 있다.
3) 항미생물작용
   - tomentosin에는 항균작용이 있다.
   - 50% EtOH 추출물에는 antitryponosomal activity가 있다.

【참고문헌】

1) Sato Y. *et al*., J. Pharm. Pharmacol., 49, 1042, 1997
2) Talakal T. S. *et al*., J. Ethnopharmacol., 49, 141, 1995

청호 (Artemisia Apiacea Herba)

【기 원】 *Artemisia annua* 또는 *A. apiacea*, Compositae

【분 류】 식품

【사용부위】 개똥쑥 또는 개사철쑥의 지상부이다.

【산 지】 우리나라 중부이남 각지에 자생한다.

【생리활성성분】

1) Coumarin : 6, 7-dimethoxycoumarin, 6-methoxy-7, 8-methylenedioxycoumarin, 5, 6-dimethoxy-7, 8-methylenedioxycoumarin, herniarin, 6-hydroxy-7, 8-methylenedioxycoumarin, 5-hydroxy-6, 8-dimethoxycoumarin, 6-methoxy-7, 8-methylenedioxycoumarin
2) Flavonoid : apigenin, cacticin 등
3) 정유 성분 : β-urbonene, caryophyllene, β-humulene, δ-cadinene, α-pinene, camphene, limonene, 1, 8-cineole, α-thujone, copaene 등

【효능 및 기전】

1) 해열작용, 발한작용, 지혈작용이 있다.
2) 항균작용
   물 추출액은 피부진균에 대한 억제작용이 있다.
3) 항산화작용
   헥산 분획과 부탄올 분획은 DPPH에 대해서 현저한 free radical 소거활성을 나타낸다 (*in vitro*).[1)]

【참고문헌】

1) Kim K. S. *et al*., J. Ethnopharmacol., 85, 69-72, 2003

총백 (Ciboule root)

【기 원】 *Allium fistulosum*, Liliaceae

【분 류】 식품

【사용부위】 파의 신선한 비늘줄기이다.

【산 지】 전국 각지에 자생 및 재배한다.

【생리활성성분】 allicin, diallyl-monosulfide

【효능 및 기전】

1) 발한 · 해열작용, 이뇨작용, 건위작용, 거담작용이 알려져 있다.
2) 기타

- 항균작용 : 휘발성 성분 등은 세균의 효소계에 작용하여 디프테리아균, 결핵균, 적리균, 포도상구균, 연쇄구균의 성장을 억제한다.
- 항진균작용 : 수침제는 여러 가지 피부진균의 성장을 억제한다(*in vitro*).[1)]

【참고문헌】

1) 향약(생약)대사전 식물편, 정보섭 외, 영림사 p156, 1990.

칡뿌리 (Pueraria root)

【기 원】 *Pueraria lobata*, Leguminosae

【분 류】 식품

【사용부위】 칡의 주피를 제거한 뿌리

【산 지】 우리나라 각 지역의 산에 자생한다.

【생리활성성분】

1) Isoflavonoid : daidzein, daidzin, puerarin, genistein, formononetin 등
2) Triterpenoid : soyasaponin I, soyasapogenol A, kudzusaponin B 등
3) 기타 : starch 10~15%

【효능 및 기전】

1) 해열작용 · 진경작용

   물현탁액은 해열작용을 나타내고(*p.o.*), 물 또는 MeOH 추출물에는 진경작용이 있으며 이 작용은 daidzein (papaverine의 1/3 정도)의 함량에 비례한다(*in vivo*).[1)]

2) 항알레르기작용, 항혈전작용

   장내세균에 의하여 만들어지는 daidzin과 puerarin의 대사체인 daidzein은 ADP와 collagen으로 유도한 혈소판응집을 억제하고, pulmonary thrombosis에 의한 치사율을 낮춘다(*in vivo*, mouse, *i.p.*, *p.o.*).[2)]

【참고문헌】

1) 생약학, 동명사, p100-102, 2006.
2) Choo M. K. *et al.*, Biol. Pharm. Bull., 25, 1328-1332, 2002

【생리활성성분 화학구조식】

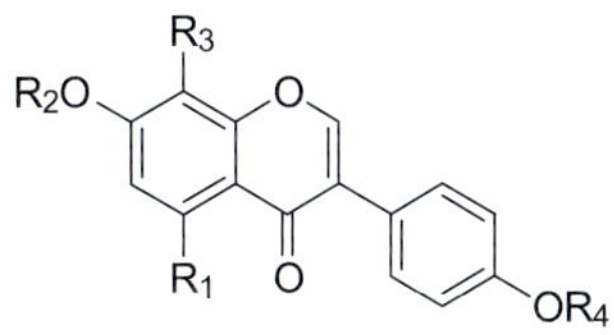

	R_1	R_2	R_3	R_4
daidzein	H	H	H	H
daidzin	H	Glc	H	H
puerarin	H	H	Glc	H
genistein	OH	H	H	H
formononetin	H	H	H	CH_3
genistin	OH	Glc	H	H

황금 (Scutellaria root)

【기 원】 *Scutellaria baicalensis*, Labiatae

【분 류】 식품

【사용부위】 속썩은 풀의 주피를 벗긴 뿌리이다.

【산 지】 한국, 중국, 일본, 몽고, 동시베리아에 분포한다.

【생리활성성분】 Flavonoid : baicalin, baicalein, wogonin, wogonin-7-O-glucuronide, oroxylin A, skullcapflavone I, II, chrysin, dihydrooroxylin A

【효능 및 기전】

1) 해열작용
   해열작용이 있으며 그 생리활성성분은 baicalein이다.[1]
2) 호흡기질환개선작용
   baicalin은 alveolar type II cell에서 분비되는 pulmonary surfactant인 surfactant protein A(SP-A) gene의 발현을 농도 의존적으로 증가시킨다.[2]
3) 항염증작용
   - wogonin은 COX-1과 fibronectin의 발현은 증가시키는 반면, COX-2와 TNFα 의 발현을 억제한다.[3]
   - baicalein은 dextran sulfate sodium으로 유도한 급성대장염을 완화시킨다(*in vivo*, mouse).[4]
   - baicalin은 chemokine과 결합하여 chemokine의 생리적 기능을 저해함으로써 항염증작용을 나타낸다(*in vitro*).[5]

4) 항바이러스작용

- wogonin은 respiratory syncytial virus(RSV)의 성장을 억제한다.[6]
- baicalin은 HIV-1이 숙주세포로 침입하는 과정을 방해한다.[7]
- 5,7,4'-trihydroxy-8-methoxyflavone에는 mouse-adapted influenza virus A와 B의 성장을 억제한다.[8),9)]

5) 자가면역질환 예방작용

baicalein은 IL-12 gene promotor site에 NFκ B가 결합하는 활성도를 낮춤으로써 LPS로 유도한 IL-12의 생성을 억제한다(*in vitro*, mouse macrophage).[10)]

6) 항알레르기작용

wogonin과 wogonoside, 3,5,7,2',6'-pentahydroxyflavone은 히스타민의 유리를 억제하고 leukotriene B_4와 IgE의 생성을 억제한다(*in vitro*).[11)]

【참고문헌】

1) 향약(생약)대사전 식물편, 정보섭 외, 영림사 p864, 1990.
2) Cheng K. T. *et al*., Planta Med., 69, 300-304, 2003
3) Chi Y. S. *et al*., Biochem. Pharmacol., 66, 1271-1278, 2003
4) Hong T. *et al*., Planta Med., 68, 268-271, 2002
5) Li B. Q. *et al*., Immunopharmacology, 49, 295-306, 2000
6) Ma S. C. *et al*., J. Ethnopharmacol., 79, 205-211, 2002
7) Li B. Q. *et al*., Biochem. Biophys. Res. Commun., 276, 534-538, 2000
8) Nagai T. *et al*., Biol. Pharm. Bull., 18, 295-299, 1995
9) Nagai T. *et al*., Antiviral Res., 26, 11-25, 1995
10) Kang B. Y. *et al*., Planta Med., 69, 687-691, 2003
11) Lim B. Q., J. Ethnopharmacol., 84, 23-29, 2003

【생리활성성분 화학구조식】

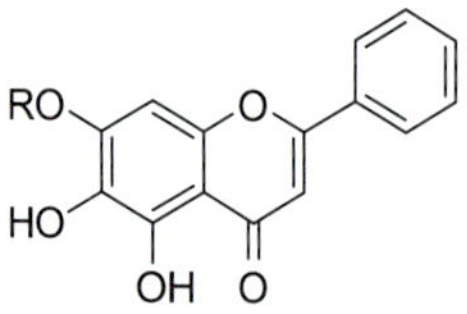

baicalein, R=H
baicalin, R=GlcA

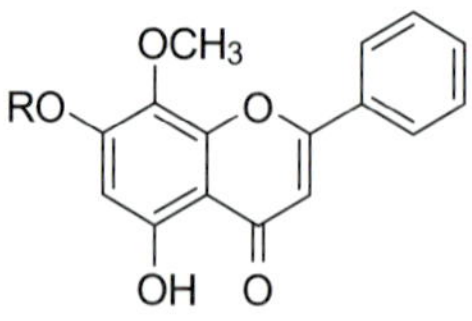

wogonin R=H
wogonin-7-O-glucuronide R=GlcA

향유 (Haichow elsholtzia herb)

【기 원】 *Elsholtzia ciliata*, Labiatae

【분 류】 식품

【사용부위】 향유의 꽃필 때의 전초이다.

【산 지】 전국의 산야에 흔히 자라며, 일본, 중국, 유럽에 분포한다.

【생리활성성분】 정유 : elcholtziaketone(주성분)

【효능 및 기전】

1) 발한 · 해열 · 이뇨작용
   - 발한 · 해열작용이 있으며, 두통 발열이나 몸살, 복통, 구토, 설사를 치료한다.
   - 폐결핵에 의한 토혈, 사지마비, 감기 등을 치료한다.

2) 항염증 · 진통작용

   꽃향유의 75% 에탄올 추출물은 염증을 억제하며, 진통작용을 나타낸디(*in vivo*).[1)]

【참고문헌】

1) Kim D. W. *et al*. Arch. Pharm. Res., 26, 232~236, 2003

【생리활성성분 화학구조식】

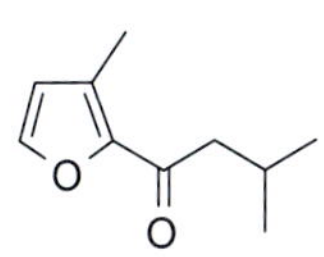

elsholziaketone

형개 (Schizonepeta spike)

【기 원】 *Schizonepeta tenuifolia*, Labiatae

【분 류】 식품

【사용부위】 형개의 꽃대이다.

【산 지】 중국 원산으로 전국에서 재배하는 귀화식물이다.

【생리활성성분】

1) 정유(1.8%) : (+)-menthon, (-)-pulegone을 주성분으로 하여 (-)-isomenthone, (+)-limonene, isopulegone, α-, β-pinene, camphene, piperitone, piperitenone 등
2) Sesquiterpenoid : caryophyllene, β-elemene, β-humulene 등
3) Flavonoid : apigenin 7-O-β-D-glucoside, luteolin-7-O-glucoside, hesperidin 등
4) Monoterpene glycoside : schizonepetoside A~C 등

【효능 및 기전】

1) 발한 · 해열작용

발한에 의해서 체온을 내린다.

2) 항균작용

결핵균의 성장을 억제한다(*in vitro*).

3) 기타

- 진통작용, 항염증작용 : 형개 추출물은 초산으로 유도한 통증을 억제하며, 에틸아세테이트 추출물은 초산으로 유도한 복막염에 있어서 혈관 투과성을 억제한다. 이러한 진통작용(writhing 억제)에는 (+)-menthone이, 혈관투과성억제작용에는 (-)-pulegone이 관여한다.
- 물 추출물은 compound 48/80 또는 anti-DNP IgE로 유도한 히스타민의 유리를 억제한다.[1)]

【참고문헌】

1) Shin T. Y. *et al*., Immunopharmacol. Immunotoxicol., 21, 705-715, 1999

【생리활성성분 화학구조식】

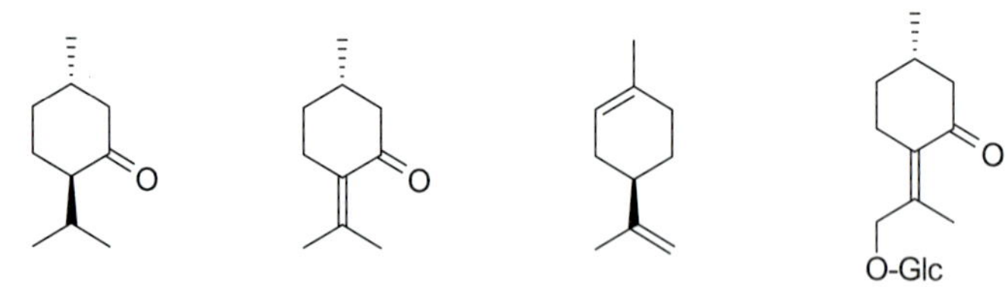

(+)-menthone (-)-pulegone (+)-limonene schizonepetoside C

10.2 해소 · 천식

도라지 (Platycodon root)

【기 원】 *Platycodon grandiflorum*, Campanulaceae

【분 류】 식품

【사용부위】 도라지의 뿌리로서 그대로 또는 주피를 제거한 것이다.

【산 지】 전국 각지의 산과 들에서 흔히 자라며, 일본, 중국, 등에 분포한다.

【생리활성성분】

1) Saponin 약 2% : platycodigenin을 alycone으로 하는 platycodin A, C, D, D_2, D_3, platycodigenic acid A_1~A_5, C, polygalacic acid, polygalacin D, D_2 등
2) Lupane계 triterpenoid : betulin
3) Phytosterol : α-spinasterol, α-spinasterol glucoside
4) 기타 : inulin, apiose(d-form), platyconin 등

【효능 및 기전】

1) 거담작용
위 점막을 자극하고 기관지분비를 촉진하며 거담작용을 나타낸다. 마취한 개에 물 추출물을 투여하면(1 g/kg) 기관지의 점액분비량이 현저히 증가한다.[1)]
2) 진통작용
platycodin D를 척수에 투여하면 통증에 대한 감수성이 현저하게 낮아진다. 여기에는 $GABA_A$, $GABA_B$, NMDA와 non-NMDA 수용체가 관여한다.[2)]
3) 항염증작용
platycodin D는 TPA로 protein kinase C를 활성화시킨 복막대식세포(rat)의 prostaglandin E_2 합성을 억제한다. 이 경우, COX-2의 발현이 감소하나 platycodin D가 COX-1과 COX-2의 활성에 직접적으로 영향을 미치지는 않는다.[3)]

【참고문헌】

1) Takagi K., Lee E. B., Yakugaku Zasshi, 92, 961-968, 1972
2) Choi S. S. *et al.*, Planta Med., 68, 794-798, 2002
3) Ida Y. *et al.*, Bioorg. Med. Chem. Lett., 8, 2209-2212, 1998

【생리활성성분 화학구조식】

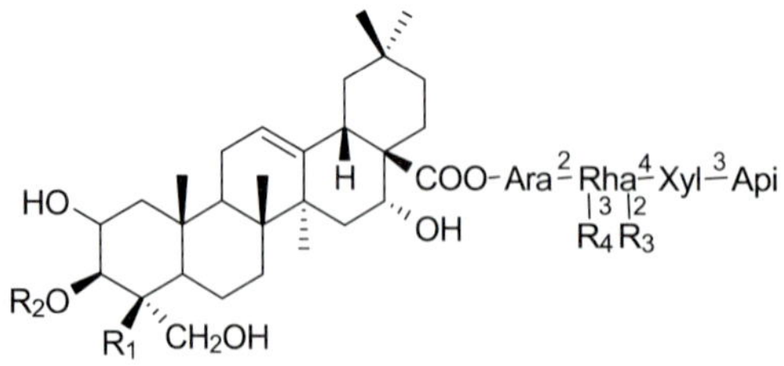

	R_1	R_2	R_3	R_4
platycodin A	CH_2OH	Glc	Ac	H
platycodin C	CH_2OH	Glc	H	Ac
platycodin D	CH_2OH	Glc	H	H
platycodin D_2	CH_2OH	Glc^{3}Glc	H	H
polygalacin D	CH_3	Glc	H	H
polygalacin D_2	CH_3	Glc^{3}Glc	H	H

맥문동 (Liriope tuber)

【기 원】 *Liriope platyphylla* 또는 *Ophiopogon japonicus*, Liliaceae

【분 류】 식품

【사용부위】 맥문동 또는 소엽맥문동의 뿌리의 팽대부이다.

【산 지】 전국 산야에서 자라며, 일본 중국 등에 분포한다.

【생리활성성분】

1) Steroidal saponin : ophiopogonin A, B(주성분), C, D, B', C', D' 등
2) Homoisoflavonoid : ophiopogonone A, B, methylophiopogonone A, B, ophiopogonanone A, methylophiopogonanone A, B 등
3) 기타 : oligosaccharide 및 polysaccharide

【효능 및 기전】

1) 진해 · 거담작용
   폐의 건조로 인한 마른기침, 토혈이나 객혈, 심한 갈증, 목이 건조할 때, 변비 등을 치료한다.[1)]
2) 항염증작용
   • 에탄올 추출물에는 항염증작용이 있다.
   • ophiopogonin D에는 IgM 항체생성억제작용이 있다.

【참고문헌】

1) 한국의 약용식물, 배기환, 교학사, p536, 2000

【생리활성성분 화학구조식】

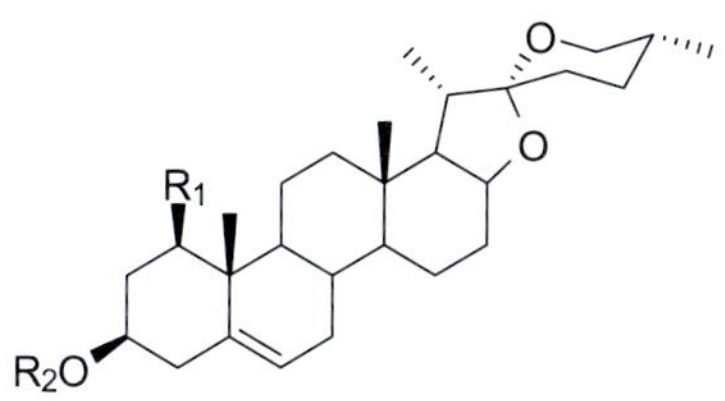

	R_1	R_2
ophiopogonin A	Rha$\overset{2}{-}$Fuc-O- (Rha–Ac)	H
ophiopogonin B	Rha$\overset{2}{-}$Fuc-O-	H
ophiopogonin C	D의 monoacetate	H
ophiopogonin D	Xyl$\overset{3}{-}$Fuc-O- ($\vert$2 Rha)	H
ophiopogonin B'	H	Xyl$\overset{3}{-}$Glc ($\vert$2) Ac$\overset{4}{-}$Rha
ophiopogonin C'	H	Rha$\overset{2}{-}$Glc
ophiopogonin D'	H	Xyl$\overset{3}{-}$Glc ($\vert$2 Rha)

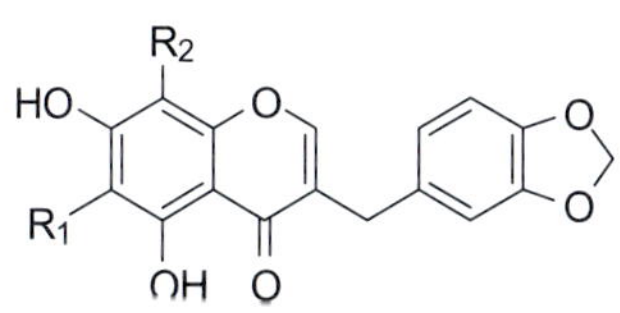

ophiopogonone A, R_1=CH_3, R_2=H
methylophiopogoone A, R_1=CH_3, R_2=CH_3

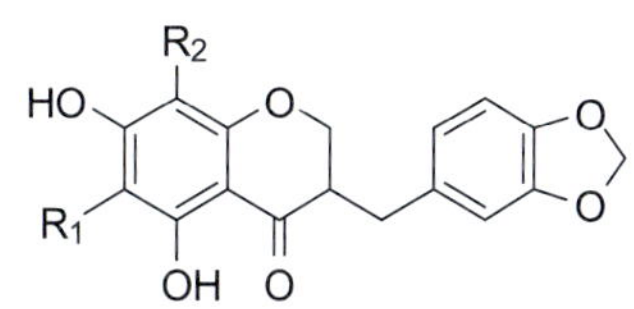

ophiopogonanone A, R_1=CH_3, R_2=H
methylophiopogonaaone A, R_1=CH_3, R_2=CH_3

비파엽 (Eriobotrya leaf)

【기 원】 *Eriobotrya japonica*, Rosaceae

【분 류】 식품

【사용부위】 비파나무의 잎

【산 지】 일본 원산으로 우리나라 남부지방에 자생하거나 재배한다.

【생리활성성분】

1) Megastigmane glycoside : roseoside
2) Sesquiterpene계 : ferulic acid, nerolidol 배당체
3) Triterpene계 : ursolic acid, oleanolic acid, maslinic acid, tormentic acid
4) Carotenoid계 : β-carotene, zeta-carotene, neurosporene, β-cryptoxanthin
5) 기타 : kaempferol 배당체, amygdalin, chlorogenic acid.

【효능 및 기전】

1) 호흡기계에 대한 작용
   - 폐열을 내려서 담을 삭혀주고, 위열에 의한 구토를 치료한다.[1]
   - 폐병에 의한 해수, 토혈, 구토를 치료한다.[2]

2) 기타
   - 항염증 작용 및 항알레르기 작용이 있다.

【참고문헌】

1) 향약(생약)대사전, 정보섭 외, 영림사, p611, 1990
2) 한국의 약용식물, 배기환, 교학사, p215, 2000

【생리활성성분 화학구조식】

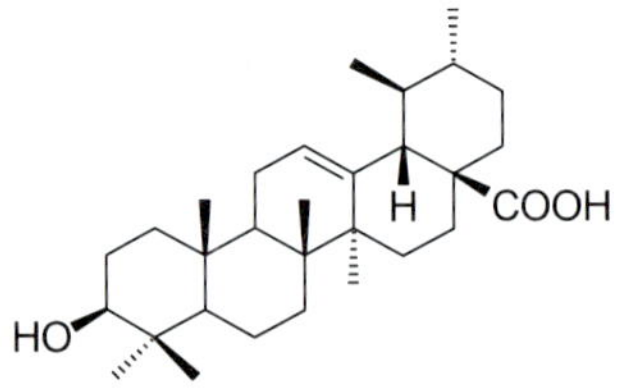

ursolic acid

상백피 (Mulberry root bark)

【기 원】 *Morus alba*, Moraceae

【분 류】 식품

【사용부위】 뽕나무의 뿌리껍질로 코르크층을 제거한 것이다.

【산 지】 전국에 자생하며, 일본, 중국, 몽고 등 동아시아에 널리 분포한다.

【생리활성성분】

1) Flavonoid : mulberrin(=kuwanon C), mulberrochromene(=morusin), kuwanon A~F, kuwanon G(=albanin F, moracenin B), kuwanon H(=albanin G, moracenin A)
2) Stilbene : kuwanon P, Y, Z, oxyresveratrol, piceatannol
3) Benzofuran : mulberrofuran A, B, E, M~Q, albanol B

4) Amino sugar : 1-deoxynojimycin

【효능 및 기전】

1) 호흡기계에 대한 작용
상백피는 한방에서 폐의 열을 내리고 폐기를 내려주어 폐열로 인한 담이 많은 기침, 천식 등을 치료한다.

2) 항균작용
kuwanon G는 구강병원균에 대해서 항균작용을 나타낸다.[1)]

3) 항염증작용
메탄올 추출물은 iNOS의 활성을 억제한다.[2)]

4) 기타
항바이러스작용, 항산화작용이 있다.[3),4)]

【참고문헌】

1) Park K. M. *et al*., J. Ethnopharmacol., 84, 181-185, 2003
2) Hong C. H. *et al*., J. Ethnopharmacol., 83, 153-159, 2002
3) Du J. *et al*., Phytochemistry, 62, 1235-1238, 1985
4) Oh H. *et al*., Planta Med., 68, 932-934, 2002

【생리활성성분 화학구조식】

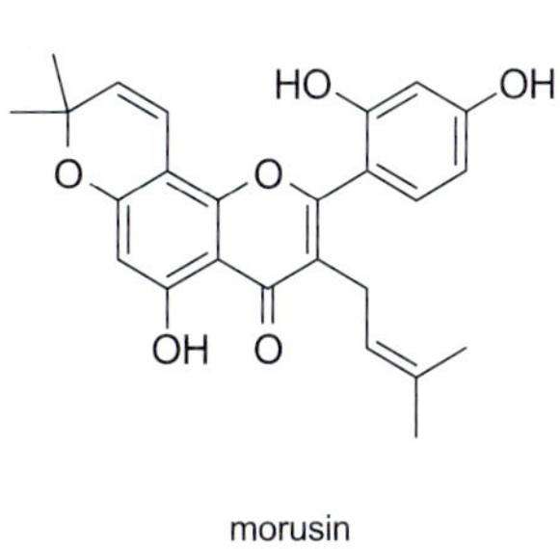

morusin

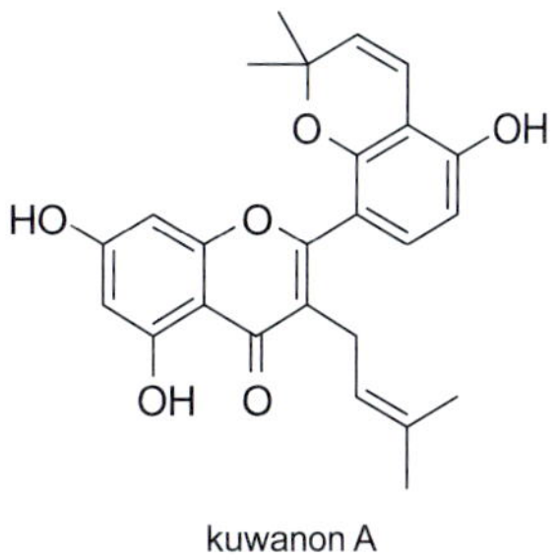

kuwanon A

소자 (Perilla seed)

【기 원】 *Perilla frutescens* var. *acuta*, Labiatae

【분 류】 식품

【사용부위】 차즈기의 종자이다.

【산 지】 전국 각지에서 재배한다.

【생리활성성분】

1) 지방산 : α-linolenic acid(약 60%)

2) Flavonoid : luteolin

3) Polyphenol : rosmarinic acid

【효능 및 기전】

1) 기관지에 대한 작용

차즈기의 씨와 잎을 한방에서 흥분성 발한약, 기침약, 진정약, 진통제, 가래약, 이뇨약으로 사용한다.

2) 항염증 및 항알레르기 작용

- luteolin은 강력한 TNFα 생성 억제활성을 가지며 TPA로 유발시킨 귀 부종을 용량의존적으로 억제함으로써 강력한 항염증 작용을 가진다.
- type-1의 알레르기 모델 마우스에서 rosmarinic acid가 강한 항알레르기 작용을 가진다.

【참고문헌】

1) 한방약리학, 한방약리학 교재편찬위원회, 신일상사, p 302-305, 2005

원지 (Polygala root)

【기 원】 *Polygala tenuifolia*, Polygalaceae

【분 류】 식품

【사용부위】 원지의 뿌리이다.

【산 지】 국내의 중부 이북의 산지에서 드물게 자라고, 중국의 동북 지방, 몽고, 시베리아에 분포한다.

【생리활성성분】

1) Triterpenoid계 saponin 4% : onjisaponin A~G, tenuifolin, tenuigenin A, B, presenegin-3-O-β-D-glucopyranoside

2) Xanthone : 2, 6, 7, 8-tetramethoxyxanthone, 3-hydroxy-2, 6, 7, 8-tetramethoxy-xanthone, polygalaxanthone I~VII, onjixanthone I, II

3) Oligosaccharide polyester : tenuifoliose A~Q
4) 그 외 polygalitol, N-acetyl-D-glucosamine, tenuidine

【효능 및 기전】

1) 거담작용
   급성 및 만성적인 기관지염, 폐렴, 후두염에 거담약으로 사용한다.
2) 항균작용 · 항염증작용이 있다.

【참고문헌】

1) 생약학, 생약학교재편찬위원회, 동명사, p171, 2006

【생리활성성분 화학구조식】

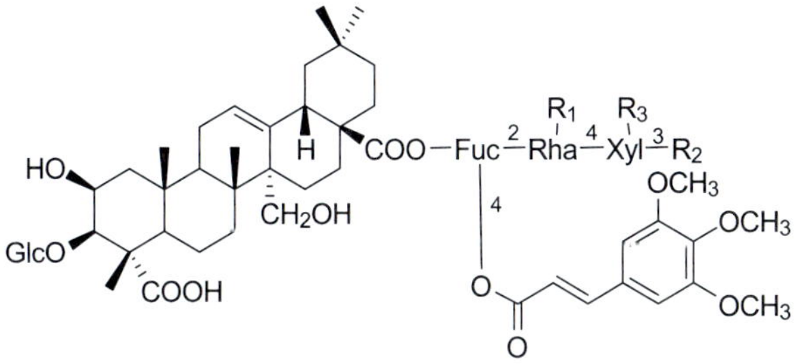

onjisaponin E, R_1=H, R_2=H, R_3=Gal
onjisaponin F, R_1=Api, R_2=Ara, R_3=H
onjisaponin G, R_1=Api, R_2=H, R_3=H

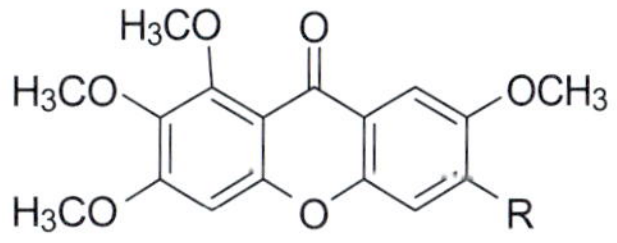

2,6,7,8-tetramethoxyxanthone, R=H
3-hydroxy-2,6,7,8-tetramethoxyxanthone, R=OH

천문동 (Asparagus tuber)

【기 원】 *Asparagus cochinchinensis*, Liliaceae

【분 류】 식품

【사용부위】 천문동의 덩이뿌리로서 뜨거운 물로 삶거나 찐 뒤에 겉껍질을 벗겨 말린 것이다.

【산 지】 우리나라의 남부 해안가에서 주로 자생하며, 일본, 중국, 대만에 분포한다.

【생리활성성분】

1) Furostan glycoside : asparagus saponin(Asp-IV, V, VI, VII)
2) Spirostanol glycoside : asparacoside
3) Spirosteroid : asparacosin A, B

4) Polyacetylene : 3"-methoxyasparenydiol, asparenydiol

5) Phenolic compound : nyasol, trans-coniferyl alcohol 등

6) 다당류 : oligosaccharide I~VII

7) 기타 : 5-methoxymethylfurfural, aspartic acid

【효능 및 기전】

1) 진해작용

진액을 생성시키고, 폐의 열을 내리는 효능이 있어, 기침으로 인한 토혈, 폐옹, 인후종통, 소갈, 변비를 치료한다.[1)]

2) 기타

- 물추출물은 탄저균, 용혈성연쇄구균, 디프테리아균, 폐렴구균, 황색포도상구균에 대하여 항균작용이 있다.
- 모기, 파리에 대한 살충작용이 있으며, 항종양작용이 있다.[2)]

【참고문헌】

1) 한국의 약용식물, 배기환, 교학사, p527, 2000

2) 생약학, 생약학교재편찬위원회, 동명사, p281, 2006

【생리활성성분 화학구조식】

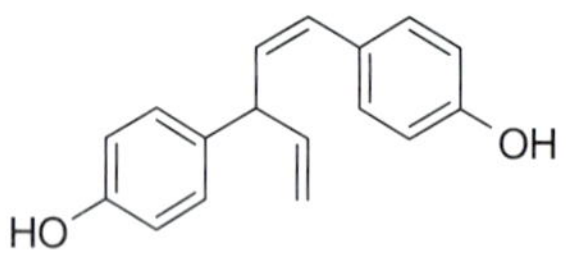

nyasol

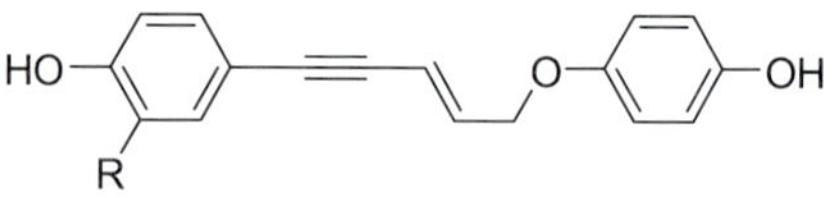

asparenydiol, R=H
3"-methoxyasparenydiol, R=CH_3

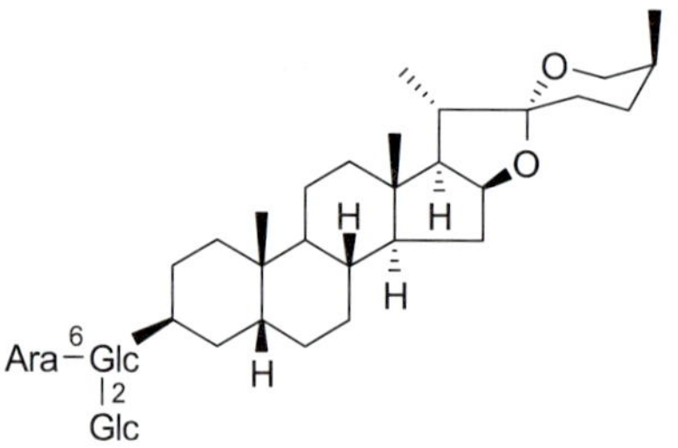

asparacoside

행인 (Apricot kernel)

【기 원】 *Prunus armeniaca* var. *ansu*, *P. mandshurica* var. *glabra*, *P. sibirica*, *P. armeniaca*, Rosaceae

【분 류】 개발 가능성이 있는 소재

【사용부위】 살구나무, 개살구나무, 시베리아살구, 또는 아르메니아살구의 잘 익은 씨이다.

【산 지】 우리나라 전국 각지의 산야에 자생하거나 재배한다.

【생리활성성분】

1) Cyanogenic glycoside : amygdalin 약 3%, prunasin, mandelic acid glycoside
2) Steroid : estrone, α-estradiol
3) emulsin, 지방유(30~50%)

【효능 및 기전】

1) 진해작용
   amygdalin은 체내에서 서서히 분해되어 미량의 청산(HCN)을 생성한다. 청산은 호흡중추에 작용하여 호흡운동을 안정시켜 기침을 멎게 한다.[1]
2) 거담작용
   급만성 호흡기 감염에 쓰이며, 감기, 기침, 객담에 효과적이다.[2]
4) 기타
   대량 복용하면 중독되기 쉽고, 청산은 연수를 먼저 자극한 뒤 마비시킨다. 또 효소의 활동을 억제하고 신진대사를 방해하므로 조직의 질식을 일으킨다. 한편, 인체는 청산을 thiocyanate로 빨리 대사(무독화)시켜서 요로 내보내는 능력을 가지고 있다.[3]

【참고문헌】

1) 향약(생약)대사전, 정보섭 외, 영림사 p625, 1990
2) 한방약리학, 한국생약학교수협의회, 정담, p115, 1998
3) 생약학, 생약학교재편찬위원회, 동명사, p351, 2006

【생리활성성분 화학구조식】

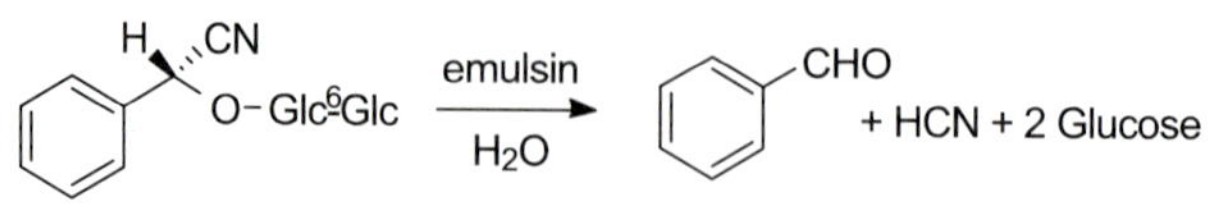

amygdalin

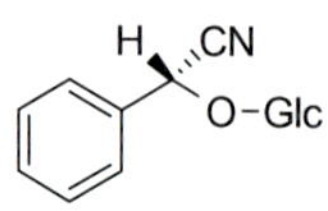

prunasin

11 부인과

부인과 질환으로는 월경곤란과 출혈, 무월경, 월경 과소증, 골다공증과 유선염, 유방 통증 등을 들 수 있다.

11.1 월경곤란 및 출혈

여성들의 출산 후 월경곤란이나 월경 과소증이 나타나는 경우 혈전 억제능과 같이 혈액 순환을 촉진하는 건강식품들이 사용될 수 있으며, 출혈은 지혈 효능을 지니는 건강기능식품들이 이용될 수 있다.

11.2 골다공증 및 식물성 호르몬

여성들에 나타나는 부인과 질환은 대표적인 여성 호르몬인 에스트로겐(estrogen)과 깊은 관련이 있다. 부인과 질환 중 갱년기에 나타나는 증상들은 골다공증(osteoporosis)과 얼굴 화끈거림(hot flashes)이 대표적이며 여성 호르몬의 급격한 감소가 유발하는 증상으로 보인다. 에스트로겐을 직접 처방하는 요법은 여성 암을 방지한다는 보고와 오히려 여성 암을 유발한다는 보고가 상반되고 있어 복용하는 환자는 약간의 불안감을 지니는 것이 사실이다. 이런 경우 대체요법으로 권할 수 있는 것이 이소플라본을 함유하고 있는 콩과식물들의 건강기능식품이다. 이소플라본은 그 분자구조의 골격이 에스트로겐과 유사한 부분을 갖고 있어 에스트로겐과 같은 작용이 가능한 것으로 생각된다. 최근 이소플라본 함유 식품들은 남성 호르몬과 관계있는 질병에도 효능이 나타나고 있다.

식물성 호르몬을 대표하는 것이 식물성 여성호르몬(phytoestrogen)이다. 폐경기 이후에 급속도로 감소하는 여성호르몬(estrogen)으로 인해 나타나는 증상을 치료하려고 호르몬 대체요법(HRT)을 장기간 사용해 온바 심각한 부작용으로 여성 암이 급증하게 되었다. 이에 부작용이 적은 식물성 식품에서 estrogen 유사작용을 나타내는 물질을 찾고자 노력하여 콩(soybeans)류에 다량 함유된 isoflavonoids를 발견하게 되었고 이것을 phytoestrogen이라고 부르게 되었다. 이러한 phytoestrogen을 다량으로 함유하고 있는 식품을 섭취하는 세계 인구의 분포비율은 동아시아가 유럽이나 북미주보다 30배나 높다. 또한, 이러한 물질들이 비교적 약한 수용체 친화력 때문에 내재하고 있는 호르몬의 작용보다는 약하지만 폐경기에 발현되는 호르몬 결핍증들을 보상하고 증상들을 유의성 있게 완화한다는 증거들이 드러나고 있다. 특히 동양의 폐경기 여성들은 25%만이 여성호르몬 결핍으로 증상을 호소하는 반면, 서양 여성들은 85%가 고통당하는 것으로 집계되고 있다. 이러한 사실을 뒷받침하는 것은 식물성 식품을 많이 섭취하는 것이 폐경기로 말미암아 발현되는 골다공증(osteoporosis), 불면(insomnia), 얼굴 화끈거림(hot flashes), 여성 암 등과 최근에 급증하는 남성의 전립선암을 감소시킨다는 연구결과들이 실험들을 통해 증가하고 있기 때문이다.

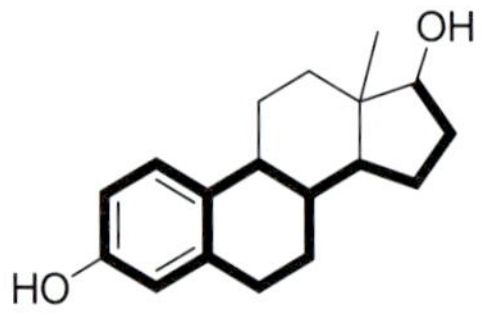

estradiol

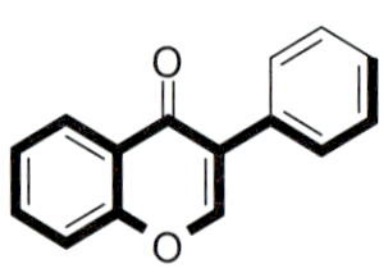

isoflavone

11.3 유선염(Mastitis)

유방에 박테리아 감염이 생겨 유방에 염증이 생기는 것을 유선염이라고 한다. 유선염은 젖을 먹이지 않는 산모의 유방에 생길 수 있으며 분만 후 젖을 먹이기 시작한 첫 2~6주 이내에도 잘 생긴다. 보통 젖꼭지 등의 틈을 통하여 균이 침범하여 심한 통증과 발적, 부어오르거나 발열감을 나타낸다. 또한 유선염은 진행 정도에 따라 피곤, 권태감이 생기며 미열 내지 고열이 나고 구토 등의 증상이 생긴다. 때로는 독감과 비슷한 증상이 생길 수 있으며 한쪽 유방에만 생기는 것이 보통이다.

11.1 월경곤란 및 출혈

녹용 (Deer antler)

【기 원】 *Cervus nippon*, *Cervus elaphus*, Cervidae(사슴과)

【분 류】 식품

【사용부위】 약용(뿔)

【산 지】 함경도, 평안도를 비롯하여 충청도, 경상도, 전라도 산지에서 생산됨

【생리활성성분】 uracil, uridine, hypoxanthine, collagen, acid mucopolysaccharide, 중성지질, 당지질, ganglioside, 7-ketocholesterol, estradiol을 포함한 스테로이드계와 프로스타글란딘류의 호르몬, 핵산 등

【효능 및 기전】

1) 강장 · 보기(補氣) · 보혈(補血) · 보정(補精) · 근골강화 작용[1]
   - 한방에서는 원양을 굳세게 하고 기혈을 잘 보하며, 정자수를 늘리고 근골을 튼튼하게 하여 신체 쇠약, 신경 쇠약, 현기증, 자궁허냉(虛冷), 자궁출혈, 대하 등을 치료하는 데 쓰임
2) 세포 분열 촉진 작용[2]
   - 녹용에서 분리된 velvet antler polypeptide(VAPPs)는 rat의 표피 세포 및 NIH3T3 세포계의 분열을 촉진하는 작용이 있음
3) 골절 치유 촉진 작용[3]
   - 녹용의 velvet antler total polypeptides(VATP)는 연골 세포 및 골아 세포의 전구체의 분열을 촉진시켜 rat의 골절 치유를 가속화하는 작용을 가짐
4) 항염증(anti-inflammatory) 작용
   - 녹용에서 분리된 pilose antler peptide(PAP)는 rat의 종기에 대해 항염증 작용을 보임[4]
   - 녹용의 pilose antler에서 분리, 정제된 화합물(homogeneous peptide)은 항염증 작용을 가짐[5]

【참고문헌】

1) 중약대사전 2권, p797
2) Guan, S. W. *et al*., Acta Biochim. Pol., 53(2), 395-397, 2006

3) Zhou, Q. L. *et al*., Zhongguo Yaoli Xuebao.(Acta Pharmacol. Sin.), 20(3), 279-282, 1999

4) Zhang, Z. *et al*., Zhongguo Yaoli Xuebao.(Acta Pharmacol. Sin.), 5(3), 282-284, 1994

5) Zhang, Z. Q. *et al*., Yaoxue Xuebao, 27(5), 321-324, 1992

【생리활성성분 화학구조식】

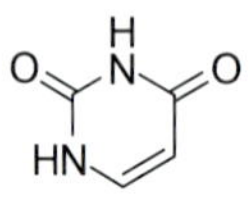

uracil

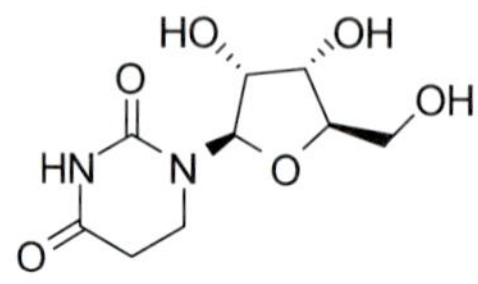

uridine

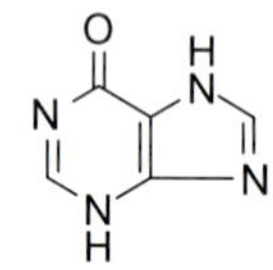

hypoxanthine

당귀 (Korean angelica)

【기 원】 *Angelica gigas*, Umbelliferae(미나리과)

【분 류】 식품

【사용부위】 뿌리

【산 지】 춘양, 정선, 봉화

【생리활성성분】 decursin, decursinol, marmesin

【효능 및 기전】

1) 자궁에 대한 작용

- 당귀와 crude extract의 정맥주사는 개와 rabbit의 자궁에 수축작용을 나타냄[1]
- 자궁누관 실험에서 rabbit의 자궁에 압력을 가하였을 때 자궁수축이 비조직형에서 조직형(규칙성이 강해지고 율동이 늦어지며 수축력이 증가)으로 바꾸어짐, 생리통치료의 약리학적 기초[1]
- 자궁수축제로 쓰임[2]

2) 혈소판 응집억제작용[3]

- Spontaneous FH 토끼에 화오탕을 처리한 토끼에서 죽상판(atheromatous plaque) 형성이 억제됨
- 인공적으로 유도한 허혈성 경색을 보호하고 파종성 혈액내 응고(disseminated intravascular coagulation), 혈소판 응집, 혈전 용해작용과 연관성이 있음

3) 허혈성 심질환과 뇌손상에 효과[4)]

- 당귀는 사물탕의 재료중 하나로서 H_2O_2 처리한 세포에서 Erk의 early phosphorylation을 유도하고 anti-apotogenic Bcl2 protein의 발현을 억제하여 MAP kinase를 활성화시켜 산화적 손상으로부터 보호함

4) 항염증 효과[5)]

- Acetic acid에 의해 유발된 혈관 투과성이 당귀의 추출물인 CML-1에 의해 현저히 감소되었다. 프로인트 완전면역보강제를 처리한 rat에서는 CML-1 300 mg/kg 용량에서 부종을 억제하였고, CML-1 600 mg/kg용량으로 acetic acid에 의해 유발된 writhing syndrome을 억제함

5) 신경보호작용[6)]

- 팔물총명탕의 재료로서 대뇌에 ischemic 손상을 입은 쥐로 water maze실험을 했을 때 팔물 총명탕을 처리한 쥐에서 해마에서 인지능력 손상에 대한 보호효과를 보임

【참고문헌】

1) 중약대사전 3권, 889p
2) Kim, H. Y. Repub. Korean Kongkae Taeho Kongbo, 2002
3) Park, W. H. Phytother Res., 19(10), 846-853, 2005
4) Park, C. *et al.*, Am. J. Chin. Med., 34(4), 695-706, 2006
5) Eum, H. A. *et al.*, Am. J. Chin. Med., 33(1), 29-40, 2005
6) Yun, Y. J. *et al.*, Biol. Pharm. Bull., 30(2), 337-342, 2007

【생리활성성분 화학구조식】

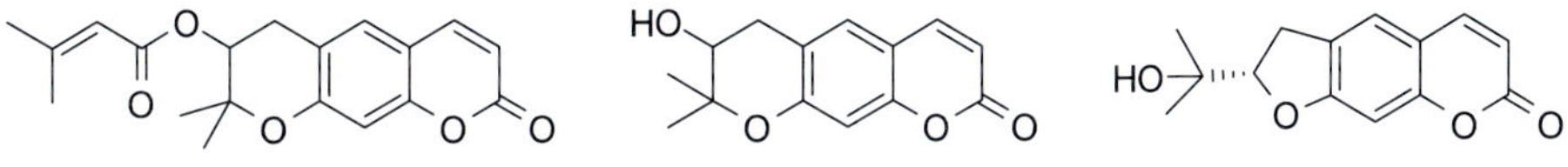

decursin   decursinol   marmesin

대계 (Japanese thistle)

【기 원】 *Cirsium japonicum*, Compositae(국화과)

【분 류】 식품

【사용부위】 식용(잎, 줄기), 약용(뿌리, 잎, 줄기)

【산 지】 한국 · 일본 · 중국 북동부 및 우수리에 분포하는 다년초

【생리활성성분】 linarin, alkaloid, volatile oils, taraxasteryl acetate, ciryneol A~C, stigmasterol, α-amyrin, β-amyrin acetate, β-sitosterol

【효능 및 기전】

1) 지혈 작용

- Pectolinarin과 linarin을 포함하는 대계의 생리활성성분은 지혈 및 항결핵 작용이 있으며 혈뇨, 혈변, 외상성 출혈, 코피, 결핵 등을 치료하는데 쓰임[1)]
- 대계에서 추출, 분리된 pectolinarin과 대표적인 지혈제인 tranexamic acid를 쥐에게 복용시켜 쥐의 출혈시간을 측정한 결과 pectolinarin이 월등한 지혈 작용을 나타냄[2)]
- 한방에서는 피를 차게 하고(凉血) 출혈을 멎게 하는(止血) 작용이 있는 것으로 보아 토혈, 코피, 혈뇨, 어혈, 자궁출혈, 여성의 적백대하, 직장 궤양 출혈, 충수염 등을 치료하는데 쓰임[3)]

2) 혈압강하 작용

- 물 추출액 및 에탄올 추출액을 개, 고양이, 토끼에 사용한 결과 혈압을 내리는 작용을 함[4)]

3) 과산화 지질(lipid peroxide) 형성 억제 효과

- 대계의 지상부에서 얻어진 flavone glycosides(linarin, cirsimarin)는 rat의 간에서 과산화 지질의 형성을 감소시키는 작용을 함[5)]

4) 항우울(antidepressant) 효과

- Open field test 및 forced swimming test에서 대계 추출물의 투여는 쥐의 활동성을 증가시킴[6)]

5) 종양 억제 및 면역 향상 효과

- 대계로부터 얻어진 flavone(pectolinarin and 5,7-dihydroxy-6,4'-dimethoxyflavone)은 종양(S180, H22)이 이식된 쥐에서 종양의 성장을 억제하고 면역 반응을 촉진하는 작용을 함[7)]

6) 심혈관 수축작용

- 대계에서 분리된 flavone glycoside(hispidulin-7-α-rhamnopyranosyl(1→2)-β-D-glucopyranoside)가 쥐의 심혈관계의 심방 및 대동맥을 자극하고 수축하는 작용이 있음[8)]

【참고문헌】

1) Ye. W. *et al.*, Faming Zhuanli Shenqing Gongkai Shuomingshu, 2007

2) Kosuge T. *et al.*, Jpn. Kokai Tokkyo Koho., 1987
3) 중약대사전 3권, p904
4) Ishida H. *et al.*, Chem. Pharm. Bull., 35, 861-864, 1987
5) Park J. C. *et al.*, Han'guk Yongyang Siklyong Hakhoechi, 24(6), 906-910, 1995
6) Park H. K. *et al.*, Yakhak Hoechi, 50(6), 429-435, 2006
7) Liu S. *et al.*, Int. Immunopharmacol., 6(9), 1387-1393, 2006
8) Lim S. S. *et al.*, Han'guk Sikp'um Yongyang Kwahak Hoechi, 26(2), 242-247, 1997

【생리활성성분 화학구조식】

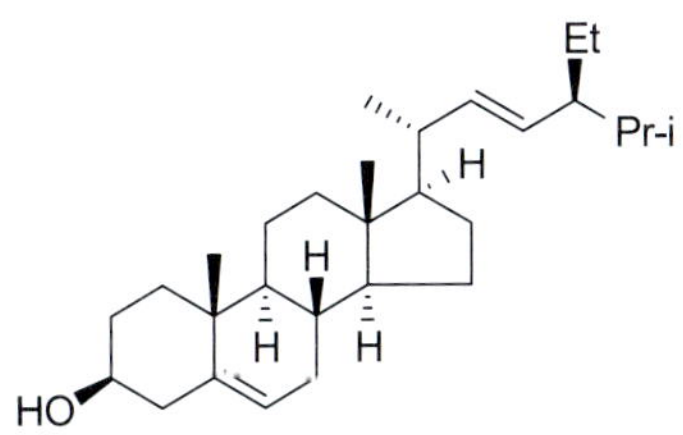

stigmasterol

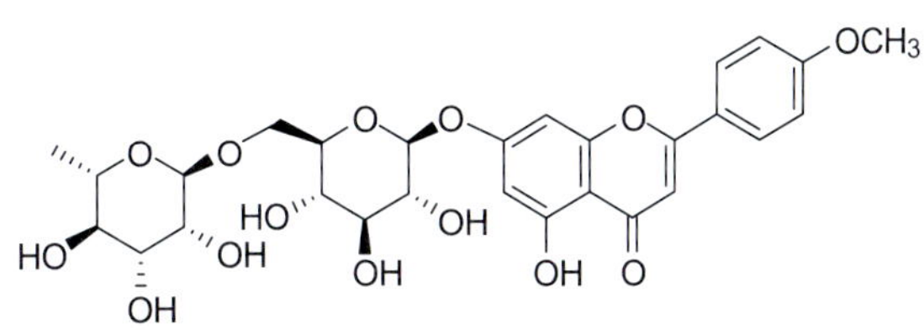

linarin

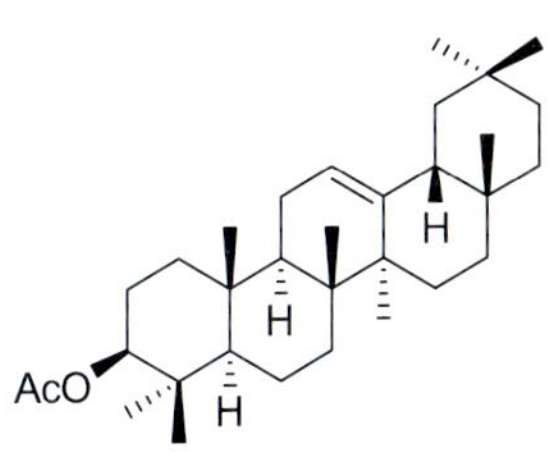

β-amyrin acetate

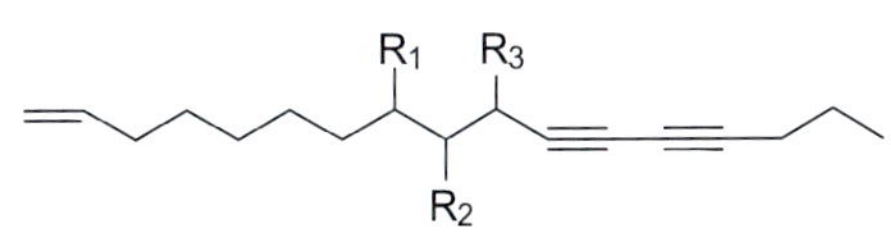

ciryneol A R_1=OAc, R_2=OH, R_3=OH
ciryneol B R_1=OCH_3, R_2=OH, R_3=OH
ciryneol C R_1=Cl, R_2=OH, R_3=OH

백작약 (Chinese peony)

【기 원】 *Paeonia lactiflora*, Paeoniaceae(모란과)

【분 류】 식품

【사용부위】 식용(잎, 줄기), 약용(뿌리, 잎, 줄기)

【산 지】 우리나라 전국 고산지대의 음지에서 자생하며 또한, 재배함

【생리활성성분】 paeonol, paeoniflorin, paeonin, tannin, benzoic acid 외 정유성분,

albiflorin, triterpenoid, 수지, 당 등의 성분을 함유

【효능 및 기전】

1) 월경곤란 치료
- 작약을 포함하는 한방 혼합물은 월경 후반기에 월경과다를 동반한 월경곤란을 치료하는데 쓰임[1)]
- 작약을 포함하는 한방 혼합물은 자궁출혈, 갱년기 증후군, 월경불순, 월경곤란, 기능성 불임 등을 치료하는데 쓰임[2)]

2) 보혈(보혈), 진통 및 각종 여성질환 치유 작용[3)]
- 한방에서는 혈액을 자양하고 간기(肝氣)를 완화시키며 통증을 완화시키고 음(陰)과 땀(汗)을 수렴하는 효능이 있어 음허(陰虛) 발열, 월경불순, 붕루, 대하 등을 치료하는데 쓰임

3) 혈관 확장 작용[4)]
- 작약 뿌리 추출물로부터 얻어진 gallotannin은 rat의 대동맥을 확장시키는 작용을 함

4) 피부 주름 개선 작용[5)]
- 작약 추출물을 포함하는 미용 혼합물은 SNARE(soluble-n-ethylmaleimide-sensitive factor attachment protein receptor)의 형성을 억제함으로써 부작용 없이 피부 주름을 현저하게 개선하는 효과가 있음

5) 면역 강화 작용[6)]
- 작약 뿌리에서 분리된 산성 다당류(peonan SA) 및 중성 다당류(peonan SB)는 세망내피계(reticuloendothelial system) 강화 작용 및 항보체 작용이 두드러짐

6) 간암 세포 성장 억제 작용[7)]
- 작약의 물 추출물은 apoptosis(세포자살)를 유도함으로써 인간의 간암 세포계(HepG2, Hep3B)의 성장을 억제하는 작용이 있음

【참고문헌】

1) Wang Y. Faming Zhuanli Shenqing Gongkai Shuomingshu, 2007
2) Ran X. *et al.*, Faming Zhuanli Shenqing Gongkai Shuomingshu, 2007
3) 중약대사전 4권, p1679
4) Goto H. *et al.*, Planta Med., 62(5), 436-439, 1996
5) Kim S. W. *et al.*, Repub. Korean Kongkae Taeho Kongbo, Nov, 2007
6) Tomoda M. *et al.*, Biol. Pharm. Bull., 16(12), 1207-1210, 1993
7) Lee S. M. Y. *et al.*, Life Sci., 71(19), 2267-2277, 2002

【생리활성성분 화학구조식】

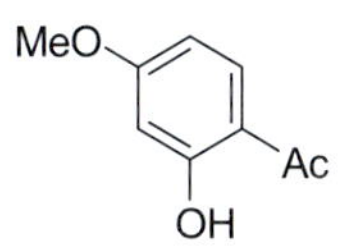

paeonol

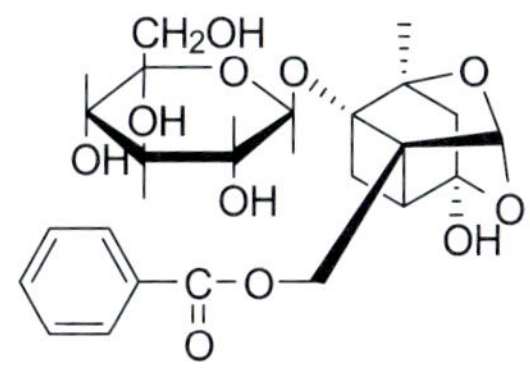

paeoniflorin

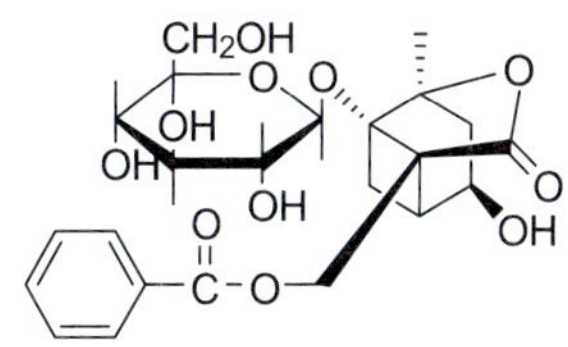

albiflorin

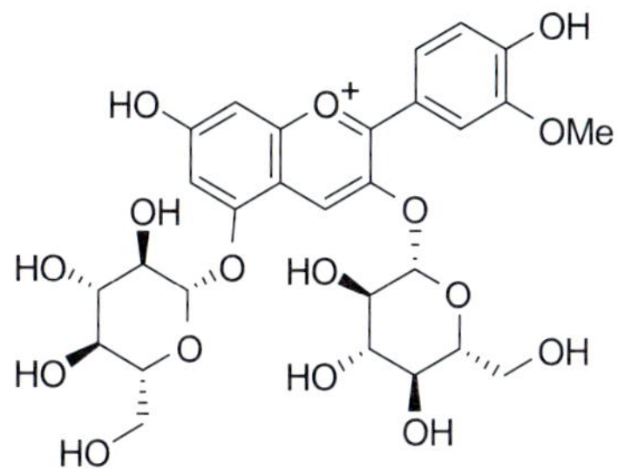

paeonin

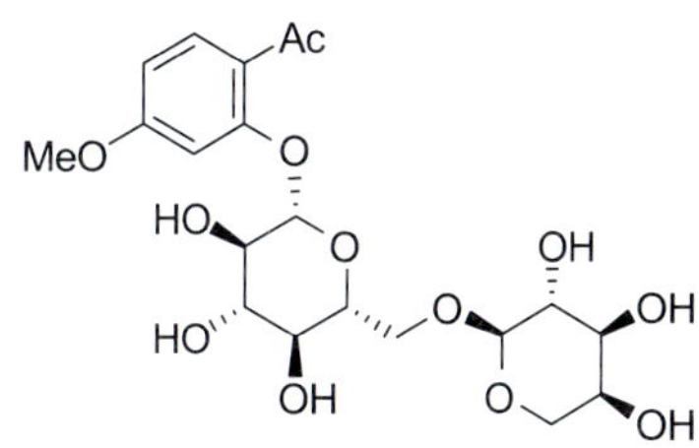

paeonolide

별갑 (Soft-shelled turtle)

【기 원】 *Amyda maakii*, *Amyda sinensis*(=*Trionyx sinensis* Wiegmann) Trionychidae (자라과)

【분 류】 식품

【사용부위】 약용(배갑)

【산 지】 한국, 중국

【생리활성성분】 Collagen, calcium phosphate

【효능 및 기전】

1) 음(陰)을 자양하고 열을 내리며 간(肝)을 안정화시키고 풍(風)을 누르며 굳은 것을 파하고 엉킨 것을 흩어지게 함[1)]
   - 여러 가지 자궁출혈에 의한 쇠약을 치료한다.
   - 어혈로 인한 월경불순을 치료한다.
2) *T. sinensis*의 복합제제

- 혈액순환을 원활하게 하고 종양을 제거하며 생리주기를 정상적으로 조절하며 통증을 멎게 함[2]

3) 간 질환의 예방 및 치료효과

- *A. sinensis* 와 여러 가지 약용식물의 복합제제에 의한 간조직의 염증 억제 및 괴사 억제[2] (B형 간염 환자를 대상으로 하는 임상실험에서 간조직의 손상 및 간경화 억제 효과)

【참고문헌】

1) 중약대사전 4권, p1770

2) Liu M. and Wu, Y. Faming Zhuanli Shenqing Gongkai Shuomingshu, 2006

3) Zhang J. *et al.*, Faming Zhuanli Shenqing Gongkai Shuomingshu, 2007

삼칠 (Notoginseng root)

【기 원】 *Panax notoginseng*, Araliaceae(오갈피나무과)

【분 류】 식품

【사용부위】 약용(뿌리)

【산 지】 중국(운남, 광서, 사천, 호북 등)

【생리활성성분】 notoginsenoside A, C, D, R_1, ginsenoside Ra, Rb_2, Rc, Rd, Re, Rb_1, Rg_1

【효능 및 기전】

1) 혈소판에 대한 작용

- 마취한 개에 삼칠을 경구투여 시 혈액의 응혈시간과 prothrombin시간을 단축시키며 삼칠의 성분 중 arasaponin A, B가 응혈작용을 가짐.[1]
- *in vitro* 실험에서 APD에 의해 유도된 혈소판 응집과 부착이 삼칠에 의해 농도 의존적으로 억제되었다. 삼칠은 혈소판 막의 유동성을 증가시킬 수 있으며 따라서 뇌허혈증(cerebral ischemia)에 효과가 있음[2]
- 비출혈증(blood hyperviscosity syndrom)환자를 대상으로 한 임상실험에서 혈소판 표면의 활성을 감소, 부착과 응집을 억제하여 혈소판의 활성을 억제하며, 혈전증을 예방하고, 미세순환(microcirculation)을 개선시켜 아스피린(ASP)보다 임상에서 치료효과가 뛰어남[3]

2) estrogen 유사작용[4]

- ginsenoside Rg1은 estrogen receptor에서 estrogen analog처럼 작용하여 estrogen 작용을 연계하고, 다양한 생리학적 조직에서 에스트로겐의 보호 작용을 갖음
- 또한, HeLa cell에서 estrogen response element인 luciferase의 활성을 촉진시키는 것과 마찬가지로 유방암 세포 성장을 촉진함

3) 항심근허혈(myocardial ischemia), 항동맥경화, 항염증작용, 내피세포와 혈관 평활근 세포 보호작용[5]

4) 협심증 치료작용

- 관상동맥 협심증 환자에게 삼칠을 포함한 한방 혼합물을 투여 시 치료효과가 있었고 증상이 완화되었으며 대조군과 비교시 ECG결과가 개선됨[6]

5) Type 2 당뇨성 미소 혈관 장해치료효과

- 삼칠의 saponins성분이 지방 대사를 조절하여 type 2 당뇨성 미소 혈관 장애에 치료효과를 가짐[7]

【참고문헌】

1) 중약대사전 5권, p2139
2) Ma L. Y. and Xiao, P. G. Phytother Res., 12(2), 138-140, 1998
3) Wang J. *et al.*, Zhongguo Zhong Xi Yi Jie He Za Zhi., 24(4), 312-316, 2004
4) Chan R. Y. K. *et al.*, ,J. Clin. Endocrinol. Metab., 87(8), 3691-3695, 2002
5) Xu H. Xiandai Zhongxiyi Jiehe Zazhi, 15(19), 2720-2722, 2006
6) Yuan J. J Tradit Chin Med., 17(1), 14-17, 1997
7) Liu K. Z. e*et al.*, Zhongguo Zhong Yao Za Zhi., 29(3), 264-266, 2004

【생리활성성분 화학구조식】

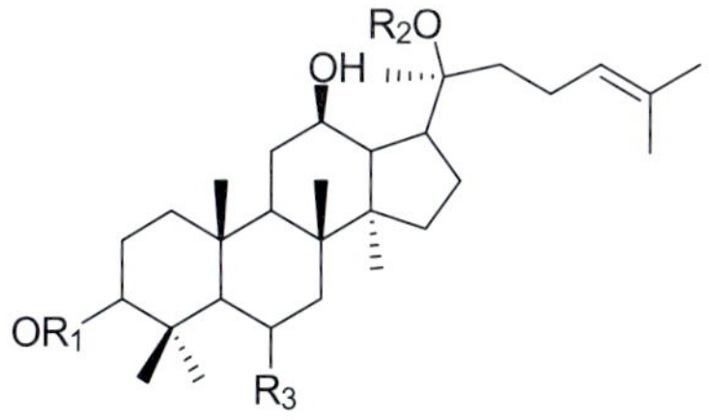

ginsenoside

ginsenoside Rb_1, R_1=Glc2-Glc, R_2=Glc$\underline{6}$Glc, R_3=H
ginsenoside Rb_2, R_1=Glc2-Glc, R_2=Glc$\underline{6}$Ara(p), R_3=H
ginsenoside Rg_1, R_1=H, R_2=Glc, R_3=OGlc
notoginsenoside R_1, R_1=H, R_2=Glc, R_3=OGlc$\underline{2}$Xyl

숙지황 (Steamed rehmannia root)

【기 원】 *Rehmannia glutinosa*. var. *purpurea*, Scrophulariaceae(현삼과)

【분 류】 식품

【사용부위】 뿌리, 줄기

【산 지】 의성, 안동.

【생리활성성분】 5-hydroxymethyl-2-furaldehyde

【효능 및 기전】

1) 여성 불임치료[1]
   - 월경 조절, 혈액에 영양분 공급, 신장 강화, 간 진정작용 등을 갖고 여성 불임치료에 효과적임
2) 관상혈관질환 치료[4]
   - 혈전증과 혈소판응집을 억제하고 혈관을 이완시킴으로써 관상혈관질환에 치료제로 사용
3) 학습능력과 기억력의 증진[3]
   - MSG처리로 시상 궁상핵(thalamic arcuate nucleus)에 손상을 입은 쥐에 숙지황을 투입 시 해마에서의 c-fos와 NGF의 발현의 증가로 학습능력과 기억력이 증진됨
4) T세포 매개 면역 증가[2]
   - 사물탕은 이식시킨 BALB/c쥐의 L1210세포에서 T림프구의 apoptosis를 억제하고 CD8+Tc cells을 증가시킴
5) 신장을 활력있게 하고 폐의 열을 없앰[5]
6) 건선(psoriasis)치료[6]
   - 열과 독성물질제거, 혈액을 차게 하고, 작은 반점(speckle)을 제거함

【참고문헌】

1) Liu X. Faming Zhuanli Shenqing Gongkai Shuomingshu, 2007
2) Cao G. Faming Zhuanli Shenqing Gongkai Shuomingshu, 2007
3) Cui Y. *et al*. Zhong Yao Cai., 27(8), 589~592, 2004
4) Eun J. S. *et al*. Saengyak Hakhoechi, 29(2), 110-119, 1998
5) Cai X. Faming Zhuanli Shenqing Gongkai Shuomingshu, 2007
6) Wang Faming Zhuanli Shenqing Gongkai Shuomingshu, 2007

【생리활성성분 화학구조식】

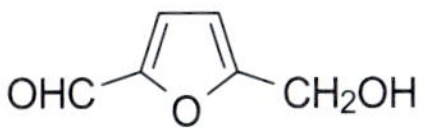

5-hydroxymethyl
-2-furaldehyde

애엽 (Artemisia Herb)

【기 원】 *Artemisia argyi*, Compositae(국화과)

【분 류】 식품

【사용부위】 식용(잎, 줄기), 약용(잎, 어린줄기)

【산 지】 우리나라 전국 각지의 인가부근, 강변, 해변 등에 자생, 강화도가 유명

【생리활성성분】 phellandrene, cadinene, thujyl alcohol, eupatilin, artemisolide 등의 정유성분

【효능 및 기전】

1) 쑥은 오래 된 여러 가지 병과 부인의 하혈을 낫게 하여 안태를 시키며, 복통을 멎게 하며 적리와 백리를 낫게 하고 오장치루로 피를 쏟는 것과 하부의 의창을 낫게 하며 살을 살아나게 하고 풍한을 헤치며 임신하게 함[1)]
2) 애엽의 혈액응고 억제작용[2)]
   - 애엽의 물 추출물 중 acidic polysaccharide성분이 강력한 혈장응고 억제작용을 보임
3) Eupatilin의 위암억제작용[3)]
   - HL-60 cell에서 p53과 p21을 증가시켜 위암세포의 apoptosis를 유발하여 위암 억제작용
4) Artemisolide의 항염증작용[4)]
   - 마크로파지에서 Artemisolide가 NF-χB가 PGE2와 Nitric oxide의 생성을 저해하여 항염증작용
5) mice에서 애엽추출물의 천식에 의한 기도 염증 개선 효과[5)]
   - 애엽의 에탄올 추출물이 히스타민과 류코트리엔 분비를 억제하여 천식으로 인한 기도염증 반응을 억제

6) 월경조절
  • 월경을 조절하고 울결을 풀어주며 기의 순환을 조절하고 혈액을 순환하게 함

【참고문헌】

1) 동의보감
2) Han *et al*., 대한약학회, 28, 69-77, 1984
3) Kim *et al*., J. Env. Pathol. Toxicol. Oncol., 24, 261-269, 2005
4) Reddy *et al*., Arch. Pharm. Res., 29, 591-597. 2006
5) Kim *et al*., Molecules and Cells. 22, 104-112, 2006
6) 중약대사전 6권, p2750

【생리활성성분 화학구조식】

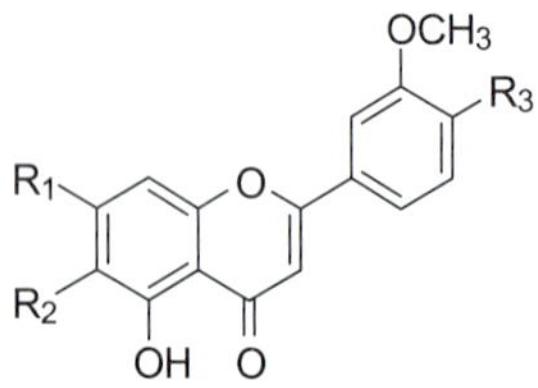

eupatilin R_1=OH, R_2=OCH_3, R_3=OCH_3
jaceosidin R_1=OH, R_2=OCH_3, R_3=OH
eupatrin R_1=OCH3, R_2=OCH_3, R_3=OH

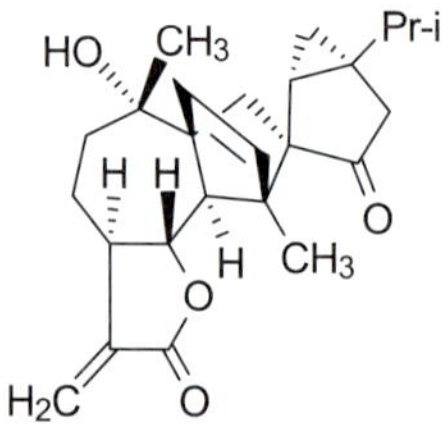

artemisdide

천궁 (Cnidium rhizome)

【기 원】 *Cnidium officinale*, Umbelliferae(미나리과)

【분 류】 식품

【사용부위】 뿌리, 줄기

【산 지】 우리나라(울릉도의 나리분지), 일본(북해도, 동북지방)

【생리활성성분】 ligustilide, cnidilide, senkyunolide

【효능 및 기전】

1) 혈소판 활성 억제[1)]
   - Phospholipase C 활성을 억제하여 thromboxane A_2 합성이 억제됨에 따라 혈소판응집 자극에 필요한 칼슘 동원이 억제
2) 면역 증강 및 조절효과
   - 사물탕은 이식된 BALB/c쥐의 L1210 세포에서 T cell-mediated immunity를 증강시키고, vincristine을 주입시킨 쥐에서도 T cell-mediated immunity와 식세포 활동을 증강시킨다.[2)]
   - 천궁의 추출물은 발암물질인 N-butyl-N'-butanolnitrosoamine(BBN)을 처리한 대식세포와 림프구에 대한 보호 작용을 갖음[3)]
3) 항염증효과[4)]
   - 2, 4, 6-trinitrobenzene sulfonic acid(TNBS)에 의한 대장염을 감소시키고 두꺼워짐, 팽창, 궤양, 다핵형 백혈구에 의한 침투 등 조직학적 변화를 개선시킴
4) 파킨슨병 치료 효과[5)] ; catechol-O-methyltransferase(COMT)억제
   - 쥐의 선조체(striatum)에서 도파민을 증가시킴

【참고문헌】

1) Park W. H. *et al*., Immunopharmacol Immunotoxicol., 25(4), 561-71, 2003
2) Eun J. S. *et al*., Saengyak Hakhoechi, 29(2), 110-119, 1998
3) Jin R. *et al*., Kita Kanto Igaku., 44(2), 125-33, 1994
4) Jo S. K. *et al*., Phytother Res., 21(7), 625-8, 2007
5) Kato A. *et al*., Zhong Xi Yi Jie He Za Zhi., 21(1), 34-38, 2004

【생리활성성분 화학구조식】

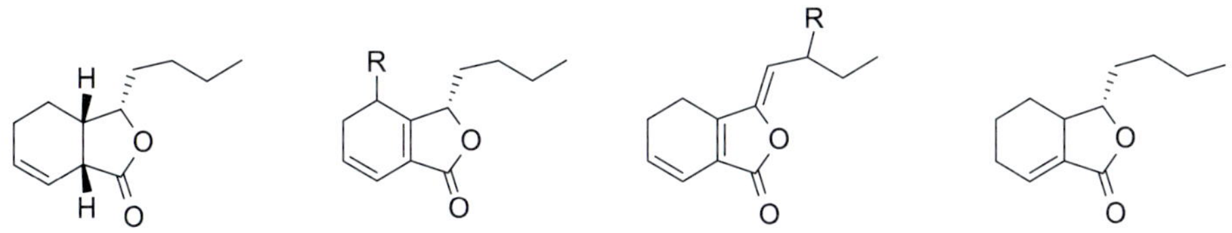

cnidilide

senkyunolide A, R=H
senkyunolide K, R=OH

ligustilide, R=H
senkynolide F, R=OH

neocnidilide

총백 (Ciboule root, Weish onion bulb)

【기 원】 *Allium fistulosum*, Liliaceae(백합과)

【분 류】 식품

【사용부위】 약용(비늘줄기)

【산 지】 시베리아 원산지, 중국 일본 및 우리나라 전국 각지 재배

【생리활성성분】 allicin, allylsulfide, 비타민, 지방유, 점액질 등 함유

【효능 및 기전】

1) 하리(下痢), 하혈(下血)을 치료[1)]
   - *Allium*속의 다른 식물들과 달리 혈소판 응집을 억제하지 않음[2)]
2) 종자 추출물의 항곰팡이 효과[3)]
   - *A. fistulosum*의 종자로부터 분리된 불포화지방산 및 tianshic acid에 의해 V8 배지에서의 Phytophtohora capsici의 성장 억제
3) 황화합물에 의한 항암효과[4)]
   - Diallyl sulfide와 같은 황화합물이 동물 암 모델에서 항암효과를 나타냈으며 *in vitro* 실험에서 암세포의 증식억제 효능을 나타냄
4) 심혈관계질환의 예방[4)]
   - 혈중 콜레스테롤 및 지방 수치를 낮춰줌
5) 황화합물에 의한 항균효과[4)]
   - Allicin과 같은 황화합물은 세균 효소계에 작용하여 박테리아와 곰팡이에 대하여 항균효과를 가짐

【참고문헌】

1) 중약대사전 9권, p4302p
2) Toyohiko, A. and Hideka, T. Nihon Daigaku Nojuigakubu Gijutsu Kenkyu Hokoku, 43, 170-175, 1986
3) Sang S. *et al.*, J Agric Food Chem., 50(22), 6318-6321, 2002
4) Kim H. J. *et al.*, 한국식품영양과학회지, 28(6), 1412-1423, 1999

【생리활성성분 화학구조식】

allicin　　　diallyl monosulfide

11.2 골다공증 및 식물성 호르몬

골담초 (Chinese pea tree)

【기 원】 *Caragana sinica*, *Caragana chamlagu*, Leguminosae(콩과)

【분 류】 식품

【사용부위】 약용(뿌리 및 가지)

【산 지】 중국 원산지, 우리나라 전국 각지 재배

【생리활성성분】 isoflavonoids(pseudobaptigenin, formononetin, flemichapparin B, dalbergioidin, wistin, trifolirhizin, (−) maackiain), oligo stilbene(kobophenol A, (+) −α−viniferin), saponin(kalopanax saponin, chikusetsu saponin)

【효능 및 기전】

1) 골다공증의 예방
   - *C. sinica* 뿌리로부터 분리된 isoflavonoid의 골다공증 예방 효과[1)]
   - *C. sinica*의 에탄올추출물로부터 분리된 oligostilbene에 의한 조골세포(osteoblast)의 성장유도[2)]
   - Phytoestrogen kobophenol A의 활성대사체인 koboquinone A에 의해 조골세포(osteoblast) 증식이 촉진됨[3)]
   - Stilbene tetramer(carasinol A−C, cararosinol A, leachianol C)에 의해 조골세포(osteoblast) 증식이 촉진됨[4)]

2) 항염증효과
   - 전통적으로 신경통, 관절염에 쓰여져 왔으며, (+)−α−viniferin에 의한 항염증효과를 나타냄[5)]

【참고문헌】

1) Qi J. B. *et al*., Zhongguo Tianran Yaowu, 5(2). 101-104, 2007
2) Chen B. *et al*., Fudan Xuebao, Yixueban, 32(6), 721-724, 2005
3) Liang G. L. *et al*., J. Ethnopharmacol, 101(1~3), 324-329, 2005
4) Ma D. Y. *et al*., Chin. J. Chem., 22(2), 207-211, 2004
5) Kitanaka S. *et al*., Chem. Pharm. Bull., 38(2), 432-435, 1990

【생리활성성분 화학구조식】

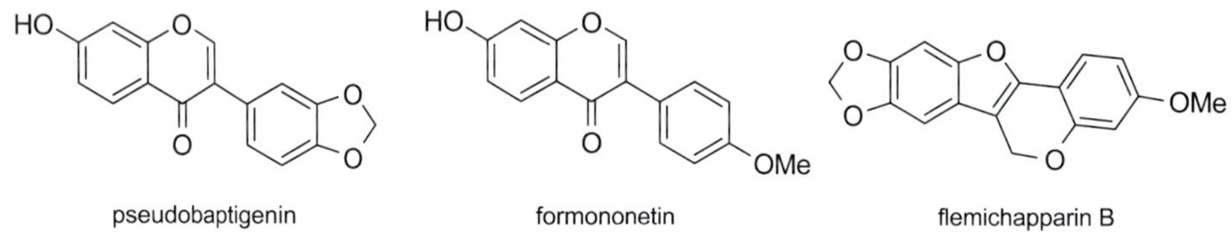

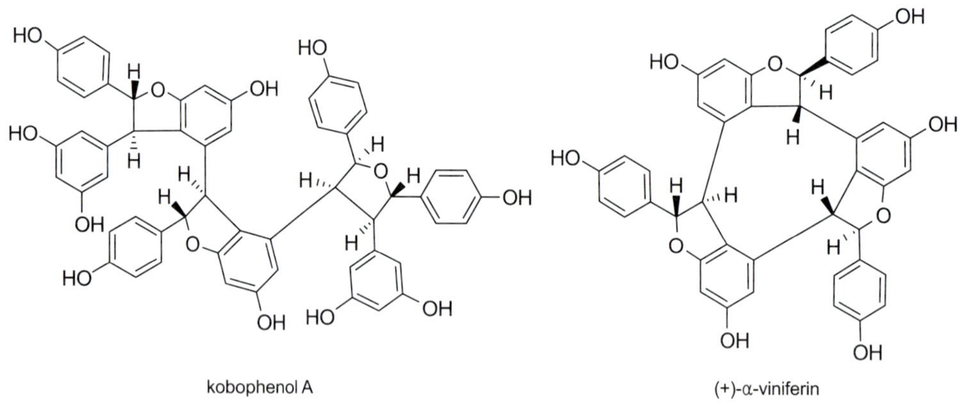

골쇄보 (Drynariae Rhizoma)

【기 원】 *Drynaria fortunei*, Polypodiaceae(고란초과)

【분 류】 식품

【사용부위】 약용(뿌리줄기)

【산 지】 중국 절강성, 저북성

【생리활성성분】 naringin, neoeriocitrin, (−)-epiafzelechin, (−)-epiafzelechin-3-O-β- D-allopyranoside, propelargonidin

【효능 및 기전】

1) UMR106 세포의 *in vitro* 실험에서 골쇄보의 에탄올 추출물 및 부탄올 분획으로부터 분리된 naringin과 neoeriocitrin에 의해 조골세포의 분화가 촉진됨[1]
2) 골쇄보의 메탄올 추출물에 의해 파골세포(osteoclast)형성이 억제됨[2]
3) 마우스 파골세포(osteoclast)에서 cathepsin K을 매개한 뼈의 흡수(bone resorption)를 억제함[3]
4) 골쇄보로부터 분리된 flavan-3-ol류와 propelargonidin류에 의해 조골세포 분화가 촉진됨[4]
5) MC3T3-E1 세포에서 DNA 합성, ALP(alkaline phosphatase), propyl hydroxylase 활성을 증가시키며, 또한, 항에스트로겐 약물인 tamoxifen에 의해 경감된 ALP활성과 조골세포분화를 유도함[5]

【참고문헌】

1) Li, F. *ct al.*, Pharmazie, 61(11), 962-965, 2006
2) Yin, J. *et al.*, Biol. Pharm. Bull., 27(4), 583-586, 2004
3) Jeong, J. C. *et al.*, Int. Immunopharmacol., 3(12), 1685-1697, 2003
4) Chang, E. J. *et al.*, Arch. Pharm. Res., 26(8), 620-630, 2003
5) Jeong, J. C. *et al,*. J. Enthropharmacol., 96(3), 489-495, 2005

【생리활성성분 화학구조식】

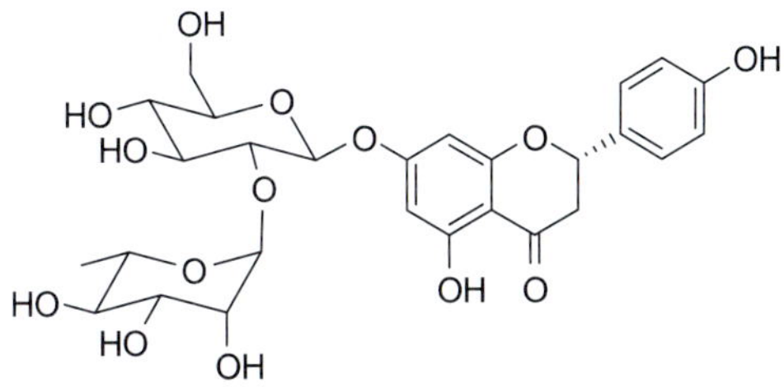

naringin

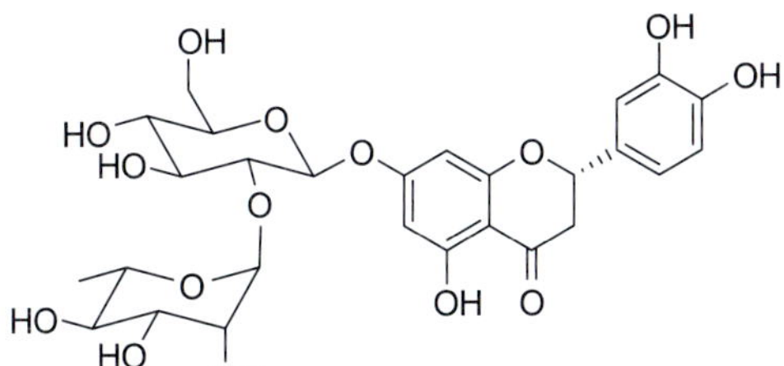

neoeriocitrin

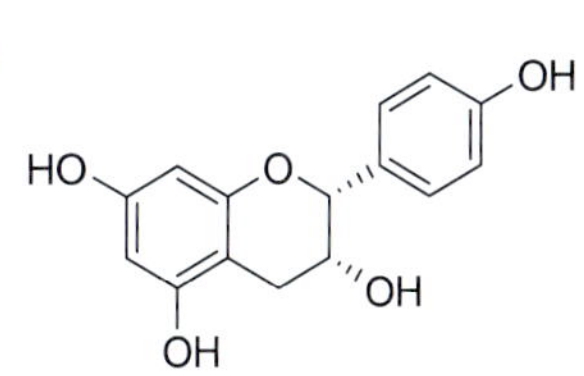

(-)-epiafzelechin

굴 (Oyster)

【기 원】 *Ostrea gigas*, Ostreidae(모려과)

【분 류】 식품

【사용부위】 식용(육질), 약용(굴껍질)

【산 지】 우리나라 전 해안에 분포되어 생산되나 무분별한 갯벌파괴 및 간척사업으로 인해 굴 규모의 축소 및 수질 오염으로 인하여 지금은 청정해역인 통영 부근 및 여수 가막만에서 그 대부분이 생산되고 있음

【생리활성성분】 glycogen, 마그네슘, 망간, 아연, 타우린, glutathione

【효능 및 기전】

1) 혈당강하작용[1]
   - 굴이 포함된 한방 혼합물은 당뇨병 치료에 쓰임
2) 성장촉진작용[2]
   - 굴이 포함된 한방 혼합물은 28세 미만의 단신(short statue)을 치료하는데 효과적임
3) 건선 치료[3]
   - 굴이 포함된 한방 혼합물은 건선(psoriasis) 치료에 쓰임
4) 골다공증 치료[4]
   - 굴이 포함된 한방 혼합물은 골다공증(osteoporosis) 치료에 쓰임
5) 부인병 치료
   - 굴이 포함된 한방 혼합물은 부인병(gynecopathy) 치료에 쓰임[5]
   - 굴이 포함된 한방 혼합물은 유선증(cyclomastopathy) 및 유방 섬유종(mammary fibroma) 치료에 효과가 있음[6]
6) 혈압강하작용[7]
   - 굴이 포함된 한방 추출물, 심해수, 게르마늄을 포함한 건강보조식품은 고혈압 치료 및 예방에 효과가 있음
7) 숙취해소 및 뇌손상방지[8]
   - 굴이 포함된 혼합물은 숙취해소 및 뇌손상방지에 효과가 있음

【참고문헌】

1) Zhu L. Faming Zhuanli Shenqing Gongkai Shuomingshu, 2007
2) Cai M. *et al*., Faming Zhuanli Shenqing Gongkai Shuomingshu, 2007

3) Gao W. *et al*., Faming Zhuanli Shenqing Gongkai Shuomingshu., 2007
4) Li Y. Faming Zhuanli Shenqing Gongkai Shuomingshu, 2006
5) Yang W. Faming Zhuanli Shenqing Gongkai Shuomingshu, 2006
6) Jiang S. Faming Zhuanli Shenqing Gongkai Shuomingshu, 2006
7) Kim W. Y. Repub. Korean Kongkae Taeho Kongbo, Nop, 2004
8) Kim H. J. and Park, Y. C. PCT Int. Appl., 2000

【생리활성성분 화학구조식】

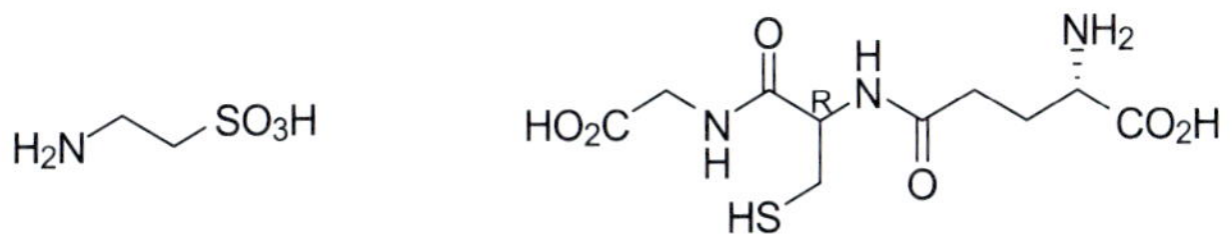

taurine glutathione

보골지 (Psoralea Semen)

【기 원】 *Psoralrea corylifolia*, Leguminosae(콩과)

【분 류】 식품

【사용부위】 약용(종자)

【산 지】 중국

【생리활성성분】 bakuchiol, psoralen, isopsoralen, bavachin, bavachinin, psoralidin, isobavachin

【효능 및 기전】

1) 골다공증의 예방 및 치료
- 난소를 제거한 쥐에 경구 투여한 결과, 에스트로겐 결핍에 의한 골 손상에 효능이 있음[1)]
- Osteoblast-like UMR 106 cell line을 이용하여 alk. phosphatase 활성 측정을 통한 세포 분화 생리활성 실험에서 보골지의 에탄올 추출물에 의해 조골세포의 분화가 촉진됨[2)]
- 보골지에서 분리한 flavonoid인 corylin, bavachin에 의해 UMR106 세포(in vitro)에서의 조골세포 분화가 촉진됨[3)]

- 보골지의 아세톤 추출물을 rachitic rat에 경구 투여 한 결과 뼈의 골질화(bone calcification)가 촉진되었으며, 이는 골절, 골연화증, 골다공증과 같은 질병에 유효함[4)]

2) 에스트로겐 유사 작용

- 에스트로겐 수용체 발현 플라스미드를 이용한 in vitro 실험에서 70% 에탄올추출물에 의해 활성이 나타나는데 이는 갱년기 증후군에 호르몬 대체 요법으로 이용할 가능성을 가짐[5)]

【참고문헌】

1) Pang W. *et al*., Xibei Guofang Yixue Zazhi, 27(1), 51-53, 2006

2) Xiong Z. *et al*., Peop. Rep. China. Pharmazie, 58(12), 925-928, 2003

3) Wang D. *et al*., Planta Med., 67(8), 748-749, 2001

4) Miura H. *et al*., Planta Med., 62(2), 150-153, 1996

5) Zhang C. Z. *et al*., J Ethnopharmacol., 98(3), 295-300, 2005

【생리활성성분 화학구조식】

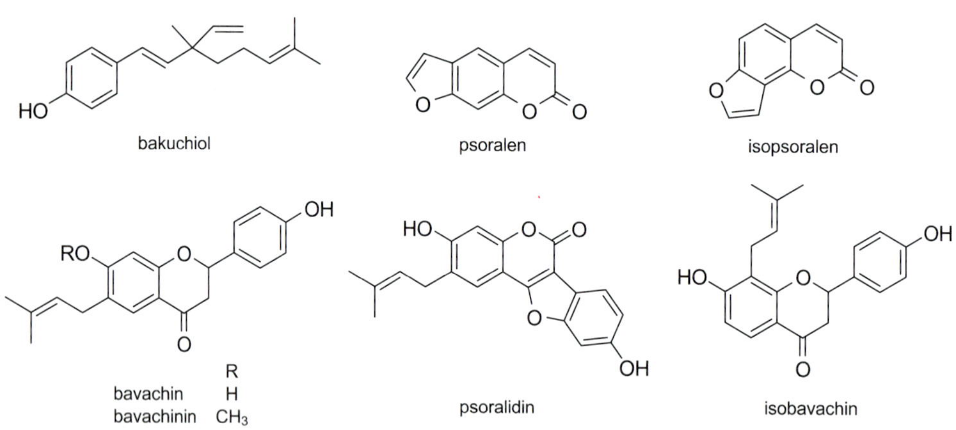

붉은 토끼풀 (Red clover)

【기 원】 *Trifolium pratense*, Leguminosae(콩과)

【분 류】 식품

【사용부위】 약용(전초)

【산 지】 서남아시아와 카스피해의 남부지방이며 유럽과 일부 아시아 지역 산과 들에 자생하고, 목장 주변에 목초용으로 많이 심음

【생리활성성분】 isoflavonoids(daidzein, daidzin, genistein, genistin, formononetin, ononin, biochanin A, sissotrin, trifoside, calycosin, pectolinarigenin, pratensein, pseudobaptigenin), flavonol(quercetin, isoquercitrin, hyperoside)

【효능 및 기전】

1) 여성호르몬 촉진 작용[1]
   - Red clover는 식물성 에스트로겐 활성(phytoestrogenic activities)을 갖는 flavonoids 및 isoflavonoids의 기대되는 공급원임
2) 골다공증 치료 효과
   - Red clover의 isoflavone은 골 흡수(bone resorption) 억제를 통해 bone turnover를 감소시킴으로써 난소절제술을 행한 rat의 뼈 손실(bone loss)을 억제하는 작용을 함[2]
   - Red clover를 포함하는 식물 건조 추출물 및 calcium salt 코팅으로 구성된 약학 제제가 골다공증 치료에 쓰임[3]
   - Red clover의 isoflavone은 난소절제술을 행한 rat의 실험에서 혈청 에스트로겐의 증가, 골흡수(bone resorption) 억제, bone turnover rate 감소, 골아세포 활성화, 골밀도 강화 작용 등을 통해 골다공증을 예방하고 치료하는 효과가 있음[4]
3) 피부질환 치료 효과[5]
   - Red clover로부터 얻어진 isoflavone은 광(光)피부노화(photoaging) 및 폐경기와 관련된 피부 질환을 치료하는 잠재성을 지님

【참고문헌】

1) Kasparova M. *et al*., Ceska Slov. Farm., 55(1), 44-47, 2006
2) Occhiuto F. *et al*., Phytother Res., 21(2), 130-134, 2007
3) Popp Michael A. PCT Int. Appl., p29, 2002
4) Li Y. *et al*., Zhongguo Guzhi Shusong Zazhi, 11(4), 509-511,436, 2005
5) Risco Ester. Comunicaciones presentadas a las Jornadas del Comite Espanol de la Detergencia, 34, 69-80, 2004

【생리활성성분 화학구조식】

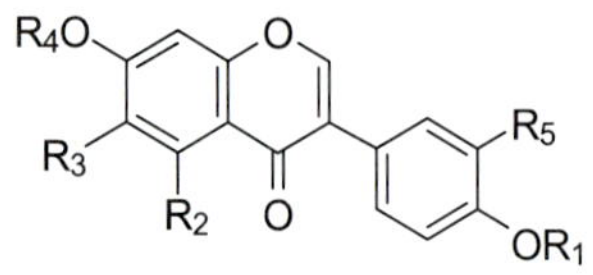

	R_1	R_2	R_3	R_4	R_5
daidzein	H	H	H	H	H
daidzin	H	H	H	Glucose	H
genistein	H	H	OH	H	H
genistin	H	H	OH	Glucose	H
formononetin	CH_3	H	H	H	H
biochanin A	CH_3	OH	H	H	H
sissotrin	CH_3	H	OH	Glucose	H
trifoside	Glucose	H	H	CH_3	H
calycosin	CH_3	H	H	H	OH
pectolinarigenin	CH_3	OH	OCH_3	H	H
pratensein	CH_3	OH	H	H	OH

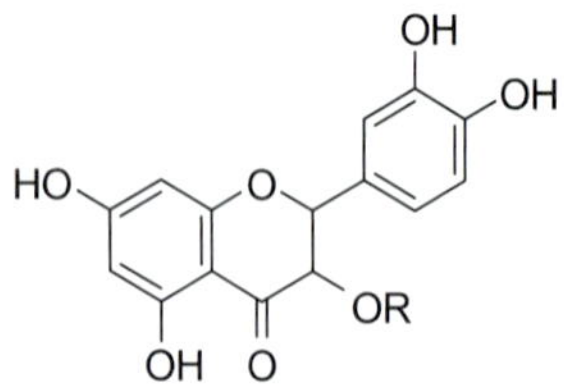

	R
quercetin	H
isoquercitrin	Glucose
hyperoside	Galactose

칡뿌리 (Pueraria root)

【기 원】 *Pueraria lobata*(=*P. thunbergiana*), Leguminosae(콩과)

【분 류】 식품

【사용부위】 약용(뿌리)

【산 지】 중국, 일본, 한국

【생리활성성분】 isoflavonoids(puerarin, daidzein, daidzin, genistein, genistin, formononetin, irisolidone, kakkalide) 함유

【효능 및 기전】

1) 골다공증의 예방 및 치료

- *P. lobata*에서 분리된 isoflavone인 puerarin의 PI_3K/Akt pathway 활성을 통한 rat의 두개관 조골세포에서의 골형성 촉진작용[1)]
- *P. lobata* 에탄올 추출물이 폐경기 증후군, 골다공증, 심혈관계질환 및 뇌혈관질환 치료효능을 가짐[2)]

- Daidzein, genistein 과 같은 isofavonoid가 난소를 절제한 마우스에서 에스트로겐 결핍에 의한 골다공증을 억제함[3]
- *P. lobata*의 isoflavonoid류가 rat에서 dexamethasone에 의해 유발된 2차적인 골다공증에 예방효과를 보임[4]

2) 순환계에 대한 효능

- 칡뿌리의 추출물은 관상동맥질환, 협심증, 심근경색, 뇌혈관폐색증과 같은 심혈관계, 뇌혈관계 질환에 효과를 가짐[5]

【참고문헌】

1) Zhang Y. *et al*., Planta Med., 73(4). 341-347, 2007
2) Li G. and Liu, F. Faming Zhuanli Shenqing Gongkai Shuomingshu, 2006
3) Wang X. *et al*., J. Bone Miner. Metab., 21(5), 268-275. 2003
4) Zheng G. *et al*., Zhong yao cai, 25(9), 643-646, 2002
5) Yu W. Faming Zhuanli Shenqing Gongkai Shuomingshu, 2007

【생리활성성분 화학구조식】

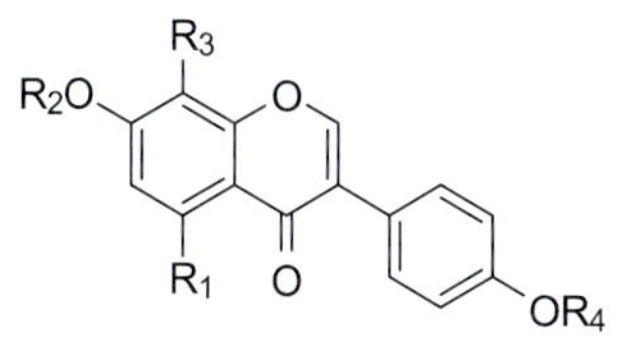

	R_1	R_2	R_3	R_4
daidzein	H	H	H	H
daidzin	H	Glc	H	H
puerarin	H	H	Glc	H
genistein	OH	H	H	H
genistin	OH	Glc	H	H
formononetin	H	H	H	Me

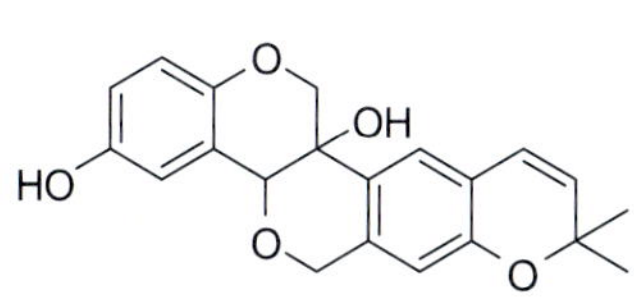

kakkonein

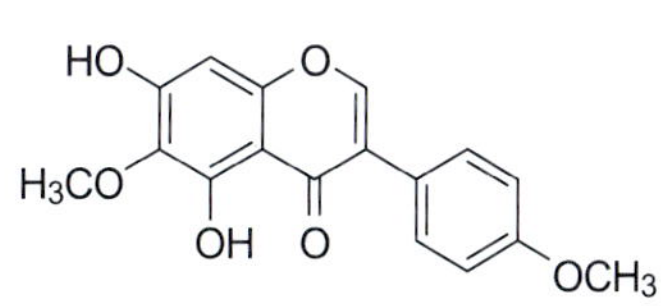

irisolidone

11.3 유선염(mastitis)

구기자 (Lycium fruit)

【기 원】 구기자나무 *Lycium chinense*, Solanaceae

【분 류】 식품

【사용부위】 열매, 잎, 뿌리껍질

【산 지】 우리나라, 중국, 영하, 천진에서 재배

【생리활성성분】 betaine, cerebroside, carotenoids (zeaxanthin, zeaxanthin dipalmitate 등), pyrrole 유도체

【효능 및 기전】

1) 추출물의 항균작용

- 과실의 추출물은 유선염의 원인균들에 대한 항균력이 있다.

2) 간 보호 작용

- zeaxanthin dipalmitate는 CCl4로 유도한 간세포의 보호 작용이 뚜렷하며 Ito cell의 증식을 억제하고 Ito cell에서의 collagen 합성을 현저히 저해한다.[1] 또한, cerebroside와 pyrrole 유도체도 간 보호 작용을 나타낸다.

3) 물추출물의 항골다공증 작용[2]

- 과실의 물추출물은 조골세포의 증식을 촉진할 뿐만 아니라 파골세포의 형성을 억제하는 효과를 나타낸다. 이는 조골세포나 골수세포에 독성을 나타내지 않는다.

【참고문헌】

1) Kim H. P. *et al*., Res. Commun. Mol. Pathol. Phamacol., 97(3), 310-14, 1997

2) Yin J. *et al*., Biol. Pharm. Bull., 27(4), 583-6, 2004

【생리활성성분 화학구조식】

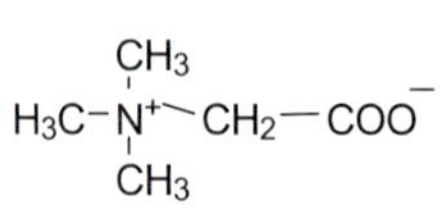

betaine

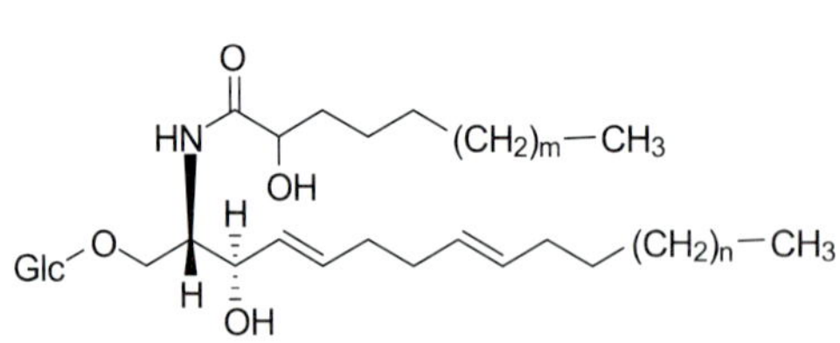

cerebroside

1-*O*-β-D-glucopyranosyl-(2*S*,3*R*,4*E*,8*Z*)-2-[(2(*R*)-hydroxyicosanoyl)amido]-4,8-octadecadiene-1,3-diol

귀판 (Gwi Pan, Testudinis Plastrum)

【기 원】 남생이 *Chinemys reevesii*, Testudinidae

【분 류】 식품

【사용부위】 배껍데기

【생리활성성분】 칼슘염, 지방, 교질

【효능 및 기전】

1) 추출물의 항균작용
   - 유선염을 일으키는 원인균에 대한 항균력이 있으며 결핵균에 대해 억제작용이 뚜렷하다
2) 기타작용
   - 추출물의 면역기능 강화작용, 간 및 비장에서의 핵산합성 조절작용이 있다.

【주 치】 보신(補腎), 폐결핵의 만성소모열, 유정, 대하, 요통, 치질에 쓰이며, 해열, 지혈효과가 있다.

별갑 (Amydae acrapax)

【기 원】 자라 *Amyda maakii*(=*Tryonix sinensis*), Trionychidae

【분 류】 식품

【사용부위】 背甲(등껍질)

【산 지】 가을과 겨울에 채취한 것이 상품, 단어(團魚)라고도 함

【생리활성성분】 아교, 요오드, 구리, 칼슘, 인, VD 등

【효능 및 기전】

1) 추출물에 의한 면역증강 및 항암작용[1)]
   - 자라추출물에 의한 항암실험에서 복강암을 유발시킨 마우스에서 암종의 크기가 작아지고 수명이 연장되었는데 그 이유는 면역력 증강작용에 기인한 것으로 보인다.
2) 자양강장제로 유옹이나 염증을 제거하고 혈분의 적열(積熱)을 제거한다.

【참고문헌】

1) Feng H. *et al*., Biol. Pharm. Bull., 19, 367-8, 1996

사인 (Amomum fruit)

【기 원】 양춘사 *Amomum vilosum*, Zingiberaceae

【분 류】 식품

【사용부위】 과실

【산 지】 중국의 광동성, 춘양에서 주로 생산되며 일본에서는 *A. xanthioides*의 과실을 사용

【생리활성성분】 monoterpenoids(bornyl acetate, linalool 등), flavonoid(liquiritin 등)

【효능 및 기전】

1) 정유성분의 항균작용
   - 수증기 증류와 함께 나온 정유 성분들이 유선염을 일으키는 원인균인 포도상구균, 연쇄상구균들에 대해 강한 항균력을 나타낸다.
2) 정유의 주성분인 bornyl acetate의 진통작용
   - 이 성분은 초산법과 열판법으로 유도한 실험에서 통증을 경감시킨다.[1)]
   - bornyl acetate 진통기전은 opioid recepter와는 무관하며 진통부위는 중추신경과 말초신경에 다 있다.[2)]
3) 정유성분의 항염작용
   - 정유의 주성분은 dimethylbenzene으로 유도한 귀부종을 억제한다.
4) 추출액의 estrogenic activity[3)]
   - 시판 사인의 엑스가 recombinant yeast system에 의해 17-estradiol과 비교했을 때 high estrogenic relative potency를 갖는다.

【참고문헌】

1) Wu. X. *et al*., Zhong Yao Cai, 27, 438-439, 2004
2) Wu. X. *et al*., Zhong Yao Cai, 28(6), 505-507, 2005
3) Kang S.C., *et al*., Phytother. Res., 20(11), 1017-1019, 2006

【생리활성성분 화학구조식】

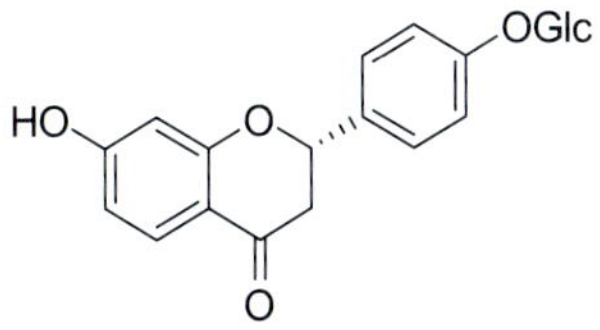

liquiritin

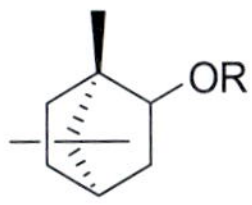

bornylacetate, R=Ac

송화분 (Pini pollen)

【기 원】 소나무 *Pinus densiflora*, Pinaceae

【분 류】 식품

【사용부위】 화분(花粉)

【산 지】 전국 각지

【생리활성성분】 정유(α-pinene)

【효능 및 기전】

1) 화분의 항염 작용
   - 유선염에 monoterpene이 방부 및 소염효과를 나타낸다.

청피 (Cheong Pi, Immature orange peel)

【기 원】 귤나무 *Citrus unshiu*, Rutaceae

【분 류】 식품

【사용부위】 덜 익은 과피

【산 지】 제주도, 남쪽 해안지대, 중국 남부, 청홍색이 두텁고 견실하며 향기가 짙은 것이 상품

【생리활성성분】 정유(limonene 등), flavonoids(hesperidin, nobiletin 등)

【효능 및 기전】

1) 추출액의 항염작용
   - 추출액을 투여하면 항염작용이 있어 유종이나 유핵을 풀어준다.
2) EtOAc 분획의 C형 간염에 대한 간 보호 작용[1)]
   - ethylacetate 분획이 MOLT-4 cells에서 C형 간염 virus 흡수를 감소시킨다.[RT-PCR법을 이용했으며 이 분획에서 nobiletin(3',4',5,6,7,8-hexamethoxyflavone)을 분리하여 활성성분임을 밝힘]
3) beta-cryptoxanthin의 골형성 촉진작용[2)]
   - 과피에서 분리된 beta-cryptoxanthin이 쥐의 대퇴부 골간 (骨幹)과 골간단(骨幹端)의 칼슘함량과 ALP(alkaline phosphate)의 작용을 증가시킨다.

【참고문헌】

1) Suzuki M. *et al*., Am J Clin Med., 33(1), 87-94, 2005

2) Uchiyama S. *et al*., Biol Pharm Bull., 27(2), 232-5, 2004

【생리활성성분 화학구조식】

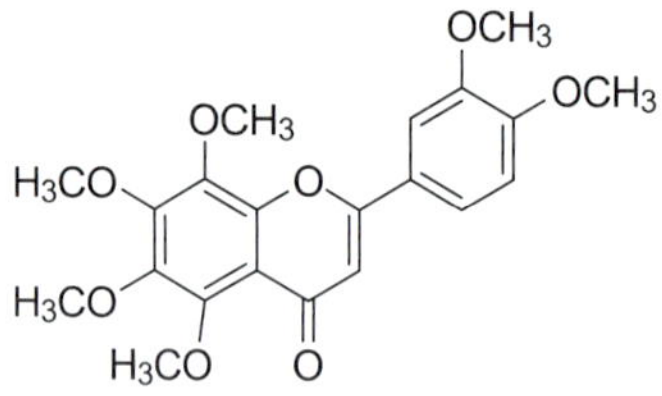

nobiletin

포공영 (Dandelion)

【기 원】 민들레 *Taraxacum platycarpum*, Compositae

【분 류】 식품

【사용부위】 식용(뿌리, 잎), 약용(전초)

【산 지】 우리나라 각처 들에서 자라는 다년초

【생리활성성분】 sesquiterpenoids (austricin), flavonoids (luteolin 등), coumarin (scopoletin 등)

【효능 및 기전】

1) 수침액의 항균, 항진균작용
   - 수침액은 유선염을 일으키는 원인균인 포도상구균, 용혈성연쇄구균에 대한 살균효과가 강하며, 폐렴쌍구균, 뇌막염균, 변형간균 등에 대하여도 살균작용을 나타낸다.
   - 침제는 수유부의 유즙분비촉진작용이 있다.

2) 추출액의 유방부종 억제작용[1)]
   - 추출액에는 항염, 이뇨작용이 있어 유방의 부종을 억제하는 효과를 나타낸다.

3) 다당류분획의 면역증강작용 및 항종양작용[2)]
   - 다당류분획은 항종양작용과 더불어 강한 면역증강작용이 있어 암의 성장을 억제하고 면역기관의 무게를 증가시킨다.

4) sesquiterpene 성분의 항 알레르기 작용[3)]
   - austricin(desacetylmatricarin)은 알레르기작용과 밀접한 관련이 있는 B-hexosaminidase의 유리를 억제한다(IC_{50}=7.5 μM이고, RBL-2H3 cells에 처리함)

【주치】 청열 해독, 이뇨, 산결의 작용이 있어 급성유선염, 유방통증, 급성편도선염 등을 치료한다.

【참고문헌】

1) Lans C. *et al*., J. Ethnobiol. Ethnomed., 26, 3 : 11, 2007
2) Jeong J.Y. *et al*., Arch. Pharm. Res., 14, 68-72 1991
3) Cheong H. *et al*., Planta Med., 64, 577-578 1998

【생리활성성분 화학구조식】

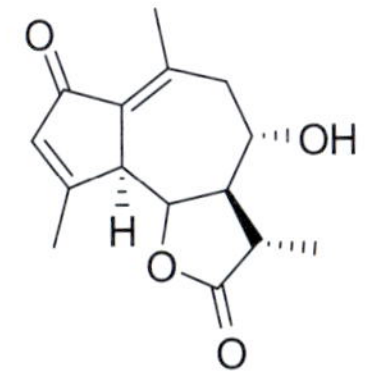

deacetylmatricarin
(=desacetylmatricarin)

12 강장

강장이란 신체의 허약한 상태를 개선하여 신진대사 기능을 회복시키는 것으로 신체의 건강상태를 개선할 수 있는 다양한 기능 소재를 강장제로 사용할 수 있다. 날씨가 더워지거나 추워지면 사람은 환경에 대한 적응력이 떨어져서 다양한 생리변화를 수반하게 된다. 예를 들어 환경에 대한 부적응으로 맥이 풀려서 힘이 빠지며 호흡이 가쁘고 입맛이 없으며 땀을 흘리는 사람에게 투여하여 정상적인 건강상태로 회복하게 해 준다면 이를 강장제라 할 수 있다. 따라서 우리가 흔히 접하게 되는 자양강장제(滋養 强壯劑)는 투여한 약물과 식품을 통해 영양공급은 물론 원기를 회복하여 기능회복을 꾀하는 것을 의미한다. 넓은 의미에서 수술 후 허약한 몸을 보충하고자 투여하는 단백질 제제나 각종 비타민제를 비롯한 영양 수액제도 영양상태를 좋게 하여 몸을 튼튼하게 해 주므로 자양강장제라 할 수 있다.

인삼 제품은 보통 만성 위장염이나 식욕부진, 구토 설사, 피로회복에 사용하는데, 이는 위를 튼튼하게 하여 소화 흡수를 도와 몸을 튼튼하게 하는 기전으로 설명할 수 있다. 흔히 인삼은 몸에 좋다고 알려졌으며 모두가 인정하는 인삼의 이러한 일반적인 효과를 체계적으로 연구한 결과 인삼의 투여에 의해 기초대사의 항진이 일어나며 혈청 단백질의 증가, 혈청 단백질 분획의 변화, 혈구 수의 증가가 일어나고 더욱이 암세포에 직접 작용하여 증식을 억제하는 효과뿐만 아니라 숙주의 방어기전 향상과 면역기전 강화 효과 등이 동시에 일어나는 것으로 설명되고 있다. 따라서 인삼에 대하여 미국의 약리학자인 "브레크만"이 인삼의 효능은 "비특이적 저항력을 증대시키는 현상"이라고 하였듯이 강장제는 약품이나 식품의 투여에 의하여 몸에 이로운 여러 현상이 인체에 작용하여 건강상태를 개선하는 것으로 정의할 수 있다.

글루코사민 함유제품 (Glucosamine-containing products)

【기 원】 키틴 또는 키토산을 가수분해하여 얻는다.

【유 형】

1) 글루코사민 분말
키틴 또는 키토산을 가수분해하여 얻은 단당류로 식용에 적합하도록 처리한 것(염류 포함)을 말한다.

2) 글루코사민 함유제품
글루코사민분말을 주원료로 하여 제조 · 가공한 것을 말한다.

【분 류】 고시형

【생리활성성분】 글루코사민

【효능 및 기전】

1) 관절 및 연골의 구성성분
2) 관절 및 연골을 튼튼히 하는데 도움을 줌
3) 관절 및 연골 건강에 도움

당귀 (Korean angelica)

【기 원】 *Angelica gigas*, Umbelliferae

【분 류】 식품

【사용부위】 뿌리

【산 지】 한국, 중국, 일본

【생리활성성분】 decursin, decursinol

【효능 및 기전】

1) 당귀의 면역증강활성[1)]
   • 당귀 뿌리의 추출물 중 물층에서 강력한 면역증강 활성을 보임
2) 당귀 엑스가 흰쥐의 약물성 간 장애에 대한 보호 효과[2)]
   • CCl4-intoxication에 따른 간의 무게가 증가하는 비율이 당귀 엑스 300 mg/kg를

투여 후 CCl4-control group과 비교해서 현저하게 감소함

3) 당귀 뿌리의 decursinol angelate와 decursin의 항 산화작용과 간 보호작용[3]

- 당귀의 성분 중 decursinol angelate와 decursin은 항산화 작용을 보였을 뿐만 아니라 CCl4-intoxication된 쥐에서 간 보호 활성을 나타냄

4) 한국 당귀(*A. gigantis*) 추출물이 고지혈증에 효과[4]

- 한국당귀의 뿌리 엑스가 GOT, GPT의 변화 및 TG, total cholesterol 농도를 저하시킴

【참고 문헌】

1) Ahn K. S. *et al.*, Kor. J. Pharmacogn., 27, 254-261, 1996

2) Chung M. H. *et al.*, Kor. J. Pharmacogn., 29, 402-412, 1998

3) Lee S. H. *et al.*, Nat. Prod. Sci., 9, 170-173, 2003

4) Chung M. H. *et al.*, Kor. J. Pharmacogn., 29, 300-311, 1998

【생리활성성분 화학구조식】

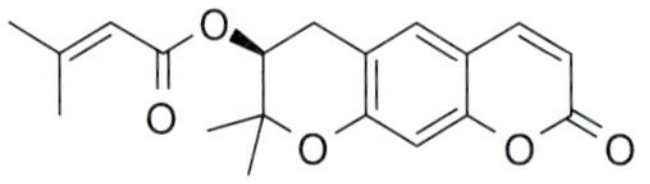

decursin

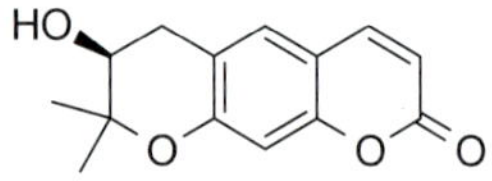

decursinol

로열젤리 제품 (Royal jelly products)

【기 원】 일벌의 인두에서 분비되는 분비물을 수집하여 이물을 제거한 후 동결 건조하거나 그대로 생 로열젤리 또는 이를 주원료로 하여 섭취가 용이하도록 여러 제형으로 가공한 것

【유 형】

1) 생 로열젤리

일벌의 인두선에서 분비되는 분비물로 식용에 적합하도록 이물을 제거한 것을 말한다.

2) 동결 건조 로열젤리

생 로열젤리를 동결 건조한 것을 말한다.

3) 로열젤리제품

로열젤리를 주원료(생 로열젤리 35.0% 이상, 동결 건조 로열젤리 14.0% 이상)로 하여 제조, 가공한 것을 말한다.

【분 류】 고시형

【생리활성성분】 단백질, 당, 지방, 비타민 B군, 비타민 B5, B6, 미네랄

【효능 및 기전】

1) 영양보급
2) 건강증진 및 유지
3) 고단백식품
4) 강장, 강정, 혈압조절, 체중증가, 혈류증가, 식욕촉진

뮤코다당 함유제품 (Mucopolysaccharide-containing products)

【기 원】 동물의 연골조직으로부터 분리한 점액질 다당체의 일종

【유 형】

1) 뮤코다당 · 단백
   소, 돼지, 양, 사슴, 상어, 가금류, 오징어, 게, 어패류 등의 연골조직을 분리, 정선한 후 열수 추출 또는 효소 분해하여 여과, 농축, 건조 등의 공정을 거쳐 식용에 적합하도록 정제하여 건조한 것을 말한다.
2) 뮤코다당 · 단백 제품
   뮤코다당 · 단백을 주원료(50.0%이상)로 하여 제조 · 가공한 것을 말한다.

【분 류】 고시형

【생리활성성분】 콘드로이친황산

【효능 및 기전】

1) 연골의 구성성분
2) 건강증진 및 유지
3) 영양보급

매실 추출물 제품 (Apricot extract products)

【기 원】 매실(*Prunus mume*)의 과즙

【유 형】

1) 매실추출물
   매실의 과즙을 식용에 적합하도록 여과, 농축한 것으로서 고형분이 20.0% 이상인 것을 말한다.
2) 매실추출물제품
   매실추출물을 주원료(50.0% 이상)로 하여 제조·가공한 것을 말한다.

【분 류】 고시형

【생리활성성분】 각종 유기산

【효능 및 기전】

1) 유해균의 번식억제
2) 피로회복에 도움
3) 유기산 작용
4) 알칼리성 생성제품

배아유 제품 (Germoil products)

【기 원】 쌀, 밀 등 곡류의 배아에서 추출한 기름을 식용에 적합하도록 정제한 것

【유 형】

1) 배아유
   쌀, 밀 등 곡류의 배아에서 추출한 기름을 식용에 적합하도록 정제한 것을 말한다.
2) 천연토코페롤 강화 배아유
   배아유에 식물성 천연토코페롤을 강화한 것을 말한다.
3) 배아유 제품
   배아유를 주원료(50.0% 이상)로 하여 제조·가공한 것을 말한다.
4) 천연토코페롤 강화 배아유 제품

천연토코페롤 강화 배아 유를 주원료(50.0% 이상)로 하여 제조 · 가공한 것을 말한다.

【분 류】 고시형

【생리활성성분】 리놀레산, 감마오리자놀(γ-oryzanol), 토코페롤 등

【효능 및 기전】

1) 영양보급

백출 (Atractylodes rhizome white)

【기 원】 *Atractylodes japonica*, Compositae

【분 류】 식품

【사용부위】 뿌리줄기, 주피

【산 지】 구릉지에서 자라며 광범위하게 재배

【생리활성성분】 atractylol, atractylon

【효능 및 기전】

1) 백출 추출물의 간경화 억제효능에 관한 연구[1)]
   - 백출 추출물을 4주 동안 간경화에 걸린 쥐에게 0.99 mg/kg rat weight/day로 투여한 결과 bile duct의 liver collagen량이 현저하게 감소하였고, histological analysis 결과 collagen fiber deposition이 감소함

3) 백출의 사염화탄소 간독성에 대한 보간 효과 비교[2)]
   - 백출의 methanol extract은 CCl_4 intoxication 된 쥐에서 간 독성에 대한 보호 효과를 나타냄

4) 백출의 간기능 보호효과에 관한 연구[3)]
   - 백출을 n-butanol, chloroform, n-hexane and water층으로 나누어서 각각을 CCl_4 intoxication된 animal model에게 경구 투여한 결과 n-butanol and chloroform층이 강력한 간 보호 작용이 나타났고 S-GOT와 S-GPT의 활성을 나타냄

【참고 문헌】

1) Yu B. S. *et al.*, Yakhak Hoeji, 51, 7-12, 2007
2) Chang I. M. *et al.*, Kor. J. Pharmacogn., 20, 96-100, 1989
3) Yun H. S. *et al.*, Kor. J. Pharmacogn., 12, 23-25, 1981

【생리활성성분 화학구조식】

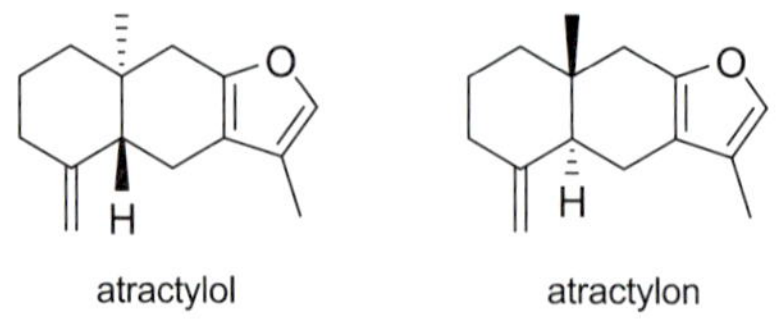

뱀장어유 제품 (Eel-oil products)

【기 원】 경골어류의 뱀장어목, 뱀장어과의 민물고기

【유 형】 뱀장어유 제품 : 뱀장어에서 채취한 기름을 식용에 적합하도록 정제한 것 또는 이를 주원료(98.0% 이상)로 하여 캅셀에 충전·가공한 것을 말한다.

【분 류】 고시형

【생리활성성분】

1) 비타민 A, B_1, B_2, naiacin, Ca
2) 불포화지방산으로 EPA, DHA 및 lecithin, mucin, 단백질, 무기질

【효능 및 기전】

1) 강장작용
   - 시력, 점막의 건강, 감기, 골격강화, 원기회복에 효과가 있다.
   - mucin은 성장촉진 작용, 강장, 강정 작용이 있다.

버섯제품 (Mushroom products)

【기 원】 영지버섯, 운지버섯, 표고버섯의 자실체 또는 균사체

【유 형】

1) 버섯자실체제품
   영지버섯, 운지버섯, 표고버섯의 자실체의 건조물을 분말화한 것이나 자실체를 물 또는 주정으로 추출한 것을 주원료(건조분말 : 30.0% 이상), 추출물 : 자실체의 건조물로

환산하여 제품 전체중량의 30.0% 이상)로 하여 제조·가공한 것을 말한다.

2) 버섯균사체제품

영지버섯, 운지버섯, 표고버섯의 균사체 배양물(균사체+배양액)을 물 또는 주정으로 추출한 것을 주원료(균사체 배양물의 건조물로 환산하여 제품 전체중량의 50.0% 이상)로 하여 제조·가공한 것을 말한다.

【분 류】 고시형

【생리활성성분】 다당체, 각종 미네랄

【효능 및 기전】

1) 혈행을 원활히 함
2) 생리활성 물질 함유
3) 건강증진 및 유지

복분자 (Korean raspberry)

【기 원】 *Rubus coreanus*, Rosaceae

【분 류】 식품

【사용부위】 열매

【산 지】 한국

【생리활성성분】 (+)-catechin, pedunculagin, procyanidin B-4

【효능 및 기전】

1) 복분자 triterpenoid의 cytoprotective 작용[1)]
   - cisplatin-induced cytotoxicity를 돼지의 신장에서 얻은 LLC-PK1 세포에 적용시킨 후 복분자로부터 분리된 polyhydroxyursane-type triterpenoids를 처리한 결과 세포 보호 작용을 나타냄
   - 복분자의 polyhydroxyurasane-type teriterpenoids는 항염증 효과 또한, 나타냄
2) 복분자의 phenolic compound의 항산화 효과[2)]
   - 60% ethanol로 추출한 복분자의 phenolic 물질은 항산화 효과가 있음
3) 복분자의 tannin의 항산화 효과[3)]
   - 복분자에서 분리된 ellagitannin 성분인 pedunculagin, 2,3-(S)- hexahydrox-

ydiphenoyl-D-glucose와 catechin, epicatechin, procyanidin B-4가 강력한 항산화 효과를 나타냄

4) 강장 작용과 성기능 개선 작용, 간 기능 개선 작용[4]

- 19%의 복분자를 포함한 혼합 제제가 피로 회복, 성기능 개선, 식욕 증진, 탈모 감소 등에 효과를 나타냄

5) 피로회복, 강장, 항암 작용[5]

- 복분자를 포함한 건강 음료가 강장작용, 피로 회복 작용, 항암 작용, 피부 개선 작용을 나타냄

【참고 문헌】

1) Jung H. J. *et al.*, Nat. Prod. Sci., 13, 33-39, 2007

2) Lee J. W. *et al.*, Hanguk Sikpum Yongyang Kwahak Hoechi 29, 943-947, 2000

3) Kim K. H. *et al.*, Yakhak Hoechi, 44, 354-357, 2000

4) Kim J. H. *et al.*, Rep. Kor. Kongkae Taeho Kongbo, 2004

5) Lee J. U. *et al.*, Rep. Kor. Kongkae Taeho Kongbo, 2003

【생리활성성분 화학구조식】

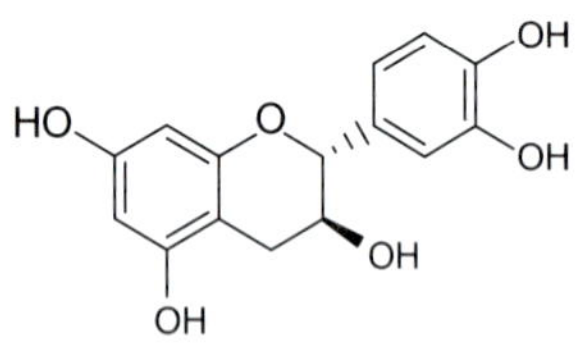

(+)catechin

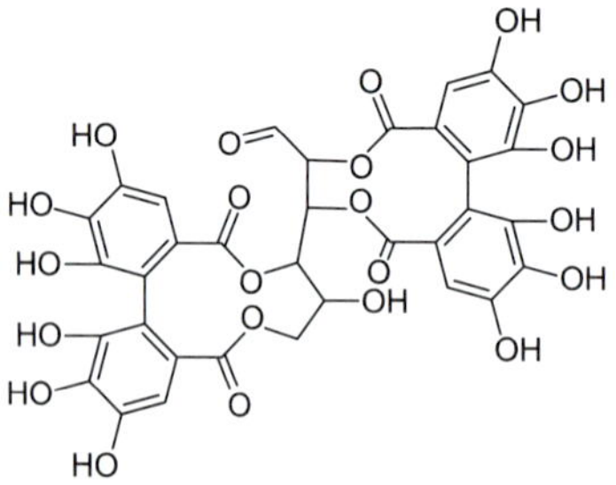

pedunculagin

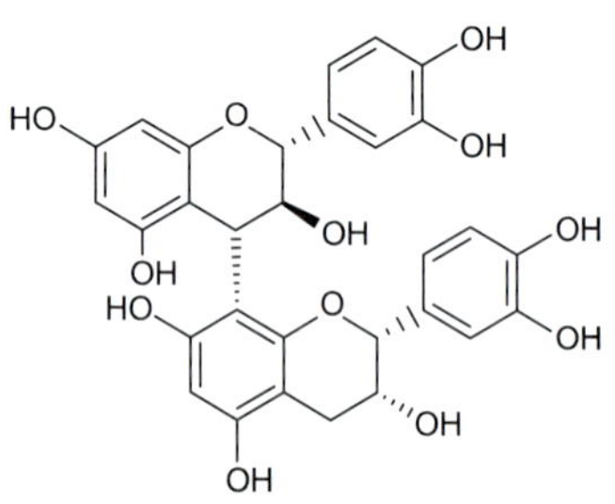

procyanidin B-4

산수유 (Cornus fruit)

【기 원】 *Cornus officinalis*, Cornaceae

【분 류】 식품

【사용부위】 열매

【산 지】 일본

【생리활성성분】 ursolic acid, oleanolic acid

【효능 및 기전】

1) 산수유의 ursolic acid와 oleanolic acid의 PEP 억제작용[1)]
   - PEP의 억제에 의해 피로회복, anti-amnestic 효과가 나타냄
   - 산수유 열매의 ursolic acid, oleanolic acid 성분에 의해 기억력 감퇴 예방효과 또한, 나타냄
2) 산수유의 생리활성성분에 의한 피로 회복 효과[2)]
   - 산수유의 성분이 간의 원기 회복에 효과가 있음
   - 산수유의 휘발성 성분, 배당체 성분, 탄닌 성분 등이 그 외 혈당 저하, 쇼크 예방, 면역 조절, 염증 조절에 영향을 줌
3) 산수유 열매의 polysaccharide 성분에 의한 피로 회복 효과[3)]
   - Co-4로 명명된 수용성 polysaccharide 성분이 피로 회복에 효과가 있음
   - Co-4는 (1-4)-linked β-D-glycan을 main chain으로 하여 6번 위치에 branching이 있는 polysaccharide 성분
4) 남자의 불임 증상 개선과 성기능 개선에 대한 회복 효과[4)]
   - 산수유를 포함한 중국 전통 식물의 혼합제제는 oligospermia, azoospermia, necrospermia에 의한 남자의 불임에서 이를 회복시키는 효과가 있음
   - 발기부전에 대한 치료 효과
5) 신장기능 회복 등에 대한 효과[5)]
   - 산수유를 포함한 약용식물 혼합 제제는 신장 기능 회복, 피로 회복, 비장 기능 회복, 혈액 순환 개선, 장기기능 조절에 효과가 있음

【참고 문헌】

1) Park Y. S. *et al*., Agric. Chem. Biotech., 48, 207-212, 2005
2) Liu H. *et al*., Nanjing Zhongyiyao Daxue Xuebao, 19, 254-256, 2003
3) Yang Y. *et al*., Zhongguo Zhongyao Zazhi 24, 614-616, 1999
4) Liu X. *et al*., Faming Zhuanli Shenqing Gongkai Shuomingshu, 2005
5) Feng G. *et al*., Faming Zhuanli Shenqing Gongkai Shuomingshu, 2006

【생리활성성분 화학구조식】

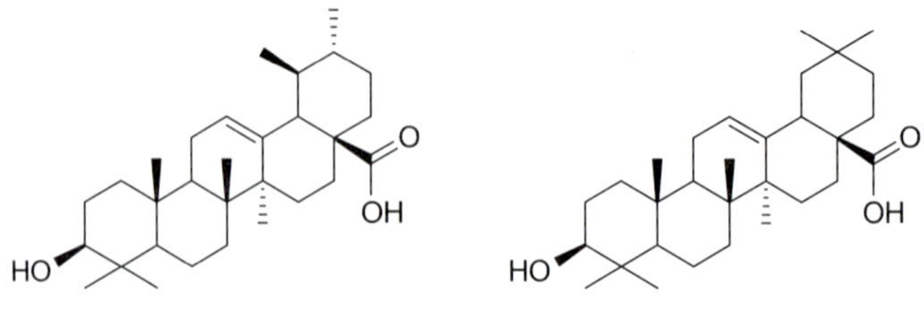

ursolic acid oleanolic acid

스쿠알렌 함유제품 (Squalene-containing products)

【기 원】 심해상어(Aizame)의 간, 상어(*Squalus* sp.) 간에서 유래

【유 형】

1) 스쿠알렌

상어의 간에서 추출한 스쿠알렌 성분을 함유한 유지를 정제한 것을 말한다.

2) 스쿠알렌 함유제품

스쿠알렌을 주원료(60.0% 이상)로 하여 캅셀에 충전하여 제조한 것을 말한다.

【분 류】 고시형

【생리활성성분】 스쿠알렌 함유

【효능 및 기전】

1) 산소공급의 원활화
2) 피부건강에 도움
3) 신진대사 기능

스피루리나 제품 (Spirulina products)

【기 원】 남조류(blue-green algae)에 속하는 미세조류(micro-algae)의 일종

【유 형】

1) 스피루리나 원말

스피루리나속의 조류(藻類)를 인위적으로 배양하여 가열 등의 방법으로 소화성을 높이도록 처리한 후 건조하여 식용에 적합하도록 한 것을 말한다.

2) 스피루리나 제품
스피루리나 원말을 주원료(50.0%이상)로 하여 제조·가공한 것을 말한다.

【분 류】 고시형

【생리활성성분】 단백질 65~70%, 지질 6~9%, 당질 8~14%, 식이섬유 4~8%, 미네랄 등

【효능 및 기전】

1) 필수 아미노산의 공급원
2) 단백질 공급
3) 영양공급
4) 생리활성성분 함유
5) 건강증진 및 유지

식물 추출물 발효제품 (Plants extracts fermentation products)

【기 원】 채소류, 과일류, 열매류, 해조류 등 식용식물을 자체발효, 유산균, 효모균 등의 접종에 의하여 발효시킨 것

【유 형】

1) 식물추출물 발효제품
채소류, 과일류, 종실류, 채조류 등 식용식물을 압착 또는 당류(설탕, 맥아당, 포도당, 과당 등)의 삼투압에 의해 얻은 추출물을 자체발효 또는 유산균, 효모균 등의 접종에 의하여 발효시켜 식물 유래성분과 발효생성물을 섭취에 적합하도록 제조·가공한 것을 말한다.

【분 류】 고시형

【생리활성성분】 비타민, 무기질, 당류

【효능 및 기전】

1) 건강증진 및 유지
2) 체질개선
3) 영양공급원

알콕시글리세롤 함유제품 (Alkoxyglycerol-containing products)

【기 원】 상어 간에서 채취한 알콕시글리세롤 함유 유지를 분리하여 식용에 적합하도록 정제한 것이다.

【유 형】

1) 알콕시글리세롤 함유 유지
   상어 간에서 채취한 알콕시글리세롤 함유 유지를 분리하여 식용에 적합하도록 정제한 것이다.
2) 알콕시글리세롤 함유제품
   알콕시글리세롤 함유 유지를 주원료(98.0% 이상)로 하여 제조 · 가공한 것을 말한다.

【분 류】 고시형

【생리활성성분】 키밀 알코올(Chimyl Alcohol), 베틸 알코올(Batyl-Alcohol), 셀라킬 알코올(Selachyl Alcohol) 등의 혼합 글리세롤에테르

【효능 및 기전】

1) 유아성장에 도움
2) 생리활성성분 함유
3) 신체저항력 증진

엽록소 함유제품 (Chlorophyll-containing products)

【기 원】 엽록소가 풍부한 식용 식물류를 식용에 적합하도록 가공한 것

【유 형】

1) 맥류약엽엽록소 원말
   보리, 밀, 귀리의 어린 싹 또는 어린 이삭 형성 전의 것을 채취하여 잎의 전부 또는 일부를 그대로 또는 즙내기하여 건조분말로 한 것을 말한다.
2) 알팔파 엽록소 원말
   알팔파의 성숙한 잎, 잎꼭지, 줄기의 전부 또는 일부를 그대로 또는 즙내기하여 건조분말로 한 것을 말한다.

3) 해조류 엽록소 원말

엽록소를 함유한 식용해조류를 채취하여 전부 또는 일부를 건조분말로 한 것을 말한다.

4) 기타 식물류 엽록소 원말

엽록소를 함유한 케일 등의 식용식물류(단일식물 100%)를 채취하여 전부 또는 일부를 그대로 또는 즙내기하여 건조분말로 한 것을 말한다.

5) 맥류약엽엽록소 함유제품

맥류약엽엽록소 원말을 주원료(50.0% 이상)로 하여 제조 · 가공한 것을 말한다.

6) 알팔파 엽록소 함유제품

알팔파 엽록소 원말을 주원료(50.0% 이상)로 하여 제조 · 가공한 것을 말한다.

7) 해조류 엽록소 함유제품

해조류 엽록소 원말을 주원료(50.0% 이상)로 하여 제조 · 가공한 것을 말한다.

8) 기타 식물 엽록소 함유제품

기타 식물 엽록소 원말을 주원료(50.0% 이상)로 하여 제조 · 가공한 것을 말한다.

【분류】 고시형

【생리활성성분】 엽록소, 헥사코사놀, SOD

【효능 및 기전】

1) SOD 함유
2) 유해산소의 예방
3) 피부건강
4) 건강증진 및 유지

오가피 (Acanthopanax bark)

【기 원】 *Acanthopanax sessiliflorum*, Araliaceae

【사용부위】 뿌리, 줄기 및 가지의 껍질

【분 류】 식품

【생리활성성분】 oleanane계 saponin(eleutheroside I, K, L, M), 리그난(syringaresinol, acanthoside B, eleutheroside E)

【효능 및 기전】

1) 강장작용[1)]

- 인삼과 더불어 대표적인 강장약이며 syringaresinol은 스트레스로 인한 성욕저하를 방지한다(mouse)

2) 강심작용[2)]

*A. gracilistylus*의 배당체분획을 관상동맥폐색에 의한 급성심근허혈증상을 일으킨 실험동물에게 정맥주사하면 심장박동수와 혈압이 정상화된다(rabbit). 또한, 혈중젖산농도와 creatine kinase활성이 현저하게 감소한다.

3) 간세포 보호 작용

- Acanthoside B, D는 sGOT, sGPT의 비정상적인 상승을 정상화한다(in vivo, mouse)
- Acanthoside D에는 항지간 작용이 있다(in vivo)

【참고문헌】

1) Nishiyama N. *et al*., Shoyakugaku Zasshi., 39, 238-242, 1985

2) Cai X. F. *et al*., Chem. Pharm. Bull., 51, 605-607, 2003

【생리활성성분 화학구조식】

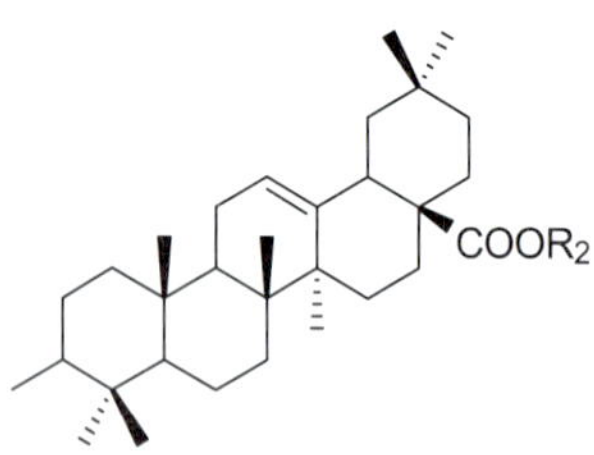

eleutheroside I (=mussenin B), R_1=Ara-Rha, R_2=H
eleutheroside K, R_1=Ara^{2}Rha, R_2=H
eleutheroside L, R_1=Ara^{4}Rha, R_2=Glc^{6}Glc^{4}Rha
eleutheroside M (=hederasaponin B), R_1=Ara^{2}Rha, R_2=Glc^{6}Glc^{4}Rha

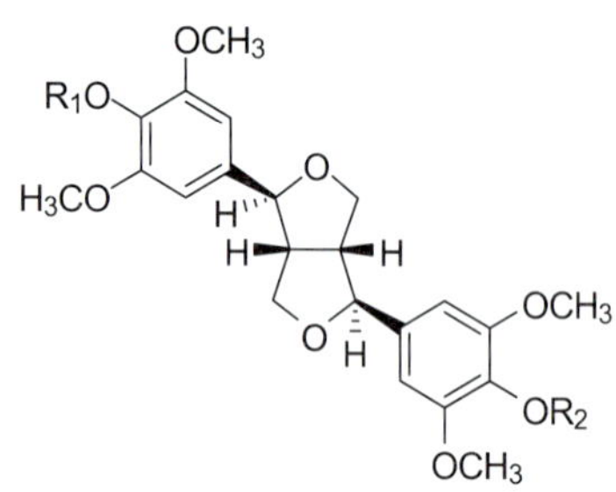

syringaresinol, R_1=H, R_2=H
acanthoside B, R_1=Glc, R_2=H
eleutheroside E, R_1=Glc, R_2=Glc
(=acanthoside D, liriodendrin)

오미자 (Schisandrae fructus)

【기 원】 *Schisandra chinensis*, Schisandraceae

【분 류】 식품

【사용부위】 열매

【산 지】 한국, 일본, 중국, 국내에서는 주로 태백산 일대에 많이 자생

【생리활성성분】 schisandrin, gomisin

【효능 및 기전】

1) 오미자의 항 피로효과[1)]
   - 간 GSH의 상태를 증가시킴
   - 간 GSH 수치와, 간 glucose-6-phosphate and glutathione reductase(GRD) 활성도의 현저한 상승을 보임
2) 사염화탄소로 유발된 간독성에 대한 오미자 schizandrin C 유도체 DDB 복합물 DWP-04의 예방효과[2)]
   - DWP-04의 투여는 사염화탄소에 의해 상승된 혈중 간장지표인 transaminase(AST, ALT), ALP의 활성을 현저히 억제하였으며, 혈액 및 간조직중의 중성지방의 함량도 현저히 억제시킴
3) 간장해 억제작용[3)]
   - 오미자의 약리기능은 간장해 억제작용 등 매우 다양하여 생약재 및 식품원료로 이용되고 있음
4) 간기능 보호 작용[4)]
   - 간 기능 보호 작용이 있는 것으로 알려진 DDB, selenium과 glutathione의 혼합제제인 DWP-04와 acetaminophen(AAP)를 실험동물에 동시에 투여하고서 혈액에서의 생화학적 변동과 간 조직에서의 활성산소 생성계 및 해독계의 활성에 미치는 영향을 관찰한 결과 DWP-04의 동시 투여는 활성산소의 생성 및 해독계를 조절함으로써 AAP로 인한 간 손상을 보호하는 효과가 있음

【참고문헌】

1) Ko K. M. *et al.*, Planta Med., 61, 134-137, 1995
2) Lee J. H. *et al.*, Kor. J. Pharmacogn., 36, 44-92, 2005
3) Hikino H. *et al.*, Planta Med., 50, 213-218, 1984
4) Park H. J. *et al.*, Kor. J. Pharmacogn., 36, 81-87, 2005

【생리활성성분 화학구조식】

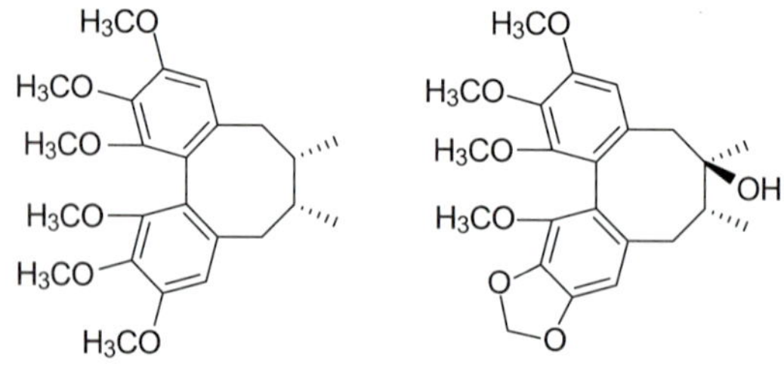

schisandrin A　　gomicin A

옥타코사놀 함유제품 (Octacosanol-containing products)

【기 원】 소맥 배아 유, 밀의 잎, 과일의 껍질 등에서 소량으로 발견되는 고급지방 알코올이다.

【유 형】

1) 옥타코사놀

미강, 소맥배아, 사탕수수, 사과과피, 포도과피 등 식용식물에서 추출한 옥타코사놀을 함유한 유지를 식용에 적합하도록 정제한 것을 말한다.

2) 옥타코사놀 함유제품

옥타코사놀을 주원료로 하여 제조, 가공한 것을 말한다.

【분 류】 고시형

【생리활성성분】 옥타코사놀 0.5~1.0% 이상

【효능 및 기전】

1) 건강증진 및 유지
2) 지구력 증진

용안육 (Longan)

【기 원】 *Dimocarpus longan*, Sapondaceae

【분 류】 식품

【사용부위】 열매

【산 지】 중국, 일본, 대만, 인도

【생리활성성분】 hypoglycin A

【효능 및 기전】

1) 불면증과 신경쇠약 치료 효과[1)]
   - 용안육을 탕약으로 만들어 복용하면 해열, 위 보호, 불면증과 신경쇠약 치료
2) 피로회복 효과[2),3)]
   - 용안육의 과육은 강장제로써 사용됨
3) 항산화효과[4)]
   - gallic acid, corilagin, ellagic acid, procyanidin A-type dimer, procyanidin B2, quercetin 3-*O*-rhamnoside등이 풍부하게 함유하고 있기 때문에 항산화 효과를 나타냄
4) 알코올성 간염 및 지방간을 예방[5)]
   - 숙취해소용 음료조성물에 관한 것으로, 노근, 뽕잎, 금은화, 상엽, 구기자, 천문동, 용안육, 치자, 토사자의 열수추출 생약조성물은 음주 후 복용 시 빠르게 알코올 숙취를 해소하고, 가증, 두통제거와 구토해소에 뛰어난 효과가 있음

【참고문헌】

1) Rangkadilok N. *et al.*, J. Agric. Food Chem., 53, 1387-1392, 2005
2) Jiyoung R. *et al.*, Arch. Pharm. Res., 26, 138-142, 2003
3) Bensky D. and Gamble A. Madica, Revised Ed., Eastland Press, Seattle, p335, 1993.
4) Rangkadilok, N. J. Agric. Food Chem., 53, 1387-1392, 2005
5) 황무연, 숙취해소용 음료조성물(Beverage composition for treating hangover), 10-2001-0055035 (2001. 09. 07)

【생리활성성분 화학구조식】

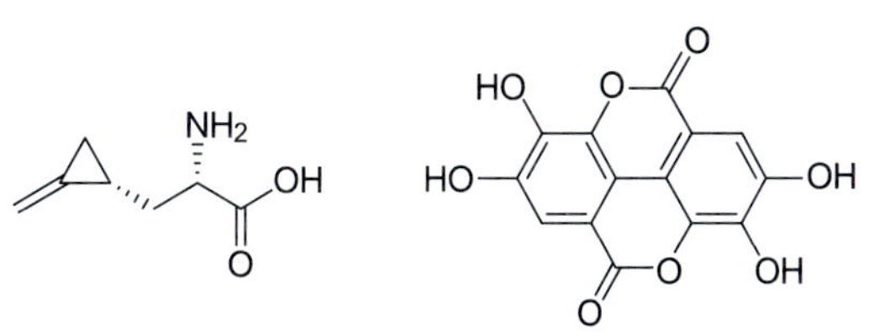

hypoglycin A　　ellagic acid

운대 (유채, Rape)

【기 원】 *Brassica napus*, Cruciferae

【분 류】 식품

【사용부위】 열매

【산 지】 지중해 연안과 중앙아시아 고원지대(보통종), 스칸디나비아반도와 시베리아(서양종), 한국(제주, 남부지방), 중국, 일본

【생리활성성분】 palmitic acid, stearic acid, linoleic acid, erucic acid

【효능 및 기전】

1) 항 피로 효과[1]
   - 간장의 glutathione 농도가 상승하고 간장 glutatione-S-transferase(GSH-S-T) 활성도 상승
2) 간기능 개선[2]
   - 유채의 간기능 보호, 혈액 중 알코올농도 저하 식품의 부가적인 첨가물로의 사용
3) 잎의 thiol compounds들이 reductase support 인자로 작용함[3]
4) 유채가 혼합되어진 약재는 간 진정 또는 간 기능개선에 도움을 줌[4]
5) 간경화 억제[5]
   - 음료와 같은 종류로 주스로 만들어 간경화 억제에 효능이 있음

【참고문헌】

1) Smith T. K. *et al.*, J. Anim. Sci., 70, 2510-2515, 1992
2) Lim K. S. *et al.*, (Korea Yakult Co., S. Korea), U.S. Pat. Appl. Pulb. 2006
3) Nie Z. J. *et al.*, Plant and Soil, 295, 13-21, 2007
4) Jiumei P. *et al.*, Faming Zhuanli Shenqing Gongkai Shuomingshu, 2006
5) Kim Y. J. *et al.*, Rep. Kor. Kongkae Taeho Kongbo, 2004

【생리활성성분 화학구조식】

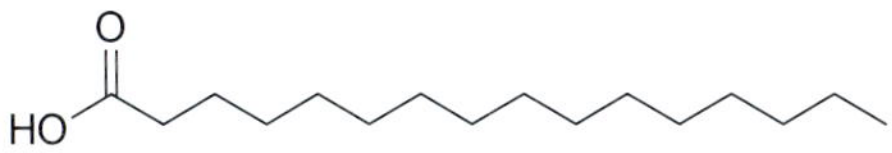

palmatic acid

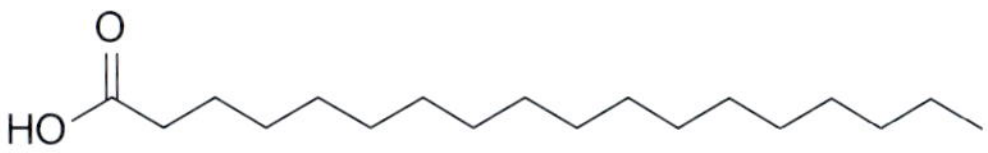

stearic acid

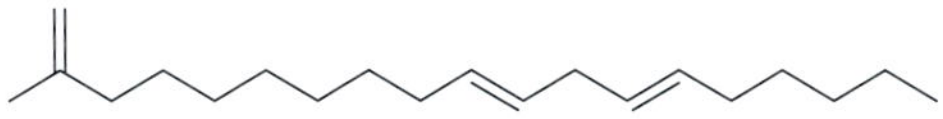

linoleic acid

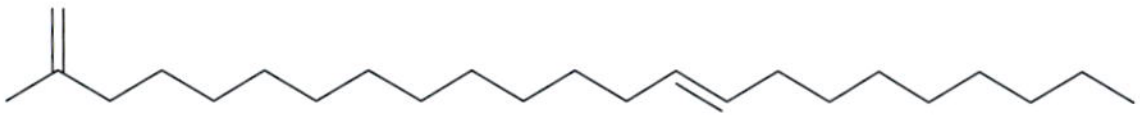

erucic acid

인삼 (Ginseng)

【기 원】 *Panax ginseng*, Araliaceae

【분 류】 식품, 약용

【사용부위】 식용(뿌리), 약용(뿌리, 잎), 열매

【산 지】 한국

【생리활성성분】 dammarane계 saponin(ginsenoside Ra1~Rh1), 인삼 다당체(panaxan A-U)

【효능 및 기전】

1) 인삼 부탄올 추출물의 항 피로 작용[1]
   - 인삼의 부탄올 추출물을 생쥐에게 투여하여 그 활성을 측정한 결과, 항산화 효과, trypsin 및 hyaluronidase 저해 효과에 의해 항 피로 작용을 나타냄

2) 인삼의 항 스트레스 및 항 피로 효과[2]
   - swiss albino mice를 이용한 *in vivo* 실험에서 인삼의 투여는 electric shock 테스트 등을 통해 항 스트레스 효과가 있음을 증명 했고 forced-swim 테스트를 통해 항 피로 효과가 있음

3) 인삼 사포닌 성분의 항 스트레스 효과 및 항 피로 효과[3]
   - saponin from panax ginseng fruit(SPGF)을 쥐에게 투여하여 swimming, hypoxia 테스트를 거친 결과 항 피로 효과 및 항 hypoxia 효과를 나타냄

4) 인삼이 피로 회복 및 수명 연장에 미치는 효과[4]
   - 쥐를 이용한 *in vivo* 실험에서 질식시킨 흰쥐의 수명을 연장 시키는 효과가 있고 수영

실험을 통해 대조군의 흰쥐보다 인삼을 투여한 흰쥐의 피로도가 늦게 쌓인다는 것을 증명함

- 19%의 복분자를 포함한 혼합 제제가 피로 회복, 성기능 개선, 식욕 증진, 탈모 감소 등에 효과를 나타냄

5) 인삼 사포닌, ginsenoside의 항 스트레스 효과[5)]

- 인삼으로부터 분리된 protopanaxadiol계 사포닌인 ginsenoside Rb1, ginsenoside Re를 흰쥐에게 투여한 결과 유의성 있는 스트레스 감소 효과를 보임

【참고 문헌】

1) Shin Y. W. *et al*., Kor. J. Pharmacogn., 37, 246-252, 2006

2) Banerjee *et al*., Acta Physiologica Latinoamericana, 32, 277-285, 1982

3) Zhang *et* ,Yaoxue Xuebao,16, 860-863, 1981

4) Cho H. Y. *et al*., Kor. J. Pharmacogn., 3, 81-96, 1972

5) Kim N. D. *et al*., Kor. J. Pharmacogn., 10, 61-67, 1979

【생리활성성분 화학구조식】

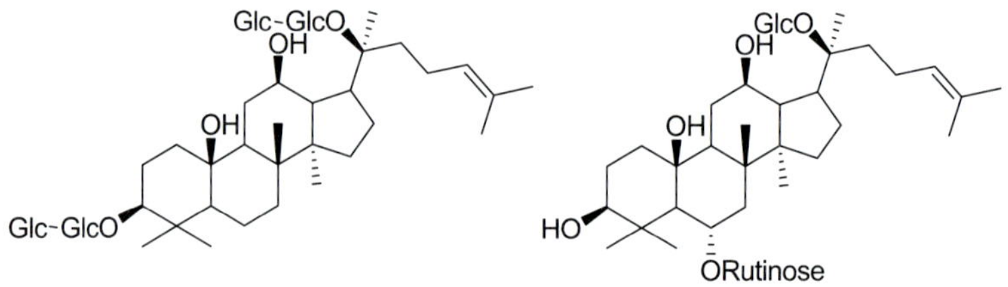

20(S)-protopanaxadiol 20(S)-protopanaxatriol

인삼제품 (Ginseng products)

【기 원】 *Panax ginseng*, Araliaceae

【유 형】

1) 인삼농축액

인삼(태극삼 포함)근(오가피과 인삼속 식물의 지하부를 말한다, 100%)으로부터 물이나 주정 또는 물과 주정을 혼합한 용매로 추출하여 여과한 가용성인삼성분을 그대로 농축한 것을 말한다.

2) 인삼농축액분말 : 인삼농축액을 그대로 분말화한 것을 말한다.

3) 인삼분말 : 인삼근(100%)을 건조하여 분말화한 것을 말한다.

4) 인삼성분함유제품

인삼농축액, 인삼농축액분말, 인삼분말 또는 가용성인삼성분을 주원료[가용성인삼성분(인삼사포닌 80.0 mg/g을 기준으로 할 때) 10.0%이상]로 하여 제조, 가공한 것을 말한다.

【분 류】 고시형

【생리활성성분】 dammarane계 saponin(protopanaxdiol, protopanaxtriol : ginsenoside Ra1~Rh1), polyacetylene : panaxynol, panaxytriol

【효능 및 기전】

1) 자양강장작용[1)]

- 추출물은 신장의 핵 내에 존재하는 RNA의 합성은 촉진시킨 후(8시간 후)에 세포질내의 RNA합성을 촉진하여(10시간 후) 단백질 합성을 증가시킨다.(in vivo, rat, 12시간 후)

2) 면역증강작용[2)]

- 물추출물은 IgM, IgG와 같은 항체와 인터페론의 생산을 증가시키며 natural killer cell의 활성을 현저히 증가시킨다.
- 다당류는 세망내피세포의 식작용을 증가시키며 cyclophosphamide에 의한 면역기능 저하를 정상상태로 회복시킨다.

3) 심혈관계에 대한 작용

- 에테르추출물은 심장박동수와 중심정맥압을 낮추며 에탄올 추출물은 중심정맥압에 관계없이 심장박동수를 낮춘다. 물추출물의 경우에는 심장박출량과 중심정맥압을 현저하게 낮추거나 말초저항을 증가시킨다.

【참고문헌】

1) Nagasawa T. *et al.*, Chem. Pharm. Bull., 25, 1665-1670, 1977

2) Jie Y. H. *et al.*, Agents Actions, 15, 386-391, 1984

【생리활성성분 화학구조식】

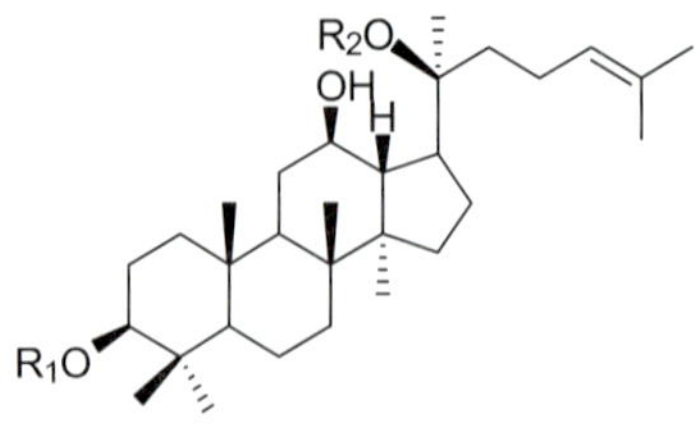

20(*S*)-protopanaxadiol

	R_1	R_2
20(*S*)-protopanaxadiol	H	H
ginsenoside-R_{a1}	Glc$\overset{2}{-}$Glc-	Xyl$\overset{4}{-}$Ara(p)$\overset{6}{-}$Glc
ginsenoside-R_{a2}	Glc$\overset{2}{-}$Glc-	Xyl$\overset{4}{-}$Ara(f)$\overset{6}{-}$Glc
ginsenoside-R_{b1}	Glc$\overset{2}{-}$Glc-	Glc$\overset{6}{-}$Glc
ginsenoside-R_{b2}	Glc$\overset{2}{-}$Glc-	Ara(p)$\overset{6}{-}$Glc
ginsenoside-R_{b3}	Glc$\overset{2}{-}$Glc-	Xyl$\overset{6}{-}$Glc
ginsenoside-R_c	Glc$\overset{2}{-}$Glc-	Ara(f)$\overset{6}{-}$Glc
ginsenoside-R_d	Glc$\overset{2}{-}$Glc-	Glc-

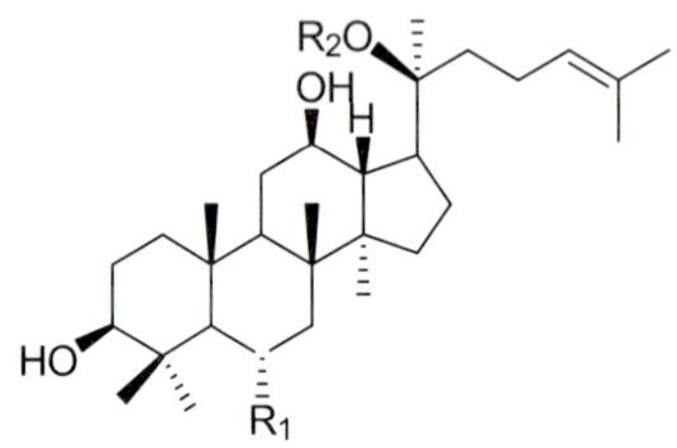

20(*S*)-protopanaxatriol

	R_1	R_2
20(*S*)-protopanaxatriol	OH	H
ginsenoside-R_e	Rha$\overset{2}{-}$Glc-O-	Glc-
ginsenoside-R_f	Glc$\overset{2}{-}$Glc-O-	H
ginsenoside-R_{g1}	Glc-O-	Glc-
ginsenoside-R_{g2}	Rha$\overset{2}{-}$Glc-O-	H
20 S-glucoginsenoside-R_f	Glc$\overset{2}{-}$Glc-O-	Glc-

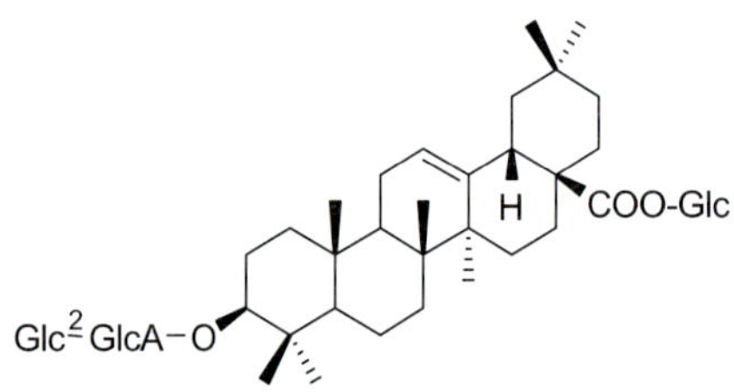

ginsenoside R_o

EPA 및 DHA 함유제품 (EPA · DHA-containing products)

【기 원】 식용 가능한 어류, 수서동물, 조류에서 채취한 EPA, DHA 등의 지방산을 함유한 유지를 식용 가능하도록 정제, 가공한 것

【유 형】

1) 에이코사펜타엔산(EPA)함유제품

식용 가능한 어류, 수서동물, 조류(藻類)에서 채취한 에이코사펜타엔산을 함유한 유지를 식용에 적합하도록 정제한 것 또는 이를 주원료로 하여 제조 · 가공한 것을 말한다.

2) 도코사헥사엔산(DHA)함유제품

식용 가능한 어류, 수서동물, 조류(藻類)에서 채취한 도코사헥사엔산을 함유한 유지를 식용에 적합하도록 정제한 것 또는 이를 주원료로 하여 제조·가공한 것을 말한다.

3) 에이코사펜타엔산(EPA) 및 도코사헥사엔산(DHA) 함유제품

식용 가능한 어류, 수서동물, 조류(藻類)에서 채취한 에이코사펜타엔산 및 도코사헥사엔산을 함유한 유지를 식용에 적합하도록 정제한 것 또는 이를 주원료로 하여 제조·가공한 것을 말한다.

【분 류】 고시형

【생리활성성분】

1) EPA(eicosapentaenoic acid) : 5개의 불포화기를 갖고 있는 지방산
2) DHA(docosahexaenoic acid) : 6개의 불포화기를 갖고 있는 지방산

【효능 및 기전】

1) EPA함유제품
   - 콜레스테롤 개선에 도움
   - 혈행을 원활히 하는데 도움
2) DHA함유제품
   - 두뇌, 망막의 구성성분
   - 뇌세포 활성화, 지능지수 향상, 두뇌 영양공급에 도움

자라 제품 (Soft-shell turtle products)

【기 원】 식용 양식 자라의 전체 또는 일부 지방을 제거한 것을 동결 건조하여 분말화한 것

【유 형】

1) 동결 건조 자라분말

식용 양식 자라의 가식부위 전체 또는 일부 지방을 제거한 것을 동결 건조하여 분말화한 것을 말한다.

2) 열풍 건조 자라분말

식용 양식 자라의 가식부위 전체 또는 일부 지방을 제거한 것을 열풍 건조하여 분말화한 것을 말한다.

3) 자라 유

식용 양식 자라에서 채취한 기름을 정제한 것을 말한다.

4) 자라 분말제품
동결 건조 자라분말 또는 열풍 건조 자라분말을 주원료(30.0% 이상)로 하여 제조 · 가공한 것을 말한다.

5) 자라 유제품
자라 유를 주원료(98.0% 이상)로 하여 제조 · 가공한 것을 말한다.

【분 류】 고시형

【생리활성성분】 hydroxyproline, arachidonic acid, 조단백질 등

【효능 및 기전】

1) 건강증진 및 유지
2) 영양보급
3) 단백질 공급원
4) 신체기능의 활성화
5) 체력증진, 체력보강

진피 (Citrus onshiu peel)

【기 원】 *Citrus onshiu*, Rutaceae

【분 류】 식품

【사용부위】 과피

【산 지】 인도, 동남아, 중국, 한국, 일본

【생리활성성분】 hesperidin

【효능 및 기전】

1) 진피의 항 C형 간염 효과와 활성 성분 nobiletin[1)]
   - Reverse transcription polymerase chain reaction(RT-PCR)에 의하여 진피 Et acetate 층 추출물에서 MOLT-4 세포들의 C형 간염 흡수를 낮추는 것을 관찰 할 수 있다. 더 나아가서, 3, 4, 5, 6, 7, 8-hexamethoxyflavone(nobiletin)이 MOLT-4 세포들에서 C 형 간염을 억제하는 주 활성 성분으로 확인됨

2) 간 기능의 강화[2)]
   - 동물들에게 진피 및 다른 항산화 작용이 포함된 식물 분말 사료를 주었을 때 항염증,

혈액순환개선, 간 기능 강화 작용 등이 나타남

3) 항산화작용

- 진피는 carotenoids와 tocopherols의 존재로 아주 강한 항산화작용을 나타낸다.[3]
- Soybean oil 에 진피 추출물을 첨가 시 radical scavenging effect, 항산화작용등이 나타남[4]

【참고문헌】

1) Suzuki M. *et al*., Am. J. Chin. Med., 33, 87-94, 2005
2) Bok S. *et al*., Korean Kongkae Taeho Kongbo, 2006
3) Ifuku Y. *et al*., Nippon Shokuhin kogyo Gakkaishi, 25, 687-690, 1978
4) Shin D. *et al*., Food Science and Biotech., 15, 357-362, 2006

【생리활성성분 화학구조식】

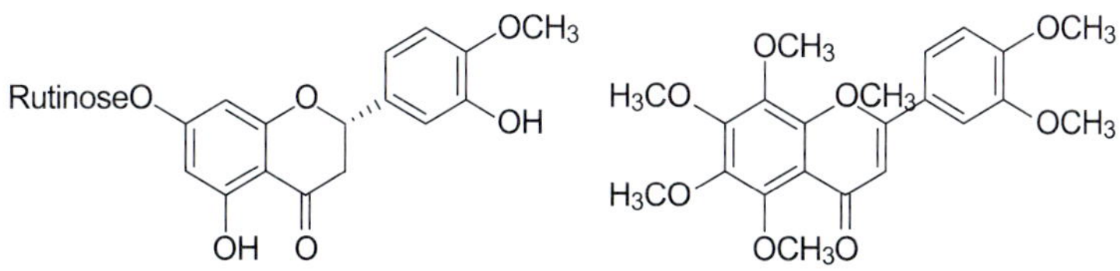

hesperidin　　nobiletin

크레아틴 (Creatine)

【기 원】 크레아틴 보충제는 화학적으로 합성

【분 류】 개별인정형

【생리활성성분】 크레아틴

【효능 및 기전】

1) 근육운동에 도움을 주어 근육형성을 증진시키는 것으로 알려짐

- 크레아틴 보충제는 근 수축 시 발생한 수소이온을 상쇄시켜 짧은 기간에 많은 운동을 할 때 운동능력을 향상시킴.
- 반복적인 근육운동 시 근육형성을 도와줌
- 장기간 복용 시 근육경련, 수분부족에 의한 열사병, 극도의 근육상해, 신장이나 심장병을 초래할 가능성

- 현재 우리나라에서는 임상 및 식품안전성 확보가 규명되지 않았으므로(미국도 동일) 국내 식품공전 및 식품위생법상 크레아틴 원료, 완제품 등의 수입, 제조, 판매가 허가되지 않은 상황임.

클로렐라 제품 (Chlorella products)

【기 원】 녹조류(green algae), 녹색 플랑크톤의 일종

【유 형】

1) 클로렐라 원말
   클로렐라속 조류(藻類)를 인위적으로 배양하여 가열 등의 방법으로 소화성을 높이도록 처리한 후 건조하여 식용에 적합하도록 한 것을 말한다.
2) 클로렐라 제품
   클로렐라 원말을 주원료(50.0% 이상)로 하여 제조한 것을 말한다.

【분류】 고시형

【생리활성성분】 단백질 50~70%, 엽록소 5%, 탄수화물 20%

【효능 및 기전】

1) 단백질 공급원
2) 체질개선 : 체액의 평형유지(알칼리)
3) 영양보급
4) 핵산 및 단백질, 엽록소, 섬유소 등 성분 함유
5) 건강증진 및 유지

포도씨유 제품 (Grape seed oil products)

【기 원】 포도씨에서 채취한 기름을 식용에 적합하도록 정제한 것이다.

【유 형】

1) 포도씨 유
   포도씨에서 채취한 기름을 식용에 적합하도록 정제한 것을 말한다.

2) 포도씨유 제품

포도씨 유를 주원료(98.0% 이상)로 하여 제조 · 가공한 것을 말한다.

【분 류】 고시형

【생리활성성분】 리놀레익산

【효능 및 기전】

1) 항산화 작용
2) 필수 지방산 공급원

홍삼 제품 (Red ginseng products)

【기 원】 *Panax ginseng*, Araliaceae

【유 형】

1) 홍삼농축액

수삼을 증기 또는 기타의 방법으로 쪄서 익혀 말린 홍삼으로부터 물이나 주정 또는 물과 주정을 혼합한 용매로 추출 여과한 가용성홍삼성분을 그대로 농축한 것을 말한다.

2) 홍삼농축액분말

홍삼농축액을 그대로 분말화한 것을 말한다.

3) 홍삼분말

홍삼(100%)을 분말화한 것을 말한다.

4) 홍삼성분함유제품

홍삼농축액, 홍삼농축액분말, 홍삼분말 또는 가용성홍삼성분을 주원료〔가용성홍삼성분(홍삼사포닌 70.0 mg/g을 기준으로 할 때)으로서 10.0%이상〕로 하여 제조한 것을 말한다.

【분 류】 고시형

【생리활성성분】 dammarane계 saponin(ginsenoside R_{b2}, 20(R)-R_{g2}, 20(S)-R_{g3}, 29(R)-R_{h1}, R_{s1}, R_{s2}

【효능 및 기전】

1) 강장작용

• 사포닌 분획은 실험동물의 수영시간을 현저하게 연장하며(mouse) 스트레스에 의한

궤양의 발생을 억제하고 치유과정을 촉진한다.

2) 항암작용

- 홍삼특유의 R_{h1}은 여러 가지 암세포에 대한 강한 증식억제작용과 동물실험을 통한 종양증식 억제효과가 있다.[1)]
- 위암 3기 환자의 수술 후의 면역기능을 높여주고 생존기간을 연장해 준다.[2)]

【참고문헌】

1) Kwon Y. S. *et al.*, J. Vet. Sci., 4, 83-92, 2003

2) Seo S. O. *et al.*, Am. J. Chin. Med., 30, 483-4947, 2002

【생리활성성분 화학구조식】

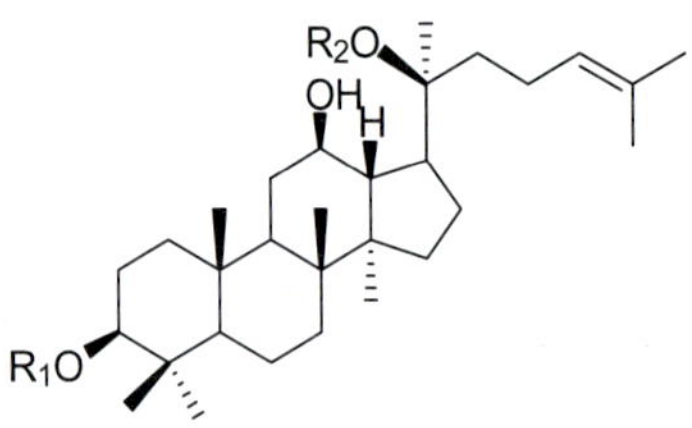

	R_1
ginsenoside-R_{g3}	Glc $\overset{2}{—}$ Glc-
ginsenoside-R_{h2}	Glc

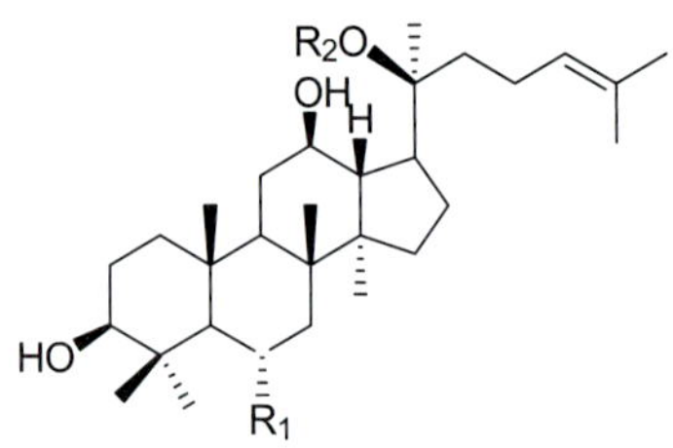

ginsenoside-R_{h1}, R_1=O-Glc, R_2=H

화분 제품 (Pollen products)

【기 원】 화분 또는 화분추출물

화분이란 식물의 생식세포로 수정되면 2만 배로 성장하며(화분의 크기 : 0.1~0.005 mm), DNA, RNA가 농축되어 있다.

【유 형】

1) 화분

벌 또는 인공적으로 채취한 화분에서 이물을 제거하고 껍질을 파쇄한 것을 말한다.

2) 화분추출물

화분을 기계적으로 껍질을 파쇄 또는 효소 처리하여 추출한 것을 농축하거나 분말로 한 것을 말한다.

3) 화분제품

화분을 주원료(30.0% 이상)로 하여 제조. 가공한 것을 말한다.

4) 화분추출물제품

화분추출물을 주원료(고형분으로서 10.0% 이상)로 하여 제조 · 가공한 것을 말한다.

【분 류】 고시형

【생리활성성분】 단백질, 당, 지방, 비타민, 미량원소

【효능 및 기전】

1) 영양보급
2) 피부건강에 도움
3) 건강증진 및 유지
4) 신진대사 기능

황기 (Astragalus root)

【기 원】 *Astragalus membranaceus*, Leguminosae

【분 류】 개발가능성이 있는 소재

【사용부위】 뿌리

【산 지】 한국, 일본, 중국, 시베리아 동부

【생리활성성분】 triterpene계 saponin(astragaloside Ⅳ)

【효능 및 기전】

1) 추출물에는 사람의 정자의 운동성을 증가시키고(*in vitro*), 수컷 실험동물의 발정을 일으키며(rat), 비장과 간장의 RNA의 합성을 촉진하는 등의 강정작용과 대사기능 증강작용[1)]
2) formononetin 과 9Z, 12Z-octadecadienoic acid, stigmast-4-en-6β-ol-3-one 등은 성장호르몬의 유리를 촉진함(*in vitro*)[2)]

【참고문헌】

1) Kim C. S. *et al.*, Arch. Pharm. Res., 26, 917-924, 2003
2) Kim C. S. *et al.*, Arch. Pharm. Res., 26, 34-39, 2003

【생리활성성분 화학구조식】

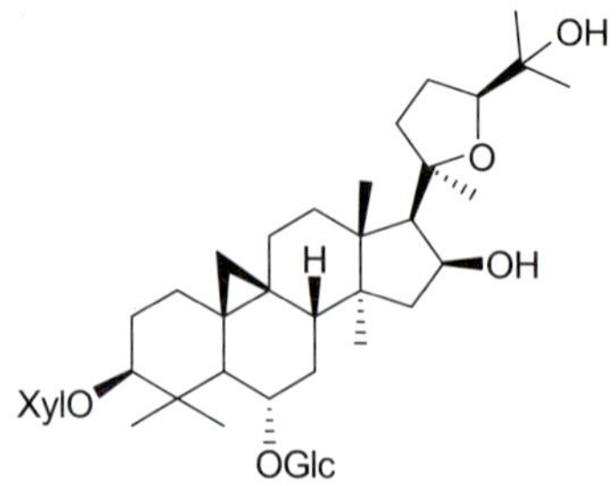

astragaloside IV

효모 제품 (Yeast products)

【기 원】 식용효모 또는 식용효모추출물 식용 효모의 종류는 다음과 같다.

1) 술 효모(*Saccharomyces cerevisiae*) : 맥주 발효 및 미네랄을 강화시킨 당밀에 발효시킨다. 맥주 효모에는 Se 화합물이 존재해서 이것이 비타민 E의 작용을 증강시킨다. Se화합물은 맥주 효모에만 존재한다.
2) 빵효모 : 진균으로서 당분을 분해하여 알코올과 이산화탄소로 만든다. 술과 빵 제조에 널리 쓰이고 있다.
3) 유효모, 또는 장유 효모 : 치즈 제조시 부산물인 유장(whey)에서 성장한다.

【유 형】

1) 건조효모
   식용 효모균주를 분리, 정제하여 건조한 것을 말한다.
2) 건조효모제품
   건조효모를 주원료(60.0% 이상)로 하여 제조. 가공한 것을 말한다.
3) 효모추출물제품
   식용 효모균주를 분리, 정제한 후 자가소화, 효소분해, 열수추출 등의 방법에 의해 추출한 식용효모추출물을 주원료(고형분함량으로 30.0% 이상)로 하여 제조한 것을 말한다(단, 액상제품은 고형분 함량으로 15.0% 이상).

【분 류】 고시형

【생리활성성분】

단백질, 당, 지방, 비타민 B군, 비타민 B_1, B_2, 나이아신, 글루타티온, 판토텐산, 엽산, 비오틴, 이노시톨, 핵산, 글루칸, 만난, 비타민 E, 아스코르빈산

【효능 및 기전】

1) 영양의 불균형 개선
2) 영양공급원
3) 건강증진 및 유지
4) 신진대사 기능
5) 식욕촉진, 위액분비 촉진, 위점막세포 재생촉진

효소 제품 (Enzyme products)

【기 원】 건강기능식품의 원료에 미생물을 배양시켜 효소를 다량 함유하게 한 것

【유 형】

1) 곡류 효소 함유제품
   건강기능식품의 원료(곡류 60.0% 이상)에 식용미생물을 배양시킨 것을 주원료(50.0% 이상)로 하여 제조. 가공한 것을 말한다.
2) 배아 효소 함유제품
   건강기능식품의 원료(곡물의 배아 40.0% 이상)에 식용미생물을 배양시킨 것을 주원료(50.0% 이상)로 하여 제조. 가공한 것을 말한다.
3) 열매채소 효소 함유제품
   건강기능식품의 원료(열매채소 60.0% 이상)에 식용미생물을 배양시킨 것을 주원료(50.0% 이상)로 하여 제조 · 가공한 것을 말한다.
4) 기타 식물효소 함유제품
   곡류, 곡물배아 또는 열매채소 이외의 건강기능식품의 원료(식물성 원료 60.0% 이상)에 미생물을 배양시킨 것을 주원료(50.0% 이상)로 하여 제조 · 가공한 것을 말한다.

【분 류】 고시형

【생리활성성분】 조단백, α-아밀라아제, 아미노산, 비타민 등의 각종 영양소

【효능 및 기전】

1) 신진대사 기능
2) 건강증진 및 유지
3) 연동작용 및 배변에 도움(식이섬유 다량 함유시)
4) 체질개선

13 기타

13.1 구강 및 인후 기능 개선

구강과 인후의 각종 점막질환에 구강 세정과 가글링(함소)은 현재까지 가장 많이 이용되고 있는 치료법으로서 편도선염, 구강염, 치육염, 급만성 인후염에 이용한다. 기능성의 식물 소재를 이용한 함소를 할 때 약제가 목의 구석까지 들어가지 않기 때문에 편도선염이나 인후염에 그다지 효과가 없다는 것이 실험을 통하여 증명되었다. 따라서 소독에 중점을 두어 강력한 소독제를 발견해 내는데 중점을 두고 있으며 정제로서 구강에서 붕해하는 것이 구강 세정보다 효과가 있다. 그러나 함소제는 다른 약제와 대체할 수 없는 특이한 작용이 있는 것으로 알려졌다.

외과의사가 구강을 수술할 때 항생물질 즉 페니실린을 함유하는 구강정을 쓰는 것은 위험하다. 그 이유는 allergy를 일으키고 박테리아가 이것에 대한 내성을 증가시키는 결과를 가져온다. 구강 세정 또는 함소제를 사용할 때 점막을 깨끗이 하여 충혈을 시키는 것뿐만 아니라 국소에 대한 조직의 변화를 일으킬 수 있다.

점액질, 배당체, 정유, 고미질 및 탄닌 등은 해당하는 여러 가지 증상에 효과를 나타내게 될 것이다. 열심히 구강 세정을 하면 동통, 진정 등이 자각증상이 개선되는 것이 증명되었으며 이런 개선은 질병 기간의 단축, 급성 증상 등을 빨리 개선해 준다. 즉 함소료는 치료에 있어서 보조적인 수단으로 중요한 위치를 차지한다.

1. 점액류

급성염증에 자극을 부드럽게 하는 목적으로 사용된다. 주로 급성의 구강염에 사용되지만 간혹 만성화된 인두염의 자극성 해소, 연하곤란 등을 수반하는 증상에도 사용한다. 약물로는 Folium malvae, Radix Altheae 등을 주로 사용하며 단독으로 또는 혼합하여 차 또는 탕약으로 만들어 사용한다. 주로 환자에게는 전제로서 1일 여러 번 구강을 씻는 것이 좋다.

2. Tannin류

만성증상의 경우로서 초기의 구내염, 치은염, 끽연 자의 카타르에 의한 인후염에 사용된다. 특히 점활제와 상호 겸용하여 사용하면 좋은 효과를 볼 수 있으며 점액은 방위층을 만들어 인후의 점막을 많게 하고 점액선이 위축되어 점액을 생산하지 못하는 점액층을 대신한다.

3. 잔류성의 고미물질류

점막의 무기력증상 예를 들어 특별히 만성화한 구내염과 위축성 설염, 그리고 만성 인후 카타르 등의 경우에는 고미성 생약으로 함소하는 것이 중요하다. 점막은 이 쓴 성분에 의해 반응하며 타액과 점막 선의 분비를 촉진하는 것뿐만 아니라 식욕과 흡수력을 증가시키며 이런 모든 기전은 고미질이 구강점막을 자극할 때 위액분비를 촉진하기 때문이다. 용담과 겐티아나근이 사용되며 만성 위 질환 등에도 고미강장약으로 이들 생약의 추출액이 사용된다.

이들 강장제는 수렴제와 같이 특별히 다발성의 인후 노이로제, 즉 목에 이물이 있는 느낌 또는 가래가 목에 끼어 있는 느낌에 사용한다. 이런 느낌의 환자는 암이 아닐까 걱정하는 사람이 많으며 이런 사람은 정신 신체적인 효과를 중심으로 치료하여야 하며 동시에 국소적인 치료를 하여야 하며 이때는 가능한 한 자극이 없는 해가 없고 간단한 약재로 치료하여야 한다.

분비감소 다음으로 악화가 계속되고 타액선이 위축되면 구강의 이상건조가 오게 되며 이런 건조성 증후군은 심한 불쾌감을 느끼며 난치성인 경우도 있다.

13.2 입욕

입욕첨가제로서 약용식물의 사용은 매우 오래전부터이며 이와 같은 사용법은 많은 경우 약초욕이라고 한다. 화장을 목적으로 하는 욕용 첨가제와 본래의 치료를 목적으로 하는 약초욕을 구별해야 하고 화장용의 제일 중요한 것은 쾌적한 냄새로서 또한, 욕탕이 수려한

색을 하는 것이 중요하고 이와 반대로 기능성 식물성의 약탕에는 더욱 본질적인 것이 요구된다. 기능성의 식물이 욕융 첨가제로서의 응용은 대부분 순수한 물만을 사용하였고, 최근 욕탕 중에 식물의 첨가를 채택하여 여러 가지 약용식물을 혼합하여 발전시켜왔다.

기능성 식물을 이용하고 있는 목욕에는 두세 가지 뚜렷한 특징을 가지고 있다. 즉 온천이 나오는 토지와는 관계없이 어떠한 요양소나 탕치(湯治) 시설이더라도 어디든지 가정에서도 이것을 실시할 수 있고 옛날에는 여러 가지 약초욕으로 목제의 욕조가 필요했으나 오늘날에는 대부분은 일반 욕조를 이용하고 있고 지금은 세정제가 있어서 어렵지 않게 가능하고 또한, 이것은 기능성의 식물욕의 보급에 이바지하고 있다. 또한, 환자는 자택에서 약초욕을 이른바 주말요법(週末療法)이라고 하며 훌륭히 행할 수 있게 되었고 이것은 여러 가지 병의 경우에 매우 중요한 의미를 지니고 있다.

기능성 식물욕의 작용방법에 관해서는 여러 가지 논쟁이 있으나 중요한 보조 작용을 모두 순수한 물의 온도에 의한 자극 또는 기계적인 자극에 의한 것이라는 주장도 없지 않으나 이것은 오늘날 분명히 잘못된 것이라는 것이 판명되었다. 또한, 피부자극은 식물성 욕용 첨가물에 의해 크게 높이지는 것이 증명되었고 이것은 솔잎을 넣은 약탕에 입욕한 후에는 입욕하지 않은 경우와 비교했을 때 현저히 백혈구 수가 증대한 것으로 이론의 여지 없이 증명될 수 있다. 또한, 매우 많은 식물의 유효 성분이 입욕 중에 흡수된다는 것도 오늘에 와서 의문의 여지가 없다.

현재 기능성 식물요법에 이용되는 목욕문제의 과학적 연구는 이제 겨우 시작에 불과하며 앞으로 실험과 실제 응용을 거듭할 필요가 있고 이것은 오늘날 독자적 연구방향을 갖게 하고 있다.

따라서 약초욕이라는 명칭 대신 식물성 약탕욕이라고 하는 것이 타당할 것이고 욕융첨가물의 종류를 둘러싼 경쟁도 실은 치열하고 욕용정, 욕용염 등 여러 가지 상품이 시장에 나와 있으나 이러한 것들은 식물요법에 이용되는 목욕에는 완전히 가치 있는 것이라고는 생각되지 않는다.

굴참나무 껍질 등을 달인 액을 만들어 이것을 욕탕 중에 넣거나 생약의 대용량을 봉투에 넣어 이것을 욕탕 중에 넣고 휘저어 사용하면 되며 전신욕으로 오늘날 이와 같은 방법은 거의 사용되지 않고 반신욕, 특히 습식법에는 크게 도움을 준다.

13.1 구강 및 인후 개선

아욱 (Mallow leaf)

【기 원】 *Malva sylvestris*, Malvaceae

【분 류】 식품, 약품

【사용부위】 식용(잎), 약용(종자)

【산 지】 우리나라 각지에서 재배함

【생리활성성분】 5~12% 점액질, hypolaetin

【효능 및 기전】

1) 점막 보호 작용[1]
   - 주성분이 분자량 1만 정도 되는 중성다당류인 점액질로 구강 및 소화기관의 점막을 보호하거나 건조를 방지하며 기관지 자극을 억제함

【참고문헌】

1) Tomoda M. *et al.,* Chem. Pharm. Bull., 37, 3029-3032, 1989

용담 (Korean gentian, Japanese gentian)

【기 원】 *Gentiana scabra*, *G. lutea*, Gentianaceae

【분 류】 개발가능성이 있는 소재

【사용부위】 약용(뿌리)

【산 지】 우리나라 각지의 산과 들에 자생하며 *G. lutea*는 유럽산임

【생리활성성분】 잔류성의 쓴 맛을 나타내는 secoiridoid 화합물로 주성분은 gentiopicroside 임

【효능 및 기전】

1) 점막수축작용[1]
   - 구강점막의 무기력증상으로 인한 만성화한 구내염과 위축성 설염 그리고 만성 인후

카타르 등의 경우에 함소함

2) 건위작용[2]

- 잔류성의 쓴 성분에 의해 반응하며 타액과 점막선의 분비를 촉진시키는 것뿐만이 아니라 식욕과 흡수력을 증가시키며 위액분비를 촉진시켜 건위작용을 함

【참고문헌】

1) Kondo Y. *et al.,* Planta Med., 60, 414-416, 1994

2) Gainer J. L. *et al.,* Experienta, 31, 548, 1975

【생리활성성분 화학구조식】

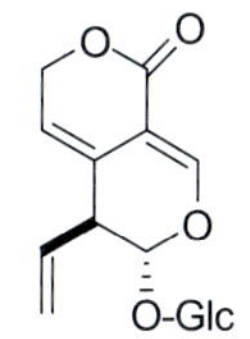

gentiopicroside

용아초 (Agrymony)

【기 원】 *Agrimonia pilosa*, Rosaceae

【분 류】 개발가능성이 있는 소재

【사용부위】 약용(지상부)

【산 지】 우리나라 각지의 산과 들에 자생

【생리활성성분】 4~10% tannin으로 주성분은 agrimonin임

【효능 및 기전】

1) 항염증 작용[1]

- 피부, 구강점막, 위점막에 작용하여 tannin이 수축작용을 함으로서 소염 및 지혈작용을 함
- 대장점막을 수축시킴으로서 지사작용을 하며 항 세균작용도 함

【참고문헌】

1) Murayama T. *et al.,* Anticancer Res., 12, 1471-1474, 1992

접시꽃 (Marsh mallow leaf)

【기 원】 *Althaea officinalis*, Malvaceae

【분 류】 개발가능성이 있는 소재

【사용부위】 식용(잎), 약용(잎)

【산 지】 우리나라 각지에서 자생 또는 재배함

【생리활성성분】 6~10% 점액질, tiriloside

【효능 및 기전】

1) 점막 보호 작용[1)]
   - 주성분이 중성다당류인 점액질로 구강 및 소화기관의 점막을 보호하거나 기관지의 건조를 막아 기침을 나지 않게 함

【참고문헌】

1) Karawya M. S. *et al.,* Planta Med., 20, 14-23, 1971

카모밀라 (Chamomile)

【기 원】 *Matricaria chamomilla*, *Anthemis nobilis*, Compositae

【분 류】 식품, 약품

【사용부위】 식용(꽃), 약용(꽃)

【산 지】 유럽 및 서남아시아 각지에서 재배함

【생리활성성분】 0.5~0.9% 정유로 주성분은 (-)-α-bisabolol, chamazulen임

【효능 및 기전】

1) 항염증 작용[1)]
   - 피부, 구강점막, 위점막, 기관지 점막 등에 대하여 염증억제 작용이 있음
2) 진통 및 진경작용[2)]
   - 각종 평활근 특히 위장관 평활근에 대한 진통 진경작용이 있음

【참고문헌】

1) Loggia R. D. *et al.,* Planta Med., 56, 657-658, 1990

2) Viola H. *et al.,* Planta Med., 61, 213-216, 1995

【생리활성성분 화학구조식】

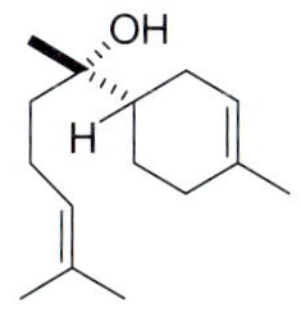

(-)-α-bisabolol

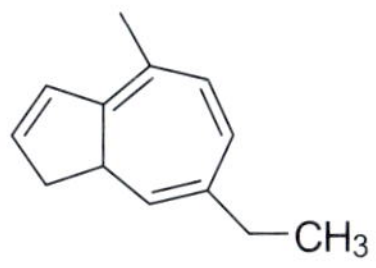

chamazulene

13.2 입욕

떡갈나무 (Oak tree)

【기 원】 *Quercus robur, Quercus petraea* 등 *Quercus* 동속 근연식물, Fagaceae

【분 류】 개발가능성이 있는 소재

【사용부위】 어린가지 껍질

【산 지】 우리나라 각지에서 재배 또는 자생, 유럽은 지중해를 중심으로 자생 또는 재배

【생리활성성분】 ellagitannins(castalagin, boburin), catechin

【효능 및 기전】

1) 수렴작용[1),2)]
   - 수렴, 항균, 점막염증, 또는 발의 땀 등에 외용으로 사용함
   - 목욕은 물 1L에 껍질 5 g을 넣고 사용하며 탄닌자원은 특히 주류산업과 포도주 산업에서 맛을 개선하고자할 때 중요함

【참고문헌】

1) Glabasnia A. *et al.*, J. Agric. Food Chem., 27, 332-334, 2006

2) Fernandez de Simn B. *et al.*, J. Agric. Food Chem., 18, 8314-8321, 2006

라벤더 (Lavender flower)

【기 원】 *Lavandula angustifolia*, Labiatae

【분 류】 개발가능성이 있는 소재

【사용부위】 꽃

【산 지】 원산지는 지중해연안

【생리활성성분】 linaloyl acetate, linalool

【효능 및 기전】

1) 신경안정작용[1)]
   - 흡입에 의해 완화한 안정작용을 가져오며 수면장애도 사용함
   - 평활근을 이완시킴으로 진경, 구풍, 이뇨제로서 사용

【참고문헌】

1) Behnam S. *et al*, Commun. Agric. Appl. Biol. Sci., 71, 1321~1326(2006)

【생리활성성분 화학구조식】

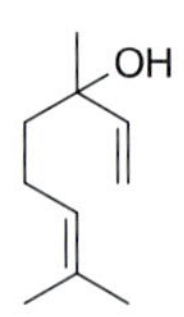

linalool

로즈마리 (Rosemary leaf)

【기 원】 *Rosmarinus officinalis*, Labiatae

【분 류】 개발가능성이 있는 소재

【사용부위】 잎, 꽃

【산 지】 원산지는 지중해 연안

【생리활성성분】 정유가 1.0~2.5% 함유되어 있으며 주성분은 1,8-cineol 및 camphor

【효능 및 기전】

1) 위장기능 개선작용[1)]
   - 입욕제로 흡입에 의해 평활근에 작용 소화불량, 고장, 거북함 등을 개선함
   - 위액의 분비를 촉진시켜 소화기능을 높힘

2) 류머티즘관절염 개선작용[2)]
   - 피부에 바르거나 방향욕을 통하여 류머티즘 관절염을 개선하며 혈액의 순환을 촉진시키고 피부의 과민성을 개선함

【참고문헌】

1) Choi W.S. *et al.*, J. Am. Mosq. Control Assoc., 18, 348-351, 2002
2) Mongold J.J. *et al.,* Phytother., 18, 182-186, 1991

멜리사 (Lemon balm, balm, sweet balm)

【기 원】 *Melissa officinalis*, Labiatae

【분 류】 개발가능성이 있는 소재

【사용부위】 잎, 정유

【산 지】 유럽, 서아시아

【생리활성성분】 정유, citronellal, citral

【효능 및 기전】

1) 진정 및 진경작용[1),2)]
   - 입욕제로 코점막 및 피부를 통하여 흡수되며 신경성 위질환 또는 신경성흥분을 수반하는 경우에 사용하는 것이 바람직함.
   - 진정작용은 단순히 위에 작용하는 것뿐만이 아니라 심장의 신경에도 작용하여 기능성 심장질환에도 좋은 효과를 나타냄.
   - 위질환의 신경성타입, 기능성 위질환이라 불리는 위노이로제에 사용되며 멜리사는 구풍제, 진경제, 진정제로 사용되기도 함

【참고문헌】

1) LinksKennedy D. O. *et al.*, Curr. Pharm. Des., 12, 4613-4623, 2006
2) LinksNhu-Trang T. T. *et al.*, Anal. Bioanal. Chem., 386, 2141-2152, 2006

【생리활성성분 화학구조식】

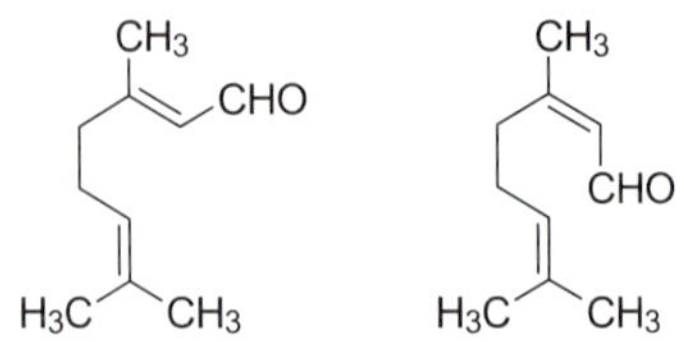

citral a   citral b

발레리아나 (Valerian)

【기 원】 *Valeriana officinalis*, *V. fauriei*, Valerianaceae

【분 류】 개발가능성이 있는 소재

【사용부위】 근경과 뿌리

【산 지】 유럽, 아시아

【생리활성성분】 정유의 주성분으로 bornyl acetate, β-caryophyllene, valeranone

【효능 및 기전】

1) 진정작용[1]
   - 입욕 시 소량을 적용시키면 진정작용을 나타내나 다량에서는 중추신경을 마비시키며 혈압강하와 반사 흥분도를 감퇴시킴

2) 수면유도작용[2]
   - 소량을 흡입 또는 복용할 경우 REM 수면을 유도하며 우울증에도 효과가 있음

【참고문헌】

1) Mathela C.S. *et al.*, Fitoterapia., 78, 279-282, 2007

2) Letchamo W. *et al.*, J. Agric. Food Chem., 16, 3915-3919, 2004

【생리활성성분 화학구조식】

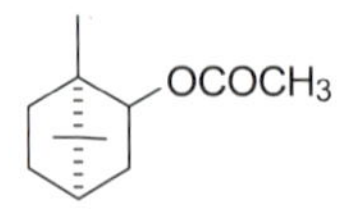

bornylacetate

사향초 (Thyme, garden thyme)

【기 원】 *Thymus vulgaris*, Labiatae

【분 류】 개발가능성이 있는 소재

【사용부위】 잎, 꽃, 정유

【산 지】 원산지는 유럽의 남부와 남동부

【생리활성성분】 정유성분으로 주성분은 thymol, carvacrol

【효능 및 기전】

1) 항균작용[1]
   - 입욕 또는 피부에 적용함으로써 항균, 항진균작용이 있음
   - 항산화 작용이 있어 화상치유작용이 있음

2) 진해기담작용[2]
   - 흡입함으로써 기관지 평활근에 대한 진경 작용을 함으로서 기침의 제증상을 없앰

【참고문헌】

1) Veldhuizen E.J. *et al*., J. Food. Prot., 70, 2127-2132, 2007

2) Wei A., Shibamoto T. Cutan. Ocul. Toxicol., 26, 227-233, 2007

【생리활성성분 화학구조식】

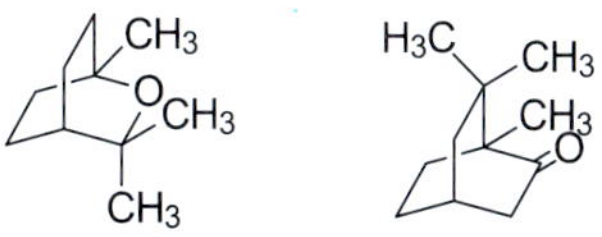

1,8-cineol　camphor

솔잎 (Pine)

【기 원】 *Abies alba* 또는 *Pinus sylvestris*, *P. densiflora*, Pinaceae

【분 류】 식용 및 약용

【사용부위】 신선하고 건조된 어린 가지(소나무싹 · Pini turiones), 잎의 정유와 어린 가지

(솔잎 유 · Pini aetheroleum) 혹은 테레빈에서 나온 정유(정제한 테레빈유 · Terebinthinae aetheroleum rectificatum), 또한, 전나무 싹(Piceae turiones recentes), 전나무잎 오일(Piceae aetheroleum)이 사용된다. 낙엽송의 경우 줄기에서 발삼(balsam)을 채취함

【산 지】 유럽, 아시아

【생리활성성분】 정유로 α-pinene, β-pinene, camphene, limonene, (-)-bornyl acetate 등

【효능 및 기전】

1) 피부 및 점막자극[1),2)]

- 말초적 순환을 자극하며 피부에 정유를 도포하면 자극을 받아 혈액순환이 촉진됨
- 입욕시 입욕제로 넣으면 휘발하면서 후각으로 흡수되어 동상의 효과를 나타냄

【참고문헌】

1) Hong E.J. *et al.,* Biol. Pharm. Bull., 27, 863-866, 2004

2) Pan N. *et al.,* Zhongguo Zhong Yao Za Zhi., 17, 166-168, 1992

【생리활성성분 화학구조식】

(-)-α-pinene (-)-β-pinene

창포 (Calamus, sweet flag, flag root)

【기 원】 *Acorus calamus*, Araceae

【분 류】 개발가능성이 있는 소재

【사용부위】 근경

【산 지】 우리나라에서 재배 또는 자생, 유럽, 아시아

【생리활성성분】 정유성분으로 asarone이 주성분으로 함유

【효능 및 기전】

1) 진정 및 진경작용[1)]

입욕제로서 코 및 피부를 통해 흡수되며 수면을 유도하고 경련을 이완시키며 중추신경 완화작용을 함

2) 건위작용[2)]

소화액의 분비를 촉진하고 위장의 이상발효를 억제하고 동시에 장관평활근의 통증도 완화시킴

【참고문헌】

1) Mukherjee P.K., Planta Med., 73, 283-285, 2007

2) Deng C., J. Chromatogr. A., 3, 149-155, 2004

【생리활성성분 화학구조식】

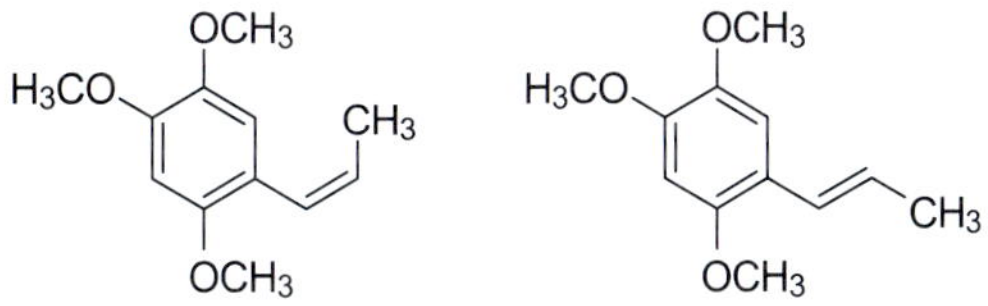

β-asarone α-asarone

건강기능성 식품

부 록

건강기능성
식품

I 기능성 식품 관련 통계

1. 건강기능식품 매출액 상위 10개 업체현황

(단위 천원)

구 분	업소명	판매금액(국내)	판매금액(국외)	총 판매금액	비 고
1	(주)한국인삼공사	182,142,114	5,104,282	187,246,396	
2	(주)마임	87,352,505		87,352,505	
3	(주)남양	38,543,258		38,543,258	
4	대상(주)군산공장	23,646,050	2,294,243	25,940,293	
5	풀무원건강생활(주)	22,867,519	3,495	22,871,014	
6	(주)렉스진바이오텍	17,322,155	1,202,215	18,524,370	
7	(주)태평양제약	18,326,769		18,326,769	
8	(주)세모	17,356,900	328,296	17,685,196	
9	종근당건강(주)	15,878,165		15,878,165	
10	일진제약(주)	13,335068	97,346	13,432,414	
계		**436,770,503**	**9,029,877**	**445,800,380**	

2. 건강기능식품 상위 매출 품목 현황(10/20품목)

품 목 명		생산량(톤)	국내 판매금액 (천원)	국외 판매금액 (천원)	총 판매금액 (억원)	비고 (%)
총 계		12,269	663,719,962	37,139,359	7,008	
1	홍삼제품	1,260	236,045,077	10,819,353	2,469	35.2
2	알로에제품	3,093	102,970,586	113,240	1,031	14.7
3	영양보충용식품	3,743	85,182,292	742,574	859	12.3
4	글루코사민함유제품	469	36,647,242	46,638	367	5.2
5	인삼제품	442	18,176,305	17,402,259	356	5.1
5품목		**9,007**	**479,021,502**	**29,124,064**	**5,082**	**72.5**
6	클로렐라제품	566	29,698,280	2,841,699	325	
7	감마리놀렌산함유제품	249	28,911,682	30,128	289	
8	효모제품	181	18,378,975	435	184	
9	유산균함유제품	221	12,353,461	4,456,927	168	
10	EPA/DHA함유제품	127	15,142,648	98,302	152	
10품목		**10,351**	**583,506,548**	**36,551,554**	**6,200**	**88.5**
11	키토올리고당함유제품	184	9,645,603	107,193	98	
12	스쿠알렌제품	67	7,670,739	168,812	78	
13	효소함유제품	77	6,673,937	10,834	67	
14	스피루리나제품	351	5,397,995	–	54	
15	프로폴리스추출물제품	43	5,316,831	207	53	
16	화분제품	148	4,050,991	3,499	40	
17	난소화성말토덱스트린	126	1,614,272	–	16	
18	공액리놀레산(CLA)	31	1,246,672	6,125	13	
19	식물추출발효제품	37	1,016,051	–	10	
20	히비스커스등복합추출물	617	960,978	–	9	
20품목		**12,031**	**627,100,617**	**36,848,224**	**6,639**	**94.7**
21	기타 25품목	238	36,619,345	291,135	369	5.3

3. 건강기능식품 생산현황

구분	생산현황			판매현황				총 판매액 (억원)
	생산능력 (톤)	생산량 (톤)	생산액 (억원)	국내 판매량(톤)	국내 판매액 (억원)	국외 판매량 (톤)	국외 판매액 (억원)	
2005	349,398	11,265	511,759	11,844	6,433	1,128	423	6,856
2006	518,653	12,269	492,930	10,933	6,637	667	371	7,008
1) (%)	△48	△8.9	▽3.7	▽7.7	△3.2	▽40.9	▽12.3	△2.2

1) 2005년 대비 2006년 증감 2) 달러환산 : 1 : 955 원(2006)

4. 수입건강기능식품 국내시장 점유율

(※ 부록 2. 기능성 식품 관련 통계는 식약청의 자료 출처로 구성하였음)

구분	생산현황					수입현황			수입품 점유율 (판매액기준)
	생산능력 (톤)	생산량 (톤)	생산액 (억원)	국내 판매량	국내 판매액 (억원)	수입량 (톤)	수입액 (천$)	수입액 (억원)	
2005	349,398	11,265	511,759	11,844	6,433	13,174	581,052	5,549	46.3
2006	518,653	12,269	492,930	10,933	6,637	11,255	229,731	2,194	24.8
1)(%)	△48	△8.9	▽3.7	▽7.7	△3.2	▽14.6	▽60.5	▽60.5	

수입품점유율 : 수입액/총 판매액(국내 및 수입액) * 100

색인(Index) – 국문

ㄱ

ㄴ

ㅅ

ㅇ

ㅈ

ㅊ

ㅋ

ㅌ

ㅍ

ㅎ

색인(Index) – 영문

A

B

D

G

H

I

J

K

M

P

Q

R

S

T

U

V

W

X

Y

Z

건강기능성식품

초판 발행 2008년 8월 30일
초판 2쇄 발행 2014년 4월 10일

지은이 한국생약학교수협의회 건강기능성식품교재편찬위원회
펴낸이 최국주
펴낸곳 동명사
출판등록 1950년 11월 1일(제1-76호)
주소 (우 413-756) 경기도 파주시 회동길 50(문발동)
전화 031-955-7200(대표)~2, 7203(편집부), 7204(물류)
팩스 031-955-7205
전자우편 webmaster@dmsbook.com
홈페이지 www.dmsbook.com

ISBN 978-89-411-3726-9 93590
값 35,000원

東明社